全国职业技能 Pro/ENGINEER 认证指导用书

Pro/ENGINEER 野火版 5.0
运动仿真快速入门、进阶与精通

应学成　编著

電子工業出版社
Publishing House of Electronics Industry
北京·BEIJING

内容简介

本书是全面、系统学习和运用 Pro/ENGINEER 野火版 5.0 进行运动仿真的快速入门、进阶与精通书籍，内容包括 Pro/E5.0 软件的基本设置与运动仿真基础、机构中的运动连接与机构装配、定义电动机、设置分析条件、定义各种机构分析、传动副及其应用、运动仿真分析与测量以及各种典型运动机构仿真等。

本书附带 1 张多媒体 DVD 教学光盘，制作了与本书全程同步的语音视频文件，含 133 个 Pro/ENGINEER 应用技巧和具有针对性实例的教学视频（全部提供语音教学视频），时间长达 8.9 小时（534 分钟）。光盘还包含了本书所有的素材文件、练习文件和范例的源文件。

本书讲解所使用的模型和应用案例覆盖了汽车、工程机械、电子以及航空航天等不同行业，具有很强的实用性和广泛的适用性。在内容安排上，书中结合大量的实例对 Pro/ENGINEER 野火版 5.0 运动仿真中一些抽象的概念、命令、功能和应用技巧进行讲解；另外，本书所举范例均为一线实际产品，这样的安排能使读者较快地进入实战状态；在写作方式上，本书紧贴 Pro/ENGINEER 野火版 5.0 的真实界面进行讲解，使读者能够直观地操作软件，提高学习效率。读者在学习本书后，能够迅速地运用 Pro/ENGINEER 软件来完成复杂产品运动仿真分析和优化设计等工作。本书可作为工程技术人员的 Pro/ENGINEER 自学教程和参考书，也可供大专院校机械专业师生教学参考。

图书在版编目（CIP）数据

Pro/ENGINEER 野火版 5.0 运动仿真快速入门、进阶与精通：全程语音视频讲解/应学成编著. —北京：电子工业出版社，2015.1

全国职业技能 Pro/ENGINEER 认证指导用书

ISBN 978-7-121-24796-5

Ⅰ. ①P… Ⅱ. ①应… Ⅲ. ①机械设计—计算机辅助设计—应用软件—职业技能—资格认证—自学参考资料 Ⅳ. ①TH122

中国版本图书馆 CIP 数据核字（2014）第 270113 号

策划编辑：管晓伟

责任编辑：管晓伟　　特约编辑：王 欢 等

印　　刷：北京七彩京通数码快印有限公司

装　　订：北京七彩京通数码快印有限公司

出版发行：电子工业出版社

　　　　　北京市海淀区万寿路 173 信箱　　邮编：100036

开　　本：787×1092　1/16　印张：25.75　字数：618 千字

版　　次：2015 年 1 月第 1 版

印　　次：2019 年 12 月第 5 次印刷

定　　价：59.90 元（含多媒体 DVD 光盘 1 张）

凡所购买电子工业出版社图书有缺损问题，请向购买书店调换。若书店售缺，请与本社发行部联系，联系及邮购电话：（010）88254888。

质量投诉请发邮件至 zlts@phei.com.cn，盗版侵权举报请发邮件至 dbqq@phei.com.cn。

服务热线：（010）88258888。

前　言

Pro/ENGINEER（简称 Pro/E）是由美国 PTC 公司推出的一款功能强大的三维 CAD/CAM/CAE 软件系统，其内容涵盖了产品从概念设计、工业造型设计、三维模型设计、分析计算、动态模拟与仿真、工程图输出到生产加工的全过程，应用范围涉及汽车、机械、航空航天、造船、通用机械、数控加工、医疗、玩具和电子等诸多领域。Pro/ENGINEER 野火版 5.0 构建于 Pro/ENGINEER 野火版的成熟技术之上，新增了许多功能，使其技术水平又上了一个新的台阶。

本书是全面、系统学习和运用 Pro/ENGINEER 野火版 5.0 进行运动仿真的快速入门、进阶与精通书籍，其特色如下。

- **内容全面**。与其他同类书籍相比，包括更多的 Pro/ENGINEER 运动仿真与分析内容。
- **讲解详细、条理清晰、图文并茂**。本书是一本不可多得的 Pro/ENGINEER 运动仿真与分析快速入门、快速见效的图书。
- **范例丰富**。读者通过对范例的学习，可迅速提高运动仿真与分析水平。另外，由于书的纸质容量有限（增加纸张页数势必增加书的定价），随书光盘中存放了大量的应用视频案例（含语音）讲解，这样安排可以进一步提高读者的软件使用能力和技巧，同时提高了本书的性价比。
- **写法独特**。采用 Pro/ENGINEER 软件中真实的对话框、操控板和按钮等进行讲解，使初学者能够直观、准确地操作软件，从而大大提高学习效率。
- **附加值高**。本书附带 1 张多媒体 DVD 学习光盘，制作了 133 个 Pro/ENGINEER 运动仿真与分析技巧和具有针对性的范例教学视频并进行了详细的语音讲解，时长达 8.9 小时（534 分钟），可以帮助读者轻松、高效地学习。

本书由应学成编著，参加编写的人员还有王双兴、郭如涛、马志伟、师磊、李东亮、白超文、张建秋、任艳芳、杨作为、陈爱君、夏佩、谢白雪、王志磊、张党杰、张娟、马斯雨、车小平、曾为劲。本书已经经过多次审校，但仍不免有疏漏之处，恳请广大读者予以指正。

电子邮箱：bookwellok @163.com

编　者

本 书 导 读

为了能更好地学习本书的知识，请您仔细阅读下面的内容。

【写作软件蓝本】

本书采用的写作蓝本是 Pro/ENGINEER 野火版 5.0 版。

【写作计算机操作系统】

本书使用的操作系统为 Windows XP，对于 Windows 2000 /Server 或 Win7 操作系统，本书的内容和范例也同样适用。

【光盘使用说明】

为了使读者方便、高效地学习本书，特将本书中所有的练习文件、素材文件、已完成的实例、范例或案例文件、软件的相关配置文件和视频语音讲解文件等按章节顺序放入随书附带的光盘中，读者在学习过程中可以打开相应的文件进行操作、练习和查看视频。

本书附带多媒体 DVD 教学光盘 1 张，建议读者在学习本书前，先将 DVD 光盘中的所有内容复制到计算机硬盘的 D 盘中。在光盘的 proefj5 目录下共有 3 个子目录。

（1）proewf5_system_file 子目录：包含一些系统文件。

（2）work 子目录：包含本书讲解中所用到的文件。

（3）video 子目录：包含本书讲解中的视频文件（含语音讲解）。读者学习时，可在该子目录中按顺序查找所需的视频文件。

光盘中带有“ok”扩展名的文件或文件夹表示已完成的实例、范例或案例。

【本书约定】

◆ 本书中有关鼠标操作的简略表述说明如下。
  - 单击：将鼠标指针光标移至某位置处，然后按一下鼠标的左键。
  - 双击：将鼠标指针光标移至某位置处，然后连续快速地按两次鼠标的左键。
  - 右击：将鼠标指针光标移至某位置处，然后按一下鼠标的右键。
  - 单击中键：将鼠标指针光标移至某位置处，然后按一下鼠标的中键。
  - 滚动中键：只是滚动鼠标的中键，而不是按中键。

- 选择（选取）某对象：将鼠标指针光标移至某对象上，单击以选取该对象。
- 拖移某对象：将鼠标指针光标移至某对象上，然后按下鼠标的左键不放，同时移动鼠标，将该对象移动到指定的位置后再松开鼠标的左键。

◆ 本书中的操作步骤分为“任务”和“步骤”两个级别，说明如下。

- 对于一般的软件操作，每个操作步骤以步骤01开始。例如，下面是草绘环境中绘制矩形操作步骤的表述。
  - ☑ 步骤01 单击“矩形”命令按钮□。
  - ☑ 步骤02 在绘图区的某位置单击，放置矩形的一个角点，然后将该矩形拖至所需的大小。
  - ☑ 步骤03 再次单击，放置矩形的另一个角点。此时，系统即在两个角点间绘制一个矩形。
- 每个“步骤”操作视其复杂程度，其下面可含有多级子操作。例如，步骤01下可能包含（1）、（2）、（3）等子操作，（1）子操作下可能包含①、②、③等子操作，①子操作下可能包含（a）、（b）、（c）等子操作。
- 对于多个任务的操作，则每个“任务”冠以任务01、任务02、任务03等，每个“任务”操作下则包含“步骤”级别的操作。
- 由于已建议读者将随书光盘中的所有文件复制到计算机硬盘的 D 盘中，所以书中在要求设置工作目录或打开光盘文件时，所述的路径均以“D:”开始。

目　　录

第一篇　Pro/E5.0 运动仿真快速入门

第二篇　Pro/E5.0 运动仿真进阶

第三篇 Pro/E5.0 运动仿真精通

第四篇 Pro/E5.0 运动仿真实际综合应用

第一篇

Pro/E5.0 运动仿真快速入门

第 1 章　Pro/E5.0 软件的基本设置

为了正常、高效地使用 Pro/ENGINEER 软件，同时也为了方便教学，在学习和使用 Pro/ENGINEER 软件前，需要先进行一些必要的设置。

1.1　创建用户文件夹

使用 Pro/ENGINEER 软件时，应该注意文件的目录管理。如果文件管理混乱，会造成系统找不到正确的相关文件，从而严重影响 Pro/ENGINEER 软件的全相关性，同时也会使文件的保存、删除等操作产生混乱，因此应按照操作者的姓名、产品名称（或型号）建立用户文件目录，如本书要求在 D 盘上创建一个名为 proe-course 的文件目录。

1.2　设置软件的工作目录和启动目录

由于 Pro/ENGINEER 软件在运行过程中会将大量的文件保存在当前目录中，并且也常常从当前目录中自动打开文件，故为了更好地管理 Pro/ENGINEER 软件中大量有关联的文件，应特别注意，在进入 Pro/ENGINEER 后，开始工作前最要紧的事情是“设置工作目录”。其操作过程如下：

步骤 01　选择下拉菜单 文件(F) ➡ 设置工作目录(W)... 命令。

步骤 02　在弹出的图 1.2.1 所示的“选取工作目录”对话框中选择“D:”。

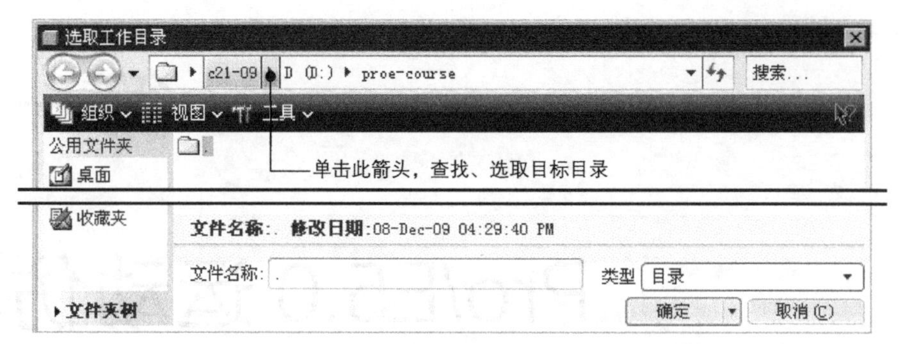

图 1.2.1 “选取工作目录”对话框

步骤 03 查找并选取目录 proe-course。

步骤 04 单击对话框中的 确定 按钮。

完成上述操作后，目录 D:\proe-course 即变成工作目录，而且目录 D:\proe-course 也变成当前目录，将来文件的创建、保存、自动打开和删除等操作都将在该目录中进行。

在本书中，如果未加说明，所指的“工作目录”均为 D:\proe-course 目录。

进行下列操作后，双击桌面上的 Pro ENGINEER 图标进入 Pro/ENGINEER 软件系统，即可自动切换到指定的工作目录。

(1)右击桌面上的 Pro ENGINEER 图标，在弹出的快捷菜单中选择 属性(R) 命令。

(2) 图 1.2.2 所示的“Pro ENGINEER 5.0 属性”对话框被打开，单击该对话框中的 快捷方式 选项卡，然后在 起始位置(S): 文本栏中输入 D:\proe-course，并单击 确定 按钮。

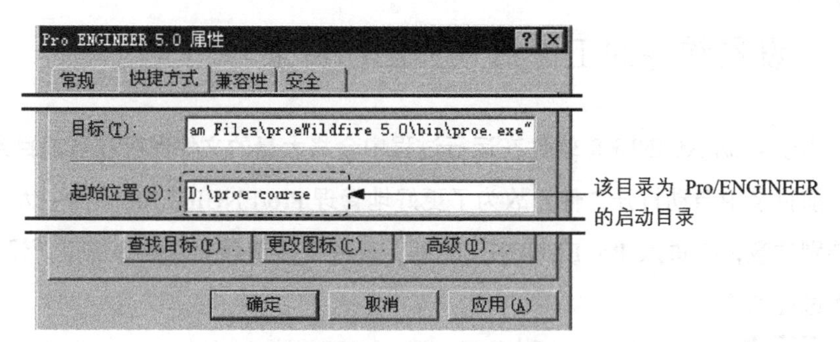

图 1.2.2 “Pro ENGINEER 5.0 属性”对话框

设置好启动目录后，每次启动 Pro/ENGINEER 软件，系统自动在启动目录中生成一个名为“trail.txt”的文件。该文件是一个后台记录文件，它记录了用户从打开软件到关闭期间的所有操作记录。读者应注意保护好当前启动目录的文件夹，如果启动目录文件夹丢失，系统会将生成的后台记录文件放在桌面上。

1.3 Pro/E5.0 软件的系统配置

1.3.1 设置系统配置文件

用户可以利用一个名为 config.pro 的系统配置文件预设 Pro/ENGINEER 软件的工作环境和进行全局设置。例如，Pro/ENGINEER 软件的界面是中文还是英文（或者中英文双语）由 menu_translation 选项来控制，这个选项有三个可选的值 yes、no 和 both，它们分别可以使软件界面为中文、英文和中英文双语。

本书附赠光盘中的 config.pro 文件对一些基本的选项进行了设置，强烈建议读者进行如下操作，使该 config.pro 文件中的设置有效，这样可以保证后面学习中的软件配置与本书相同，从而提高学习效率。

将 D:\proefj5\proewf5_system_file\下的 config.pro 复制至 Pro/ENGINEER Wildfire 5.0 安装目录的\text 目录下。假设 Pro/ENGINEER Wildfire 5.0 的安装目录为 C:\Program Files\proeWildfire 5.0，则应将上述文件复制到 C:\Program Files\Proe Wildfire 5.0\text 目录下。退出 Pro/ENGINEER，然后再重新启动 Pro/ENGINEER，config.pro 文件中的设置有效。

1.3.2 系统配置文件的加载顺序

在运用 Pro/ENGINEER 软件进行产品设计时，还必须了解系统配置文件 config 的分类和加载顺序。

1. 两种类型的 config 文件

config 文件包括 config.pro 和 config.sup 两种类型，其中 config.pro 是一般类型的配置文件，config.sup 是受保护的系统配置文件，即强制执行的配置文件，如果有其他配置文件里的选项设置与这个文件里的选项设置相矛盾，系统以 config.sup 文件里的设置为准。例如，在 config.sup 中将选项 ang_units 的值设为 ang_deg，而在其他的 config.pro 中将选项 ang_units 的值设为 ang_sec，系统启动后则以 config.sup 中的设置为准，即角度的单位为度。由于

config.sup 文件具有这种强制执行的特点，所以一般用户应创建 config.sup 文件，用于配置一些企业需要强制执行的标准。

2. config 文件加载顺序

首先假设：

- Pro/ENGINEER 的安装目录为 C:\Program Files\ProeWildfire 5.0。
- Pro/ENGINEER 的启动目录为 D:\proe-course。

其次假设在 Pro/ENGINEER 的安装目录和启动目录中放置了不同的 config 文件。

- 在 C:\Program Files\proeWildfire 5.0\text 中，放置了一个 config.sup 文件，在该 config.sup 文件中可以配置一些企业需要强制执行的标准。
- 在 C:\Program Files\proeWildfire 5.0\text 中，还放置了一个 config.pro 文件，在该 config.pro 文件中可以配置一些项目组级要求的标准。
- 在 Pro/ENGINEER 的启动目录 D:\proe-course 中，放置了一个 config.pro 文件，在该 config.pro 文件中可以配置设计师自己喜好的设置。

启动 Pro/ENGINEER 软件后，系统会依次加载 config.sup 文件和各个目录中的 config.pro 文件。加载后，对于 config.sup 文件，由于该文件是受保护的文件，其配置不会被覆盖；对于 config.pro 文件中的设置，后加载的 config.pro 文件会覆盖先加载的 config.pro 文件的配置。对于所有 config 中都没有设置的 config.pro 选项，系统保持它为默认值。具体来说，config 文件的加载顺序如下：

① 首先加载 Pro/ENGINEER 安装目录 text（即 C:\Program Files\proeWildfire 5.0\text）中的 config.sup 文件。

② 然后加载 Pro/ENGINEER 安装目录 text（即 C:\Program Files\proeWildfire 5.0\text）中的 config.pro 文件。

③ 最后加载 Pro/ENGINEER 启动目录（即 D:\proe-course）中的 config.pro 文件。

1.4 Pro/E5.0 软件的界面设置

1.4.1 设置界面配置文件

Pro/ENGINEER 的屏幕界面是通过 config.win 文件控制的。本书附赠光盘中提供了一个 config.win 文件，读者进行如下操作后，可使该 config. win 文件中的设置有效。

步骤 01 复制系统文件。将目录 D:\proefj5\proewf5_system_file 中的 config.win 文件复制

到 Pro/ENGINEER Wildfire 5.0 安装目录的 text 目录中。例如，Pro/ENGINEER Wildfire 5.0 的安装目录为 C:\Program Files\ProeWildfire 5.0，则应将上述文件复制到 C:\Program Files\Proe Wildfire 5.0\text 目录中。

步骤 02 删除 Pro/ENGINEER 启动目录中的 config.win 文件。

1.4.2 工作界面的定制

工作界面的定制步骤如下：

步骤 01 进入定制工作对话框。选择下拉菜单区的 工具(T) → 定制屏幕(C)... 命令，即可进入屏幕“定制”对话框，如图 1.4.1 所示。

步骤 02 定制工具栏布局。在图 1.4.1 所示的“定制”对话框中单击 工具栏(B) 选项卡，即可打开工具栏定制选项卡。通过此选项卡可改变工具栏的布局，可以将各类工具栏按钮放在屏幕的顶部、左侧或右侧。

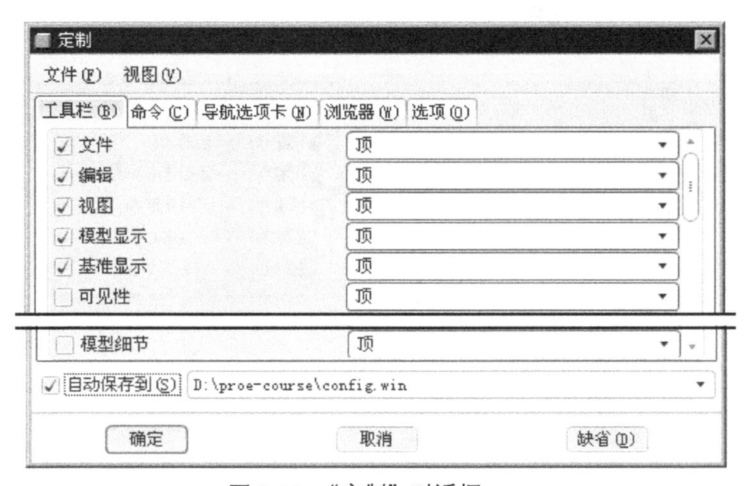

图 1.4.1 “定制”对话框

下面以图 1.4.1 中的 文件 选项（这是控制文件类工具按钮的选项）为例，说明定制过程：

（1）单击 文件 中的 ，出现√号，此时可看到文件类的命令按钮出现在屏幕左侧。

（2）单击 左 中的 按钮，然后在弹出的下拉列表中选择“顶”。

（3）单击 自动保存到(S) D:\proe-course\config.win 中的 ，出现√号，表示此项定制将存入配置文件，以便下次进入 Pro/ENGINEER 系统不用重新配置此项。

（4）单击 确定 按钮，结束配置。

步骤 03 在工具栏中添加新按钮。通过“定制”对话框中的 命令(C) 选项卡，可以在工具栏中添加新按钮。下面以图 1.4.2 中的按钮（这是从进程中删除不在当前窗口中所有对象的命令）为例，说明定制过程。

（1）先在图 1.4.2 的目录(G)列表框中选取按钮的类别“文件”，此时在命令(D)列表框中显示出所有该类的命令按钮。

（2）单击 拭除(E) ▸ 不显示(D)... 选项，并按住鼠标左键不放，将鼠标指针拖到屏幕的工具栏中。

（3）单击 ☑ 自动保存到(S) D:\proe-course\config.win 中的☐，出现√号，表示此项定制将存入配置文件，以便下次进入 Pro/ENGINEER 软件时不用重新配置此项。

（4）单击 确定 按钮，结束配置。

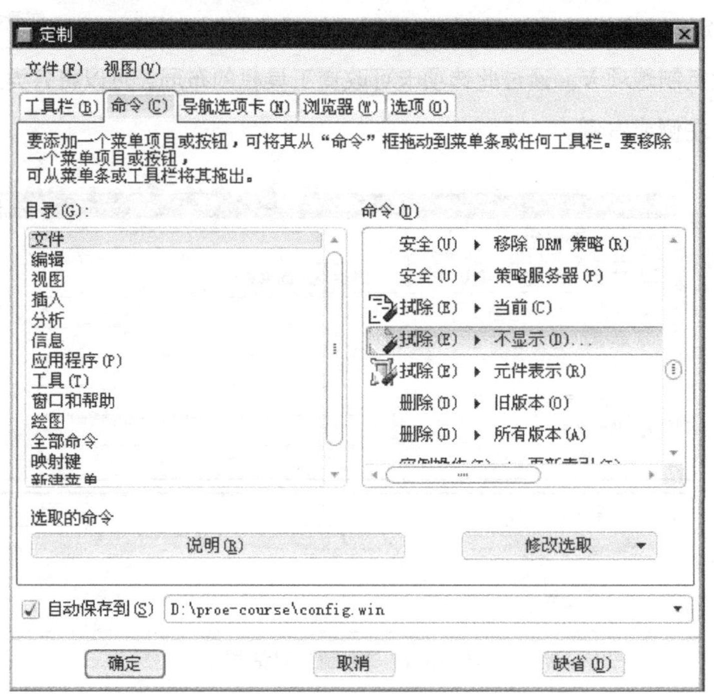

图 1.4.2 “命令”选项卡

步骤 04 其他配置。

（1）在“定制”对话框中单击导航选项卡(N)选项卡，可以对导航选项卡放置的位置、导航窗口的宽度以及模型树的放置进行设置，如图 1.4.3 所示。

（2）在“定制”对话框中单击浏览器(W)选项卡，对浏览器窗口宽度和启动状态等进行设置，如图 1.4.4 所示。

（3）在“定制”对话框中单击选项(O)选项卡，可以对用户界面进行其他配置，如消息区域的位置控制、次窗口的打开方式、图标显示控制的设置，如图 1.4.5 所示。

图 1.4.3 “导航选项卡”选项卡　　　　图 1.4.4 “浏览器”选项卡

（4）在完成前面的定制后，都要进行如下操作。

① 单击 ☑自动保存到(S) D:\proe-course\config.win 中的□，出现√号，表示此项定制将存入配置文件，以便下次进入 Pro/ENGINEER 软件时不用重新配置此项。

② 单击 确定 按钮，结束配置。

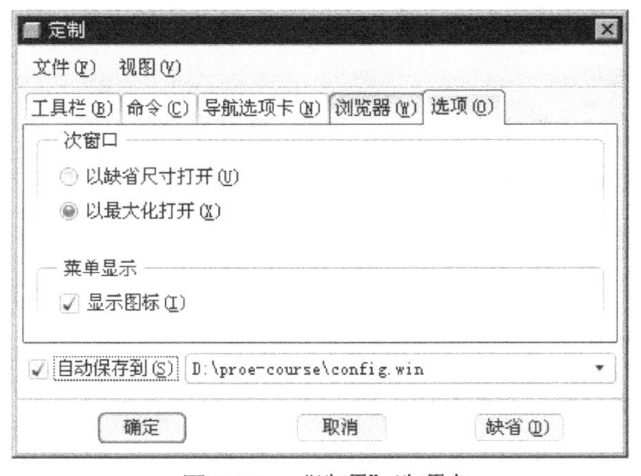

图 1.4.5 “选项”选项卡

第 2 章　Pro/E 运动仿真基础

本章主要介使用 Pro/ENGINEER 进行机构运动仿真与分析的一般操作过程。学习完本章后，读者会对 Pro/ENGINEER 的机构（Mechanism）模块的界面和使用方法有一个快速、直观的了解，并能掌握使用 Pro/ENGINEER 进行机构运动仿真与分析的一般流程。

2.1　概　述

在 Pro/ENGINEER 的机构模块中，可以对一个机构装置进行运动仿真及分析，除了查看机构的运行状态，检查机构运行时有无碰撞外，还能进行进一步的位置分析、运动分析、动态分析、静态分析和力平衡分析，为检验和进一步改进机构的设计提供参考数据。

2.1.1　Pro/ENGINEER 运动仿真中的相关术语及概念

在 Pro/ENGINEER 的机构模块中，常用的术语解释如下。

- 机构（机械装置）：由一定数量的连接元件和固定元件所组成，能完成特定动作的装配体。
- 连接元件：以“连接”方式添加到一个装配体中的元件。连接元件与它附着的元件间有相对运动。
- 固定元件：以一般的装配约束（对齐、配对等）添加到一个装配体中的元件。固定元件与它附着的元件间没有相对运动。
- 连接：指能够实现元件之间相对机械运动的约束集，如销钉连接、滑动杆连接和圆柱连接等。
- 自由度：各种连接类型提供不同的运动（平移和旋转）限制。
- 环连接：增加到运动环中的最后一个连接。
- 主体：机构中彼此间没有相对运动的一组元件（或一个元件）。
- 基础：机构中固定不动的一个主体。其他主体可相对于“基础”运动。
- 伺服电动机（驱动器）：伺服电动机为机构的平移或旋转提供驱动。可以在接头或几何图元上放置伺服电动机，并指定位置、速度或加速度与时间的函数关系。
- 执行电动机：作用于旋转或平移连接轴上并引起运动的力。

2.1.2 Pro/ENGINEER 机构模块的工作界面

要进入 Pro/ENGINEER 机构模块，必须先新建或打开一个装配模型。下面以一个已完成运动仿真的机构模型为例，说明进入机构模块的操作过程。

步骤 01 将软件的工作目录设置为 D:\Proefj5\work\ch02.01，然后打开机构装配模型 linkage_mech.asm。

步骤 02 进入机构模块。选择下拉菜单 应用程序(P) ➡ 机构(E) 命令，则进入机构模块，此时界面如图 2.1.1 所示。

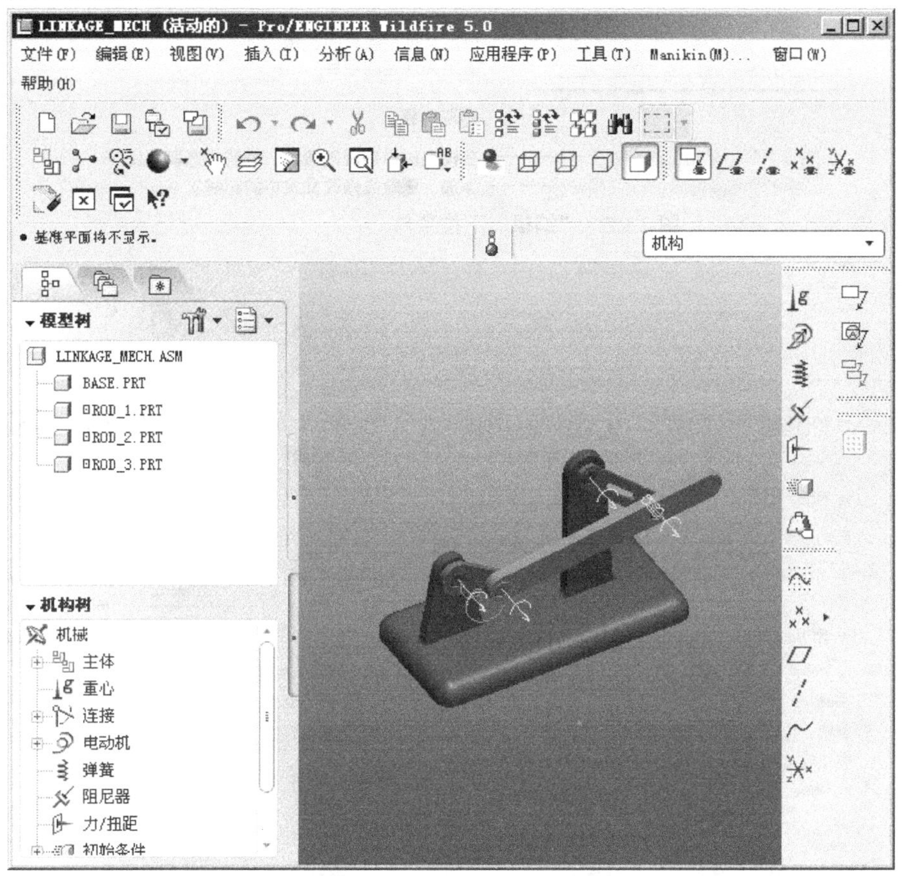

图 2.1.1 机构模块界面

2.1.3 机构模块中的菜单及命令按钮简介

在“机构”界面中，与机构相关的操作命令主要位于 编辑(E)、插入(I) 和 分析(A) 三个下拉菜单中，如图 2.1.2~图 2.1.4 所示。

在机构界面中，命令按钮区列出了下拉菜单中常用的“机构”操作命令，如图 2.1.5 所示（要列出所有这些命令按钮，可在按钮区右击鼠标，在图 2.1.6 所示的快捷菜单中选中 机构 、模型 和 运动 命令）。

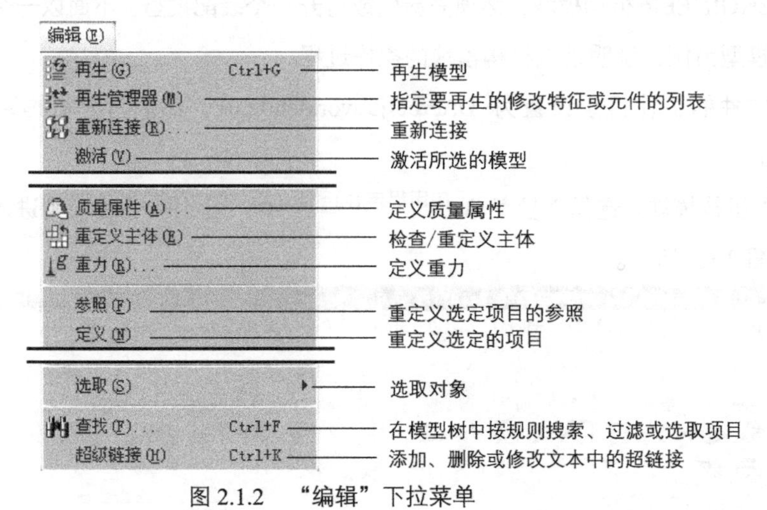

图 2.1.2 “编辑”下拉菜单

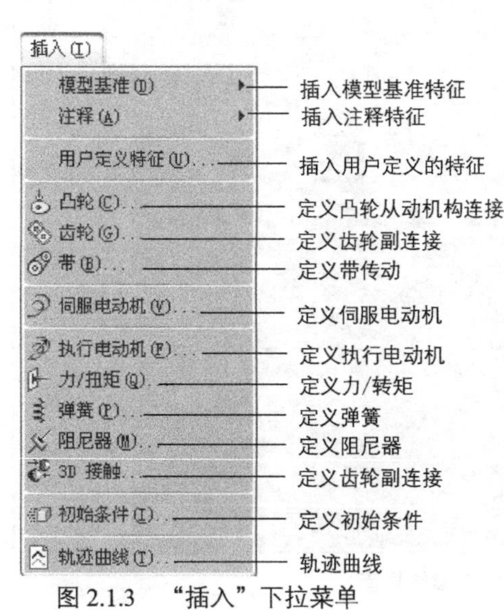

图 2.1.3 “插入”下拉菜单

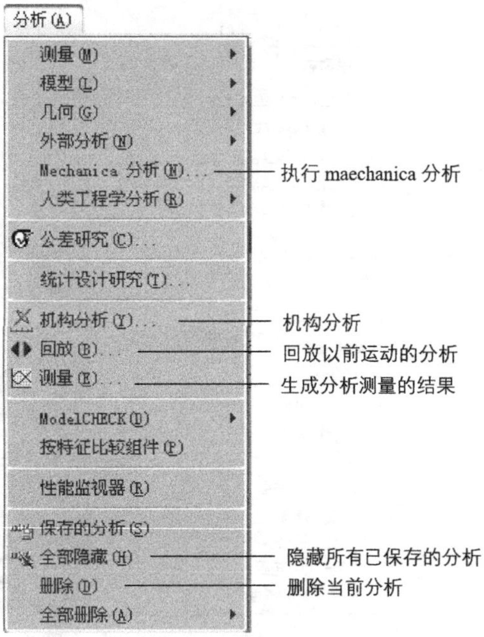

图 2.1.4 “分析”下拉菜单

图 2.1.5 中各按钮的说明如下。

A：打开“设置”(Settings) 对话框。可设置运行优先选项和相对公差等。

B：单击此按钮，系统打开图 2.1.7 所示的“显示图元”对话框，在该对话框中可打开或关闭装配件上各种图标的显示。

C：打开“凸轮从动机构连接定义”对话框，从中可以创建或编辑一个凸轮从动机构连接。

D：打开“3D 接触”操控板，可以在两个属于不同主体的零件之间定义 3D 接触。

E：打开“齿轮副定义”对话框，从中可以创建或者编辑一个齿轮副连接。

F：打开“传送带”操控板，从中可以定义带传动。

G：打开“伺服电动机定义”对话框，从中可以定义、编辑或删除一个驱动器。

H：打开“分析定义”对话框。

I：打开“回放”对话框，从中可以回放运动运行的结果。

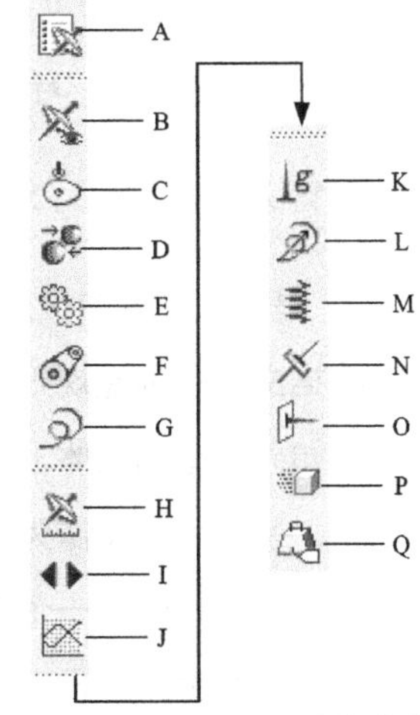

图 2.1.5 “机构”模块中的按钮

J：打开“测量结果”对话框，从中可以选取测量和要显示的结果集。

K：打开“重力”对话框，定义重力。

L：打开“执行电动机定义”对话框，从中可以创建或者编辑一个执行电动机。

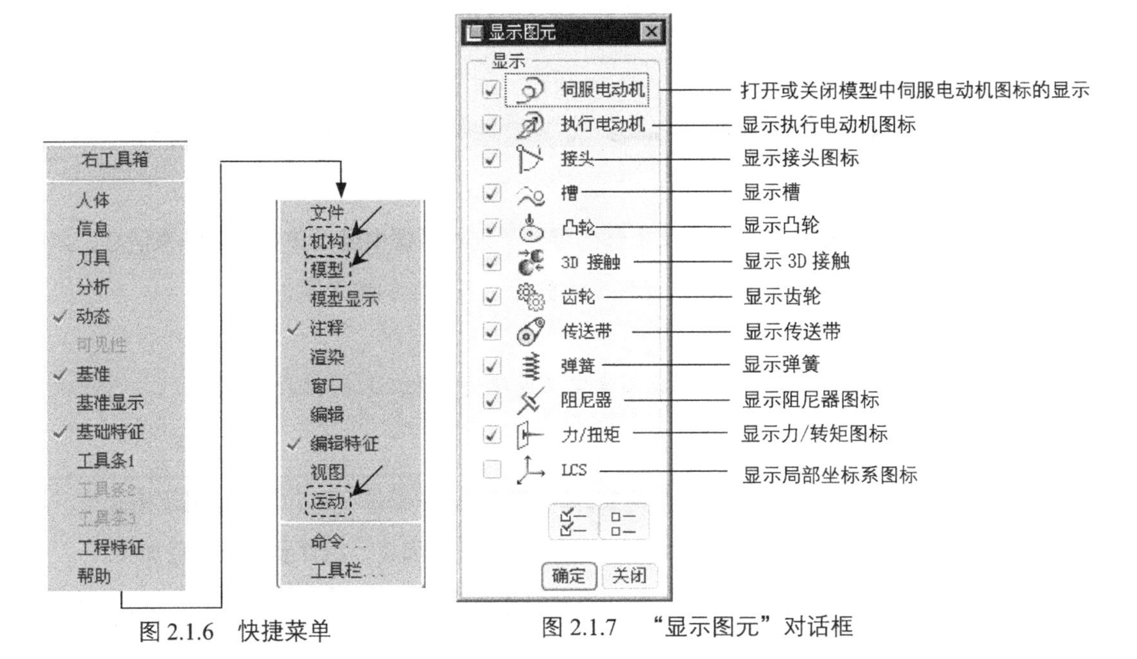

图 2.1.6 快捷菜单

图 2.1.7 “显示图元”对话框

M：打开“弹簧”操控板，从中可以创建或者编辑一个弹簧。

N：打开“阻尼器”操控板，从中可以创建或者编辑一个阻尼器。

O：打开“力/转矩定义”对话框，从中可以创建或者编辑一个力或转矩。

P：打开“初始条件定义”对话框，从中可以创建或者编辑一个初始条件。

Q：打开“质量属性”对话框，定义质量属性。

2.1.4 主体及其定义方法

“主体”是机构装置中彼此间没有相对运动的一组元件（或一个元件）。在创建一个机构装置时，根据主体的创建规则，一般第一个放置到装配体中的元件将成为该机构的“基础”主体，以后如果在基础主体上添加固定元件，那么该元件将成为“基础”的一部分；如果添加连接元件，系统则将其作为另一个主体。当为一个连接定义约束时，只能分别从装配体的同一个主体和连接件的同一个主体中选取约束参考。

进入机构模块后，选择下拉菜单 视图(V) ➡ 加亮主体(H) 命令，系统将加亮机构装置中的所有主体。不同的主体显示为不同的颜色，基础主体为绿色。

如果机构装置没有以预期的方式运动，或者如果因为两个零件在同一主体中而不能创建连接，就可以使用“重定义主体”来实现以下目的。

- ◆ 查明是什么约束使零件属于一个主体。
- ◆ 删除某些约束，使零件成为具有一定运动自由度的主体。

具体步骤如下：

步骤 01 选择下拉菜单 编辑(E) ➡ 重定义主体(E) 命令，系统弹出“重定义主体”对话框。

步骤 02 在模型中选取要重定义主体的零件，则对话框中显示该零件的约束信息，如图 2.1.8 所示，类型 列显示约束类型，元件参照 列显示各约束的参考零件。

约束 列表框不列出用来定义连接的约束，只列出固定约束。

步骤 03 从 约束 列表中选择一个约束，系统即显示其 元件参照 和 组件参照，显示格式为“零件名称：几何类型”，同时在模型中，元件参考以洋红色加亮，组件参考以青色加亮。

步骤 04 如果要删除一个约束，可从列表中选择该约束，然后单击 移除 按钮。根据主体的创建规则，将一个零件“连接”到机构装置中时，会使零件变成一个主体。所以一般情况下，删除零件的某个约束可以将零件重定义为符合运动自由度要求的主体。

步骤 05 如果要删除所有约束，可单击 移除所有 按钮。系统将删除所有约束，同时零件被包装。

不能删除子装配件的约束。

步骤 06 单击 确定 按钮。

图 2.1.8 “重定义主体”对话框

2.2 Pro/ENGINEER 运动仿真和分析的流程

Pro/ENGINEER 运动仿真和分析是基于组件进行的，在装配时使用机械约束集来连接元件，然后进入到机构模块即可进行运动仿真和基本运动分析。下面简要介绍建立一个机构装置并进行运动仿真的一般操作过程。

步骤 01 新建一个装配体模型，进入装配环境，然后选择下拉菜单 插入(I) → 元件(C) → 装配(A)... 命令，向装配体中添加组成机构装置的固定元件及连接元件。

步骤 02 选择下拉菜单 应用程序(P) → 机构(E) 命令，进入机构模块，然后选择下拉菜单 视图(V) → 方向(O) → 拖动元件(D)... 命令，可拖动机构装置，以研究机构装置移动方式的一般特性以及可定位零件的范围；同时可创建快照来保存重要位置，便于以后查看。

步骤 03 选择下拉菜单 插入(I) → 凸轮(C)... 命令，可向机构装置中增加凸轮从动机构连接（此步操作可选）。

步骤 04 选择下拉菜单 插入(I) → 伺服电动机(V)... 命令，可向机构装置中增加伺服电动机。伺服电动机准确定义某些接头或几何图元应如何旋转或平移。

步骤 05 选择下拉菜单 分析(A) → 机构分析(Y)... 命令，定义机构装置的运动分析，然后指定影响的时间范围并创建运动记录。

步骤 06 选择下拉菜单 分析(A) → 回放(B)... 命令，可重新演示机构装置的运动、检测干涉、研究从动运动特性和检查锁定配置，并可保存重新演示的运动结果，以便于以后查看和使用。

步骤 07 选择下拉菜单 分析(A) → 测量(E)... 命令，以图形方式查看位置结果。

2.3 装配运动机构模型

创建运动机构模型是指在零件设计完成后，采用“连接”的方式来装配零件模型。如果将一个元件以机械约束的方式添加到机构模型中，则该元件相对于依附元件具有某种运动的自由度。

添加连接元件的方法与添加固定元件大致相同。进入装配环境后，首先选择下拉菜单 插入(I) → 元件(C) → 装配(A)... 命令，并打开一个元件，系统弹出图 2.3.1 所示的“元件放置”操控板。在操控板的“约束集”列表框中，可看到系统提供了多种“连接”类型（如刚性、销钉和滑动杆等），各种连接类型允许不同的运动自由度，每种连接类型都与一组预定义的放置约束相关联。

在向机构装置中添加一个“连接”元件前，应知道该元件与装置中其他元件间的放置约束关系、相对运动关系和该元件的自由度。

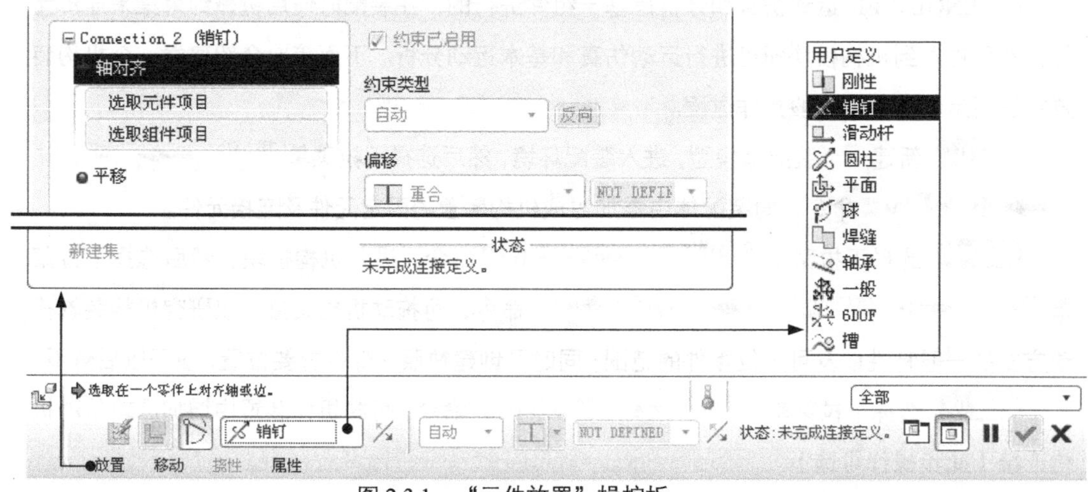

图 2.3.1 “元件放置”操控板

“连接”的意义在于：

- 定义一个元件在机构中可能具有的运动方式。
- 限制主体之间的相对运动，减少系统可能的总自由度。

向装配件中添加连接元件与添加固定元件的相似之处为：

- 两种方法都使用 Pro/ENGINEER 的装配约束进行元件的放置。
- 装配件和子装配件之间的关系相同。

向装配件中添加连接元件与添加固定元件的不同之处为：

- 向装配件中添加连接元件时，定义的放置约束为不完全约束模型。系统为每种连接类型提供了一组预定义的放置约束（如销钉连接的约束集中包含“轴对齐”和“平移”两个约束），各种连接类型允许元件以不同的方式运动。
- 当为连接元件的放置选取约束参考时，要反转平面的方向，可以进行反向，而不是配对或对齐平面。
- 添加连接元件时，可以为一个连接元件定义多个连接。在一个元件中增加多个连接时，第一个连接用来放置元件，最后一个连接认为是环连接。
- Pro/ENGINEER 将连接的信息保存在装配件文件中，这意味着父装配件继承了子装配件中的连接定义。

下面以图 2.3.2 所示的连杆机构为例，说明创建运动机构模型的一般过程。

本章后续有关机构运动仿真与分析的一般操作过程的内容均以图 2.3.2 所示的连杆机构模型为范例进行介绍，其内容具有连贯性，请读者合理安排学习时间。

图 2.3.2 连杆机构模型

任务 01 新建装配模型

步骤 01 将工作目录设置至 D:\Proefj5\work\ch02.03。

步骤 02 单击“新建”按钮，在弹出的“新建”对话框中进行下列操作：

(1) 选中类型选项组下的 ◉ 组件 单选项。

(2) 选中 子类型 选项组下的 ◉ 设计 单选项。

(3) 在 名称 文本框中输入文件名 linkage_mech。

(4) 通过取消 ☐ 使用缺省模板 复选框中的“√”号，来取消“使用缺省模板”。

(5) 单击该对话框中的 确定 按钮。

步骤 03 在系统弹出的“新文件选项”对话框（图 2.3.3）中进行下列操作：

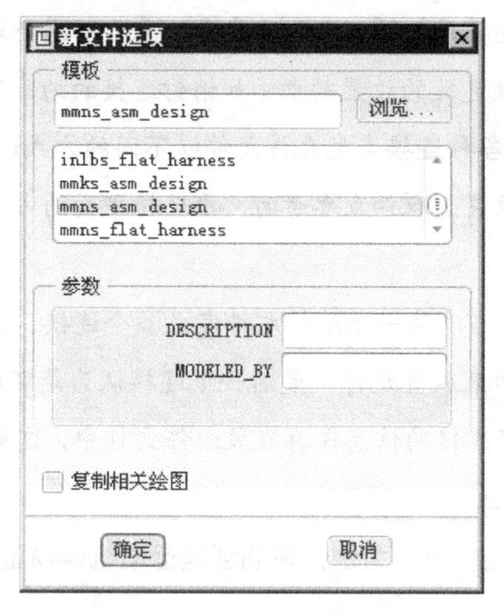

图 2.3.3 “新文件选项”对话框

(1) 选取适当的装配模板。在模板选项组中选取 mmns_asm_design 模板命令。

(2) 对话框中的两个参数 DESCRIPTION 和 MODELED_BY 与 PDM 有关，一般不对此进行操作。

(3) ☐ 复制关联绘图 复选框一般不用进行操作。

(4) 单击该对话框中的 确定 按钮。

完成这一步操作后，系统进入装配模式（环境），此时在图形区可看到三个正交的装配基准平面（图 2.3.4）。

步骤 04 隐藏装配基准。

(1) 设置模型树的显示项目。在模型树界面中选择 ➡ 树过滤器(F)... 命令；在弹出的“模型树项目”对话框中选中 ☑ 特征 复选框，然后单击对话框中的 确定 按钮。

(2) 隐藏基准平面。在模型树中选取基准平面 ASM_RIGHT、ASM_TOP、ASM_FRONT 并右击，从快捷菜单中选择 隐藏 命令。

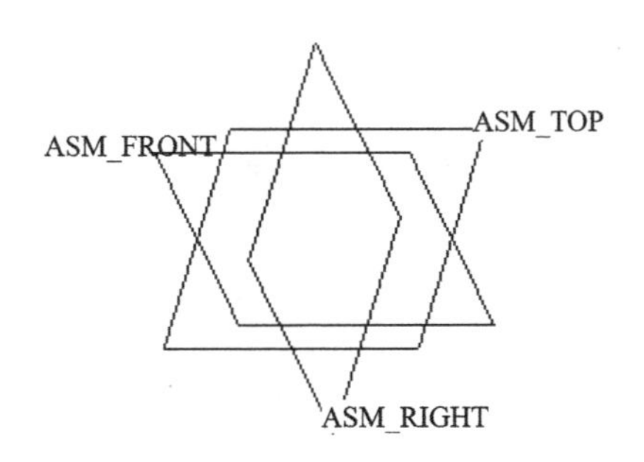

图 2.3.4　三个正交的装配基准平面

任务02 增加第一个固定元件：基座（base）零件

步骤01 引入基座零件。

（1）在图 2.3.5 和图 2.3.6 所示的下拉菜单中选择 插入(I) → 元件(C) → 装配(A)... 命令。

元件(C) 菜单下的几个命令的说明如下。

- 装配(A)...：将已有的元件（零件、子装配件或骨架模型）装配到装配环境中。用“元件放置”对话框，可将元件完整地约束在装配件中。
- 创建(C)...：选择此命令，可在装配环境中创建不同类型的元件：零件、子装配件、骨架模型及主体项目，也可创建一个空元件。
- 封装...：选择此命令，可将元件不加装配约束地放置在装配环境中，它是一种非参数形式的元件装配。关于元件的“封装”详见后面的章节。
- 包括(I)...：选择此命令，可在活动组件中包括未放置的元件。
- 挠性...：选择此命令，可以向所选的组件添加挠性元件（如弹簧）。

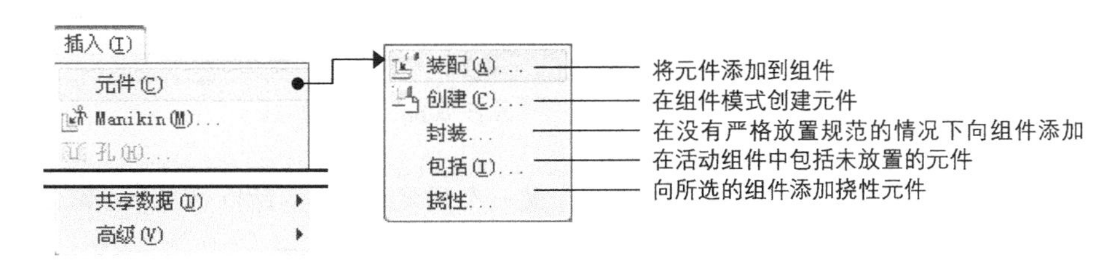

图 2.3.5　“插入”菜单　　　　图 2.3.6　“元件”子菜单

（2）此时系统弹出文件“打开”对话框，选择基座零件模型文件 base.prt，然后单击 打开 按钮。此时系统弹出“元件放置”操控板，并在图形区中显示图 2.3.7 所示的模型。

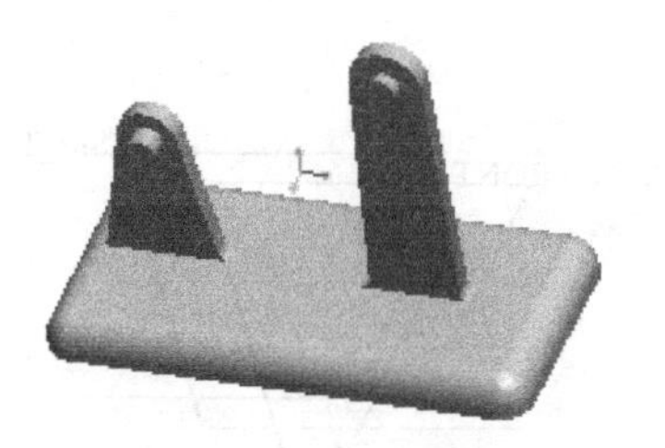

图 2.3.7　引入基座零件

步骤 02 完全约束放置基座零件。在图 2.3.8 所示的“元件放置”操控板中单击 放置 按钮，在 约束类型 下拉列表中选择 缺省 选项，将元件按默认放置，此时操控板中显示的信息为 完全约束，说明零件已经完全约束放置；单击操控板中的 ✓ 按钮。

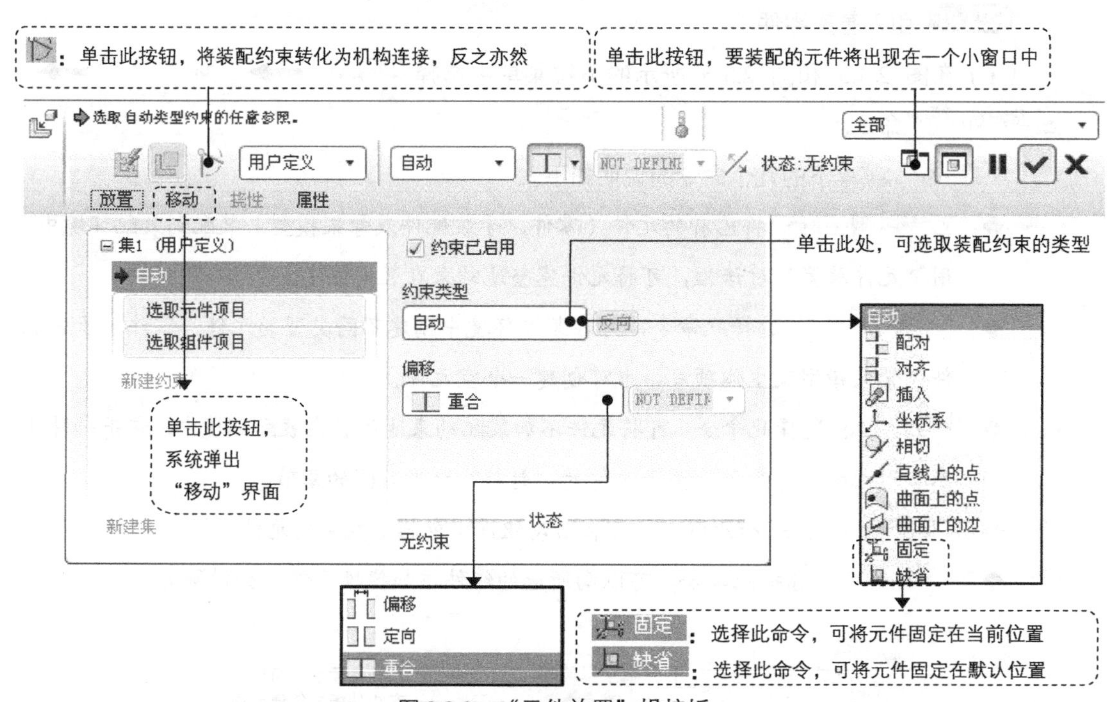

图 2.3.8　“元件放置”操控板

- 由于基座零件在机构中是一个固定的主体，所以这里添加 缺省 约束（零件坐标系与装配坐标系重合）使其固定即可。
- 步骤 02 中的 缺省 约束也可以直接在图 2.3.8 所示的普通装配约束列表中直接选取。
- 在默认情况下， 放置 区域显示的是普通装配约束列表，如果在机械连接约束列表中选择一种连接， 放置 区域的显示将会发生变化。

任务03 添加第一个运动元件：连杆 1（rod_1）

步骤01 引入连杆 1。选择下拉菜单 插入(I) → 元件(C) ▸ → 装配(A)... 命令，打开名为 rod_1.prt 的零件，此时出现“元件放置”操控板。

第二个零件引入后，可能与第一个零件相距较远，或者其方向和方位不便于进行约束放置，此时需要将零件移动到合适的位置以便添加约束。

步骤02 移动连杆 1 至合适位置。

（1）在元件放置操控板中单击 移动 按钮，系统弹出图 2.3.9 所示的“移动”界面。

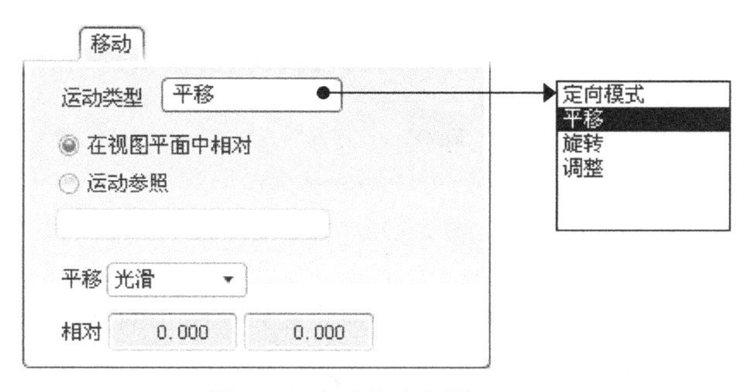

图 2.3.9 “移动”界面

（2）在 运动类型 下拉列表中选择 平移 选项。

（3）选取运动参考。在“移动”界面中选中 ◉ 在视图平面中相对 单选项（在视图平面中移动元件）。

（4）在绘图区单击左键，并移动鼠标，可看到连杆 1 随着鼠标的移动而平移，将其从图 2.3.10 中的位置 1 平移到图 2.3.11 中的位置 2 后再次单击左键。

- 在“移动”界面的 运动类型 下拉列表中选择 旋转 选项，可以旋转模型。
- 放置元件时，在不打开 移动 界面的前提下，可以使用快捷键平移和旋转要装配的元件。具体方法是：先同时按住 Ctrl 键和 Shift 键，按住鼠标右键并拖动鼠标可以平移模型，按住鼠标左键并拖动鼠标可以在视图平面内旋转模型，按住鼠标中键并拖动鼠标可以全方位旋转模型。
- 在“元件放置”操控板中，单击 按钮即可打开一个包含要装配元件的辅助窗口（再次单击 按钮即可关闭辅助窗口），如图 2.3.12 所示。在此窗口中可单独对要装入的元件进行缩放、旋转和平移，这样就可以将要装配的元件调整到方便选取装配约束参考的位置，也可以直接在辅助窗口中选取约束参考。

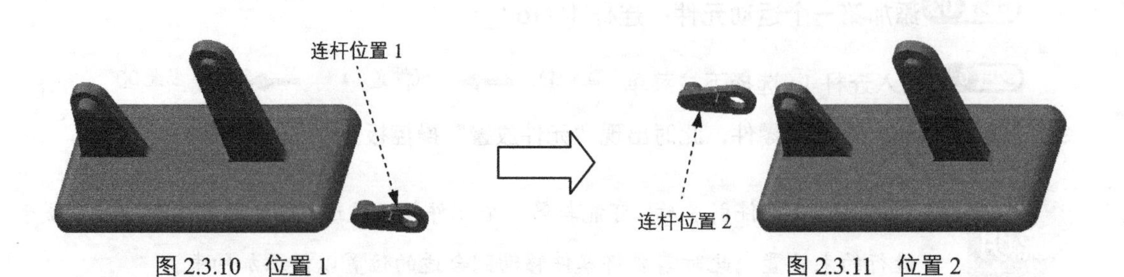

图 2.3.10　位置 1　　　　图 2.3.11　位置 2

图 2.3.12　辅助窗口

（5）调整连杆 1 的位置，将连杆 1 旋转到图 2.3.13 所示的方位。

图 2.3.13　旋转连杆 1

步骤 03　创建连杆 1 和基座之间的“销钉（Pin）”连接。

（1）在“元件放置”操控板的机械连接约束列表中选择 销钉 选项，如图 2.3.14 所示。

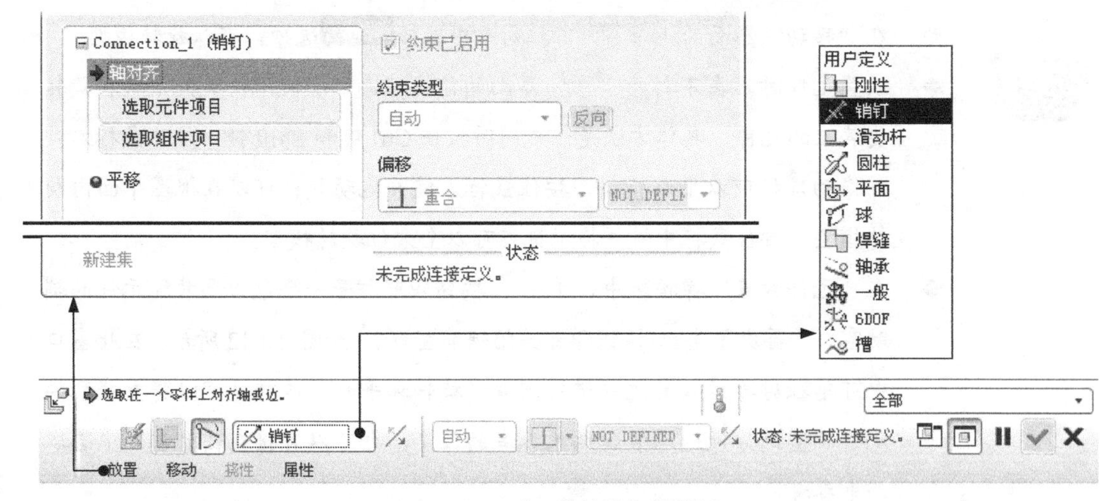

图 2.3.14　“元件放置”操控板

（2）定义“轴对齐”约束。单击操控板中的 放置 按钮，分别选取图 2.3.15 中的两个圆弧面为 轴对齐 约束参考，此时 放置 界面（一）如图 2.3.16 所示。

（3）定义“平移”约束。分别选取图 2.3.15 中的两个平面为 平移 约束参考，以限制连杆在安装轴上的平移自由度，此时 放置 界面（二）如图 2.3.17 所示。

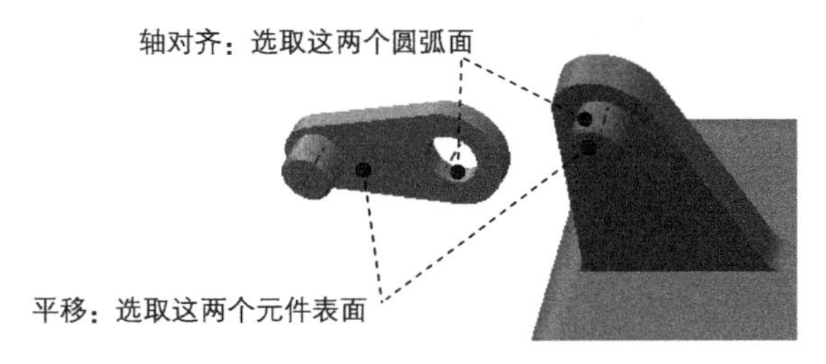

图 2.3.15　创建“销钉（Pin）”连接

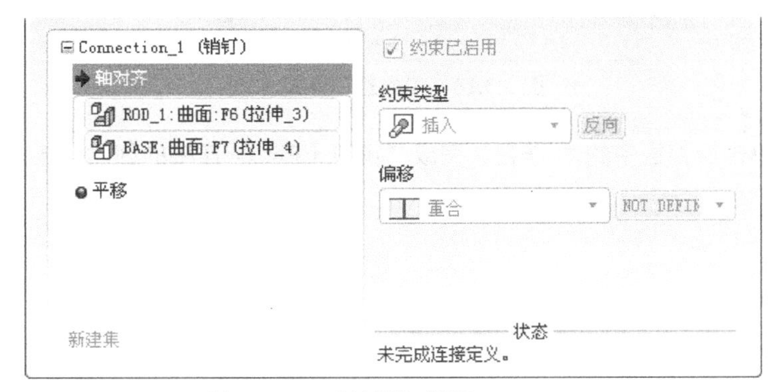

图 2.3.16　“放置”界面（一）

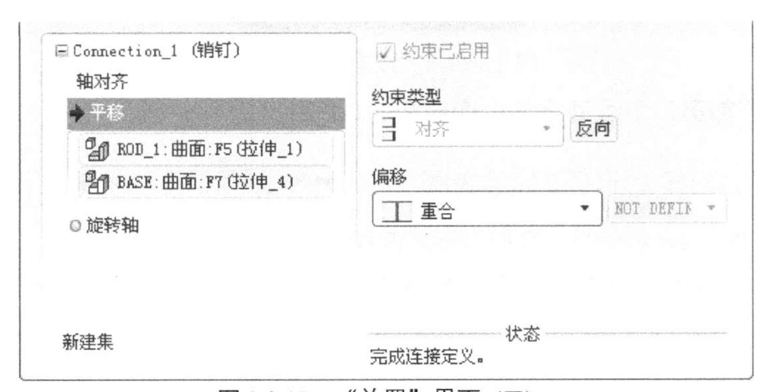

图 2.3.17　“放置”界面（二）

◆ 如果约束参考选择错误，可以先单击操控板中的 轴对齐 或 平移，在下方的约束参考文本框中单击要替换的对象，重新选取即可。也可以右击要修改的对象，选择“移除”命令将其移除。

◆ 单击“放置”界面（三）中的“Connection_1（销钉）”，可以修改连接的名称、反转连接方向以及更改连接类型，如图 2.3.18 所示。

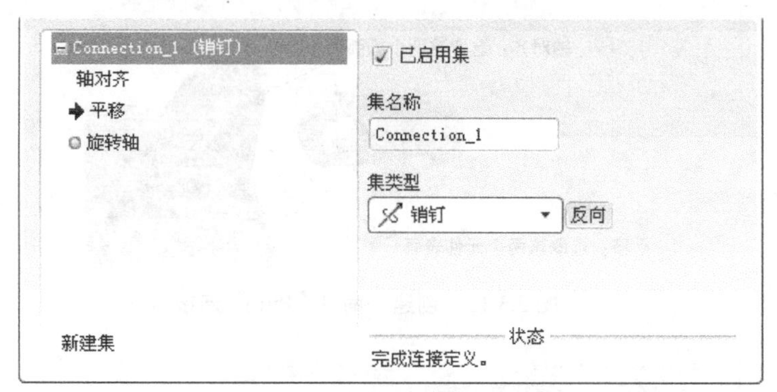

图 2.3.18 “放置”界面 (三)

步骤 04 单击操控板中的✓按钮，完成“销钉（Pin）”连接的创建与连杆 1 的放置，如图 2.3.19 所示。

图 2.3.19 完成连杆 1 的放置

任务 04 添加第二个运动元件：连杆 2（rod_2）

步骤 01 引入连杆 2。选择下拉菜单 插入(I) → 元件(C) ▸ → 装配(A)... 命令，打开名为 rod_2.prt 的零件，此时出现“元件放置”操控板。

步骤 02 移动连杆 2 至合适位置。将其从图 2.3.20 中的位置 1 平移到图 2.3.21 中的位置 2 后单击左键。

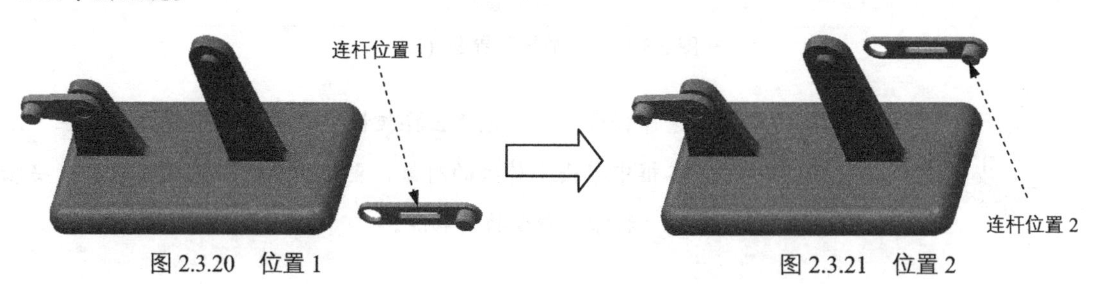

图 2.3.20 位置 1　　图 2.3.21 位置 2

步骤 03 创建连杆 2 和基座之间的“销钉（Pin）”连接。

（1）在“元件放置”操控板的机械连接约束列表中选择 销钉 选项。

（2）定义“轴对齐”约束。单击操控板中的 放置 按钮，分别选取图 2.3.22 中的两个圆弧面为 轴对齐 约束参考，此时 放置 界面（一）如图 2.3.23 所示。

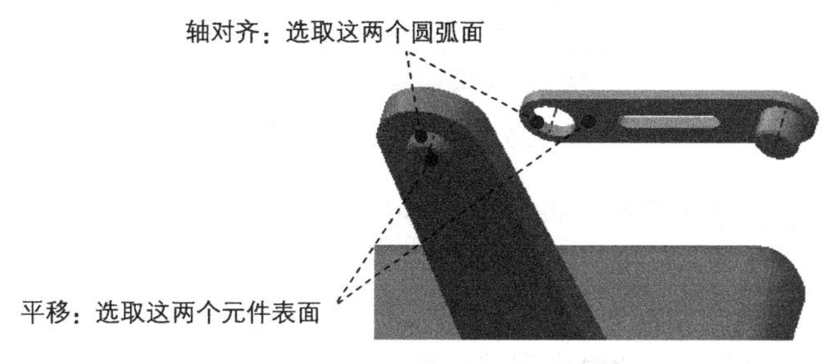

图 2.3.22　创建“销钉（Pin）”连接

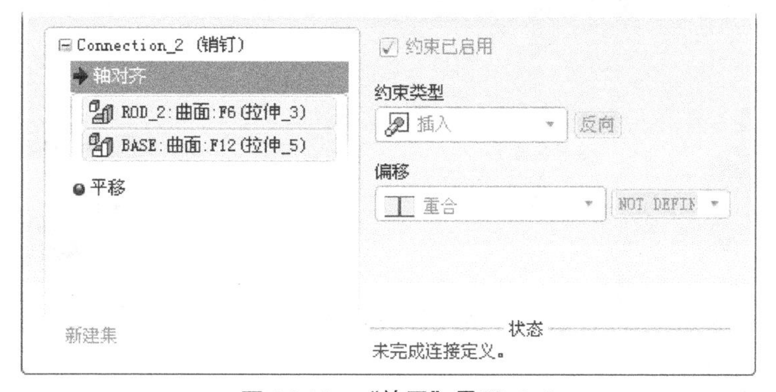

图 2.3.23　“放置”界面（一）

（3）定义“平移”约束。分别选取图 2.3.22 中的两个平面为 平移 约束参考，以限制连杆在安装轴上平移的自由度，此时 放置 界面（二）如图 2.3.24 所示。

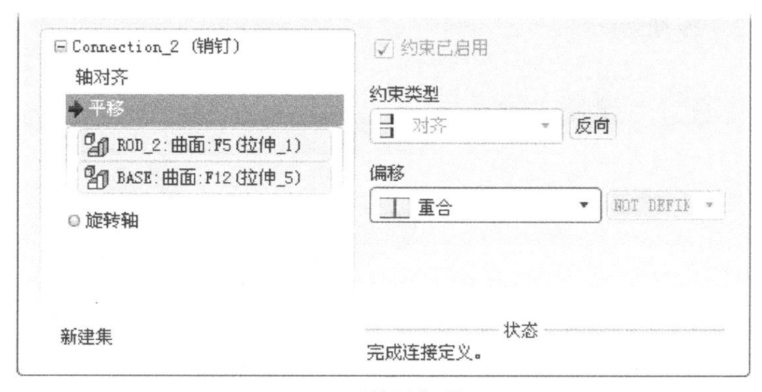

图 2.3.24　“放置”界面（二）

步骤 04 单击操控板中的✔按钮，完成“销钉（Pin）”连接的创建与连杆 2 的放置，如图 2.3.25 所示。

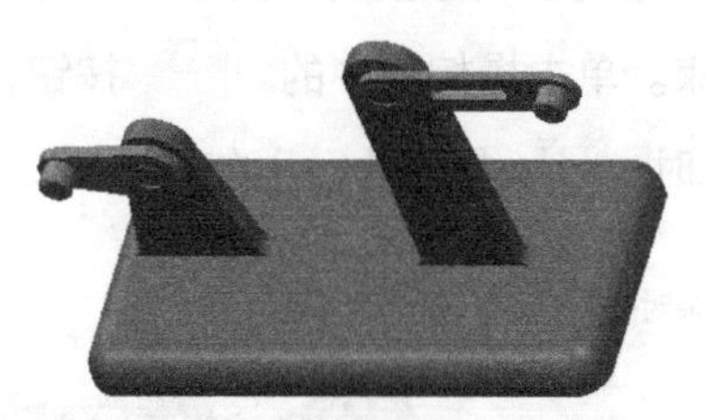

图 2.3.25　完成连杆 2 的放置

任务 05 添加第三个运动元件：连杆 3（rod_3）

步骤 01 引入连杆 3。选择下拉菜单 插入(I) ➡ 元件(C) ▸ ➡ 装配(A)... 命令，打开名为 rod_3.prt 的零件，此时出现“元件放置”操控板。

步骤 02 移动连杆 3 至合适位置。将其从图 2.3.26 中的位置 1 平移到图 2.3.27 中的位置 2 后单击左键。

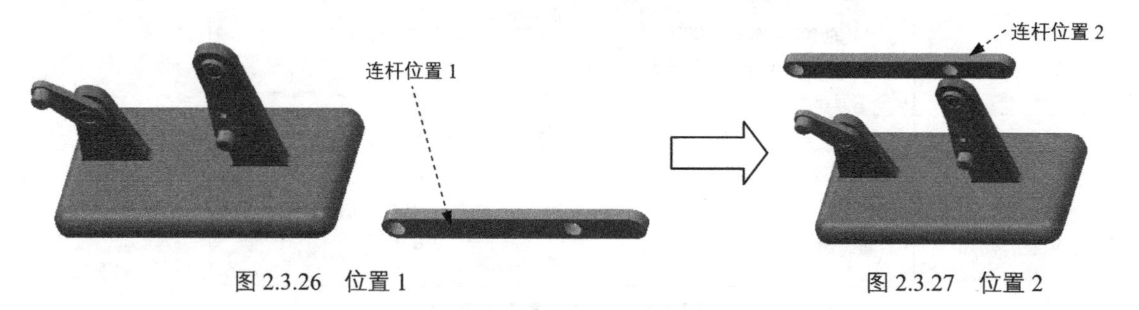

图 2.3.26　位置 1　　图 2.3.27　位置 2

步骤 03 创建连杆 3 和连杆 1 之间的“销钉（Pin）”连接。

（1）在“元件放置”操控板的机械连接约束列表中选择 销钉 选项。

（2）单击 放置 按钮，选取图 2.3.28 中的两个圆弧面为 轴对齐 约束参考，此时 放置 界面（一）如图 2.3.29 所示。

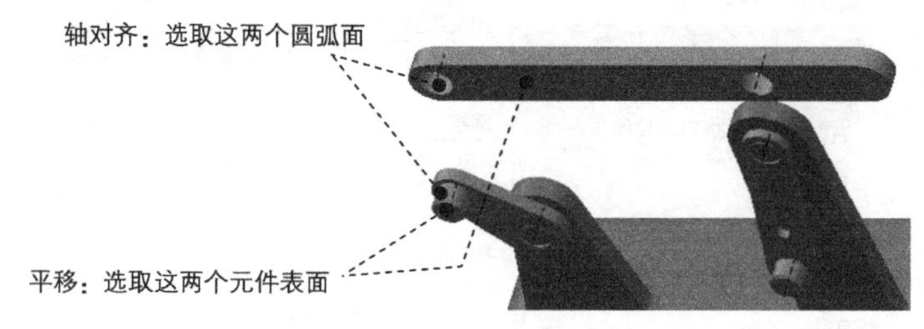

图 2.3.28　创建“销钉（Pin）”连接

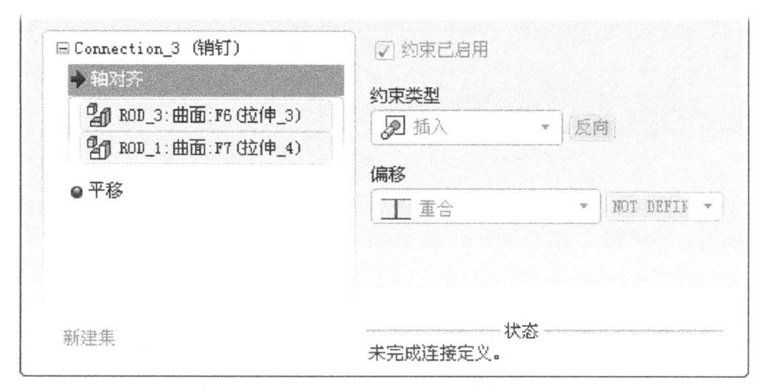

图 2.3.29　“放置”界面（一）

（3）选取图 2.3.28 中的两个平面为平移约束参考，此时放置界面（二）如图 2.3.30 所示。

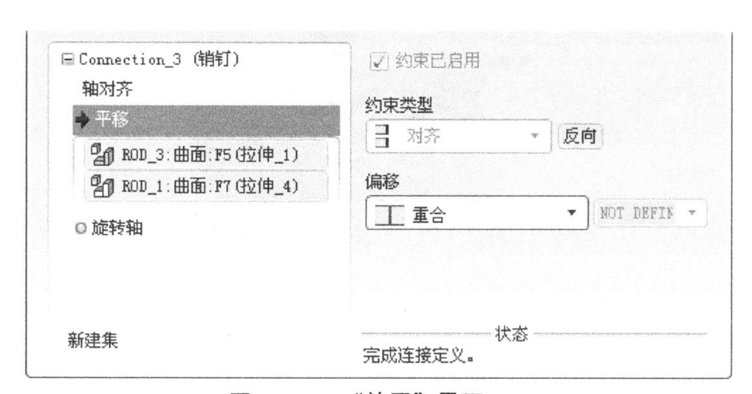

图 2.3.30　“放置”界面（二）

步骤 04 创建连杆 3 和连杆 2 之间的“圆柱（Cylinder）”连接。

（1）在放置界面下方单击“新建集”字符，在“元件放置”操控板的机械连接约束列表中选择圆柱选项。

（2）选取图 2.3.31 中的两个圆弧面为轴对齐约束参考，此时放置界面（三）如图 2.3.32 所示。

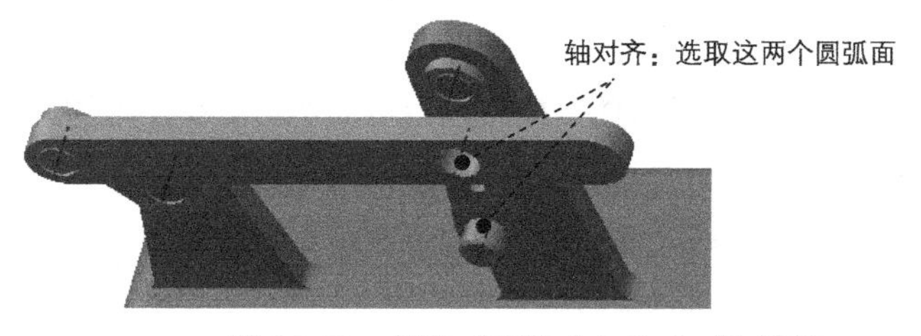

图 2.3.31　创建“圆柱（Cylinder）”连接

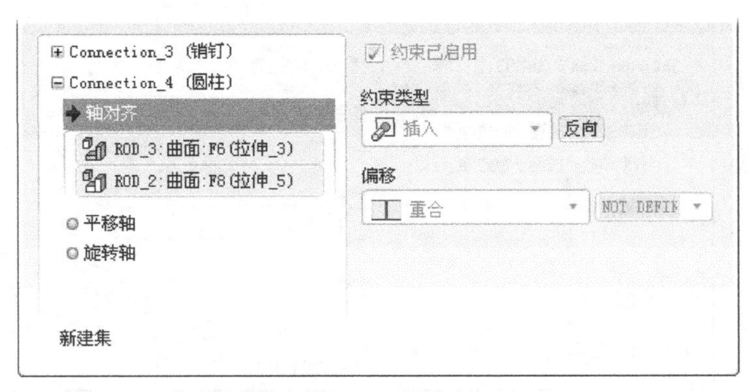

图 2.3.32 “放置”界面（三）

步骤 05 单击操控板中的✔按钮，完成“销钉（Pin）”连接与“圆柱（Cylinder）”连接的创建以及连杆 3 的放置，如图 2.3.33 所示。

图 2.3.33 完成连杆 3 的放置

任务 06 验证机构连接

步骤 01 拖动机构。按住 Ctrl 键和 Alt 键，拖动连杆 1，可以观察机构的连接状况。

步骤 02 再生模型。选择下拉菜单 编辑(E) ➡ 再生(G) 命令，再生机构模型。

采用快捷键拖动机构中的运动元件，可以快速检查机构的装配和运行情况，如果机构不能拖动或拖动时机构发生异常的位置移动，则需要检查机构的连接是否设置正确。

2.4 定义初始位置

当机构装配完成后，即可进入仿真模块进行运动仿真。在开始仿真之前，需要设置机构中主要部件的初始位置，这样可以使机构的每次仿真都从初始位置开始运行，保证运动仿真的一致性和分析的准确性。否则，机构运动仿真将从当前位置或上一次仿真的结束位置开始运行。

设置初始位置一般需要和拖动命令一起配合使用。在机构模块中，选择下拉菜单 视图(V) → 方向(O) ▸ → 拖动元件(D)... 命令，可以用鼠标对主体进行“拖移(Drag)”。该功能可以验证连接的正确性和有效性，并使我们能深刻理解机构装置的行为方式，以及如何以特殊格局放置机构装置中的各元件。在拖移时，还可以借助接头禁用和主体锁定功能来研究各个部分机构装置的运动。拖移过程中，可以对机构装置进行拍照，这样可以对重要位置进行保存。拍照时，可以捕捉现有的锁定主体、禁用的连接和几何约束。

拖动元件的方法有点拖动和约束定位。在拖动元件时，如果该机构无须定义一个准确的初始位置，可以采用“点拖动”的方法定义大致位置即可，该方法与前文中介绍的快捷移动方法（Ctrl 键和 Shift 键配合拖动）较相似。如果机构初始位置要求较准确，可以采用高级拖动和约束定位的方法来定位元件。

下面以本章 2.3 小节中装配完成的机构模型为例，说明设置初始位置状态的一般过程。

步骤 01 将工作目录设置为 D:\Proefj5\work\ch02.04，打开文件 linkage_mech.asm。

步骤 02 进入机构模块。选择下拉菜单 应用程序(P) → 机构(E) 命令，进入机构模块。

步骤 03 选择拖动命令。选择下拉菜单 视图(V) → 方向(O) ▸ → 拖动元件(D)... 命令，系统弹出图 2.4.1 所示的“拖动”对话框。

图 2.4.1 “拖动”对话框

步骤04 采用点拖动记录快照1。

（1）在“拖动”对话框中确认“点拖动”按钮被按下，在机构中单击图2.4.2所示的连杆1，可以观察到连杆1上出现拖动点（显示为小方块，拖动点的位置与选择连杆1时单击的位置有关），如图2.4.3所示。

图2.4.2 拖动连杆1

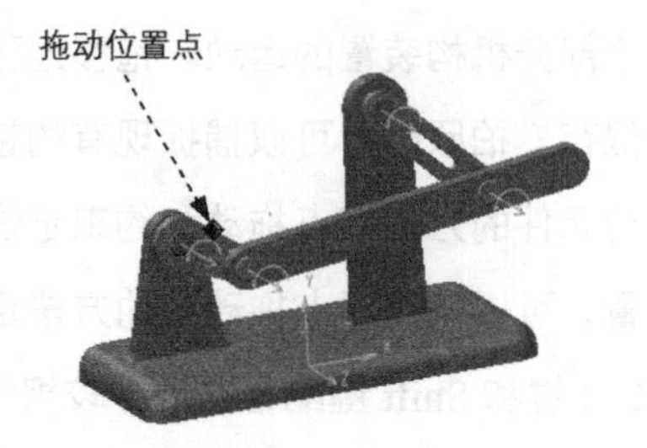

图2.4.3 快照1

（2）此时移动鼠标，即可按照机构的连接条件使机构运动。

（3）拖动连杆1至图2.4.3所示的大致位置，再单击鼠标左键。

拖动元件时鼠标的操作说明如下。

◆ 鼠标左键：接受当前主体的位置。

◆ 鼠标中键：取消刚才执行的拖移。

◆ 鼠标右键：取消刚才进行的拖移，并退出“拖动”对话框。

（4）记录快照1。单击对话框 当前快照 区域中的按钮，即可记录当前位置为快照1（Snapshot1）。

移动时不要按住鼠标左键不放，单击选择拖动点后，松开左键再移动鼠标。

图2.4.1所示的“拖动”对话框中的部分按钮说明如下。

◆ ：显示选定的快照，将机构中的位置调整为快照中记录的位置。

◆ ：将当前快照中某个元件的位置替换为其他快照中的位置。

◆ ：以当前屏幕中的元件位置替代快照中的位置。

◆ ：选定的快照可以被导入到工程图中。

◆ ：删除选定的快照。

步骤05 采用定向约束记录快照2。

（1）在“拖动”对话框中单击图2.4.4所示的 约束 选项卡，然后单击“定向”按钮。

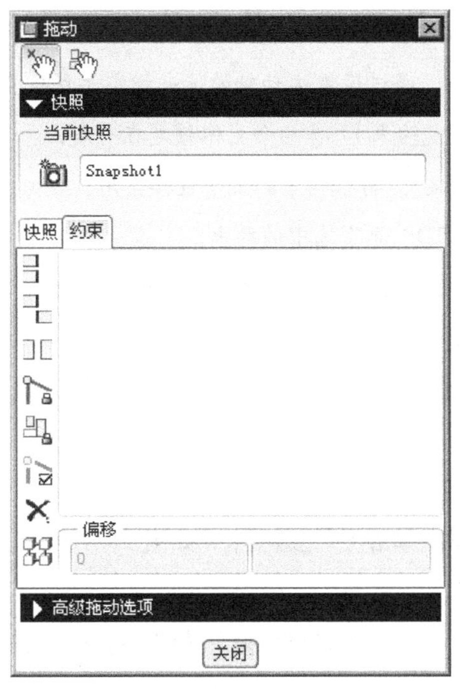

图 2.4.4 “约束”选项卡

（2）在模型中选取图 2.4.5 所示的基座（base）中的基准平面 RIGHT 与连杆 1（ROD_1）中的基准平面 TOP 为定向参考，定义这两个平面平行，如图 2.4.6 所示。

这里的约束仅用于当前快照中的元件定位，元件的拖动将受到约束的限制，但对其他快照以及机构原先的机械连接均无影响。

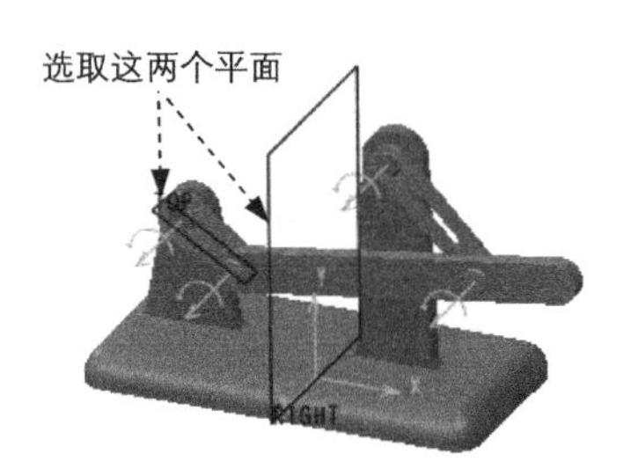

图 2.4.5 选取定向参考

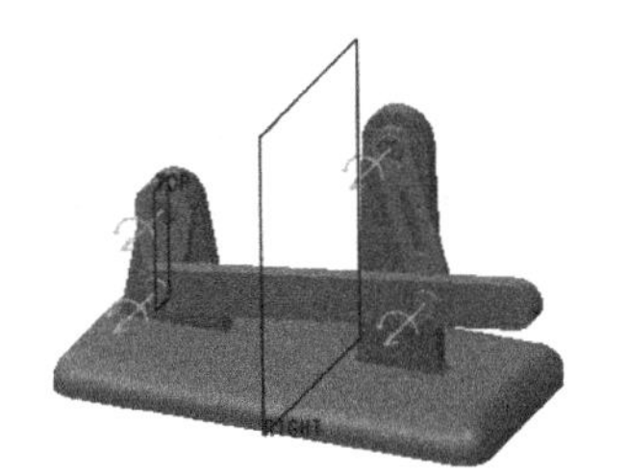

图 2.4.6 定向结果

图 2.4.4 所示的“拖动”对话框中的“约束”选项卡部分按钮说明如下：

- ◆（对齐两个图元）：选择元件中的两个点、线或平面对齐。
- ◆（配对两个图元）：选择两个平面配对。

- ◆ (定向两个曲面)：选择两个平面使其平行或成一定角度，角度值可以在“约束”选项卡下方的“偏移”文本框中输入。
- ◆ (运动轴约束)：通过设置运动轴的值来指定元件位置。
- ◆ (主体-主体锁定约束)：将两个主体锁定在一起。
- ◆ (启用/禁用连接)：将机构中的某个连接禁用。
- ◆ (删除选定约束)：删除选中的约束。
- ◆ (仅基于约束重新连接)：其后的文本框中可以输入“对齐”与“配对”约束的偏移距离、“定向”约束的角度，以及“运动轴”约束的值。

(3) 记录快照 2。单击对话框 当前快照 区域中的 按钮，即可记录当前位置为快照 2 (Snapshot2)。

步骤 06 采用定向约束记录快照 3。

(1) 在“拖动”对话框中单击 快照 选项卡，如图 2.4.7 所示，然后双击“Snapshot1”，将模型位置调整到快照 1。

(2) 单击 约束 选项卡，单击“运动轴约束”按钮 ，选取图 2.4.8 所示的运动轴为定义对象。

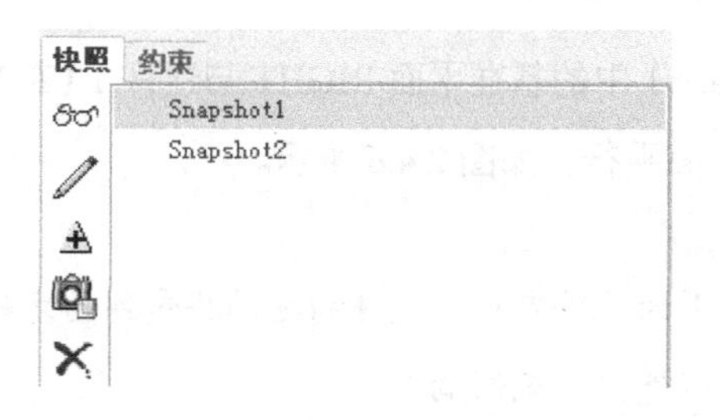

图 2.4.7 “快照”选项卡

图 2.4.8 选取运动轴

(3) 在图 2.4.9 所示的 按钮右侧的文本框中输入值-15，并按 Enter 键。

(4) 记录快照 3。单击对话框 当前快照 区域中的 按钮，即可记录当前位置为快照 3 (Snapshot3)，如图 2.4.10 所示。

图 2.4.9 输入约束值

图 2.4.10 快照 3

步骤 07 再生模型。选择下拉菜单 编辑(E) → 再生(G) 命令，再生模型。

步骤 08 保存机构模型。

◆ 要将“快照”用做机构装置的分解状态，可在“拖动”对话框的 快照 选项卡中选取一个或多个快照，然后单击 按钮，这样这些快照便可在“装配模块”和“工程图”中用做分解状态。如果改变快照，分解状态也会改变。当修改或删除一个快照，而分解状态在此快照中处于使用状态的时候，需注意以下几点：

- 对快照进行的任何修改都将反映在分解状态中。
- 如果删除快照，会使分解状态与快照失去关联关系，分解状态仍然可用，但独立于任何快照。如果接着创建的快照与删除的快照同名，分解状态就会与新快照关联起来。

◆ 在“拖动”对话框的 约束 选项卡中单击按钮 （主体－主体锁定约束），然后先选取一个导引主体，再选取一组要在拖动操作期间锁定的随动主体，则拖动过程中随动主体相对于导引主体将保持固定，它们之间就如同粘接在一起，不能相互运动。这里请注意下列两点：

- 要锁定在一起的主体不需要接触或邻接。
- 关闭“拖动”对话框后，所有的锁定将被取消，也就是说当开始新的拖移时，将不锁定任何主体或连接。

2.5 定义电动机

在 Pro/ENGINEER 的仿真中，能使机构运动的“驱动”有伺服电动机、执行电动机和力/力矩等。其中伺服电动机最常用，当两个主体以单个自由度的连接进行装配时，伺服电动机可以驱动它们以特定方式运动。添加伺服电动机，是为机构运行作准备。电动机是机构运动的动力来源，没有电动机，机构将无法进行仿真。

在机构模块中添加伺服电动机有下面两种操作方法。

方法一：在图 2.5.1 所示的 插入(I) 下拉菜单中选择 伺服电动机(V)... 命令。

方法二：如图 2.5.2 所示，右击机构树中的 伺服 节点，选择 新建 命令。

本节继续以上一小节的模型为例，介绍添加伺服电动机的基本操作过程，其他驱动类型以及伺服电动机的运动方式在本书的后续章节中再行介绍。

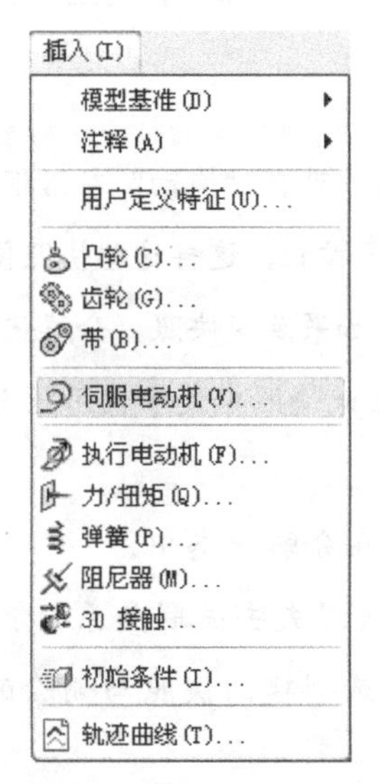

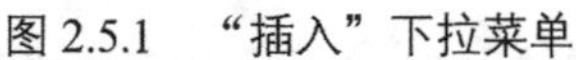
图 2.5.1 “插入”下拉菜单

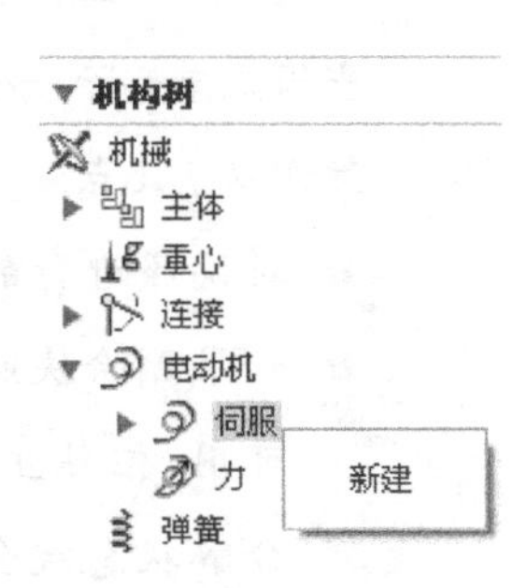

图 2.5.2 机构树

步骤 01 将工作目录设置为 D:\ Proefj5\work\ch02.05，打开文件 linkage_mech.asm。

步骤 02 进入机构模块。选择下拉菜单 应用程序(P) ➡ 机构(E) 命令，进入机构模块。

步骤 03 选择命令。选择下拉菜单 插入(I) ➡ 伺服电动机(V)... 命令，系统弹出图 2.5.3 所示的“伺服电动机定义”对话框。

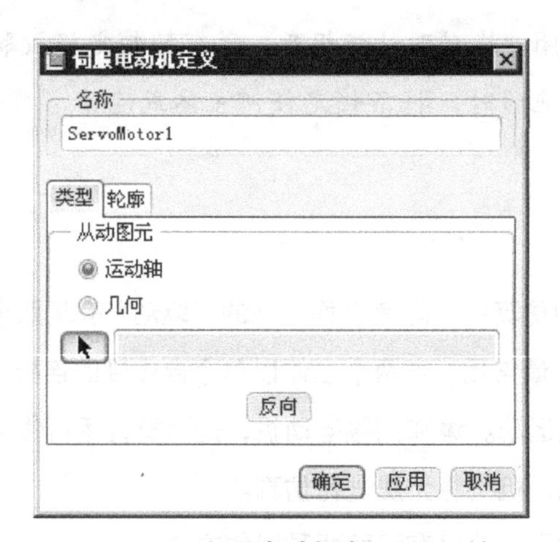

图 2.5.3 “伺服电动机定义”对话框

步骤 04 选取参考对象。选取图 2.5.4 所示的销钉连接为参考对象。

步骤 05 设置参数。单击“伺服电动机定义”对话框中的 轮廓 选项卡，在“定义运动轴设置”按钮右侧的下拉列表中选择 速度 选项，在“模”下拉列表中选择 常数 选项，在“A”文本框中输入值 60，如图 2.5.5 所示。

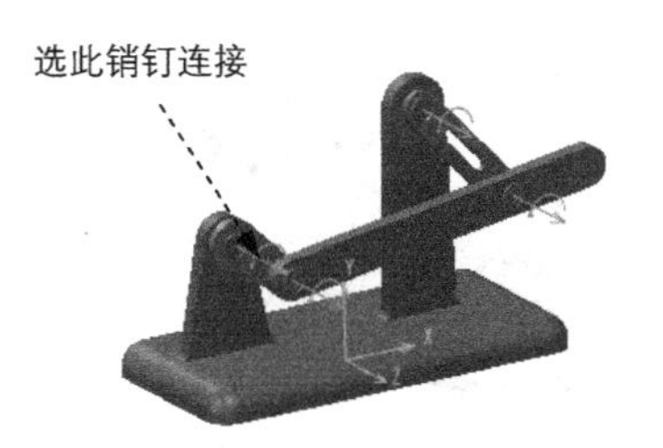

图 2.5.4　选取参考对象

这里设置的参数含义是定义连杆 1 和基座之间的“销钉（pin）”连接为参考对象，在销钉连接的约束下，由于基座固定，连杆 1 相对于基座绕“轴对齐”中的轴线进行匀速旋转运动，角速度为 60°/s。

图 2.5.5　“轮廓”选项卡

步骤 06　单击对话框中的 确定 按钮，完成伺服电动机的定义，此时机构中将显示图 2.5.6 所示的伺服电动机符号。

步骤 07　再生模型。选择下拉菜单 编辑(E) → 再生(G) 命令，再生模型。

步骤 08　保存机构模型。

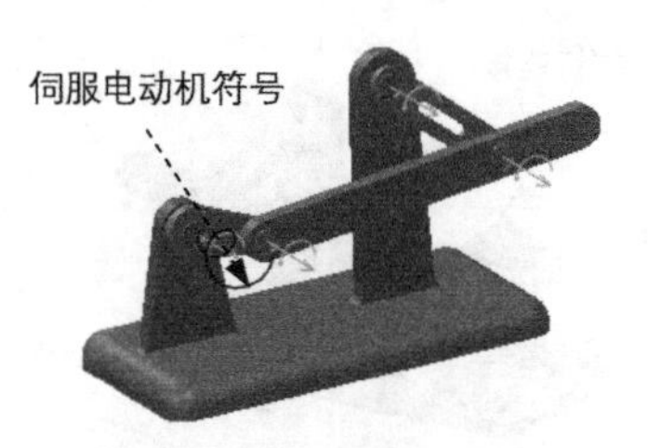

图 2.5.6　定义伺服电动机

- 如果需要修改电动机的参数，可以右击图 2.5.7 所示的机构树中对应的伺服电动机节点，选择 编辑定义 命令，即可返回到“伺服电动机定义”对话框，可以在该对话框中重定义参数。
- 单击 类型 选项卡中的 反向 按钮，可以反转伺服电动机的旋转方向。

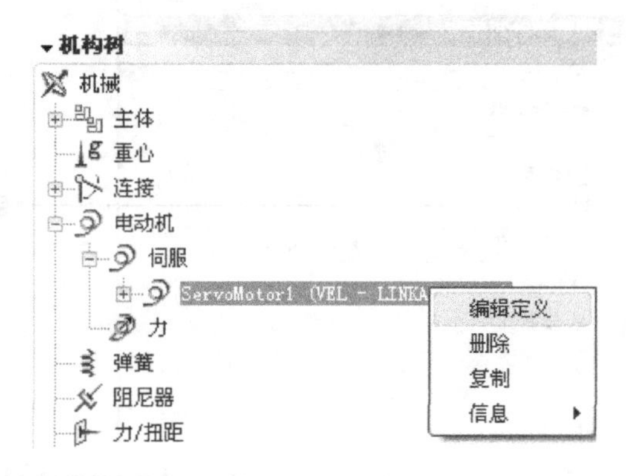

图 2.5.7　机构树

2.6　定义机构分析

当机构模型创建完成并定义伺服电动机后，便可以对机构进行基本的位置分析。在 Pro/ENGINEER 机构模块中，可以进行位置分析、运动分析、动态分析、静态分析和力平衡分析，不同的分析类型对机构的运动环境要求也不同。

使用位置分析模拟机构的运动，可以记录在机构中所有连接的约束下各元件的位置数据，分析时可以不考虑重力、质量和摩擦等因素，因此只要元件连接正确，并定义伺服电动机，便可以进行位置分析。

在机构模块中定义机构分析有下面两种操作方法。

方法一：在图 2.6.1 所示的 分析(A) 下拉菜单中选择 机构分析(Y)... 命令。

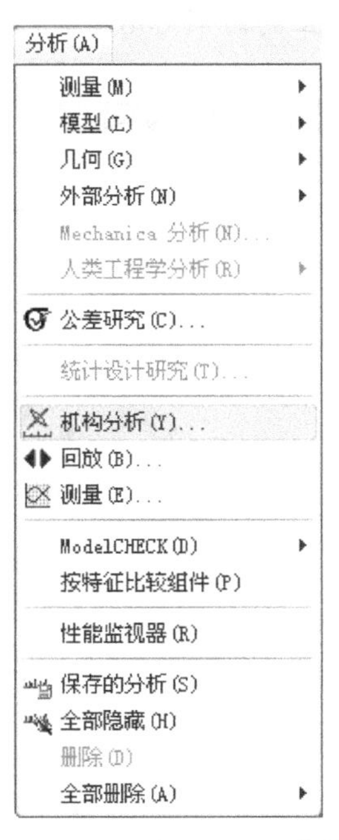

图 2.6.1 “分析”下拉菜单

方法二：如图 2.6.2 所示，右击机构树中的 分析 节点，选择 新建 命令。

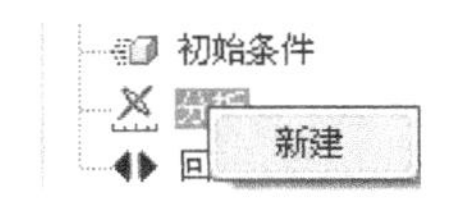

图 2.6.2 机构树

本节继续以上一小节的模型为例，介绍定义基本位置分析的操作过程。

步骤 01 将工作目录设置为 D:\ Proefj5\work\ch02.06，打开文件 linkage_mech.asm。

步骤 02 进入机构模块。选择下拉菜单 应用程序(P) ➡ 机构(E) 命令，进入机构模块。

步骤 03 选择命令。选择下拉菜单 分析(A) ➡ 机构分析(Y)... 命令，系统弹出图 2.6.3 所示的“分析定义”对话框。

图 2.6.3 所示的“分析定义”对话框 首选项 选项卡中的部分选项说明如下。

- 图形显示 区域：用于设置运动的开始时间、终止时间和动画时域。
  - 开始时间：设置机构开始运行的时间秒数。
  - 长度和帧频：使用 开始时间、终止时间 和 帧频 设置动画时域。
  - 长度和帧数：使用 开始时间、终止时间 和 帧数 设置动画时域。

● 帧频和帧数：使用 帧频 和 帧数 设置动画时域。

● 终止时间：设置机构终止的时间秒数。

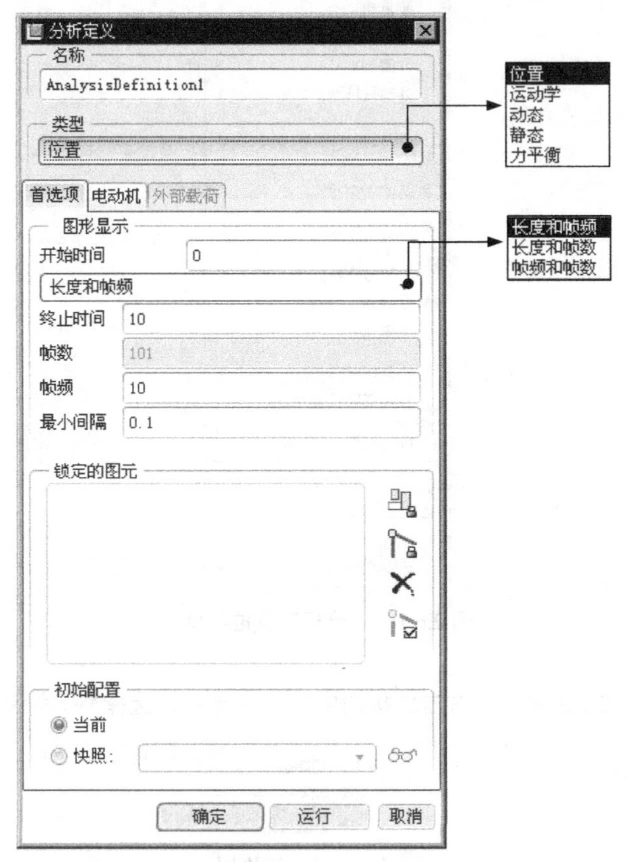

图 2.6.3 “分析定义”对话框

● 帧数：设置动画时域的总帧数，总帧数=帧频 ×（终止时间-开始时间）+1。

● 帧频：设置动画时域的帧频，即动画运行时的每秒采样帧数，帧频越大，动画运行越慢。

● 最小间隔：动画运行时每帧之间的采样时间间隔，与帧频同步设置动画运行速度，最小间隔=1/帧频。

◆ 锁定的图元 区域：设置机构运行时锁定的主体或连接。

● （创建主体锁定）：单击该按钮后首先需要选取锁定主体的参考元件，然后可以选择其他主体与参考元件锁定在一起；如果单击该按钮按鼠标中键后再选择主体，则可以将选择的主体锁定在基础（预先定义固定的主体）之上，在运动分析时，锁定的主体之间相对固定。

- （创建连接锁定）：单击该按钮，选择一个连接后按鼠标中键，则该连接在运动分析时固定在当前的配置，不发生运动。
- （启用/禁用连接）：单击该按钮，选择一个连接后按鼠标中键，则该连接在运动分析时禁用。
- （删除图元）：删除选中的锁定项目。

步骤 04 定义分析类型。在类型下拉列表中选择位置选项。

步骤 05 定义图形显示。在首选项选项卡的终止时间文本框中输入值 20。

步骤 06 定义初始配置。在初始配置区域中选择 ◉ 快照: 单选项，在右侧的下拉列表中选择快照 Snapshot2 为初始配置，然后单击按钮。

步骤 07 定义电动机设置。单击电动机选项卡，在图 2.6.4 所示的界面中可以添加或移除仿真时运行的电动机，也可以设置电动机的开始和终止时间。在本例中，采用默认的设置。

图 2.6.4 “电动机”选项卡

图 2.6.4 所示的“分析定义”对话框电动机选项卡中的部分选项说明如下。

- 电动机：当机构中有多个电动机时，选择当前运行的电动机。
- 从和至：单击下方的“开始”和“终止”字符，可以设置电动机的启动和结束时间。
- ：添加新的电动机设置行。
- ：移除选定的电动机设置行。
- ：添加所有电动机至当前仿真中。

步骤 08 运行运动分析。单击“分析定义”对话框中的 运行 按钮，查看机构的运行状况。

当分析结果运行完成后，不管是否修改了分析参数，如果再次单击 运行 按钮，系统都会弹出图 2.6.5 所示的“确认”对话框，提示是否要覆盖上一组分析结果。因此，如果需要得到多组新的分析结果，需要再次选择下拉菜单 分析(A) ➡ 机构分析(Y)... 命令新建多组机构分析。

当机构连接装配错误，机构无法运行时，系统会弹出图 2.6.6 所示的“错误”对话框，此时要终止仿真并检查机构的连接。

仿真运行过程中，界面右下方会显示图 2.6.7 所示的进度条，显示仿真的运行进度，单击其中的 ⊗ 按钮可以强行终止仿真进度。

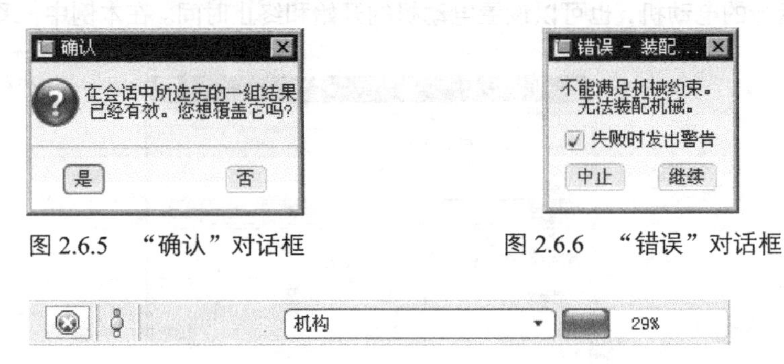

图 2.6.5 “确认”对话框

图 2.6.6 “错误”对话框

图 2.6.7 仿真进度条

步骤 09 完成运动分析。单击 确定 按钮完成运动分析。

此时在机构树中将显示一组分析结果及回放结果，如图 2.6.8 所示。右击 分析 节点下的分析结果 AnalysisDefinition1 (位置)，即可对当前结果进行编辑、复制和删除等操作。

步骤 10 保存回放结果。

（1）选择命令。选择下拉菜单 分析(A) ➡ ◆▶ 回放(B)... 命令，系统弹出图 2.6.9 所示的“回放”对话框。

（2）在“回放”对话框中单击“保存”按钮 💾，系统弹出“保存分析结果”对话框，采用默认的名称，单击 保存 按钮，即可保存仿真结果。

（3）单击其中的关闭按钮，关闭“回放”对话框。

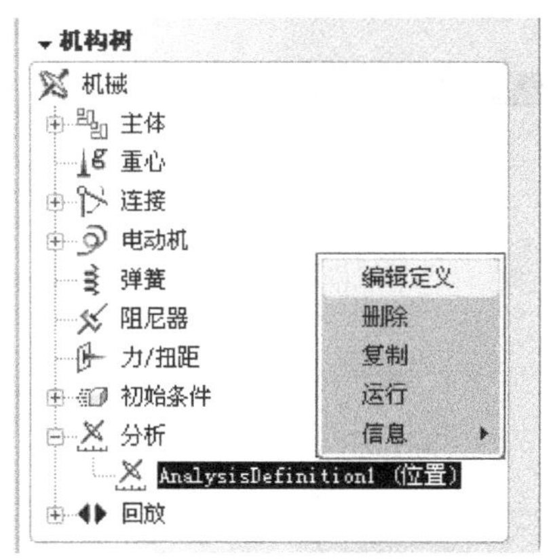

图 2.6.8　机构树

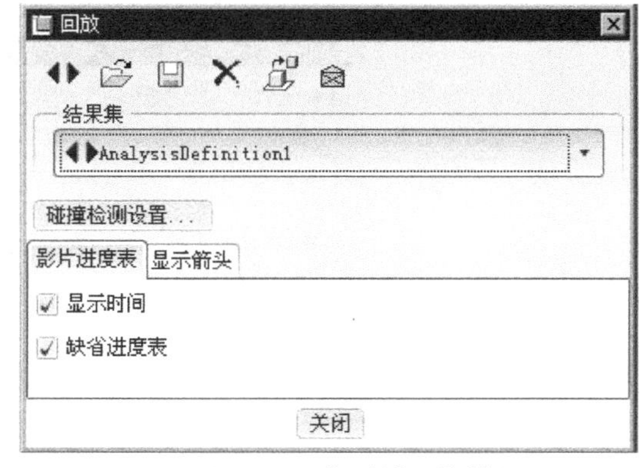

图 2.6.9　“回放”对话框

右击机构树回放节点下的AnalysisDefinition1，选择保存命令，也可以保存回放结果。

步骤 11 再生模型。选择下拉菜单 编辑(E) ➡ 再生(G) 命令，再生模型。

步骤 12 保存机构模型。

2.7　查看机构回放并输出运动视频

完成一组仿真后，可以将机构的运动状况输出为视频文件，也可以根据结果对机构的运行情况、关键位置的运动轨迹、运动状态下组件干涉等进行进一步的分析，以便检验和改进机构的设计。

本节继续以上一小节的模型为例，介绍查看回放并输出视频文件的一般操作过程。

步骤 01 将工作目录设置为 D:\ Proefj5\work\ch02.07，打开文件 linkage_mech.asm。

步骤 02 进入机构模块。选择下拉菜单 应用程序(P) ➡ 机构(E) 命令，进入机构模块。

步骤 03 选择命令。选择下拉菜单 分析(A) ➡ 回放(B)... 命令，系统弹出图 2.7.1 所示的“回放”对话框（一）。

步骤 04 打开回放结果。在“回放”对话框中单击“打开”按钮，系统弹出图 2.7.2 所示的“选择回放文件”对话框，选择结果文件 AnalysisDefinition1.pbk，然后单击打开按钮，系统返回到“回放”对话框（二），如图 2.7.3 所示。

步骤 05 播放回放。单击“回放”对话框中的“播放当前结果集”按钮，系统弹出图 2.7.4 所示的“动画”对话框，拖动播放速度控制滑块至图 2.7.4 所示的位置，单击“重复动画”按钮，然后单击“播放”按钮，即可在图形区中查看机构运动。

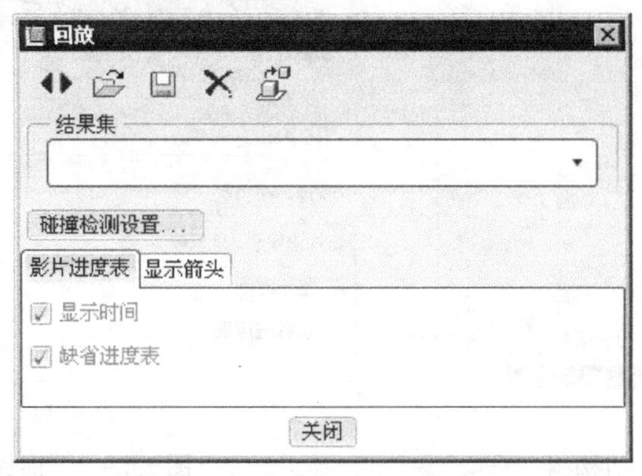

图 2.7.1 “回放”对话框（一）

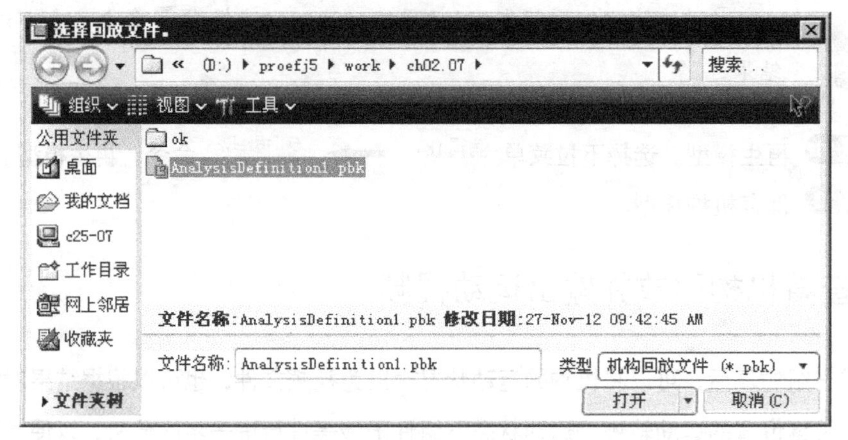

图 2.7.2 “选择回放文件”对话框

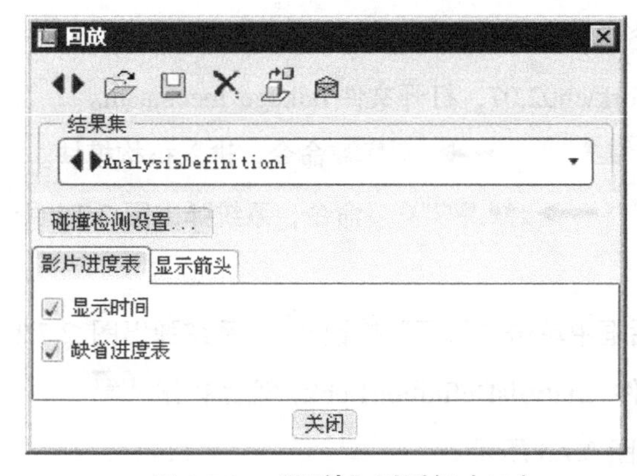

图 2.7.3 “回放”对话框（二）

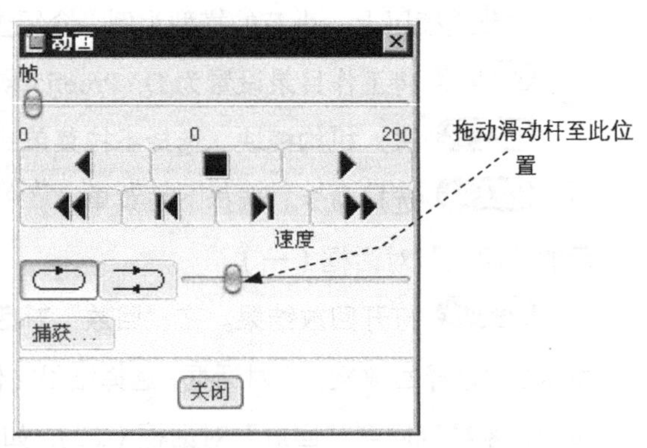

图 2.7.4 “动画”对话框

图 2.7.3 所示的“回放”对话框(二)中的部分选项说明如下。

- ◆ ：播放当前结果集。
- ◆ ：打开一组结果集。
- ◆ ：保存当前结果集。
- ◆ ：从会话中删除当前结果集。
- ◆ ：将当前结果集导出为 FRA 文件，FRA 格式文件是记录每帧零件位置信息的文本文件，可以用记事本打开。
- ◆ ：创建运动包络体。
- ◆ 碰撞检测设置...：单击该按钮系统弹出“碰撞检测设置”对话框，可以设置仿真时是否进行碰撞检测。
- ◆ 显示时间：选中该复选框，则播放仿真结果时显示时间。
- ◆ 缺省进度表：取消选中该复选框，可以在图 2.7.5 所示的“回放”对话框（三）中指定播放的时间段，具体操作方法是指定开始和终止时间秒数后，单击 + 按钮。

图 2.7.5 “回放”对话框（三）

图 2.7.4 所示的“动画”对话框中各按钮的说明如下。

- ◆ ：向前播放
- ◆ ：显示下一帧
- ◆ ：停止播放
- ◆ ：将结果推进到结尾

- ▶：向后播放
- ◀◀：将结果重新设置到开始
- |◀：显示上一帧
- 重复结果按钮：重复结果
- 反转按钮：在结尾处反转
- 速度滑杆：改变结果的速度

图 2.7.5 所示的 影片进度表 选项卡中的有关选项和按钮的含义如下。

- 开始：指定要查看片段的起始时间。
- 终止：指定要查看片段的结束时间。起始时间可以大于终止时间，这样就可以反向播放影片。
- +：指定起始时间和终止时间后，单击此按钮可以向回放列表中增加片段。多次将其增加到列表中，可以重复播放该片段。
- 更新按钮：更新影片段。如改变了回放片段的起始时间或终止时间，单击此按钮，系统立即更新起始时间和终止时间。
- ✕：删除影片段。要删除影片段，选取该片段并单击此按钮。

步骤 06 输出视频文件。

（1）单击“动画”对话框中的“停止播放”按钮■，然后单击“重置动画到开始”按钮◀◀，结束动画的播放。

（2）单击“动画”对话框中的“录制动画为 MPEG 文件”按钮 捕获...，系统弹出图 2.7.6 所示的“捕获”对话框，在该对话框中采用系统默认的参数，然后单击 确定 按钮，机构开始运行输出视频文件。

（3）在工作目录中播放视频文件“LINKAGE_MECH.mpg”查看结果。

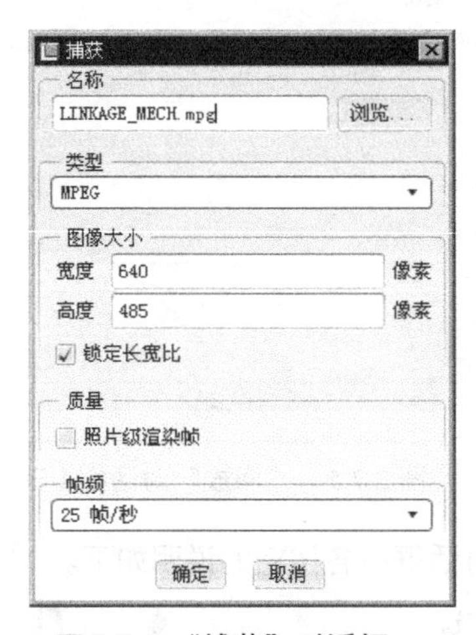

图 2.7.6 “捕获”对话框

图 2.7.6 所示的“捕获”对话框中的部分选项说明如下。

- 名称：设置输出文件的名称。
- 浏览...：设置输出文件的保存路径，默认路径在当前工作目录中。
- 类型：设置输出结果的类型，除 MPEG 格式外，还可以输出 JPEG、TIFF、BMP 和 AVI 格式的文件。
- 质量：选中该区域的 ☑ 照片级渲染帧 选项，则输出的图片和视频文件的每一帧均按默认的渲染设置进行渲染。在输出结果为视频文件时，系统需要较长的处理时间，也较占用系统资源，读者可以打开随书光盘中的 D:\Proefj5\work\ch02.07\ok\LINKAGE_MECH_1.mpg”文件查看效果。
- 帧频：用于设置视频的时间，根据分析时的视频总帧数，视频时间=总帧数/帧频。

步骤 07 单击“动画”对话框中的 关闭 按钮，结束回放并返回到“回放”对话框，单击其中的 关闭 按钮，关闭对话框。

第二篇

Pro/E5.0 运动仿真进阶

第 3 章　机构中的运动连接与机构装配

Pro/ENGINEER 运动仿真和分析是基于组件进行的，在装配时使用机械约束集来连接元件，然后进入到机构模块即可进行运动仿真和基本运动分析。本章主要介绍各种机构连接类型的概念及创建方法。

3.1　连接与自由度

自由度是指一个主体（单个元件或多个元件）具有可独立运动方向的数目。对于空间中不受任何约束的主体，具有 6 个自由度，沿空间参考坐标系 X 轴、Y 轴和 Z 轴平移和旋转。而当主体在平面上运动时，具有 3 个自由度，沿平面参考坐标系 X 轴、Y 轴和平面内旋转。创建机构模型时使用“连接”来装配元件，就是通过机械约束集来减少主体的自由度，使其可以按要求进行独立的运动。Pro/ENGINEER 提供了多种“连接”类型，各种连接类型允许不同的运动自由度，每种连接类型都与一组预定义的约束集相关联，使用“连接”来装配元件时，要注意每种连接提供的自由度，以及创建连接所需要的约束集。

创建机构时，还要注意机构中的冗余约束。冗余约束是指在元件已达到约束目的的情况下，依然向元件添加与现有约束不冲突的连接或约束。例如，对于一组刚性连接的元件，再添加一个约束限制某个方向上的平移，这个约束就是冗余约束。冗余约束一般情况下不会影响机构的运动状态分析，但涉及机构的力分析时，必须考虑冗余约束的影响。

图 3.1.1 所示的“元件放置”操控板中的连接列表中显示了可用的机械连接，每种连接的运动状况及自由度说明如下。

- 刚性（Rigid）连接：两个元件固定在一起，自由度为 0。
- 销钉（Pin）连接：元件可以绕配合轴线进行旋转，旋转自由度为 1，平移自由度为 0。
- 滑动杆（Slider）连接：元件可以沿配合方向进行平移，旋转自由度为 0，平移自由度为 1。
- 圆柱（Cylinder）连接：元件可以相对于配合轴线同时进行平移和旋转，旋转自由度为 1，平移自由度为 1。
- 平面（Planar）连接：元件可以在配合平面内进行平移和绕平面法向的轴线旋转，旋转自由度为 1，平移自由度为 2。
- 球（Ball）连接：元件可以绕配合点进行空间旋转，旋转自由度为 3，平移自由度为 0。
- 焊缝（Weld）连接：两个元件按指定坐标系固定在一起，自由度为 0。
- 轴承（Bearing）连接：元件可以绕配合点进行空间旋转，也可以沿指定方向平移，旋转自由度为 3，平移自由度为 1。
- 一般（General）连接：元件连接时约束自行定义，自由度根据约束的结果来判断。
- 6DOF（6DOF）连接：元件可以在任何方向上平移及旋转，旋转自由度为 3，平移自由度为 3。
- 槽（Solt）连接：元件上的某点沿曲线运动。

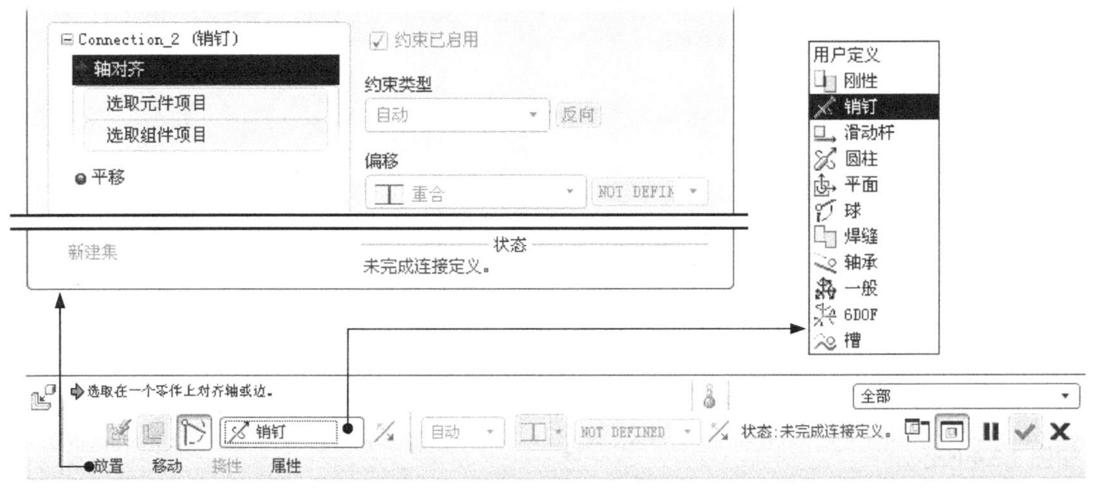

图 3.1.1 “元件放置”操控板

3.2 销钉（Pin）连接

销钉连接是最基本的连接类型，销钉连接的连接元件可以绕轴线转动，但不能沿轴线平移。销钉连接需要选取一组轴线、边线或柱面设置轴对齐约束，以定义销钉连接的旋转轴；还需要一个平面配对（对齐）约束或点对齐约束，以限制连接元件沿轴线的平移。销钉连接提供一个旋转自由度，没有平移自由度。

举例说明如下。

步骤 01 将工作目录设置至 D:\Proefj5\work\ch03.02。

步骤 02 新建文件。新建一个装配模型，命名为 pin_asm，选取 mmns_asm_design 模板。

步骤 03 引入第一个零件。选择下拉菜单 插入(I) → 元件(C) ▸ → 装配(A)... 命令，选择模型文件 shaft.prt，然后单击 打开 按钮。

步骤 04 完全约束放置第一个零件。在“元件放置”操控板中单击 放置 按钮，在 约束类型 下拉列表中选择 缺省 选项，单击操控板中的 ✔ 按钮。

步骤 05 引入第二个零件。选择下拉菜单 插入(I) → 元件(C) ▸ → 装配(A)... 命令，打开名为 bush.prt 的零件。

步骤 06 创建销钉连接。

（1）在“元件放置”操控板的机械连接约束列表中选择 销钉 选项

（2）定义“轴对齐”约束。单击操控板中的 放置 按钮，分别选取图 3.2.1 中的两条轴线为“轴对齐”约束参考。

（3）定义“平移”约束。分别选取图 3.2.1 中的两个平面为“平移”约束参考，此时 放置 界面如图 3.2.2 所示。

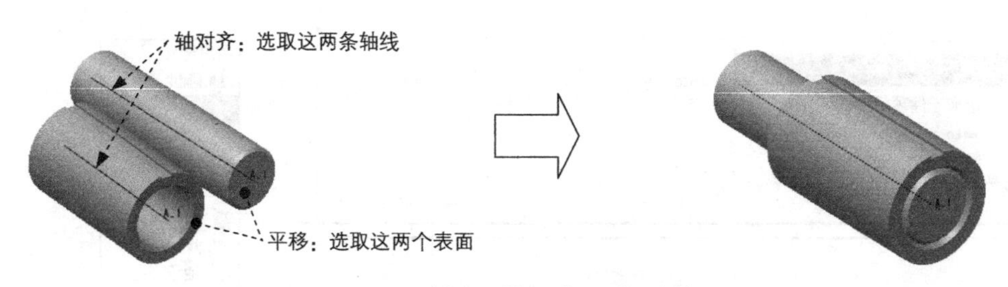

图 3.2.1 创建“销钉（Pin）”连接

（4）设置旋转轴参考。在图 3.2.2 所示的 放置 界面中单击 ○旋转轴 选项，选取图 3.2.3 所示的两个平面（shaft 中的基准平面 RIGHT 和 bush 中的基准平面 RIGHT）为旋转轴参考，如图 3.2.4 所示。

在图 3.2.2 所示的 放置 界面中单击 反向 按钮，可以反转轴对齐和面对齐的方向；在 偏移 区域的下拉列表中选择 偏移 选项，可以在 偏移 文本框中设置 平移 约束中两平面的平行距离。

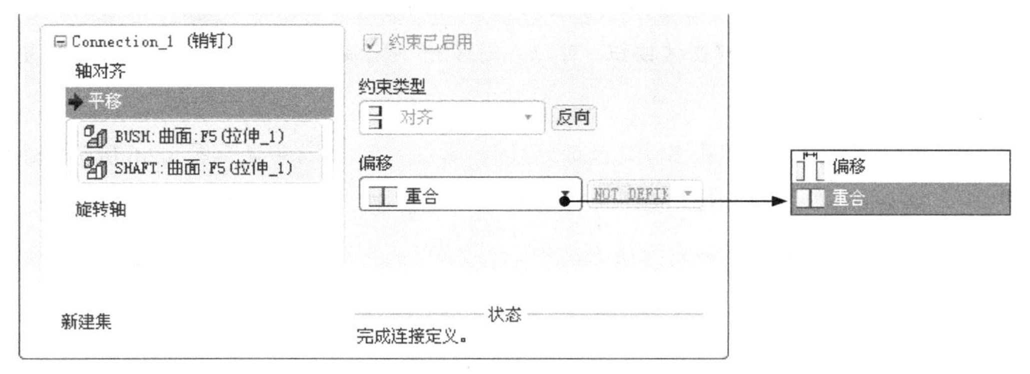

图 3.2.2 “放置“界面

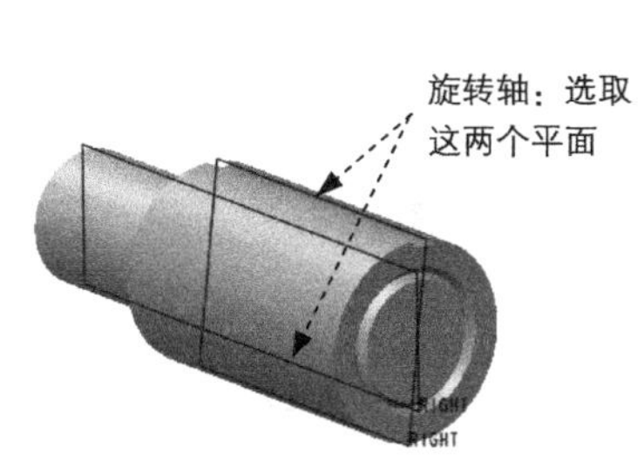

图 3.2.3 设置旋转轴参考

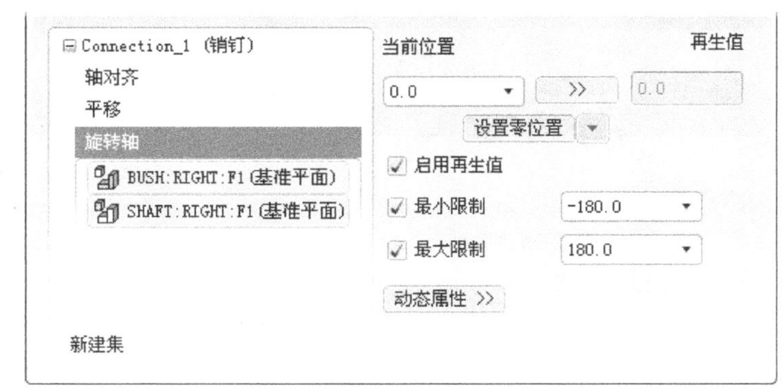

图 3.2.4 设置旋转轴参考

（5）设置位置参数。在 放置 界面右侧 当前位置 区域下的文本框中输入值 0，并按 Enter 键确认；选中 启用再生值 复选框。

图 3.2.4 所示的 放置 界面中的部分选项说明如下。

- 当前位置：根据旋转轴参考平面设置约束的位置值，当两参考平面重合且法向相同时，位置值为 0，输入位置值并按 Enter 键，该值立即生效。
- 再生值：设置每次自动更新模型时的位置值，具体操作方法是在 当前位置 文本框中输入值后，单击 >> 按钮。
- 设置零位置：将当前位置值指定为零位置，单击该按钮后 当前位置 文本框将显示 0，而模型位置并无变化。

◆ ☑启用再生值：选中该复选框，每次再生模型时的位置均为 再生值 。

◆ ☑最小限制：选中该复选框，可以在其后的文本框中输入机构的最小限制位置，当机构运行位置超出此范围时，系统会停止机构运行并提出警告。

◆ ☑最大限制：选中该复选框，可以在其后的文本框中输入机构的最大限制位置，当机构运行位置超出此范围时，系统会停止机构运行并提出警告。

◆ 动态属性 >>：单击该按钮，可以在图 3.2.5 所示的界面中设置当前连接的恢复系数和摩擦系数。

◆ 在 放置 界面中单击当前定义的连接 Connection_1 (销钉)，将显示图 3.2.6 所示的连接编辑界面，可以在该界面中进行启用/禁用当前连接、修改连接名称（集名称）、修改连接类型和反转旋转方向等操作；右击 Connection_1 (销钉)，可以将当前连接删除或另存。

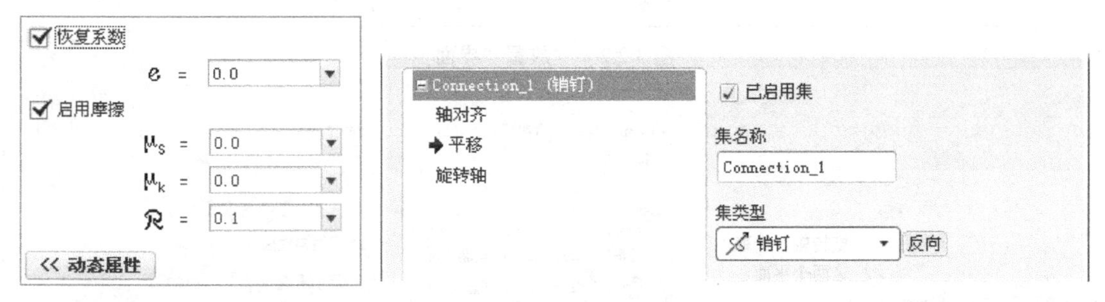

图 3.2.5　设置动态属性　　　　图 3.2.6　连接编辑界面

步骤 07 单击操控板中的 ✓ 按钮，完成销钉连接的创建。

步骤 08 拖动验证。选择下拉菜单 视图(V) → 方向(O) → 拖动元件(D)... 命令，拖动零件 bush，验证销钉连接。

步骤 09 再生机构模型，然后保存机构模型。

3.3　滑动杆（Slider）连接

滑动杆连接的连接元件可以沿着轴线相对于附着元件移动，但不能绕轴线旋转。滑动杆连接需要选取一组轴线、边线或柱面设置轴对齐约束，以定义元件移动方向；还需要一个平面配对（对齐）约束，以限制连接元件绕轴线转动。滑动杆连接提供了一个平移自由度，没有旋转自由度。

举例说明如下。

步骤01 将工作目录设置至 D:\Proefj5\work\ch03.03。

步骤02 新建文件。新建一个装配模型，命名为 slider_asm，选取 mmns_asm_design 模板。

步骤03 引入第一个元件 cylinder.prt，并使用 缺省 约束完全约束该元件。

步骤04 引入第二个元件 piston.prt，并将其调整到图 3.3.1 所示的位置。

引入后需要调整位置，否则创建“轴对齐”约束时可能出现方向错误。

步骤05 创建滑动杆连接。

（1） 在连接列表中选取 滑动杆 选项，此时系统弹出“元件放置”操控板，单击操控板菜单中的 放置 选项卡。

（2）定义“轴对齐”约束。分别选取图 3.3.1 所示的两条轴线为“轴对齐”约束参考。

（3）定义“旋转”约束。分别选取图 3.3.1 所示的两个平面为“旋转”约束参考。

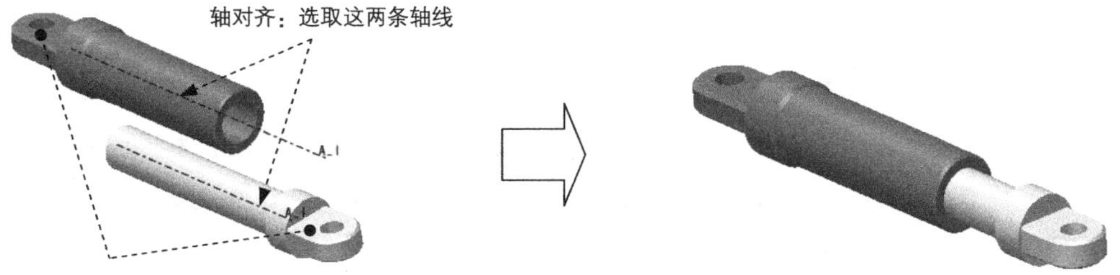

图 3.3.1 创建滑动杆（Slider）连接

（4）设置平移轴参考。在 放置 界面中单击 平移轴 选项，选取图 3.3.2 所示的两个平面为平移轴参考。

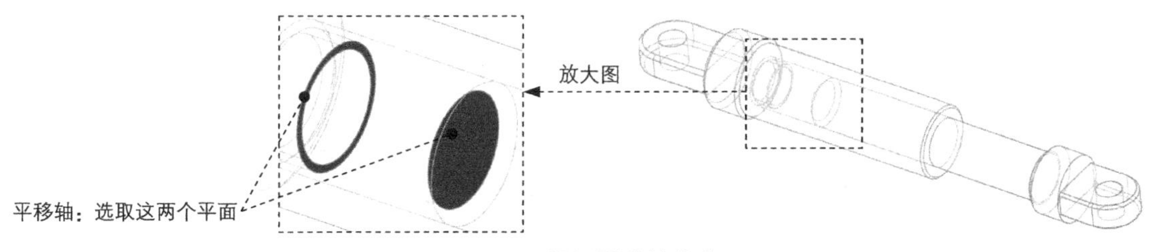

图 3.3.2 设置平移轴参考

（5）设置位置参数。在 放置 界面右侧 当前位置 区域下的文本框中输入值 0，并按 Enter 键确认；选中 启用再生值 复选框；选中 最小限制 复选框，在其后的文本框中输入值-300；选中 最大限制 复选框，在其后的文本框中输入值 0，如图 3.3.3 所示。

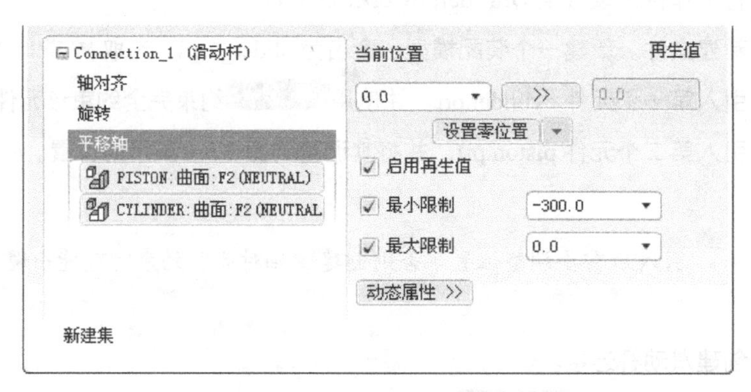

图 3.3.3 设置位置参数

在机构中设置“运动轴”的意义说明如下。

- 设置运动轴的当前位置：在连接件和组件中分别选取零参考，然后输入其间的角度（或距离），可设置该运动轴的位置。定义伺服电动机和运行机构时，系统将以当前位置为默认的初始位置。
- 设置极限：设置运动轴的运动范围，超出此范围，接头就不能平移或转动。
- 设置再生值：可将运动轴的当前位置定义为再生值，也就是装配件再生时运动轴的位置。如果设置了运动轴极限，则再生值就必须设置在指定的限制内。

步骤 06 单击操控板中的 ✔ 按钮，完成滑动杆连接的创建。

步骤 07 拖动验证。选择下拉菜单 视图(V) → 方向(O) ▸ → 拖动元件(D)... 命令，拖动零件 piston，验证滑动杆连接。

步骤 08 再生机构模型，然后保存机构模型。

3.4 圆柱（Cylinder）连接

圆柱连接的连接元件既可以绕轴线相对于附着元件转动，也可以沿轴线平移，创建圆柱连接只需要一个轴对齐约束。圆柱连接提供一个旋转自由度和一个平移自由度。

举例说明如下。

步骤 01 将工作目录设置至 D:\Proefj5\work\ch03.04。

步骤 02 新建文件。新建一个装配模型，命名为 cylinder_asm，选取 mmns_asm_design 模板。

步骤 03 引入第一个元件 shaft.prt，并使用 缺省 约束完全约束该元件。

步骤 04 引入第二个元件 bush.prt，并将其调整到图 3.4.1 所示的位置。

步骤 05 创建圆柱连接。

（1） 在连接列表中选取 圆柱 选项，此时系统弹出“元件放置”操控板，单击操控板菜单中的 放置 选项卡。

（2）定义“轴对齐”约束。分别选取图 3.4.1 所示的两条轴线为“轴对齐”约束参考，此时 放置 界面如图 3.4.2 所示。

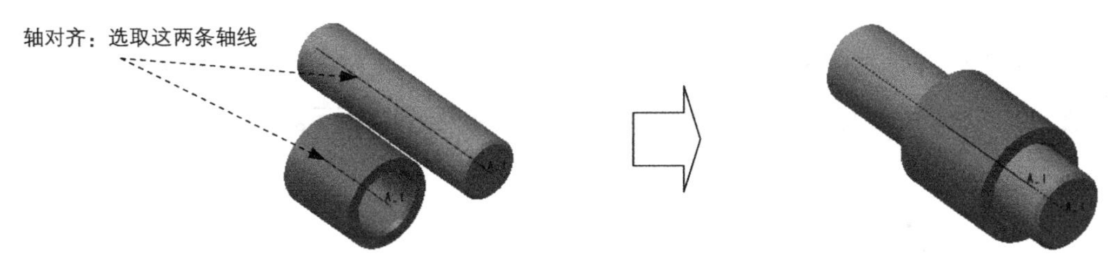

图 3.4.1 创建圆柱（Cylinder）连接

步骤 06 单击操控板中的 ✓ 按钮，完成圆柱连接的创建。

步骤 07 拖动验证。选择下拉菜单 视图(V) → 方向(O) → 拖动元件(D)... 命令，拖动零件 bush，验证圆柱连接。

步骤 08 再生机构模型，然后保存机构模型。

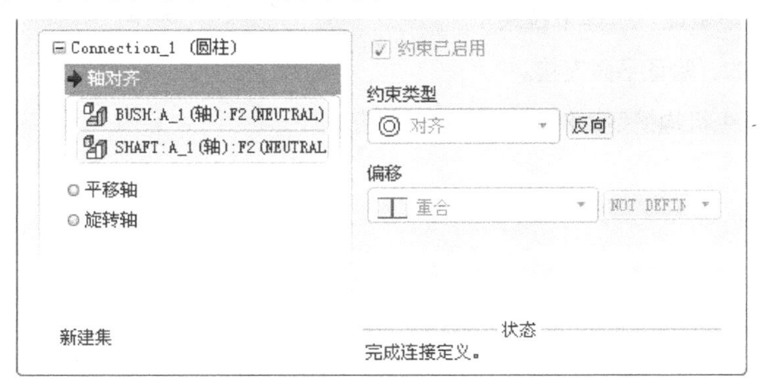

图 3.4.2 “轴对齐”约束参考

3.5 平面（Planar）连接

平面连接的元件既可以在一个平面内相对于附着元件移动，也可以绕着垂直于该平面的轴线相对于附着元件转动。平面连接只需要一个平面配对或对齐约束。平面连接提供了两个平移自由度和一个旋转自由度。

举例说明如下。

步骤 01 将工作目录设置至 D:\Proefj5\work\ch03.05。

步骤 02 新建文件。新建一个装配模型，命名为 planar_asm，选取 mmns_asm_design 模板。

步骤 03 引入第一个元件 plane01.prt，并使用 缺省 约束完全约束该元件。

步骤 04 引入第二个元件 plane02.prt，并将其调整到图 3.5.1 所示的位置。

步骤 05 创建平面连接。

（1）在连接列表中选取 平面 选项，此时系统弹出“元件放置”操控板，单击操控板菜单中的 放置 选项卡。

（2）定义“平面”约束。分别选取图 3.5.1 所示的两个平面为“平面”约束参考，单击 反向 按钮，可以反转平面对齐的方向；此时 放置 界面如图 3.5.2 所示。

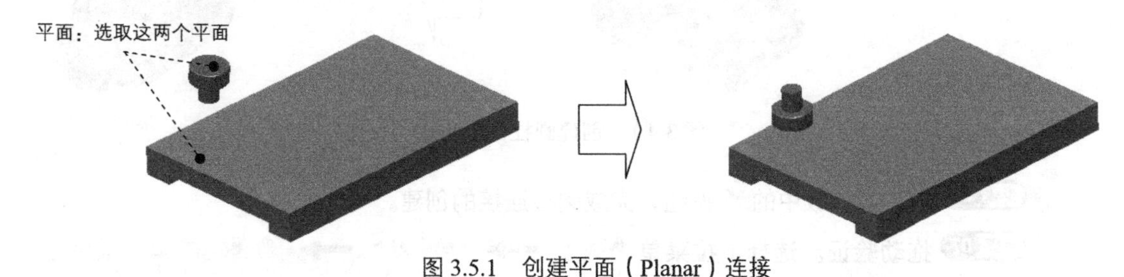

图 3.5.1 创建平面（Planar）连接

步骤 06 单击操控板中的 ✓ 按钮，完成平面连接的创建。

步骤 07 拖动验证。选择下拉菜单 视图(V) → 方向(O) ▸ → 拖动元件(D)... 命令，拖动零件 plane02，验证平面连接。

步骤 08 再生机构模型，然后保存机构模型。

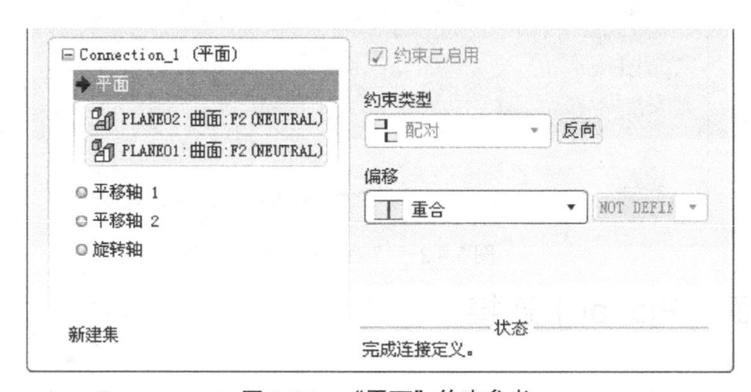

图 3.5.2 “平面”约束参考

3.6 球（Ball）连接

球连接的元件在约束点上可以沿任何方向相对于附着元件旋转。球连接只能是一个点对齐约束。球连接提供三个旋转自由度，没有平移自由度。

举例说明如下。

步骤 01 将工作目录设置至 D:\Proefj5\work\ch03.06。

步骤 02 新建文件。新建一个装配模型，命名为 ball_asm，选取 mmns_asm_design 模板。

步骤 03 引入第一个元件 ball01.prt，并使用 缺省 约束完全约束该元件。

步骤 04 引入第二个元件 ball02.prt，并将其调整到图 3.6.1 所示的位置。

步骤 05 创建球连接。

（1） 在连接列表中选取 球 选项，此时系统弹出“元件放置”操控板，单击操控板菜单中的 放置 选项卡。

（2）定义“点对齐”约束。分别选取图 3.6.1 所示的两个点为“点对齐”约束参考，此时 放置 界面如图 3.6.2 所示。

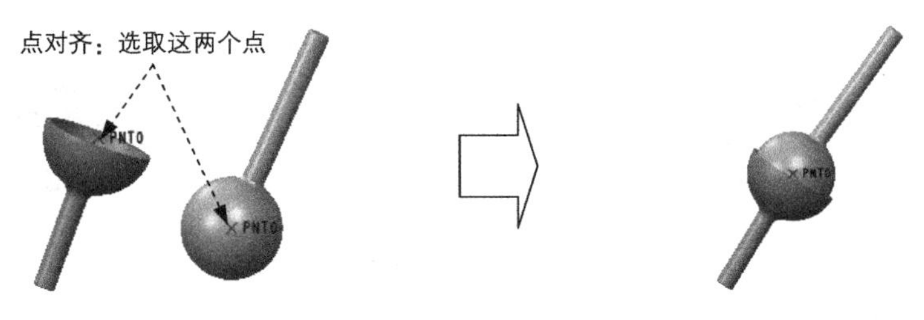

图 3.6.1 创建球（Ball）连接

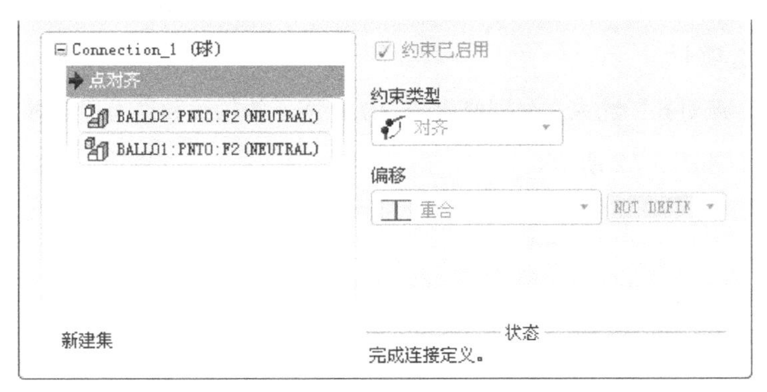

图 3.6.2 “点对齐”约束参考

步骤 06 单击操控板中的 ✓ 按钮，完成球连接的创建。

步骤 07 拖动验证。选择下拉菜单 视图(V) → 方向(O) ▸ → 拖动元件(D)... 命令，拖动零件 ball02，验证球连接。

步骤 08 再生机构模型，然后保存机构模型。

3.7 轴承（Bearing）连接

轴承连接是球连接和滑动杆连接的组合，在这种类型的连接中，连接元件既可以在约束点上沿任何方向相对于附着元件旋转，也可以沿对齐的轴线移动。轴承连接需要的约束是一个点与边线（或轴）的对齐约束。轴承连接提供一个平移自由度和三个旋转自由度。

举例说明如下。

步骤 01 将工作目录设置至 D:\Proefj5\work\ch03.07。

步骤 02 新建文件。新建一个装配模型，命名为 bearing_asm，选取 mmns_asm_design 模板。

步骤 03 引入第一个元件 bearing01.prt，并使用 缺省 约束完全约束该元件。

步骤 04 引入第二个元件 bearing02.prt，并将其调整到图 3.7.1 所示的位置。

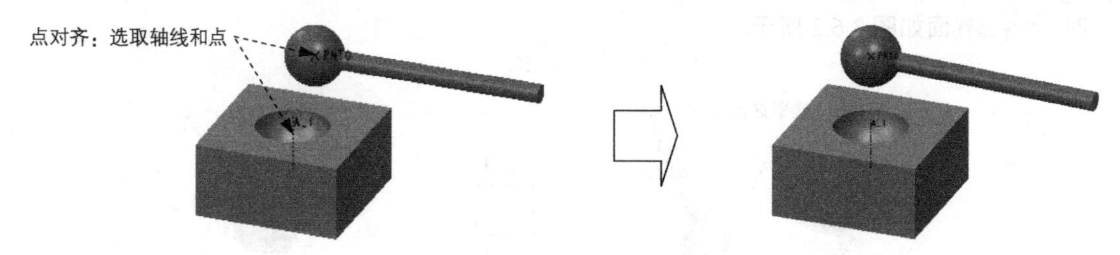

图 3.7.1 创建轴承（Bearing）连接

步骤 05 创建轴承连接。

（1）在连接列表中选取 轴承 选项，此时系统弹出“元件放置”操控板，单击操控板菜单中的 放置 选项卡。

（2）定义“点对齐”约束。分别选取图 3.7.1 所示的轴线和点为“点对齐”约束参考，此时 放置 界面如图 3.7.2 所示。

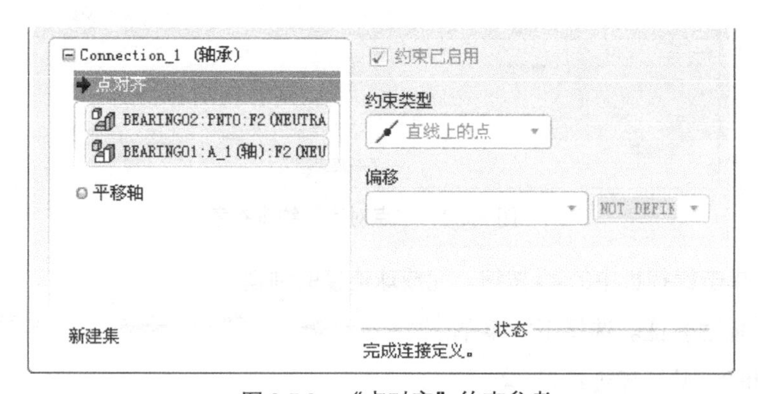

图 3.7.2 “点对齐”约束参考

（3）设置平移轴参考。在 放置 界面中单击 平移轴 选项，选取图 3.7.3 所示的平面为平移轴参考；在右侧 当前位置 区域下的文本框中输入值-5，并按 Enter 键确认；选中 启用再生值 复选框；选中 最小限制 复选框，在其后的文本框中输入值-10；选中 最大限制 复选框，在其后的文本框中输入值 0，如图 3.7.4 所示。

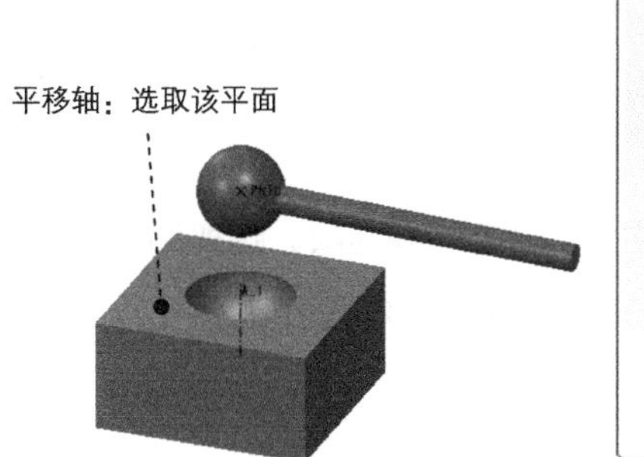

图 3.7.3 设置平移轴参考

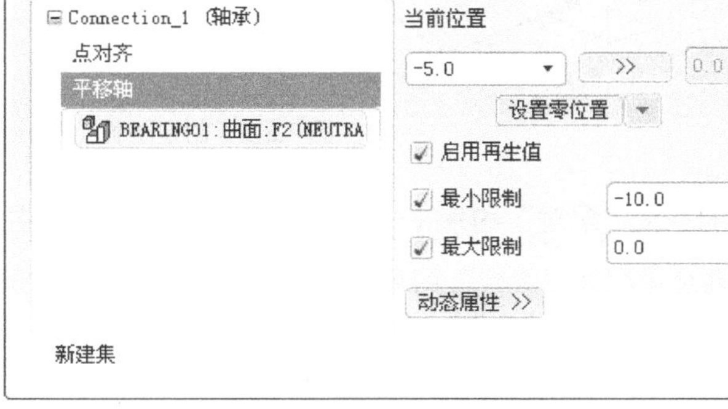

图 3.7.4 平移轴位置参数

步骤 06 单击操控板中的 ✓ 按钮，完成轴承连接的创建。

步骤 07 拖动验证。选择下拉菜单 视图(V) → 方向(O) → 拖动元件(D)... 命令，拖动零件 bearing02，验证轴承连接。

步骤 08 再生机构模型，然后保存机构模型。

3.8 刚性（Rigid）连接

刚性连接中的连接元件和附着元件间没有任何相对运动，它们构成一个单一的主体。创建刚性连接时，可以添加配对、对齐等普通装配约束，但无论添加的约束是否是元件完全定义，完成连接后的元件始终会与附着元件相对固定。刚性连接不提供平移自由度和旋转自由度。

举例说明如下。

步骤 01 将工作目录设置至 D:\Proefj5\work\ch03.08。

步骤 02 新建文件。新建一个装配模型，命名为 rigid_asm，选取 mmns_asm_design 模板。

步骤 03 引入第一个元件 rigid01.prt，并使用 缺省 约束完全约束该元件。

步骤 04 引入第二个元件 rigid02.prt，并将其调整到图 3.8.1 所示的位置。

步骤 05 创建刚性连接。

（1）在连接列表中选取 刚性 选项，此时系统弹出“元件放置”操控板，单击操控板

菜单中的 放置 选项卡。

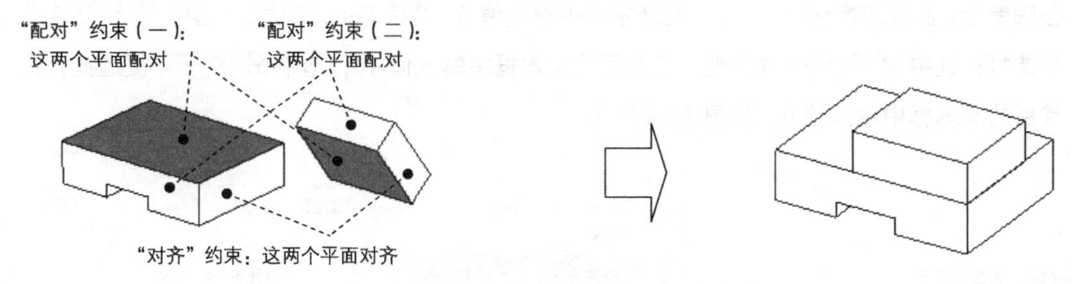

图 3.8.1　创建刚性（Rigid）连接

（2）定义"配对"约束（一）。在 约束类型 下拉列表中选择 配对 选项，选取图 3.8.1 所示的两个平面为"重合"约束（一）的参考，此时 放置 界面如图 3.8.2 所示。

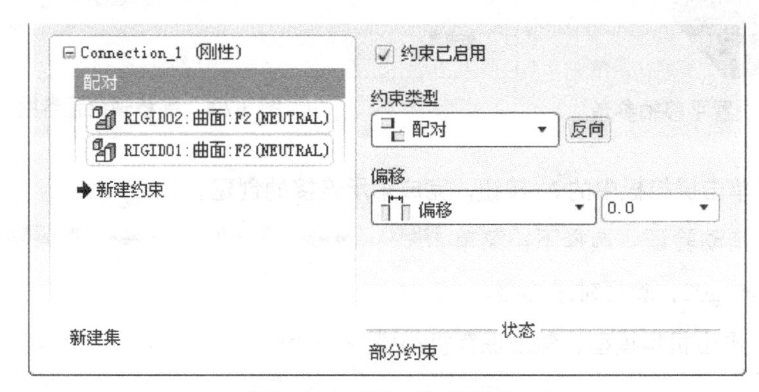

图 3.8.2　"配对"约束（一）

（3）定义"配对"约束（二）。在 放置 界面中单击 新建约束，在 约束类型 下拉列表中选择 对齐 选项，选取图 3.8.1 中的两个平面为"配对"约束（二）的参考。

（4）定义"对齐"约束。参考步骤（3）选取图 3.8.1 中的两个平面为"对齐"约束参考，在 偏移 下拉列表中选择 重合 选项。

步骤 06 单击操控板中的 ✔ 按钮，完成刚性连接的创建。

步骤 07 拖动验证。选择下拉菜单 视图(V) → 方向(O) → 拖动元件(D)... 命令，尝试拖动零件 rigid02，验证刚性连接。

步骤 08 保存机构模型。

3.9　焊缝（Weld）连接

焊缝连接可以将两个元件粘接在一起。在这种类型的连接中，连接元件和附着元件间没有任何相对运动。焊缝连接的约束只能是坐标系对齐约束。焊缝连接不提供平移自由度和旋转自由度。

举例说明如下。

步骤 01　将工作目录设置至 D:\Proefj5\work\ch03.09。

步骤 02　新建文件。新建一个装配模型，命名为 weld_asm，选取 mmns_asm_design 模板。

步骤 03　引入第一个元件 weld01.prt，并使用 缺省 约束完全约束该元件。

步骤 04　引入第二个元件 weld02.prt，并将其调整到图 3.9.1 所示的位置。

步骤 05　创建焊缝连接。

（1）在连接列表中选取 焊缝 选项，此时系统弹出“元件放置”操控板，单击操控板菜单中的 放置 选项卡。

（2）定义“坐标系”约束。选取图 3.9.1 所示的两个坐标系为约束参考，此时 放置 界面如图 3.9.2 所示。

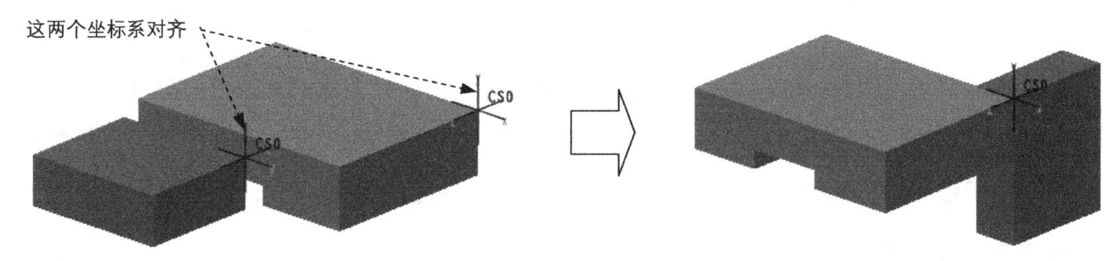

图 3.9.1　创建焊缝（Weld）连接

步骤 06　单击操控板中的 ✓ 按钮，完成焊缝连接的创建。

步骤 07　拖动验证。选择下拉菜单 视图(V) → 方向(O) → 拖动元件(D)... 命令，尝试拖动零件 weld02，验证焊缝连接。

步骤 08　保存机构模型。

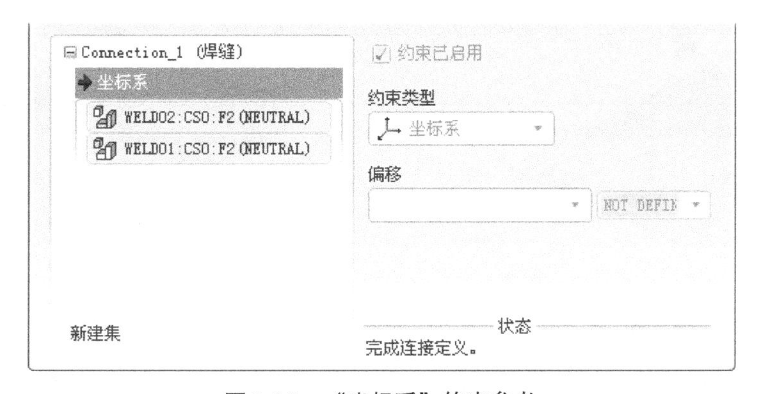

图 3.9.2　“坐标系”约束参考

刚性连接和焊缝连接的比较：

- ◆ 刚性接头允许将任何有效的组件约束组聚合到一个接头类型。这些约束可以是使装配元件得以固定的完全约束集或部分约束子集。
- ◆ 装配零件、不包含连接的子组件或连接不同主体的元件时，可使用刚性接头。
- ◆ 焊缝接头的作用方式与其他接头类型类似，但零件或子组件的放置是通过对齐坐标系来固定的。
- ◆ 当装配包含连接的元件且同一主体需要多个连接时，可使用焊缝接头。焊缝连接允许根据开放的自由度调整元件以与主组件匹配。
- ◆ 如果使用刚性接头将带有连接的子组件装配到主组件，子组件连接将不能运动。如果使用焊缝连接将带有“机械设计”连接的子组件装配到主组件，子组件将参照与主组件相同的坐标系，且子组件的运动将始终处于活动状态。

3.10　槽（Solt）连接

槽连接可以使元件上的一点始终在另一元件中的一条曲线上运动。点可以是基准点或元件中的顶点，曲线可以是基准曲线或 3D 曲线。创建槽连接约束需要选取一个点和一条曲线对齐。由于槽连接在运动时不会考虑零件之间的干涉，所以在创建连接时要注意点和曲线的相对位置。

举例说明如下。

步骤 01 将工作目录设置至 D:\Proefj5\work\ch03.10。

步骤 02 新建文件。新建一个装配模型，命名为 solt_asm，选取 mmns_asm_design 模板。

步骤 03 引入第一个元件 solt01.prt，并使用 缺省 约束完全约束该元件。

步骤 04 引入第二个元件 solt02.prt，并将其调整到图 3.10.1 所示的位置。

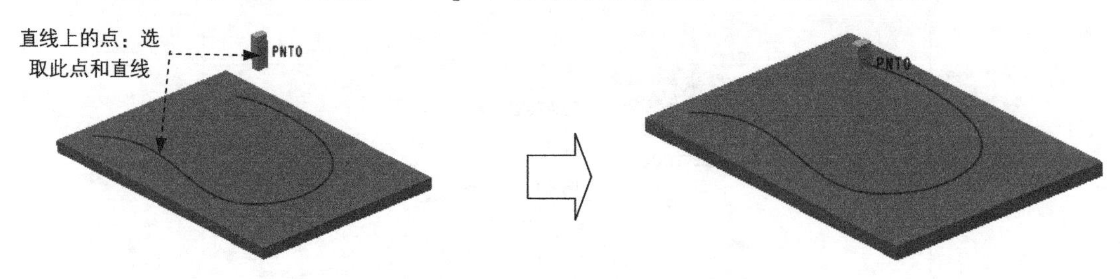

图 3.10.1　创建槽（Solt）连接

步骤 05 创建槽连接。

（1） 在连接列表中选取 槽 选项，此时系统弹出“元件放置”操控板，单击操控板菜

单中的 放置 选项卡。

（2）定义“直线上的点”约束。选取图 3.10.1 所示的点和曲线为约束参考，此时 放置 界面如图 3.10.2 所示

此处“直线上的点”为软件翻译错误，应为“曲线上的点”。

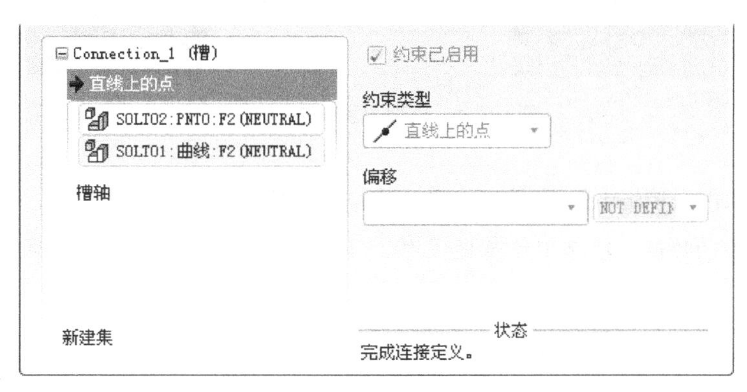

图 3.10.2 “直线上的点”约束参考

步骤 06 创建平面连接。

槽连接添加完成后，需要继续添加一个平面连接，以限制元件相对于点的旋转运动，避免元件运动时发生干涉。

（1）在图 3.10.2 所示的 放置 界面下方单击“新建集”字符，在“元件放置”操控板的机械连接约束列表中选择 平面 选项，如图 3.10.3 所示。

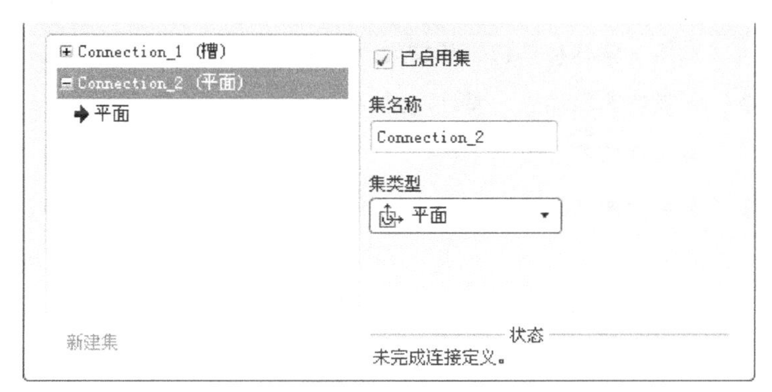

图 3.10.3 “平面”约束参考

（2）定义“平面”约束。分别选取图 3.10.4 所示的两个平面为“平面”约束参考，单击 反向 按钮，可以反转平面对齐的方向。

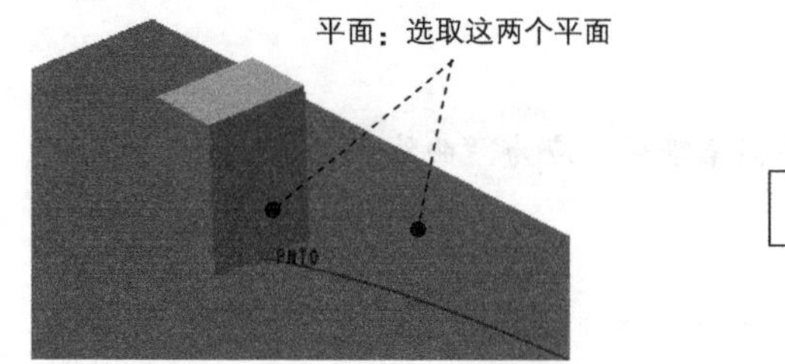

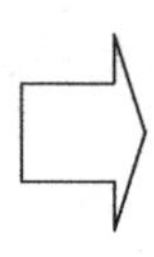
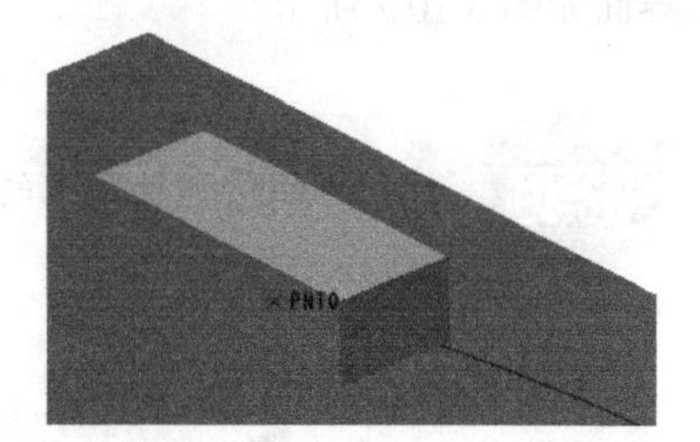

图 3.10.4　创建平面（Planar）连接

步骤 07 单击操控板中的✓按钮，完成连接的创建。

步骤 08 拖动验证。选择下拉菜单 视图(V) → 方向(O) ▸ → 拖动元件(D)... 命令，尝试拖动零件 solt02，验证连接。

步骤 09 再生机构模型，然后保存机构模型。

- 可以选取下列任一类型的曲线来定义槽：封闭或不封闭的平面或非平面曲线、边线、基准曲线。
- 如果选取多条曲线，这些曲线必须连续。
- 如果要在曲线上定义运动的端点，可在曲线上选取两个基准点或顶点。如果不选取端点，则默认的运动端点就是所选取的第一条和最后一条曲线的最末端。
- 可以为槽端点选取基准点、顶点，或者曲线边、曲面，如果选取一条曲线、边或曲面，槽端点就在所选图元和槽曲线的交点。可以用从动机构点移动主体，该从动机构将从槽的一个端点移动到另一个端点。
- 如果不选取端点，槽-从动机构的默认端点就是为槽所选的第一条和最后一条曲线的最末端。
- 如果为槽-从动机构选取一条闭合曲线，或选取形成一闭合环的多条曲线，就不必指定端点。但是，如果选择在一闭合曲线上定义端点，则最终槽将是一个开口槽。通过单击 反向 按钮可以指定原始闭合曲线的哪一部分将成为开口槽，如图 3.10.5 所示。

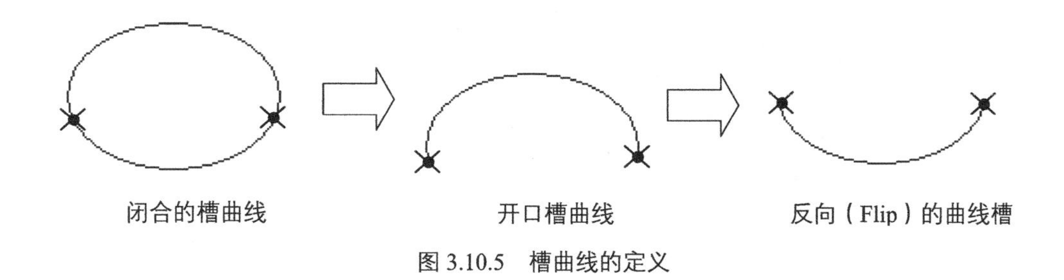

图 3.10.5　槽曲线的定义

3.11　一般（General）连接

一般连接是向元件中施加一个或数个约束，然后根据约束的结果来判断元件的自由度及运动状况。在创建常规连接时，可以在元件中添加距离、定向和重合等约束，根据约束的结果，可以实现元件间的旋转，平移、滑动等相对运动。

举例说明如下。

步骤 01 将工作目录设置至 D:\Proefj5\work\ch03.11。

步骤 02 新建文件。新建一个装配模型，命名为 general_asm，选取 mmns_asm_design 模板。

步骤 03 引入元件 general.prt，并使用 缺省 约束完全约束该元件。

步骤 04 再次引入元件 general.prt，并将其调整到图 3.11.1 所示的位置。

步骤 05 创建一般连接。

（1）在连接列表中选取 一般 选项，此时系统弹出“元件放置”操控板，单击操控板菜单中的 放置 选项卡。

（2）定义“自动”约束。选取图 3.11.1 所示的两个曲面为约束参考，此时 放置 界面如图 3.11.2 所示。

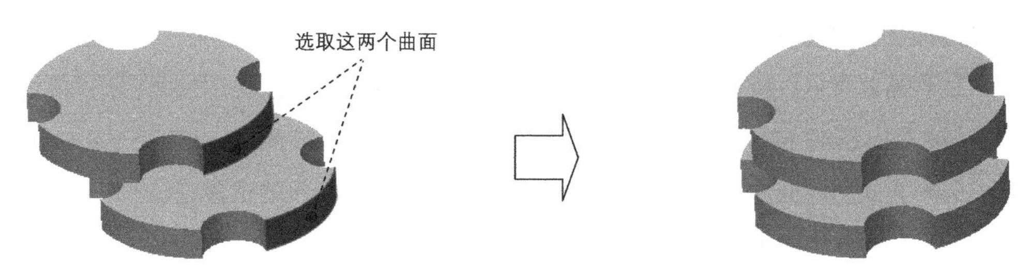

图 3.11.1　创建一般（General）连接

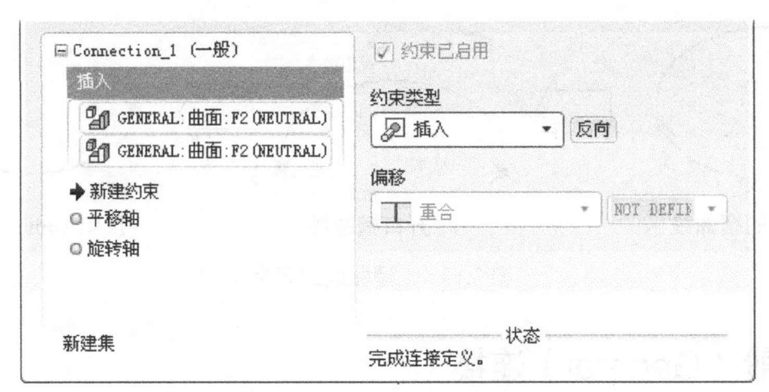

图 3.11.2 “插入”约束参考

步骤 06 单击操控板中的✓按钮，完成一般连接的创建。

步骤 07 拖动验证。选择下拉菜单 视图(V) ➡ 方向(O) ▸ ➡ 拖动元件(D)... 命令，尝试拖动第二次引入的零件，验证连接。

此处一般连接的结果与圆柱连接的结果相同。

步骤 08 再生机构模型，然后保存机构模型。

3.12 6 自由度（6DOF）连接

6 自由度（6DOF）连接的元件具有 3 个平移轴和 3 个旋转轴，共 6 个自由度，创建此连接时，需要选择两个基准坐标系为参考，并在元件中指定 3 组点参考来限制 3 个平移轴的运动限制。该接头不会影响元件之间的相对运动，可以用于创建伺服电动机和任何连接方式。

举例说明如下。

步骤 01 将工作目录设置至 D:\Proefj5\work\ch03.12。

步骤 02 新建文件。新建一个装配模型，命名为 6DOF_asm，选取 mmns_asm_design 模板。

步骤 03 引入元件 6DOF.prt，并使用 缺省 约束完全约束该元件。

步骤 04 再次引入元件 6DOF.prt，并将其调整到图 3.12.1 所示的位置。

步骤 05 创建 6 自由度连接。

（1）在连接列表中选取 6DOF 选项，此时系统弹出“元件放置”操控板，单击操控板菜单中的 放置 选项卡。

（2）定义“坐标系对齐”约束。选取图 3.12.1 所示的两个坐标系为约束参考，此时 放置 界面如图 3.12.2 所示。

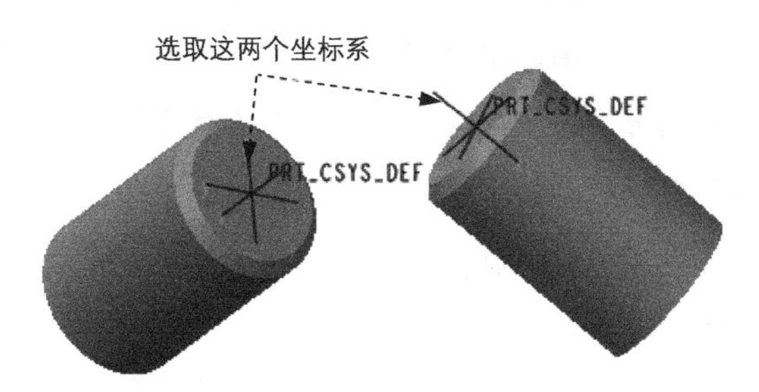

图 3.12.1　创建 6 自由度（6DOF）连接

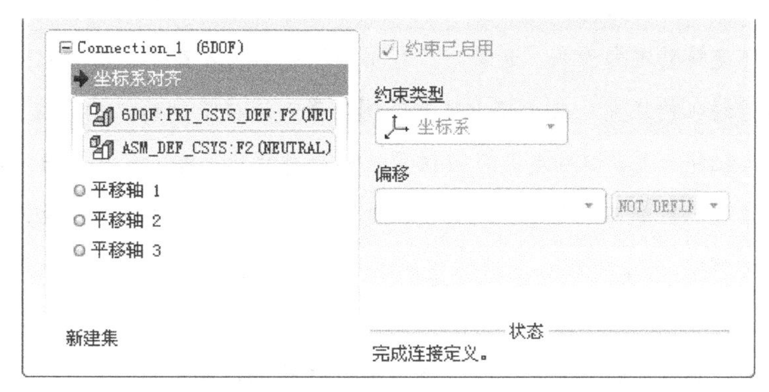

图 3.12.2　“坐标系对齐”约束参考

步骤 06 单击操控板中的 ✔ 按钮，完成连接的创建。

步骤 07 拖动验证。选择下拉菜单 视图(V) → 方向(O) → 拖动元件(D)... 命令，尝试拖动第二次引入的零件，验证连接。

步骤 08 再生机构模型，然后保存机构模型。

3.13　修复失败的装配

1．失败的装配

有时候，“连接”操作、“拖动”或“运行”机构时，系统会提示“装配失败”信息，这可能是由于未正确指定连接信息，或者因为主体的初始位置与最终的装配位置相距太远等。

如果装配件未能连接，应检查连接定义是否正确。应检查机构装置内的连接是如何组合的，以确保其具有协调性。也可以锁定主体或连接并删除环连接，以查看在不太复杂的情况下，机构装置是否可以装配。最后，可以创建新的子机构，并个别查看，研究它们如何独立工作。通过从可工作的机构装置中有系统地逐步进行，并一次增加一个小的子系统，可以创建非常复杂的机构装置并成功运行。

如果运行机构时出现“装配失败”信息，则很可能是因为无效的伺服电动机值。如果对某特定时间所给定伺服电动机的值超出可取值的范围，从而导致机构装置分离，系统将声明该机构不能装配。在这种情况下，要计算机构装置中所有伺服电动机的给定范围以及启动时间和结束时间。使用伺服电动机的较小振幅，是进行试验以确定有效范围的一个好的方法。伺服电动机也可能会使连接超过其限制，可以关闭有可能出现此情形连接的限制，并重新进行运行来研究这种可能性。

修复失败装配的一般方法：

- 在模型树中用鼠标右键单击元件，在弹出的快捷菜单中选择编辑定义命令，查看系统中环连接的定向箭头。通常，只有闭合环的机构装置才会出现失败，包括具有凸轮或槽的机构装置，或者超出限制范围的带有连接限制的机构装置。
- 检查装配件公差，以确定是否应该更严格或再放宽一些，尤其是当装配取得成功但机构装置的性能不尽如人意时。要改变绝对公差，可调整特征长度或相对公差，或两者都调整。装配件级和零件级中的 Pro/ENGINEER 精度设置也能影响装配件的绝对公差。
- 查看是否有锁定的主体或连接，这可能会导致机构装置失败。
- 尝试通过使用拖动对话框来禁用环连接，将机构装置重新定位到靠近所期望的位置，然后启用环连接。

2. 装配件公差

绝对装配件公差是机械位置约束允许从完全装配状态偏离的最大值。绝对公差是根据相对公差和特征长度来计算的。相对公差是一个系数，默认值是 0.001，即为模型特征长度的 0.1%；特征长度是所有零件长度的总和除以零件数后的结果，零件长度（或大小）是指包含整个零件的边界框的对角长度。计算绝对公差的公式为

绝对公差=相对公差×特征长度

改变绝对装配件公差的操作过程为：

步骤 01 选择下拉菜单 工具(T) ➡ 组件设置(A) ▸ ➡ 机构设置(M) 命令，系统弹出“设置”对话框。

步骤 02 如果要改变装配件的“相对公差”设置，可在相对公差的文本框中输入 0~0.1 的值。默认值 0.001 通常可满足要求。

步骤03 如果要改变“特征长度”设置，可在特征长度的文本框中输入其他值。当最大零件比最小零件大很多时，应考虑改变这项设置。

步骤04 在装配件失败情况下，如果不让系统发出警告提示，可取消选中重新连接区域中的组件连接失败时发出警告复选框。

步骤05 单击确定按钮。

3.14 机构装配实际应用案例——槽轮机构

案例概述：

机构模型的设计与组装是使用软件进行运动分析的基础，也是最重要的步骤，只有机构模型设计正确，各元件连接完整，才能保证接下来的仿真步骤顺利进行。本范例将介绍槽轮机构的创建过程。在本案例中，读者要注意槽（Solt）连接的应用技巧和注意事项。机构模型如图 3.14.1 所示，在该机构中基座与连杆同为固定主体，轮盘作为主动件安装在基座右侧并销钉连接，滑块安装在连杆上并滑动连接，下方的顶点与轮盘中的螺线采用槽连接,当轮盘转动时，将带动滑块在连杆上滑动，轮盘中螺线的基准点用于限制槽连接的运动范围，需要预先创建。

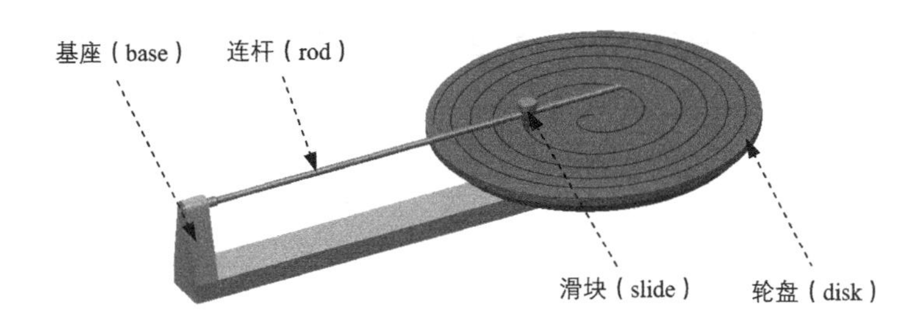

图 3.14.1 槽轮机构

步骤01 将工作目录设置至 D:\Proefj5\work\ch03.14。

步骤02 新建文件。新建一个装配模型，命名为 solt_mech，选取mmns_asm_design模板。

步骤03 引入基座元件 base.prt，并使用缺省约束完全约束该元件。

步骤04 引入轮盘元件 disk.prt，并将其调整到图 3.14.2 所示的位置。

步骤05 创建轮盘（disk）与基座（base）之间的销钉连接。

（1）在“元件放置”操控板的机械连接约束列表中选择销钉选项。

（2）定义“轴对齐”约束。单击操控板中的放置按钮，分别选取图 3.14.2 中的两个柱面为“轴对齐”约束参考，放置界面（一）如图 3.14.3 所示。

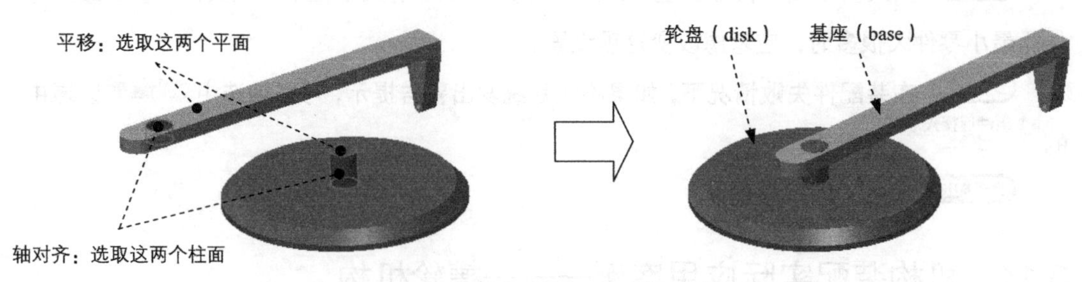

图 3.14.2 创建“销钉（Pin）”连接

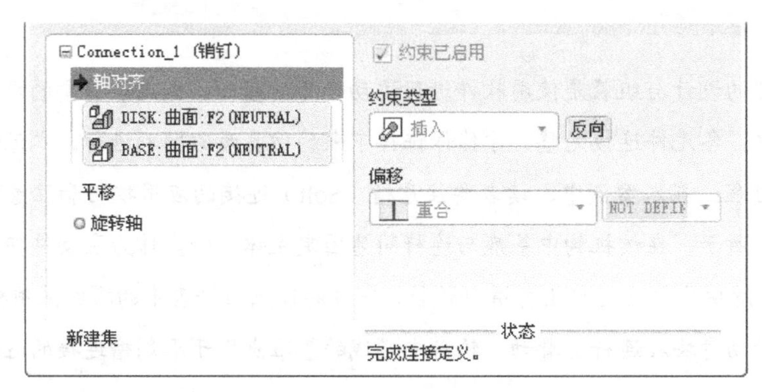

图 3.14.3 “放置”界面（一）

（3）定义“平移”约束。分别选取图 3.14.2 中的两个平面为“平移”约束参考，此时 放置 界面（二）如图 3.14.4 所示。

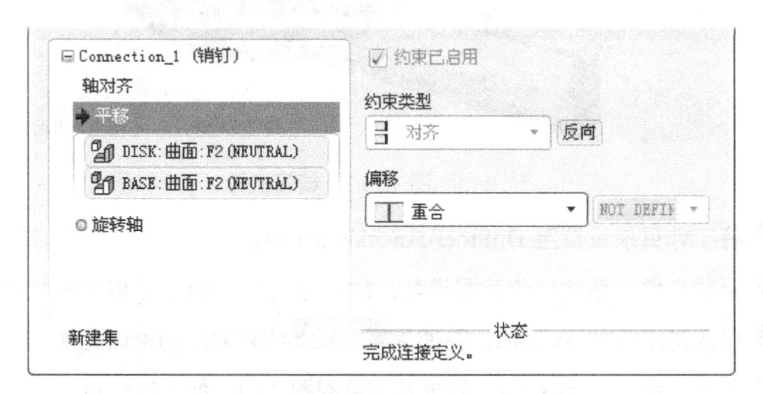

图 3.14.4 “放置”界面（二）

步骤 06 单击操控板中的 ✔ 按钮，完成销钉连接的创建。

步骤 07 引入连杆元件 rod.prt，并将其调整到图 3.14.5 所示的位置。

步骤 08 采用一般装配的方法约束连杆元件 rod.prt。

（1）定义“对齐”约束 1。单击操控板中的 放置 按钮，在 约束类型 下拉列表中选择 对齐 选项，分别选取图 3.14.5 中的两条轴线为“对齐”约束参考，此时 放置 界面如图 3.14.6 所示。

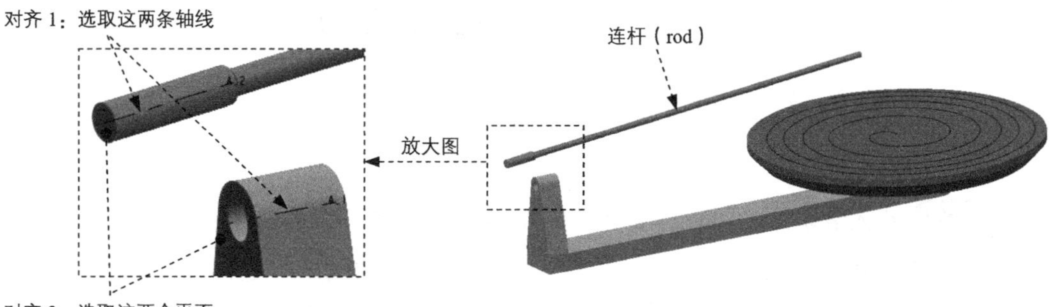

图 3.14.5 定义对齐约束

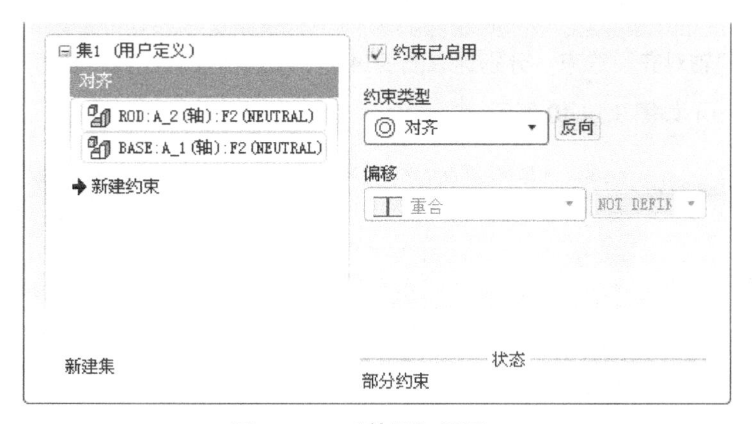

图 3.14.6 “放置”界面

（2）定义“对齐”约束 2。在“放置”界面中单击 新建约束 字符，在 约束类型 下拉列表中选择 对齐 选项，分别选取图 3.14.5 中的两个平面为“对齐”约束参考，界面下部的 状态 栏中显示的信息为 完全约束，此时 放置 界面如图 3.14.7 所示。

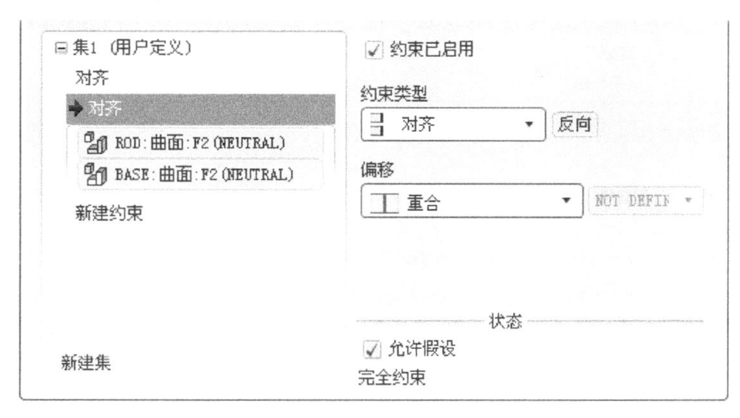

图 3.14.7 “放置”界面

步骤 09 单击操控板中的✓按钮，完成约束的创建，结果如图 3.14.8 所示。

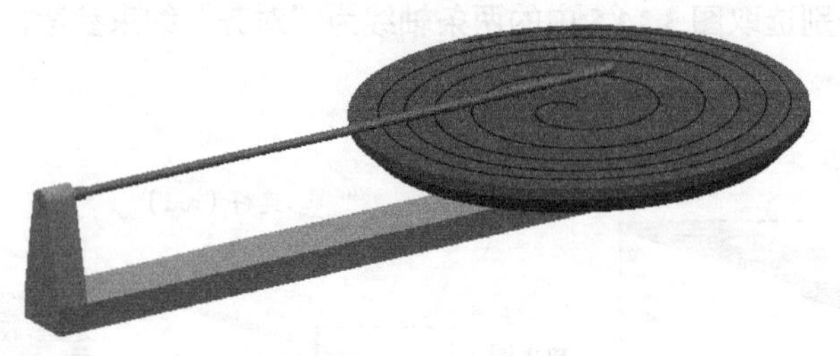

图 3.14.8　连杆装配结果

步骤 10 引入滑块元件 slide.prt，并将其调整到图 3.14.9 所示的位置。

步骤 11 创建滑块（slide）元件与连杆（rod）之间的“滑动杆”连接。

（1） 在连接列表中选取 滑动杆 选项，此时系统弹出“元件放置”操控板，单击操控板菜单中的 放置 选项卡。

（2）定义“轴对齐”约束。分别选取图 3.14.9 所示的两条轴线为“轴对齐”约束参考，放置 界面（一）如图 3.14.10 所示。

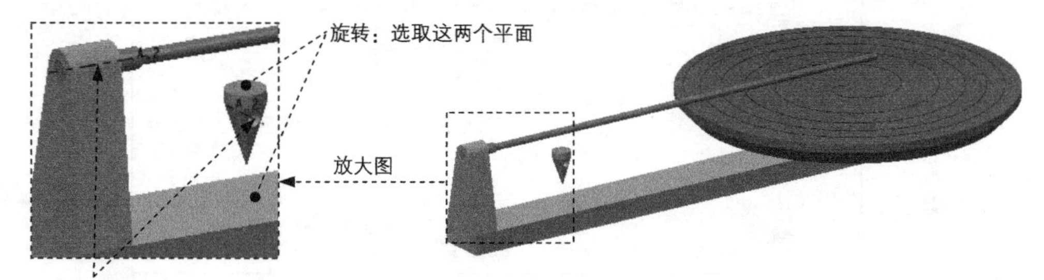

图 3.14.9　创建滑动杆（Slider）连接

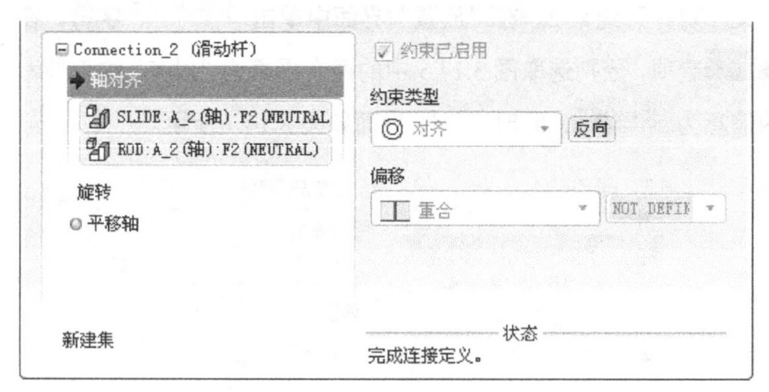

图 3.14.10　“放置”界面（一）

（3）定义“旋转”约束。分别选取图 3.14.9 所示的两个平面为“旋转”约束参考，此时 放置 界面（二）如图 3.14.11 所示。

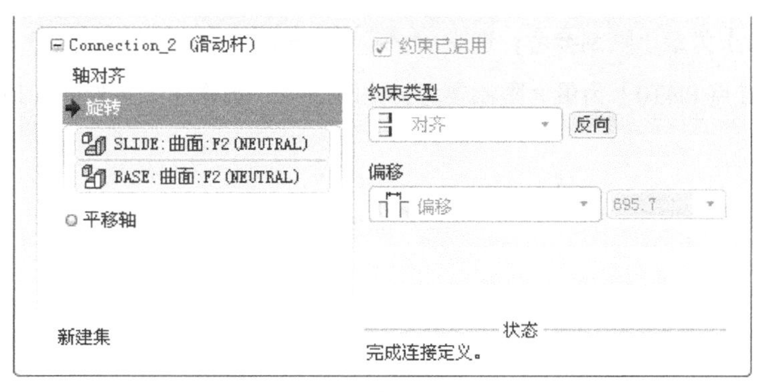

图 3.14.11 “放置”界面 (二)

步骤 12 将滑块（slide）元件调整到图 3.14.12 所示的大致位置。

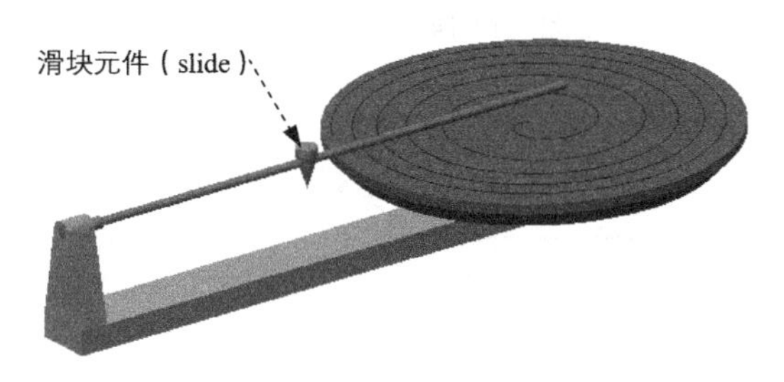

图 3.14.12 调整滑块位置

步骤 13 创建槽连接。

（1） 在 放置 界面下方单击“新建集”字符，在“元件放置”操控板的机械连接约束列表中选择 槽 选项。

（2）定义“直线上的点”约束。选取图 3.14.13 所示的点（连杆元件中的基准点 PNT0）和曲线（轮盘元件中的螺线）为约束参考，此时 放置 界面（一）如图 3.14.14 所示。

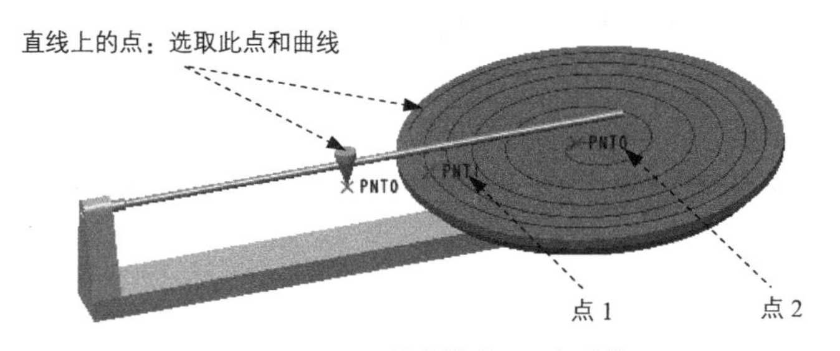

图 3.14.13 创建槽（Solt）连接

（3）在 放置 界面（一）下方单击 槽轴 选项，在右侧 当前位置 区域下的文本框中输入值

13000，并按 Enter 键确认；选中 ☑ 最小限制 复选框，选取图 3.14.13 所示的点 1（轮盘元件中的基准点 PNT1）为最小限制参考；选中 ☑ 最大限制 复选框，选取图 3.14.13 所示的点 2（轮盘元件中的基准点 PNT0）为最大限制参考，此时 放置 界面（二）如图 3.14.15 所示。

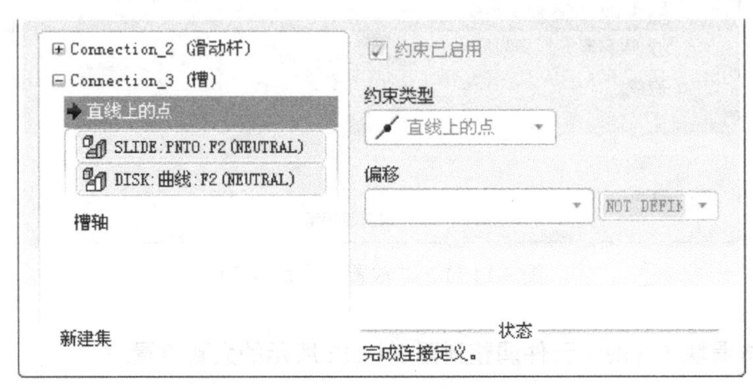

图 3.14.14 “放置”界面（一）

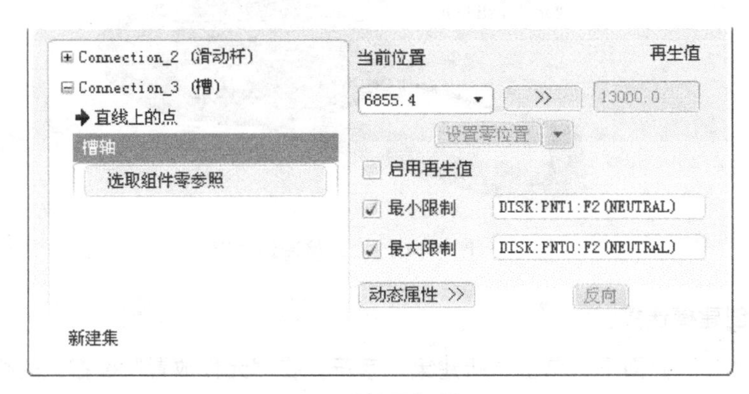

图 3.14.15 “放置”界面（二）

步骤 14 单击操控板中的 ✓ 按钮，完成约束的创建。

步骤 15 拖动验证。选择下拉菜单 视图(V) ➡ 方向(O) ▸ ➡ 拖动元件(D)... 命令，尝试拖动滑动杆（slide）元件零件，验证连接。

步骤 16 再生机构模型，然后保存机构模型。

3.15 机构装配实际应用案例二——剪式升降平台

案例概述：

本案例将介绍平行提升机构的创建过程。在该机构中，框架为固定主体，气缸安装在框架上，8 根连杆和 5 根销轴使用销钉（Pin）和圆柱（Cylinder）连接组成平行连杆机构，工作台安装在连杆顶部，当活塞运动时，该机构将推动工作台平行上升。在本案例中，读者要注意销钉（Pin）连接和圆柱（Cylinder）连接的使用区别，避免产生过多约束。机构模型如图 3.15.1 所示。

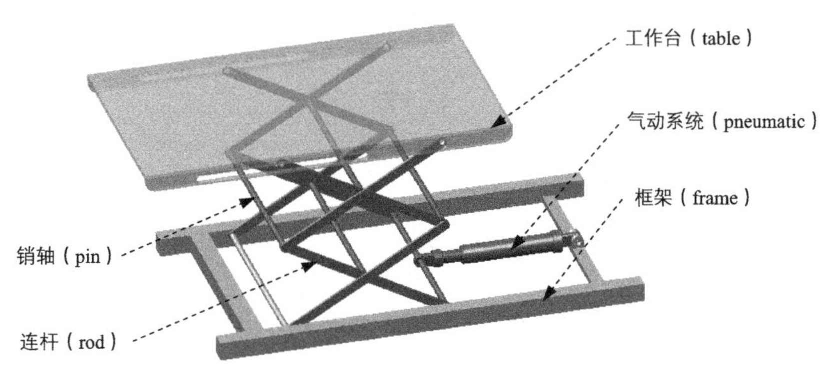

图 3.15.1 平行提升机构

1. 创建气动系统子组件

步骤 01 将工作目录设置至 D:\Proefj5\work\ch03.15。

步骤 02 新建文件。新建一个装配模型，命名为 pneumatic_asm，选取 mmns_asm_design 模板。

步骤 03 引入第一个元件 cylinder.prt，并使用 缺省 约束完全约束该元件。

步骤 04 引入第二个元件 piston.prt，并将其调整到图 3.15.2 所示的位置。

注意：引入后需要调整位置，否则创建“轴对齐”约束时可能出现方向错误。

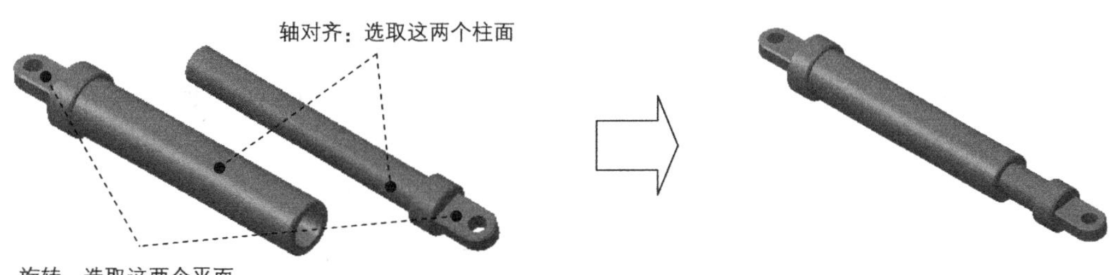

图 3.15.2 创建滑动杆（Slider）连接

步骤 05 创建滑动杆连接。

（1） 在连接列表中选取 滑动杆 选项，此时系统弹出“元件放置”操控板，单击操控板菜单中的 放置 选项卡。

（2）定义“轴对齐”约束。分别选取图 3.15.2 所示的两个柱面为“轴对齐”约束参考，放置界面（一）如图 3.15.3 所示。

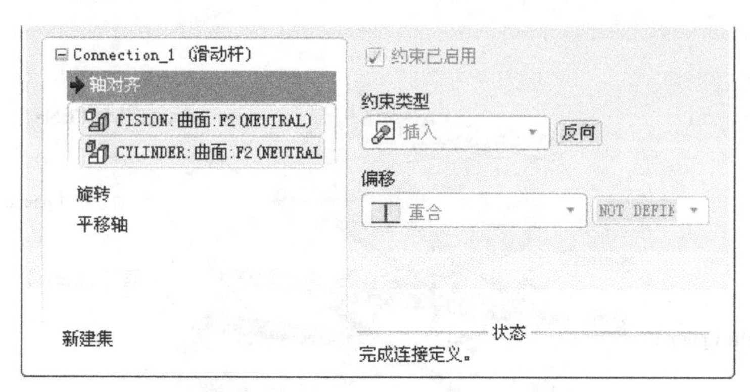

图 3.15.3 “放置”界面（一）

（3）定义“旋转”约束。分别选取图 3.15.2 所示的两个平面为“旋转”约束参考，此时放置界面（二）如图 3.15.4 所示。

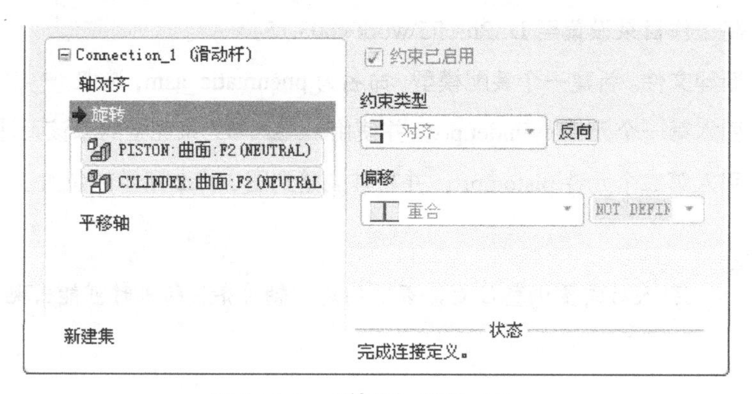

图 3.15.4 “放置”界面（二）

（4）设置平移轴参考。在放置界面（二）中单击平移轴选项，选取图 3.15.5 所示的两个平面为平移轴参考。

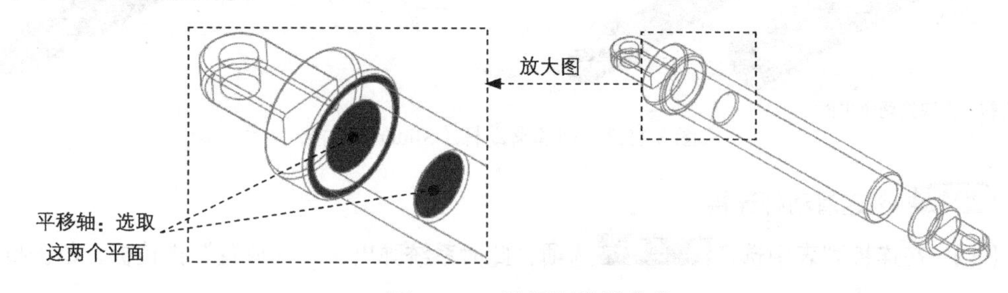

图 3.15.5 设置平移轴参考

（5）设置位置参数。在放置界面右侧当前位置区域下的文本框中输入值 5，并按 Enter

键确认，然后单击 >> 按钮；选中 ☑启用再生值 复选框；选中 ☑最小限制 复选框，在其后的文本框中输入值 5；选中 ☑最大限制 复选框，在其后的文本框中输入值 150，如图 3.15.6 所示。

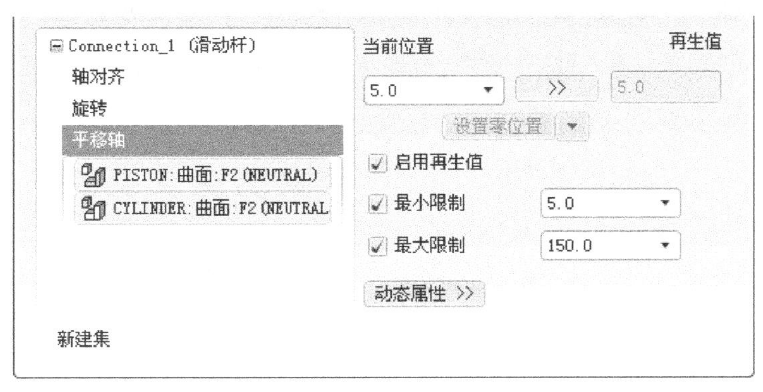

图 3.15.6 设置位置参数

步骤 06 单击操控板中的 ✓ 按钮，完成滑动杆连接的创建。

步骤 07 拖动验证。选择下拉菜单 视图(V) → 方向(O) → 拖动元件(D)... 命令，拖动零件 piston，验证滑动杆连接。

步骤 08 再生机构模型，然后保存机构模型。

2. 创建总装配

任务 01 装配框架和气动子组件

步骤 01 新建文件。新建一个装配模型，命名为 parallel_mech，选取 mmns_asm_design 模板。

步骤 02 引入框架元件 frame.prt，并使用 缺省 约束完全约束该元件。

步骤 03 引入气动子组件 pneumatic_asm.asm，并将其调整到图 3.15.7 所示的位置。

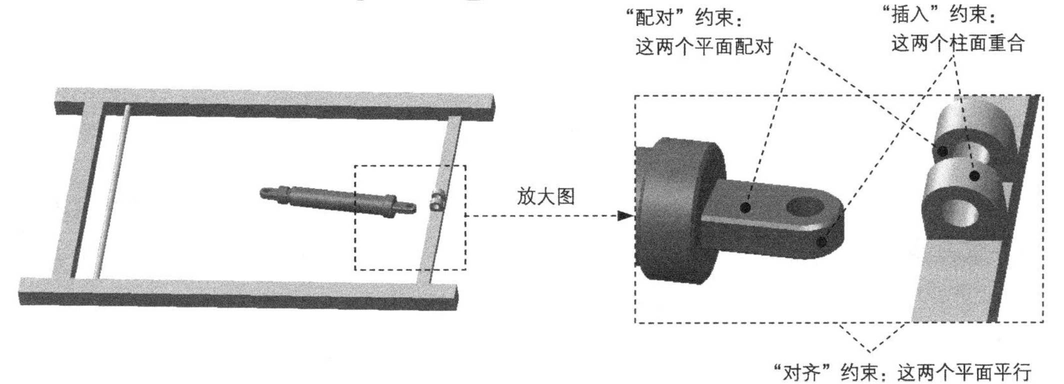

图 3.15.7 创建刚性（Rigid）连接

步骤 04 创建气动子组件与框架之间的刚性连接。

（1）在连接列表中选取 刚性 选项，此时系统弹出“元件放置”操控板，单击操控板菜单中的 放置 选项卡。

（2）定义“插入”约束。在 约束类型 下拉列表中选择 插入 选项，选取图 3.15.7 中的两个柱面为“插入”约束参考，此时 放置 界面（一）如图 3.15.8 所示。

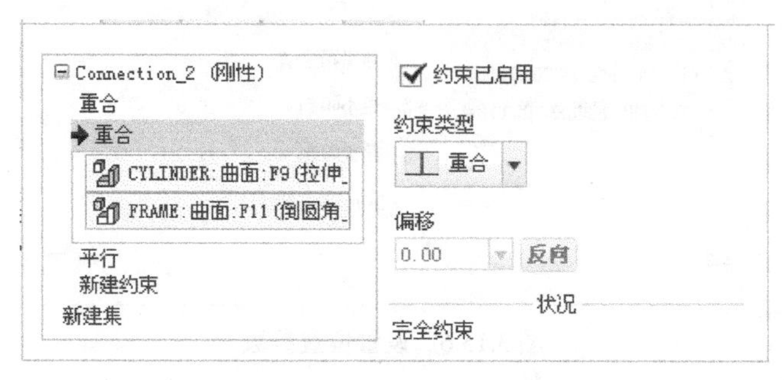

图 3.15.8 “放置”界面（一）

（3）定义“配对”约束。在 放置 界面中单击 新建约束，在 约束类型 下拉列表中选择 配对 选项，选取图 3.15.7 所示的两个平面为“配对”约束参考，此时 放置 界面（二）如图 3.15.9 所示。

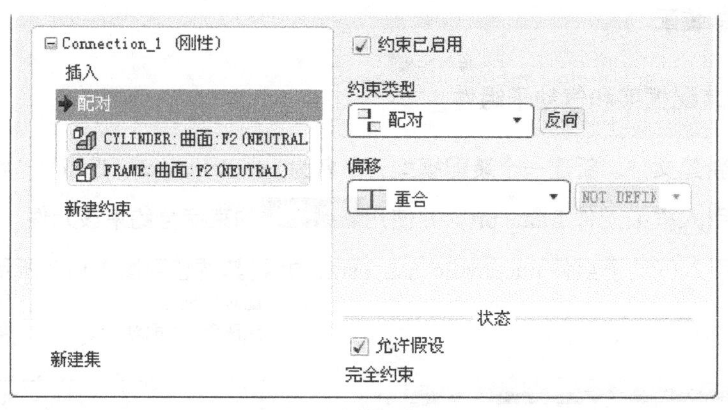

图 3.15.9 “放置”界面（二）

（4）定义“对齐”约束。在 放置 界面（二）中单击 新建约束，在 约束类型 下拉列表中选择 对齐 选项，选取图 3.15.7 中的两个平面为“平行”约束参考，然后在 偏移 下拉列表中选择 定向 命令，此时 放置 界面（三）如图 3.15.10 所示。

步骤 05 单击操控板中的 ✓ 按钮，完成刚性连接的创建，如图 3.15.11 所示。

任务 02 装配连杆 1

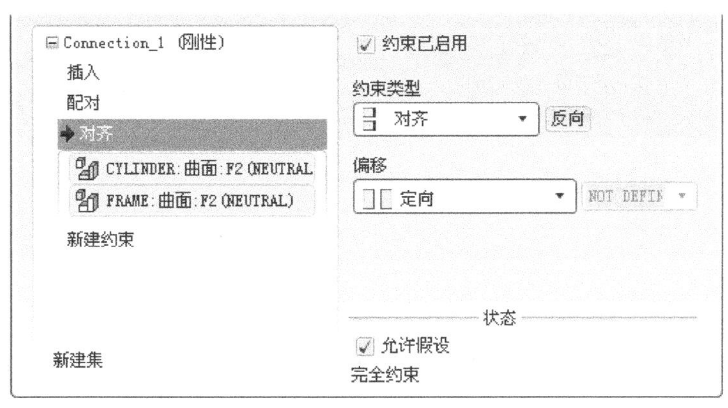

图 3.15.10　“放置”界面（三）

步骤 01 引入连杆元件 rod.prt，并将其调整到图 3.15.12 所示的位置。

步骤 02 创建连杆 1 和框架之间的销钉连接。

（1）在“元件放置”操控板的机械连接约束列表中选择 销钉 选项。

（2）定义“轴对齐”约束。单击操控板中的 放置 按钮，分别选取图 3.15.12 中的两个柱面为“轴对齐”约束参考， 放置 界面（一）如图 3.15.13 所示。

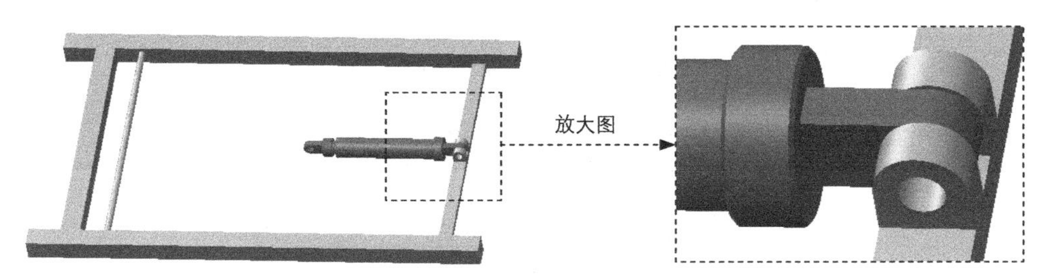

图 3.15.11　完成刚性（Rigid）连接

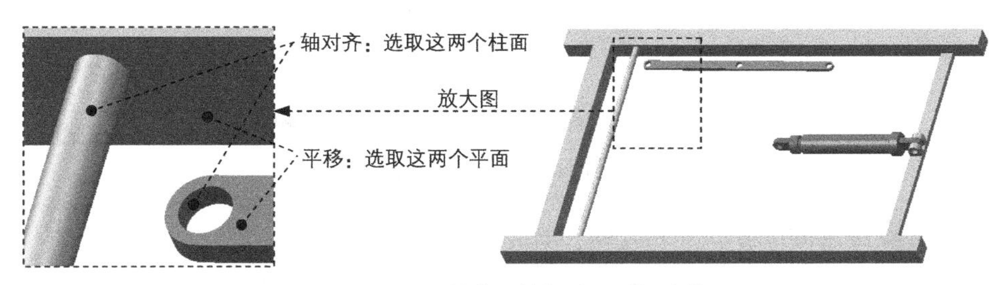

图 3.15.12　创建“销钉（Pin）”连接

（3）定义“平移”约束。分别选取图 3.15.12 中的两个平面为“平移”约束参考，此时 放置 界面（二）如图 3.15.14 所示。

Connection_1 (销钉)
轴对齐
ROD:曲面:F2 (NEUTRAL)
FRAME:曲面:F2 (NEUTRAL)
平移
旋转轴
新建集
约束已启用
约束类型
插入
反向
偏移
重合
NOT DEFIN
状态
完成连接定义。

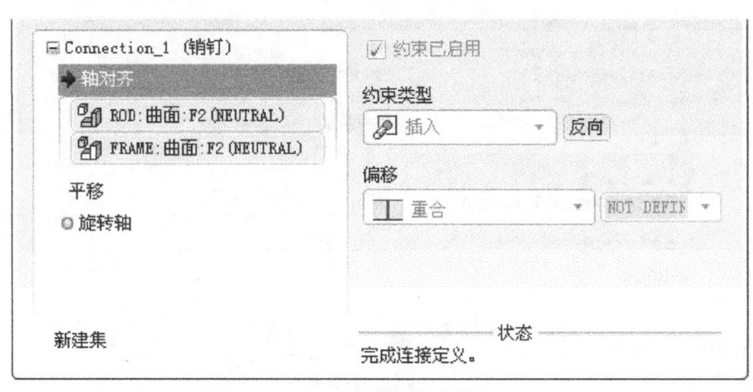

图 3.15.13 “放置”界面 (一)

Connection_1 (销钉)
轴对齐
平移
ROD:曲面:F2 (NEUTRAL)
FRAME:曲面:F2 (NEUTRAL)
旋转轴
新建集
约束已启用
约束类型
配对
反向
偏移
重合
NOT DEFIN
状态
完成连接定义。

图 3.15.14 “放置”界面 (二)

步骤 03 调整连杆 1 至图 3.15.15 所示的大致位置。

连杆 1

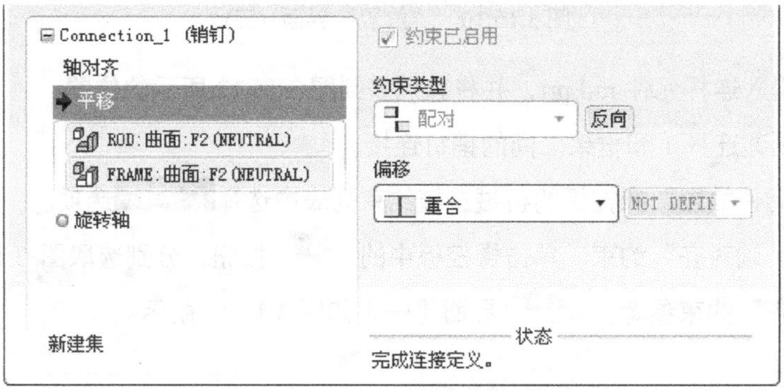

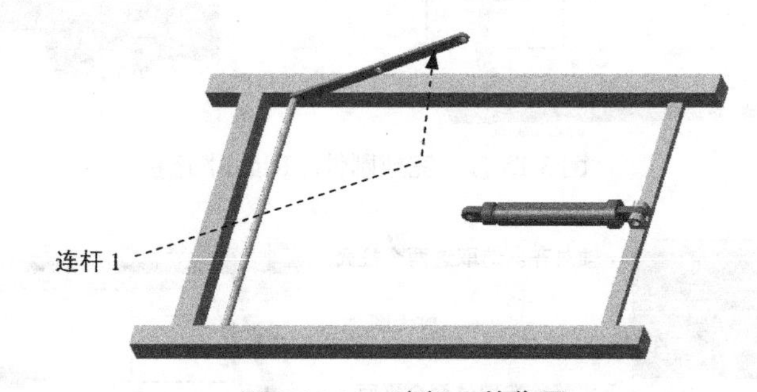

图 3.15.15 连杆 1 的位置

步骤 04 单击操控板中的✔按钮，完成销钉连接的创建。

任务 03 装配销轴 1

步骤 01 引入连接轴元件 pin.prt，并将其调整到图 3.15.16 所示的位置。

步骤 02 创建销轴 1 和连杆 1 之间的销钉连接。

（1）在“元件放置”操控板的机械连接约束列表中选择 销钉 选项。

（2）定义“轴对齐”约束。单击操控板中的 放置 按钮，分别选取图 3.15.16 中的两个柱面为“轴对齐”约束参考，放置 界面（一）如图 3.15.17 所示。

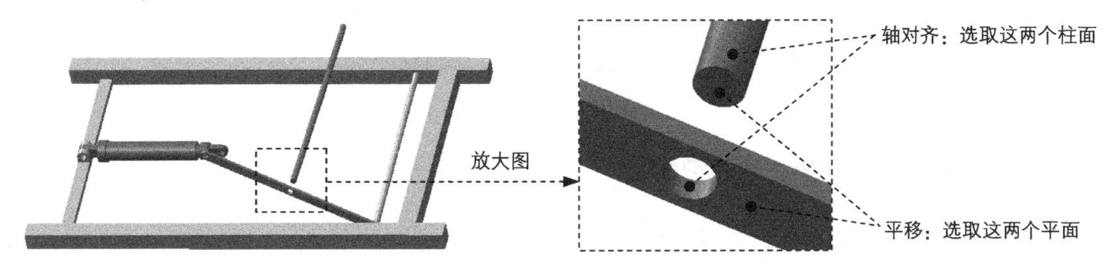

图 3.15.16 创建“销钉（Pin）”连接

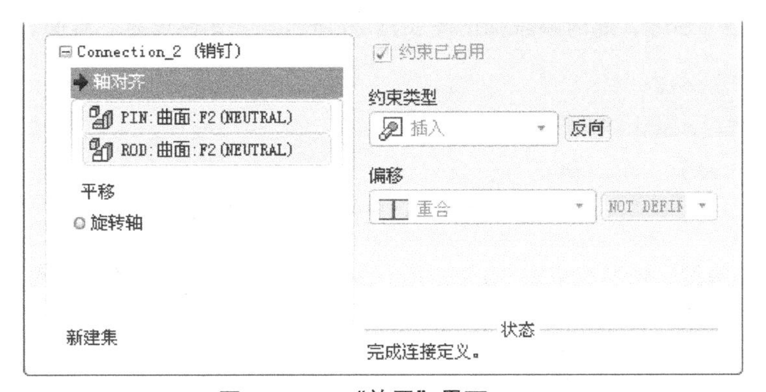

图 3.15.17 “放置”界面（一）

（3）定义“平移”约束。分别选取图 3.15.16 中的两个平面为“平移”约束参考，然后在 偏移 下拉列表中选择 重合 选项，此时 放置 界面（二）如图 3.15.18 所示。

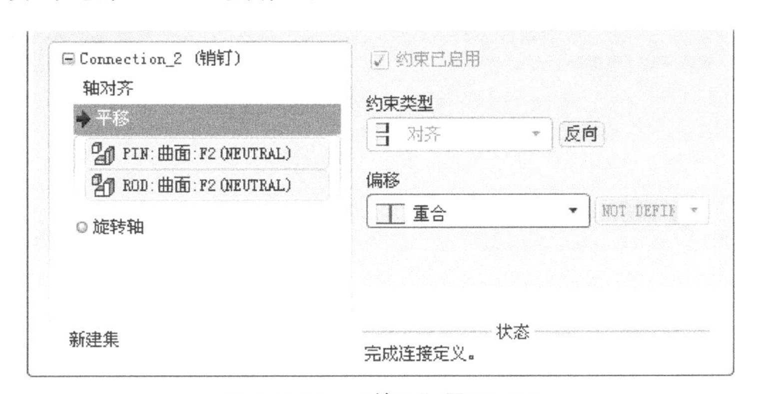

图 3.15.18 “放置”界面（二）

步骤 03 单击操控板中的 ✓ 按钮，完成销钉连接的创建，如图 3.15.19 所示。

销轴 1

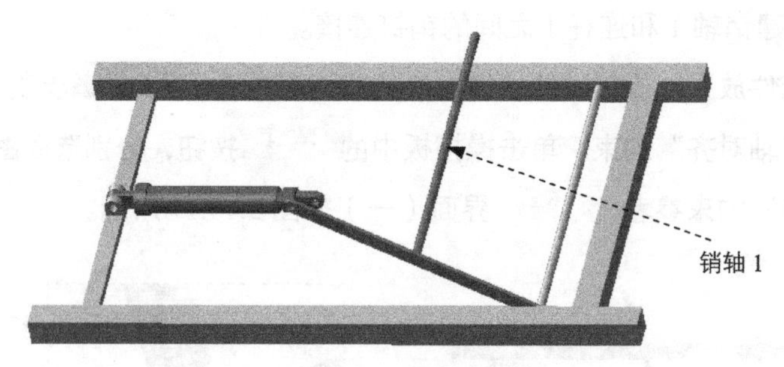

图 3.15.19　装配销轴 1

任务 04 采用复制的方法装配销轴 2

步骤 01 选取复制零件。在模型树中选中“pin.prt”节点。

步骤 02 选择下拉菜单 编辑(E) ➡ 复制(C) 命令，然后选择下拉菜单 编辑(E) ➡ 粘贴(P) 命令，此时系统弹出图 3.15.20 所示的“元件放置”界面。

在其它零件上选取对齐轴线或边。
选取了 1 项
全部
界面至几何
TMP_INTFC001
自动放置
状态:未完成连接定义。
放置
移动
选项
挠性
属性

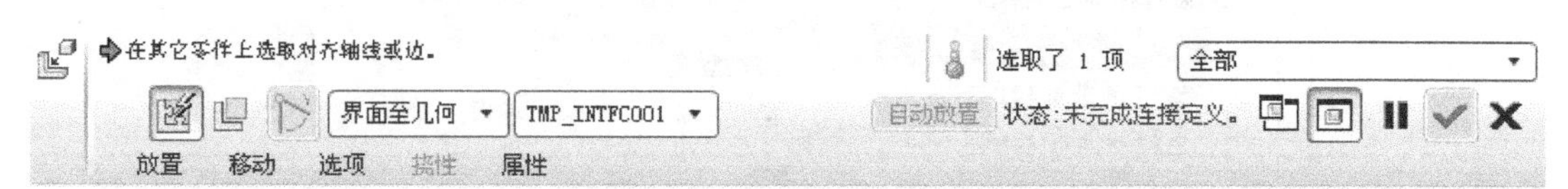

图 3.15.20　“元件放置”界面

步骤 03 在模型中依次选取图 3.15.21 所示的柱面和平面为新的约束参考，此时 放置 界面如图 3.15.22 所示。

放大图
选取此柱面
选取此平面

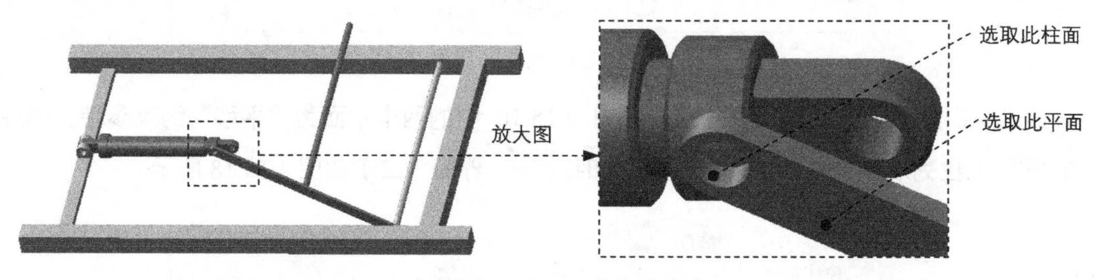

图 3.15.21　选取约束参考

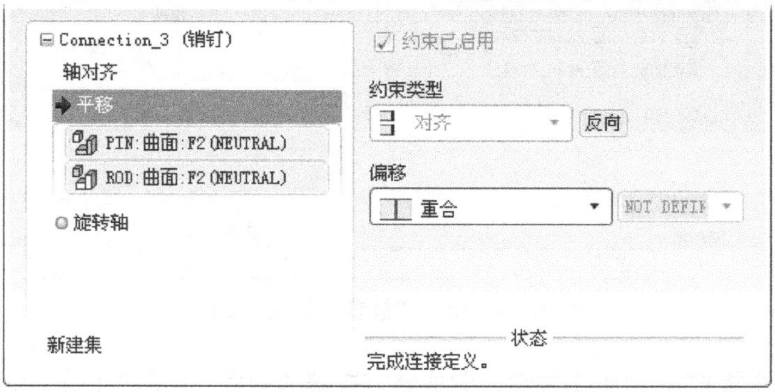

Connection_3 (销钉)
轴对齐
平移
PIN:曲面:F2 (NEUTRAL)
ROD:曲面:F2 (NEUTRAL)
旋转轴
新建集
约束已启用
约束类型
对齐
反向
偏移
重合
NOT DEFIN
状态
完成连接定义。

图 3.15.22　“放置”界面

步骤 04 单击操控板中的 ✓ 按钮，完成元件的复制，如图 3.15.23 所示。

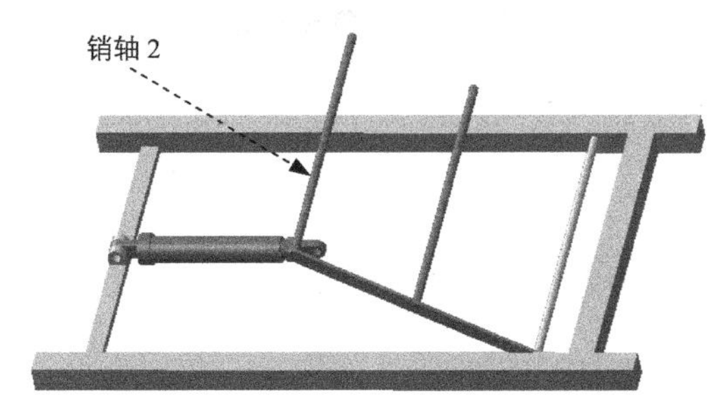

图 3.15.23 装配销轴 2

任务 05 装配连杆 2

步骤 01 引入连杆元件 rod.prt，并将其调整到图 3.15.24 所示的位置。

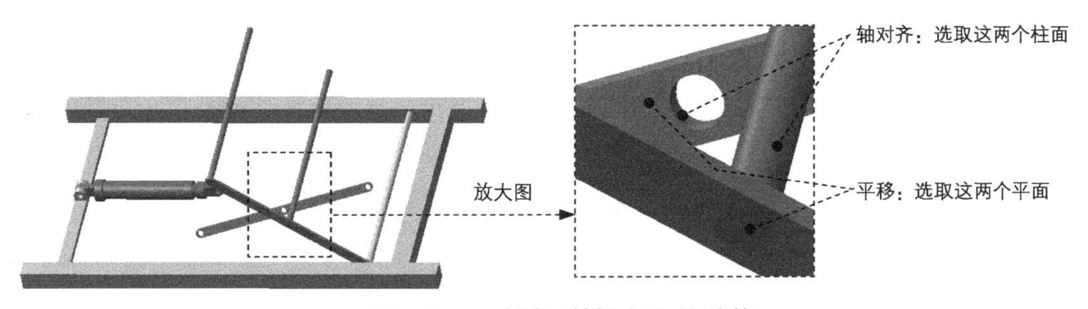

图 3.15.24 创建“销钉（Pin）”连接

步骤 02 创建连杆 2 和销轴 1 之间的销钉连接。

（1）在“元件放置”操控板的机械连接约束列表中选择 销钉 选项。

（2）定义“轴对齐”约束。单击操控板中的 放置 按钮，分别选取图 3.15.24 中的两个柱面为“轴对齐”约束参考， 放置 界面（一）如图 3.15.25 所示。

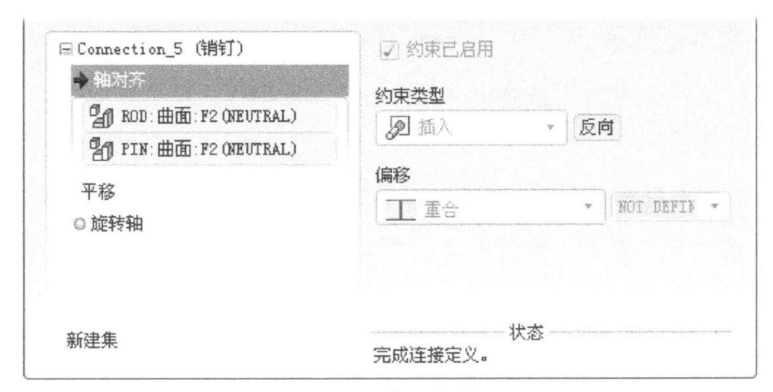

图 3.15.25 “放置”界面（一）

（3）定义“平移”约束。分别选取图 3.15.24 中的两个平面为“平移”约束参考，然后在 偏移 下拉列表中选择 偏移 选项，输入偏移距离值为-5，此时 放置 界面（二）如图 3.15.26 所示。

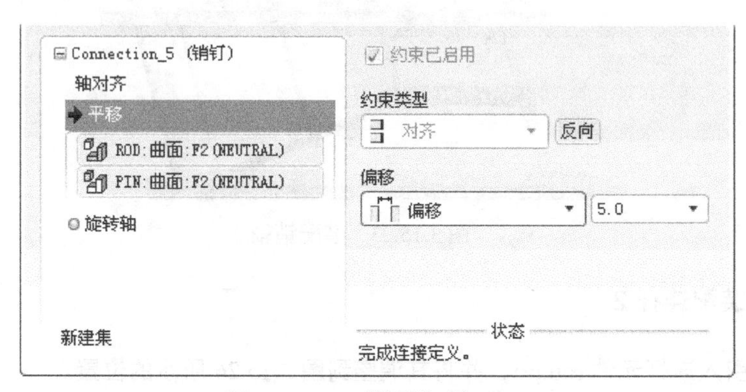

图 3.15.26 “放置”界面(二)

步骤 03 单击操控板中的 ✓ 按钮，完成元件的装配，如图 3.15.27 所示。

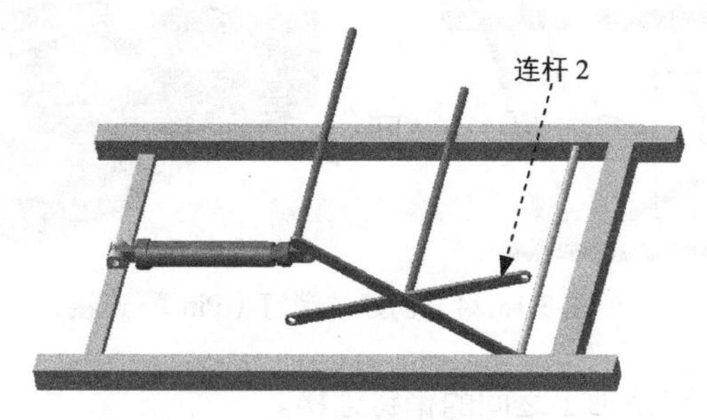

图 3.15.27 装配连杆 2

任务 06 采用复制的方法装配销轴 3

步骤 01 选取复制零件。在模型树中选中图 3.15.28 所示的“pin.prt”节点。

步骤 02 选择下拉菜单 编辑(E) ➡ 复制(C) 命令，然后选择下拉菜单 编辑(E) ➡ 粘贴(P) 命令，此时系统弹出“元件放置”操控板，单击其中的“手动放置按钮”，如图 3.15.29 所示。

步骤 03 选取约束参考。单击操控板中的 放置 按钮，在模型中依次选取图 3.15.30 所示的柱面和平面为新的约束参考，然后在 偏移 下拉列表中选择 偏移 选项，输入偏移距离值为 5，此时 放置 界面如图 3.15.31 所示。

步骤 04 创建销轴 3 和气动子组件之间的圆柱连接。

（1） 在 放置 界面下方单击“新建集”字符，在“元件放置”操控板的机械连接约束

列表中选择 圆柱 选项。

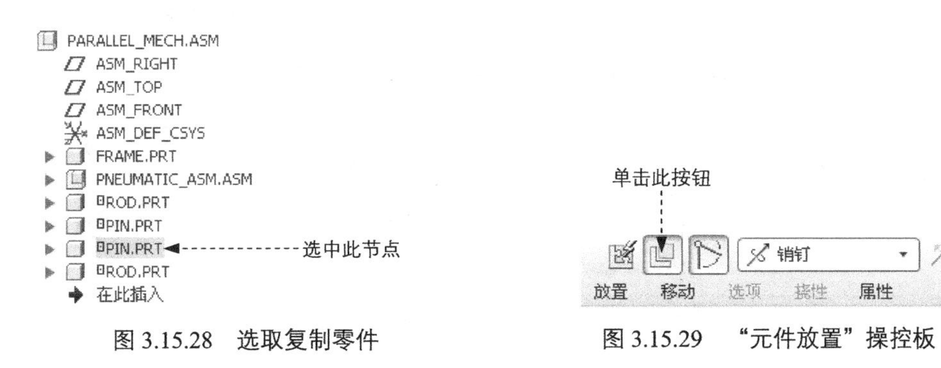

图 3.15.28 选取复制零件　　图 3.15.29 “元件放置”操控板

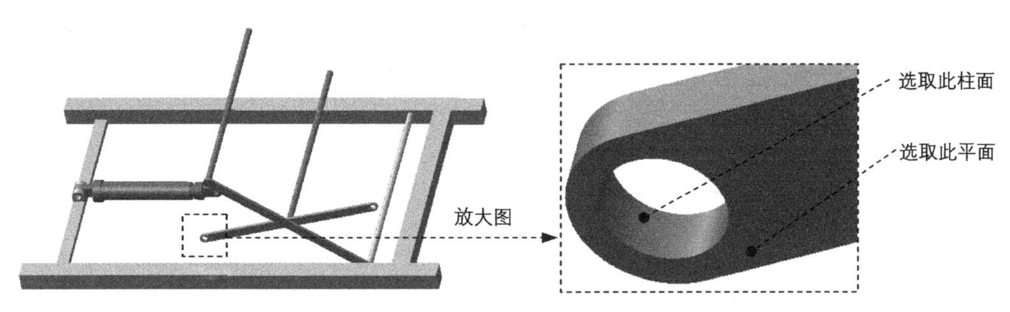

图 3.15.30 选取约束参考

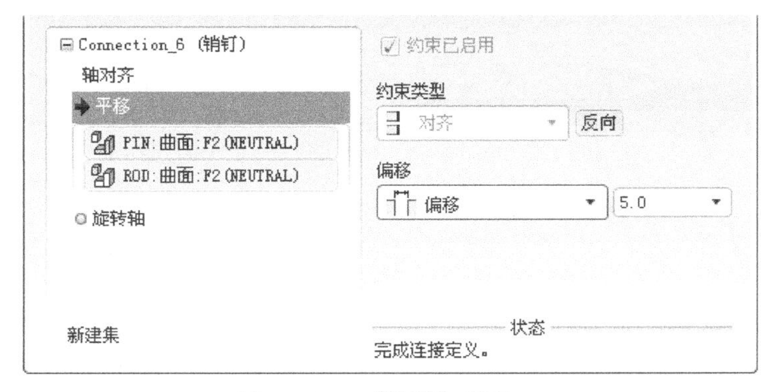

图 3.15.31 “放置”界面

（2）定义“轴对齐”约束。单击操控板中的 放置 按钮，分别选取图 3.15.32 所示的两个柱面为“轴对齐”约束参考，此时 放置 界面如图 3.15.33 所示。

步骤 05 单击操控板中的 ✓ 按钮，完成元件的复制和连接，如图 3.15.34 所示。

任务 07 采用复制的方法装配销轴 4

步骤 01 选取复制零件。在模型树中选中图 3.15.35 所示的“pin.prt”节点。

选取这两个柱面
放大图

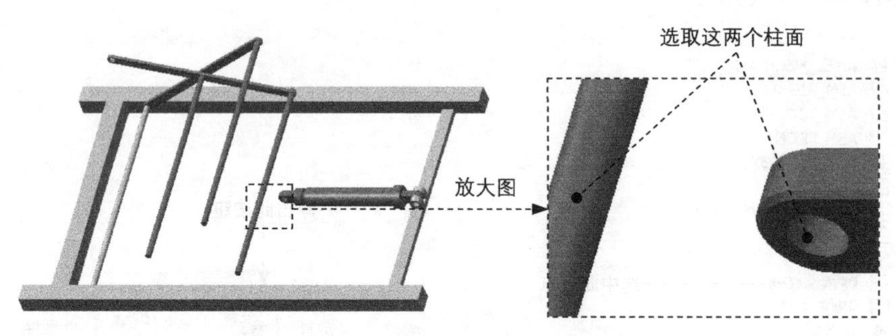

图 3.15.32 创建圆柱（Cylinder）连接

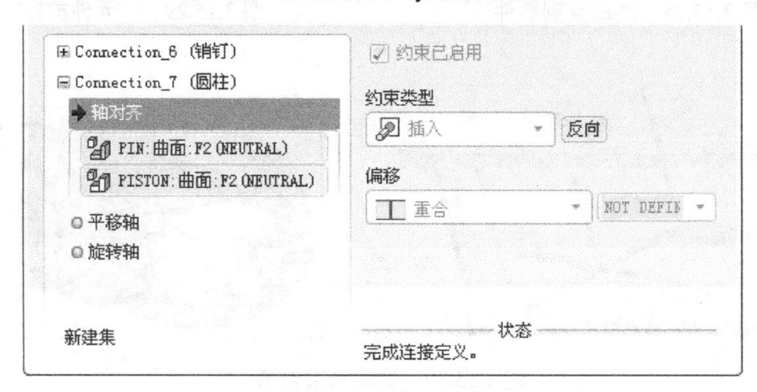

Connection_6 (销钉)
Connection_7 (圆柱)
轴对齐
PIN:曲面:F2(NEUTRAL)
PISTON:曲面:F2(NEUTRAL)
平移轴
旋转轴
新建集
约束已启用
约束类型
插入
反向
偏移
重合
NOT DEFIN
状态
完成连接定义。

图 3.15.33 “放置”界面

销轴 3

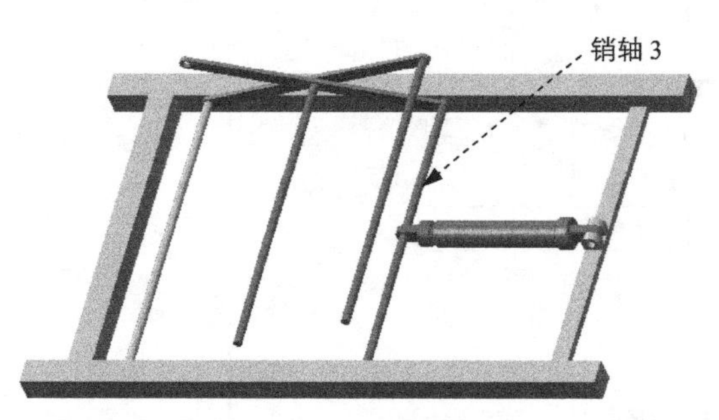

图 3.15.34 装配销轴 3

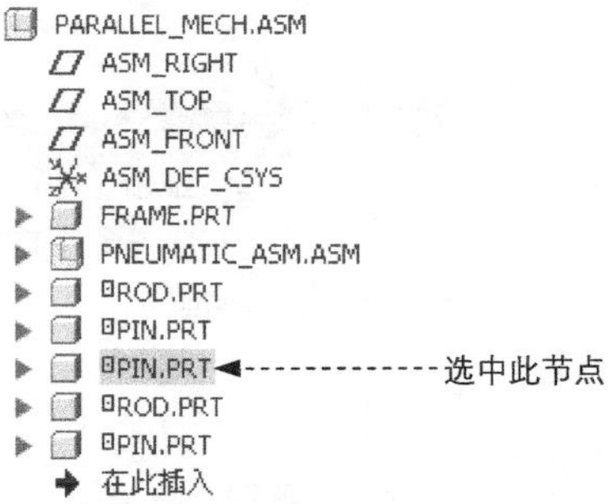

PARALLEL_MECH.ASM
ASM_RIGHT
ASM_TOP
ASM_FRONT
ASM_DEF_CSYS
FRAME.PRT
PNEUMATIC_ASM.ASM
ROD.PRT
PIN.PRT
PIN.PRT
选中此节点
ROD.PRT
PIN.PRT
在此插入

图 3.15.35 选取复制零件

步骤 02 选择下拉菜单 编辑(E) ➡ 复制(C) 命令，然后选择下拉菜单 编辑(E) ➡ 粘贴(P) 命令，此时系统弹出“元件放置”操控板。

步骤 03 选取约束参考。单击操控板中的 放置 按钮，在模型中依次选取图 3.15.36 所示的柱面和平面为新的约束参考，然后在 偏移 下拉列表中选择 偏移 选项，偏移距离值为 5，此时 放置 界面如图 3.15.37 所示。

步骤 04 单击操控板中的 ✓ 按钮，完成元件的复制，如图 3.15.38 所示。

任务 08 采用复制的方法装配连杆 3

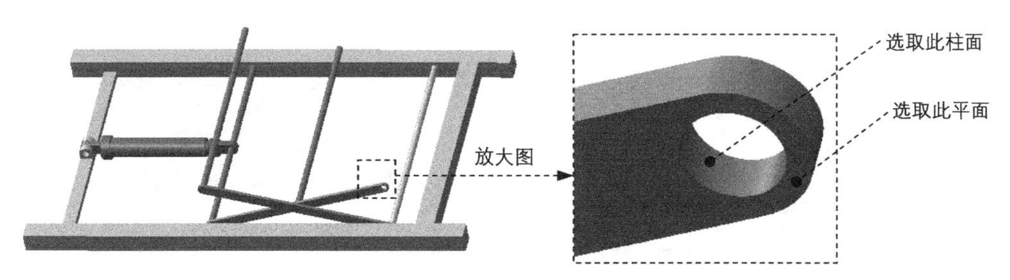

图 3.15.36 选取约束参考

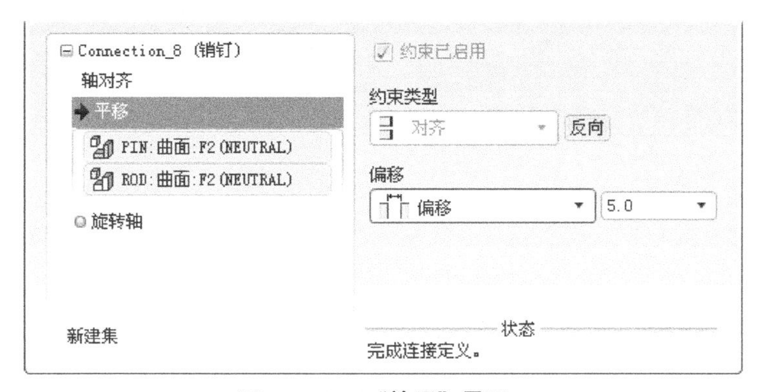

图 3.15.37 “放置”界面

步骤 01 选取复制零件。在模型树中选中图 3.15.39 所示的“rod.prt”节点。

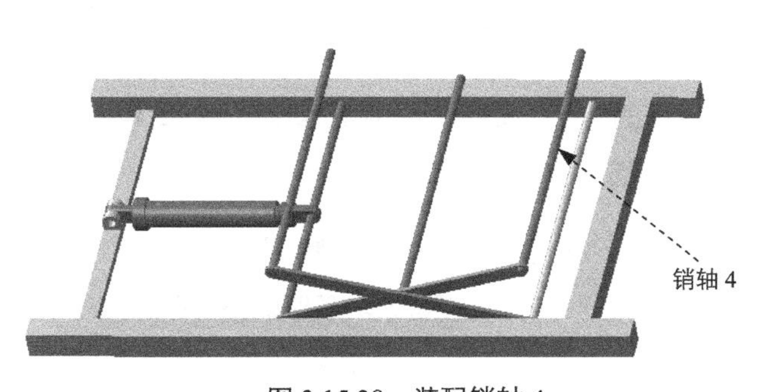

图 3.15.38 装配销轴 4

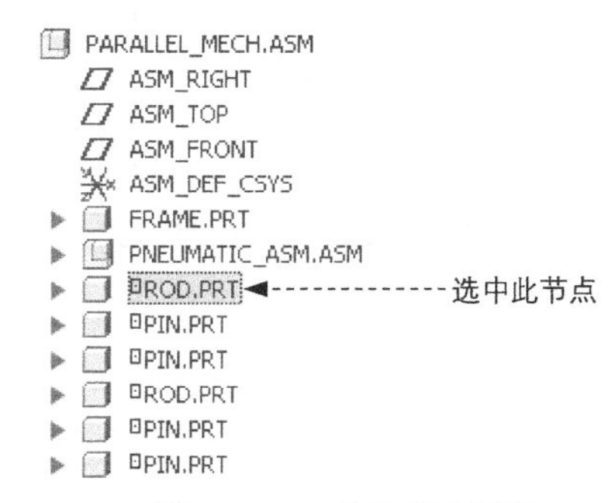

图 3.15.39 选取复制零件

步骤 02 选择下拉菜单 编辑(E) → 复制(C) 命令，然后选择下拉菜单 编辑(E) → 粘贴(P) 命令，此时系统弹出“元件放置”操控板，单击其中的“手动放置按钮” 。

步骤 03 选取约束参考。单击操控板中的 放置 按钮，在模型中依次选取图 3.15.40 所示的柱面和平面为新的约束参考；单击 反向 按钮，反转配合方向，此时 放置 界面如图 3.15.41

所示。

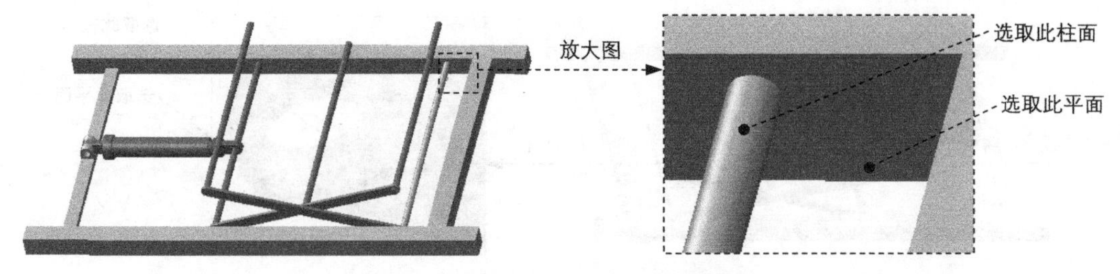

图 3.15.40 选取约束参考

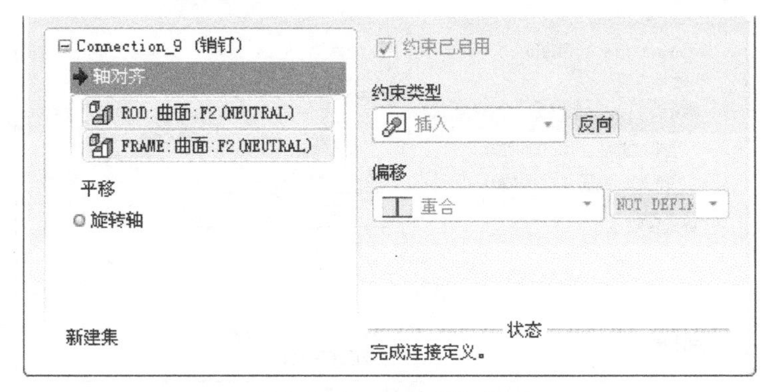

图 3.15.41 “放置”界面

步骤 04 创建连杆 3 和销轴 1 之间的圆柱连接。

（1）在 放置 界面下方单击“新建集”字符，在“元件放置”操控板的机械连接约束列表中选择 圆柱 选项。

（2）定义“轴对齐”约束。单击操控板中的 放置 按钮，分别选取图 3.15.42 所示的两个柱面为“轴对齐”约束参考，此时 放置 界面如图 3.15.43 所示。

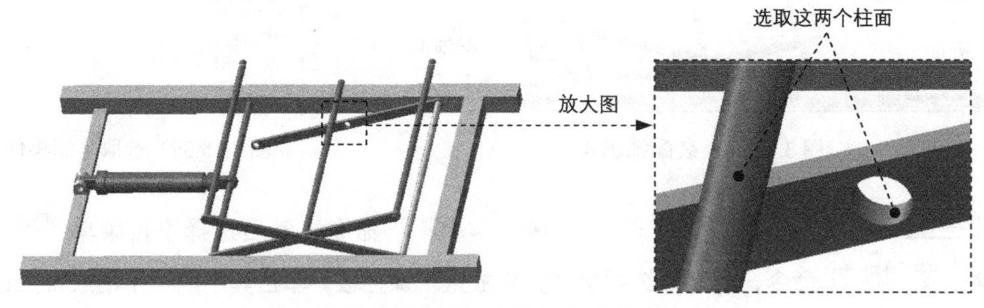

图 3.15.42 创建圆柱（Cylinder）连接

步骤 05 单击操控板中的 ✓ 按钮，完成元件的复制与连接，如图 3.15.44 所示。

任务 09 采用复制的方法装配连杆 4

Connection_9（销钉）
Connection_10（圆柱）
轴对齐
ROD：曲面：F2（NEUTRAL）
PIN：曲面：F2（NEUTRAL）
平移轴
旋转轴
新建集
约束已启用
约束类型
插入　反向
偏移
重合　NOT DEFIN
状态
完成连接定义。

图 3.15.43　“放置”界面

步骤 01 选取复制零件。在模型树中选中图 3.15.45 所示的“rod.prt”节点。

步骤 02 选择下拉菜单 编辑(E) → 复制(C) 命令，然后选择下拉菜单 编辑(E) → 粘贴(P) 命令，此时系统弹出“元件放置”操控板，单击其中的“手动放置按钮”。

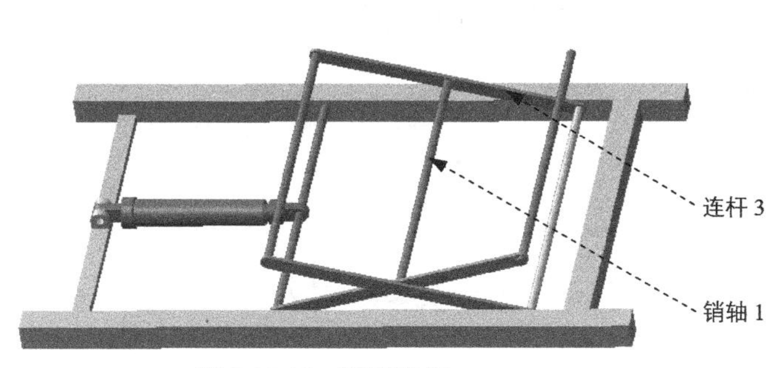

图 3.15.44　装配连杆 3

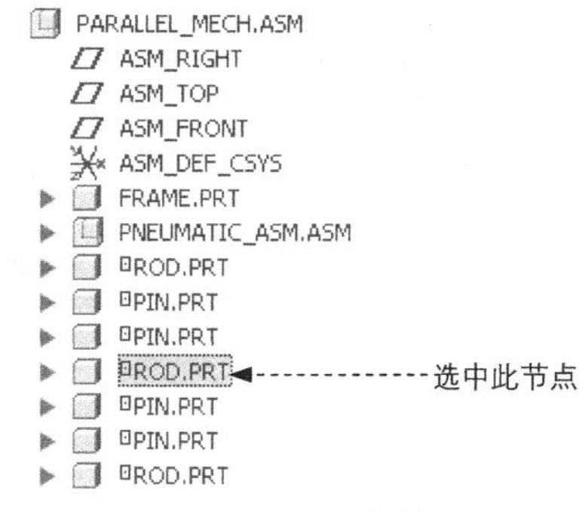

图 3.15.45　选取复制零件

步骤 03 选取约束参考。单击操控板中的 放置 按钮，在模型中依次选取图 3.15.46 所示的柱面和平面为新的约束参考；单击 反向 按钮，反转配合方向，此时 放置 界面如图 3.15.47 所示。

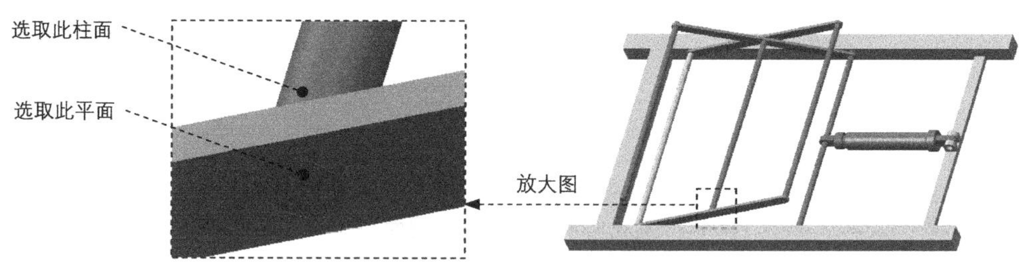

图 3.15.46　选取约束参考

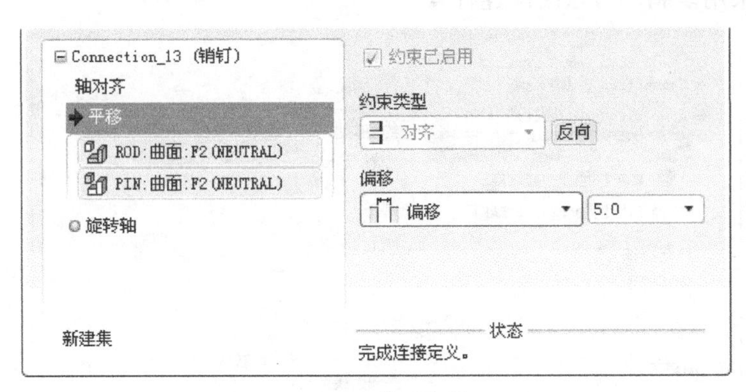

图 3.15.47 “放置”界面

步骤 04 调整连杆 4 至图 3.15.48 所示的大致位置。

步骤 05 创建连杆 4 和销轴 4 之间的圆柱连接。

（1）在 放置 界面下方单击“新建集”字符，在“元件放置”操控板的机械连接约束列表中选择 圆柱 选项。

（2）定义“轴对齐”约束。单击操控板中的 放置 按钮，分别选取图 3.15.48 所示的两个柱面为“轴对齐”约束参考，此时 放置 界面如图 3.15.49 所示。

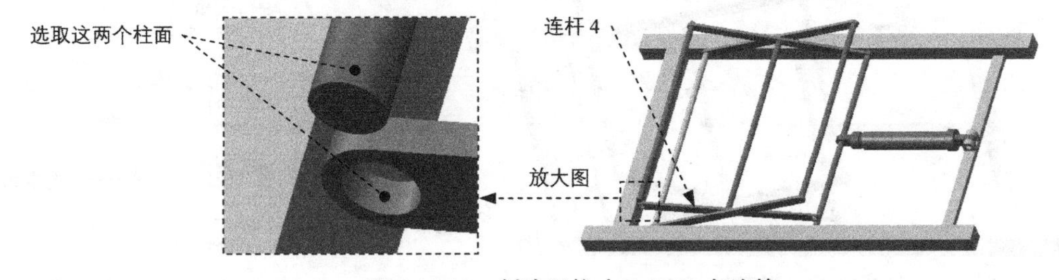

图 3.15.48 创建圆柱（Cylinder）连接

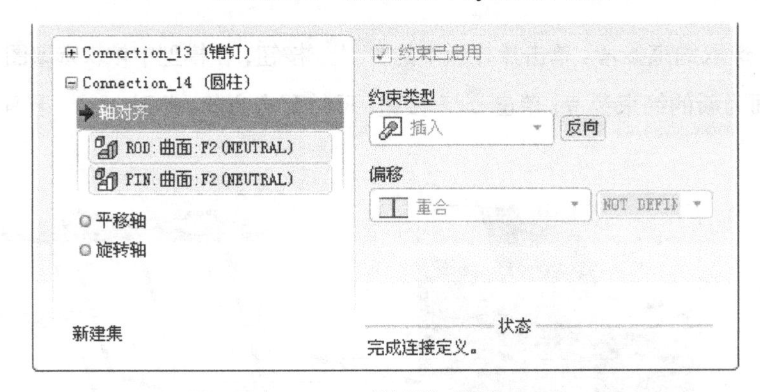

图 3.15.49 “放置”界面

步骤 06 单击操控板中的 ✓ 按钮，完成元件的复制与连接，如图 3.15.50 所示。

任务 10 采用复制的方法装配连杆 5

步骤 01 选取复制零件。在模型树中选中图 3.15.51 所示的“rod.prt”节点。

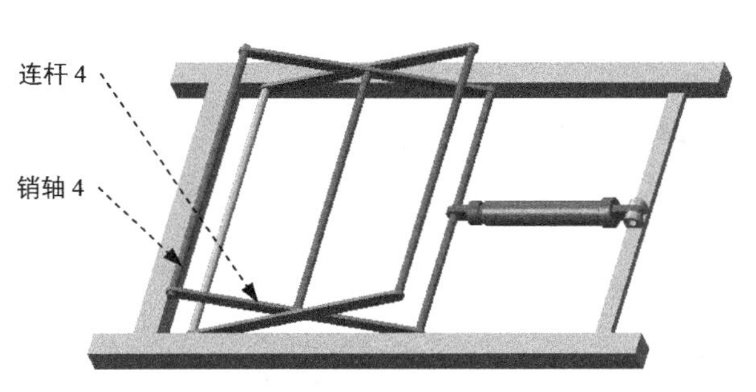

图 3.15.50 装配连杆 4

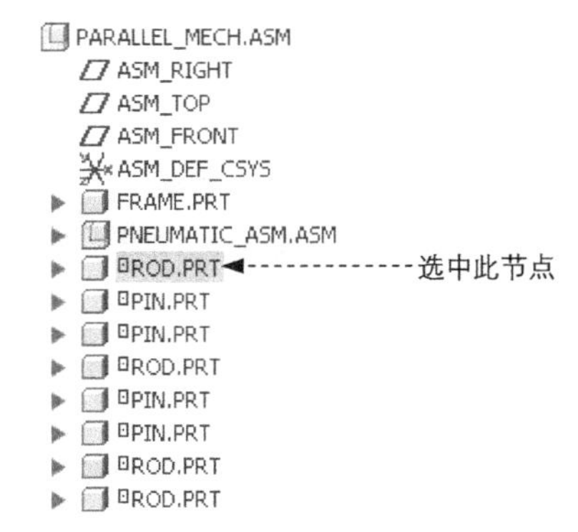

图 3.15.51 选取复制零件

步骤 02 选择下拉菜单 编辑(E) → 复制(C) 命令，然后选择下拉菜单 编辑(E) → 粘贴(P) 命令，此时系统弹出“元件放置”操控板。

步骤 03 选取约束参考。单击操控板中的 放置 按钮，在模型中依次选取图 3.15.52 所示的柱面和平面为新的约束参考，此时 放置 界面如图 3.15.53 所示。

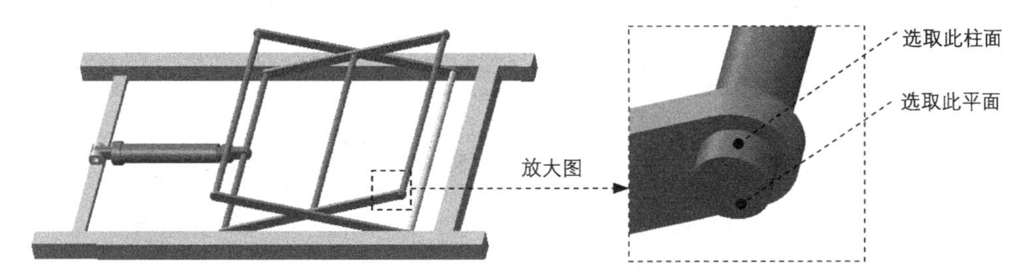

图 3.15.52 选取约束参考

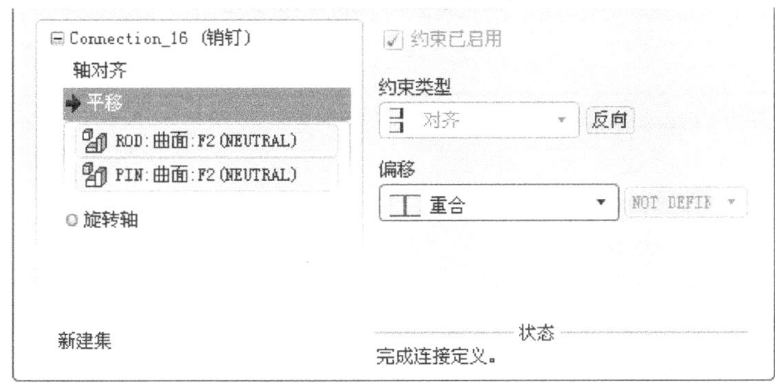

图 3.15.53 “放置”界面

步骤 04 单击操控板中的 ✓ 按钮，完成元件的复制与连接，如图 3.15.54 所示。

任务 11 采用复制的方法装配销轴 5

步骤 01 选取复制零件。在模型树中选中图 3.15.55 所示的“pin.prt”节点。

连杆 5

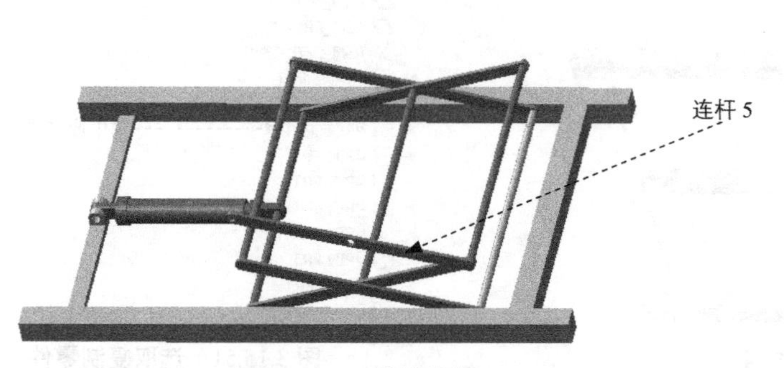

图 3.15.54 装配连杆 5

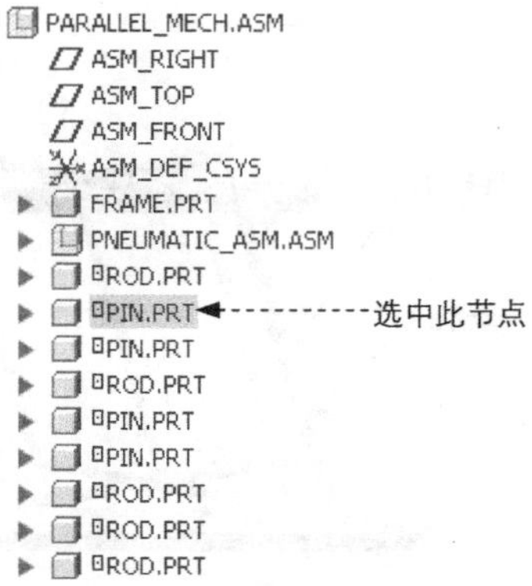

PARALLEL_MECH.ASM
ASM_RIGHT
ASM_TOP
ASM_FRONT
ASM_DEF_CSYS
FRAME.PRT
PNEUMATIC_ASM.ASM
ROD.PRT
PIN.PRT
选中此节点
PIN.PRT
ROD.PRT
PIN.PRT
PIN.PRT
ROD.PRT
ROD.PRT
ROD.PRT

图 3.15.55 选取复制零件

步骤 02 选择下拉菜单 编辑(E) ➡ 复制(C) 命令，然后选择下拉菜单 编辑(E) ➡ 粘贴(P) 命令，此时系统弹出“元件放置”操控板。

步骤 03 选取约束参考。单击操控板中的 放置 按钮，在模型中依次选取图 3.15.56 所示的柱面和平面为新的约束参考，此时 放置 界面如图 3.15.57 所示。

放大图
选取此柱面
选取此平面

图 3.15.56 选取约束参考

Connection_17 (销钉)
轴对齐
平移
PIN:曲面:F2 (NEUTRAL)
ROD:曲面:F2 (NEUTRAL)
旋转轴
约束已启用
约束类型
对齐
反向
偏移
重合
NOT DEFIN
新建集
状态
完成连接定义。

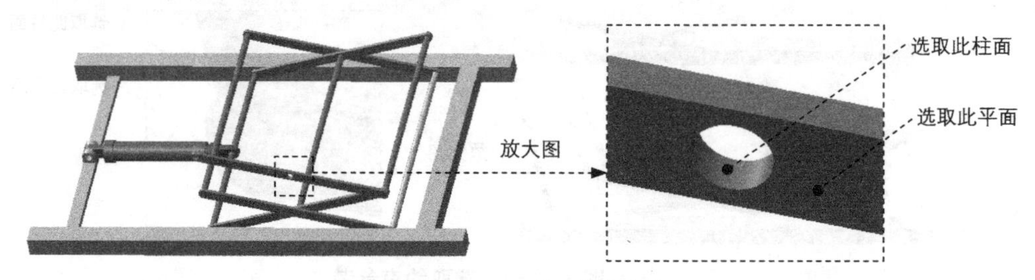

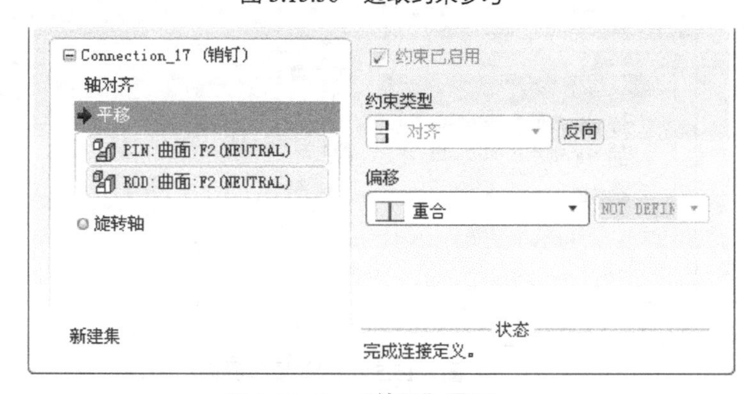

图 3.15.57 “放置”界面

步骤 04 单击操控板中的 ✔ 按钮，完成元件的复制，如图 3.15.58 所示。

任务 12 采用复制的方法装配连杆 6

步骤 01 选取复制零件。在模型树中选中图 3.15.59 所示的“rod.prt”节点。

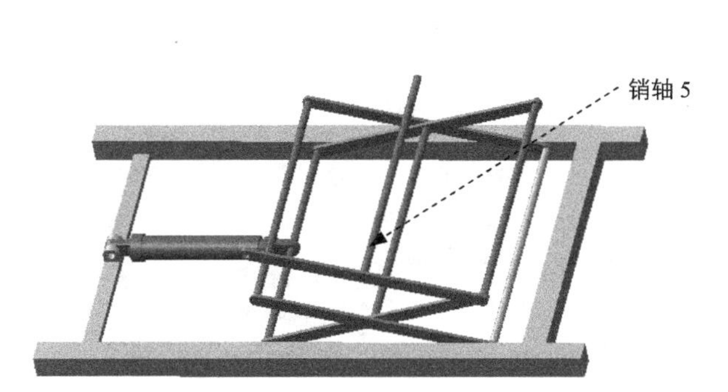

图 3.15.58 装配销轴 5

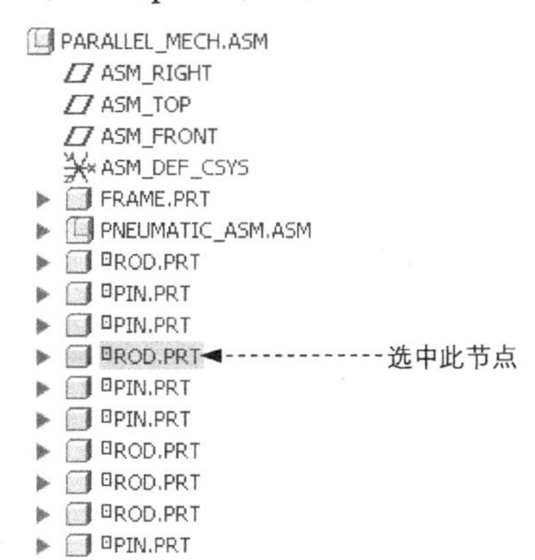

图 3.15.59 选取复制零件

步骤 02 选择下拉菜单 编辑(E) ➡ 复制(C) 命令，然后选择下拉菜单 编辑(E) ➡ 粘贴(P) 命令，此时系统弹出“元件放置”操控板，单击其中的“手动放置按钮”。

步骤 03 选取约束参考。单击操控板中的 放置 按钮，在模型中依次选取图 3.15.60 所示的柱面和平面为新的约束参考，此时 放置 界面如图 3.15.61 所示。

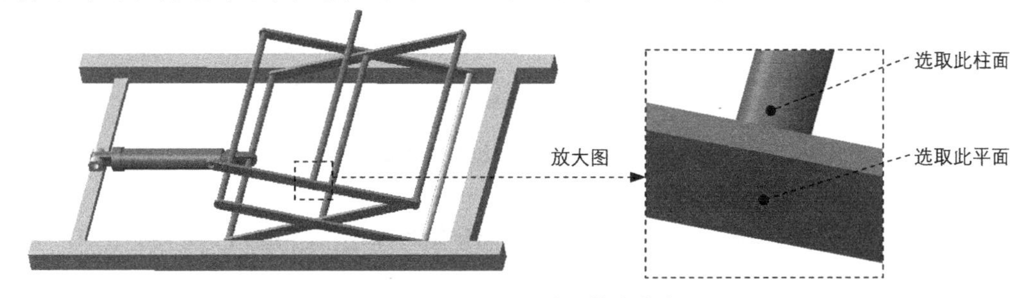

图 3.15.60 选取约束参考

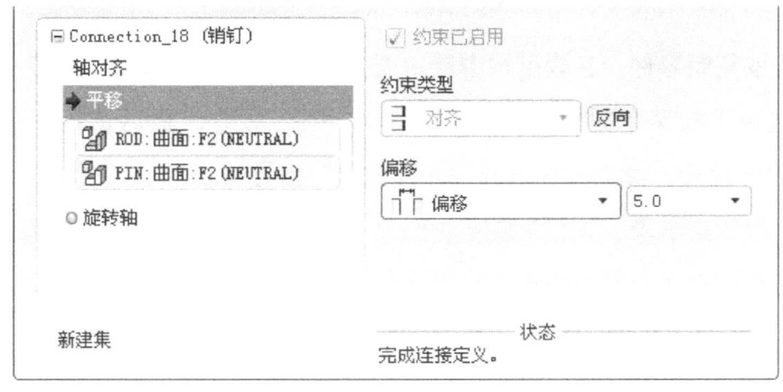

图 3.15.61 “放置”界面

步骤 04 调整连杆 6 至图 3.15.62 所示的大致位置。

步骤 05 创建连杆 6 和销轴 2 之间的圆柱连接。

（1）在 放置 界面下方单击“新建集”字符，在“元件放置”操控板的机械连接约束列表中选择 圆柱 选项。

（2）定义“轴对齐”约束。单击操控板中的 放置 按钮，分别选取图 3.15.62 所示的两个柱面为“轴对齐”约束参考，此时 放置 界面如图 3.15.63 所示。

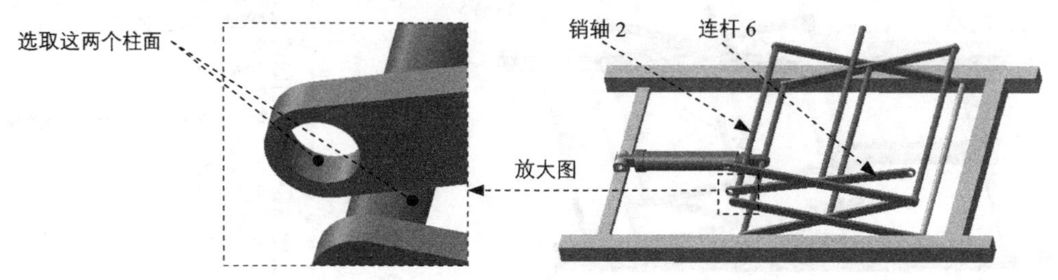

图 3.15.62　创建圆柱（Cylinder）连接

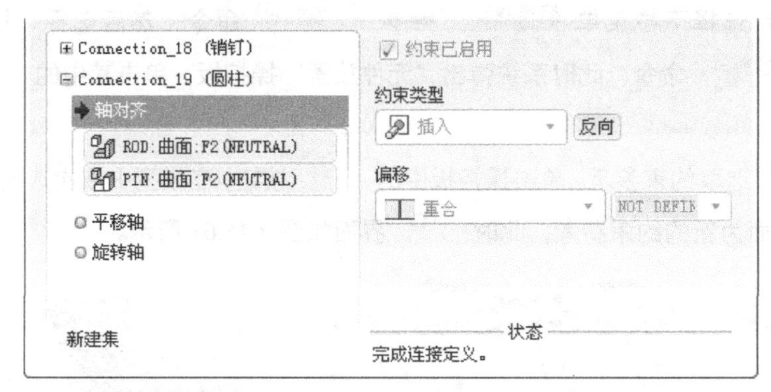

图 3.15.63　“放置”界面

步骤 06 单击操控板中的 ✔ 按钮，完成元件的复制与连接，如图 3.15.64 所示。

任务 13 采用复制的方法装配连杆 7

步骤 01 选取复制零件。在模型树中选中图 3.15.65 所示的“rod.prt”节点。

步骤 02 选择下拉菜单 编辑(E) ➡ 复制(C) 命令，然后选择下拉菜单 编辑(E) ➡ 粘贴(P) 命令，此时系统弹出“元件放置”操控板。

步骤 03 选取约束参考。单击操控板中的 放置 按钮，在模型中依次选取图 3.15.66 所示的柱面 1、平面和柱面 2 为新的约束参考，此时 放置 界面如图 3.15.67 所示。

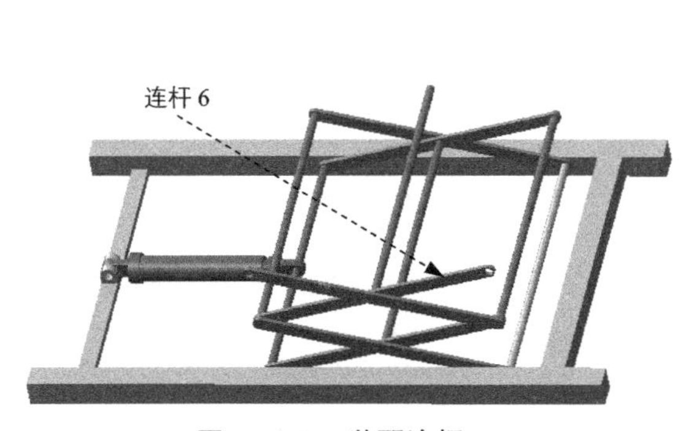

图 3.15.64 装配连杆 6

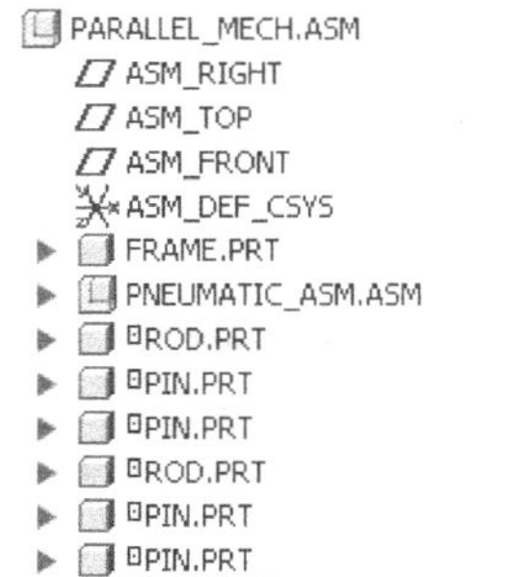

图 3.15.65 选取复制零件

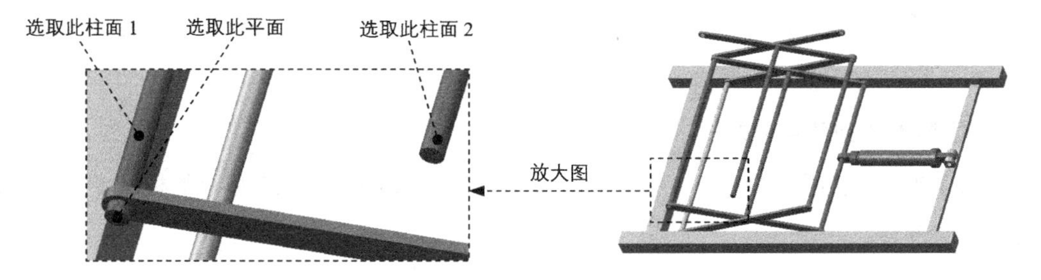

图 3.15.66 选取约束参考

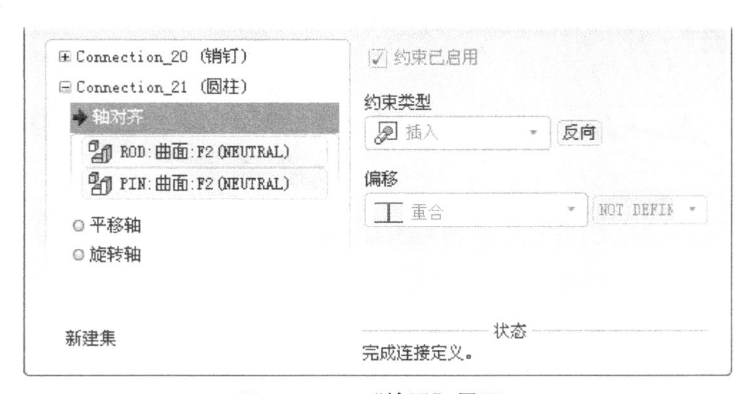

图 3.15.67 “放置”界面

步骤 04 单击操控板中的 ✔ 按钮，完成元件的复制，如图 3.15.68 所示。

任务 14 采用复制的方法装配连杆 8

步骤 01 选取复制零件。在模型树中选中图 3.15.69 所示的“rod.prt”节点。

连杆 7

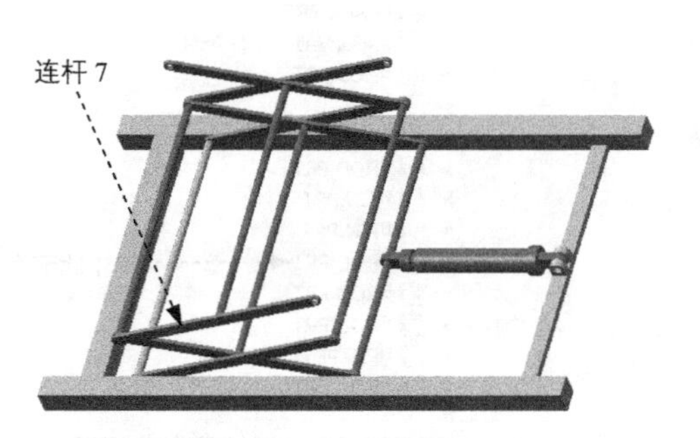

图 3.15.68　装配连杆 7

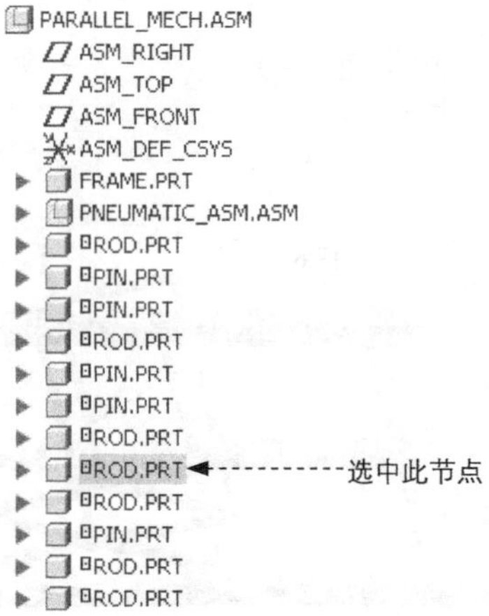

PARALLEL_MECH.ASM
ASM_RIGHT
ASM_TOP
ASM_FRONT
ASM_DEF_CSYS
FRAME.PRT
PNEUMATIC_ASM.ASM
ROD.PRT
PIN.PRT
PIN.PRT
ROD.PRT
PIN.PRT
PIN.PRT
ROD.PRT
ROD.PRT
选中此节点
ROD.PRT
PIN.PRT
ROD.PRT
ROD.PRT

图 3.15.69　选取复制零件

步骤 02 选择下拉菜单 编辑(E) → 复制(C) 命令，然后选择下拉菜单 编辑(E) → 粘贴(P) 命令，此时系统弹出“元件放置”操控板。

步骤 03 选取约束参考。

（1）单击操控板中的 放置 按钮，在模型中依次选取图 3.15.70 所示的柱面 1 和平面为新的约束参考。

选取此柱面 1
选取此平面
选取此柱面 2
放大图

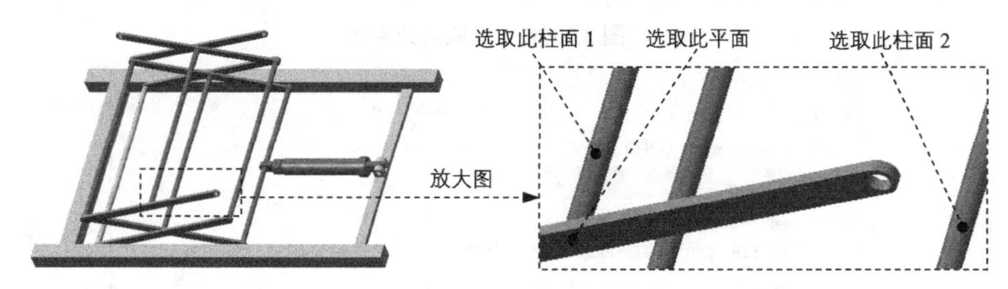

图 3.15.70　选取约束参考

（2）在 放置 界面中删除现有的“圆柱”约束。

（3）单击“新建集”字符，在“元件放置”操控板的机械连接约束列表中选择 圆柱 选项，选取图 3.15.70 所示的柱面 2 和图 3.15.71 所示的柱面 3 为约束参考。

步骤 04 单击操控板中的 ✔ 按钮，完成元件的复制，如图 3.15.71 所示。

任务 15 装配工作台元件

步骤 01 引入工作台元件 table.prt，并将其调整到图 3.15.72 所示的位置。

步骤 02 创建工作台和连杆 7 之间的销钉连接。

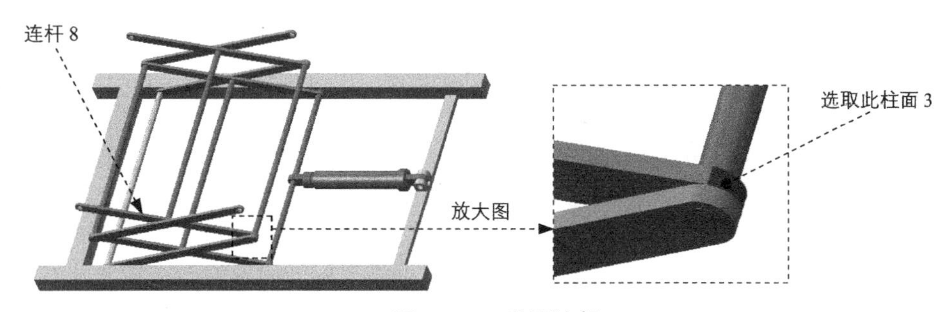

图 3.15.71 装配连杆 8

（1）在“元件放置”操控板的机械连接约束列表中选择 销钉 选项。

（2）定义“轴对齐”约束。单击操控板中的 放置 按钮，分别选取图 3.15.72 中的两个柱面为“轴对齐”约束参考，此时 放置 界面如图 3.15.73 所示。

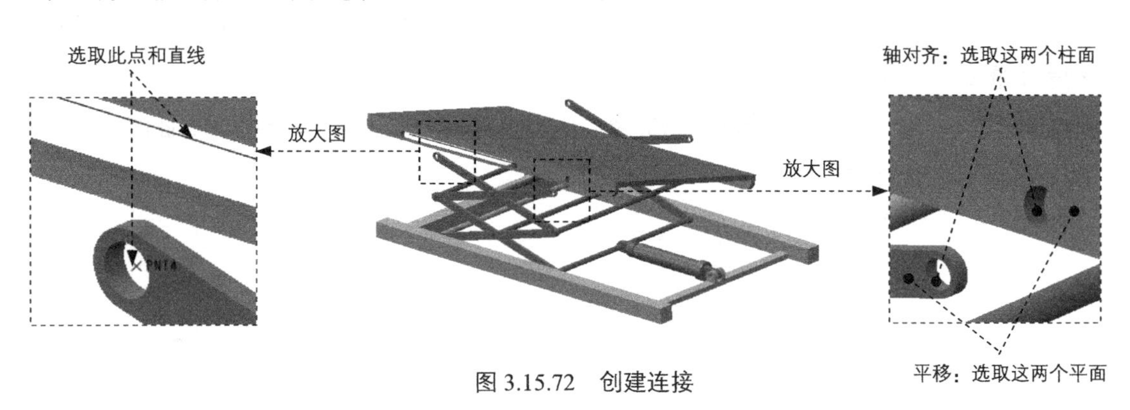

图 3.15.72 创建连接

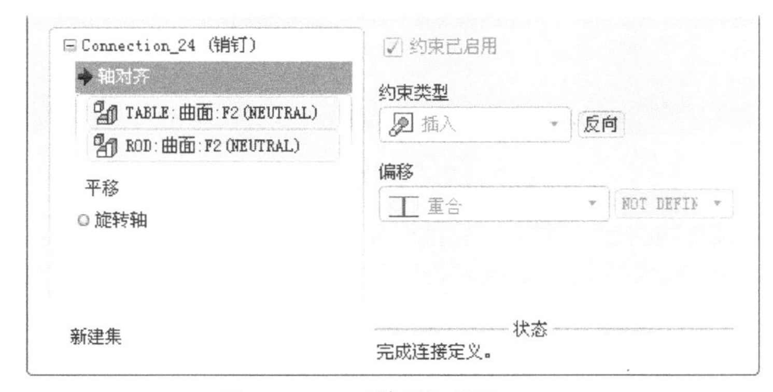

图 3.15.73 “放置”界面（一）

（3）定义“平移”约束。在 约束类型 下拉列表中选择 对齐 选项，分别选取图 3.15.72 中的两个平面为“平移”约束参考，然后在 偏移 下拉列表中选择 偏移 选项，偏移距离值为 10，此时 放置 界面如图 3.15.74 所示。

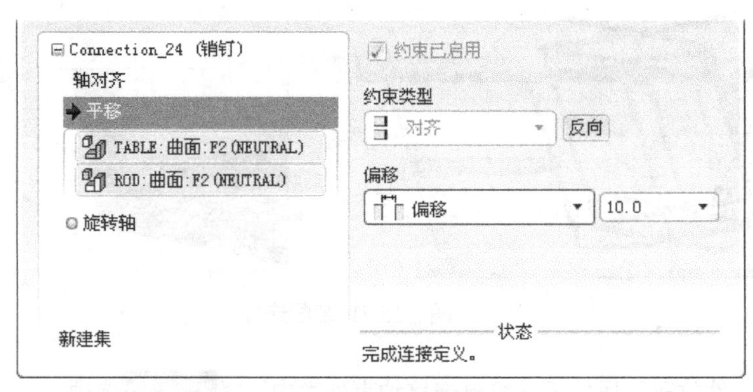

图 3.15.74 “放置”界面（二）

步骤 03 创建工作台和连杆 8 之间的槽连接。

(1) 在 放置 界面下方单击“新建集”字符，在“元件放置”操控板的机械连接约束列表中选择 槽 选项。

(2) 定义“直线上的点”约束。选取图 3.15.72 所示的点和直线为约束参考，此时 放置 界面如图 3.15.75 所示。

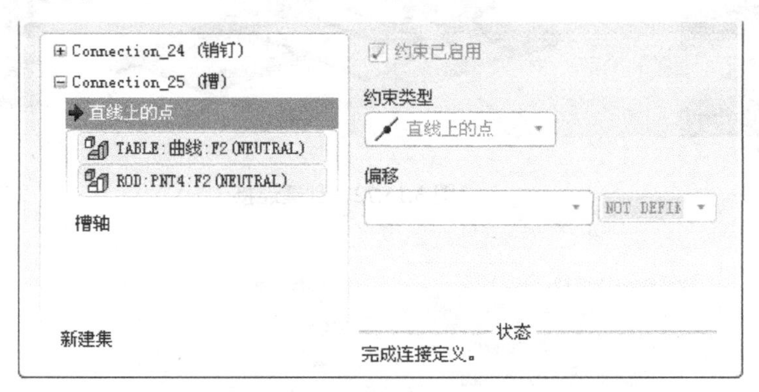

图 3.15.75 “放置”界面（三）

步骤 04 单击操控板中的 ✓ 按钮，完成元件的连接，如图 3.15.76 所示。

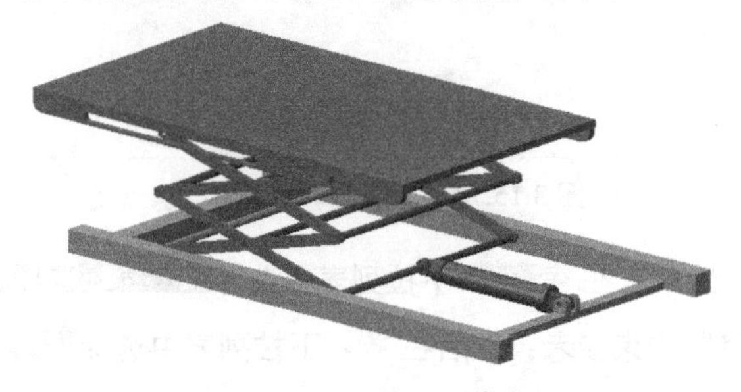

图 3.15.76 装配工作台

任务16 验证并保存模型

步骤01 拖动验证。选择下拉菜单 视图(V) → 方向(O) ▸ → 拖动元件(D)... 命令，拖动零件 piston，验证机构连接。

步骤02 再生机构模型，然后保存机构模型。

3.16 机构装配实际应用案例三——挖掘机工作组件

案例概述:

图 3.16.1 所示是单斗液压挖掘机的工作组件结构，动臂、斗杆和铲斗等主要部件彼此铰接，在液压缸的作用下各部件绕铰接点摆动，完成挖掘、提升和卸土等动作。本案例将介绍挖掘机工作部件机构的操作过程。

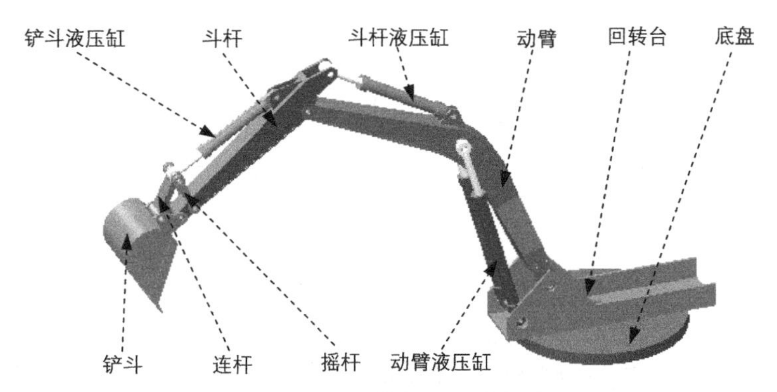

图 3.16.1 挖掘机工作部件

1. 创建动臂液压子组件

步骤01 将工作目录设置至 D:\Proefj5\work\ch03.16。

步骤02 新建文件。新建一个装配模型文件，命名为 lower_boom_hyd，选取 mmns_asm_design 模板。

步骤03 引入第一个元件 bottom_cyl_tube_mech_b.prt（动臂液压缸），并使用 缺省 约束完全约束该元件。

步骤04 引入第二个元件 bottom_cyl_rod_mech_b.prt（动臂活塞杆），并将其调整到图 3.16.2 所示的位置。

步骤05 创建滑动杆连接。

（1） 在连接列表中选取 滑动杆 选项，此时系统弹出“元件放置”操控板，单击操控板菜单中的 放置 选项卡。

（2）定义“轴对齐”约束。分别选取图 3.16.2 所示的两个柱面为“轴对齐”约束参考，放置界面如图 3.16.3 所示。

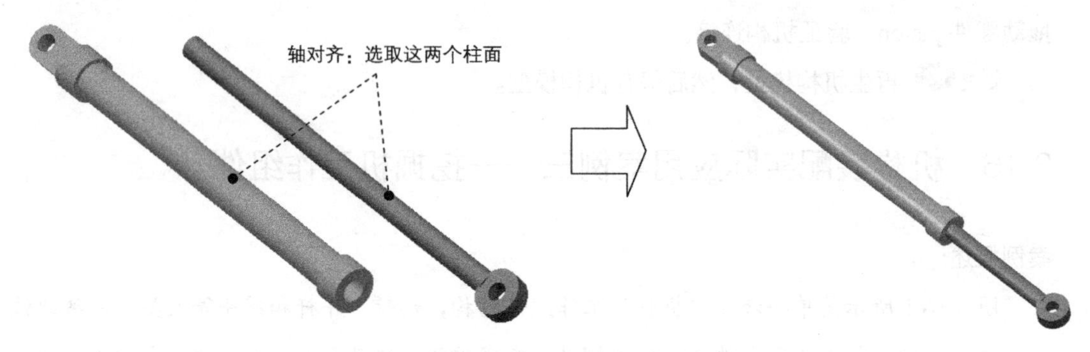

图 3.16.2 创建滑动杆（Slider）连接

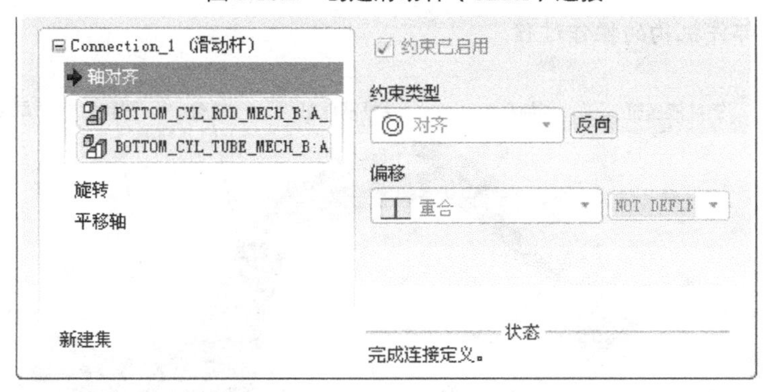

图 3.16.3 “放置”界面 (一)

（3）定义“旋转”约束。分别选取元件 bottom_cyl_tube_mech_b 中的基准平面 CENTER 和元件 bottom_cyl_rod_mech_b 中的基准平面 CENTER 为“旋转”约束参考，放置界面如图 3.16.4 所示。

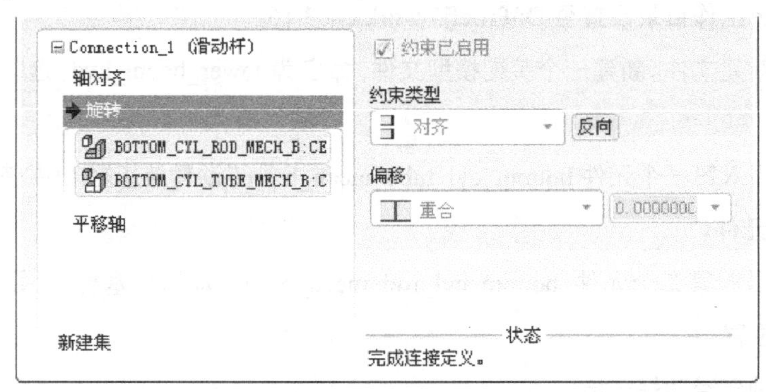

图 3.16.4 “放置”界面 (二)

（4）设置平移轴参考。在放置界面中单击平移轴选项，选取图 3.16.5 所示的两个平面为平移轴参考。

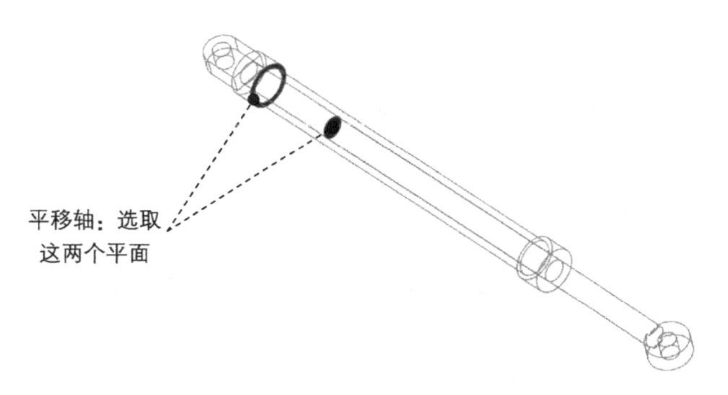

图 3.16.5 设置平移轴参考

（5）设置位置参数。在 放置 界面右侧 当前位置 区域下的文本框中输入值 380，并按 Enter 键确认，然后单击 >> 按钮；选中 ☑ 启用再生值 复选框；选中 ☑ 最小限制 复选框，在其后的文本框中输入值 0；选中 ☑ 最大限制 复选框，在其后的文本框中输入值 2000，如图 3.16.6 所示。

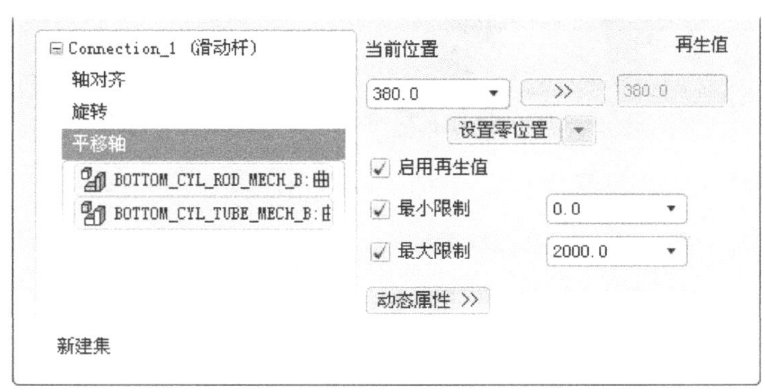

图 3.16.6 设置位置参数

步骤 06 单击操控板中的 ✓ 按钮，完成滑动杆连接的创建。

步骤 07 拖动验证。选择下拉菜单 视图(V) → 方向(O) → 拖动元件(D)... 命令，拖动零件 bottom_cyl_rod_mech_b，验证滑动杆连接。

步骤 08 再生机构模型，然后保存机构模型。

2. 创建斗杆液压子组件

步骤 01 新建文件。新建一个装配模型文件，命名为 boom_hyd，选取 mmns_asm_design 模板。

步骤 02 引入第一个元件 arm_cyl_tube_mech_b.prt（斗杆液压缸），并使用 缺省 约束完全约束该元件。

步骤 03 引入第二个元件 arm_cyl_rod_mech_b.prt（斗杆活塞杆），并将其调整到图 3.16.7

所示的位置。

引入后需要调整位置，否则创建“轴对齐”约束时可能出现方向错误。

步骤 04 创建滑动杆连接。

（1） 在连接列表中选取 滑动杆 选项，此时系统弹出“元件放置”操控板，单击操控板菜单中的 放置 选项卡。

（2）定义“轴对齐”约束。分别选取图 3.16.7 所示的两个柱面为“轴对齐”约束参考，此时 放置 界面如图 3.16.8 所示。

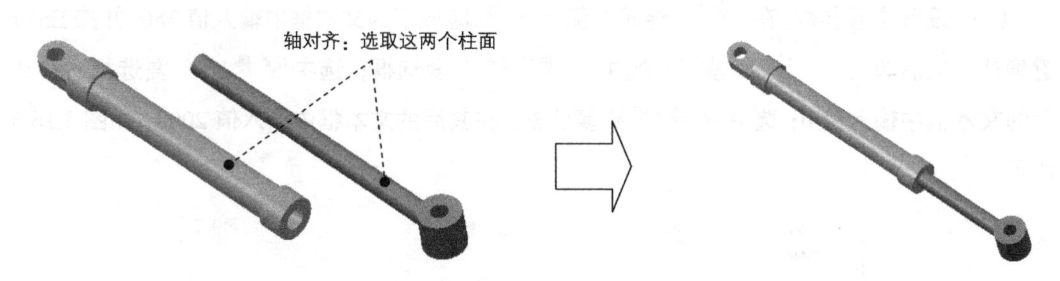

图 3.16.7 创建滑动杆（Slider）连接

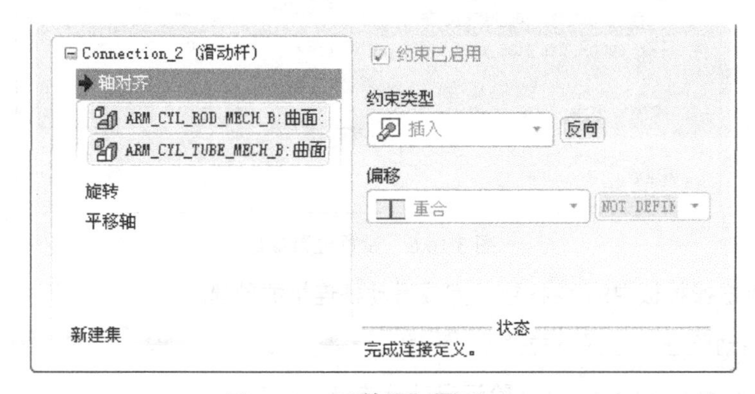

图 3.16.8 “放置”界面（一）

（3）定义“旋转”约束。分别选取元件 arm_cyl_tube_mech_b 中的基准平面 CENTER 和元件 arm_cyl_rod_mech_b 中的基准平面 CENTER 为“旋转”约束参考,此时 放置 界面如图 3.16.9 所示。

（4）设置平移轴参考。在 放置 界面中单击 平移轴 选项，选取图 3.16.10 所示的两个平面为平移轴参考。

（5）设置位置参数。在 放置 界面右侧 当前位置 区域下的文本框中输入值 500，并按 Enter

键确认，然后单击 >> 按钮；选中 ☑ 启用再生值 复选框；选中 ☑ 最小限制 复选框，在其后的文本框中输入值 0；选中 ☑ 最大限制 复选框，在其后的文本框中输入值 1500，如图 3.16.11 所示。

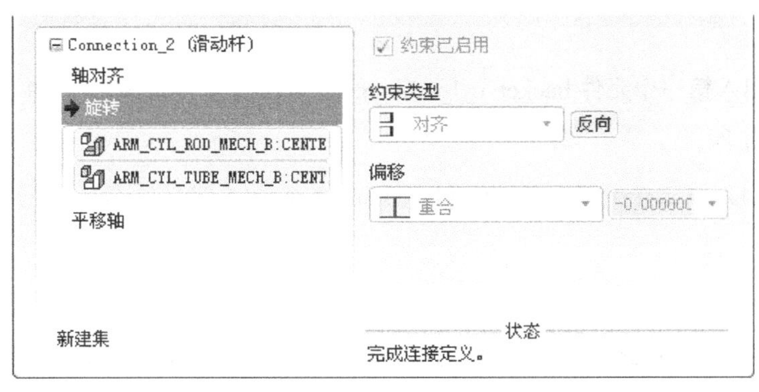

图 3.16.9　“放置”界面（二）

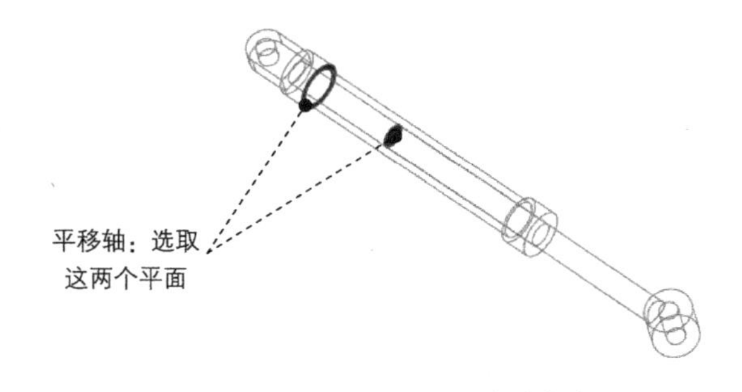

图 3.16.10　设置平移轴参考

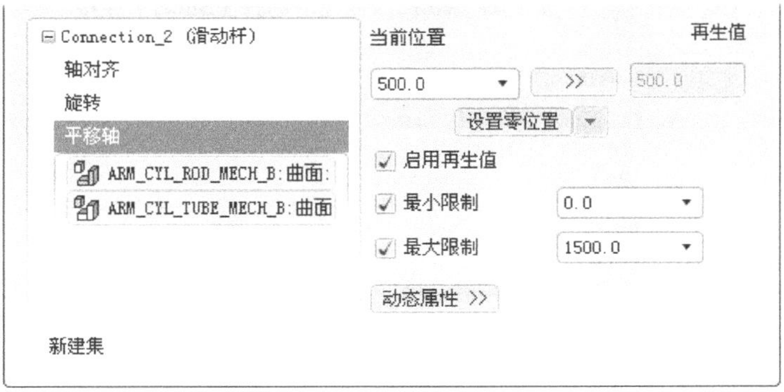

图 3.16.11　设置位置参数

步骤 05 单击操控板中的 ✔ 按钮，完成滑动杆连接的创建。

步骤 06 拖动验证。选择下拉菜单 视图(V) → 方向(O) → 拖动元件(D)... 命令，拖动零件 arm_cyl_rod_mech_b，验证滑动杆连接。

步骤 07 再生机构模型，然后保存机构模型。

3. 创建铲斗液压子组件

步骤 01 新建文件。新建一个装配模型文件，命名为 arm_backet_hyd，选取 mmns_asm_design 模板。

步骤 02 引入第一个元件 backet_cyl_tube_mech_b.prt（铲斗液压缸），并使用 缺省 约束完全约束该元件。

步骤 03 引入第二个元件 backet_cyl_rod_mech_b.prt（铲斗活塞杆），并将其调整到图 3.16.12 所示的位置。

步骤 04 创建滑动杆连接。

（1）在连接列表中选取 滑动杆 选项，此时系统弹出“元件放置”操控板，单击操控板菜单中的 放置 选项卡。

（2）定义“轴对齐”约束。分别选取图 3.16.12 所示的两个柱面为“轴对齐”约束参考，放置 界面如图 3.16.13 所示。

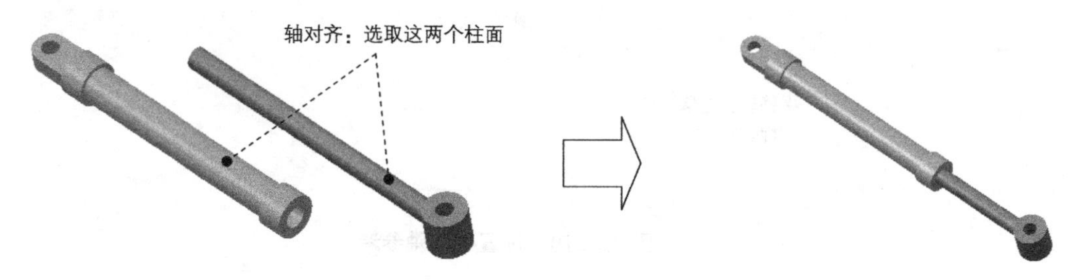

图 3.16.12　创建滑动杆（Slider）连接

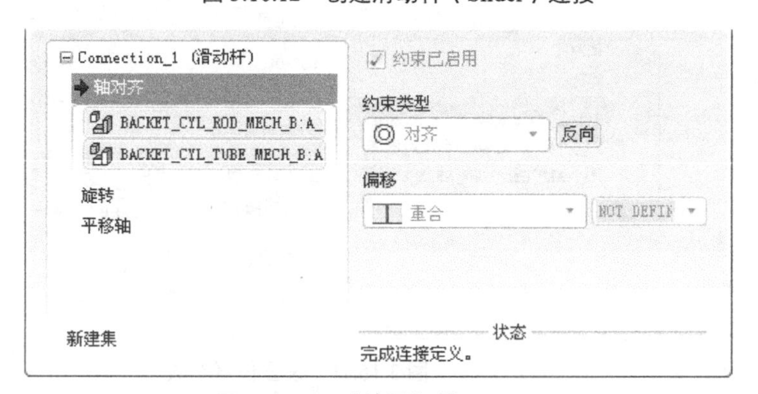

图 3.16.13　“放置”界面（一）

（3）定义“旋转”约束。分别选取元件 backet_cyl_tube_mech_b 中的基准平面 CENTER 和元件 backet_cyl_rod_mech_b 中的基准平面 CENTER 为“旋转”约束参考，放置 界面如

图 3.16.14 所示。

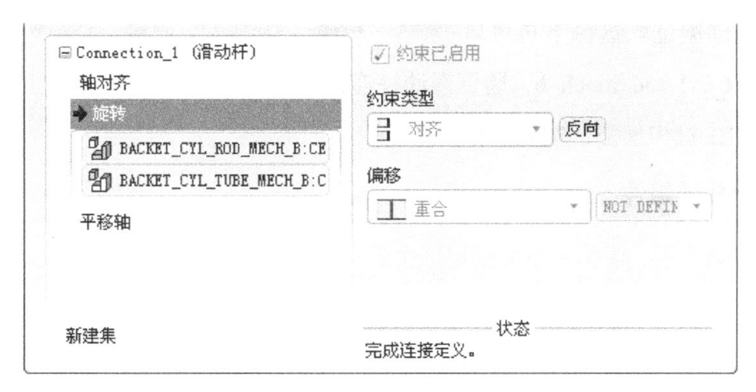

图 3.16.14 “放置”界面（二）

（4）设置平移轴参考。在 放置 界面中单击 平移轴 选项，选取图 3.16.15 所示的两个平面为平移轴参考。

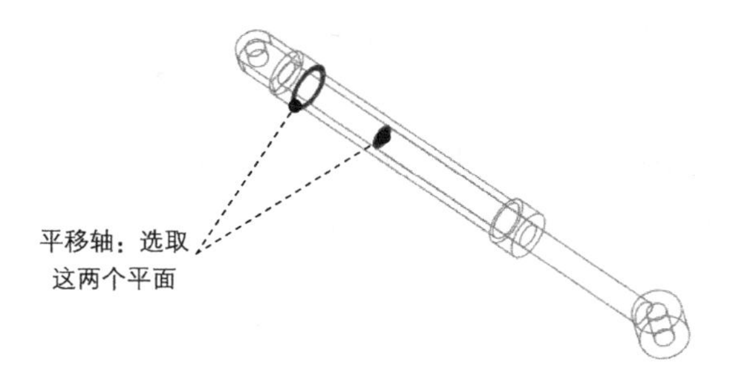

图 3.16.15 设置平移轴参考

（5）设置位置参数。在 放置 界面右侧 当前位置 区域下的文本框中输入值 800，并按 Enter 键确认，然后单击 >> 按钮；选中 启用再生值 复选框；选中 最小限制 复选框，在其后的文本框中输入值 0；选中 最大限制 复选框，在其后的文本框中输入值 1200，如图 3.16.16 所示。

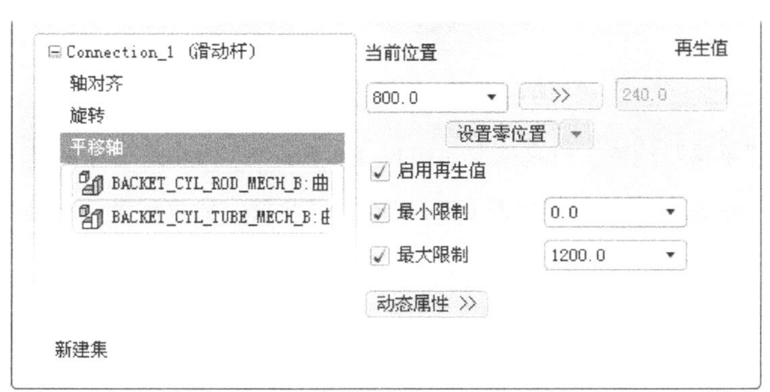

图 3.16.16 设置位置参数

步骤 05 单击操控板中的✔按钮，完成滑动杆连接的创建。

步骤 06 拖动验证。选择下拉菜单 视图(V) → 方向(O) → 拖动元件(D)... 命令，拖动零件 backet_cyl_rod_mech_b，验证滑动杆连接。

步骤 07 再生机构模型，然后保存机构模型。

4. 创建铲斗子组件

步骤 01 新建文件。新建一个装配模型文件，命名为 backet_assy_g，选取 mmns_asm_design 模板。

步骤 02 引入第一个元件 backet1_mech_g.prt（铲斗），并使用 缺省 约束完全约束该元件。

步骤 03 引入第二个元件 backet_link_3_1_mech_g.prt（铲斗连杆），并将其调整到图 3.16.17 所示的位置。

步骤 04 创建 backet_link_3_1_mech_g 和 backet1_mech_g 之间的销钉连接。

（1）在“元件放置”操控板的机械连接约束列表中选择 销钉 选项。

（2）定义“轴对齐”约束。单击操控板中的 放置 按钮，分别选取图 3.16.17 中的两个柱面为“轴对齐”约束参考， 放置 界面如图 3.16.18 所示。

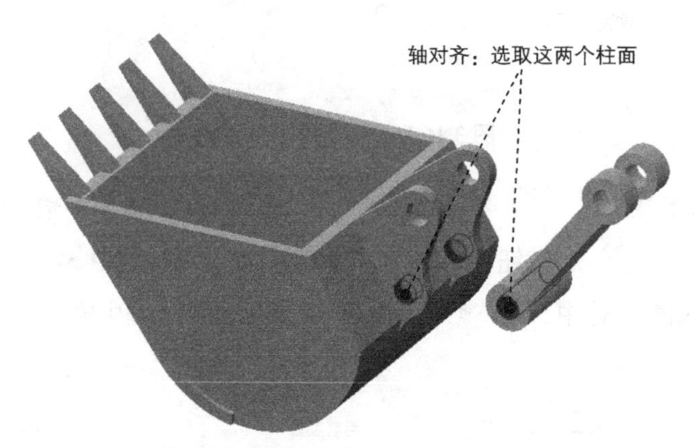

图 3.16.17　创建“销钉（Pin）”连接

（3）定义“平移”约束。分别选取元件 backet_link_3_1_mech_g 中的基准平面 CENTER 和元件 backet1_mech_g 中的基准平面 CENTER 为“平移”约束参考，此时 放置 界面如图 3.16.19 所示。

（4）设置旋转轴参考。在 放置 界面中单击 ○旋转轴 选项，分别选取图 3.16.20 中的两个平面为旋转轴参考。

Connection_1 (销钉)
轴对齐
BACKET_LINK_3_1_MECH_G:t
BACKET1_MECH_G:曲面:F27(
平移
旋转轴
新建集
约束已启用
约束类型
插入
反向
偏移
重合
NOT DEFIN
状态
完成连接定义。

图 3.16.18 “放置”界面 (一)

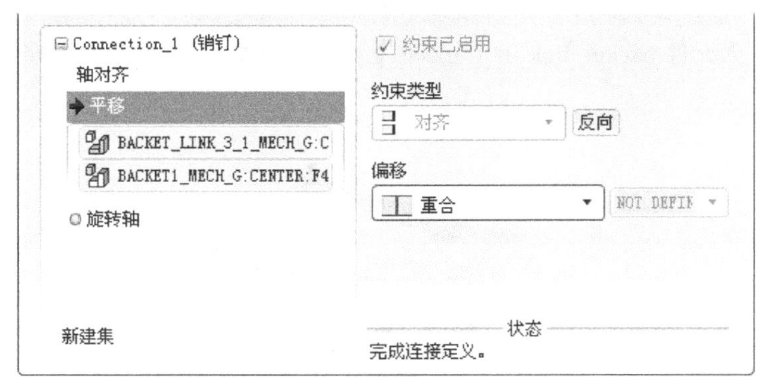

图 3.16.19 “放置”界面 (二)

(5)设置位置参数。在 放置 界面右侧 当前位置 区域下的文本框中输入值 110，并按 Enter 键确认；选中 ☑ 最小限制 复选框，在其后的文本框中输入值 0；选中 ☑ 最大限制 复选框，在其后的文本框中输入值 180，如图 3.16.21 所示。

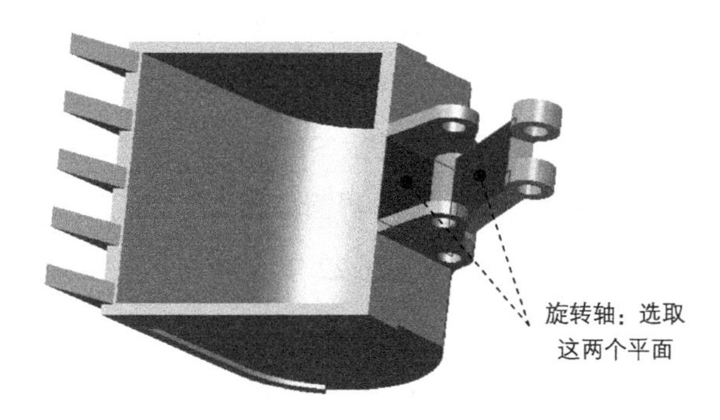

图 3.16.20 设置旋转轴参考

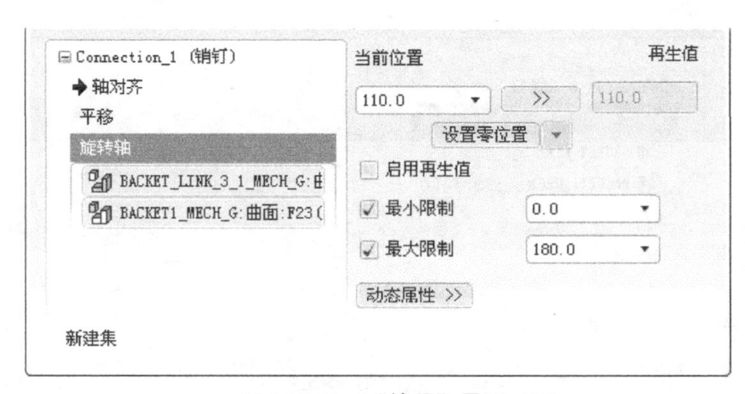

图 3.16.21 “放置”界面（三）

（6）单击操控板中的✔按钮，完成销钉连接的创建。

步骤 05 引入元件 backet_link_1_1_mech_g.prt（铲斗摇杆），并将其调整到图 3.16.22 所示的位置。

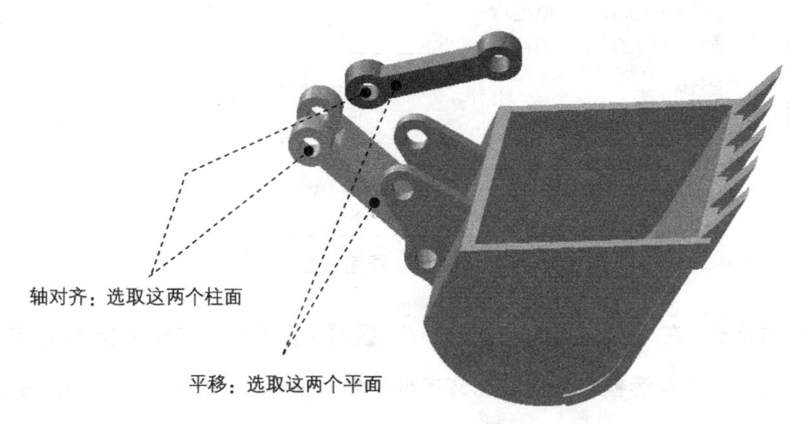

图 3.16.22 创建“销钉（Pin）”连接

步骤 06 创建 backet_link_3_1_mech_g 和 backet_link_1_1_mech_g 之间的销钉连接。

（1）在“元件放置”操控板的机械连接约束列表中选择 销钉 选项。

（2）定义“轴对齐”约束。单击操控板中的 放置 按钮，分别选取图 3.16.22 中的两个柱面为“轴对齐”约束参考，此时 放置 界面如图 3.16.23 所示。

（3）定义“平移”约束。分别选取图 3.16.22 中的两个平面为“平移”约束参考，此时 放置 界面如图 3.16.24 所示。

（4）调整元件 backet_link_1_1_mech_g（铲斗摇杆）至图 3.16.25 所示的位置。

（5）单击操控板中的✔按钮，完成销钉连接的创建。

步骤 07 参考 步骤 05 和 步骤 06 的操作步骤，再次引入元件 backet_link_1_1_mech_g.prt，

装配第二个铲斗摇杆，并调整其位置，如图 3.16.26 所示。

Connection_2 (销钉)
轴对齐
BACKET_LINK_1_1_MECH_G:
BACKET_LINK_3_1_MECH_G:
平移
旋转轴
新建集
约束已启用
约束类型
插入　反向
偏移
重合　NOT DEFI
状态
完成连接定义。

图 3.16.23　“放置”界面（一）

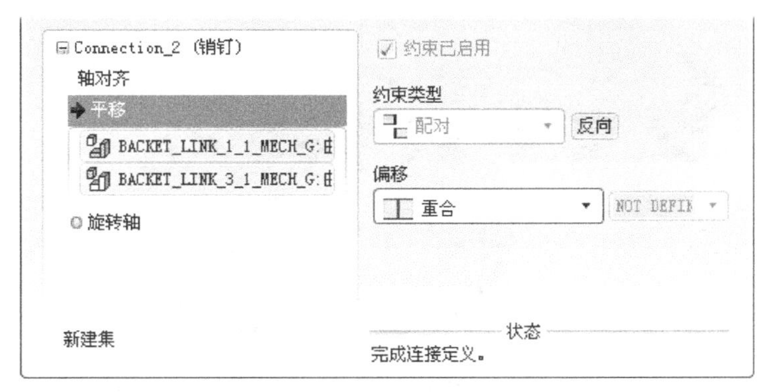

图 3.16.24　“放置”界面（二）

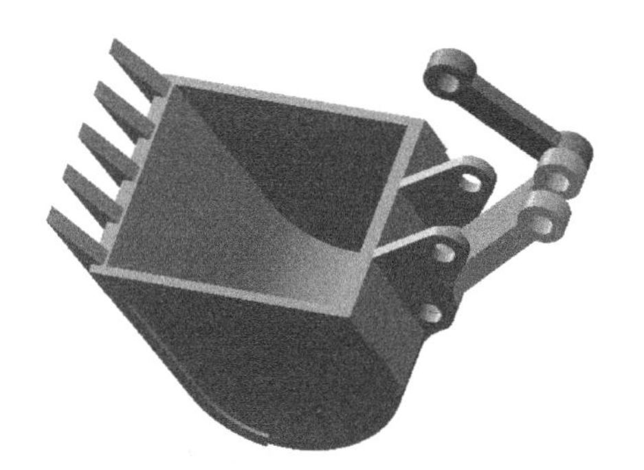

图 3.16.25　调整元件位置

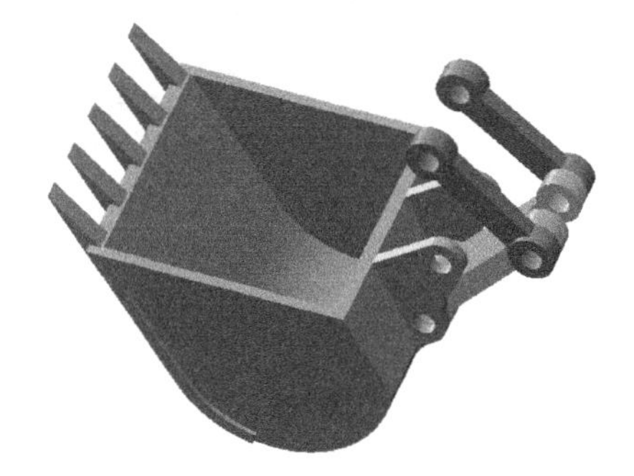

图 3.16.26　装配第二个铲斗摇杆

步骤 08　再生模型。选择下拉菜单 编辑(E) → 再生(G) 命令，再生机构模型。

步骤 09　保存机构模型。

5. 创建总装配

步骤 01　将工作目录设置至 D:\Proefj5\work\ch03.16。

步骤 02 新建文件。新建一个装配模型文件，命名为 backhoe，选取 mmns_asm_design 模板。

步骤 03 引入第一个元件 disc.prt（底盘示意模型），并使用 缺省 约束完全约束该元件。

步骤 04 引入第二个元件 frame_0_mech_g.prt（回转台示意模型），并将其调整到图 3.16.27 所示的位置。

步骤 05 创建 disc 和 frame_0_mech_g 之间的销钉连接。

（1）在“元件放置”操控板的机械连接约束列表中选择 销钉 选项。

（2）定义“轴对齐”约束。单击操控板中的 放置 按钮，分别选取图 3.16. 27 中的两个柱面为“轴对齐”约束参考，此时 放置 界面如图 3.16.28 所示。

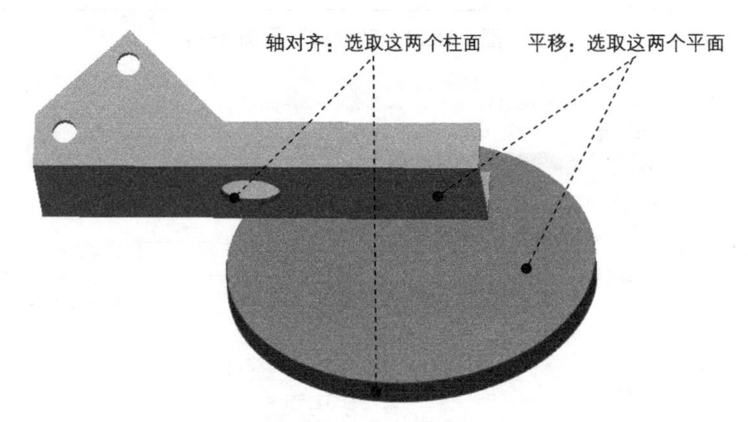

图 3.16.27 创建“销钉（Pin）”连接

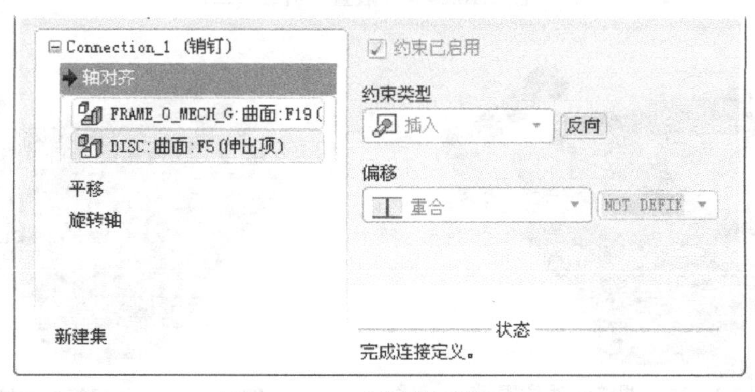

图 3.16.28 “放置”界面 (一)

（3）定义“平移”约束。分别选取图 3.16. 27 中的两个平面为“平移”约束参考，放置 界面如图 3.16.29 所示。

（4）设置旋转轴参考。在 放置 界面中单击 旋转轴 选项，分别选取 disc 中的基准平面 DTM3 和 frame_0_mech_g 中的基准平面 DTM3 为旋转轴参考。

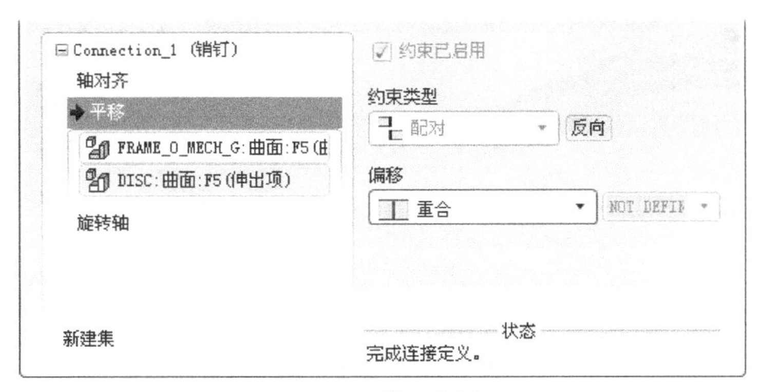

图 3.16.29 “放置”界面（二）

（5）设置位置参数。在 放置 界面右侧 当前位置 区域下的文本框中输入值 0，并按 Enter 键确认，然后单击 >> 按钮；选中 启用再生值 复选框，如图 3.16.30 所示。

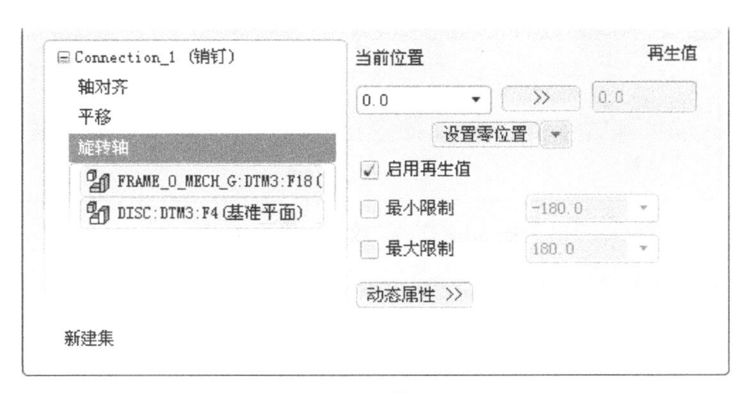

图 3.16.30 “放置”界面

（6）单击操控板中的 按钮，完成销钉连接的创建。

步骤 06 引入元件 boom1_mech_g.prt（动臂），并将其调整到图 3.16.31 所示的位置。

步骤 07 创建 boom1_mech_g 和 frame_0_mech_g 之间的销钉连接。

（1）在“元件放置”操控板的机械连接约束列表中选择 销钉 选项。

（2）定义“轴对齐”约束。单击操控板中的 放置 按钮，分别选取图 3.16. 31 中的两个柱面为“轴对齐”约束参考， 放置 界面如图 3.16.32 所示。

（3）定义“平移”约束。分别选取 disc 中的基准平面 DTM3 和 boom1_mech_g 中的基准平面 CENTER 为“平移”约束参考，此时 放置 界面如图 3.16.33 所示。

（4）调整元件 boom1_mech_g（动臂）至图 3.16.34 所示的位置。

（5）单击操控板中的 按钮，完成销钉连接的创建。

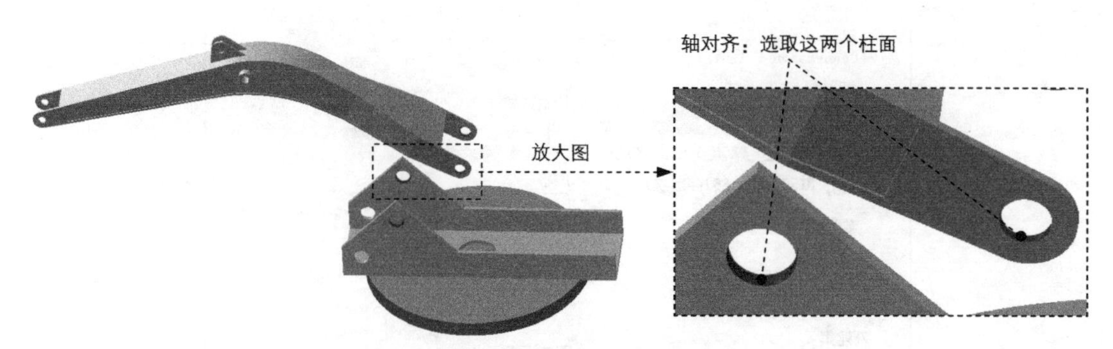

图 3.16.31　创建“销钉（Pin）”连接

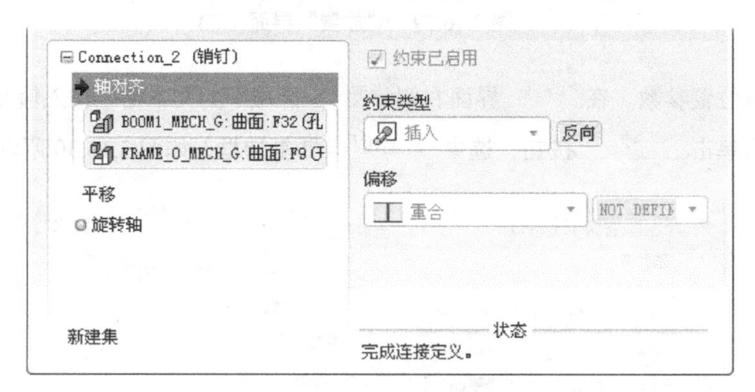

图 3.16.32　“放置”界面（一）

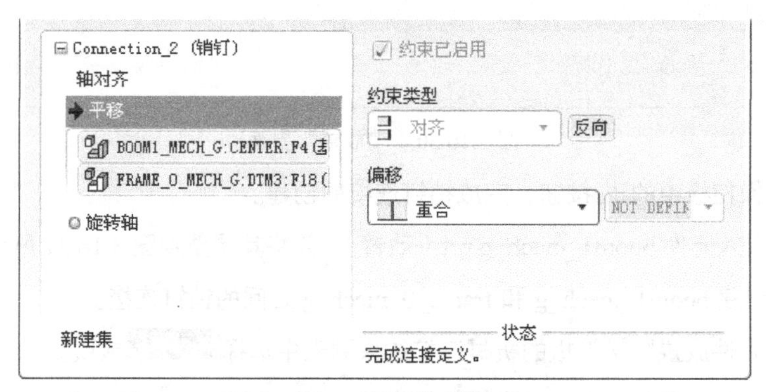

图 3.16.33　“放置”界面（二）

步骤 08 再生模型。选择下拉菜单 编辑(E) ➡ 再生(G) 命令，再生机构模型。

步骤 09 引入子组件 lower_boom_hyd.asm（动臂液压组件），并将其调整到图 3.16.35 所示的位置。

步骤 10 创建 boom1_mech_g（动臂）和 lower_boom_hyd.asm（动臂液压组件）之间的销钉连接。

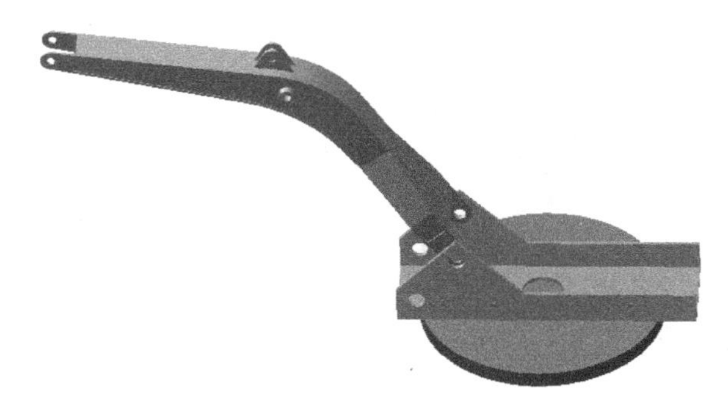

图 3.16.34 调整动臂位置

（1）在“元件放置”操控板的机械连接约束列表中选择 销钉 选项。

（2）定义“轴对齐”约束。单击操控板中的 放置 按钮，分别选取图 3.16. 35 中的两个柱面为“轴对齐”约束参考，此时 放置 界面如图 3.16.36 所示。

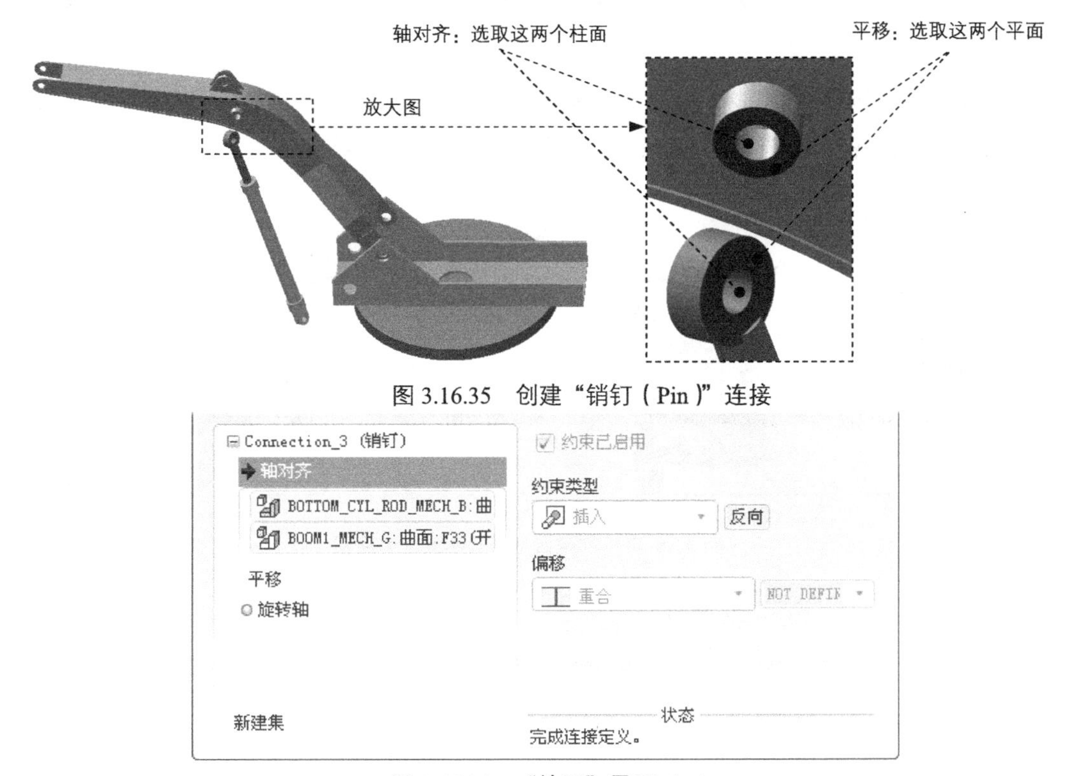

图 3.16.35 创建“销钉（Pin）”连接

图 3.16.36 “放置”界面（一）

（3）定义“平移”约束。分别选取图 3.16. 35 中的两个平面为“平移”约束参考，此时 放置 界面如图 3.16.37 所示。

步骤 11 创建 frame_0_mech_g（回转台）和 lower_boom_hyd.asm（动臂液压组件）之间

的圆柱连接。

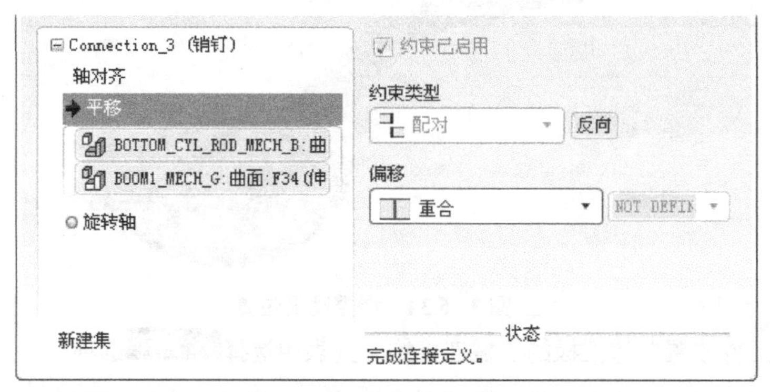

图 3.16.37 “放置”界面（二）

（1）在 放置 界面下方单击“新建集”字符，在“元件放置”操控板的机械连接约束列表中选择 圆柱 选项。

（2）定义“轴对齐”约束。单击操控板中的 放置 按钮，分别选取图 3.16.38 所示的两个柱面为“轴对齐”约束参考，此时 放置 界面如图 3.16.39 所示。

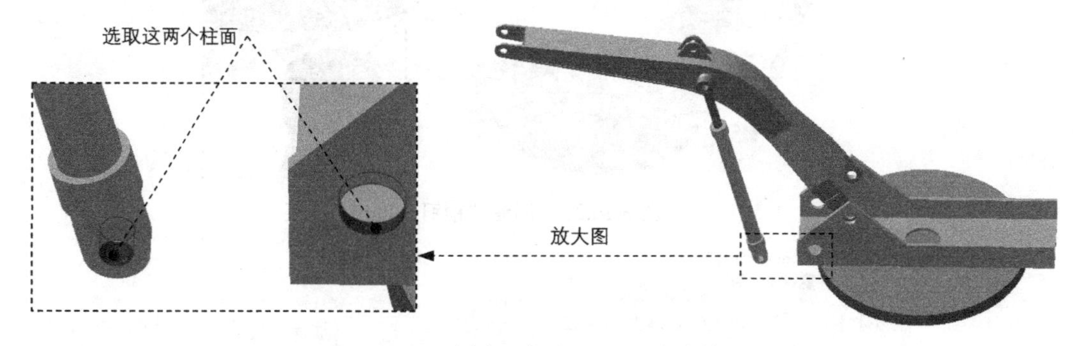

图 3.16.38 创建圆柱（Cylinder）连接

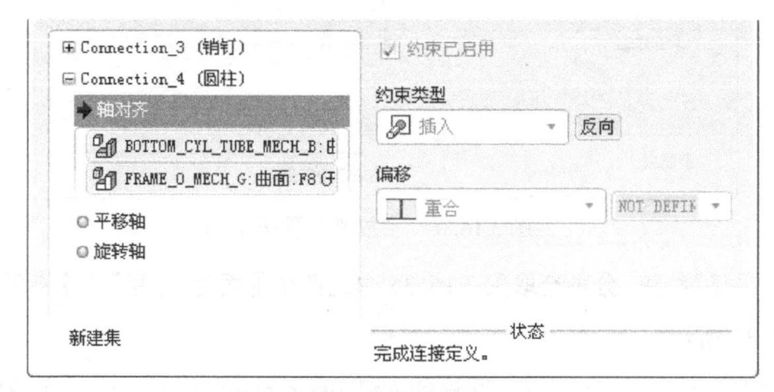

图 3.16.39 “放置”界面（三）

（3）单击操控板中的✔按钮，完成连接的创建。

步骤 12 参考步骤 09～步骤 11 的操作步骤，再次引入子组件 lower_boom_hyd.asm（动臂液压组件），装配第二组动臂液压组件，如图 3.16.40 所示。

步骤 13 再生模型。选择下拉菜单 编辑(E) ➡ 再生(G) 命令，再生机构模型。

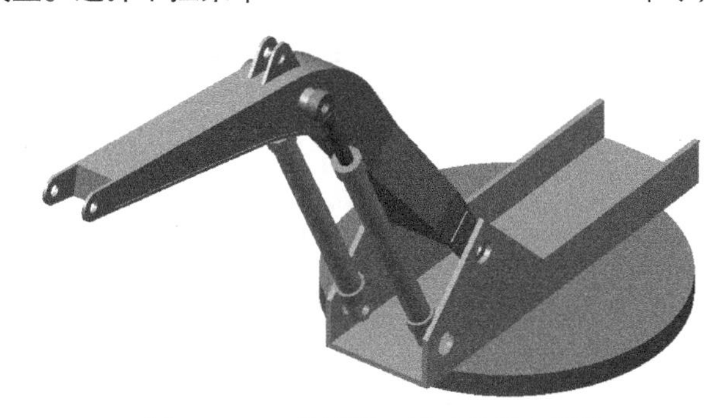

图 3.16.40　装配第二组动臂液压组件

步骤 14 引入元件 arm1_mech_g.prt（斗杆），并将其调整到图 3.16.41 所示的位置。

步骤 15 创建 arm1_mech_g.prt（斗杆）和 boom1_mech_g（动臂）之间的销钉连接。

（1）在“元件放置”操控板的机械连接约束列表中选择 销钉 选项。

（2）定义“轴对齐”约束。单击操控板中的 放置 按钮，分别选取图 3.16.41 中的两个柱面为“轴对齐”约束参考， 放置 界面如图 3.16.42 所示。

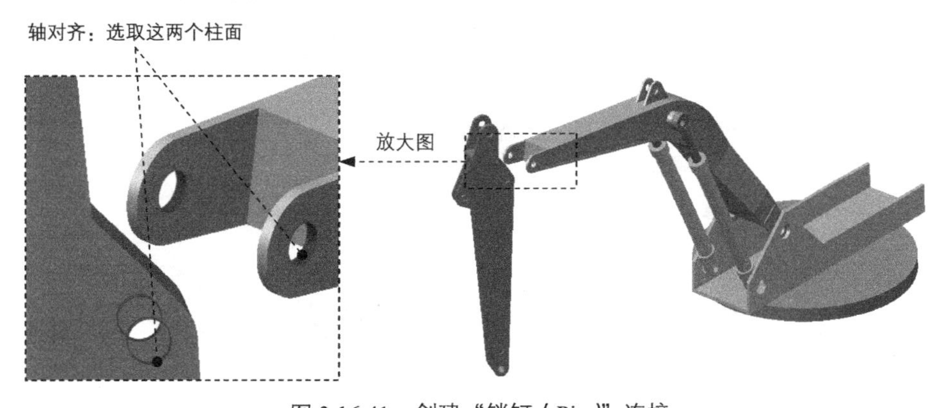

图 3.16.41　创建“销钉（Pin）”连接

（3）定义“平移”约束。分别选取 arm1_mech_g.prt（斗杆）中的基准平面 CENTER 和 boom1_mech_g（动臂）中的基准平面 CENTER 为“平移”约束参考，此时 放置 界面如图 3.16.43 所示。

（4）调整元件 arm1_mech_g.prt（斗杆）至图 3.16.34 所示的位置。

（5）单击操控板中的✔按钮，完成销钉连接的创建。

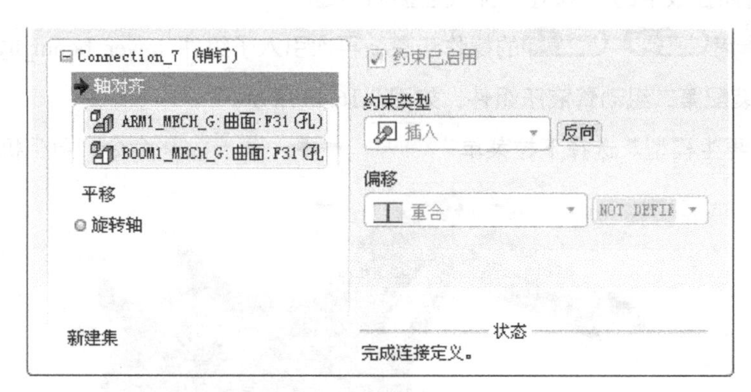

图 3.16.42　“放置”界面 (一)

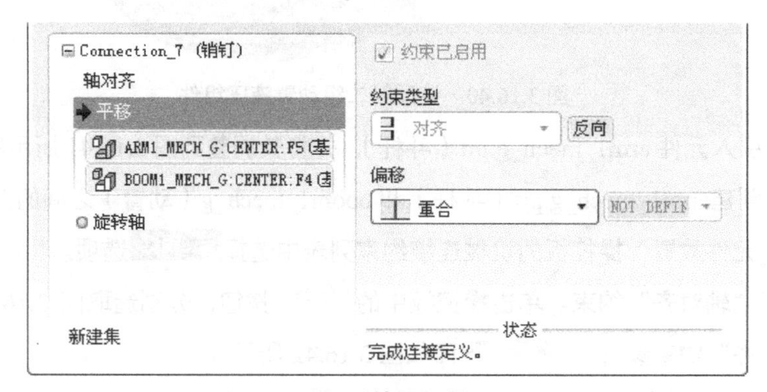

图 3.16.43　“放置”界面 (二)

图 3.16.44　调整斗杆位置

步骤 16 再生模型。选择下拉菜单 编辑(E) ➡ 再生(G) 命令，再生机构模型。

步骤 17 引入子组件 boom_hyd.asm（斗杆液压组件），并将其调整到图 3.16.45 所示的位置。

步骤 18 创建 boom1_mech_g（动臂）和 boom_hyd.asm（斗杆液压组件）之间的销钉连接。

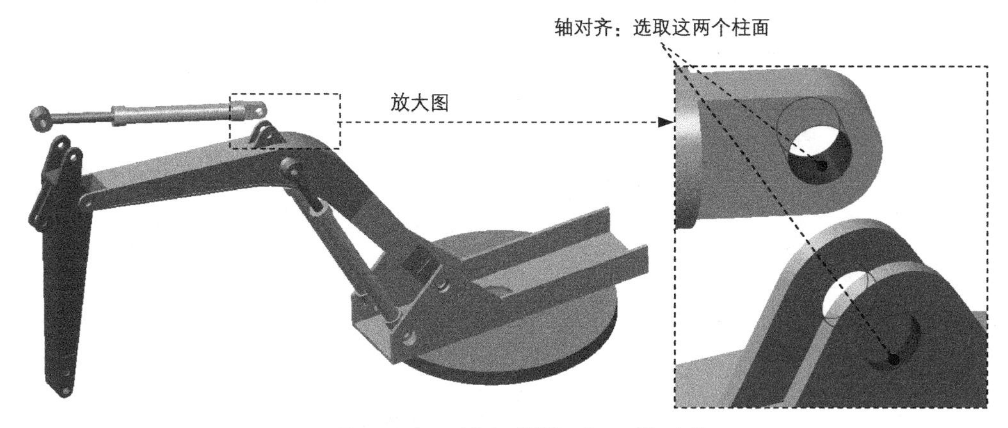

图 3.16.45 创建“销钉（Pin）”连接

（1）在“元件放置”操控板的机械连接约束列表中选择 销钉 选项。

（2）定义“轴对齐”约束。单击操控板中的 放置 按钮，分别选取图 3.16. 45 中的两个柱面为“轴对齐”约束参考，放置 界面如图 3.16.46 所示。

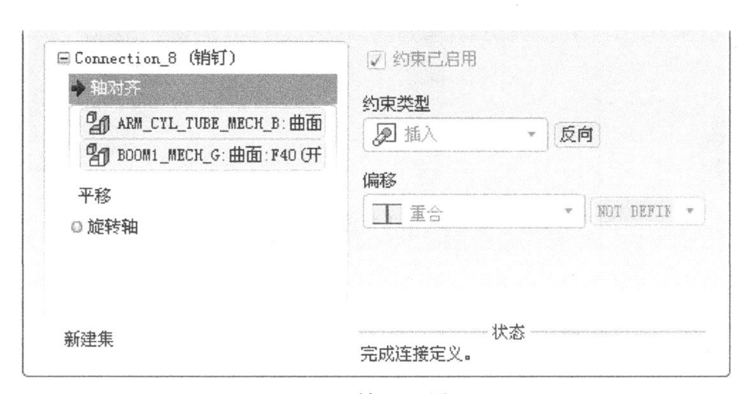

图 3.16.46 “放置”界面 (一)

（3）定义“平移”约束。选取 boom_hyd（斗杆液压组件）中元件 arm_cyl_tube_mech_b（斗杆液压缸）的基准平面 CENTER 和 boom1_mech_g（动臂）中的基准平面 CENTER 为“平移”约束参考，此时 放置 界面如图 3.16.47 所示。

步骤 19 创建 arm1_mech_g.prt（斗杆）和 boom_hyd.asm（斗杆液压组件）之间的圆柱连接。

（1） 在 放置 界面下方单击“新建集”字符，在“元件放置”操控板的机械连接约束列表中选择 圆柱 选项。

（2）定义“轴对齐”约束。单击操控板中的 放置 按钮，分别选取图 3.16.48 所示的两

个柱面为“轴对齐”约束参考，此时 放置 界面如图 3.16.49 所示。

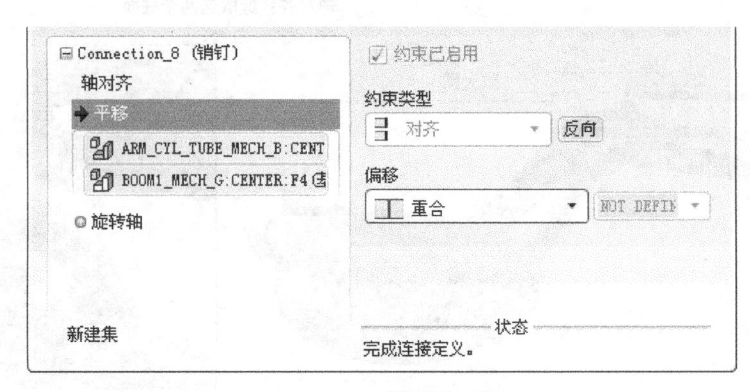

图 3.16.47 “放置”界面（二）

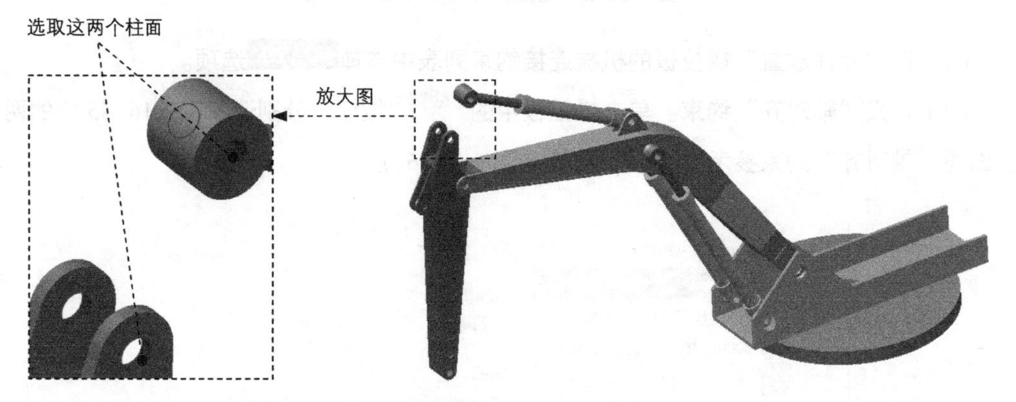

图 3.16.48 创建圆柱（Cylinder）连接

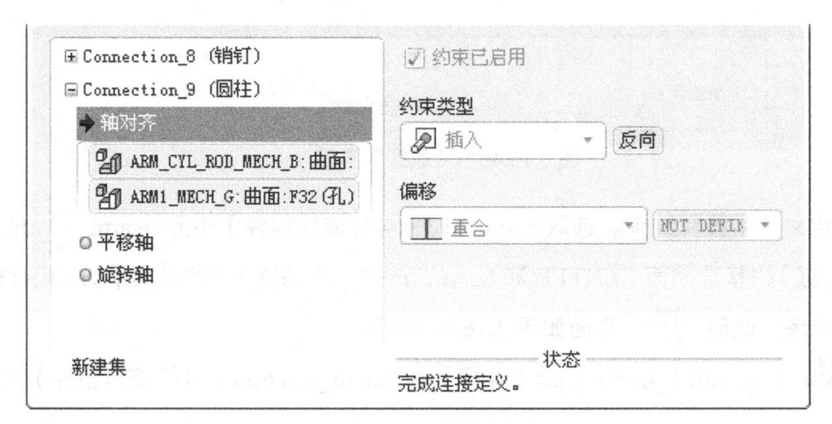

图 3.16.49 “放置”界面

（3）单击操控板中的 ✔ 按钮，完成连接的创建。

步骤 20 引入子组件 backet_assy_g.asm（铲斗组件），并将其调整到图 3.16.50 所示的位置。

步骤 21 创建 arm1_mech_g.prt（斗杆）和 backet_assy_g.asm（铲斗组件）之间的销钉连接。

（1）在“元件放置”操控板的机械连接约束列表中选择 销钉 选项。

（2）定义“轴对齐”约束。单击操控板中的 放置 按钮，分别选取图 3.16.50 中的两个柱面为“轴对齐”约束参考，放置 界面如图 3.16.51 所示。

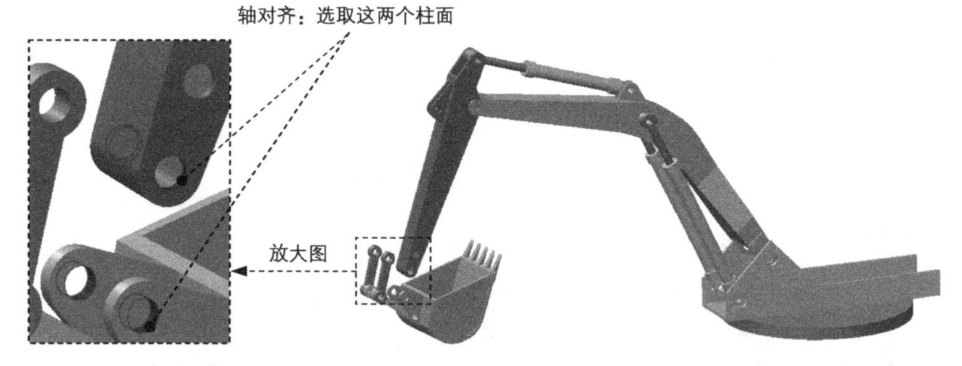

图 3.16.50 创建“销钉（Pin）”连接

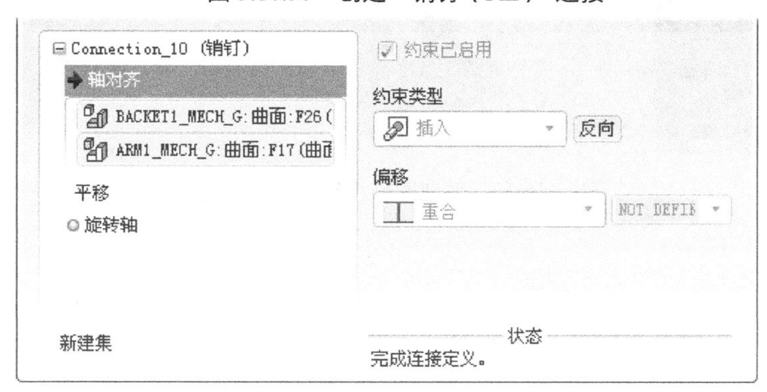

图 3.16.51 “放置”界面（一）

（3）定义“平移”约束。选取 backet_assy_g（铲斗组件）中元件 backet1_mech_g.prt（铲斗）的基准平面 CENTER 和 arm1_mech_g（斗杆）中的基准平面 CENTER 为“平移”约束参考，此时 放置 界面如图 3.16.52 所示。

步骤 22 创建 arm1_mech_g.prt（斗杆）和 backet_assy_g.asm（铲斗组件）之间的圆柱连接 1。

（1）在 放置 界面下方单击“新建集”字符，在“元件放置”操控板的机械连接约束列表中选择 圆柱 选项。

（2）定义“轴对齐”约束。单击操控板中的 放置 按钮，分别选取图 3.16.53 所示的两个柱面为“轴对齐”约束参考，此时 放置 界面如图 3.16.54 所示。

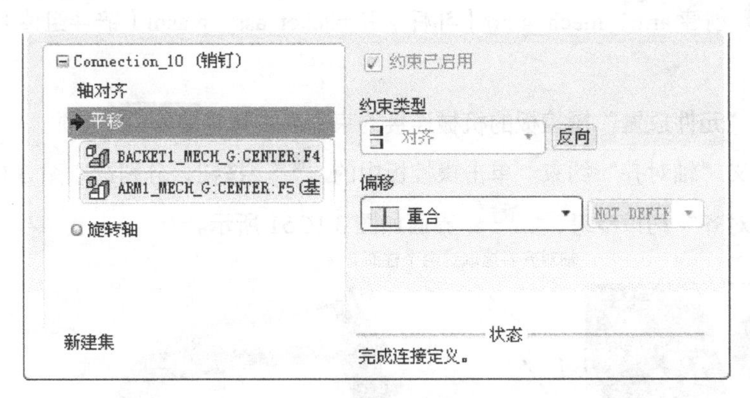

图 3.16.52 “放置”界面（二）

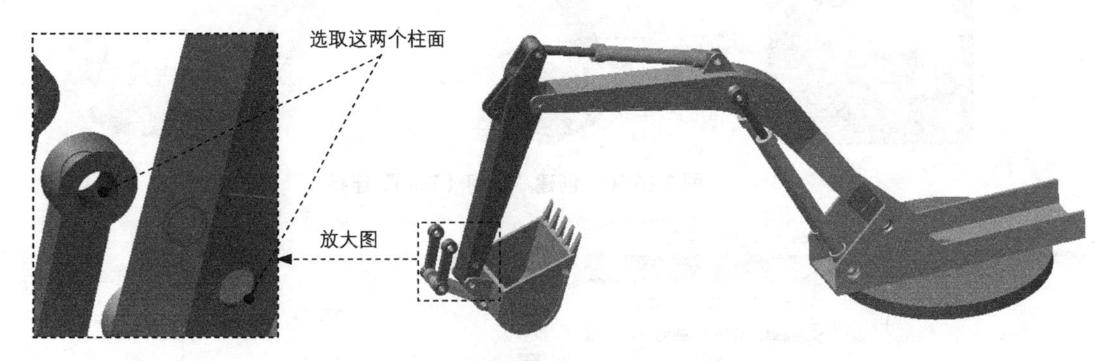

图 3.16.53 创建圆柱（Cylinder）连接

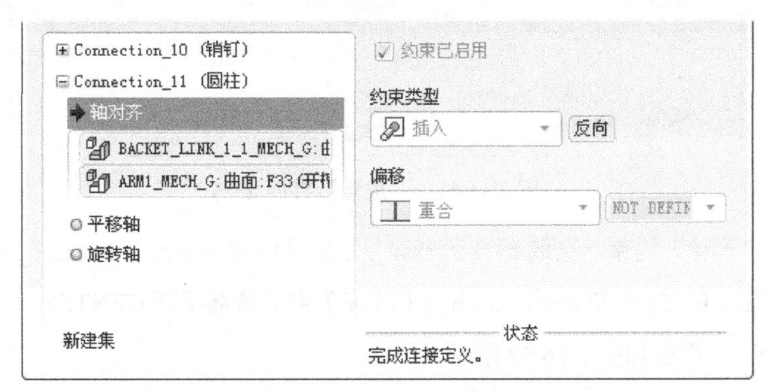

图 3.16.54 “放置”界面（三）

步骤 23 创建 arm1_mech_g.prt（斗杆）和 backet_assy_g.asm（铲斗组件）之间的圆柱连接 2。

（1）在 放置 界面下方单击“新建集”字符，在“元件放置”操控板的机械连接约束列表中选择 圆柱 选项。

（2）定义“轴对齐”约束。单击操控板中的 放置 按钮，分别选取图 3.16.55 所示的两

个柱面为“轴对齐”约束参考，此时 放置 界面如图 3.16.56 所示。

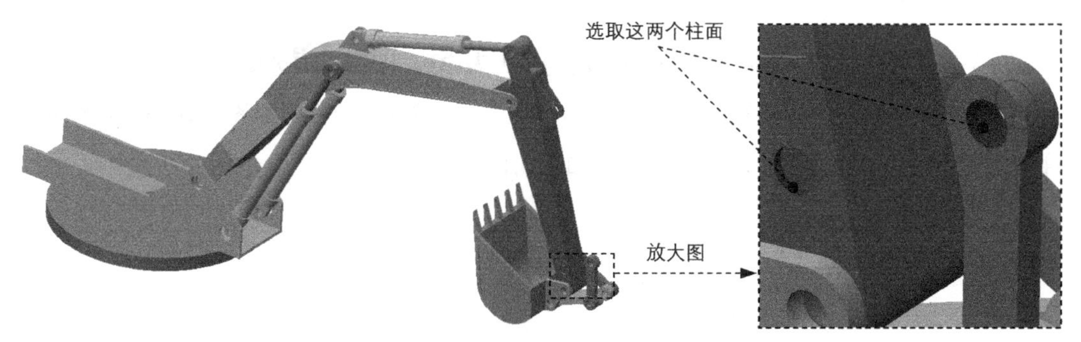

图 3.16.55 创建圆柱（Cylinder）连接

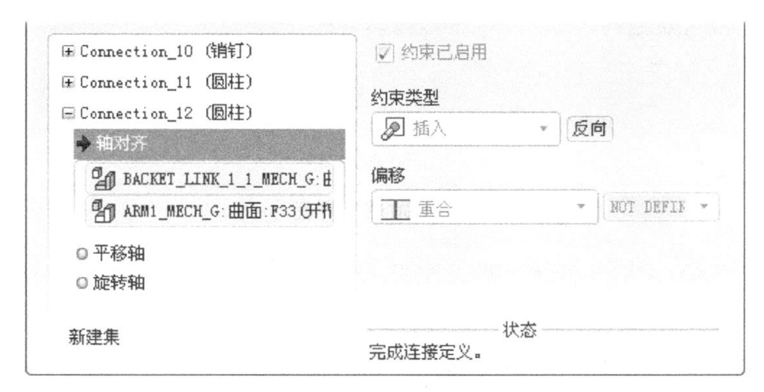

图 3.16.56 “放置”界面

（3）单击操控板中的✓按钮，完成连接的创建。

步骤 24 引入子组件 arm_backet_hyd.asm（铲斗液压组件），并将其调整到图 3.16.57 所示的位置。

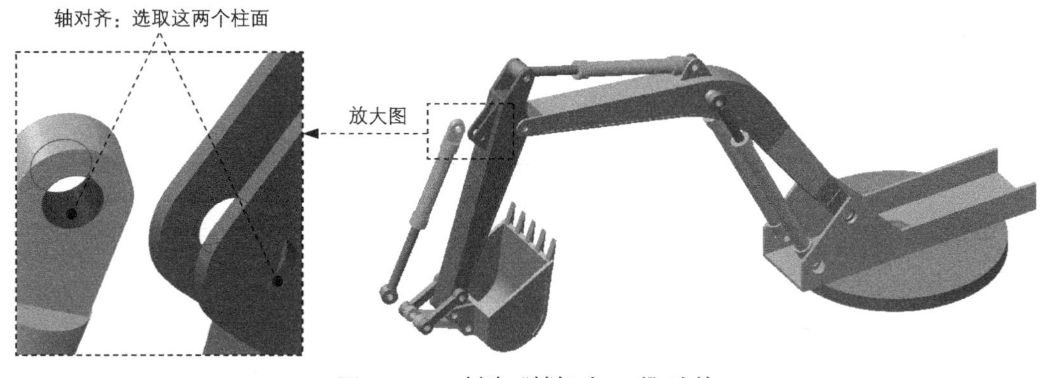

图 3.16.57 创建“销钉（Pin）”连接

步骤 25 创建 arm1_mech_g.prt（斗杆）和 arm_backet_hyd（铲斗液压组件）之间的销钉连接。

（1）在“元件放置”操控板的机械连接约束列表中选择 销钉 选项。

（2）定义“轴对齐”约束。单击操控板中的 放置 按钮，分别选取图 3.16. 57 中的两个柱面为“轴对齐”约束参考， 放置 界面如图 3.16.58 所示。

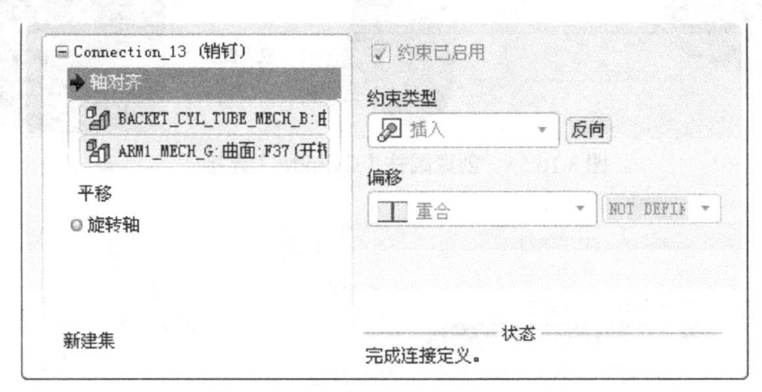

图 3.16.58 “放置”界面（一）

（3）定义“平移”约束。选取 arm_backet_hyd（铲斗液压组件）中元件 backet_cyl_tube_mech_b（铲斗液压缸）的基准平面 CENTER 和 arm1_mech_g.prt（斗杆）中的基准平面 CENTER 为“平移”约束参考，此时 放置 界面如图 3.16.59 所示。（ ）

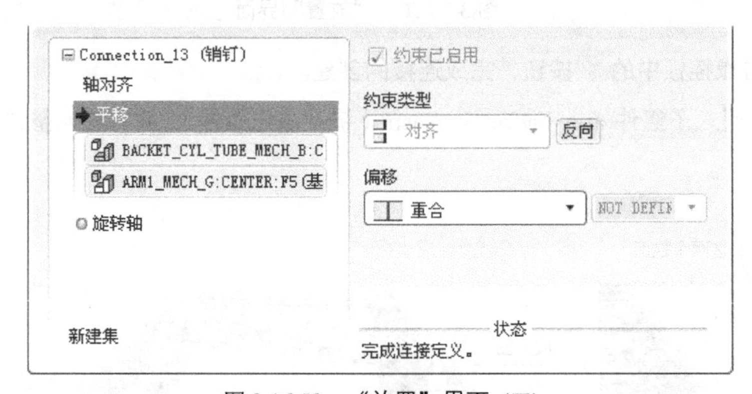

图 3.16.59 “放置”界面（二）

步骤 26 创建 backet_assy_g.asm（铲斗组件）和 arm_backet_hyd（铲斗液压组件）之间的圆柱连接。

（1）在 放置 界面下方单击“新建集”字符，在“元件放置”操控板的机械连接约束列表中选择 圆柱 选项。

（2）定义“轴对齐”约束。单击操控板中的 放置 按钮，分别选取图 3.16.60 所示的两

个柱面为“轴对齐”约束参考，此时 放置 界面如图 3.16.61 所示。

（3）单击操控板中的✔按钮，完成连接的创建。

步骤 27 再生模型。选择下拉菜单 编辑(E) ➡ 再生(G) 命令，再生机构模型。

步骤 28 保存机构模型。

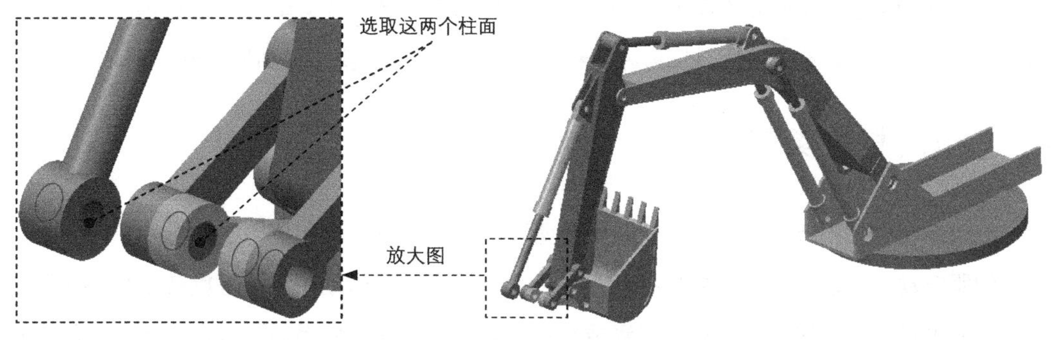

图 3.16.60　创建圆柱（Cylinder）连接

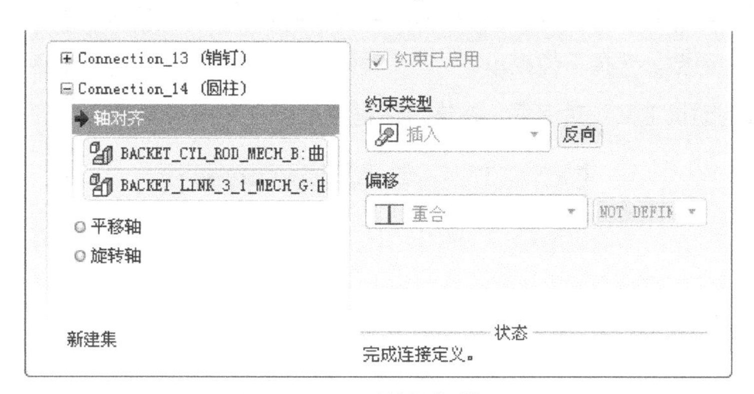

图 3.16.61　“放置”界面

第 4 章　定义电动机

Pro/ENGINEER 运动仿真中的电动机可以规定机构以特定方式运动，电动机不仅可以控制机构的运动速度，还可以控制机构的位移和加速度。本章主要介绍伺服电动机的定义方法。

4.1　电动机的类型

Pro/ENGINEER 运动仿真中的电动机有两种——伺服电动机和执行电动机。

伺服电动机可以以单一自由度在两个主体之间强加某种运动（主要是旋转或平移运动）。定义伺服电动机时，可定义速度、位置或加速度与时间的函数关系，并且通过定义伺服电动机的函数，可以定义运动的轮廓曲线。定义运动函数时，可以从系统提供的函数中进行选取，也可以自行定制函数。选择下拉菜单 插入(I) → 伺服电动机(V)... 命令，系统弹出图 4.1.1 所示的“伺服电动机定义”对话框，在该对话框中可以定义伺服电动机。

图 4.1.1　“伺服电动机定义”对话框

执行电动机主要用于向机构中施加特定的负荷，在对机构进行运动分析时，添加合适的执行电动机，可以得到更接近机构实际运动状况的数据。选择下拉菜单 插入(I) → 执行电动机(F)... 命令，系统弹出图 4.1.2 所示的“执行电动机定义”对话框，在该对话框中可以定义执行电动机。

伺服电动机和执行电动机的添加方法相似，本章主要介绍伺服电动机的添加方法。

图 4.1.2 “执行电动机定义”对话框

4.2 定义伺服电动机

4.2.1 伺服电动机的类型

伺服电动机的类型有两种，分别是“运动轴”类型和“几何”类型。当选择“运动轴”类型时，需要选择机构的一个运动连接（如销连接或滑块连接），并可以通过“反向”按钮调整连接的运动方向；当选择“几何”类型时，“伺服电动机定义”对话框如图 4.2.1 所示，此时可以规定机构中的某一几何图元作特定的运动。

伺服电动机可以在连接轴或几何图元（如零件平面、基准平面和点）上放置。对于一个图元，可以定义任意多个伺服电动机。但是，为了避免过于约束模型，要确保进行运动分析之前，应关闭所有冲突的或多余的伺服电动机。例如沿同一方向创建了一个连接轴旋转伺服电动机和一个平面-平面旋转伺服电动机，则在同一个运行期间内不要同时打开这两个伺服电动机。

伺服电动机的常见定义方法如下。

- ◆ 连接轴伺服电动机：直接选择一个机构连接，用于创建旋转运动或直线运动。
- ◆ 几何伺服电动机：利用下列简单伺服电动机的组合，可以创建复杂的三维运动（如螺旋或其他空间曲线）。
  - ● 平面 - 平面平移伺服电动机：这种伺服电动机是相对于一个主体中的一个平面来移动另一个主体中的平面，同时保持两平面平行。当从动平面和参考平面重合时，出现零位置。平面 - 平面平移伺服电动机的一种应用，是用于定义开环机构装置的最后一个链接和基础之间的平移。

● 平面 - 平面旋转伺服电动机：这种伺服电动机是移动一个主体中的平面，使其与另一主体中的某一平面成一定的角度。在运行期间，从动平面围绕一个参考方向旋转，当从动平面和参考平面重合时定义为零位置。因为未指定从动主体上的旋转轴，所以平面-平面旋转伺服电动机所受的限制要少于销钉或圆柱接头的伺服电动机所受的限制，因此从动主体中旋转轴的位置可能会任意改变。平面 - 平面旋转伺服电动机可用来定义围绕球接头的旋转；另一个应用是定义开环机构装置的最后一个主体和基础之间的旋转。

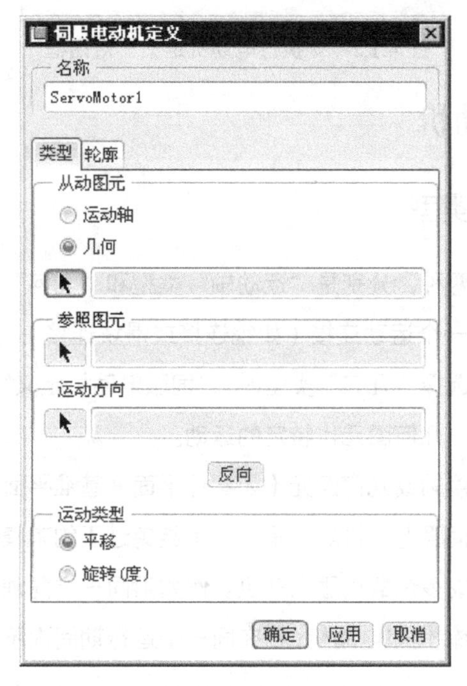

图 4.2.1 “伺服电动机定义”对话框

● 点 - 平面平移伺服电动机：这种伺服电动机是沿一个主体中平面的法向移动另一主体中的点。以点到平面的最短距离测量伺服电动机的位置值。仅使用点-平面伺服电动机，不能相对于其他主体来定义一个主体的方向。还要注意从动点可平行于参考平面自由移动，所以可能会沿伺服电动机未指定的方向移动，使用另一个伺服电动机或连接可锁定这些自由度。通过定义一个点相对于一个平面运动的 x、y 和 z 分量，可以使一个点沿一条复杂的三维曲线运动。

- 平面－点平移伺服电动机：这种伺服电动机除了要定义平面相对于点运动的方向外，其余都和点－平面伺服电动机相同。在运行期间，从动平面沿指定的运动方向运动，同时保持与之垂直。以点到平面的最短距离测量伺服电动机的位置值。在零位置处，点位于该平面上。
- 点－点平移伺服电动机：这种伺服电动机是沿一个主体中指定的方向移动另一主体中的点。可用到一个平面的最短距离来测量该从动点的位置，该平面包含参考点并垂直于运动方向。当参考点和从动点位于一个法向是运动方向的平面内时，出现点-点伺服电动机的零位置。点－点平移伺服电动机的约束很宽松，所以必须十分小心，才可以得到可预期的运动。仅使用点－点伺服电动机不能定义一个主体相对于其他主体的方向。实际上，需要六个点－点伺服电动机才能定义一个主体相对于其他主体的方向。使用另一个伺服电动机或连接可锁定一些自由度。

4.2.2　伺服电动机的轮廓

单击“伺服电动机定义”对话框中的 轮廓 选项卡，在该选项卡界面中可以定义伺服电动机的运动轮廓曲线，如图 4.2.2 所示。

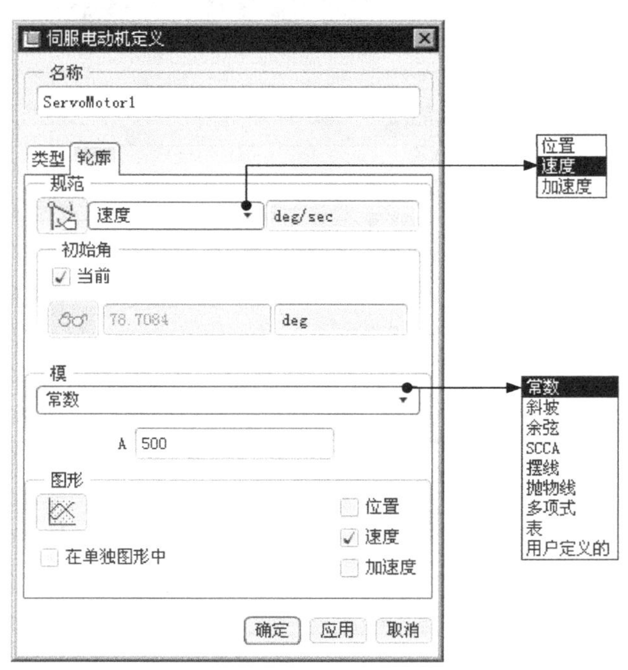

图 4.2.2　“轮廓” 选项卡

图 4.2.2 所示的 轮廓 选项卡 规范 下拉列表中的各项说明如下。

◆ 位置：定义从动图元的位置函数。

◆ 速度：定义从动图元的速度函数。选择此选项后，需指定运行的初始位置，默认的初始位置为“当前”。

◆ 加速度：定义从动图元的加速度函数。选择此选项后，可以指定运行的初始位置和初始速度，其默认设置分别为“当前”和 0.0。

根据机构需要施加的运动类型，可以利用 轮廓 选项卡 模 下拉列表中系统提供的多种方式定义伺服电动机的轮廓曲线，如函数、多项式、表格和用户自定义等，下面将分别进行介绍。

1. 常数

该选项可以设置机构的位置、速度和加速度为恒定值，函数表达式为 y = A，其中 A=常量。当定义其中的某个参数后，其他参数的轮廓函数将自行出现，并能以图表的形式进行显示。

下面说明函数的设置和图表显示的一般操作方法。

步骤 01 在“伺服电动机定义”对话框的 轮廓 选项卡中选择 规范 类型为 加速度，在 模 下拉列表中选择 常数 选项，并将初始速度设置为 0，A 的值设置为 10，如图 4.2.3 所示。

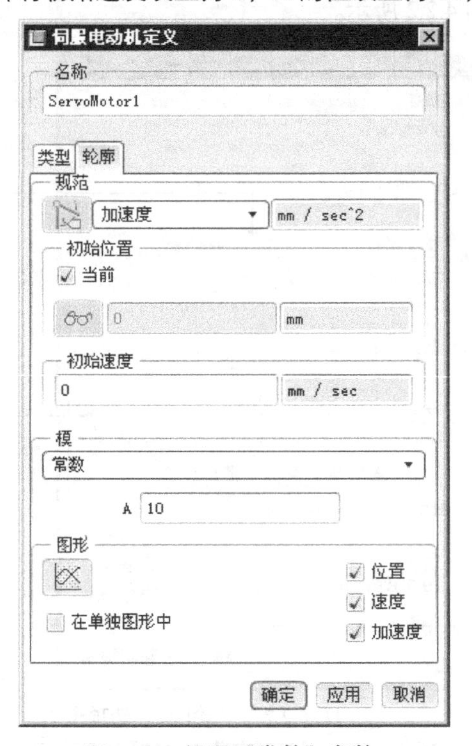

图 4.2.3 设置“常数”参数

步骤 02 选中轮廓选项右下方的位置、速度和加速度复选框，然后单击图形按钮，系统弹出图 4.2.4 所示的“图形工具”对话框，该对话框中同时显示伺服电动机的位置、速度和加速度函数图形。

在该窗口中单击按钮可打印函数图形，选择“文件”下拉菜单可按“文本”或 EXCEL 格式输出图形。

步骤 03 单击“图形工具”对话框中的“格式化图形对话框”按钮，系统弹出图 4.2.5 所示的“图形窗口选项”对话框，该对话框主要用于设置函数图形的显示范围、显示时间以及图形样式和字体等参数。

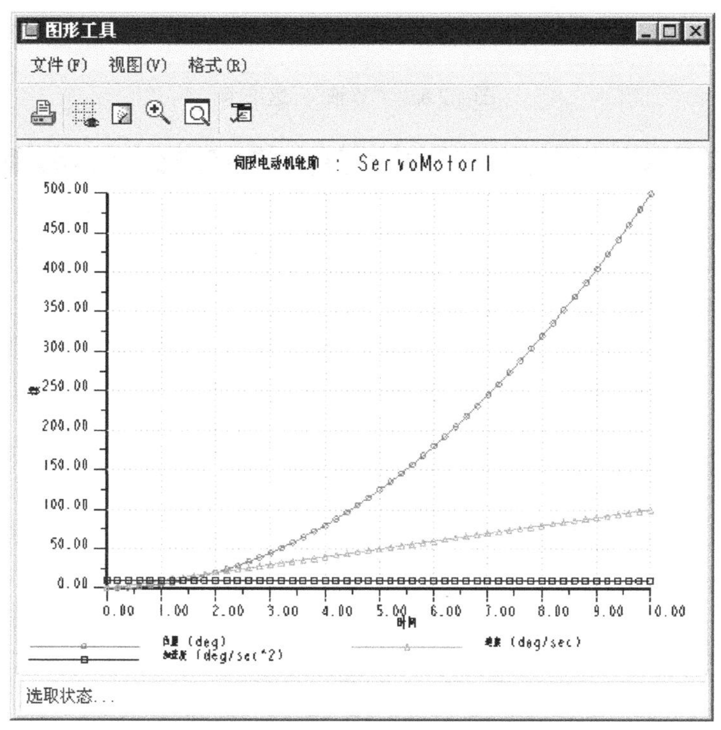

图 4.2.4 “图形工具”对话框

图 4.2.5 所示的“图形窗口选项”对话框中的各选项卡功能简介如下。

- Y 轴选项卡：如图 4.2.5 所示，该选项卡主要用于设置函数图形的 Y 轴显示范围（位移、速度和加速度的显示）、刻度线的数量、文本标签的样式、栅格线的控制和图形线的粗细等参数。
- X 轴选项卡：如图 4.2.6 所示，该选项卡主要用于设置函数图形的 X 轴显示范围（时间范围）以及其他参数。X 轴和 Y 轴选项卡中各选项的说明如下。

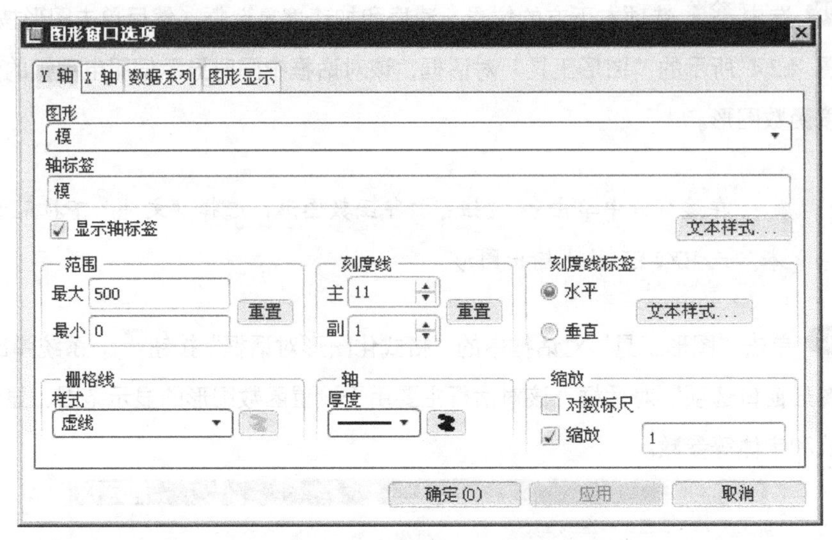

图 4.2.5 “Y 轴” 选项卡

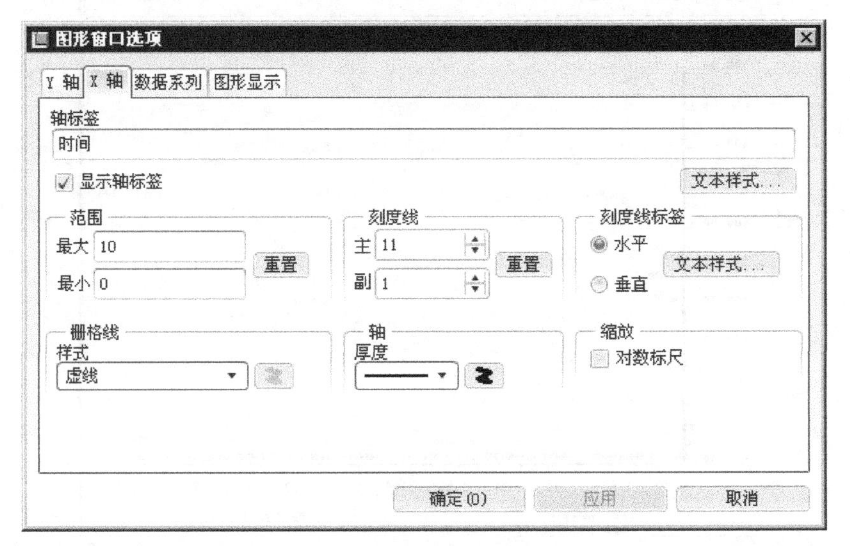

图 4.2.6 “X 轴” 选项卡

- 图形：此区域仅显示在 Y 轴 选项卡中，如有子图形还可显示子图形的一个列表。可以使拥有公共 X 轴、但 Y 轴不同的多组数据出图。从列表中选取要定制其 Y 轴的子图形。
- 轴标签：此区域可编辑 Y 轴标签。标签为文本行，显示在每个轴旁。单击 文本样式... 按钮，可更改标签字体的样式、颜色和大小。使用 ☑ 显示轴标签 复选框可打开或关闭轴标签的显示。

- 范围：更改轴的刻度范围。可修改最小值和最大值，以使窗口能够显示指定的图形范围。
- 刻度线：设置轴上长刻度线（主）和短刻度线（副）的数量。
- 刻度线标签：设置长刻度线值的放置方式。还可单击 文本样式... 按钮，更改字体的样式、颜色和大小。
- 栅格线：选取栅格线的样式。如果要更改栅格线的颜色，可单击颜色选取按钮。
- 轴：设置 Y 轴的线宽及颜色。
- 缩放：使用此区域可调整图形的比例。
- 对数标尺：将轴上的值更改为对数比例。使用对数比例能提供在正常比例下可能无法看到的其他信息。
- 缩放：此区域仅出现在 Y 轴 选项卡中。可使用此区域来更改 Y 轴比例。

◆ 数据系列选项卡：如图 4.2.7 所示，该选项卡主要用于设置函数图形的数据系列和显示样式。

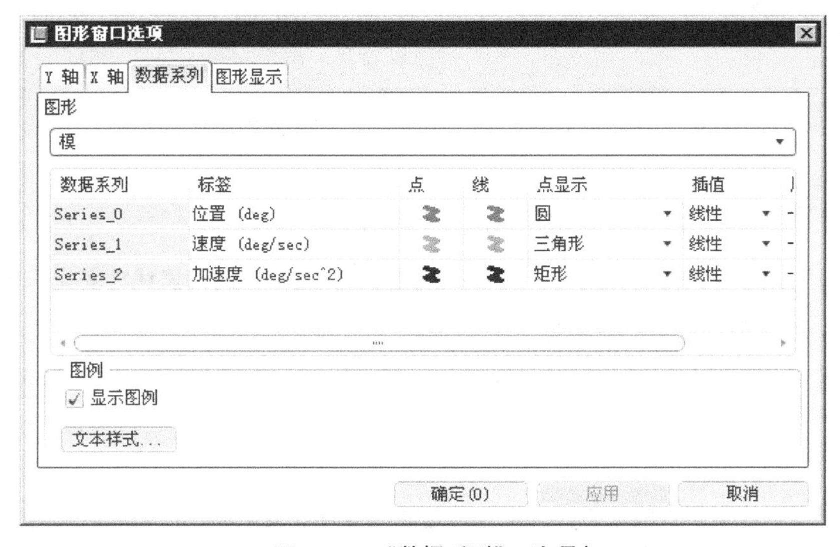

图 4.2.7 “数据系列” 选项卡

- 图形：选取要定制其数据系列的图形或子图形。
- 数据系列：此区域可编辑所选数据系列的标签，还可更改图形中点和线的颜色以及点的样式、插值。
- 图例：此区域可切换图例的显示及更改其字体的样式、颜色和大小。

◆ 图形显示选项卡：如图 4.2.8 所示，该选项卡主要用于设置图形显示标签的参数。

- 标签：编辑图形的标题。如果要更改标题字体的样式、颜色和大小，可单击 文本样式... 按钮；可使用 ☑显示标签 复选框来显示或关闭标题。
- 背景颜色：修改背景颜色。如选中 ☑混合背景，单击 编辑... 按钮可定制混合的背景颜色。
- 选择颜色：更改用来加亮图形中点的颜色。

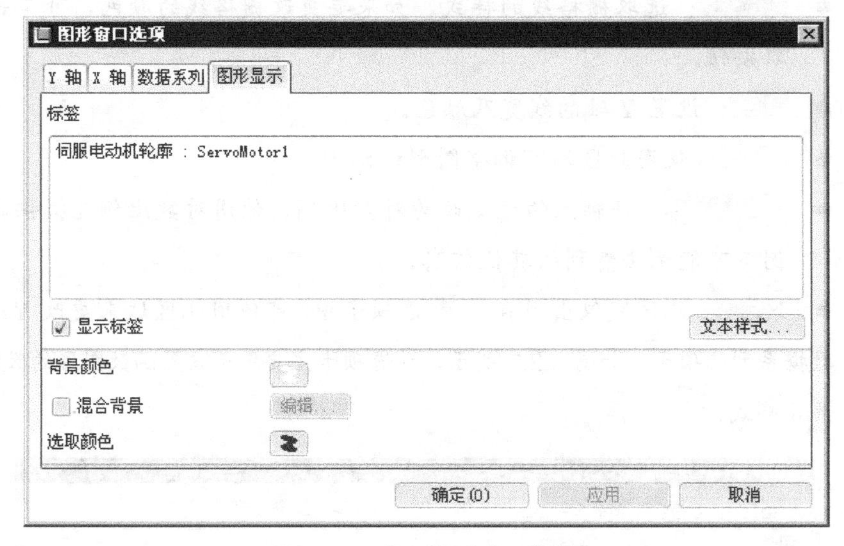

图 4.2.8 “图形显示” 选项卡

2．斜坡

该选项可以设置机构的位置、速度和加速度为恒定值或随时间呈线性变化的运动，函数表达式为 y = A + B*t，其中 A=常量，B=斜率。

当设置 规范 类型为 速度，且 A=1，B=5 时（图 4.2.9），函数图形如图 4.2.10 所示。

3．余弦

该选项可以设置机构的位置、速度和加速度为振荡往复运动，函数表达式为 y = A*cos（2*Pi*t/T + B）+ C，其中 A=振幅，B=相位，C=偏移量，T=周期。

当设置 规范 类型为 位置，且 A=1，B=0，C=0，T=4 时（图 4.2.11），函数图形如图 4.2.12 所示。

4．SCCA

SCCA 是指“正弦-常数-余弦-加速度（Sin-Constant-Cos-Acceleration）”，即一条包含正弦、

常数、余弦的复合曲线，其仅用于加速度的设置。根据时间参数 t 的范围，表达式分别如下。

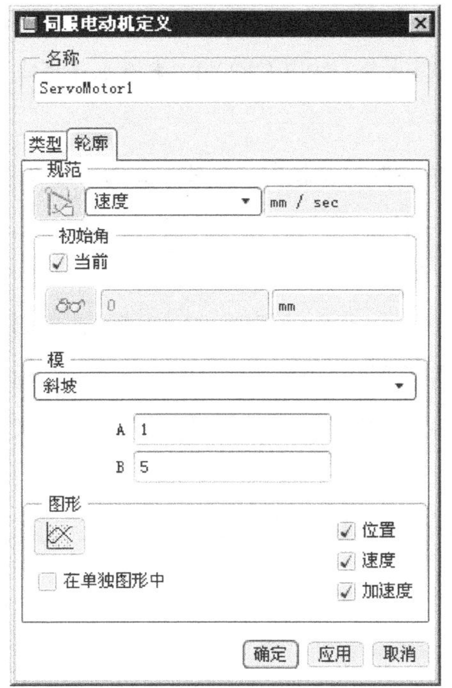

图 4.2.9 设置“斜坡”参数

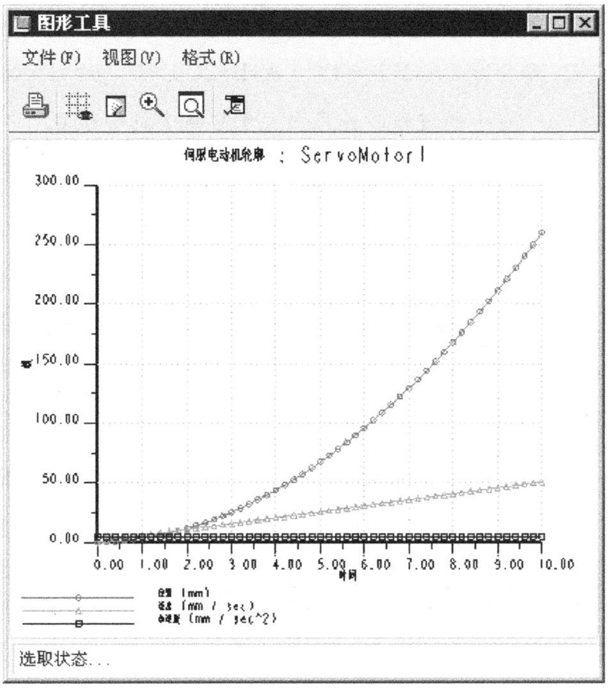

图形工具
文件(F) 视图(V) 格式(R)
伺服电动机轮廓 : ServoMotor1
300.00
250.00
200.00
150.00
100.00
50.00
0.00
0.00 1.00 2.00 3.00 4.00 5.00 6.00 7.00 8.00 9.00 10.00
时间
位置 (mm)
速度 (mm / sec)
加速度 (mm / sec^2)
选取状态...

图 4.2.10 “图形工具”对话框

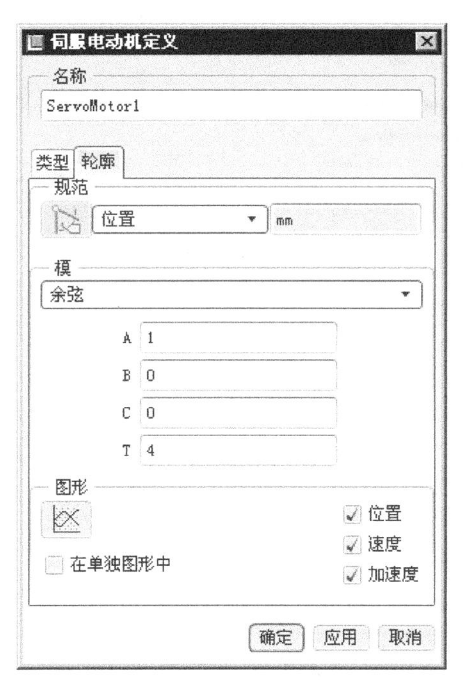

图 4.2.11 设置“余弦”参数

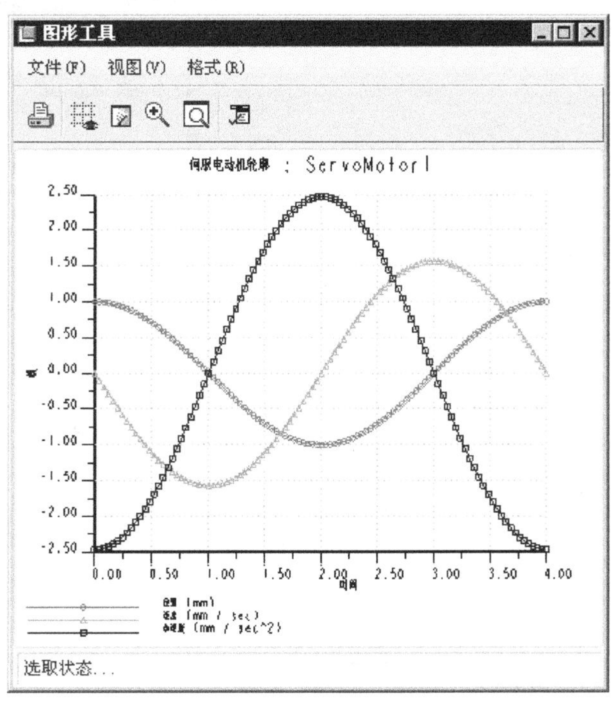

图 4.2.12 “图形工具”对话框

- 当 $0 \leqslant t < A$ 时，$y=H*\sin[(t*pi)/(2A)]$,表示加速度快速增加的过程。
- 当 $A \leqslant t < (A+B)$ 时，$y=H$,表示加速度恒定不变的过程。
- 当 $(A+B) \leqslant t < (A+B+2C)$ 时，$y = H*\cos[(t-A-B)*Pi/(2C)]$，表示加速度减小的过程，并且由大于 0 减小到小于 0。
- 当 $(A+B+2C) \leqslant t < (A+2B+2C)$ 时，$y=-H$,表示加速度恒定不变且为负值的过程。
- 当 $(A+2B+2C) \leqslant t \leqslant (2A+2B+2C)$ 时，$y = -H*\cos[(t-A-B-2C)*Pi/(2A)]$，表示加速度恒增加且依然小于 0 的过程。

其中 A=递增加速度归一化时间部分，B=恒定加速度归一化时间部分，C=递减加速度归一化时间部分，H=振幅，T=周期。这里的“归一化时间部分”是指单个部分的实际时间与周期的比值，计算公式为 $t=2*t0/T$，这里 t0=实际的时间。所以对于各“归一化时间部分”，又有 A+B+C=1，在设置 SCCA 函数时，必须给定 A、B、H 和 T 的值。

当设置 A=0.25，B=0.5，H=1，T=2 时（图 4.2.13），函数图形如图 4.2.14 所示。

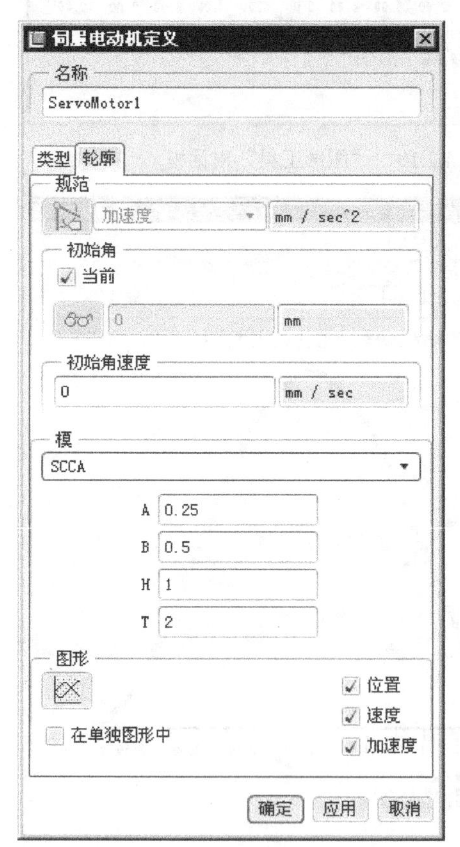

图 4.2.13　设置“SCCA”参数

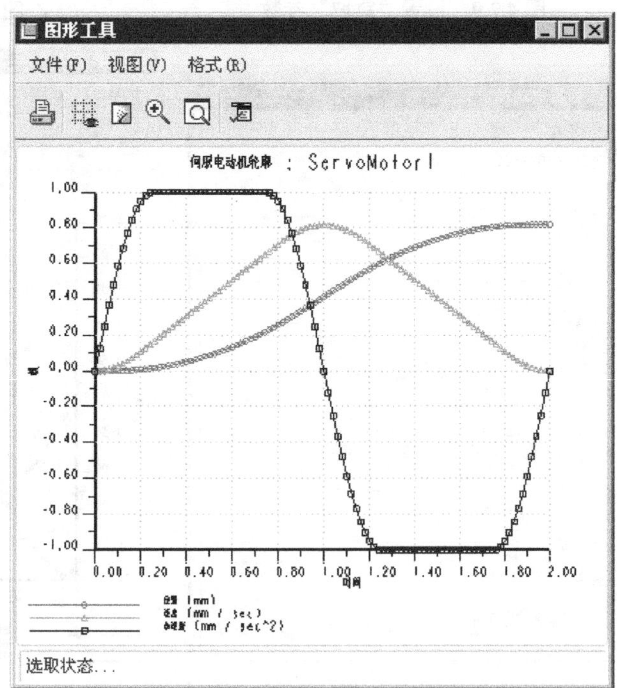

图 4.2.14　“图形工具”对话框

5. 摆线

该选项可以设置机构的位置、速度和加速度为一种规律性的平缓上升运动，函数表达式为 y = L*t/T L*sin（2*Pi*t/T）/2*Pi，其中 L=周期内的上升数，T=周期。

当设置规范类型为位置，且 L=1，T=5 时（图 4.2.15），函数图形如图 4.2.16 所示。

6. 抛物线

该选项可以用于设置机构的位置、速度和加速度，函数表达式为 y = A*t+0.5*B*t^2 。其中 A=线性系数，B=二次系数。

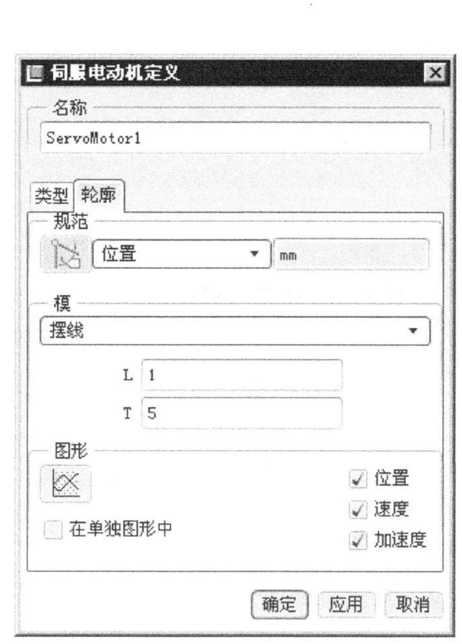

图 4.2.15 设置“摆线”参数

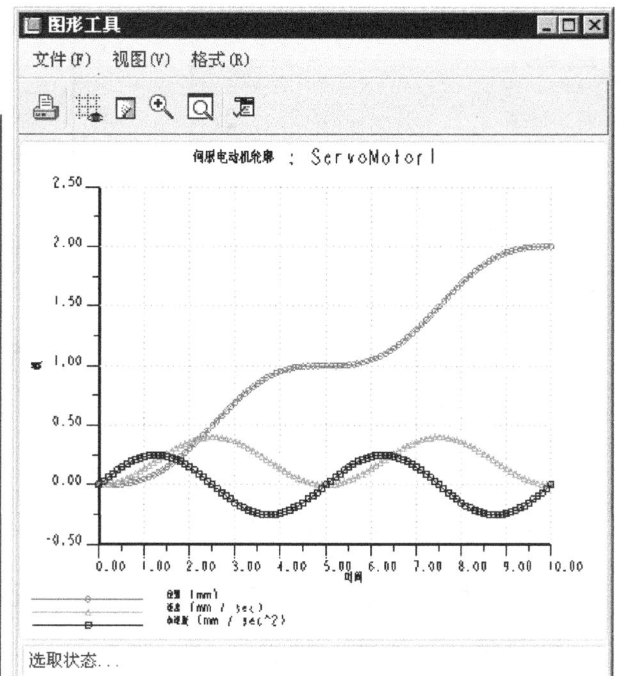

图 4.2.16 “图形工具”对话框

当设置规范类型为位置，且 A=1，B=10 时（图 4.2.17），函数图形如图 4.2.18 所示。

7. 多项式

该选项同前面介绍的几种类型类似，可以用于设置机构的位置、速度和加速度，函数表达式为 y = A+B*t+C*t +D*t^3 。

8. 表

该选项可以通过输入或导入时间与对应模的值来定义伺服电动机，当机构的运动规律不能用函数来表达时，可以采用此方法来拟合运动曲线的功能。表文件可以预先进行编制，其扩展名为.tab，可以在任何文本编辑器中创建或打开。文件采用两栏格式：第一栏是时间，该栏中的时间值必须从第一行到最后一行按升序排列；第二栏是速度、加速度或位置。

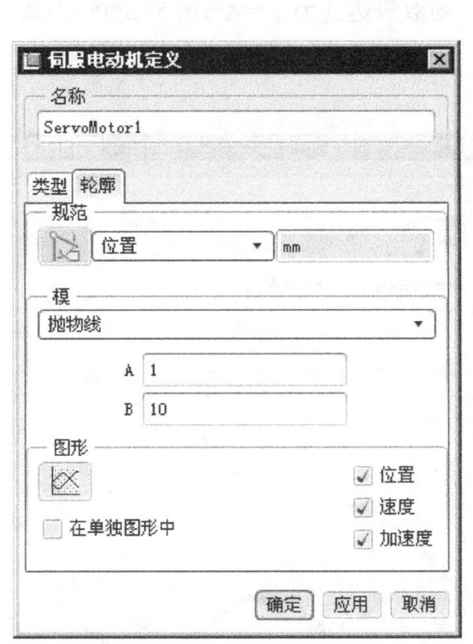

图 4.2.17 设置“抛物线”参数

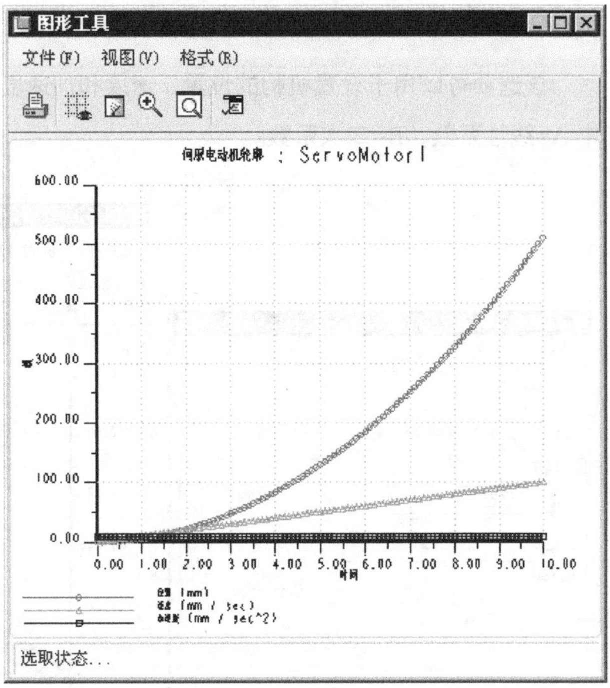

图 4.2.18 “图形工具”对话框

下面说明使用“表”选项定义伺服电动机的一般操作方法。

步骤 01 定义伺服电动机类型。在“伺服电动机定义”对话框的 轮廓 选项卡中选择 规范 类型为 速度，在 模 下拉列表中选择 表 选项。

步骤 02 选择拟合类型。在 插值 区域中选中 ◉ 线性拟合 单选项。

步骤 03 输入表数据。

（1）定义第 1 行数据。单击“向表中添加行”按钮，在 时间 文本框中输入值 1，在 模 文本框中输入值 5。

（2）定义第 2 行数据。单击“向表中添加行”按钮，在 时间 文本框中输入值 2，在 模 文本框中输入值 16。

（3）定义第 3 行数据。单击“向表中添加行”按钮，在 时间 文本框中输入值 4，在 模文本框中输入值 8，如图 4.2.19 所示。

步骤 04 选中 **轮廓** 选项卡右下方的 ☑ 速度 复选框，然后单击图形按钮，系统弹出图 4.2.20 所示的“图形工具”对话框，该对话框中同时显示伺服电动机的速度轮廓曲线。

图 4.2.19 设置“表”参数

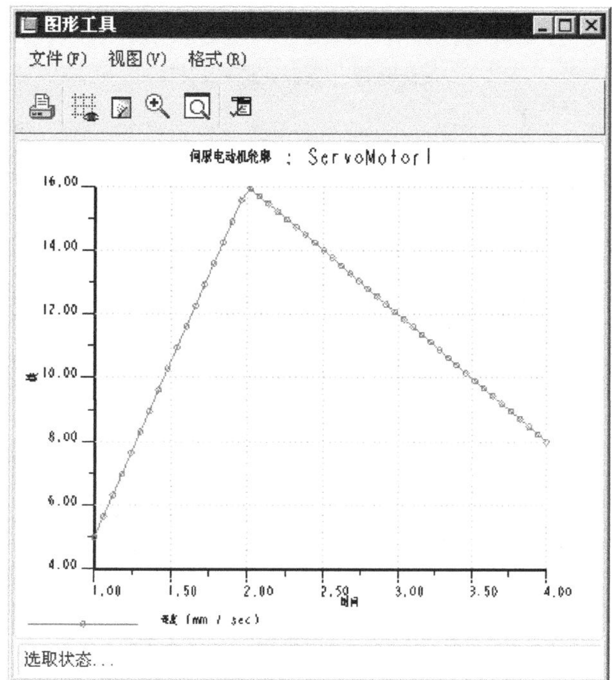

图 4.2.20 “图形工具”对话框

如果在 **插值** 区域中选中 ◉ 样条拟合 单选项，伺服电动机的速度轮廓曲线如图 4.2.21 所示。

9．用户定义

该选项可以通过自定义函数表达式来定义伺服电动机中的位置、速度和加速度。。

下面说明使用“用户定义”选项定义伺服电动机的一般操作方法。

步骤 01 定义伺服电动机类型。在“伺服电动机定义”对话框的 轮廓 选项卡中选择 规范 类型为 速度，在 模 下拉列表中选择 用户定义的 选项。

步骤 02 输入表达式数据。单击“添加表达式段”按钮，在 表达式 文本框中输入表达式 10+16*cos(90*t+50)，在 区域 文本框中输入时间区域 0 < t < 10，如图 4.2.22 所示。

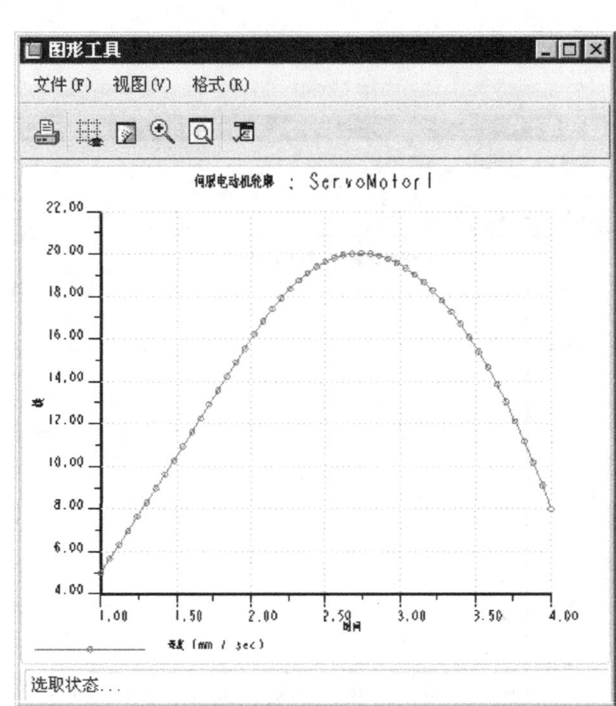

图 4.2.21 “样条拟合”速度曲线

图 4.2.22 设置“用户定义”参数

步骤 03 选中 轮廓 选项卡右下方的 ☑速度 复选框，然后单击图形按钮，系统弹出图 4.2.23 所示的“图形工具”对话框，该对话框中显示伺服电动机的速度轮廓曲线。

说明：如果在“伺服电动机定义”对话框中单击按钮，系统将弹出图 4.2.24 所示的“表达式定义”对话框，在该对话框中可以创建和编辑表达式。

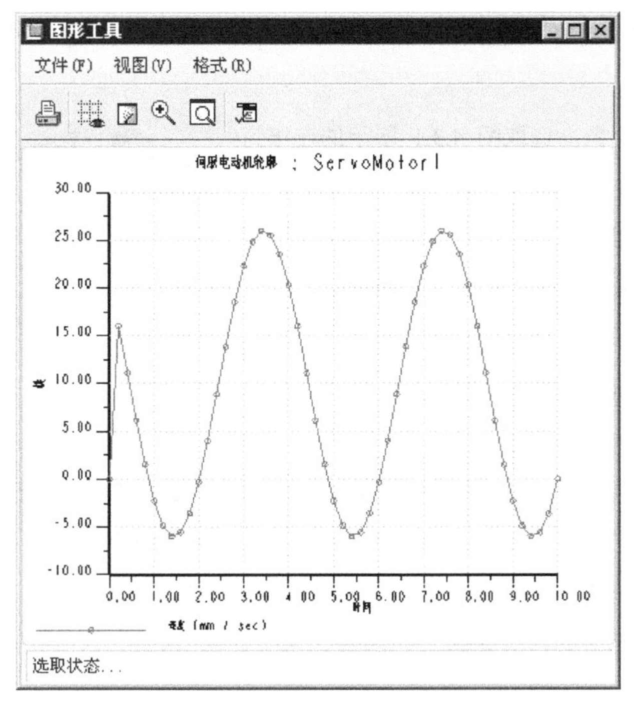

图 4.2.23 “图形工具”对话框

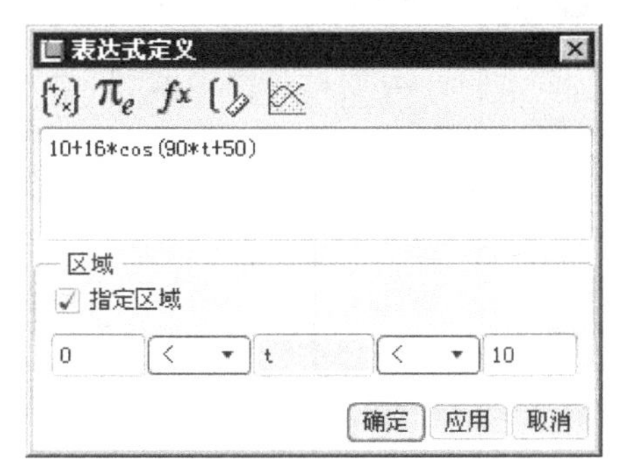

图 4.2.24 “表达式定义”对话框

4.3 电动机定义实际应用案例——剪式升降平台

案例概述:

本案例将介绍在平行提升机构中添加伺服电动机的操作过程。该伺服电动机采用“运动轴”的定义方法，并选用余弦函数定义气缸的行程，驱动机构中的工作台平行上下运动。

步骤 01 将工作目录设置至 D:\proefj5\work\ch04.03，打开文件 parallel_mech.asm。

步骤 02 进入机构模块。选择下拉菜单 应用程序(P) → 机构(E) 命令，进入机构模块。

步骤 03 定义伺服电动机。

（1）选择命令。选择下拉菜单 插入(I) ➡ 伺服电动机(V)... 命令，系统弹出“伺服电动机定义”对话框。

（2）选取参考对象。选取图 4.3.1 所示的连接为参考对象。

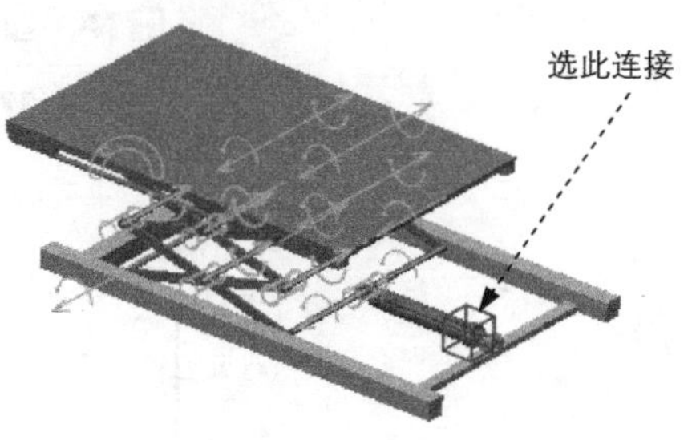

图 4.3.1 选取参考对象

（3）设置轮廓参数。单击“伺服电动机定义”对话框中的 轮廓 选项卡，在“定义运动轴设置”按钮右侧的下拉列表中选择 位置 选项，在“模”下拉列表中选择 余弦 选项，设置 A= -70，B=0，C=75，T=5，如图 4.3.2 所示。

（4）选中 轮廓 选项卡右下方的“位置”复选框，然后单击图形按钮，系统弹出图 4.3.3 所示的“图形工具”对话框，该对话框中显示伺服电动机的速度函数图形。

（5）单击对话框中的 确定 按钮，完成伺服电动机的定义。

（6）关闭“图形工具”对话框。

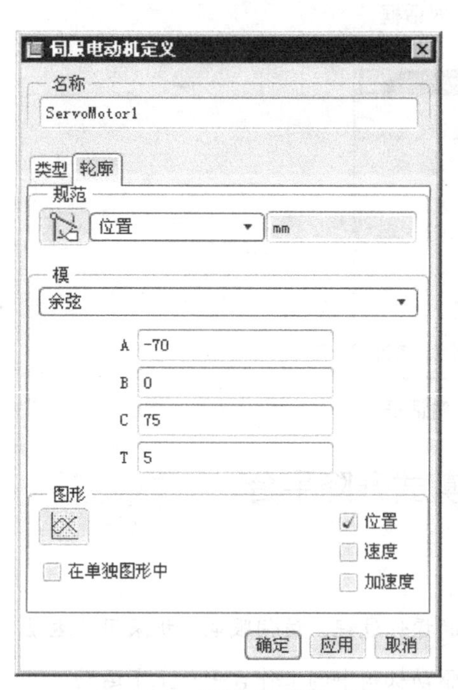

图 4.3.2 设置“余弦”参数

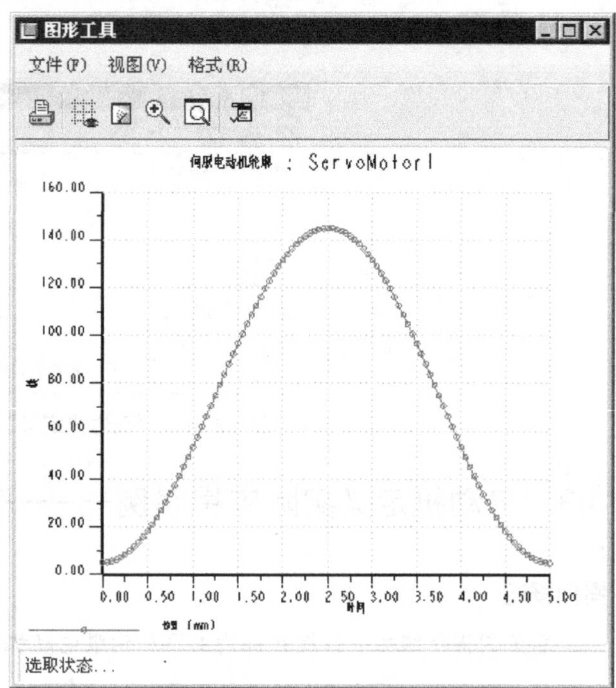

图 4.3.3 “图形工具”对话框

步骤04 定义机构分析。

（1）选择命令。选择下拉菜单 分析(A) → 机构分析(Y)... 命令，系统弹出“分析定义”对话框。

（2）运行运动分析。单击“分析定义”对话框中的 运行 按钮，查看机构的运行状况，可以发现在10s内，机构完成2次提升和下降运动。

（3）完成运动分析。单击 确定 按钮完成运动分析。

步骤05 再生模型。选择下拉菜单 编辑(E) → 再生(G) 命令，再生机构模型。

步骤06 保存机构模型。

4.4 电动机定义实际应用案例二——挖掘机工作组件

案例概述:

本案例将介绍在图 4.4.1 所示的挖掘机工作组件中添加伺服电动机的操作过程。在该机构中需要添加4组伺服电动机，分别驱动回转台、动臂液压缸、斗杆液压缸和铲斗液压缸的运动，4组伺服电动机均采用“运动轴”的定义方法，并使用表格来实现工作部件的联动。

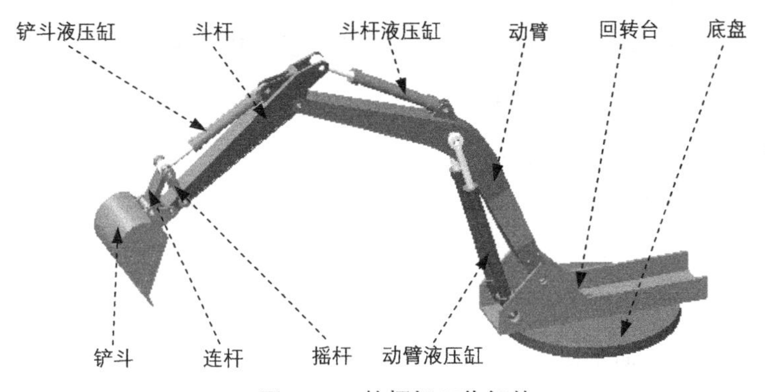

图 4.4.1 挖掘机工作部件

步骤01 将工作目录设置至 D:\proefj5\work\ch04.04，打开文件 0-backhoe.asm。

步骤02 进入机构模块。选择下拉菜单 应用程序(P) → 机构(E) 命令，进入机构模块。

设定挖掘机工作部件单个工作周期如下。

◆ 初始状态。

- 回转台的回转角度初始值为 0。
- 设置动臂液压缸的连接位置初始值为 380。
- 设置斗杆液压缸的连接位置初始值为 500。

- 设置铲斗液压缸的连接位置初始值为 800。

◆ 工作状态 1（时间范围 0~4s，设定各部件同时运动）。

- 回转台固定不动。
- 动臂液压缸的连接位置值由 380 变化至 675，使动臂上扬。
- 斗杆液压缸的连接位置值由 500 变化至 50，使斗杆上扬。
- 铲斗液压缸的连接位置值由 800 变化至 240，使铲斗竖直。

◆ 工作状态 2（时间范围 4~6s）。

- 回转台固定不动。
- 动臂液压缸的连接位置值由 675 变化至 375，使动臂落下。
- 斗杆液压缸的连接位置值由 50 变化至 900，使斗杆下压。
- 铲斗固定不动。

◆ 工作状态 3（时间范围 6~8s）。

- 回转台固定不动。
- 动臂固定不动。
- 斗杆固定不动。
- 铲斗液压缸的连接位置值由 240 变化至 640，使铲斗水平。

◆ 工作状态 4（时间范围 8~10s）。

- 回转台固定不动。
- 动臂液压缸的连接位置值由 375 变化至 675，动臂回升。
- 斗杆固定不动。
- 铲斗固定不动。

◆ 工作状态 5（时间范围 10~13s）。

- 回转台连接位置值（角度值）由 0 变化至 150，回转台旋转 150°。
- 动臂固定不动。
- 斗杆固定不动。
- 铲斗固定不动。

◆ 工作状态 6（时间范围 13~15s）。

- 回转台固定不动。
- 动臂固定不动。
- 斗杆液压缸的连接位置值由 900 变化至 500，使斗杆上扬。

- 铲斗液压缸的连接位置值由640变化至240，使铲斗竖直。

◆ 工作状态7（时间范围15~17s）。

- 回转台连接位置值（角度值）由150变化至0，回转台旋转150°。
- 动臂固定不动。
- 斗杆固定不动。
- 铲斗固定不动。

◆ 一个工作周期结束。

各工作状态的时间、驱动连接的位置变化见表4.4.1。

表4.4.1 驱动连接位置变化表

时间/s	回转台转动角度	动臂液压缸位置	斗杆液压缸位置	铲斗液压缸位置
0	0	380	500	800
4	0	675	50	240
6	0	375	900	240
8	0	375	900	640
10	0	675	900	640
13	150	675	900	640
15	150	675	500	240
17	0	675	500	240

步骤03 再生模型。选择下拉菜单 编辑(E) → 再生(G) 命令，再生机构模型。

步骤04 定义伺服电动机1（回转台驱动）。

（1）选择命令。选择下拉菜单 插入(I) → 伺服电动机(V)... 命令，系统弹出“伺服电动机定义”对话框。

（2）选取参考对象。选取图4.4.2所示的连接为参考对象。

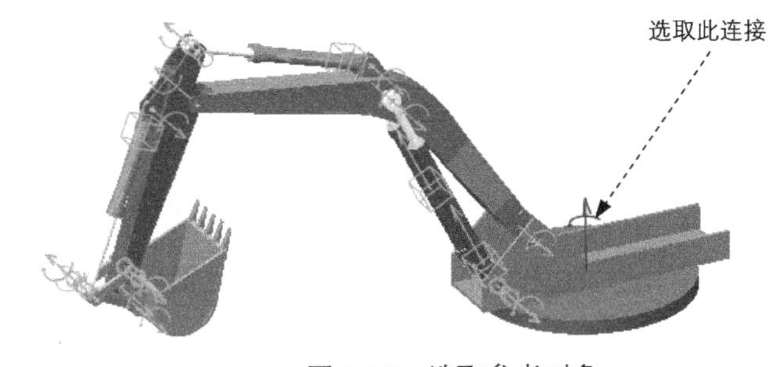

图4.4.2 选取参考对象

（3）设置轮廓参数。定义伺服电动机类型。在“伺服电动机定义”对话框的 轮廓 选项卡中选择 规范 类型为 位置 ，在 模 下拉列表中选择 表 选项。

（4）选择拟合类型。在 插值 区域中选中 ◉ 线性拟合 单选项。

（5）输入表数据。

① 定义第 1 行数据。单击“向表中添加行”按钮 ，在 时间 文本框中输入值 0，在 模 文本框中输入值 0。

② 定义第 2 行数据。单击“向表中添加行”按钮 ，在 时间 文本框中输入值 4，在 模 文本框中输入值 0。

③ 定义第 3 行数据。单击“向表中添加行”按钮 ，在 时间 文本框中输入值 6，在 模 文本框中输入值 0。

④ 定义其他数据。参照表 4.4.1 中回转台的位置数据，定义其他行的数据，如图 4.4.3 所示。

（6）选中 轮廓 选项卡右下方的位置复选框，然后单击图形按钮 ，系统弹出图 4.4.4 所示的“图形工具”对话框，该对话框中显示伺服电动机的位置函数图形。

时间	模
0	0
4	0
6	0
8	0
10	0
13	150
15	150
17	0

图 4.4.3 设置“表”参数

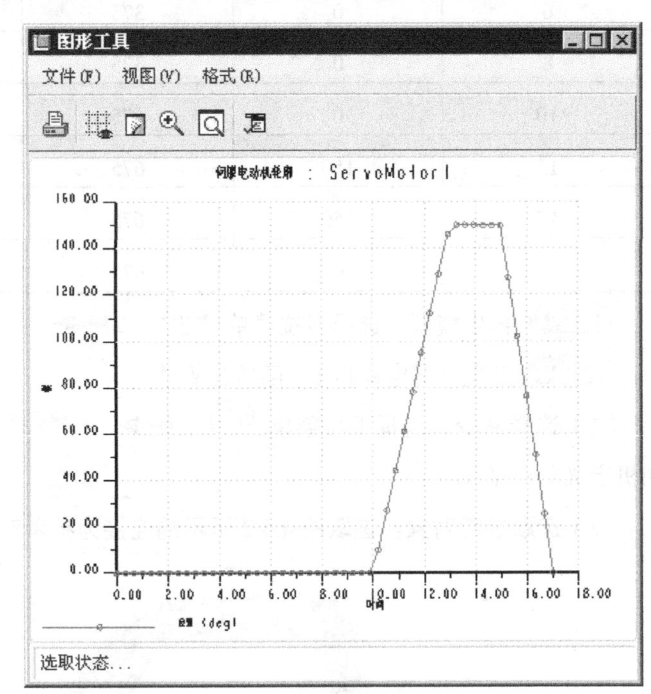

图 4.4.4 “图形工具”对话框

（7）单击对话框中的 确定 按钮，完成伺服电动机的定义。

（8）关闭“图形工具”对话框。

步骤05 定义伺服电动机 2（动臂液压驱动）。选择下拉菜单 插入(I) → 伺服电动机(V)... 命令，选取图 4.4.5 所示的连接为参考对象；在“伺服电动机定义”对话框的 轮廓 选项卡中选择 规范 类型为 位置，在 模 下拉列表中选择 表 选项，在 插值 区域中选中 ◉ 线性拟合 单选项；单击“向表中添加行”按钮，参照表 4.4.1 中的位置数据，定义 时间 数据和 模 数据，如图 4.4.6 所示；该伺服电动机的位置函数图形如图 4.4.7 所示。

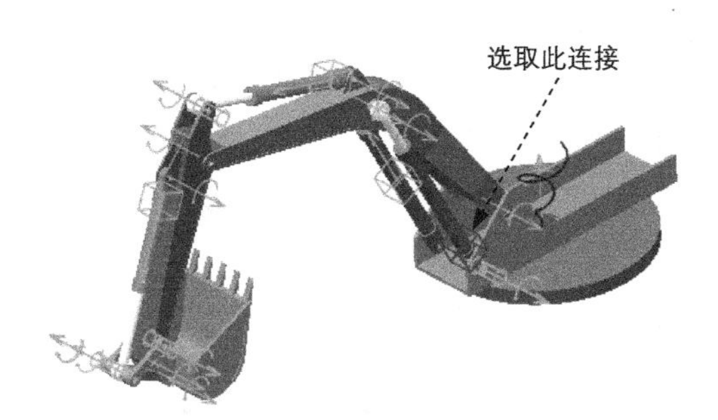

图 4.4.5　选取参考对象

时间	模
0	380
4	675
6	375
8	375
10	675
13	675
15	675
17	675

图 4.4.6　设置“表”参数

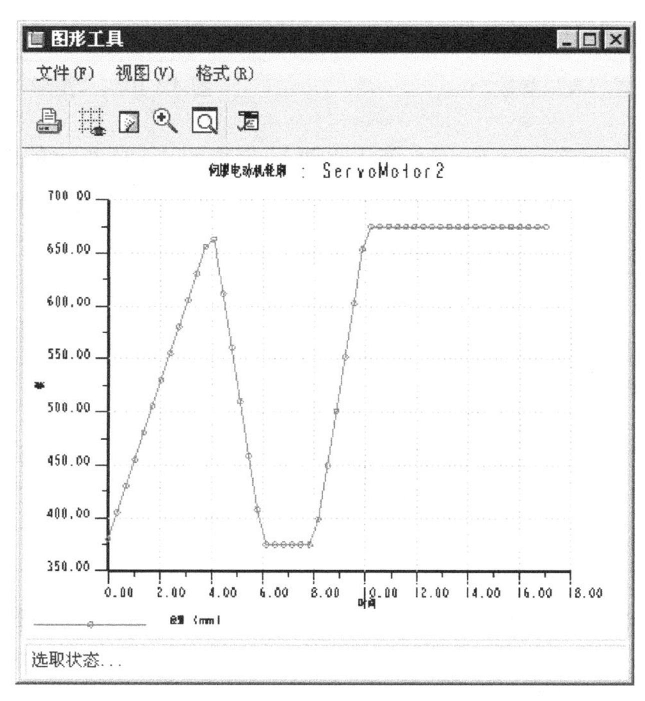

图 4.4.7　“图形工具”对话框

步骤06 定义伺服电动机 3（斗杆液压驱动）。选取图 4.4.8 所示的连接为参考对象，参照步骤05中的操作和表 4.4.1 中的位置数据，定义 时间 数据和 模 数据如图 4.4.9 所示；该伺服电动机的位置函数图形如图 4.4.10 所示。

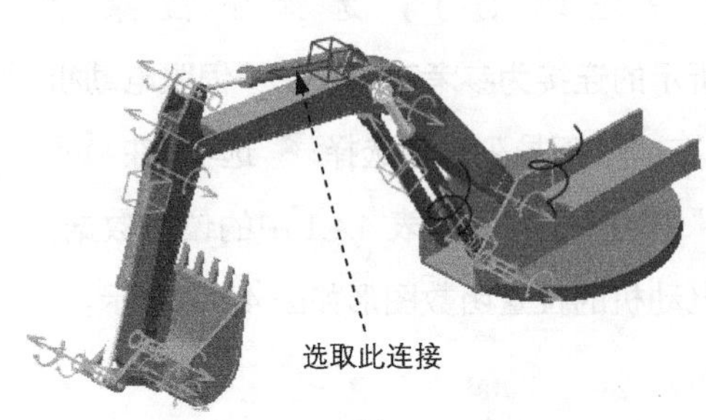

图 4.4.8　选取参考对象

时间	模
0	500
4	50
6	900
8	900
10	900
13	900
15	500
17	500

图 4.4.9　设置“表”参数

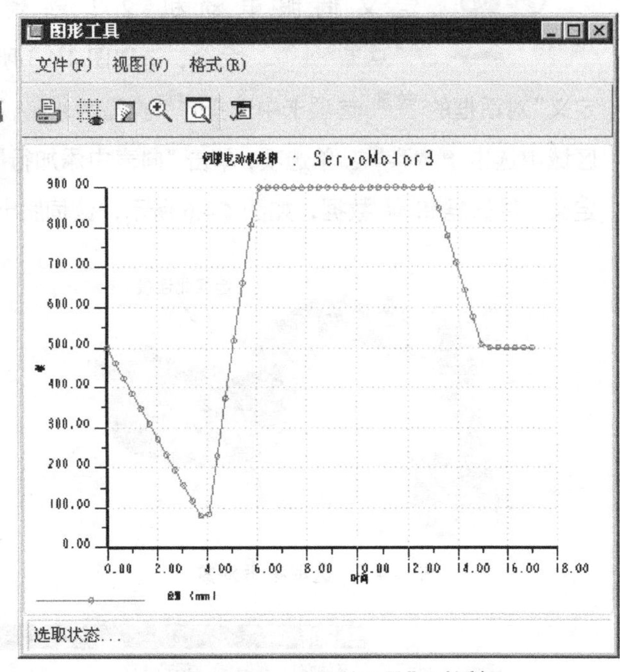

图 4.4.10　“图形工具”对话框

步骤 07 定义伺服电动机 4（铲斗液压驱动）。选取图 4.4.11 所示的连接为参考对象，参照步骤 05中的操作和表 4.4.1 中的位置数据，定义 **时间** 数据和 **模** 数据如图 4.4.12 所示；该伺服电动机的位置函数图形如图 4.4.13 所示。

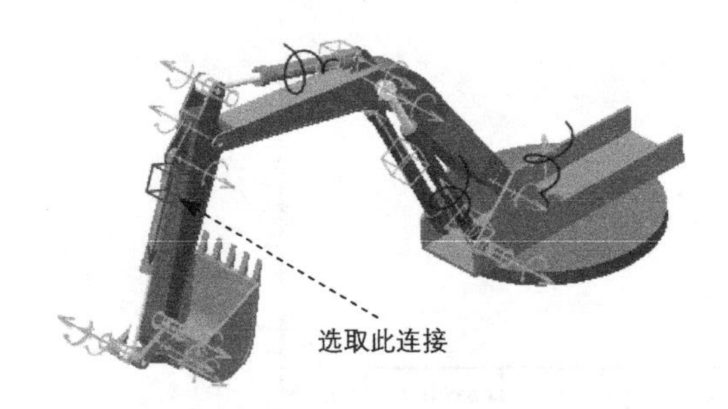

图 4.4.11　选取参考对象

时间	模
0	800
4	240
6	240
8	640
10	640
13	640
15	240
17	240

图 4.4.12　设置“表”参数

步骤 08 定义机构分析。

（1）选择命令。选择下拉菜单 分析(A) → 机构分析(Y)... 命令，系统弹出“分析定义”对话框。

（2）在 终止时间 文本框中输入值 17。

（3）运行运动分析。单击“分析定义”对话框中的 运行 按钮，查看机构的运行状况。

（4）完成运动分析。单击 确定 按钮完成运动分析。

步骤 09 再生模型。选择下拉菜单 编辑(E) → 再生(G) 命令，再生机构模型。

步骤 10 保存机构模型。

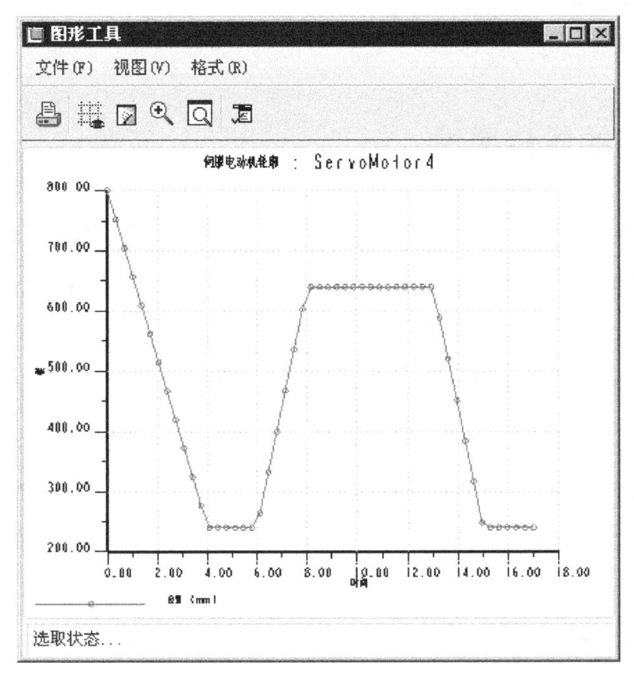

图 4.4.13 “图形工具”对话框

第 5 章　设置分析条件

在机构的动态分析中，为了使分析结果更加接近真实水平，需要在机构组件中设置零件属性并添加一些力学对象，如添加质量属性，设置重力、阻尼、力/力矩等。本章主要介绍在机构中设置分析条件的操作方法。

5.1　机构组件的质量属性

机构组件的质量属性是指机构中各元件的密度、体积、质量、重心及惯性矩等参数属性。在对机构进行运行动态和和静态分析时，需要为机构组件指定质量属性。指定质量属性能够使仿真分析更加真实，有时还关系到仿真能否顺利进行。指定质量属性可以给主体定义，也可以指定给机构中的元件，还可以指定到整个组件。下面说明定义质量属性的一般操作方法。

步骤 01 将工作目录设置为 D:\proefj5\work\ch05.01，打开文件 linkage_mech.asm。

步骤 02 进入机构模块。选择下拉菜单 应用程序(P) → 机构(E) 命令，进入机构模块。

步骤 03 选择命令。选择下拉菜单 编辑(E) → 质量属性(A)... 命令，系统弹出“质量属性”对话框。

步骤 04 选择参考类型。在 参照类型 下拉列表中选择 零件 选项。

步骤 05 选取参考零件。选取图 5.1.1 所示的连杆为参考零件。

步骤 06 定义属性。在 定义属性 下拉列表中选择 密度 选项，在 密度 文本框中输入密度值 7.8500e-09，按 Enter 键确认，如图 5.1.2 所示。

步骤 07 单击 确定 按钮，完成质量属性的指定。

图 5.1.2 所示的“质量属性”对话框中各选项说明如下。

- ◆ 参照类型 区域：选择指定质量属性的参照类型。
  - ● 零件 选项：选择一个或多个零件指定质量属性。
  - ● 组件 选项：指定整个组件或子组件的质量属性，选择该选项后，可以指定整个组件的密度，如图 5.1.3 所示。
  - ● 主体 选项：选择一个主体查看质量属性，但不能修改质量属性。
- ◆ 坐标系 区域：选择参考坐标系，以计算惯量参数。
- ◆ 定义属性 区域：选择指定质量属性的定义类型。

- 缺省选项：选择一个零件查看质量属性，但不能修改质量属性。
- 密度选项：选择此选项，可以指定零件的密度。
- 质量属性选项：选择此选项，可以指定零件的质量。

◆ 基本属性区域：定义基本质量属性，但不能修改指定对象的体积。

◆ 重心区域：显示或指定重心位置，可以假设机构的全部质量都集中在重心之上。

◆ 惯量区域：显示或指定惯量。

- ◉ 在坐标系原点：显示相对于当前参考坐标系的惯量。
- ◉ 在重心：显示相对于机构主惯性轴的惯量。

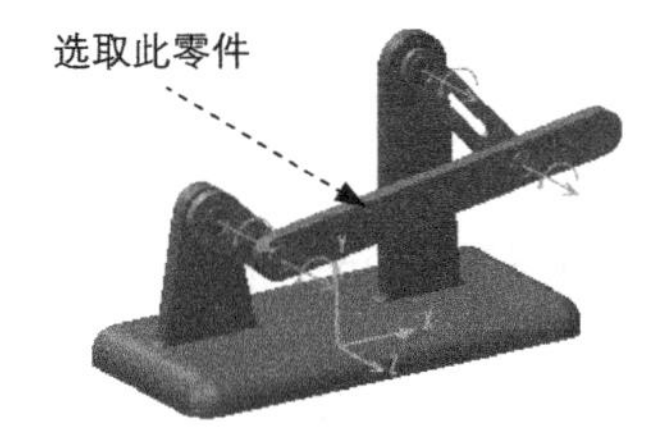

图 5.1.1 选取参考零件

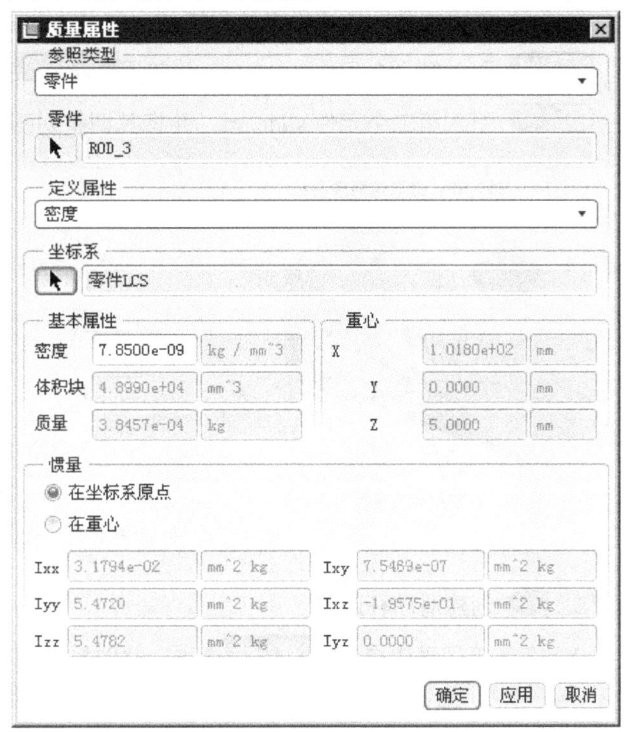

图 5.1.2 “质量属性”对话框

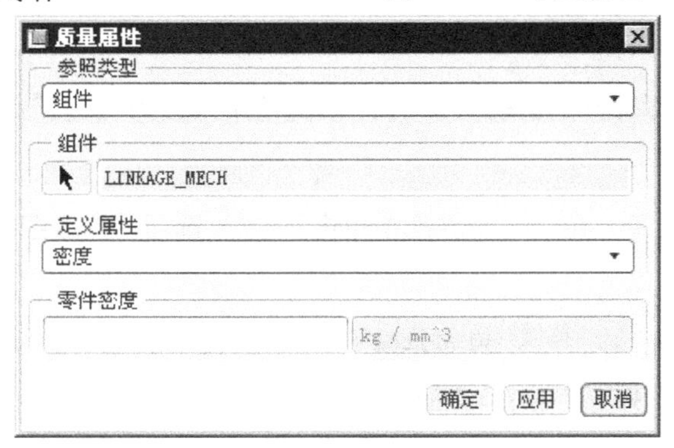

图 5.1.3 “装配”参考类型

5.2 机构中的重力

在进行动态、静态和力平衡分析时，有时需要考虑重力的影响。一般情况下，重力是一个常数，在定义的时候，指定重力加速度的方向即可。

下面举例说明定义重力的操作过程。图 5.2.1 所示的模型将模拟放在斜面上的物体由于自身重力而沿着斜面下滑。在该机构的仿真中，需要添加一个平面连接，然后定义重力方向，最后使用动态分析使物体下滑。

步骤 01 将工作目录设置至 D:\proefj5\work\ch05.02。

步骤 02 新建文件。新建一个装配模型，命名为 gra_asm，选取 mmns_asm_design 模板。

步骤 03 引入第一个元件 base.prt，并使用 缺省 约束完全约束该元件。

步骤 04 引入第二个元件 slide.prt，并将其调整到图 5.2.1 所示的位置。

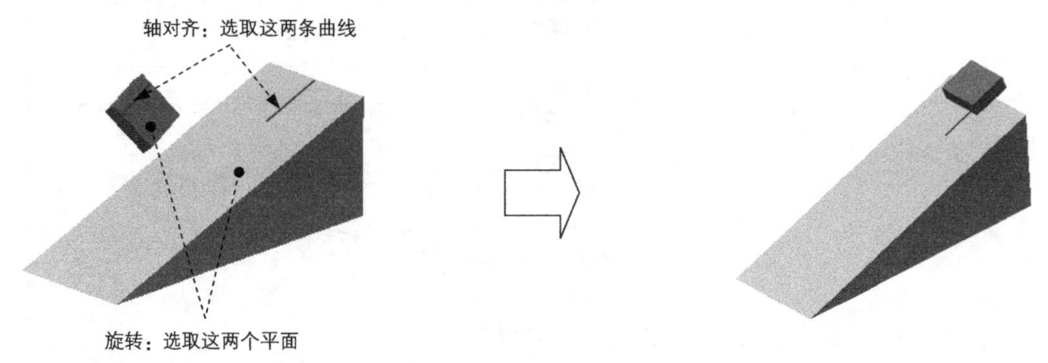

图 5.2.1 创建滑动杆（Slider）连接

步骤 05 创建滑动杆连接。

（1）在连接列表中选取 滑动杆 选项，此时系统弹出“元件放置”操控板，单击操控板菜单中的 放置 选项卡。

（2）定义“轴对齐”约束。分别选取图 5.2.1 所示的两条曲线为“轴对齐”约束参考，放置 界面如图 5.2.2 所示。

（3）定义“旋转”约束。分别选取图 5.2.1 所示的两个平面为“旋转”约束参考，此时 放置 界面如图 5.2.3 所示。

（4）设置平移轴参考。在 放置 界面中单击 平移轴 选项，选取图 5.2.4 所示的两个顶点为平移轴参考。

（5）设置位置参数。在 放置 界面右侧 当前位置 区域下的文本框中输入值 0，并按 Enter 键确认；单击 >> 按钮，然后选中 启用再生值 复选框，此时 放置 界面如图 5.2.5 所示。

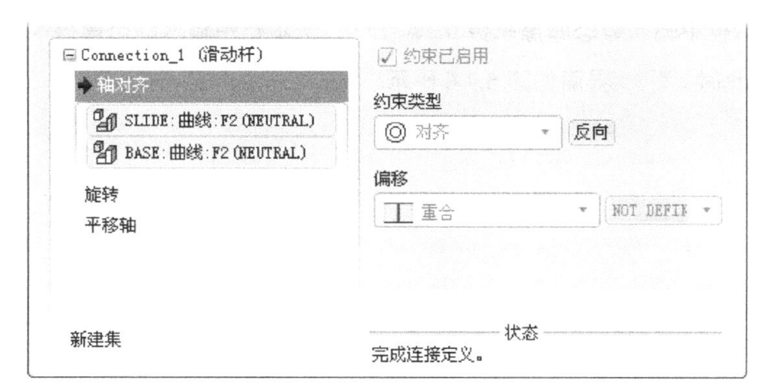

图 5.2.2　“放置”界面（一）

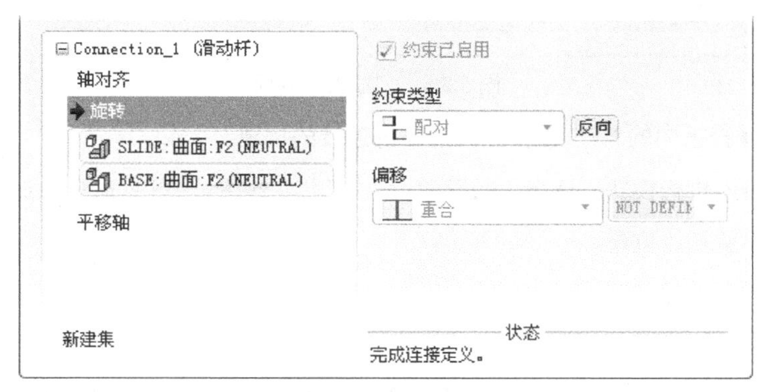

图 5.2.3　“放置”界面（二）

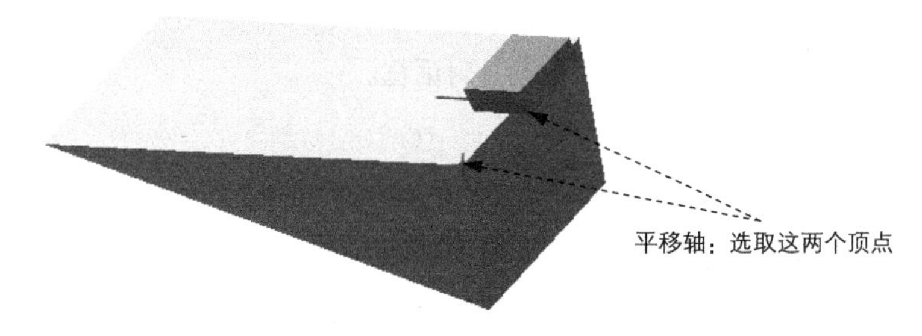

图 5.2.4　设置平移轴参考

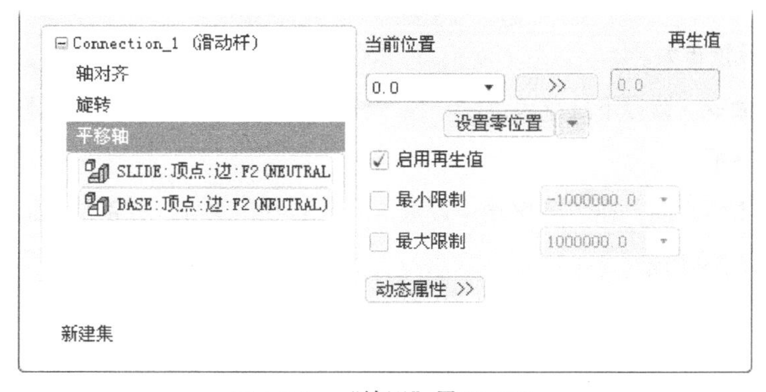

图 5.2.5　“放置”界面（三）

（6）设置摩擦系数。在 放置 界面右侧单击 动态属性 >> 按钮，选中 ☑ 启用摩擦 复选框，在 μ_s 文本框中输入静态摩擦系数 0.3，在 μ_k 文本框中输入动态摩擦系数 0.3，分别按 Enter 键确认，此时 放置 界面如图 5.2.6 所示。

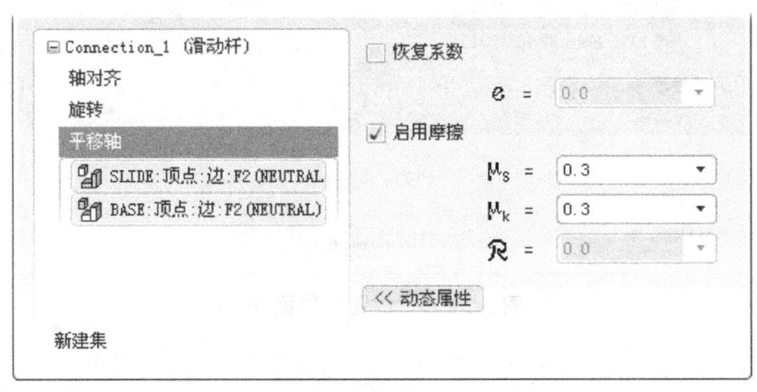

图 5.2.6 “放置”界面

（7）单击操控板中的 ✓ 按钮，完成滑动杆连接的创建。

步骤 06 进入机构模块。选择下拉菜单 应用程序(P) → 机构(E) 命令，进入机构模块。

步骤 07 设置初始位置。

（1）选择拖动命令。选择下拉菜单 视图(V) → 方向(O) ▸ → 拖动元件(D)... 命令，系统弹出“拖动”对话框。

（2）记录快照 1。单击对话框 当前快照 区域中的 按钮，即可记录当前位置为快照 1（Snapshot1）。

（3）单击 关闭 按钮，关闭“拖动”对话框。

步骤 08 设置初始条件。

（1）选择命令。选择下拉菜单 插入(I) → 初始条件(I)... 命令，系统弹出图 5.2.7 所示的“初始条件定义”对话框。

（2）在 快照 下拉列表中选择 Snapshot1 为初始位置条件，然后单击 按钮。

（3）单击 确定 按钮，完成初始条件的定义。

步骤 09 设置重力。

（1）选择命令。选择下拉菜单 编辑(E) → 重力(R)... 命令，系统弹出图 5.2.8 所示的“重力”对话框。

（2）设置重力方向。在 方向 区域中设置 X=0，Y=0， Z=1，分别按 Enter 键确认，此时重力方向如图 5.2.9 所示。

（3）单击 确定 按钮，完成重力的设置。

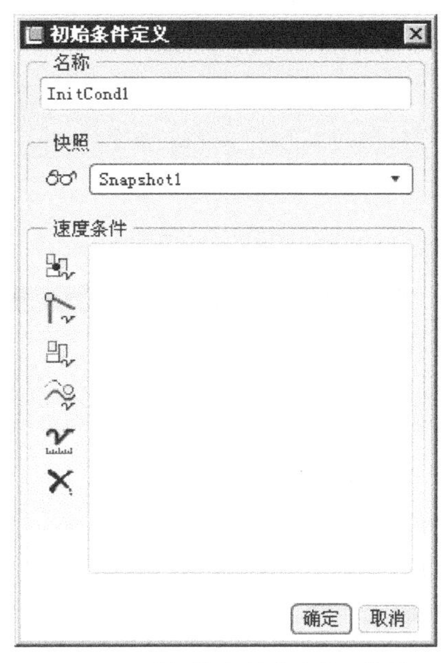

图 5.2.7　“初始条件定义”对话框

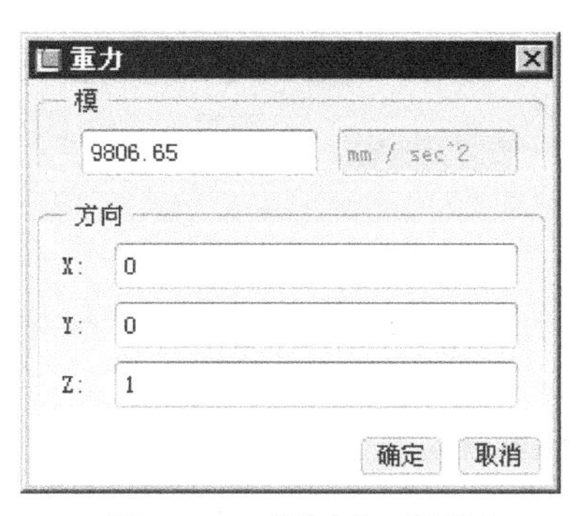

图 5.2.8　“重力”对话框

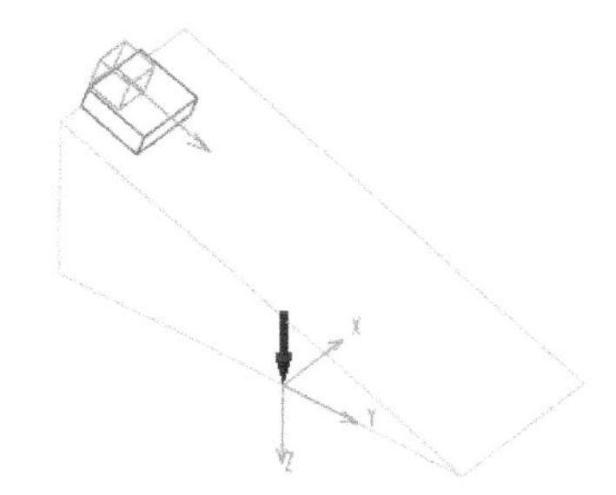
图 5.2.9　重力方向

步骤 10 定义动态分析。

（1）选择命令。选择下拉菜单 分析(A) → 机构分析(Y)... 命令，系统弹出“分析定义”对话框。

（2）定义分析类型。在 类型 下拉列表中选择 动态 选项。

（3）定义图形显示。在 首选项 选项卡的 持续时间 文本框中输入值 1.4，在 帧频 文本框中输入值 100。

（4）定义初始配置。在 初始配置 区域中选择 ◉ 初始条件状态: 单选项，如图 5.2.10 所示。

（5）定义外部载荷。单击 外部载荷 选项卡，选中 ☑ 启用所有摩擦 和 ☑ 启用重力 复选框，如图 5.2.11 所示。

（6）运行运动分析。单击“分析定义”对话框中的 运行 按钮，查看机构的运行状况。

（7）单击 确定 按钮完成运动分析。

步骤 11 再生模型。选择下拉菜单 编辑(E) → 再生(G) 命令，再生机构模型。

步骤 12 保存机构模型。

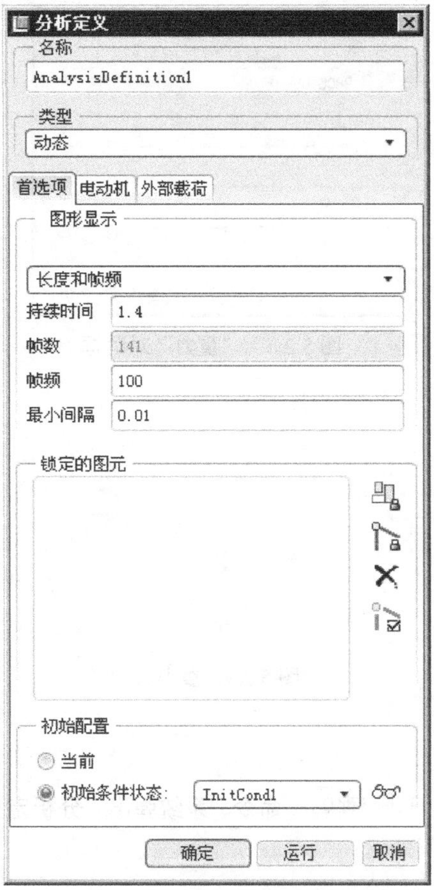

图 5.2.10 “分析定义”对话框

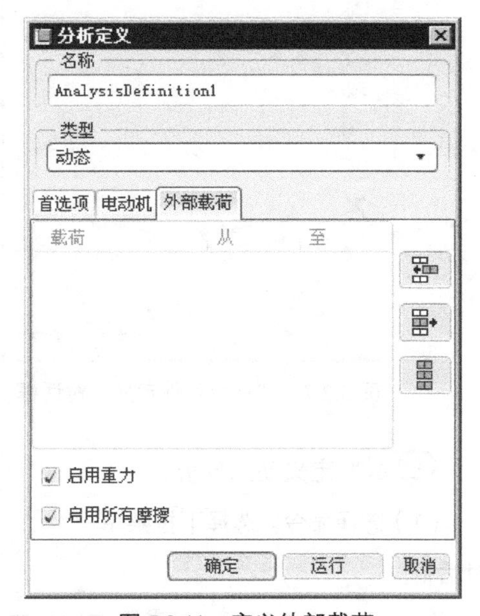

图 5.2.11 定义外部载荷

5.3 运动分析初始条件

初始条件就是机构运动仿真的开始状态，在运动仿真开始之前定义初始条件，可以使每次的仿真都从初始条件开始进行。初始条件包括初始位置和初始速度。定义初始位置可以使机构仿真从指定的位置开始进行，保证每次仿真的一致性，否则机构将从当前位置开始进行。关于初始位置的定义在前文中已作介绍，本节主要介绍初始速度条件的定义方法。初始速度条件是根据机构的实际运行状况，在机构中的某个点或运动轴上设置一个初速度，速度类型可以是线速度、角速度和切向槽度。

下面举例说明定义初始条件的一般过程。在图 5.3.1 所示的模型中，滑块放置在平面上，两者之间通过一个平面连接和两个槽连接装配在一起，如在其中一个槽连接处定义一个槽切向速度，那么在进行动态分析时，滑块将沿着槽曲线进行运动。

步骤 01 将工作目录设置至 D:\proefj5\work\ch05.03，打开文件 con_asm.asm，该机构模型如图 5.3.1 所示。

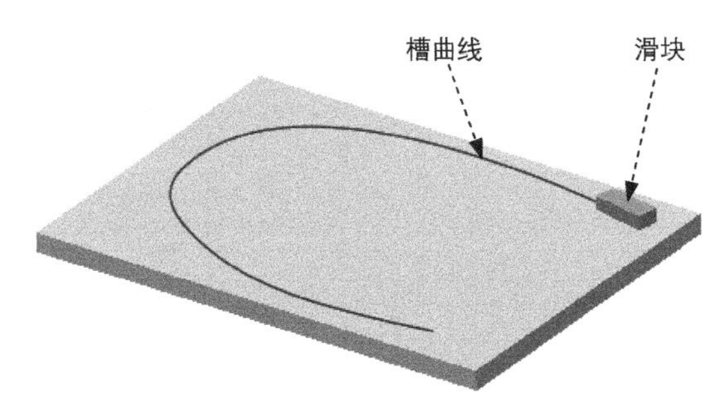

图 5.3.1 机构模型

步骤 02 进入机构模块。选择下拉菜单 应用程序(P) ➡ 机构(E) 命令，进入机构模块。

步骤 03 设置初始位置。选择下拉菜单 视图(V) ➡ 方向(O) ▸ ➡ 拖动元件(D)... 命令，系统弹出“拖动”对话框；单击对话框 当前快照 区域中的 按钮，即可记录当前位置为快照 1（Snapshot1）；单击 关闭 按钮，关闭“拖动”对话框。

步骤 04 设置初始条件。

（1）选择命令。选择下拉菜单 插入(I) ➡ 初始条件(I)... 命令，系统弹出“初始条件定义”对话框。

（2）在 快照 下拉列表中选择 Snapshot1 为初始位置条件，然后单击 按钮。

（3）在 速度条件 区域中单击“定义切向槽速度”按钮 ，选取图 5.3.2 所示的槽连接为参考对象，在 模 文本框中输入值 100，如图 5.3.3 所示。

（4）单击 确定 按钮，完成初始条件的定义。

图 5.3.3 所示的“初始条件定义”对话框中部分选项说明如下。

◆ （定义点的速度）：单击该按钮，可以选择零件中的一个点或顶点为参考来定义线性速度，并需要在 模 文本框中定义速度值，在 方向 区域定义速度的方向，如图 5.3.4 所示。

◆ （定义运动轴速度）：单击该按钮，可以选择机构中的一个连接定义旋转速度或平移速度，并需要在 模 文本框中定义速度值。

◆ （定义角速度）：单击该按钮，可以选择机构中的一个主体为参考来定义角速度，并需要在 模 文本框中定义角速度值，在 方向 区域中定义角速度的参考。

◆ （定义切向槽速度）：单击该按钮，可以选择机构中的一个槽连接定义从动机构点相对于槽曲线的初始切向速度，在 方向 区域单击 反向 按钮可以反转速度方向。

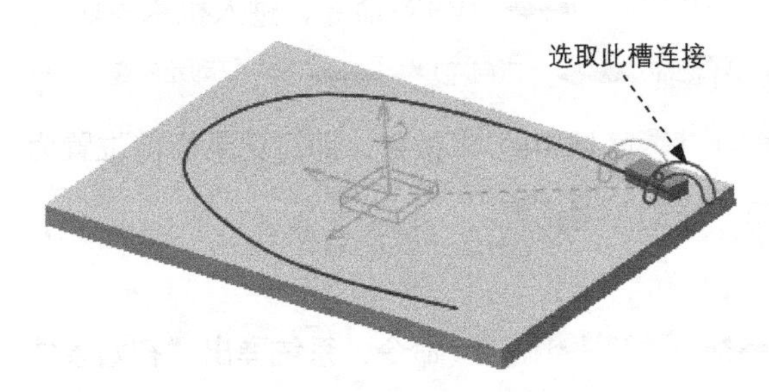

图 5.3.2 选取参考对象

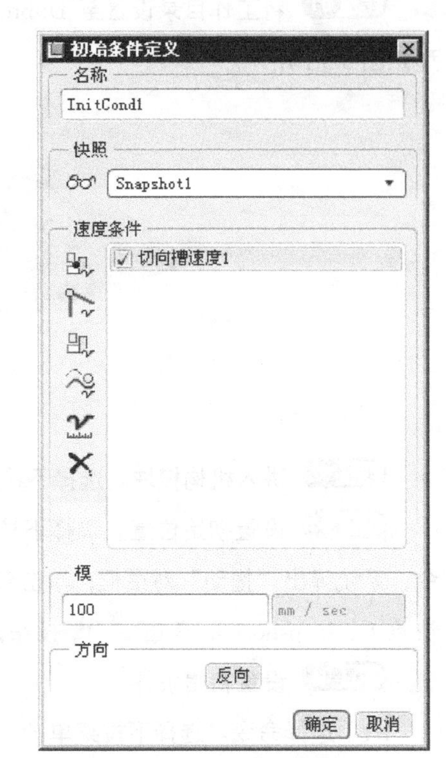

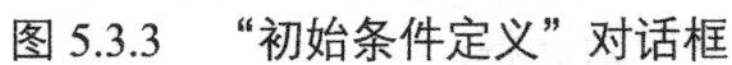

图 5.3.3 “初始条件定义”对话框

◆ （用速度条件评估模型）：单击该按钮，可以检测机构模型中的冲突，如果初始条件设置正确，系统将弹出图 5.3.5 所示的“速度分析成功”对话框。在使用初始条件进行分析前，应检查其正确性，保证初始条件与机构连接和伺服电动机不冲突。如果初始条件不一致，系统将弹出错误提示对话框。

◆ （删除加亮的条件）：选择一个速度条件将其删除。

步骤 05 定义动态分析。

（1）选择命令。选择下拉菜单 分析(A) ➡ 机构分析(Y)... 命令，系统弹出“分析定义”对话框。

（2）定义分析类型。在 类型 下拉列表中选择 动态 选项。

（3）定义图形显示。在 首选项 选项卡的 持续时间 文本框中输入值 12，在 帧频 文本框中输入值 30。

（4）定义初始配置。在 初始配置 区域中选择 ◉ 初始条件状态: 单选项。

（5）运行运动分析。单击“分析定义”对话框中的 运行 按钮，查看机构的运行状况。

图 5.3.4 定义点的速度

图 5.3.5 “速度分析成功”对话框

（6）单击 确定 按钮完成运动分析。

步骤 06 再生模型。选择下拉菜单 编辑(E) → 再生(G) 命令，再生机构模型。

步骤 07 保存机构模型。

5.4 机构中的执行电动机

执行电动机用于向机构中定义负荷，为机构的动态分析提供准确条件。执行电动机一般添加在运动轴上，通过对平移轴或旋转轴施加负荷而产生运动。运行动态和静态分析，可以在机构中添加执行电动机，执行电动机就是用一个力矩来驱动电动机，使其产生运动。这个力矩可以是一个常数，也可以是变化的力矩。添加的执行电动机必须是在动态、静态、力平衡分析中才能正常运行。

选择下拉菜单 插入(I) → 执行电动机(F)... 命令，系统弹出图 5.4.1 所示的“执行电动机定义”对话框，在该对话框中可以定义执行电动机，执行电动机的添加方法与“运动轴”伺服电动机的添加方法类似。

图 5.4.1 “执行电动机定义”对话框

5.5 弹　　簧

对于有弹簧的机构的仿真，可以添加一个“弹簧”连接。弹簧在被拉伸或压缩时产生弹力，弹力的大小与弹簧受力时长度的变化有关。弹力大小的公式为 F=K*（X-U），其中 K 为弹性系数，U 为弹簧的初始长度，单位依据用户选择的单位制而不同。

弹簧可以定义在连接轴上，也可以定义在两点之间。定义的弹簧是一个虚拟的连接，只在机构模块中可见，在装配和建模模块中不显示。

下面举例说明定义弹簧的操作过程。在图 5.5.1 所示的模型中，两个柱形元件通过一个“滑动杆”连接进行装配，平移轴为柱体的中心轴。现将较大柱体固定，并在两元件的中心轴处添加一个弹簧，当较小元件进行上下往复运动时，弹簧的长度将因受力产生变化。

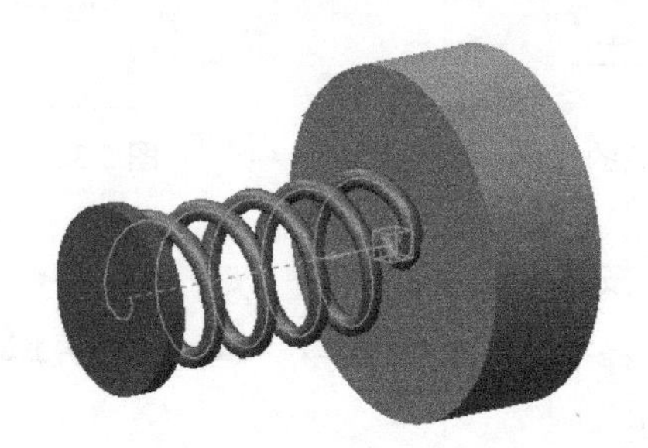

图 5.5.1　机构模型

步骤 01 将工作目录设置至 D:\proefj5\work\ch05.05，打开文件 spring_asm.asm。

步骤 02 进入机构模块。选择下拉菜单 应用程序(P) ➡ 机构(E) 命令，进入机构模块。

步骤 03 定义弹簧。

（1）选择命令。选择下拉菜单 插入(I) ➡ 弹簧(P)... 命令，系统弹出图 5.5.2 所示的“弹簧”操控板。

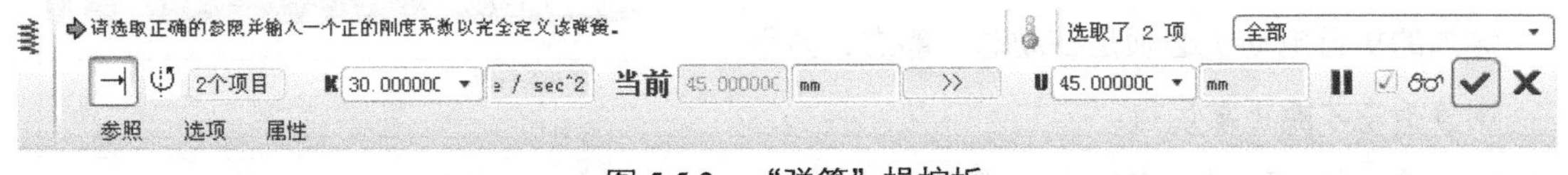

图 5.5.2　“弹簧”操控板

（2）定义弹簧类型。在操控板中按下“延伸/压缩弹簧”按钮 ⊣。

（3）选取参考对象。在操控板中单击 参照 按钮，按住 Ctrl 键，选取图 5.5.3 所示的两个基准点为参考对象。

（4）定义弹簧直径。在操控板中单击 选项 按钮，选中其中的 ☑ 调整图标直径 复选框，输入弹簧的直径值 16，单位为 mm。

（5）定义弹簧参数。在操控板的 K 文本框中输入弹簧系数 30，然后单击 >> 按钮，将机构中平移轴的位置值设置为弹簧的长度（即设置 U=45mm），此时弹簧显示如图 5.5.4 所示。

（6）单击操控板中的✓按钮，完成弹簧的定义。

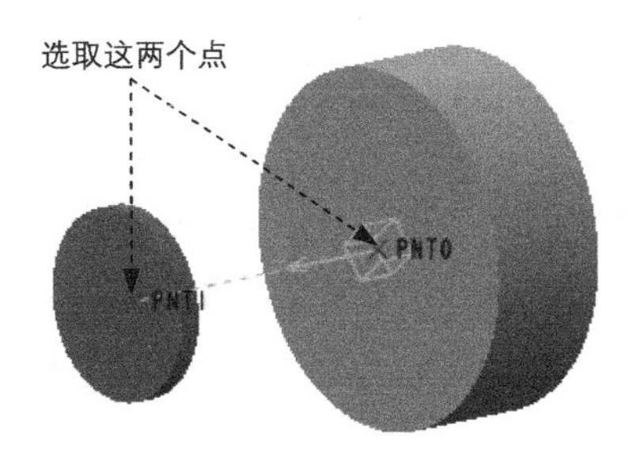

图 5.5.3 选取参考对象

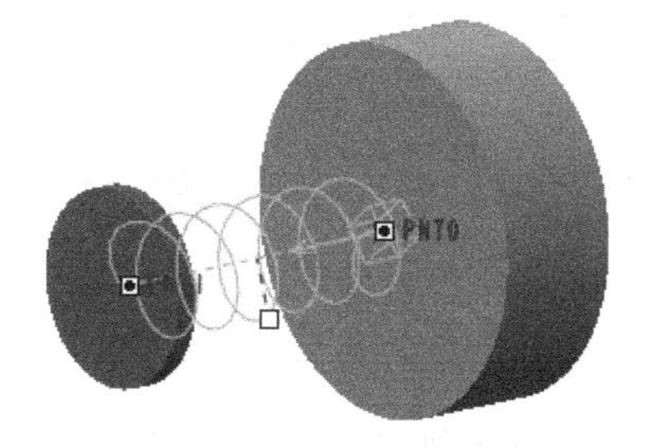

图 5.5.4 定义弹簧参数

步骤 04 定义伺服电动机。

（1）选择命令。选择下拉菜单 插入(I) → 伺服电动机(V)... 命令，系统弹出“伺服电动机定义”对话框。

（2）选取参考对象。选取图 5.5.5 所示的连接为参考对象。

（3）设置轮廓参数。单击“伺服电动机定义”对话框中的 轮廓 选项卡，在“定义运动轴设置”按钮右侧的下拉列表中选择 位置 选项，在“模”下拉列表中选择 余弦 选项，设置 A=-22.5，B=0，C=67.5，T=2。

（4）单击对话框中的 确定 按钮，完成伺服电动机的定义。

步骤 05 定义机构分析。

（1）选择命令。选择下拉菜单 分析(A) → 机构分析(Y)... 命令，系统弹出“分析定义”对话框。

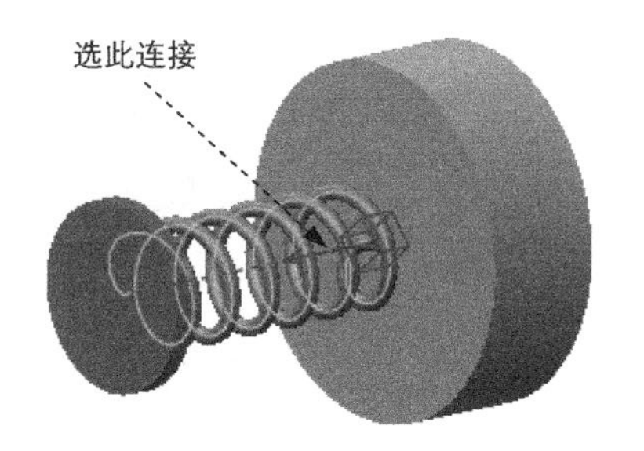

图 5.5.5 选取参考对象

（2）运行运动分析。单击“分析定义”对话框中的 运行 按钮，查看机构的运行状况，观察弹簧的长度变化。

（3）完成运动分析。单击 确定 按钮完成运动分析。

步骤 06 再生模型。选择下拉菜单 编辑(E) → 再生(G) 命令，再生机构模型。

步骤 07 保存机构模型。

5.6 阻 尼 器

Pro/ENGINEER 运动仿真中阻尼器的概念与力学中的阻尼概念有所不同，这里的阻尼器可以看做是一种负荷类型。例如在液压机构中，可使用阻尼器代表减慢活塞运动的液体粘性力。阻尼器产生的力会消耗运动机构的能量并阻碍其运动，阻尼力始终和应用该阻尼器的图元的速度成比例，且与运动方向相反。

选择下拉菜单 插入(I) ➡ 阻尼器(M)... 命令，系统弹出图 5.6.1 所示的“阻尼器”操控板，在该操控板中可以定义阻尼器。机构中的连接轴、点以及槽均可以作为定义阻尼器的参考。阻尼器的定义方法与弹簧的定义方法类似，选择参考后输入阻尼系数 C 的值即可。阻尼器的符号如图 5.6.2 所示。

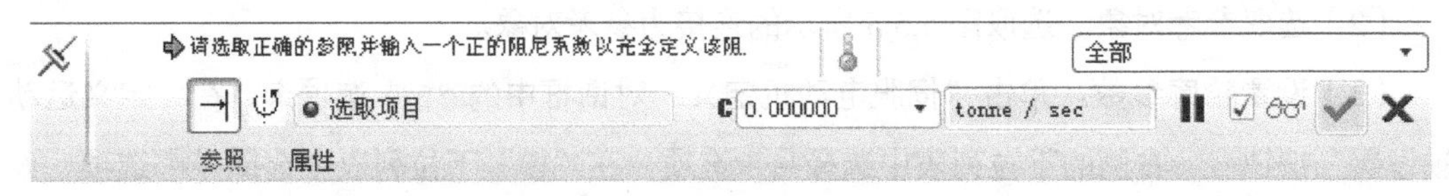

图 5.6.1 “阻尼器”操控板

需要注意的是，如果选择点参考来定义弹簧和阻尼器，选择的点必须是在零件建模环境中创建的，如果使用在装配环境中创建的参考来定义弹簧和阻尼器，在机构仿真时将看不见仿真效果。

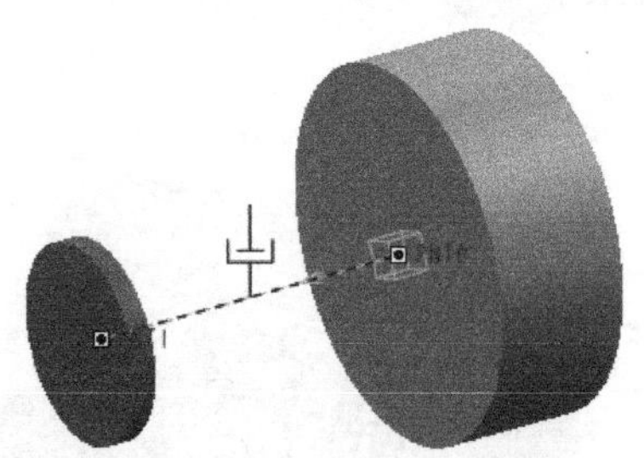

图 5.6.2 定义阻尼器

5.7 机构中力和力矩

力/扭矩一般用来模拟机构运动的外部环境，在机构中施加力可以改变机构的运动。Pro/ENGINEER 运动仿真可以施加的力/力矩类型有“点力”“主体扭矩”和“点对点力”等。

下面举例说明定义力的操作过程。在本章第 5.2 小节中，曾举例模拟了放在斜面上的滑动杆由于自身重力而沿着斜面下滑的过程。现假设滑动杆处于斜面底部时，在滑动杆零件上某一位置施加一个平行于斜面的点力，当力足够大时，滑动杆克服重力与摩擦力的影响沿斜面向上运动。

步骤01 将工作目录设置至 D:\proefj5\work\ch05.07，打开文件 gra_asm.asm。

步骤02 进入机构模块。选择下拉菜单 应用程序(P) ➡ 机构(E) 命令，进入机构模块。

在该机构中，摩擦力、重力与初始条件均已定义完毕。

步骤03 在滑动杆中添加一个点力。

（1）选择命令。选择下拉菜单 插入(I) ➡ 力/扭矩(Q)... 命令，系统弹出图 5.7.1 所示的“力/扭矩定义”对话框。

（2）定义力的类型。在 类型 下拉列表中选择 点力 选项。

（3）定义力的位置参考。在机构中选择图 5.7.2 所示的点为力的位置参考。

图 5.7.1 所示的“力/扭矩定义”对话框 类型 下拉列表中部分选项说明如下。

- 点力：选取机构中元件上的一个点或顶点定义力，需要指定力的方向。
- 主体扭矩：选取机构中的元件指定力矩，该力矩将通过元件的质心。
- 点对点力：选取机构中不同元件中的两个点定义力，该力在反向作用上相等。如果定义的力为正值，该力将相对指向两点中间；如果定义的力为负值，该力将相对远离两点。

图 5.7.1 “力/扭矩”对话框

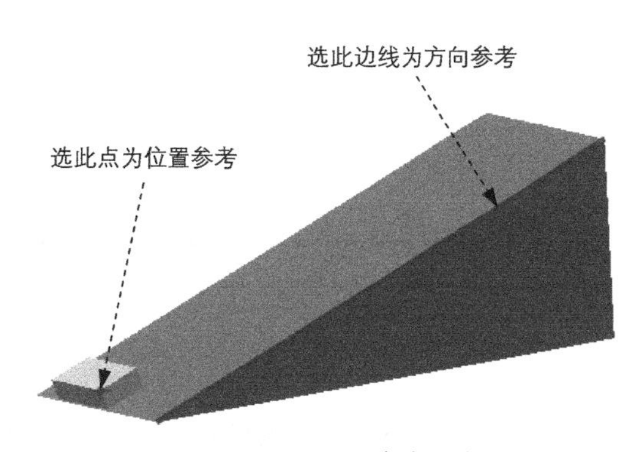

图 5.7.2 选取参考对象

（4）定义力的大小。在 函数 下拉列表中选择 常数 选项，在 常数 文本框中输入值 4.7，单击图形按钮，系统弹出图 5.7.3 所示的“图形工具”对话框，该对话框中显示力/力矩轮廓图。

（5）定义力的方向。在对话框中单击 **方向** 选项卡，系统显示图 5.7.4 所示的方向定义界面；在 **定义方向** 下拉列表中选择 直边、曲线或轴 选项，然后选择图 5.7.2 所示的边线为力的方向参考，单击 **反向** 按钮，使力的方向如图 5.7.5 所示。

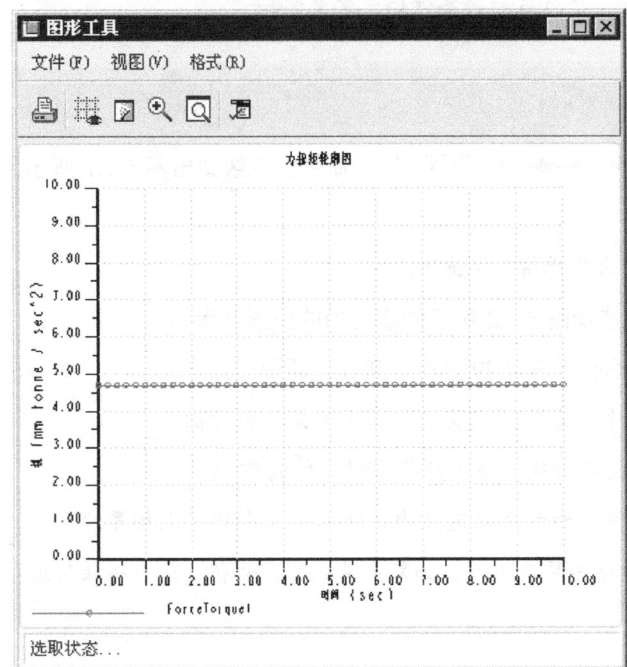

图 5.7.3 “图形工具”对话框

力/扭矩定义
名称
ForceTorque1
类型
点力
点或顶点
SLIDE:边末端
模 方向
定义方向
直边、曲线或轴
直边、曲线或轴
BASE:边
反向
方向相对于
基础 主体
确定 应用 取消

图 5.7.4 方向定义界面

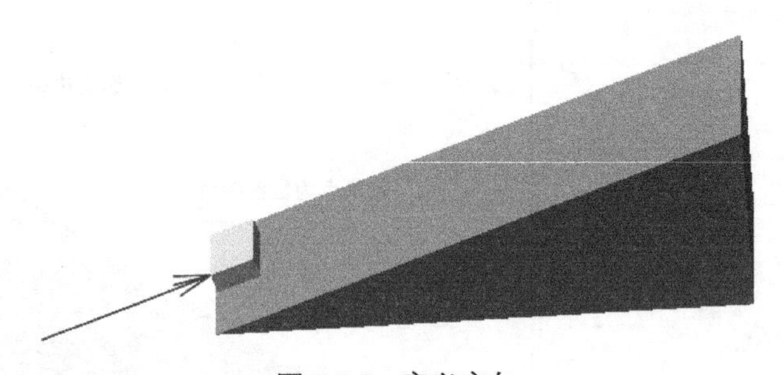

图 5.7.5 定义方向

图 5.7.4 所示的 **方向** 选项卡中部分选项说明如下。

◆ 键入的矢量：选取一个坐标系并通过该坐标系的坐标轴矢量来定义方向，默认的坐标系是机构的 WCS，如图 5.7.6 所示。

◆ 直边、曲线或轴：选取机构中元件的直边、直线或轴线来定义方向。

◆ 点到点：选取机构中元件上的两个点来定义方向，具体方向为所选择的第 1 点指向第 2 点，如图 5.7.7 所示。

模 方向
定义方向
键入的向量
向量
坐标系
WCS
X: 0
Y: 0
Z: 1
方向相对于
基础 主体

图 5.7.6 “键入的矢量”界面

图 5.7.7 “点到点”界面

（6）单击对话框中的 确定 按钮，完成力的定义。

步骤 04 定义动态分析。

（1）选择命令。选择下拉菜单 分析(A) ➡ 机构分析(Y)... 命令，系统弹出“分析定义”对话框。

（2）定义分析类型。在 类型 下拉列表中选择 动态 选项。

（3）定义图形显示。在 首选项 选项卡的 持续时间 文本框中输入值 1.5，在 帧频 文本框中输入值 50。

（4）定义初始配置。在 初始配置 区域中选择 ◉ 初始条件状态: 单选项。

（5）定义外部载荷。单击 外部载荷 选项卡，选中 ☑ 启用所有摩擦 和 ☑ 启用重力 复选框。

（6）运行运动分析。单击“分析定义”对话框中的 运行 按钮，查看机构的运行状况，此时滑块的位置如图 5.7.8 所示。

（7）单击 确定 按钮完成运动分析。

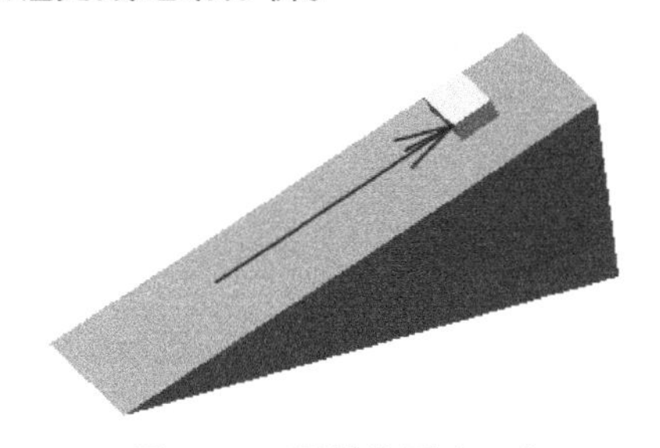

图 5.7.8 滑块位置（一）

步骤 05 再生模型。选择下拉菜单 编辑(E) ➡ 再生(G) 命令，再生机构模型。

步骤 06 保存机构模型。

- 如果在图 5.7.9 所示的机构树中右击力/扭矩节点 ForceTorque1 (GRA_ASM)，选择 编辑定义 命令，在“力/扭矩定义”对话框中将力的大小修改为 4.5，然后再运行机构动态分析，可以观察到由于施加力变小，滑动杆的位移也变小（图 5.7.10）。
- 如果将力的大小改为 3，可以观察到由于推力不够，滑块不会向上移动。
- 如果将力的大小改为 0.3，可以观察到由于重力的作用，滑块依然会向下滑动。

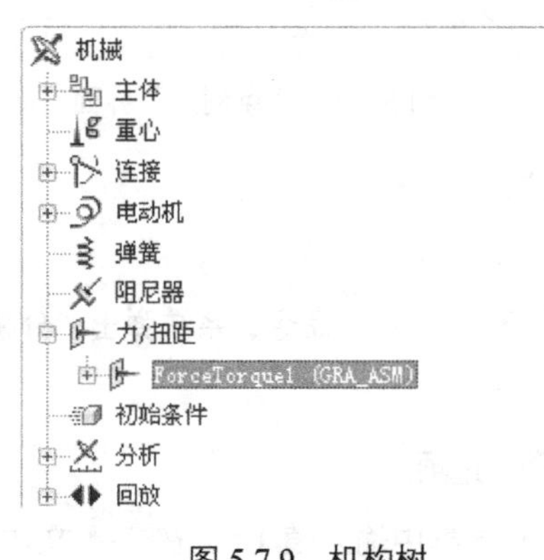

图 5.7.9 机构树

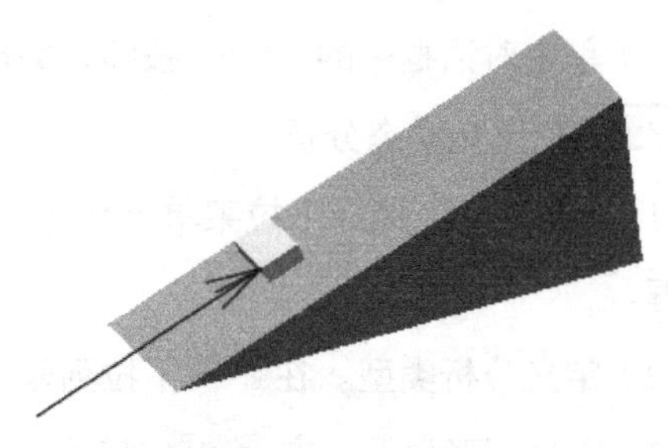

图 5.7.10 滑块位置（二）

第三篇

Pro/E5.0 运动仿真精通

第 6 章 定义各种机构分析

Pro/ENGINEER 运动仿真除了能够模拟机构的运行状况外，还能对机构进行运动学和动力学仿真分析。系统支持的分析类型有位置分析、运动分析、动态分析、静态分析和力平衡分析。本章主要介绍各种分析类型的一般操作方法。

6.1 Pro/ENGINEER 中机构分析的类型

当机构模型创建完成并定义伺服电动机后，便可以对机构进行分析。定义机构分析时，可以根据机构的实际运行状况，添加电动机、力/力矩、重力和摩擦力等分析条件。如果只是单纯地模拟机构运行状况，分析机构运动时的干涉，一般的位置分析即可达到目的。但是当需要分析研究机构中的速度、加速度，静负荷以及其他力学对象时，则需要进行运动分析、动态分析、静态分析和力平衡分析。对于一个机构，可以建立多组分析，每组分析可以使用不同的伺服电动机和分析环境，分析结果也能单独保存。如果不同的分析涉及不同的机构主体，可以将当前分析中无用的主体锁定，不需要建立单独的机构模型。

选择下拉菜单 分析(A) ➡ 机构分析(Y)... 命令，系统弹出图 6.1.1 所示的“分析定义”对话框。下面简要说明各种分析类型的应用。

- 位置：使用位置分析模拟机构的运动，可以记录在机构中所有连接的约束下各元件的位置数据。分析时可以不考虑重力、质量和摩擦等因素，因此只要元件连接正确，并定义伺服电动机便可以进行位置分析。位置分析可以研究机构中的元件随时间而运动的位置、元件干涉和机构运动的轨迹曲线。

◆ 运动学：使用运动学分析模拟机构的运动，可以是使用具有特定轮廓，并产生有限加速度的伺服电动机。同位置分析一样，机构中的弹簧、阻尼器、重力、力/力矩以及执行电动机等均不会影响运动分析。运动分析除了可以研究机构中的元件随时间而运动的位置、元件干涉和机构运动的轨迹曲线外，还能研究机构中的速度和加速度参数。

◆ 动态：使用动态分析可研究作用于机构中各主体上的惯性力、重力和外力之间的关系。

◆ 静态：使用静态分析可研究作用在已达到平衡状态的主体上的力。

◆ 力平衡：力平衡分析是一种逆向的静态分析。在力平衡分析中，是从具体的静态形态获得所施加的作用力，而在静态分析中，是向机构施加力来获得静态形态。

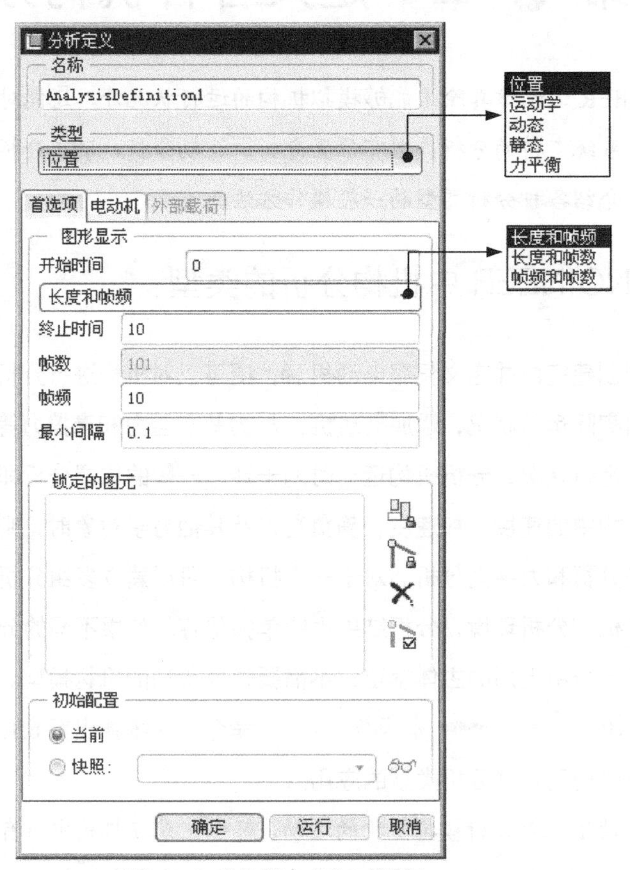

图 6.1.1 “分析定义”对话框

对于不同的分析类型，还需要和 Pro/ENGINEER 运动仿真中的“测量”工具配合使用，才能达到具体的分析目的。表 6.1.1 显示了不同的分析类型支持的测量对象。在进行机构分析之前，要根据当前的测量研究对象，选取正确的分析类型，否则可能达不到分析的目的。例如要分析某元件的速度和加速度，应选择“运动学”类型，如果选择“位置”类型将无法显示分析结果。

表 6.1.1 分析类型与测量对象对照表

分析类型	支持的分析对象
位置	位移、距离、自由度、约束冗余、时间和主体角加速度
运动学	位移、速度、加速度、距离、自由度、约束冗余、时间、主体方向、主体角速度和主体角加速度
动态	除测力计外的所有类型的力
静态	位移、连接反作用、静载荷、系统测量对象和主体测量对象
力平衡	位移、连接反作用、静载荷、测力计、系统测量对象和主体测量对象

6.2 位置分析

位置分析可以分析机构中的位移、距离、自由度、约束冗余、时间和主体角加速度等参数。关于位置分析的创建方法，前文中已有实例进行了介绍，本节主要说明使用位置分析分析机构中的位移的操作过程。

在前文中，已对图 6.2.1 所示的平行提升机构进行了组装和伺服电动机的定义（参看本书第 4 章第 4.3 小节的有关内容），如果要分析在机构运行的过程中，工作台相对于框架底部的提升高度变化，则需要进行位置分析，并进行结果测量。下面说明其操作过程。

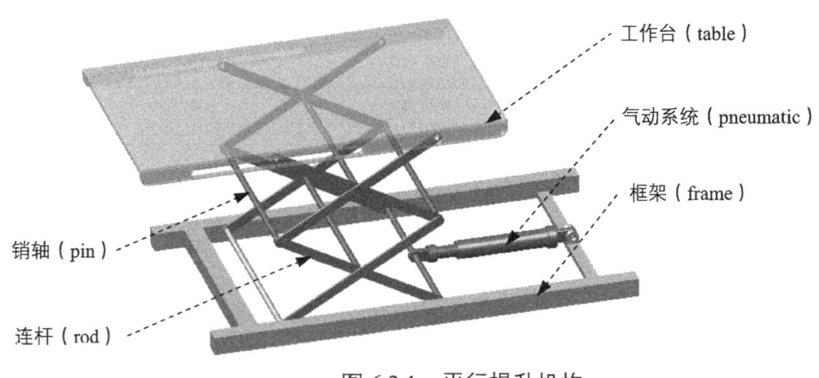

图 6.2.1 平行提升机构

步骤 01 将工作目录设置至 D:\proefj5\work\ch06.02，打开文件 parallel_mech.asm。

步骤 02 创建测量对象。

（1）选择命令。选择下拉菜单 分析(A) ➡ 测量(M) ▸ ➡ 距离(D) 命令，系统弹出图 6.2.2 所示的“距离”对话框。

（2）选取测量对象。选取图 6.2.3 所示的工作台上表面和框架底面为测量对象。

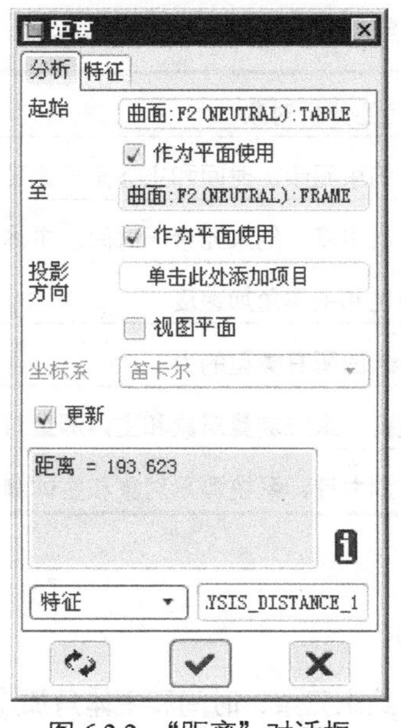

图 6.2.2 “距离”对话框

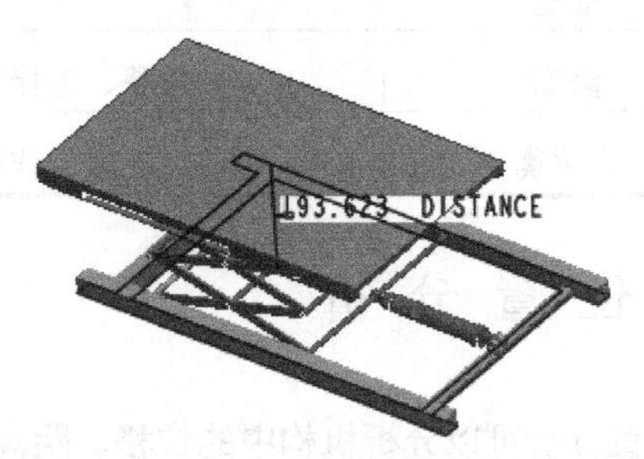

图 6.2.3 选取测量对象

（3）保存测量结果。在“距离”对话框下方的下拉列表中选择 特征 选项，然后单击 ✔ 按钮。

（4）在装配模型树界面中选择 ▾ ➡ 树过滤器(F)... 命令，然后选中“显示”选项组下的 ☑ 特征 复选框，单击 确定 按钮，这样测量特征会在模型树中显示（图 6.2.4）。

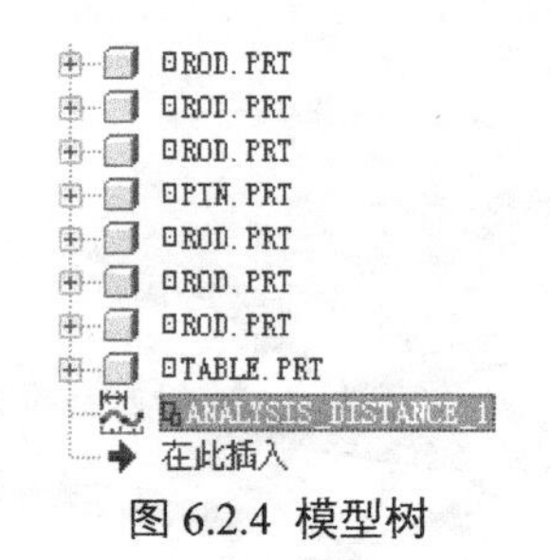

图 6.2.4 模型树

步骤 03 进入机构模块。选择下拉菜单 应用程序(P) ➡ 机构(E) 命令，进入机构模块。

步骤 04 定义机构分析。

（1）选择命令。选择下拉菜单 分析(A) → 机构分析(Y)... 命令，系统弹出“分析定义”对话框。

（2）运行运动分析。单击“分析定义”对话框中的 运行 按钮，查看机构的运行状况，可以发现在 10s 内，机构完成 2 次提升和下降运动。

（3）完成运动分析。单击 确定 按钮完成运动分析。

步骤 05 定义测量。

（1）选择命令。选择下拉菜单 分析(A) → 测量(E)... 命令，系统弹出图 6.2.5 所示的“测量结果”对话框。

（2）选取测量名称。在“测量结果”对话框的“测量”列表中选择 ANALYSIS_DISTANCE_1_DISTANCE 。

（3）选取运动结果。在“测量结果”对话框的“结果集”中选择 AnalysisDefinition1 。

（4）绘制测量图形。在“测量结果”对话框的顶部单击 按钮，系统便开始测量，并绘制测量的结果图，如图 6.2.6 所示。该图反映在分析 AnalysisDefinition1 中，工作台相对于框架底部的距离与时间的关系，此图形可打印或保存。

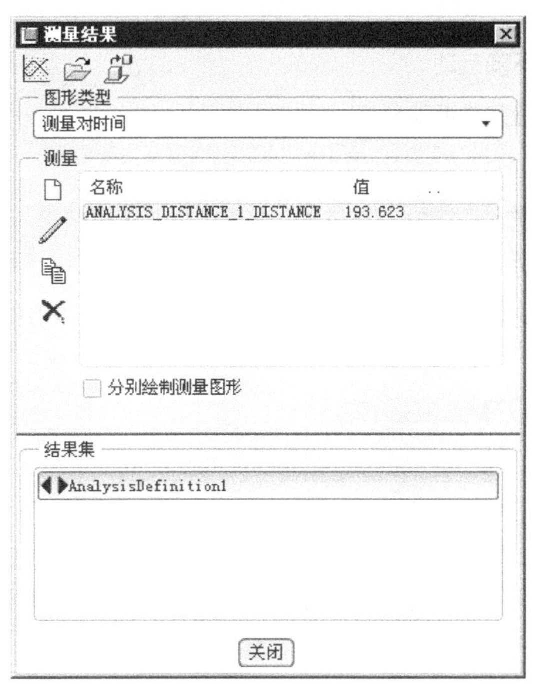

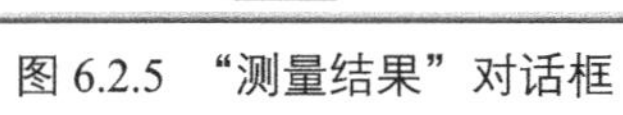
图 6.2.5 “测量结果”对话框

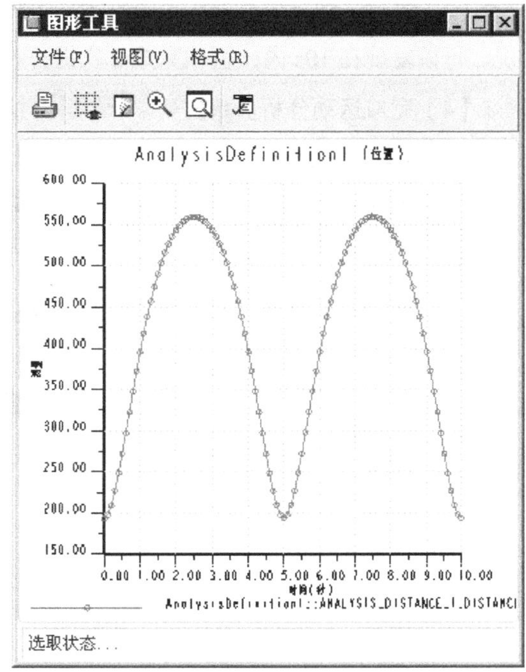

图 6.2.6 “图形工具”对话框

6.3 运动学分析

运动学分析可以分析机构中的位移、速度、加速度、距离、自由度、约束冗余、时间、主体方向、主体角速度和主体角加速度等。运动学分析可以模拟机构的运动，满足任何伺服电动机轮廓和任何连接、凸轮或齿轮连接的要求。但是运动学分析不考虑任何质量和受力情况。因此，任何载荷或执行电动机在运动学分析中将不起作用，也不必为机构指定质量属性。同时模型中的弹簧、阻尼器、重力、力/力矩以及执行电动机等，也不会影响运动分析。

在本章第 6.2 节所介绍的机构模型中，对工作台的提升高度进行了分析，如果要分析在机构运行的过程中，工作台的提升速度变化，则需要进行运动学分析，而位置分析将达不到分析目的。下面说明其操作过程。

步骤 01 将工作目录设置至 D:\proefj5\work\ch06.03，打开文件 parallel_mech.asm。

步骤 02 进入机构模块。选择下拉菜单 应用程序(P) → 机构(E) 命令，进入机构模块。

步骤 03 定义机构分析。

（1）选择命令。选择下拉菜单 分析(A) → 机构分析(Y)... 命令，系统弹出“分析定义”对话框。

（2）定义分析类型。在 类型 下拉列表中选择 运动学 选项。

（3）运行运动分析。单击“分析定义”对话框中的 运行 按钮，查看机构的运行状况，可以发现在 10s 内，机构完成 2 次提升和下降运动。

（4）完成运动分析。单击 确定 按钮完成运动分析。

步骤 04 定义测量。

（1）选择命令。选择下拉菜单 分析(A) → 测量(E)... 命令，系统弹出“测量结果”对话框。

（2）新建一个测量。单击 按钮，系统弹出图 6.3.1 所示的“测量定义”对话框，在该对话框中进行下列操作。

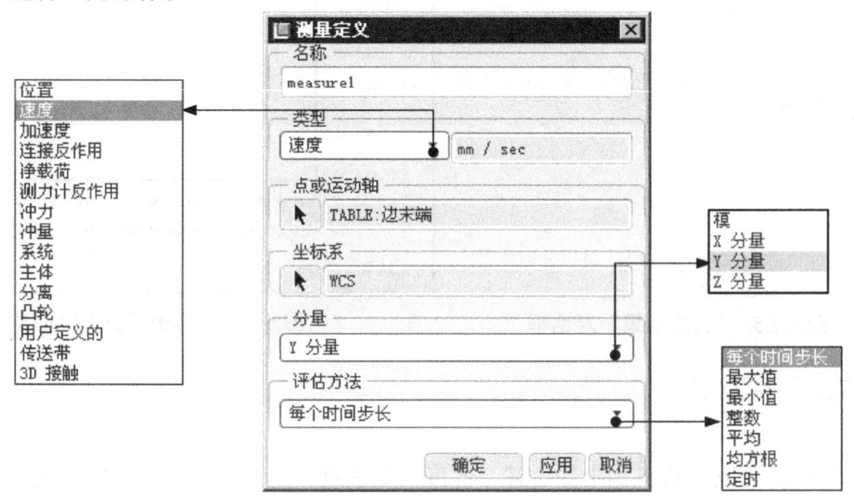

图 6.3.1 “测量定义”对话框

① 输入测量名称，或采用默认名。

② 选择测量类型。在 类型 下拉列表中选择 速度 选项。

③ 选取参考点。选取图 6.3.2 所示的点为测量参考点。

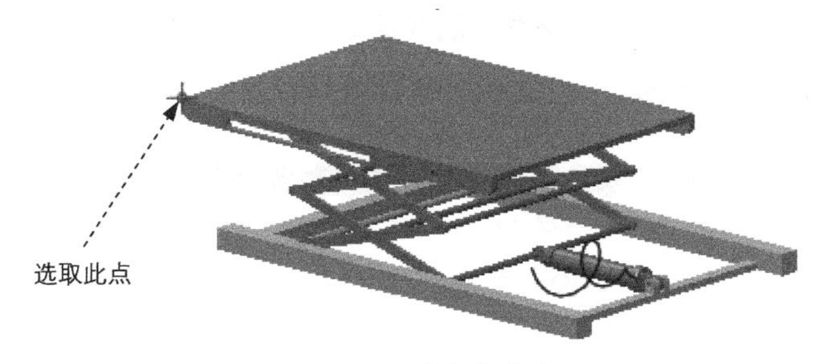

图 6.3.2 选取参考点

④ 选取测量参考坐标系。本例采用默认的坐标系 WCS（注：如果选取一个连接轴作为测量目标，就无需参考坐标系）。

⑤ 选取测量的矢量方向。在 分量 下拉列表中选择 Y分量，此时在模型上可观察到一个很大的粉红色箭头指向坐标系的 Y 轴（图 6.3.3）。

⑥ 选取评估方法。在 评估方法 下拉列表中选择 每个时间步长。

⑦ 单击“测量定义”对话框中的 确定 按钮，系统立即将 measure1 添加到“测量结果”对话框的列表中（图 6.3.4）。

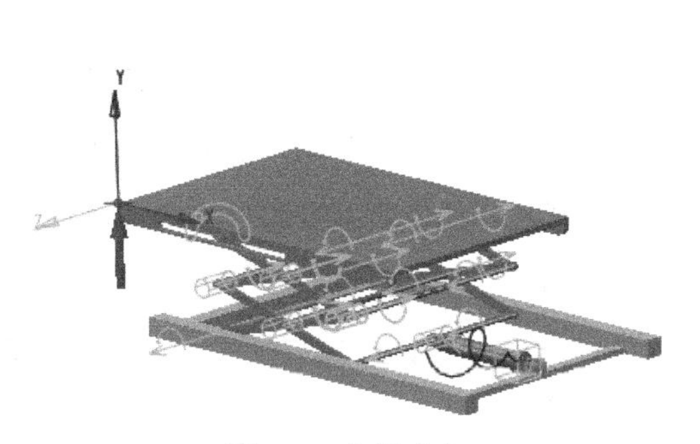

图 6.3.3 矢量方向

图 6.3.4 “测量结果”对话框

（3）选取测量名称。在“测量结果”对话框的列表中选择measure1。

（4）选取运动结果。在“测量结果”对话框的“结果集”中选择AnalysisDefinition2。

（5）绘制测量图形。在“测量结果”对话框的顶部单击按钮，系统便开始测量，并绘制测量的结果图，如图 6.3.5 所示。该图反映在运动学分析AnalysisDefinition2中，工作台相对于 WCS 的 Y 轴的速度（即工作台的提升速度）与时间的关系。

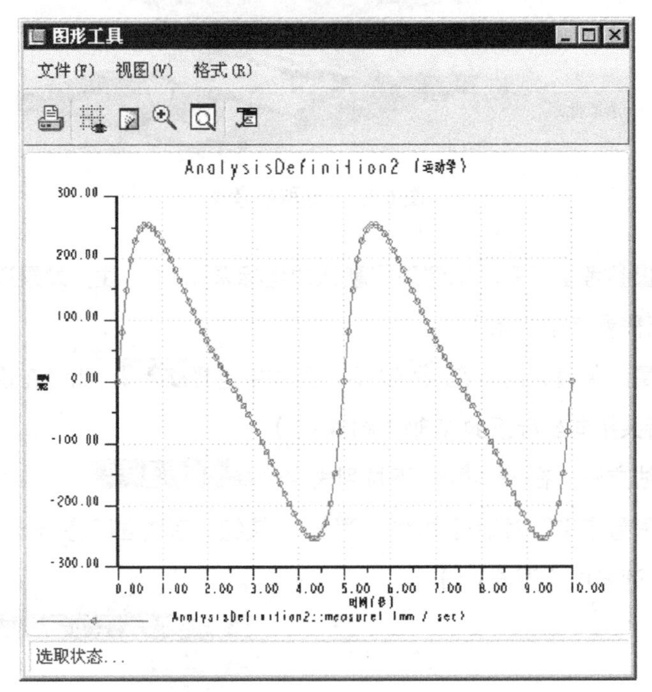

图 6.3.5 “图形工具”对话框

6.4 动 态 分 析

动态分析可以分析机构中除测力计外的所有类型的力。与运动学分析和位置分析相比，动态分析可以在分析时启动外部载荷，考虑重力、摩擦、力和力矩等因素，研究机构运动时的受力情况和力与力之间的关系。

下面举例说明定义动态分析的操作过程。图 6.4.1 所示的机构模型将模拟滚筒在导槽中从高位落下的过程，在该机构中，滚筒受到自身重力的作用从高位落下，但由于能量损失和摩擦最终停止运动，机构中的能量损失和摩擦分别用槽连接的恢复系数和阻尼器来定义。

步骤 01 将工作目录设置至 D:\proefj5\work\ch06.04。

步骤 02 新建文件。新建一个装配模型，命名为 dynamic_asm，选取mmns_asm_design模板。

步骤 03 引入第一个元件 base.prt，并使用缺省约束完全约束该元件。

步骤 04 引入第二个元件 slide.prt，并将其调整到图 6.4.1 所示的位置。

步骤 05 创建槽连接。

（1） 在连接列表中选取 槽 选项，此时系统弹出“元件放置”操控板，单击操控板菜单中的 放置 选项卡。

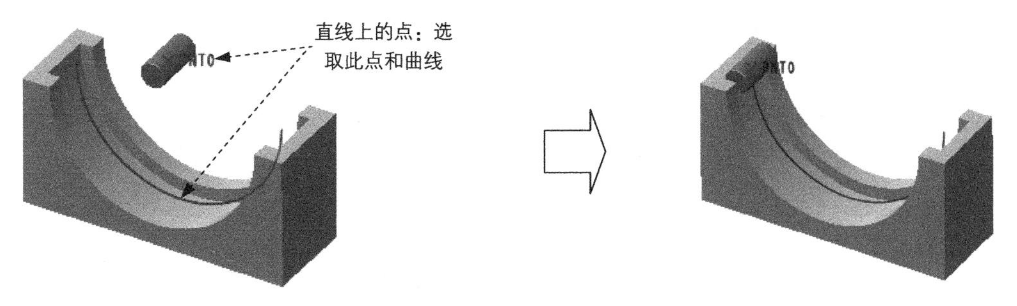

图 6.4.1 创建槽（Solt）连接

（2）定义“直线上的点”约束。选取图 6.4.1 所示的点（基准点 PNT0）和曲线为约束参考，此时 放置 界面如图 6.4.2 所示。

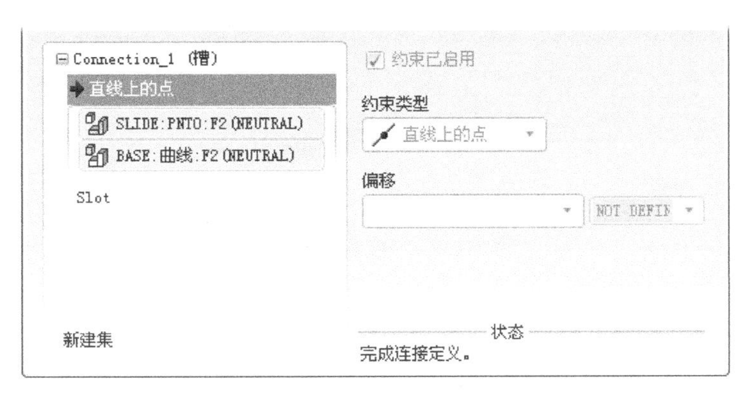

图 6.4.2 “放置”界面（一）

（3）设置位置参数。在 放置 界面单击“Solt”字符（即槽连接的运动轴，单击之后显示为 槽轴 ），在右侧 当前位置 区域下的文本框中输入值 0，并按 Enter 键确认；单击 >> 按钮，然后选中 启用再生值 复选框，此时 放置 界面如图 6.4.3 所示。

（4）设置恢复系数。在 放置 界面右侧单击 动态属性 >> 按钮，选中 恢复系数 复选框，在 e 文本框中输入恢复系数 0.9，按 Enter 键确认，此时 放置 界面如图 6.4.4 所示。

步骤 06 创建平面连接。

（1）在 放置 界面下方单击“新建集”字符，在“元件放置”操控板的机械连接约束列表中选择 平面 选项。

（2）定义“平面”约束。在模型树中分别选取 base 和 slide 中的 TOP 基准平面为约束参考，此时 放置 界面如图 6.4.5 所示。

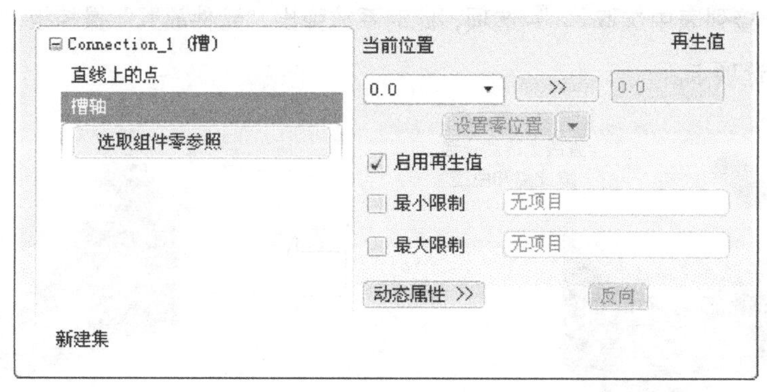

图 6.4.3 “放置”界面（二）

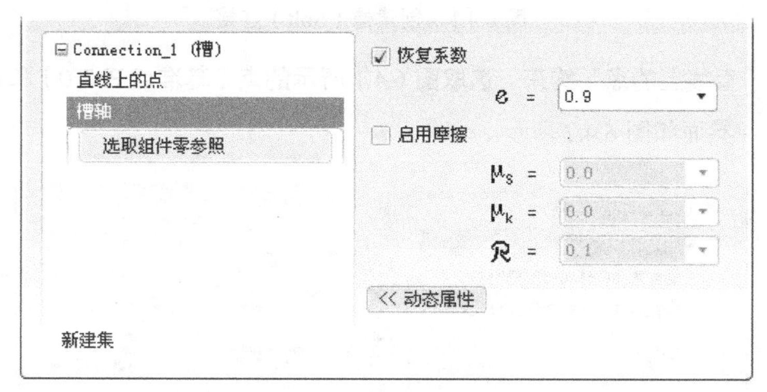

图 6.4.4 “放置”界面（三）

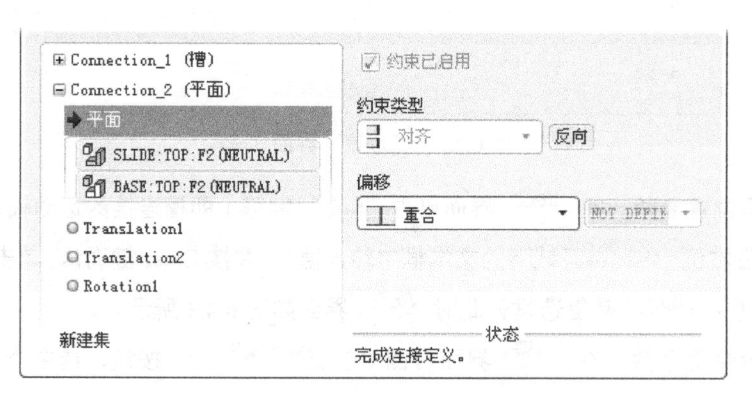

图 6.4.5 “放置”界面（四）

（3）单击操控板中的 ✔ 按钮，完成连接的创建。

步骤 07 进入机构模块。选择下拉菜单 应用程序(P) ➡ 机构(E) 命令，进入机构模块。

步骤 08 设置初始位置。

（1）选择拖动命令。选择下拉菜单 视图(V) → 方向(O) ▸ → 拖动元件(D)... 命令，系统弹出“拖动”对话框。

（2）记录快照 1。单击对话框 当前快照 区域中的 按钮，即可记录当前位置为快照 1（Snapshot1）。

（3）单击 关闭 按钮，关闭“拖动”对话框。

步骤 09 设置初始条件。

（1）选择命令。选择下拉菜单 插入(I) → 初始条件(I)... 命令，系统弹出“初始条件定义”对话框。

（2）在 快照 下拉列表中选择 Snapshot1 为初始位置条件，然后单击 按钮。

（3）单击 确定 按钮，完成初始条件的定义。

步骤 10 设置重力。

（1）选择命令。选择下拉菜单 编辑(E) → 重力(R)... 命令，系统弹出“重力”对话框。

（2）设置重力方向。在 方向 区域中设置 X=0，Y=0， Z=1，分别按 Enter 键确认，此时重力方向如图 6.4.6 所示。

（3）单击 确定 按钮，完成重力的设置。

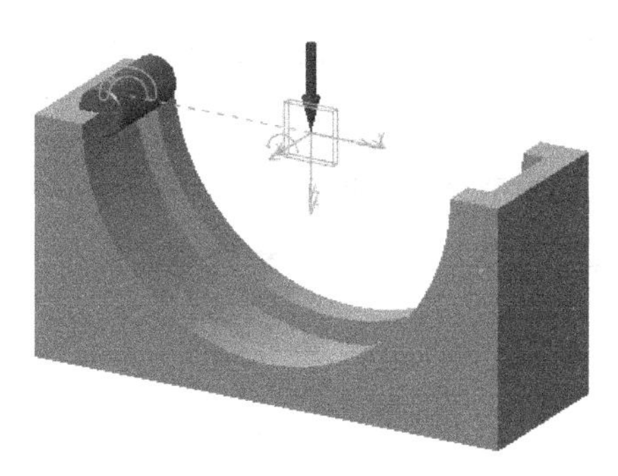

图 6.4.6 重力方向

步骤 11 定义质量属性。

（1）选择命令。选择下拉菜单 编辑(E) → 质量属性(A)... 命令，系统弹出“质量属性”对话框。

（2）选择参考类型。在 参照类型 下拉列表中选择 组件 选项。

（3）选取参考对象。在机构上单击选取整个组件为参考。

（4）定义密度。在 定义属性 下拉列表中选择 密度 选项，在文本框中输入密度值 7.8500e-09，按 Enter 键确认。

（5）单击 确定 按钮，完成质量属性的定义。

步骤 12 定义阻尼器。

（1）选择命令。选择下拉菜单 插入(I) ➡ 阻尼器(M)... 命令，系统弹出“阻尼器”操控板。

（2）定义阻尼器类型。在操控板中按下“阻尼器平移运动”按钮 。

（3）选取参考对象。在操控板中单击 参照 按钮，选取机构中的槽连接为参考对象。

（4）定义阻尼器参数。在操控板的 C 文本框中输入阻尼器系数值 0.004。

（5）单击操控板中的 按钮，完成阻尼器的定义。

步骤 13 定义动态分析。

（1）选择命令。选择下拉菜单 分析(A) ➡ 机构分析(Y)... 命令，系统弹出“分析定义”对话框。

（2）定义分析类型。在 类型 下拉列表中选择 动态 选项。

（3）定义图形显示。在 首选项 选项卡的 持续时间 文本框中输入值 20，在 帧频 文本框中输入值 5。

（4）定义初始配置。在 初始配置 区域中选择 ◉ 初始条件状态: 单选项。

（5）定义外部载荷。单击 外部载荷 选项卡，选中 ☑ 启用所有摩擦 和 ☑ 启用重力 复选框。

（6）运行运动分析。单击“分析定义”对话框中的 运行 按钮，查看机构的运行状况。

（7）单击 确定 按钮完成运动分析。

步骤 14 再生模型。选择下拉菜单 编辑(E) ➡ 再生(G) 命令，再生机构模型。

步骤 15 保存机构模型。

6.5 静态分析

静态分析主要分析机构达到平衡状态时的受力状况。当机构受到重力和其他载荷作用时，使用静态分析可以快速地得到机构的平衡状态，由于在进行静态分析时系统不考虑速度，所以静态分析能比动态分析更快地分析出机构的平衡状态。运行静态分析时，系统会显示加速度迭代图形，显示机构的最大加速度，在分析过程中模型位置和图形都会发生变化，当机构达到平衡状态时，图形中的最大加速度将显示为 0。

下面举例说明定义静态分析的操作过程。在图 6.5.1 所示的机构中，首先模拟机构在空载状态下，由于自身重力和弹簧的影响达到平衡状态，然后再施加一个点力载荷，模拟机构在有载荷的情况下达到平衡状态。

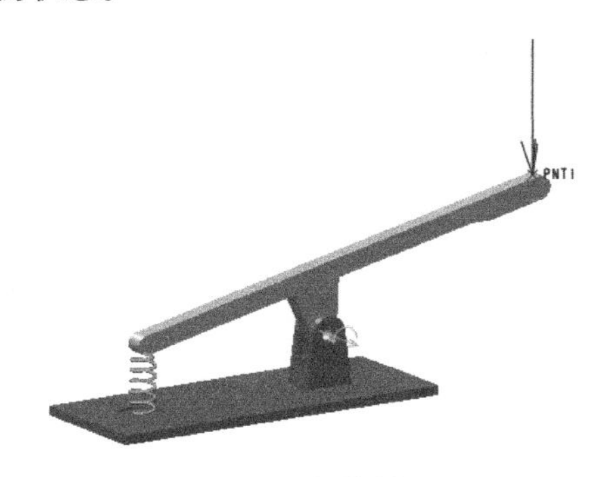

图 6.5.1 机构模型

步骤 01 将工作目录设置至 D:\proefj5\work\ch06.05。

步骤 02 新建文件。新建一个装配模型，命名为 Static_asm，选取 mmns_asm_design 模板。

步骤 03 引入第一个元件 base.prt，并使用 缺省 约束完全约束该元件。

步骤 04 引入第二个元件 rod.prt，并将其调整到图 6.5.1 所示的位置。

步骤 05 创建销钉连接。

（1）在“元件放置”操控板的机械连接约束列表中选择 销钉 选项。

（2）定义“轴对齐”约束。单击操控板中的 放置 按钮，分别选取图 6.5.2 中的两个轴线为“轴对齐”约束参考，此时 放置 界面如图 6.5.3 所示。

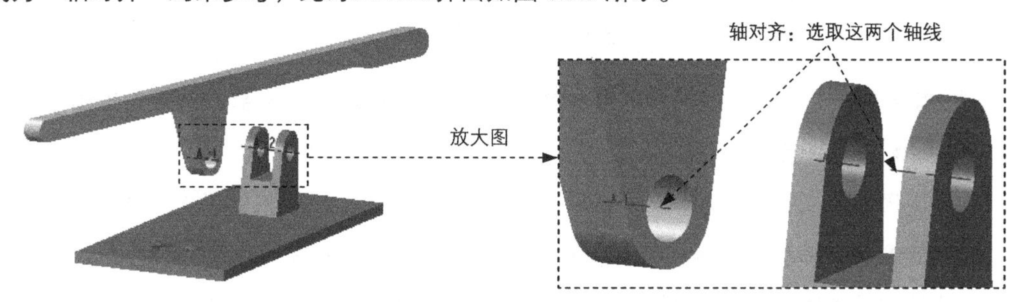

图 6.5.2 创建“销钉（Pin）”连接

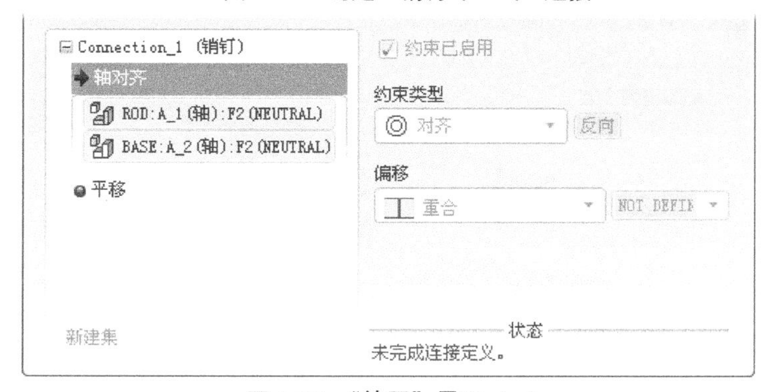

图 6.5.3 “放置”界面（一）

（3）定义“平移”约束。在模型树中分别选取 base 和 rod 中的 TOP 基准平面为约束参考，此时 放置 界面如图 6.5.4 所示。

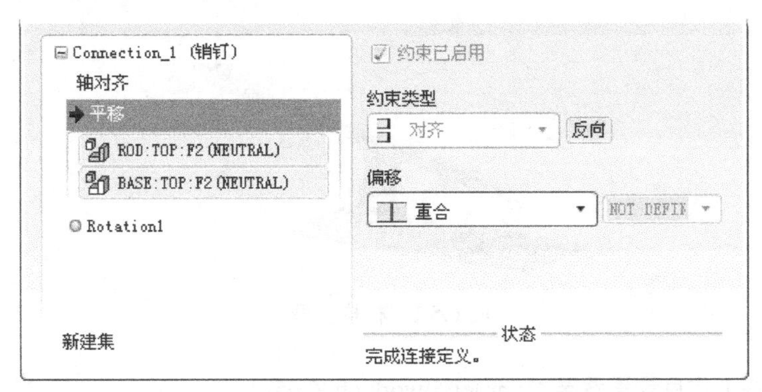

图 6.5.4 “放置”界面（二）

（4）单击操控板中的 ✔ 按钮，完成销钉连接的创建，如图 6.5.5 所示。

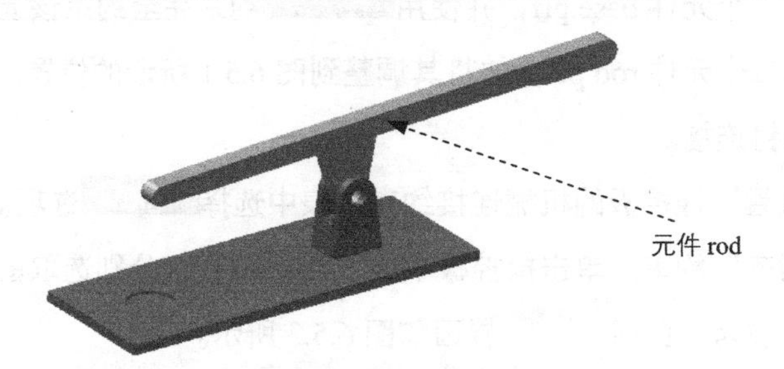

图 6.5.5 完成机构装配

步骤 06 进入机构模块。选择下拉菜单 应用程序(P) ➡ 机构(E) 命令，进入机构模块。

步骤 07 定义弹簧。

（1）选择命令。选择下拉菜单 插入(I) ➡ 弹簧(P)... 命令，系统弹出“弹簧”操控板。

（2）定义弹簧类型。在操控板中按下“延伸/压缩弹簧”按钮 ⊣。

（3）选取参考对象。在操控板中单击 参照 按钮，按住 Ctrl 键，选取图 6.5.6 所示的两个基准点为参考对象。

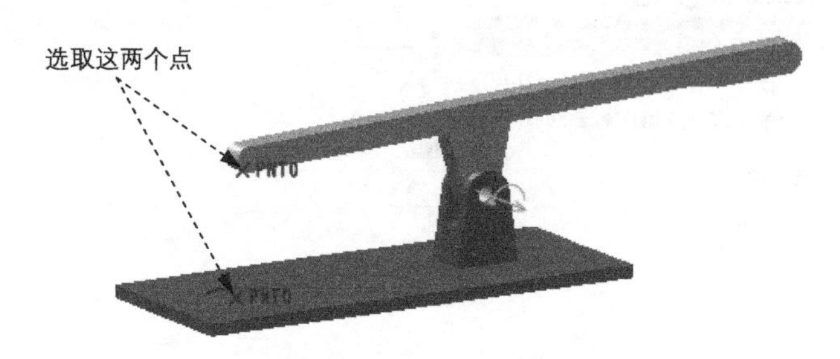

图 6.5.6 选取参考对象

（4）定义弹簧直径。在操控板中单击 选项 按钮，选中其中的 ☑ 调整图标直径 复选框，输入弹簧的直径 25，单位为 mm。

（5）定义弹簧参数。在操控板的 K 文本框中输入弹簧系数 30；在操控板的 U 文本框中输入弹簧的原始长度值 65，单位为 mm，此时弹簧显示如图 6.5.7 所示。

（6）单击操控板中的 ✓ 按钮，完成弹簧的定义。

图 6.5.7 定义弹簧参数

步骤 08 设置初始位置 1。

（1）选择拖动命令。选择下拉菜单 视图(V) → 方向(O) ▸ → 拖动元件(D)... 命令，系统弹出“拖动”对话框。

（2）拖动机构。拖动机构中的 rod 到图 6.5.7 所示的近似位置。

（3）记录快照 1。单击对话框 当前快照 区域中的 按钮，即可记录当前位置为快照 1（Snapshot1）。

（4）单击 关闭 按钮，关闭“拖动”对话框。

步骤 09 设置重力。

（1）选择命令。选择下拉菜单 编辑(E) → 重力(R)... 命令，系统弹出“重力”对话框。

（2）设置重力方向。在 方向 区域中设置 X=0，Y=0， Z=1，分别按 Enter 键确认，此时重力方向如图 6.5.8 所示。

（3）单击 确定 按钮，完成重力的设置。

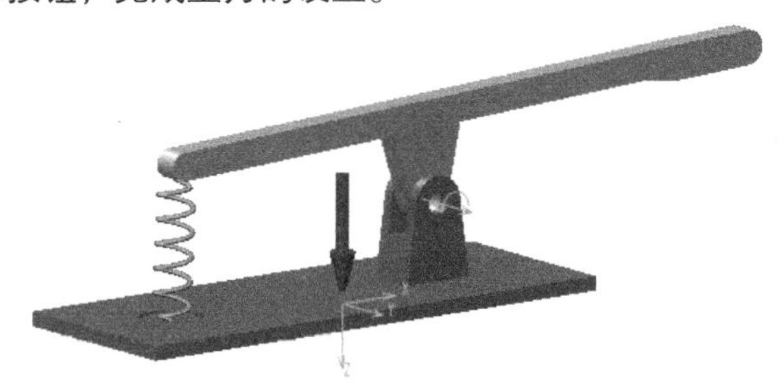

图 6.5.8 重力方向

步骤 10 定义静态分析 1。本次分析将模拟机构在重力和弹簧的作用下达到平衡状态。

（1）选择命令。选择下拉菜单 分析(A) → 机构分析(Y)... 命令，系统弹出图 6.5.9 所示的“分析定义”对话框。

（2）定义分析类型。在 类型 下拉列表中选择 静态 选项。

（3）定义初始配置。在 初始配置 区域中选择 ◉ 快照: 单选项。

（4）定义分析步距。在 最大步距因子 中取消选中 □ 缺省 复选框，在其后的文本框中输入值 0.01。

（5）定义外部载荷。单击 外部载荷 选项卡，选中 ☑ 启用重力 复选框。

（6）运行运动分析。单击“分析定义”对话框中的 运行 按钮，查看机构的运行状况。此时机构逐渐达到平衡状态，并显示图 6.5.10 所示的“图形工具”对话框，该对话框中显示了加速度迭代图形。

（7）单击 确定 按钮完成运动分析，关闭“图形工具”对话框。

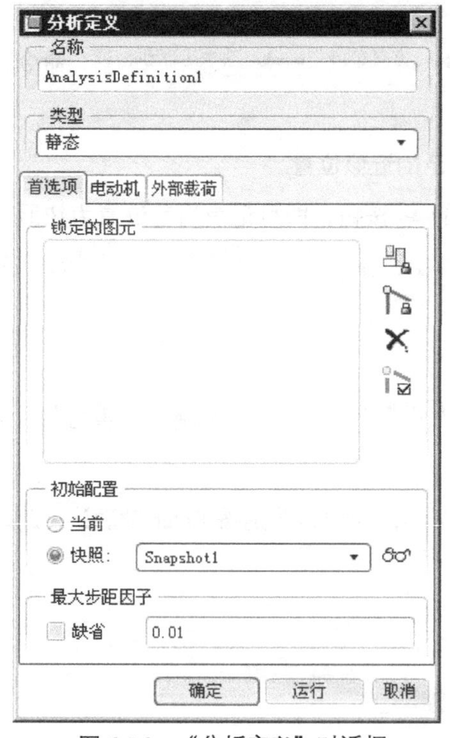

图 6.5.9 “分析定义”对话框

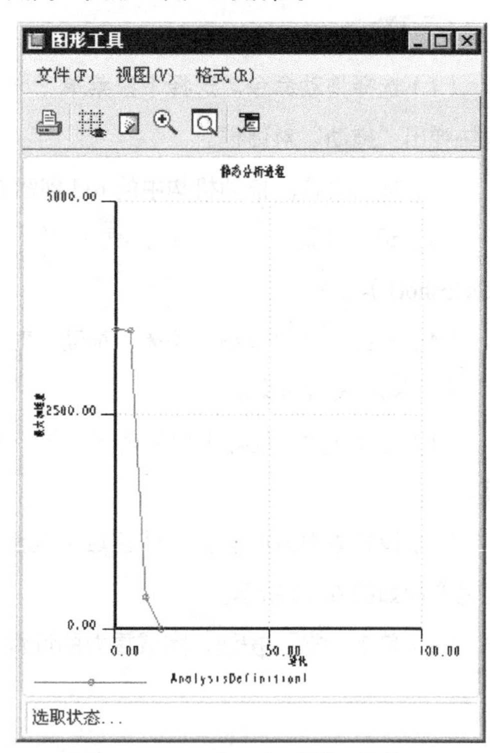

图 6.5.10 “图形工具”对话框

步骤 11 设置初始位置 2。

（1）选择拖动命令。选择下拉菜单 视图(V) → 方向(O) ▸ → 拖动元件(D)... 命令，系统弹出“拖动”对话框。

（2）记录快照 2。单击对话框 当前快照 区域中的按钮，即可记录当前位置为快照 2（Snapshot2）。

（3）单击 关闭 按钮，关闭“拖动”对话框。

步骤 12　在机构中添加一个点力作为外部载荷。

（1）选择命令。选择下拉菜单 插入(I) → 力/扭矩(Q)... 命令，系统弹出“力/扭矩定义”对话框。

（2）定义力的类型。在 类型 下拉列表中选择 点力 选项。

（3）定义力的位置参考。在机构中选择图 6.5.11 所示的基准点为力的位置参考。

（4）定义力的大小。在 函数 下拉列表中选择 常数 选项，在 常数 文本框中输入值 600，单击图形按钮，系统将显示该力的轮廓图。

（5）定义力的方向。在对话框中单击 方向 选项卡，在该选项卡采用图 6.5.12 所示的设置来定义方向。

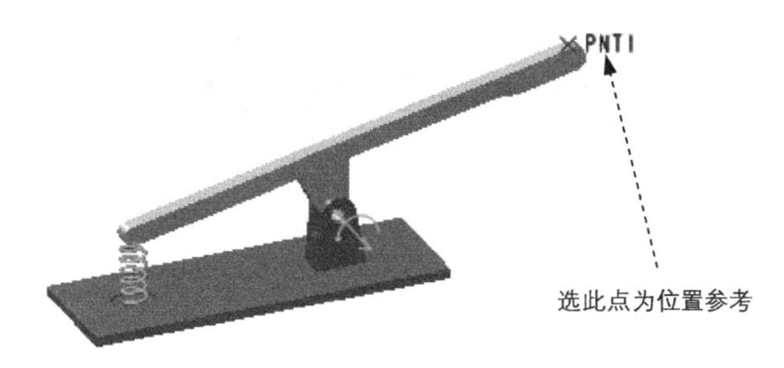

图 6.5.11　选取参考对象

（6）单击对话框中的 确定 按钮，完成力的定义，如图 6.5.13 所示。

图 6.5.12　方向定义界面

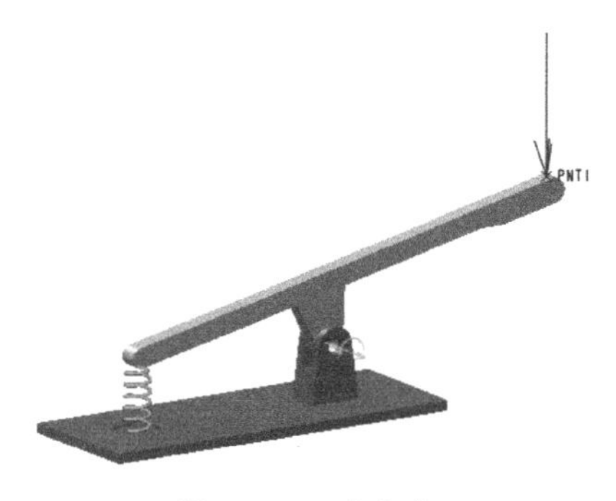

图 6.5.13　定义力

步骤 13　定义静态分析 2。本次分析将模拟机构在重力、弹簧和外部载荷的作用下达到平衡状态。

（1）选择命令。选择下拉菜单 分析(A) → 机构分析(Y)... 命令，系统弹出“分析定义”对话框。

（2）定义分析类型。在 类型 下拉列表中选择 静态 选项。

（3）定义初始配置。在 初始配置 区域中选择 ◉ 快照: 单选项，并在其后的下拉列表中选择快照“Snapshot2”。

（4）定义分析步距。在 最大步距因子 中取消选中 □ 缺省 复选框，在其后的文本框中输入值 0.01。

（5）定义外部载荷。单击 外部载荷 选项卡，选中 ☑ 启用重力 复选框。

（6）运行运动分析。单击“分析定义”对话框中的 运行 按钮，查看机构的运行状况。此时机构逐渐达到平衡状态，并显示图 6.5.14 所示的“图形工具”对话框，该对话框中显示了加速度迭代图形。

（7）单击 确定 按钮完成运动分析，关闭“图形工具”对话框。

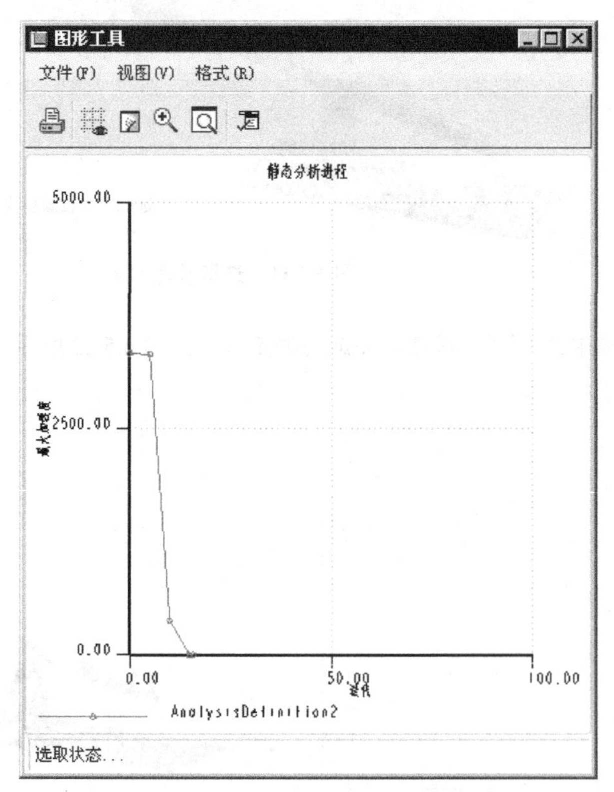

图 6.5.14 “图形工具”对话框

步骤 14 再生模型。选择下拉菜单 编辑(E) → 再生(G) 命令，再生机构模型。

步骤 15 保存机构模型。

6.6 力平衡分析

力平衡分析是静态分析的逆向分析。静态分析是根据机构的受力情况得到机构的平衡状态，而力平衡分析是在机构的平衡状态下分析机构中的受力情况，所以力平衡分析一般用于研究机构在某种工作要求的情况下所需的力。在力平衡分析中，要求出所受力的大小一般用“测力计”来实现，在一个机构模型中，可以根据需要创建多组测力计，但是在一组分析中只能激活一组测力计。

在本章第 6.5 小节中，曾举例说明静态分析的一般过程。在图 6.6.1 所示的机构中，机构在自身重力、载荷和弹簧的影响下达到平衡状态。如果假设施加在机构参考点处的点力未知，且机构已达到平衡状态，求施加在参考点上的点力。如果计算出参考点处的作用力为 600，则可以说明力平衡分析就是静态分析的反求。

步骤 01 将工作目录设置至 D:\proefj5\work\ch06.06，打开文件 Static.asm。

步骤 02 进入机构模块。选择下拉菜单 应用程序(P) → 机构(E) 命令，进入机构模块。

机构模型默认的位置为本章第 6.5 小节中进行第 2 次静态分析的结果，如果结果不正确，可以在机构树中再次运行第 2 组静态分析。

步骤 03 删除机构中的点力。在图 6.6.2 所示的机构树中右击点力节点“ForceTorque1”，选择 删除 命令。

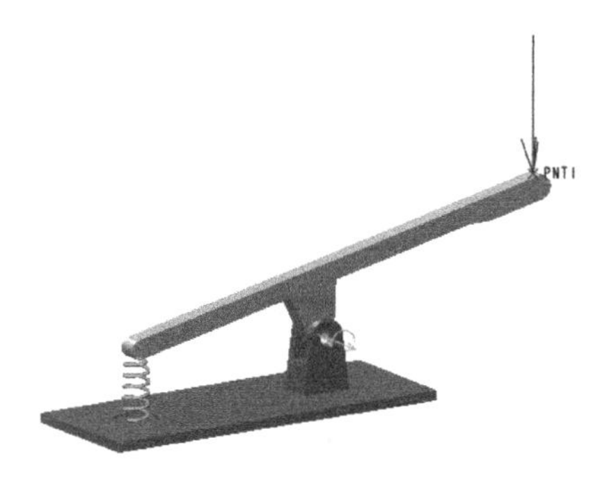

图 6.6.1 机构模型

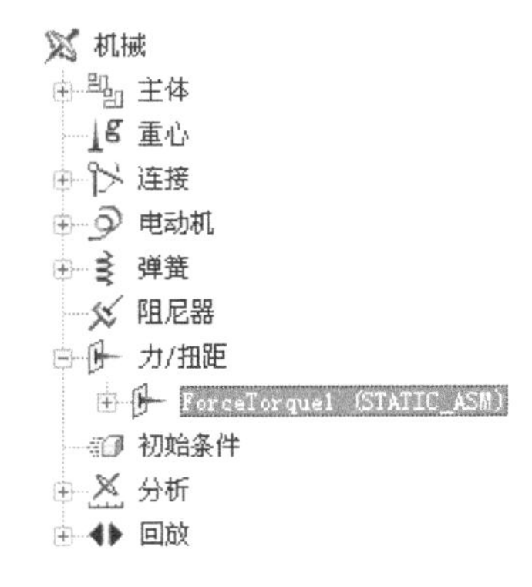

图 6.6.2 机构树

步骤 04 设置初始位置 3。

（1）选择拖动命令。选择下拉菜单 视图(V) → 方向(O) ▸ → 拖动元件(D)... 命令，

系统弹出“拖动”对话框。

（2）记录快照 3。单击对话框 当前快照 区域中的 按钮，即可记录当前位置为快照 3（Snapshot3）。

（3）单击 关闭 按钮，关闭“拖动”对话框。

步骤 05 定义力平衡分析。

（1）选择命令。选择下拉菜单 分析(A) ➡ 机构分析(Y)... 命令，系统弹出图 6.6.3 所示的“分析定义”对话框。

（2）定义分析类型。在 类型 下拉列表中选择 力平衡 选项。

（3）定义测力计。

① 选择命令。在“分析定义”对话框中单击“创建测力计锁定”按钮 。

② 定义位置参考。在机构中选取图 6.6.4 所示的点为位置参考。

③ 定义方向。在机构中选取图 6.6.4 所示的零件为参考，在输入框中输入 X 分量 0，单击 按钮；输入 Y 分量 0，单击 按钮；输入 Z 分量 1，单击 按钮，此时在机构中显示图 6.6.5 所示的测力计。

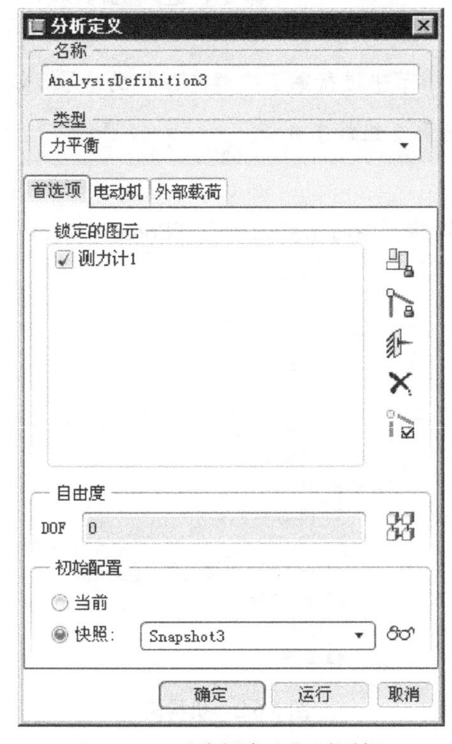

图 6.6.3 “分析定义”对话框

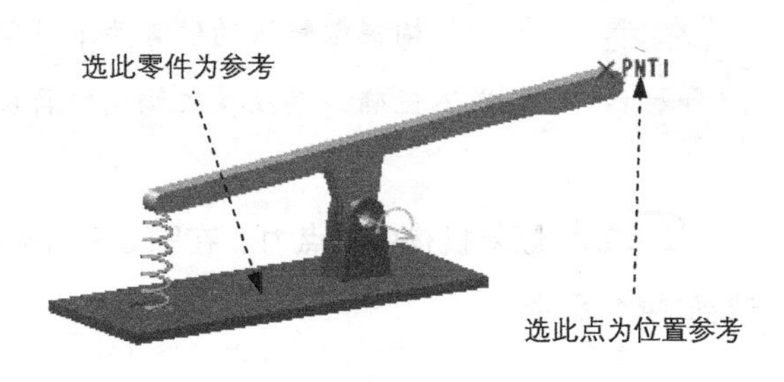

图 6.6.4 选取参考对象

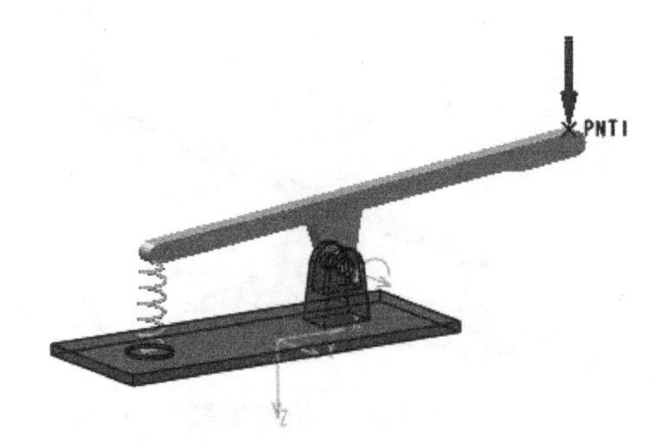

图 6.6.5 定义测力计

（4）定义初始配置。在初始配置区域中选择 ◉ 快照: 单选项，并在其后的下拉列表中选择快照“Snapshot3”。

（5）定义外部载荷。单击 外部载荷 选项卡，选中 ☑ 启用重力 复选框。

（6）运行运动分析。单击“分析定义”对话框中的 运行 按钮，查看机构的运行状况。此时系统弹出图 6.6.6 所示的“力平衡反作用负荷”对话框，该对话框中显示了当前测力计约束处的反作用力。该力的大小非常接近 600。

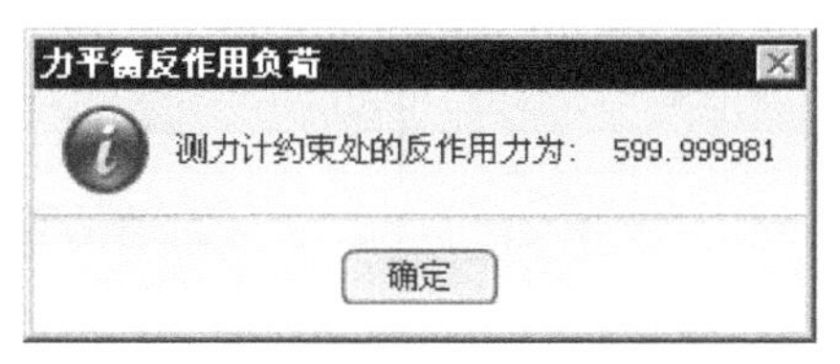

图 6.6.6 “力平衡反作用负荷”对话框

（7）单击“力平衡反作用负荷”对话框中的 确定 按钮。

（8）单击“分析定义”对话框中的 确定 按钮，完成运动分析。

步骤 06 再生模型。选择下拉菜单 编辑(E) ➡ 再生(G) 命令，再生机构模型。

步骤 07 保存机构模型。

6.7 结果分析

结果分析是根据一组运动仿真的结果文件（如文件“AnalysisDefinition1.pbk”）进行后期研究，主要是进行碰撞检测和创建运动包络。进行结果分析有两种方法，下面分别进行说明。

方法一：在机构模块中，选择下拉菜单 分析(A) ➡ 回放(B)... 命令，系统弹出图 6.7.1 所示的“回放”对话框。在该对话框中可以查看、打开和保存一组仿真结果，并进行后期的结果分析。

方法二：不进入机构模块，选择下拉菜单 分析(A) ➡ 运动分析(L)... 命令，系统弹出图 6.7.2 所示的“运动分析”对话框。在该对话框中可以打开和运行一组仿真结果，并进行后期的结果分析。

1. 碰撞检测

在“回放”对话框中单击 碰撞检测设置... 按钮，系统弹出图 6.7.3 所示的“碰撞检测设置”对话框，在该对话框中可以设置碰撞检测选项。

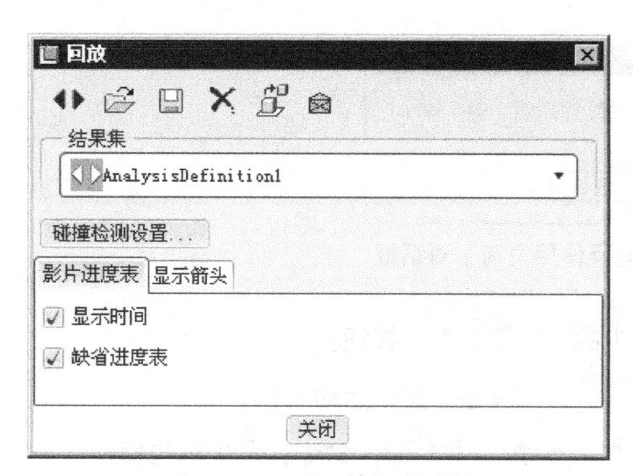

图 6.7.1 “回放”对话框

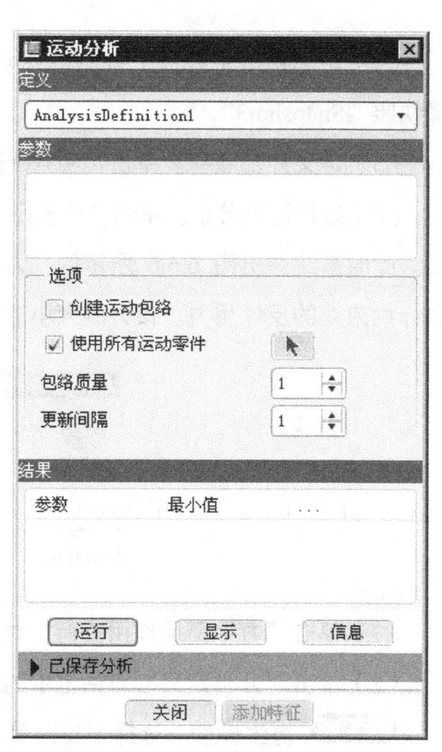

图 6.7.2 “运动分析”对话框

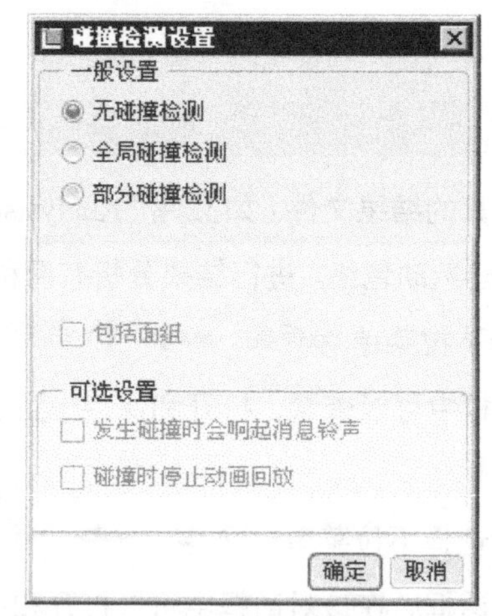

图 6.7.3 “碰撞检测设置”对话框

图 6.7.3 所示的“碰撞检测设置”对话框中关于机构碰撞检测的选项说明如下。

- ◉ 无碰撞检测：回放时，不检查干涉。
- ◉ 全局碰撞检测：回放时，检测整个装配体中所有元件间的干涉。当系统检测到干涉时，干涉区域将会加亮。
- ◉ 部分碰撞检测：回放时，检测选定零件间的干涉。当系统检测到干涉时，干涉区域将会加亮。

2. 创建运动包络

运动包络是一组表面为三角形的片体或实体模型，用于表示机构在运行过程中扫掠过的空间范围，一般用于分析机构运行状态下的位置空间，即检测当前整个系统中预留的位置空间是否能够满足机构运行的要求，机构运行时和其他系统之间有无干涉。

下面介绍创建运动包络的一般过程。

步骤 01 将工作目录设置至 D:\proefj5\work\ch06.07，打开文件 linkage_mech.asm。

步骤 02 进入机构模块。选择下拉菜单 应用程序(P) → 机构(E) 命令，进入机构模块。

步骤 03 选择命令。选择下拉菜单 分析(A) → 回放(B)... 命令，系统弹出“回放”对话框。

步骤 04 打开回放结果。在“回放”对话框中单击“打开”按钮，系统弹出“选择回放文件”对话框，选择结果文件 AnalysisDefinition1.pbk，然后单击 打开 按钮，系统返回到“回放”对话框。

步骤 05 在“回放”对话框中单击“创建运动包络”按钮，系统弹出“创建运动包络”对话框，在该对话框中进行图 6.7.4 所示的设置。

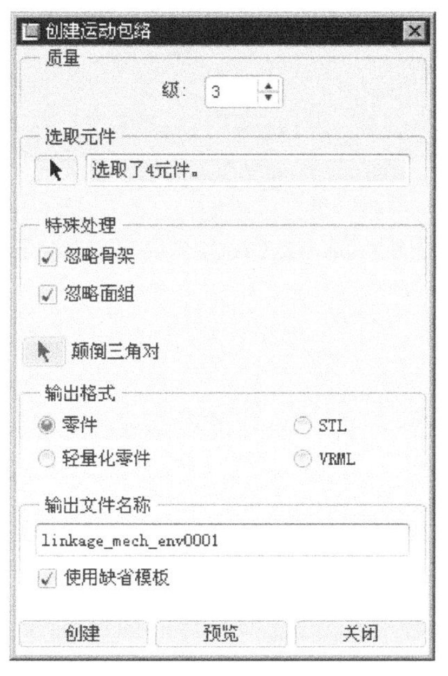

图 6.7.4 “选择回放文件”对话框

步骤 06 在“创建运动包络”对话框中单击 预览 按钮，系统显示图 6.7.5 所示的运动包络体；单击 创建 按钮创建运动包络体零件“linkage_mech_env0001.prt”，可以将该文件装配到整个产品系统中，检查机构运行时与其他子系统之间的干涉。

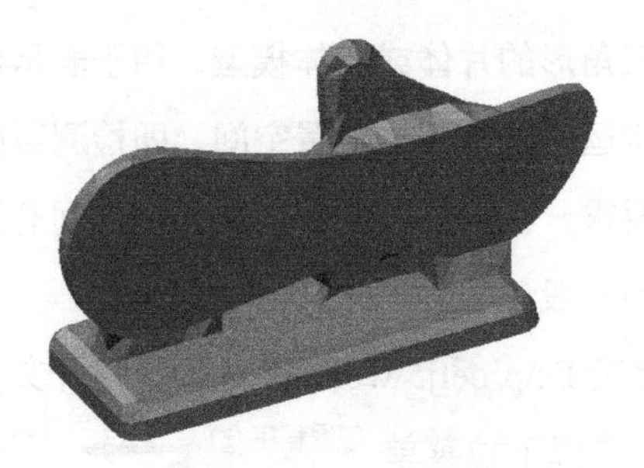

图 6.7.5　运动包络体

步骤 07 关闭“创建运动包络”对话框和“回放”对话框。

第 7 章　传动副及其应用

在一些常见机械设备中，有很多典型的运动机构，如齿轮机构，凸轮机构和带传动机构等。这些机构的运动仿真与普通连接的定义方法不同，有各自的特殊参数设置。本章主要介绍这些典型运动机构的定义方法。

7.1　齿轮机构

齿轮运动机构通过两个元件进行定义，需要注意的是两个元件上并不一定需要真实的齿形。要定义齿轮运动机构，必须先进入“机构”环境，然后还需定义“运动轴”。齿轮机构的传动比是通过两个分度圆的直径来决定的。

下面举例说明一个齿轮运动机构的创建过程。

1. 新建装配模型

步骤 01　将工作目录设置至 D:\proefj5\work\ch07.01。

步骤 02　新建一个装配体文件，命名为 gear_asm。

2. 创建装配基准轴

任务 01　创建基准轴 AA_1

步骤 01　单击“轴”按钮 轴，系统弹出“基准轴”对话框。

步骤 02　选取基准平面 ASM_RIGHT，定义为穿过；按住 Ctrl 键，选取 ASM_FRONT 基准平面，定义为穿过；单击对话框中的 确定 按钮，得到图 7.1.1 所示的基准轴 AA_1。

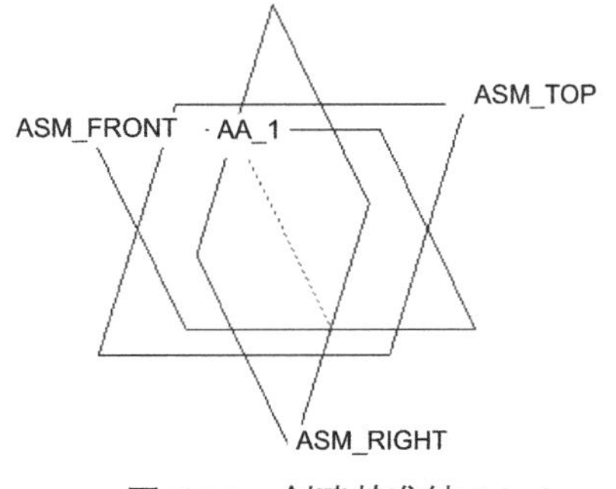

图 7.1.1　创建基准轴 AA_1

任务 02 创建基准平面作为另一个基准轴的草绘平面

步骤 01 单击“平面”按钮▱，系统弹出“基准平面”对话框。

步骤 02 选取 ASM_RIGHT 基准平面为偏距的参考面，在对话框中输入偏距值 35.5，单击 确定 按钮。

任务 03 创建基准轴 AA_2

步骤 01 单击“轴”按钮 轴，系统弹出“基准轴”对话框。

步骤 02 选取基准平面 ADTM1，定义为 穿过；按住 Ctrl 键，选取 ASM_FRONT 基准平面，定义为 穿过；单击对话框中的 确定 按钮。

3. 增加齿轮 1（GEAR1.PRT）

将齿轮 1（GEAR1.PRT）装到基准轴 AA_1 上，创建销钉（Pin）连接。

步骤 01 选择下拉菜单 插入(I) ➡ 元件(C) ▸ ➡ 装配(A)... 命令，打开文件名为 GEAR1.PRT 的零件。

步骤 02 创建销钉（Pin）连接。在“元件放置”操控板中进行下列操作，便可创建销钉（Pin）连接。

（1）在约束集列表中选取 销钉 选项。

（2）修改连接的名称。单击操控板菜单中的 放置 选项卡，系统出现图 7.1.2 所示的“放置”界面，在 集名称 下的文本框中输入连接名称“Connection_1c”，并按 Enter 键。

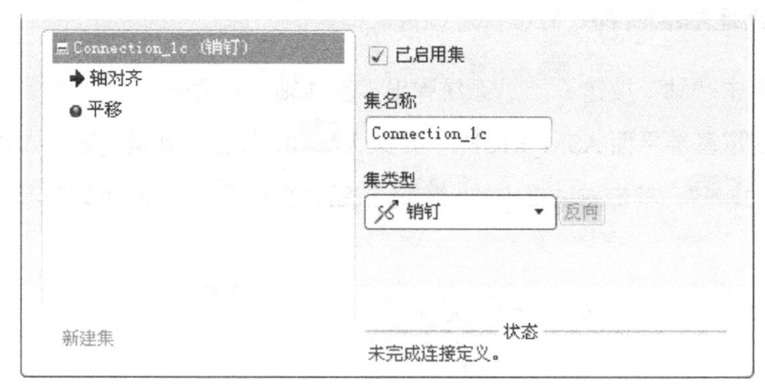

图 7.1.2 “放置”界面

（3）定义“轴对齐”约束。在“放置”界面中单击 轴对齐 选项，然后分别选取图 7.1.3 中的轴线和模型树中的 AA_1 基准轴（元件 GEAR1 的中心轴线和 AA_1 基准轴线），轴对齐 约束的参考如图 7.1.4 所示。

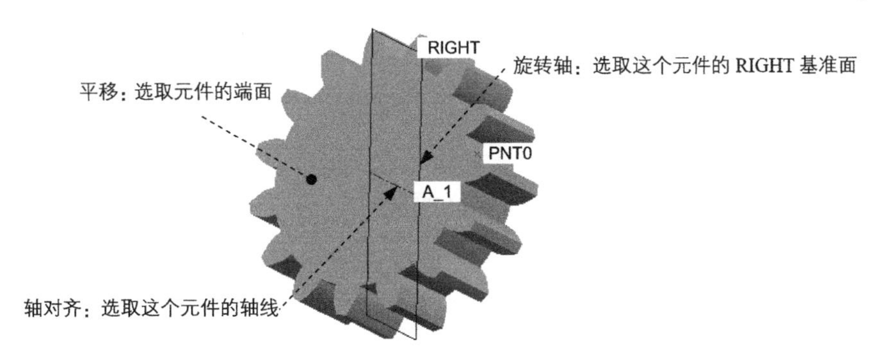

图 7.1.3 装配齿轮 1

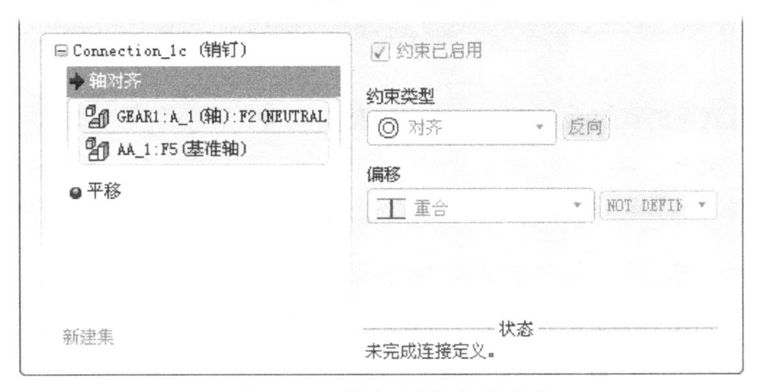

图 7.1.4 “轴对齐”约束参考

（4）定义“平移”约束。分别选取图 7.1.3 中元件的端面和模型树中的 ASM_TOP 基准平面（元件 GEAR1 的端面和 ASM_TOP 基准平面），以限制元件 GEAR1 在 ASM_TOP 基准平面上的平移，平移约束的参考如图 7.1.5 所示。

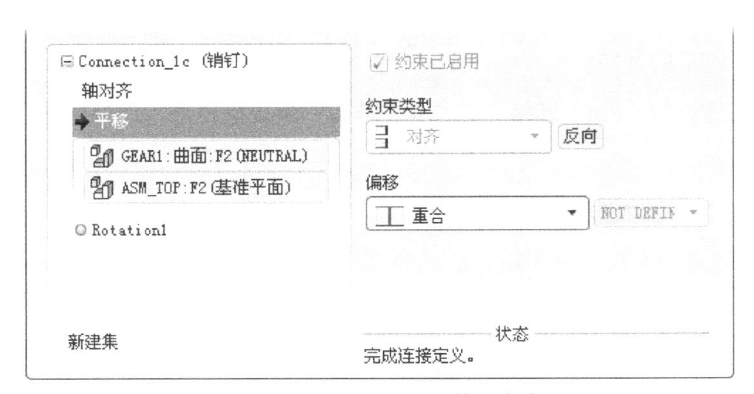

图 7.1.5 “平移”约束参考

（5）定义“旋转轴”约束。选取图 7.1.3 中的基准面和模型树中的 ASM_RIGHT 基准平面为参考，以定义旋转的零位置，旋转轴约束的参考如图 7.1.6 所示。

（6）单击操控板中的✔按钮。

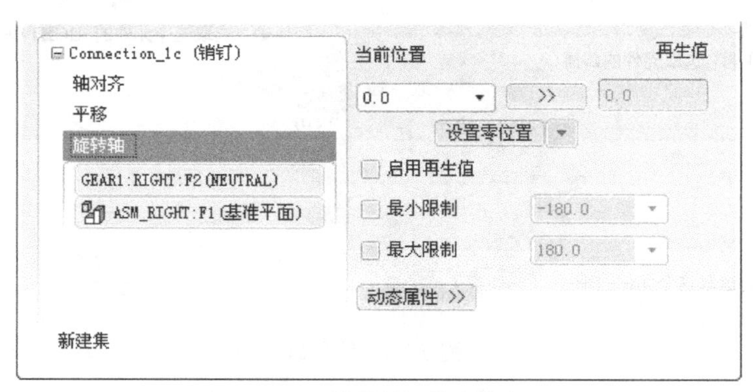

图 7.1.6　“旋转轴”约束参考

步骤 03 验证连接的有效性：拖移元件 GEAR1。

（1）进入机构模块。选择下拉菜单 应用程序(P) ➡ 机构(E) 命令，进入机构模块。

（2）选择下拉菜单 视图(V) ➡ 方向(O) ➡ 拖动元件(D)... 命令。

（3）在弹出的“拖动”对话框中单击“点拖动”按钮。

（4）在元件 GEAR1 上单击，出现一个标记◆，移动鼠标进行拖移，并单击中键结束拖移，使元件停留在原来的位置；关闭“拖动”对话框。

（5）退出机构模块。选择下拉菜单 应用程序(P) ➡ 标准(S) 命令，退出机构模块。

4. 增加齿轮 2（GEAR2.PRT）

将齿轮 2（GEAR2.PRT）装到基准轴 AA_2 上，创建销钉（Pin）连接。

步骤 01 选择下拉菜单 插入(I) ➡ 元件(C) ➡ 装配(A)... 命令，打开文件名为 GEAR2.PRT 的零件。

步骤 02 创建销钉（Pin）连接。在“元件放置”操控板中进行下列操作，便可创建销钉（Pin）连接。

（1）在约束集列表中选取 销钉 选项。

（2） 修改连接的名称。单击操控板中的 放置 选项卡；在图 7.1.7 所示界面的 集名称 文本框中输入连接名称“Connection_2c”，并按 Enter 键。

（3）定义“轴对齐”约束。在“放置”界面中单击 轴对齐 选项，然后分别选取图 7.1.8 中的轴线和模型树中的 AA_2 基准轴（元件 GEAR2 的中心轴线和 AA_2 基准轴线），轴对齐 约束的参考如图 7.1.9 所示。

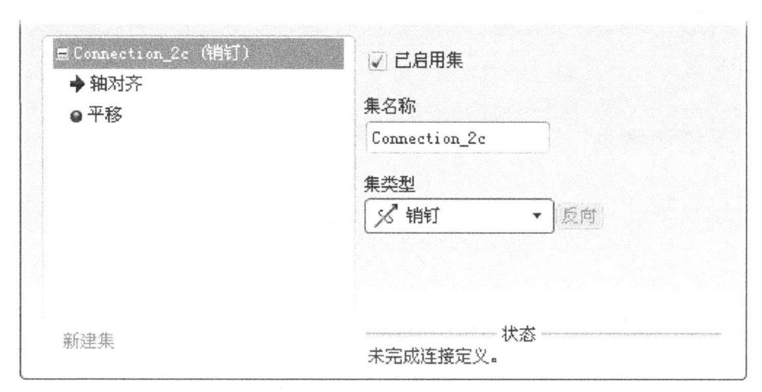

图 7.1.7 “放置”界面

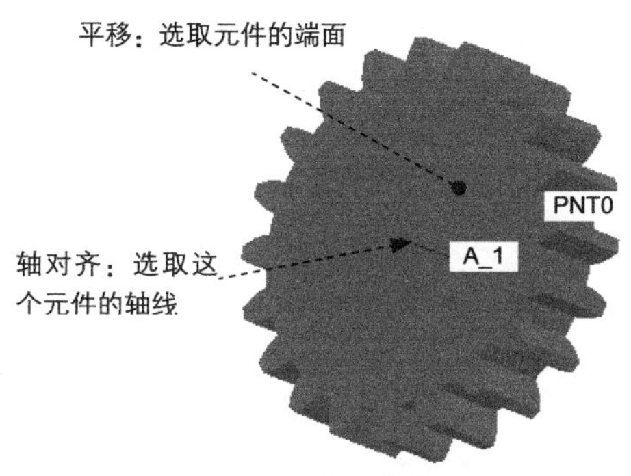

图 7.1.8 装配齿轮 2

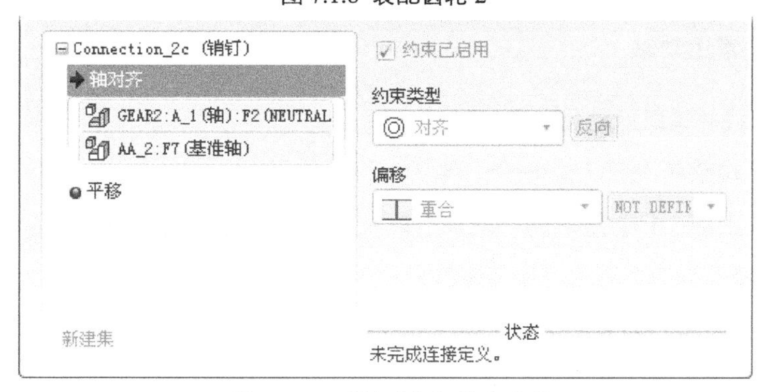

图 7.1.9 “轴对齐”约束参考

（4）定义“平移”约束。分别选取图 7.1.8 中的元件的端面和模型树中的 ASM_TOP 基准平面（元件 GEAR2 的端面和 ASM_TOP 基准平面），以限制元件 GEAR2 在 ASM_TOP 基准平面上的平移，平移约束的参考如图 7.1.10 所示。

若齿轮 2 和齿轮 1 不在同一平面内，“平移”约束中就选择齿轮 2 的另一侧端面。

（5）单击操控板中的✔按钮。

5. 运动轴设置

任务 01 进入机构模块

选择下拉菜单 应用程序(P) ➡ 机构(E) 命令，进入机构模块，然后选择下拉菜单 视图(V) ➡ 方向(O) ▸ ➡ 拖动元件(D)... 命令，用“点拖动”将齿轮机构装配（GEAR_ASM.ASM）拖到图 7.1.11 所示的位置（读者练习时，拖移后的位置不要与图中所示的位置相差太远，否则后面的操作会出现问题），然后关闭“拖移”对话框。

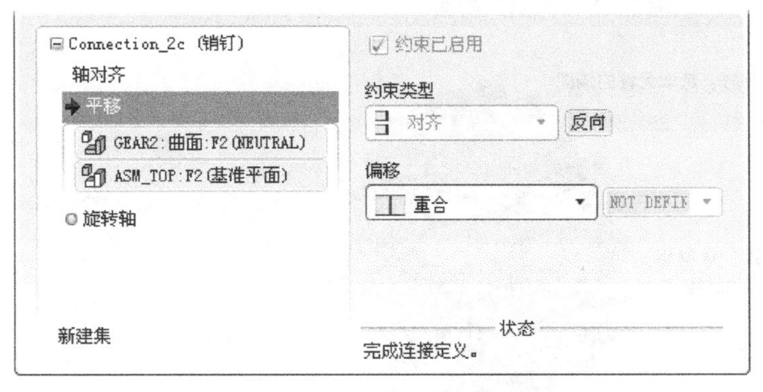

图 7.1.10 “平移”约束参考

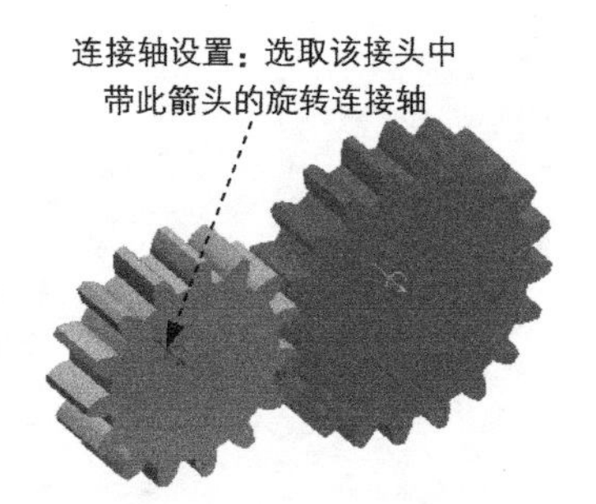

图 7.1.11 运动轴设置

任务 02 设置运动轴

步骤 01 查找并选取运动轴。

（1）选择下拉菜单 编辑(E) ➡ 查找(F)... 命令。

（2）系统弹出图 7.1.12 所示的“搜索工具”对话框，进行下列操作。

① 在“查找”列表中选取“旋转轴”。

② 在“查找范围”列表中选取 GEAR_ASM.ASM 装配，单击 立即查找 按钮。

③ 在结果列表中选取连接轴 Connection_1c.first_rot_axis，单击 >> 按钮加入选定栏中。

④ 单击对话框中的 关闭 按钮。

步骤 02 右击，在弹出的快捷菜单中选择 编辑定义 命令，系统弹出图 7.1.13 所示的“运动轴”对话框，在该对话框中进行下列操作。

（1）在 当前位置 文本框中输入数值 26，如图 7.1.13 所示。

（2）单击“运动轴”对话框中的✔按钮。

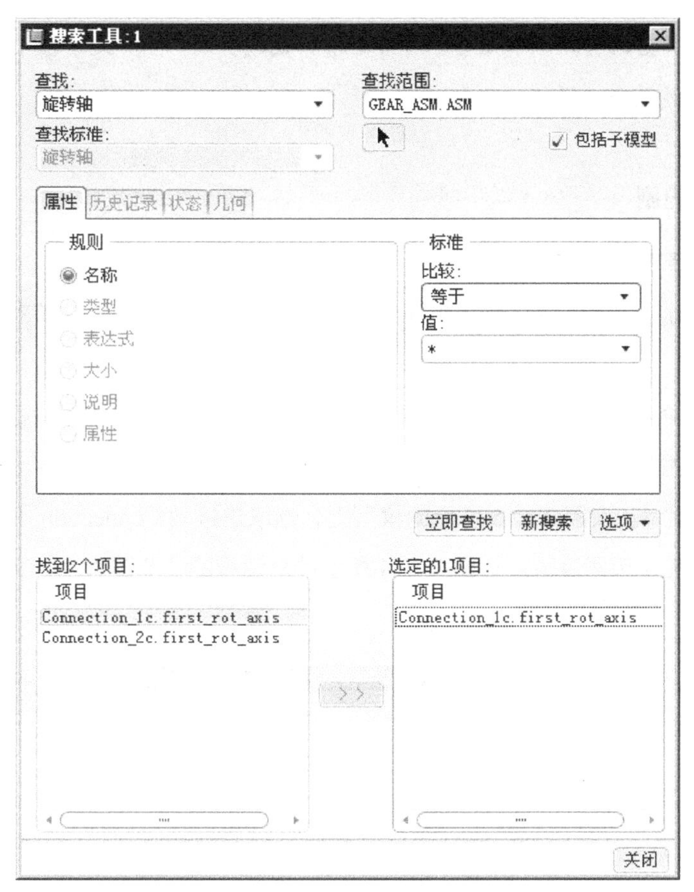

图 7.1.12　“搜索工具”对话框

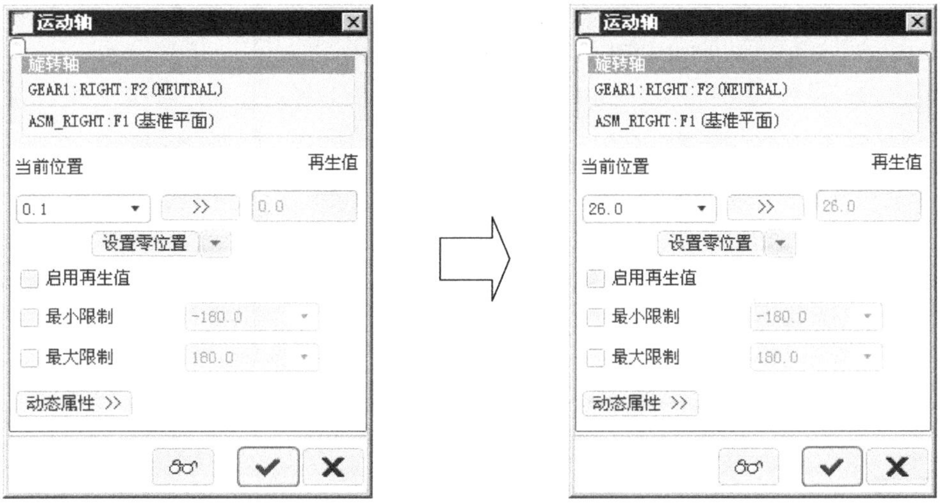

图 7.1.13　“运动轴”对话框

若两齿轮不能啮合，则略微增加或减少 当前位置 文本框中的数值，以使两个齿轮啮合良好。

6. 定义齿轮副

步骤 01 选择下拉菜单 插入(I) ➡ 齿轮(G)... 命令。

步骤 02 此时系统弹出图 7.1.14 所示的“齿轮副定义”对话框，在该对话框中进行下列操作。

(1) 输入齿轮副名称。在该对话框的“名称”文本框中输入齿轮副名称，或采用系统的默认名（本例采用系统默认名）。

(2) 定义齿轮 1。在图 7.1.15 所示的模型上，选取连接轴 Connection_1c.axis_1。

(3) 输入齿轮 1 节圆直径。在图 7.1.14 所示的对话框的“节圆直径”文本框中输入数值 30。

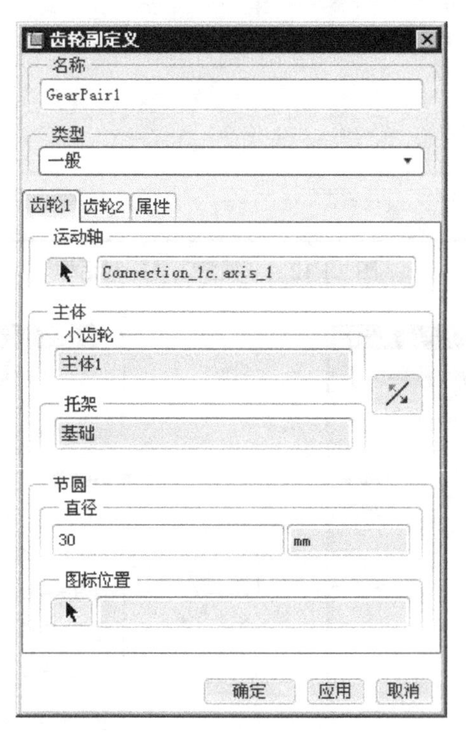

图 7.1.14 “齿轮副定义”对话框

步骤 03 点击“齿轮副定义”对话框中的 齿轮2 标签，“齿轮副定义”对话框转换为图 7.1.16

所示，在该对话框中进行下列操作。

（1）定义齿轮 2。在图 7.1.15 所示的模型上，选取连接轴 Connection_2c.axis_1。

（2）输入齿轮 2 节圆直径。在图 7.1.16 所示的对话框的“节圆直径”文本框中输入数值 40。

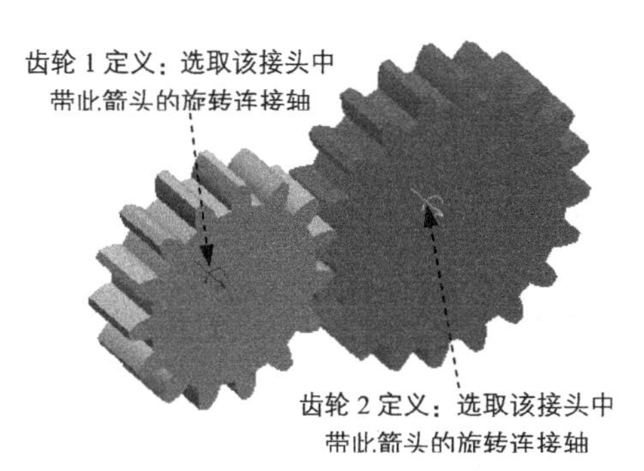

图 7.1.15 齿轮副设置

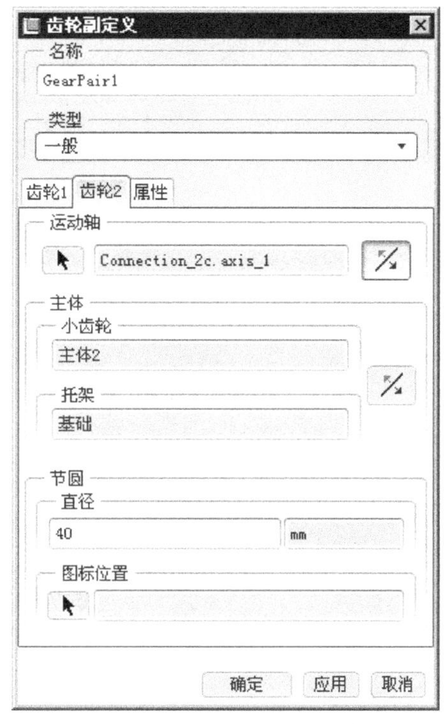

图 7.1.16 “齿轮副定义”对话框

步骤 04 完成齿轮副定义。单击“齿轮副定义”对话框中的 确定 按钮。

7. 定义伺服电动机

步骤 01 选择下拉菜单 插入(I) → 伺服电动机(V)... 命令。

步骤 02 此时系统弹出“伺服电动机定义”对话框，在该对话框中进行下列操作。

（1）输入伺服电动机名称。在该对话框的“名称”文本框中输入伺服电动机名称，或采用系统的默认名。

（2）选择运动轴。在图 7.1.15 所示的模型上，选取连接轴 Connection_1c.axis_1。

（3）定义运动函数。单击对话框中的 轮廓 选项卡，系统显示图 7.1.17 所示的界面，在该界面中进行下列操作。

① 选择规范。在 规范 区域的列表框中选择 速度。

② 选取运动函数。在 模 区域的下拉列表中选择函数类型为 常数，在“A”文本框中输

入数值10。

步骤03 完成伺服电动机定义。单击“伺服电动机定义”对话框中的 确定 按钮。

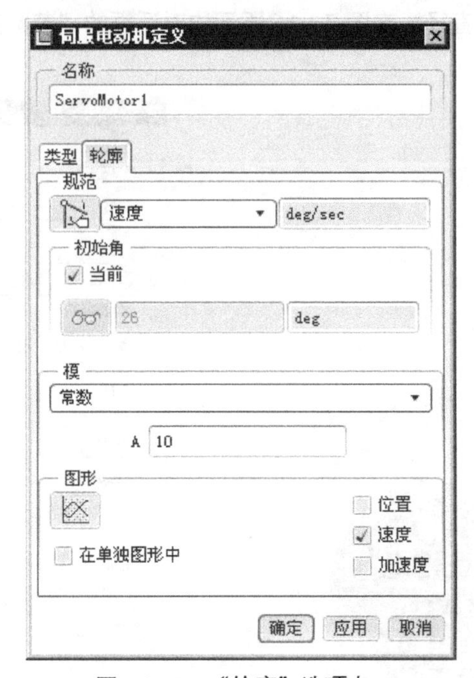

图 7.1.17 “轮廓”选项卡

8. 建立运动分析并运行

步骤01 选择下拉菜单 分析(A) ➡ 机构分析(Y)... 命令。

步骤02 此时系统弹出图7.1.18所示的“分析定义”对话框，在该对话框中进行下列操作。

（1）输入分析（即运动）名称。在对话框的“名称”文本框中输入此分析的名称，或采用默认名。

（2）选择分析类型。选取分析的类型为“位置”。

（3）调整伺服电动机顺序。如果在机构装置中有多个伺服电动机，则可在对话框的 电动机 选项卡中调整伺服电动机顺序。由于本例中只有一个伺服电动机，所以不必进行此步操作。

（4）定义动画时域。在图7.1.18所示的“分析定义”对话框的 图形显示 区域中进行下列操作。

① 输入开始时间0（单位为秒）。

② 选择测量时间域的方式。选择 长度和帧频 方式。

③ 输入终止时间50（单位为秒）。

④ 输入帧频 10。

（5）定义初始位置。在图 7.1.18 所示“分析定义”对话框的初始配置区域选中◉当前单选项。

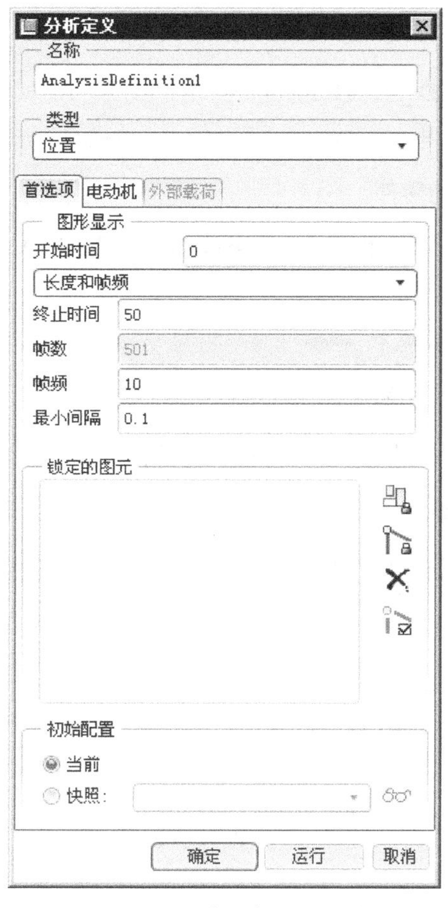

图 7.1.18 “分析定义”对话框

步骤 03 运行运动分析。单击“分析定义”对话框中的 运行 按钮。

步骤 04 完成运动分析。单击“分析定义”对话框中的 确定 按钮。

7.2 凸轮机构

凸轮运动机构通过两个关键元件（凸轮和滑滚）进行定义，需要注意的是凸轮和滑滚两个元件必须有真实的形状和尺寸。要定义凸轮运动机构，必须先进入“机构”环境。

下面举例说明一个凸轮运动机构的创建过程。

1. 新建装配模型

步骤 01 将工作目录设置至 D:\proefj5\work\ch07.02。

步骤 02 新建装配文件，文件名 cam_asm。

2. 增加固定元件(FIXED_PLATE.PRT)

放置固定挡板零件(FIXED_PLATE.PRT)。

步骤 01 选择下拉菜单 插入(I) → 元件(C) ▸ → 装配(A)... 命令，打开文件名为 FIXED_PLATE.PRT 的零件。

步骤 02 在“元件放置”操控板中选取 缺省 选项进行固定，然后单击 ✔ 按钮。

步骤 03 将装配基准隐藏。

（1）在模型树界面中选择 → 树过滤器(F)... 命令。在系统弹出的“模型树项”对话框中选中 ☑ 特征 复选框，然后单击该对话框中的 确定 按钮。

（2）在模型树中选取 ASM_RIGHT 并右击，从快捷菜单中选择 隐藏 命令。

3. 增加连接元件连杆（ROD.PRT）

将连杆（ROD.PRT）装到固定挡板上，创建滑动杆（Slide）连接。

步骤 01 选择下拉菜单 插入(I) → 元件(C) ▸ → 装配(A)... 命令，打开文件名为 ROD.PRT 的零件。

步骤 02 创建滑动杆（Slider）连接。在“元件放置”操控板中进行下列操作，便可创建滑动杆（Slider）连接。

（1）在约束集选项列表中选取 滑动杆 选项。

（2）修改连接的名称。

① 单击操控板菜单中的 放置 选项卡，系统出现图 7.2.1 所示的“放置”界面。

图 7.2.1 “放置”界面

② 在集名称下的文本框中输入连接名称“Connection_1c”，并按 Enter 键。

（3）定义“轴对齐”约束。在“放置”界面中单击轴对齐选项，然后分别选取图 7.2.2 中的两条轴线（元件 ROD 的中心轴线和元件 FIXED_PLATE 的中心轴线），轴对齐约束的参考如图 7.2.3 所示。

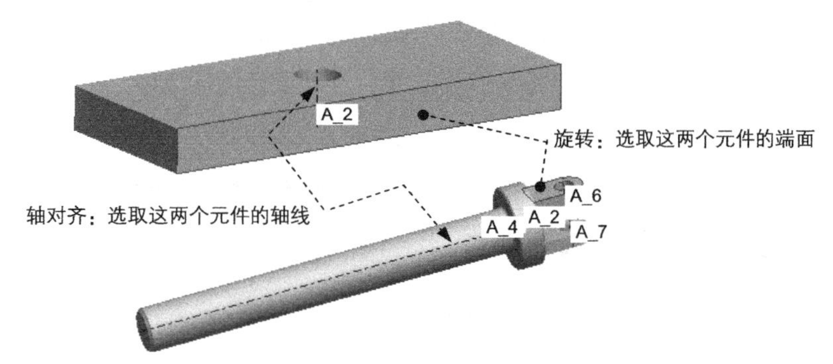

图 7.2.2 装配连杆

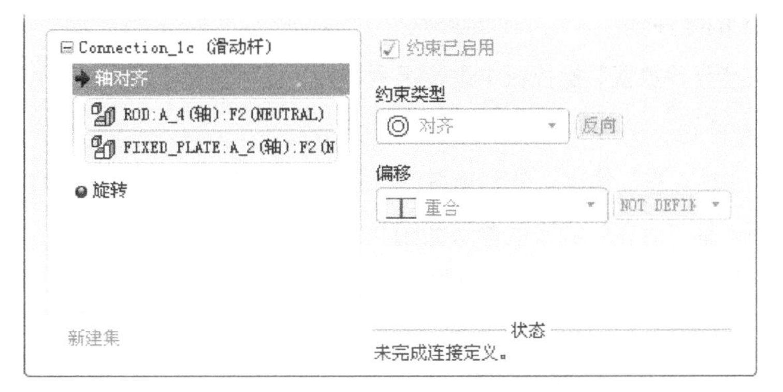

图 7.2.3 “轴对齐”约束参考

（4）定义“旋转”约束。分别选取图 7.2.2 中的两个端面（元件 ROD 的端面和元件 FIXED_PLATE 的端面），以限制元件 ROD 在元件 FIXED_PLATE 中的旋转，旋转约束的参考如图 7.2.4 所示。

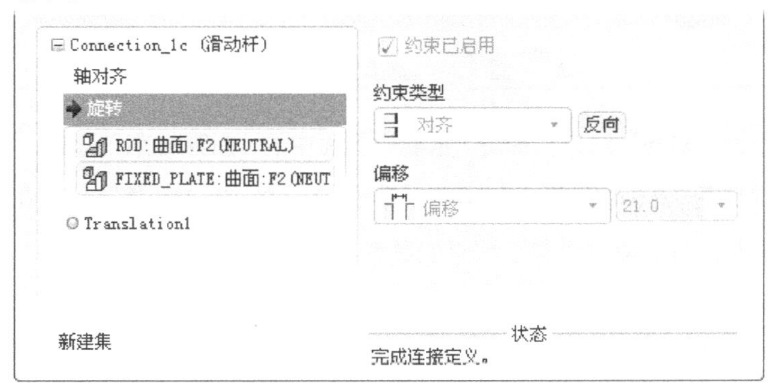

图 7.2.4 “旋转”约束参考

（5）单击操控板中的✔按钮。

步骤 03 验证连接的有效性。拖移连接元件 ROD。

（1）进入机构模块。选择下拉菜单 应用程序(P) ➡ 机构(E) 命令，进入机构模块。

（2）选择下拉菜单 视图(V) ➡ 方向(O) ▸ ➡ 拖动元件(D)... 命令。

（3）在弹出的“拖动”对话框中单击“点拖动”按钮。

（4）在元件 ROD 上单击，出现一个标记◆，移动鼠标进行拖移，并单击中键结束拖移，使元件停留在原来位置，然后关闭“拖动”对话框。

（5）退出机构模块。选择下拉菜单 应用程序(P) ➡ 标准(S) 命令，退出机构模块。

4. 增加固定元件销（PIN.PRT）

将销（PIN.PRT）装到连接元件 ROD 上。

步骤 01 选择下拉菜单 插入(I) ➡ 元件(C) ▸ ➡ 装配(A)... 命令，打开文件名为 PIN.PRT 的零件。

步骤 02 在“元件放置”操控板中进行下列操作，便可将销（PIN.PRT）零件装配到元件 ROD 中固定。

（1）创建 “轴对齐”约束。分别选取图 7.2.5 中的两条轴线：销（PIN）的轴线和元件（ROD）的轴线，轴“对齐”约束的参考如图 7.2.6 所示。

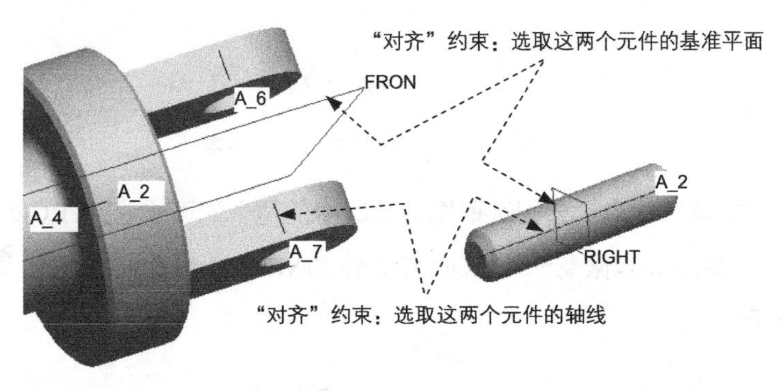

图 7.2.5 装配销

（2）创建基准面“对齐”约束。单击“放置”界面中的“新建约束”选项，增加新的“对齐”约束。分别选取图 7.2.5 中的两个基准面：销（PIN）的 RIGHT 基准平面和元件（ROD）的 FRONT 基准平面，基准面“对齐”约束的参考如图 7.2.7 所示。

（3）单击操控板中的✔按钮。

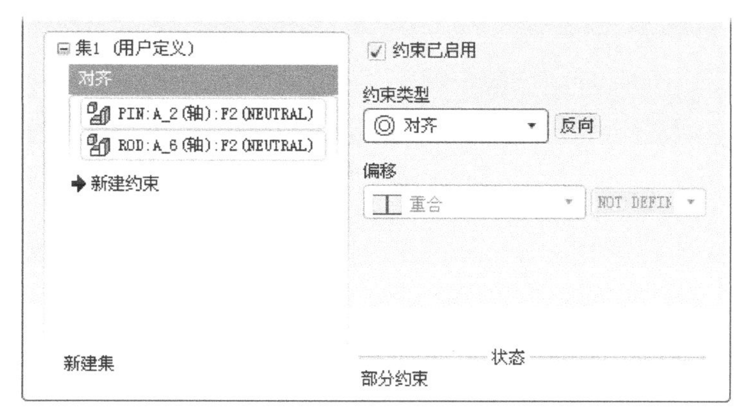

图 7.2.6 “轴对齐”约束参考

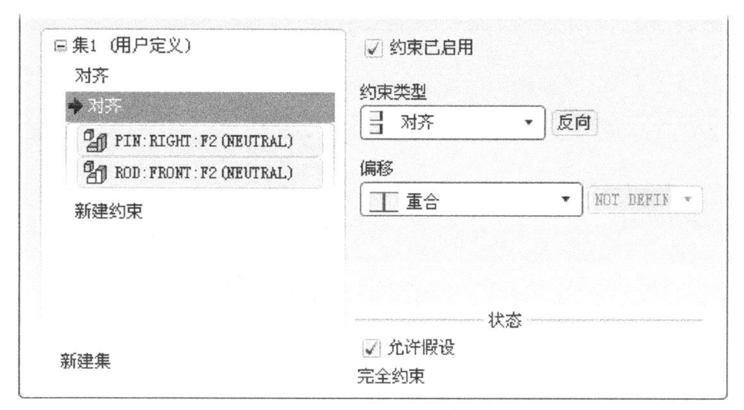

图 7.2.7 基准面“对齐”约束参考

5. 增加元件滑滚（WHEEL.PRT）

将元件滑滚（WHEEL.PRT）装到销上，创建销钉（Pin）连接。

步骤 01 单击 模型 功能选项卡 元件 ▾ 区域中的“组装”按钮，打开文件名为 WHEEL.PRT 的零件。

步骤 02 创建销钉（Pin）连接。在“元件放置”操控板中进行下列操作，便可创建销钉（Pin）连接。

（1）在约束集列表中选取 销钉 选项。

（2）修改连接的名称。单击操控板菜单中的“放置”按钮，系统出现图 7.2.8 所示的“放置”界面，在 集名称 下的文本框中输入连接名称“Connection_2c”，并按 Enter 键。

（3）定义“轴对齐”约束。在“放置”界面中单击 轴对齐 选项，然后分别选取图 7.2.9 中的两个元件的轴线（元件 WHEEL 的轴线和元件 PIN 的轴线），轴对齐 约束的参考如图

7.2.10 所示。

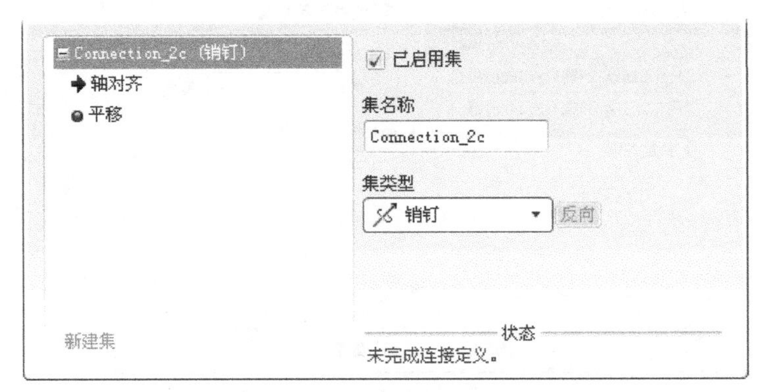

图 7.2.8 “放置”界面

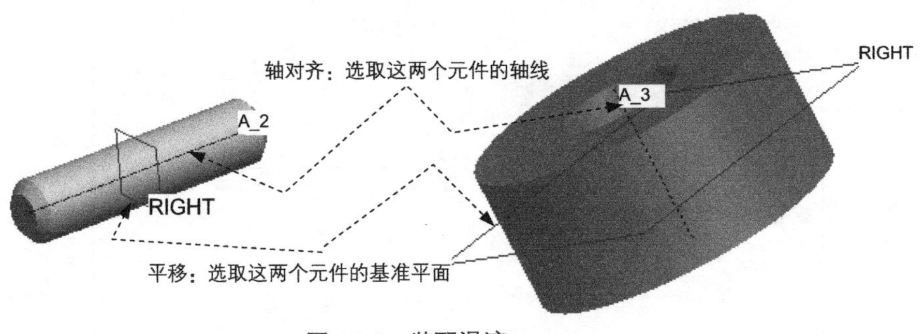

图 7.2.9 装配滑滚

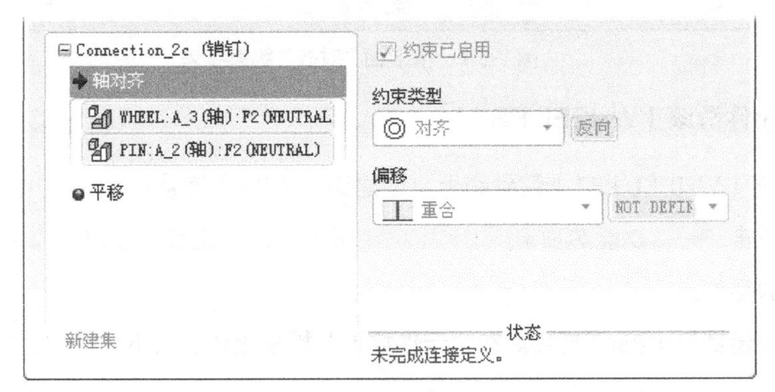

图 7.2.10 “轴对齐”约束参考

（4）定义“平移”约束。分别选取图 7.2.9 中两个元件的基准平面（元件 WHEEL 的 RIGHT 基准平面和元件 PIN 的 RIGHT 基准平面），以限制元件 WHEEL 在元件 PIN 上的平移，平移约束的参考如图 7.2.11 所示。

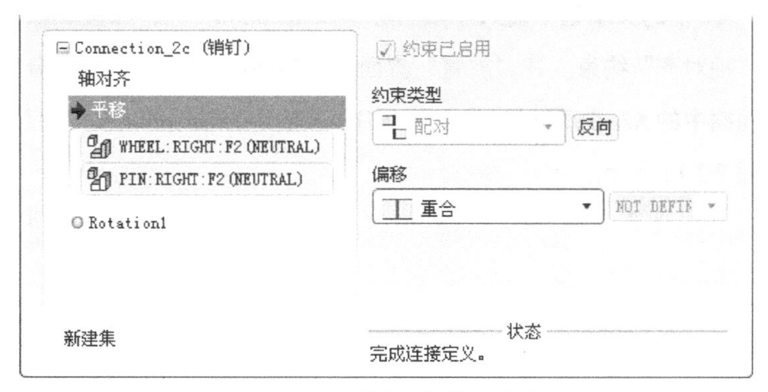

图 7.2.11 “平移”约束参考

（5）单击操控板中的✔按钮。

6. 增加元件凸轮（CAM.PRT）

先创建基准轴，然后将元件凸轮（CAM.PRT）装在基准轴上，创建销钉（Pin）连接。

任务 01 创建基准平面 ADTM1 作为基准轴的放置参考

步骤 01 单击“平面”按钮，系统弹出“基准平面”对话框。

步骤 02 选取固定挡板零件(FIXED_PLATE.PRT)的安装凸轮侧的端面为偏距的参考面，在对话框中输入偏移距离值 205.0，单击 确定 按钮。

任务 02 创建基准轴 AA_1

步骤 01 单击“轴”按钮 轴，系统弹出“基准轴”对话框。

步骤 02 选取基准平面 ADTM1，定义为 穿过；按住 Ctrl 键，选取 ASM_TOP 基准平面，定义为 穿过；单击对话框中的 确定 按钮。

任务 03 将元件凸轮（CAM.PRT）装在基准轴 AA_1 上，创建销钉（Pin）连接

步骤 01 选择下拉菜单 插入(I) → 元件(C) ▸ → 装配(A)... 命令，打开文件名为 CAM.PRT 的零件。

步骤 02 创建销钉（Pin）连接。在“元件放置”操控板中进行下列操作，便可创建销钉（Pin）连接。

（1）在约束集列表中选取 销钉 选项。

（2）修改连接的名称。单击操控板菜单中的 放置 选项卡，系统出现图 7.2.12 所示的“放

置”界面，在集名称下的文本框中输入连接名称“Connection_3c”，并按 Enter 键。

（3）定义“轴对齐”约束。在“放置”界面中单击轴对齐选项，然后分别选取图 7.2.13 中的轴线和模型树中的 AA_1 基准轴线（元件 WHEEL 的中心轴线和 AA_1 基准轴线），轴对齐约束的参考如图 7.2.14 所示。

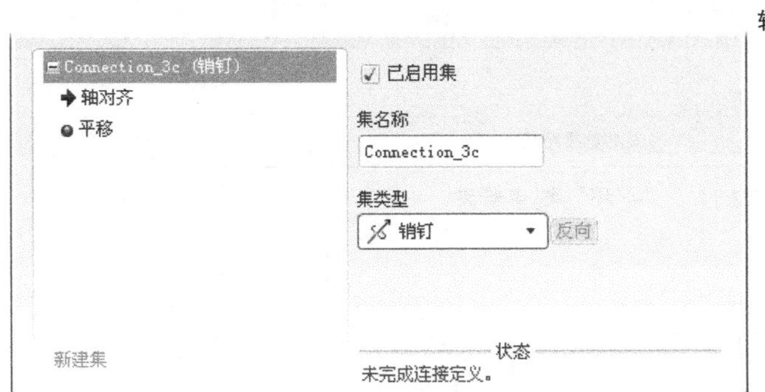

图 7.2.12 “放置”界面

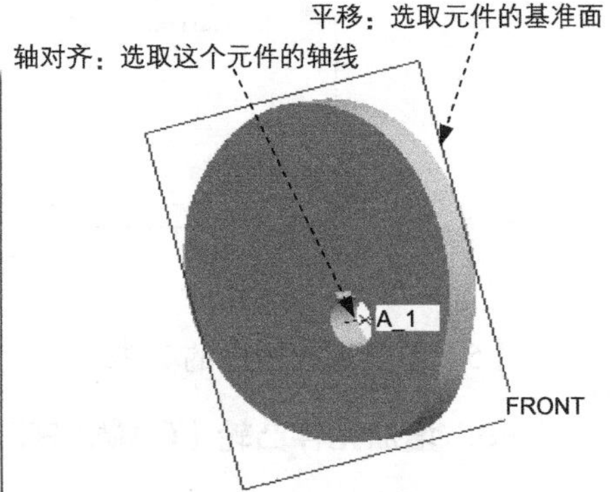

图 7.2.13 装配凸轮

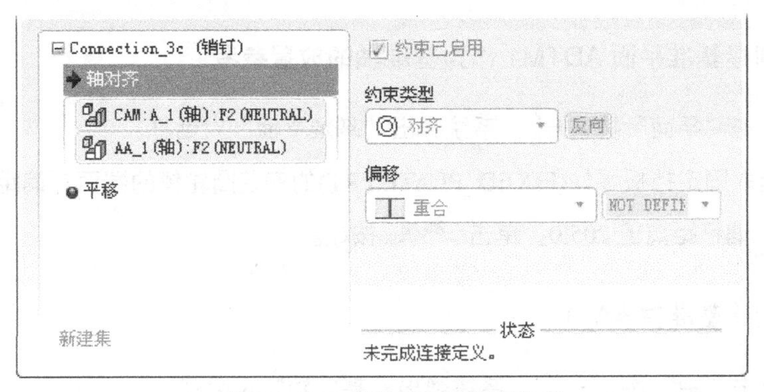

图 7.2.14 “轴对齐”约束参考

（4）定义“平移”约束。分别选取图 7.2.13 中的元件基准面和模型树中的 ASM_FRONT 基准平面（元件 CAM 的 FRONT 基准平面和 ASM_FRONT 基准平面），平移约束的参考如图 7.2.15 所示。

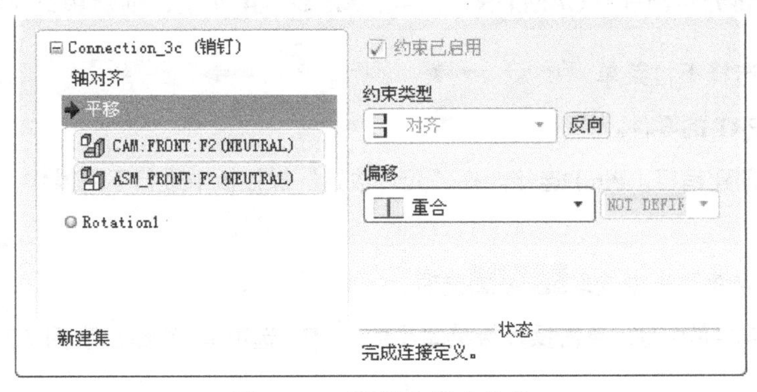

图 7.2.15 “平移”约束参考

（5）单击操控板中的✔按钮。

7. 定义凸轮从动机构连接

步骤01 选择下拉菜单 应用程序(P) → 机构(E) 命令，进入机构模块。

步骤02 选择下拉菜单 插入(I) → 凸轮(C)... 命令，系统弹出图7.2.16所示的“凸轮从动机构连接定义”对话框，在该对话框中进行下列操作。

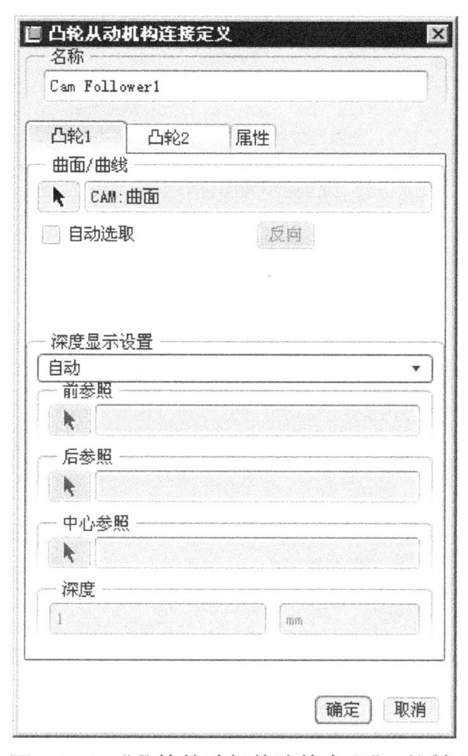

图7.2.16 “凸轮从动机构连接定义”对话框

（1）输入名称。在该对话框的“名称”文本框中输入凸轮从动机构名称，或采用系统的默认名(本例采用系统默认名)。

（2）选取凸轮（CAM）曲面。在图7.2.17所示的模型上，按住Ctrl键，选取凸轮CAM的边缘曲面，单击“选取”对话框中的 确定 按钮。

步骤03 选取滑滚（WHEEL）圆周线。

（1）点击“凸轮从动机构连接定义”对话框中的 凸轮2 选项卡，此时对话框如图7.2.18所示。

（2）在图7.2.17所示的模型上，按住Ctrl键，选取滑滚WHEEL的圆周曲线，单击“选取”对话框中的 确定 按钮。

步骤 04 完成凸轮从动机构连接定义。单击“凸轮从动机构连接定义”对话框中的 确定 按钮。

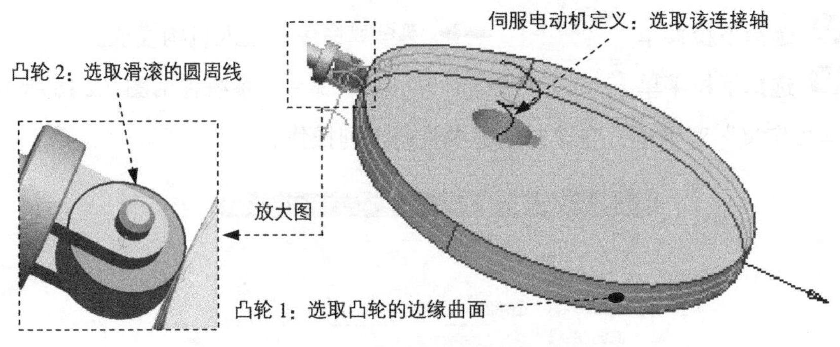

图 7.2.17　凸轮从动机构连接定义

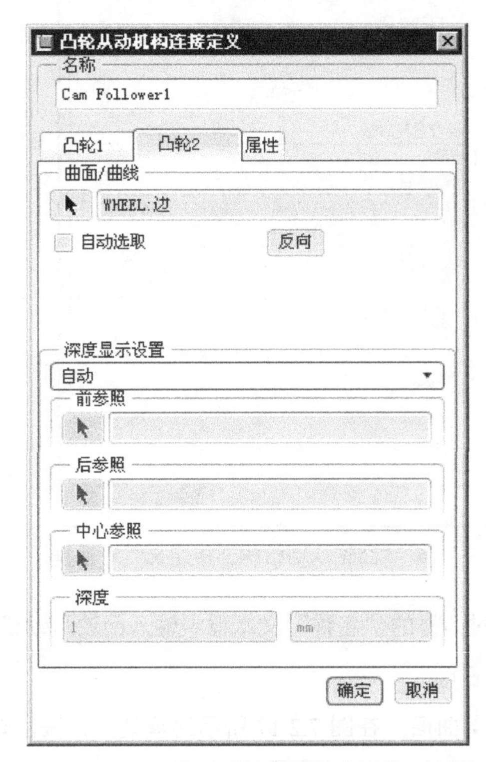

图 7.2.18　“凸轮从动机构连接定义”对话框

8. 定义伺服电动机

步骤 01 选择下拉菜单 插入(I) ➡ 伺服电动机(V)... 命令。

步骤 02 此时系统弹出“伺服电动机定义”对话框，在该对话框中进行下列操作。

（1）输入伺服电动机名称。在该对话框中的“名称”文本框中输入伺服电动机名称，或采用系统的默认名。

（2）选择运动轴。在图 7.2.17 所示的模型上选取连接轴 Connection_3c.axis_1。

（3）定义运动函数。单击对话框中的 轮廓 选项卡，系统显示图 7.2.19 所示的界面，在该界面中进行下列操作。

① 选择规范。在 规范 区域的列表框中选择 速度。

② 定义运动函数。在 模 区域的下拉列表中选择 常数 类型，并在“A”文本框中输入参数值 10。

步骤 03 完成伺服电动机定义。单击对话框中的 确定 按钮。

图 7.2.19 “轮廓”选项卡

9. 运行运动分析

步骤 01 选择下拉菜单 分析(A) → 机构分析(Y)... 命令。

步骤 02 此时系统弹出图 7.2.20 所示的“分析定义”对话框，在该对话框中进行下列操作。

（1）输入分析（即运动）名称。在该对话框的“名称”文本框中输入分析名称，或采用默认名。

（2）选择分析类型。选取分析类型为“位置”。

（3）调整伺服电动机顺序。如果机构装置中有多个伺服电动机，可单击对话框中的 电动机标签，在弹出的界面中调整伺服电动机顺序。由于本例中只有一个伺服电动机，所以不进行本步操作。

（4）定义动画时域。在图 7.2.20 所示的“分析定义”对话框的图形显示区域进行下列操作。

① 输入开始时间 0（单位为秒）。

② 选择测量时间域的方式：选择长度和帧频方式。

③ 输入终止时间 50（单位为秒）。

④ 输入帧频 10。

（5）定义初始位置。在图 7.2.20 所示的“分析定义”对话框的初始配置区域中选中◉当前单选项。

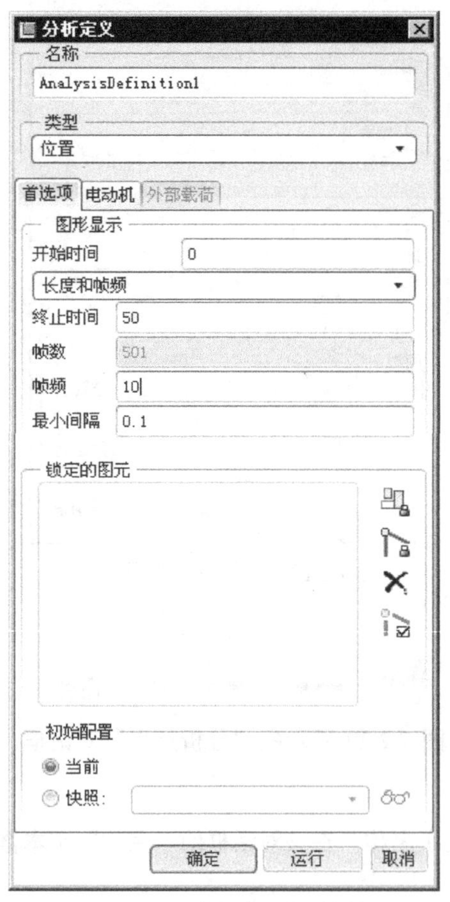

图 7.2.20 “分析定义”对话框

步骤 03 运行运动。在“分析定义”对话框中单击运行按钮。

步骤 04 完成运动定义。单击“分析定义”对话框中的确定按钮。

7.3 带传动机构

带传动通过两个元件进行定义。要定义带传动，必须先进入“机构”环境，然后还需定义“运动轴”。

下面举例说明带传动的创建过程。

1. 新建装配模型

步骤 01 将工作目录设置至 D:\proefj5\work\ch07.03。

步骤 02 新建一个装配体文件，命名为 belt_asm。

2. 创建装配基准轴

任务 01 创建基准轴 AA_1

步骤 01 单击“轴”按钮 轴，系统弹出“基准轴”对话框。

步骤 02 选取基准平面 ASM_RIGHT，定义为 穿过；按住 Ctrl 键，选取 ASM_FRONT 基准平面，定义为 穿过；单击对话框中的 确定 按钮，得到图 7.3.1 所示的基准轴 AA_1。

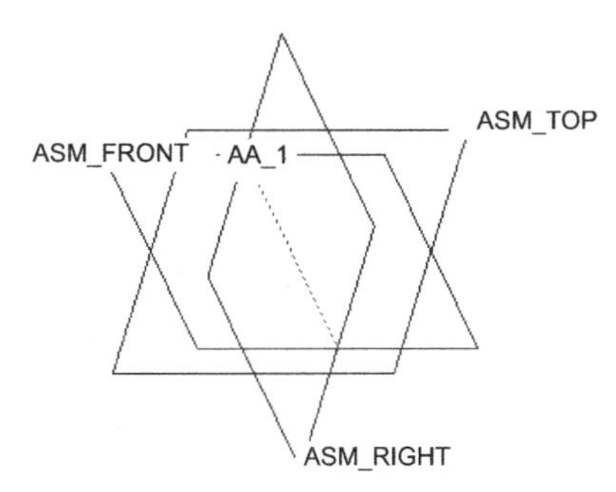

图 7.3.1 创建基准轴 AA_1

任务 02 创建基准平面作为另一个基准轴的草绘平面

步骤 01 单击“平面”按钮，系统弹出“基准平面”对话框。

步骤 02 选取 ASM_RIGHT 基准平面为偏距的参考面，在对话框中输入偏距值 200，单击 确定 按钮。

任务 03 创建基准轴 AA_2

步骤 01 单击“轴”按钮 轴，系统弹出“基准轴”对话框。

步骤 02 选取基准平面 ADTM1，定义为 穿过；按住 Ctrl 键，选取 ASM_FRONT 基准平面，定义为穿过；单击对话框中的 确定 按钮。

3. 增加轮 1（WHEEL1.PRT）

将轮 1（WHEEL1.PRT）装到基准轴 AA_1 上，创建销钉（Pin）连接。

步骤 01 选择下拉菜单 插入(I) ➡ 元件(C) ▸ ➡ 装配(A)... 命令，打开文件名为 WHEEL1.PRT 的零件。

步骤 02 创建销钉（Pin）连接。在“元件放置”操控板中进行下列操作，便可创建销钉（Pin）连接。

（1）在约束集列表中选取 销钉 选项。

（2）修改连接的名称。单击操控板菜单中的 放置 选项卡，系统出现图 7.3.2 所示的“放置”界面，在集名称下的文本框中输入连接名称“Connection_1c”，并按 Enter 键。

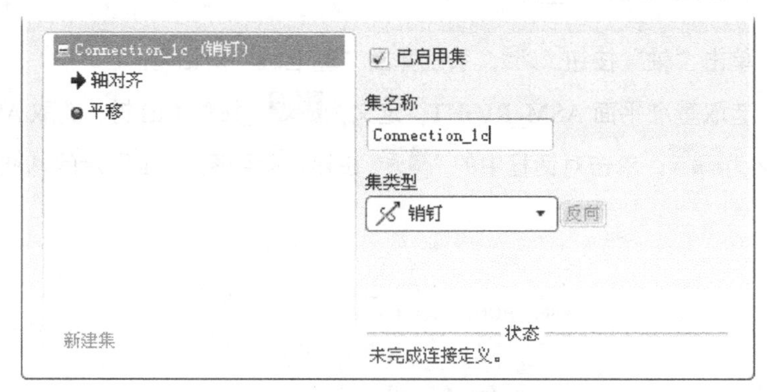

图 7.3.2 “放置”界面

（3）定义“轴对齐”约束。在“放置”界面中单击轴对齐选项，然后分别选取图 7.3.3 中的轴线和模型树中的 AA_1 基准轴（元件 WHEEL1 的中心轴线和 AA_1 基准轴线），轴对齐约束的参考如图 7.3.4 所示。

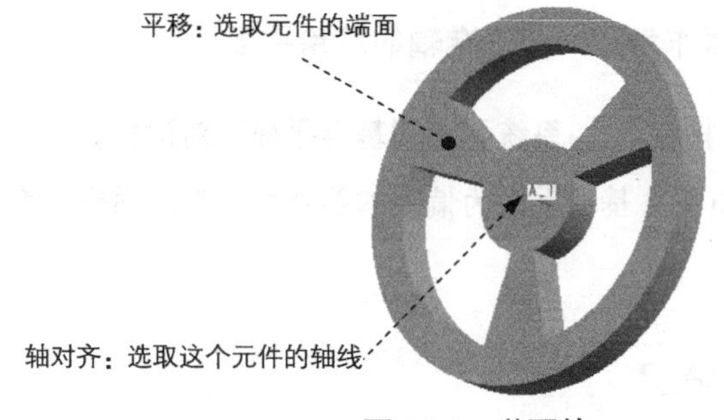

图 7.3.3 装配轮 1

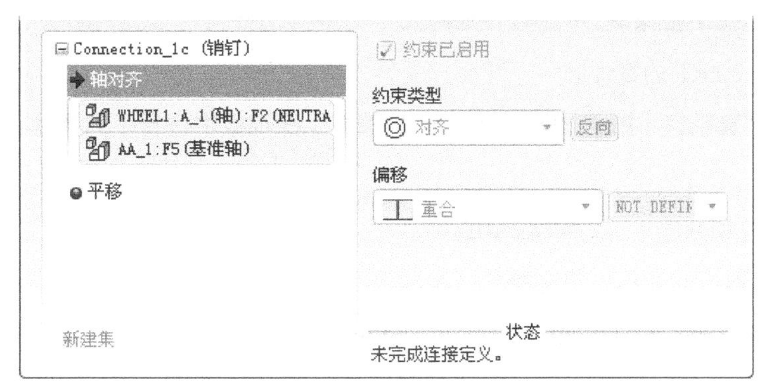

图 7.3.4 “轴对齐”约束参考

（4）定义“平移”约束。分别选取图 7.3.3 中元件的端面和模型树中的 ASM_TOP 基准平面（元件 WHEEL1 的端面和 ASM_TOP 基准平面），以限制元件 WHEEL1 在 ASM_TOP 基准平面上的平移，平移约束的参考如图 7.3.5 所示。

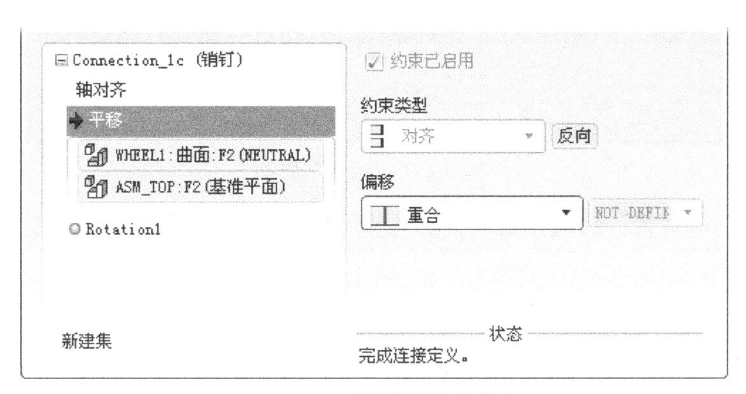

图 7.3.5 “平移”约束参考

（5）单击操控板中的✔按钮。

步骤 03 验证连接的有效性。拖移元件 WHEEL1。

（1）进入机构模块。选择下拉菜单 应用程序(P) ➡ 机构(E) 命令，进入机构模块。

（2）单击 机构 功能选项卡 运动 区域中的“拖动元件”按钮。

（3）在弹出的“拖动”对话框中单击“点拖动”按钮。

（4）在元件 WHEEL1 上单击，出现一个标记◆，移动鼠标进行拖移，并单击中键结束拖移，使元件停留在原来的位置；关闭“拖动”对话框。

（5）退出机构模块。选择下拉菜单 应用程序(P) ➡ 标准(S) 命令，退出机构模块。

4. 增加轮 2（WHEEL2.PRT）

将轮 2（WHEEL2.PRT）装到基准轴 AA_2 上，创建销钉（Pin）连接。

步骤 01 选择下拉菜单 插入(I) → 元件(C) ▸ → 装配(A)... 命令，打开文件名为 WHEEL2.PRT 的零件。

步骤 02 创建销钉（Pin）连接。在“元件放置”操控板中进行下列操作，便可创建销钉（Pin）连接。

（1）在约束集列表中选取 销钉 选项。

（2） 修改连接的名称。单击操控板中的 放置 选项卡；在图 7.3.6 所示界面的 集名称 文本框中输入连接名称“Connection_2c”，并按 Enter 键。

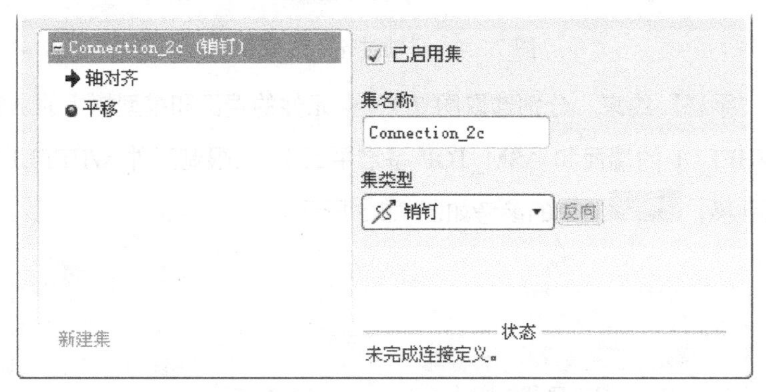

图 7.3.6 “放置”界面

（3）定义“轴对齐”约束。在“放置”界面中单击 轴对齐 选项，然后分别选取图 7.3.7 中的轴线和模型树中的 AA_2 基准轴（元件 WHEEL2 的中心轴线和 AA_2 基准轴线）， 轴对齐 约束的参考如图 7.3.8 所示。

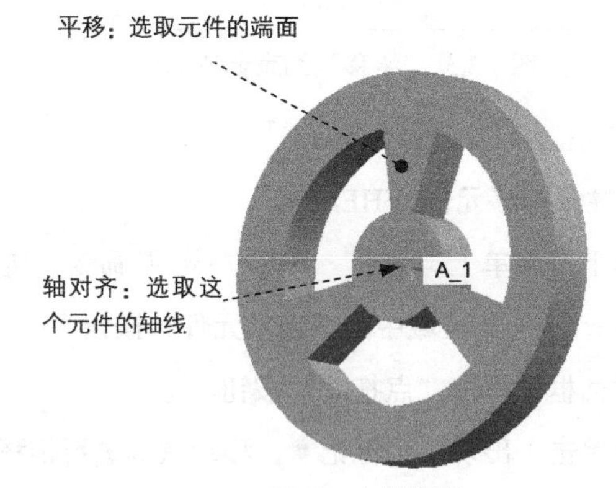

图 7.3.7 装配轮 2

（4）定义“平移”约束。分别选取图 7.3.7 中的元件的端面和模型树中的 ASM_TOP 基准平面（元件 WHEEL2 的端面和 ASM_TOP 基准平面），以限制元件 WHEEL2 在 ASM_TOP 基准平面上的平移， 平移 约束的参考如图 7.3.9 所示。

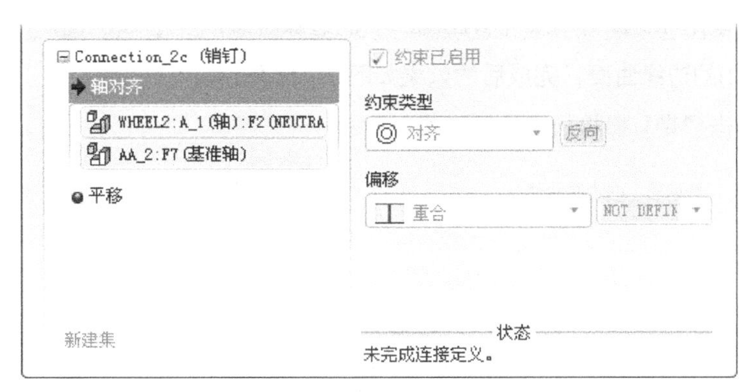

图 7.3.8　“轴对齐”约束参考

若轮 2 和轮 1 不在同一平面内，“平移”约束中就选择轮 2 的另一侧端面。

（5）单击操控板中的✔按钮。

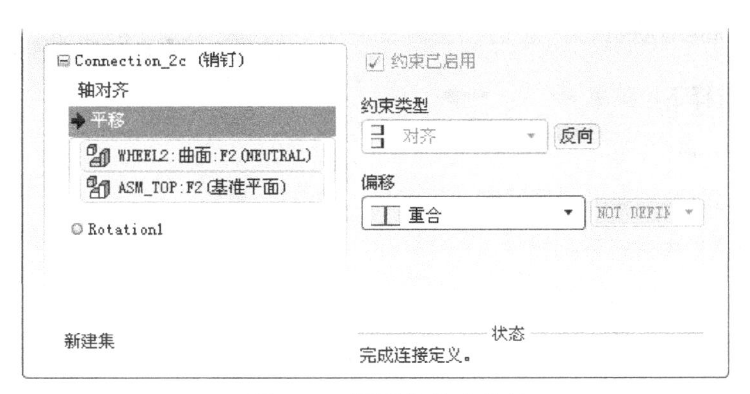

图 7.3.9　“平移”约束参考

5. 定义带传动

步骤 01　选择下拉菜单 应用程序(P) ➡ 机构(E) 命令，进入机构模块。

步骤 02　选择下拉菜单 插入(I) ➡ 带(B)... 命令，此时系统弹出图 7.3.10 所示的“带”操控板。

图 7.3.10　“带”操控板

步骤 03 选取图 7.3.11 中轮 1（WHEEL1）的边缘曲面，按住 Ctrl 键，再选取图 7.3.11 中轮 2(WHEEL2)的边缘曲面，完成后的效果如图 7.3.11 所示。

步骤 04 单击“带”操控板中的✔按钮。

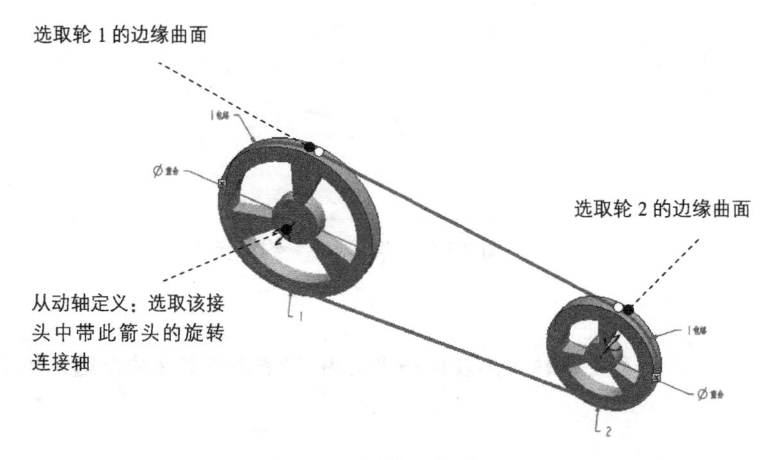

图 7.3.11 带传动设置

6. 定义伺服电动机

步骤 01 选择下拉菜单 插入(I) → 伺服电动机(V)... 命令。

步骤 02 此时系统弹出“伺服电动机定义”对话框，在该对话框中进行下列操作。

（1）输入伺服电动机名称。在该对话框的“名称”文本框中输入伺服电动机名称，或采用系统的默认名。

（2）选择运动轴。在图 7.3.11 所示的轮 1 上选取旋转连接轴 Connection_1c.axis_1。

（3）定义运动函数。单击对话框中的 轮廓 选项卡，系统显示图 7.3.12 所示的界面，在该界面中进行下列操作。

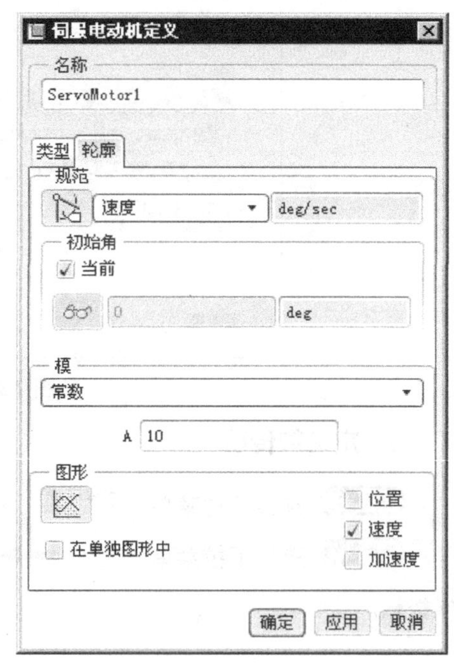

图 7.3.12 “伺服电动机定义”对话框

① 选择规范。在 规范 区域的列表框中选择 速度。

② 选取运动函数。在 模 区域的下拉列表中选择函数类型为 常数，在“A”文本框中输入数值 10。

步骤 03 完成伺服电动机定义。单击“伺服电动机定义”对话框中的 确定 按钮。

7. 建立运动分析并运行

步骤 01 选择下拉菜单 分析(A) → 机构分析(Y)... 命令。

步骤 02 此时系统弹出图 7.3.13 所示的“分析定义”对话框，在该对话框中进行下列操作。

（1）输入分析（即运动）名称。在对话框的名称文本框中输入此分析的名称，或采用默认名。

（2）选择分析类型。选取分析的类型为“位置”。

（3）调整伺服电动机顺序。如果在机构装置中有多个伺服电动机，则可在对话框的 电动机 选项卡中调整伺服电动机顺序。由于本例中只有一个伺服电动机，所以不必进行此步操作。

（4）定义动画时域。在图 7.3.13 所示的“分析定义”对话框的 图形显示 区域进行下列操作。

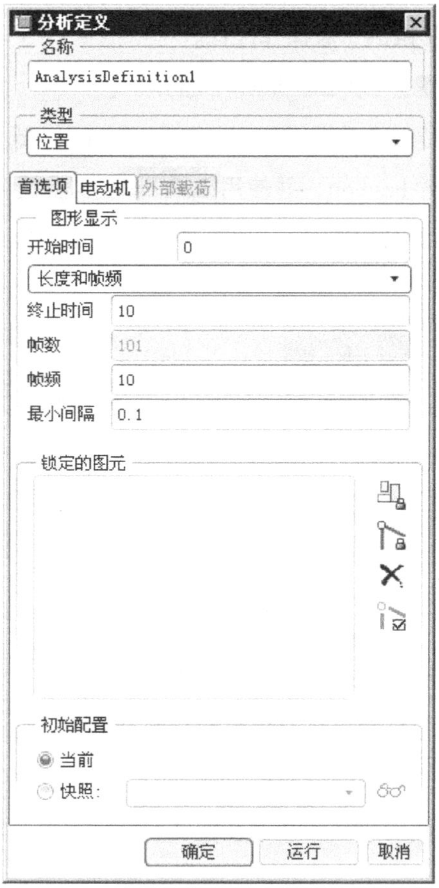

图 7.3.13 “分析定义”对话框

① 输入开始时间 0（单位为秒）。

② 选择测量时间域的方式。选择长度和帧频方式。

③ 输入终止时间 10（单位为秒）。

④ 输入帧频 10。

（5）定义初始位置。在图 7.3.13 所示“分析定义”对话框的初始配置区域选中◉当前单选项。

步骤 03 运行运动分析。单击“分析定义”对话框中的 运行 按钮。

步骤 04 完成运动分析。单击“分析定义”对话框中的 确定 按钮。

7.4 3D 接触

利用 3D 接触功能可以实现机构中两元件之间的接触不穿透以及碰撞的模拟，3D 接触还可以进行压力角、接触面积和滑动速度等参数的分析研究。

下面举例说明创建 3D 接触的一般操作过程。

步骤 01 将工作目录设置至 D:\proefj5\work\ch07.04。

步骤 02 新建文件。新建一个装配模型，命名为 3D_asm，选取 mmns_asm_design 模板。

步骤 03 引入第一个元件 base.prt，并使用 缺省 约束完全约束该元件。

步骤 04 引入第二个元件 slide_01.prt，并将其调整到图 7.4.1 所示的位置。

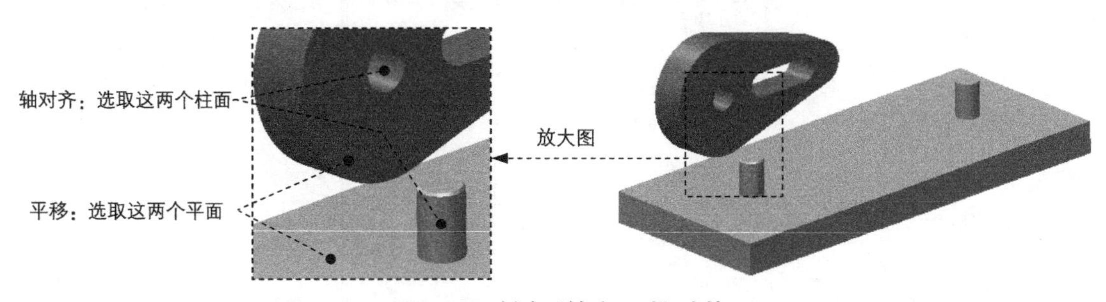

图 7.4.1　创建“销（Pin）”连接

步骤 05 创建 slide_01 和 base 之间的销钉连接。

（1）在“元件放置”操控板的机械连接约束列表中选择 销钉 选项。

（2）定义“轴对齐”约束。单击操控板中的 放置 按钮，分别选取图 7.4.1 中的两个柱面为“轴对齐”约束参考，此时 放置 界面如图 7.4.2 所示。

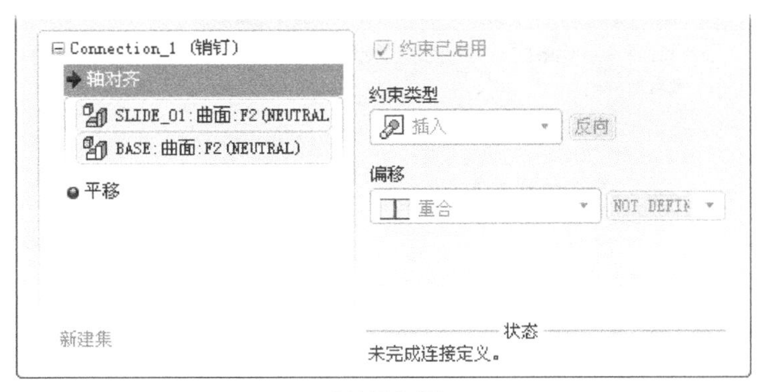

图 7.4.2 “放置”界面（一）

（3）定义“平移”约束。分别选取图 7.4.1 中的两个平面为“平移”约束参考，此时 放置 界面如图 7.4.3 所示。

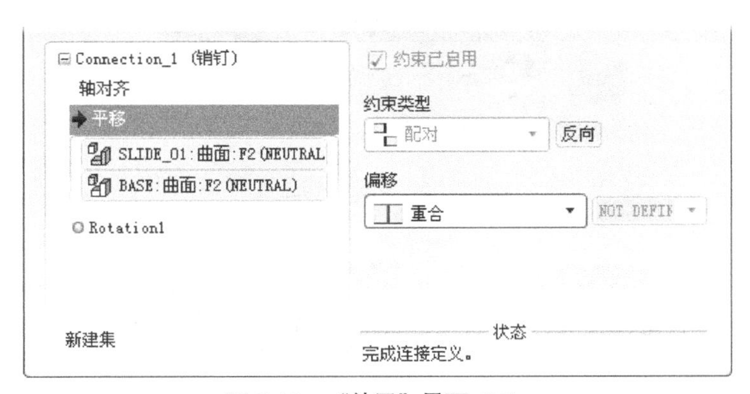

图 7.4.3 “放置”界面（二）

（4）设置旋转轴参考。在 放置 界面中单击 旋转轴 选项，分别选取 slide_01 和 base 中的 FRONT 基准平面为旋转轴参考。

（5）设置位置参数。在 放置 界面右侧 当前位置 区域下的文本框中输入值 0，并按 Enter 键确认；选中 启用再生值 复选框，如图 7.4.4 所示。

（6）单击操控板中的 ✔ 按钮，完成销钉连接的创建，如图 7.4.5 所示。

步骤 06 引入元件 slide_02，并将其调整到图 7.4.6 所示的位置。

步骤 07 创建 slide_02 和 base 之间的销钉连接。

（1）在“元件放置”操控板的机械连接约束列表中选择 销钉 选项。

（2）定义“轴对齐”约束。单击操控板中的 放置 按钮，分别选取图 7.4.6 中的两个柱面为“轴对齐”约束参考，此时 放置 界面如图 7.4.7 所示。

Connection_1 (销钉)
轴对齐
平移
旋转轴
SLIDE_01:FRONT:F2 (NEUTRA
BASE:FRONT:F2 (NEUTRAL)
新建集
当前位置
再生值
0.0
>>
0.0
设置零位置
启用再生值
最小限制
-180.0
最大限制
180.0
动态属性 >>

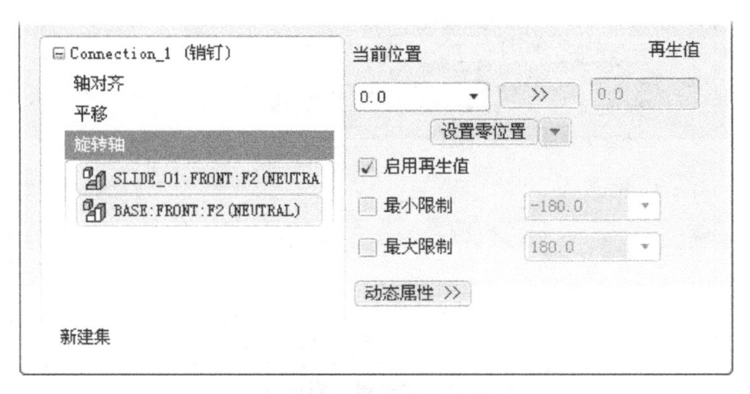

图 7.4.4　设置位置参数

图 7.4.5　完成机构连接

放大图
轴对齐：选取这两个柱面
平移：选取这两个平面

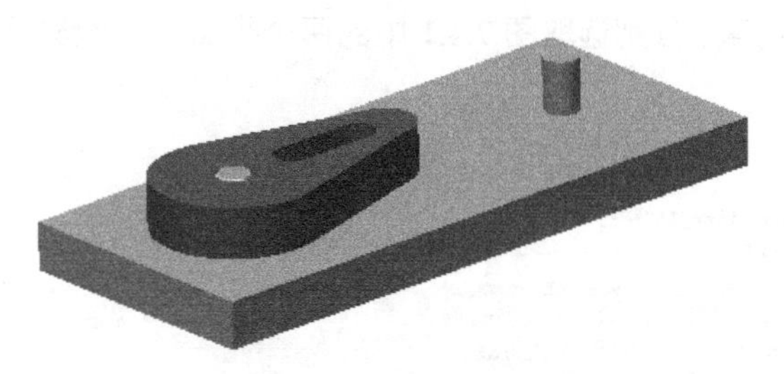

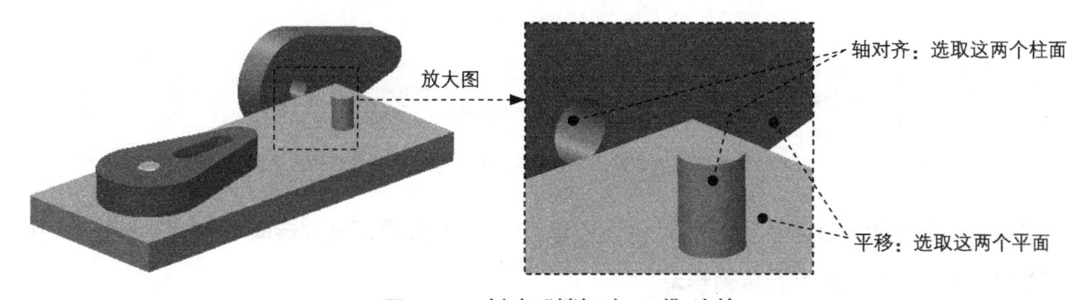

图 7.4.6　创建“销钉 (Pin)”连接

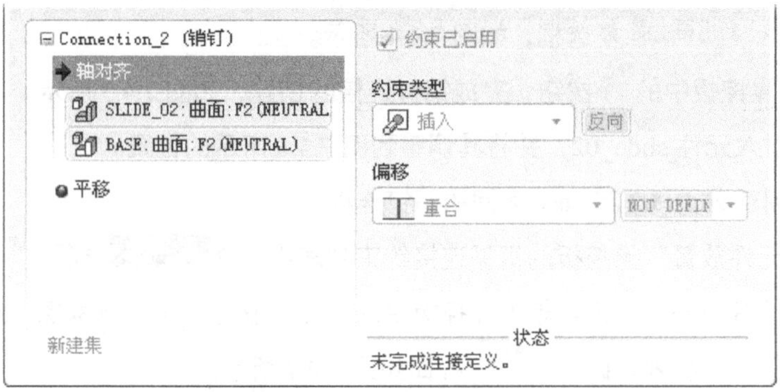

Connection_2 (销钉)
轴对齐
SLIDE_02:曲面:F2 (NEUTRAL
BASE:曲面:F2 (NEUTRAL)
平移
新建集
约束已启用
约束类型
插入
反向
偏移
重合
NOT DEFIN
状态
未完成连接定义。

图 7.4.7　“放置”界面 (一)

（3）定义“平移”约束。分别选取图 7.4.6 中的两个平面为“平移”约束参考，此时 放置 界面如图 7.4.8 所示。

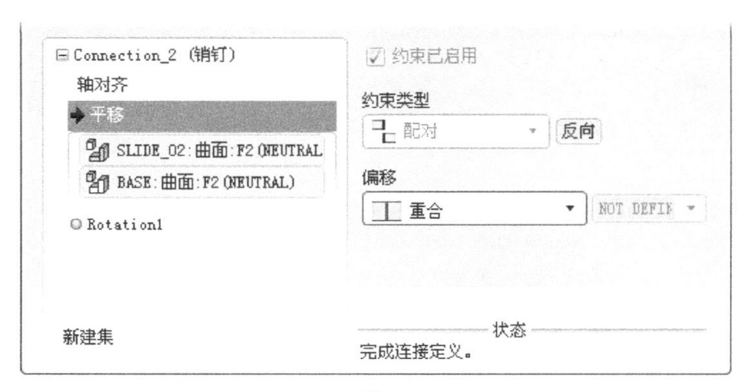

图 7.4.8 “放置”界面（二）

（4）单击操控板中的 按钮，完成销钉连接的创建。

（5）调整模型的位置如图 7.4.9 所示。

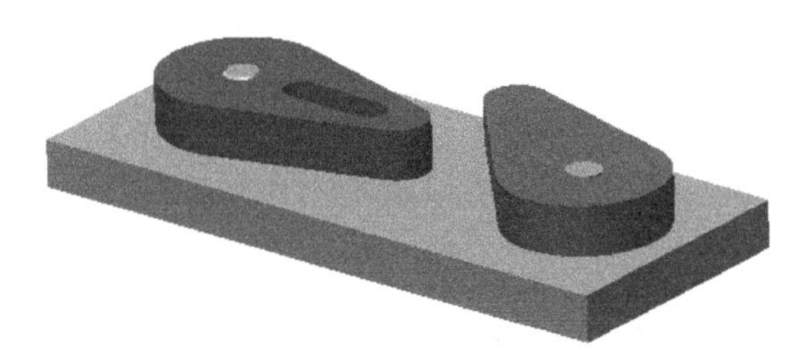

图 7.4.9 调整模型位置

步骤 08 进入机构模块。选择下拉菜单 应用程序(P) → 机构(E) 命令，进入机构模块。

步骤 09 设置初始位置。

（1）选择拖动命令。选择下拉菜单 视图(V) → 方向(O) ▸ → 拖动元件(D)... 命令，系统弹出“拖动”对话框。

（2）记录快照 1。单击对话框 当前快照 区域中的 按钮，即可记录当前位置为快照 1（Snapshot1）。

（3）单击 关闭 按钮，关闭“拖动”对话框。

步骤 10 设置 3D 接触。

（1）选择命令。选择下拉菜单 插入(I) → 3D 接触... 命令，系统弹出图 7.4.10 所示的“3D 接触”操控板。

（2）选取定义对象。在机构中选取图 7.4.11 所示的曲面为定义对象。

（3）单击操控板中的✔按钮，完成连接的创建，如图 7.4.12 所示。

图 7.4.10 “3D 接触”操控板

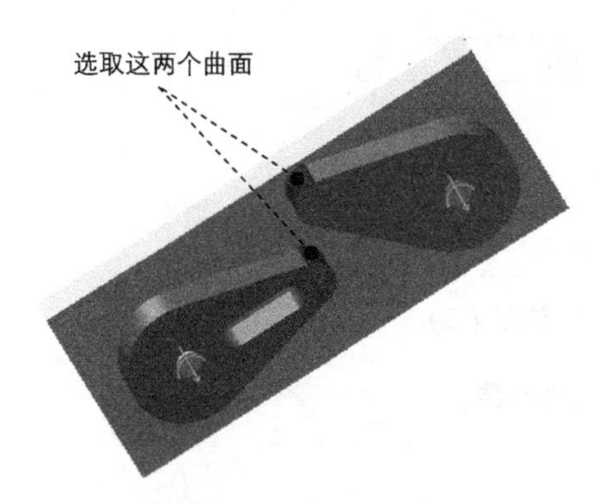

图 7.4.11 选取定义对象

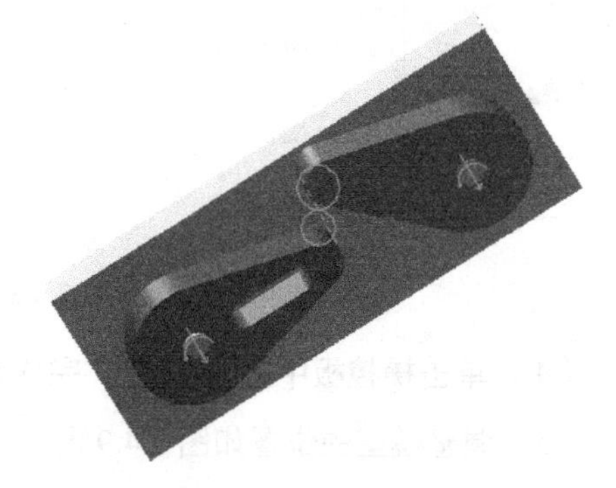

图 7.4.12 设置 3D 接触

步骤 11 定义伺服电动机。

（1）选择命令。选择下拉菜单 插入(I) ➡ 伺服电动机(V)... 命令，系统弹出“伺服电动机定义”对话框。

（2）选取参考对象。选取图 7.4.13 所示的连接为参考对象。

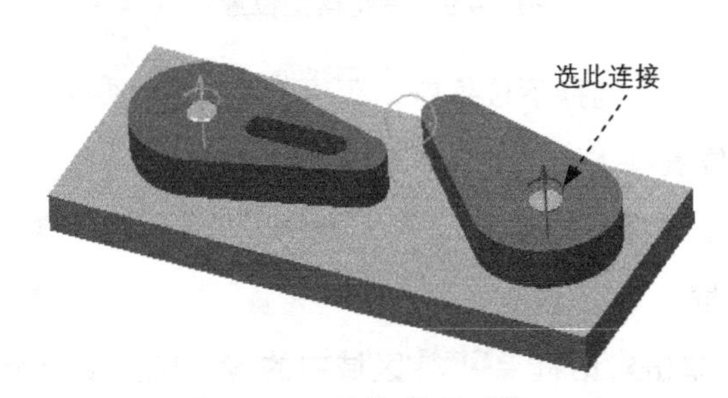

图 7.4.13 选取参考对象

（3）设置轮廓参数。单击“伺服电动机定义”对话框中的 轮廓 选项卡，在“定义运动轴设置”按钮右侧的下拉列表中选择 速度 选项，在“模”下拉列表中选择 常数 选项，并将 A 的值设置为 36。

（4）单击对话框中的 确定 按钮，完成伺服电动机的定义。

步骤 12 定义机构分析。

（1）选择命令。选择下拉菜单 分析(A) ➡ 机构分析(Y)... 命令，系统弹出“分析定义”对话框。

（2）定义初始配置。在初始配置区域中选择 ◉ 快照: 单选项，并在其后的下拉列表中选择快照“Snapshot1”。

（3）运行运动分析。单击“分析定义”对话框中的 运行 按钮，查看机构的运行状况，可以发现电动机驱动的 slide_02 由于 3D 接触连接撞开了 slide_01。

（4）完成运动分析。单击 确定 按钮完成运动分析。

步骤 13 再生模型。选择下拉菜单 编辑(E) ➡ 再生(G) 命令，再生机构模型。

步骤 14 保存机构模型。

7.5 传动副实际应用案例——联轴器

案例概述:

该模型模拟的是微型联轴器的运行状况，主要用到了机构连接和 3D 接触，如图 7.5.1 所示。在创建该机构模型时，一定要注意联轴器和花键之间不能出现关联性装配或机构约束，只能应用 3D 接触进行连接，并且 3D 接触需要间隔一个键齿进行设置，否则后面仿真会失败。读者可以打开视频文件 D:\proefj5\work\ch07.05\ok\ COUPLING.mpg 查看机构运行状况。

图 7.5.1 机构模型

步骤 01 将工作目录设置至 D:\proefj5\work\ch07.05\。

步骤 02 新建文件。新建一个装配模型，命名为 coupling_asm，选取 mmns_asm_design 模板。

步骤 03 引入第一个元件 base.prt，并使用 缺省 约束完全约束该元件。

步骤 04 引入第二个元件 coupling_01.prt，并将其调整到图 7.5.2 所示的位置。

步骤 05 创建 coupling_01 和 base 之间的销钉连接。

（1）在“元件放置”操控板的机械连接约束列表中选择 销钉 选项。

（2）定义“轴对齐”约束。单击操控板中的 放置 按钮，分别选取图 7.5.2 中的两个柱面为“轴对齐”约束参考，此时 放置 界面如图 7.5.3 所示。

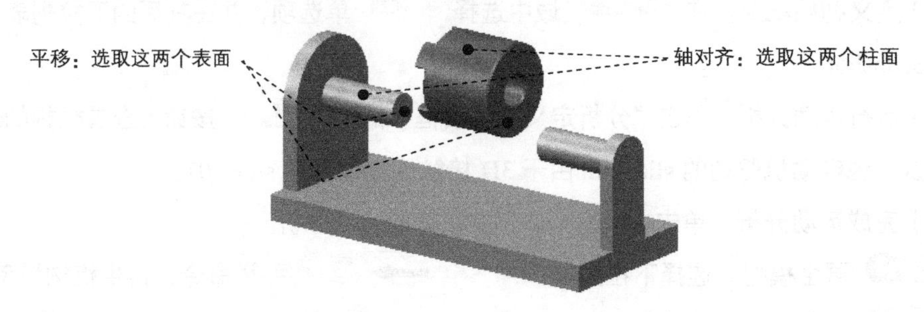

图 7.5.2　创建“销钉（Pin）”连接

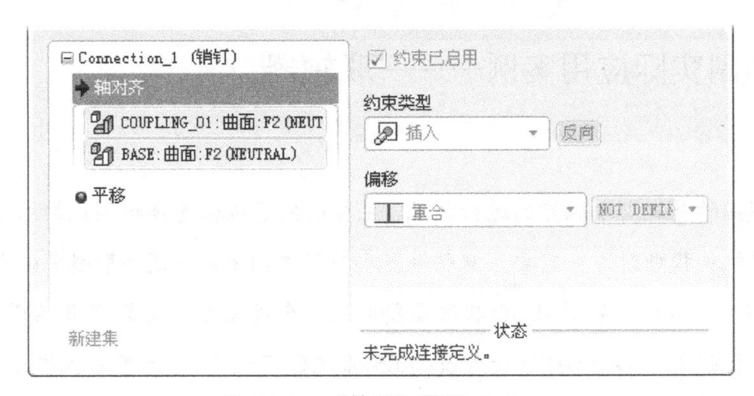

图 7.5.3　“放置”界面（一）

（3）定义“平移”约束。分别选取图 7.5.2 中的两个平面为“平移”约束参考，此时 放置 界面如图 7.5.4 所示。

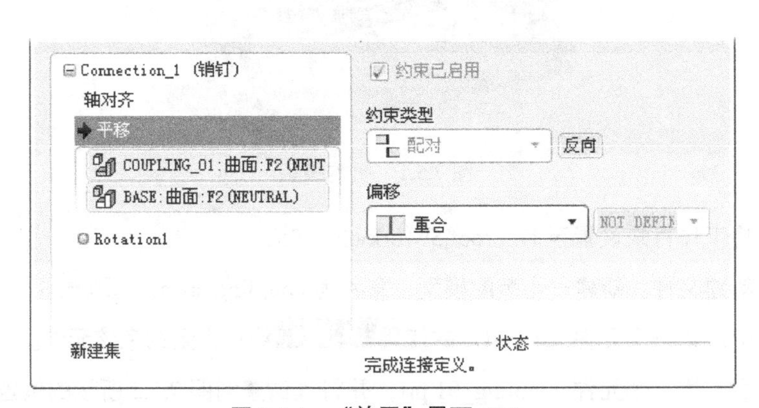

图 7.5.4　“放置”界面（二）

（4）设置旋转轴参考。在 放置 界面中单击 ○旋转轴 选项，在模型树中选取 coupling_01 中的基准平面 DTM3 和装配中的基准平面 ASM_TOP 为旋转轴参考。

在 放置 界面中单击 反向 按钮，可以反转轴对齐和面对齐的方向，如果单击 反向 按钮没有效果，可以预先将元件 coupling_01 调整到图 7.5.5 所示位置再进行约束。

（5）设置位置参数。在 放置 界面右侧 当前位置 区域下的文本框中输入值 0，并按 Enter 键确认；单击 >> 按钮，选中 启用再生值 复选框，如图 7.5.6 所示。

图 7.5.5 调整元件位置

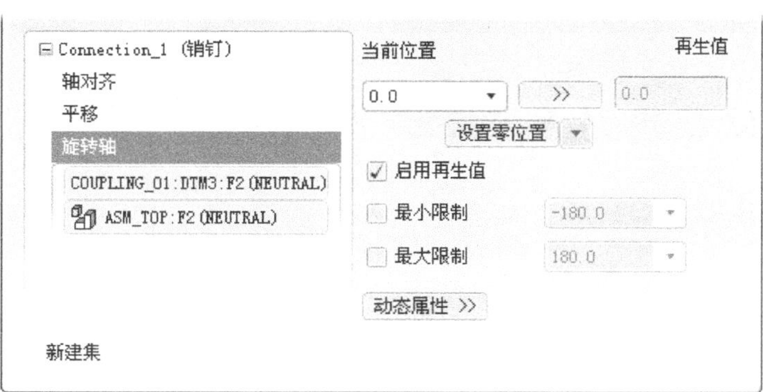

图 7.5.6 设置位置参数

（6）单击操控板中的 ✓ 按钮，完成销钉连接的创建。

步骤 06 引入元件 coupling_02.prt，并将其调整到图 7.5.7 所示的位置。

步骤 07 创建 coupling_02 和 base 之间的销钉连接。

（1）在“元件放置”操控板的机械连接约束列表中选择 销钉 选项。

（2）定义“轴对齐”约束。单击操控板中的 放置 按钮，分别选取图 7.5.7 中的两个柱面为“轴对齐”约束参考，此时 放置 界面如图 7.5.8 所示。

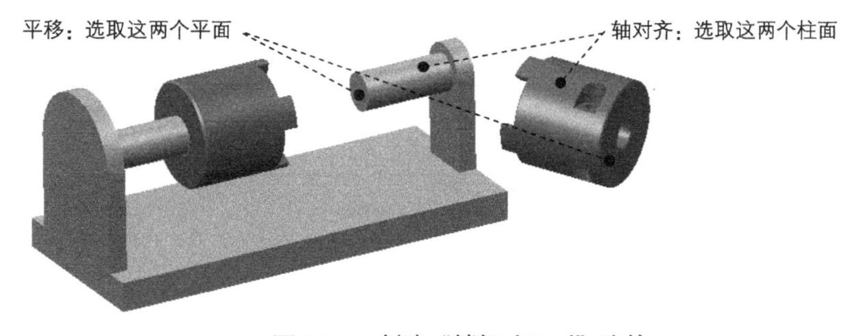

图 7.5.7 创建“销钉（Pin）”连接

（3）定义“平移”约束。分别选取图 7.5.7 中的两个平面为“平移”约束参考，此时 放置 界面如图 7.5.9 所示。

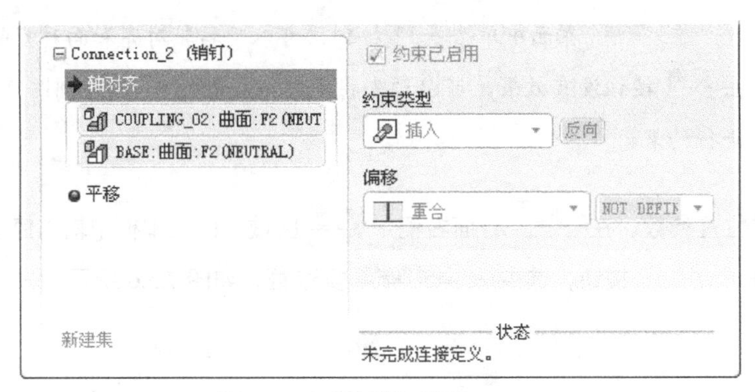

图 7.5.8 “放置”界面（一）

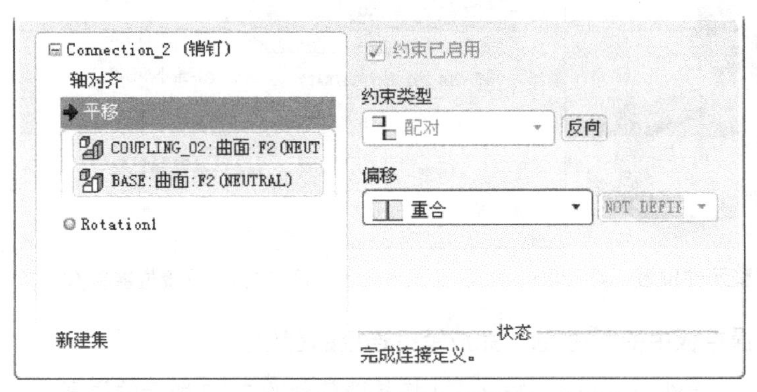

图 7.5.9 “放置”界面（二）

（4）设置旋转轴参考。在 放置 界面中单击 旋转轴 选项，在模型树中选取 coupling_02 中的基准平面 DTM3 和装配中的基准平面 ASM_TOP 为旋转轴参考。

（5）设置位置参数。在 放置 界面右侧 当前位置 区域下的文本框中输入值 0，并按 Enter 键确认；单击 >> 按钮，选中 ☑ 启用再生值 复选框，此时 放置 界面如图 7.5.10 所示。

（6）单击操控板中的 ✔ 按钮，完成销钉连接的创建。

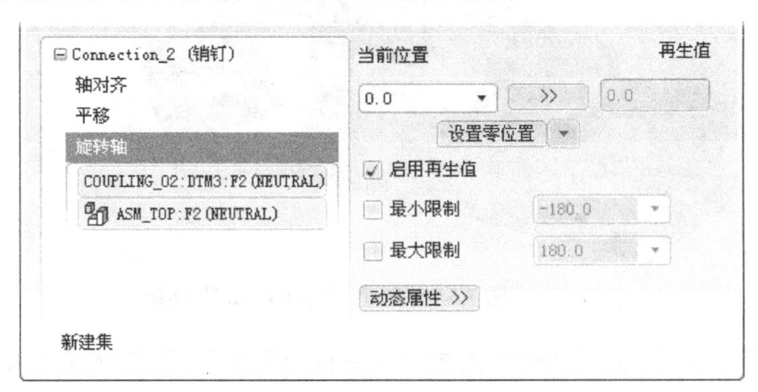

图 7.5.10 “放置”界面（三）

步骤08 引入元件 spline.prt，并将其调整到图 7.5.11 所示的位置。

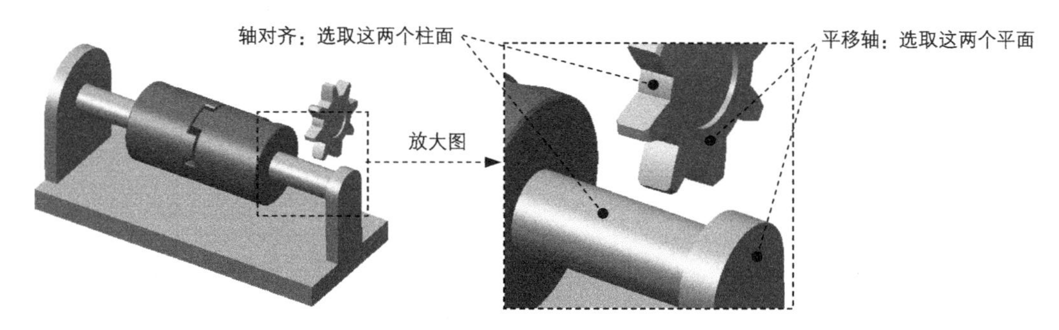

图 7.5.11 创建圆柱（Cylinder）连接

步骤09 创建 spline 和 base 之间的圆柱连接。

（1） 在连接列表中选取 圆柱 选项，此时系统弹出“元件放置”操控板，单击操控板菜单中的 放置 选项卡。

（2）定义“轴对齐”约束。分别选取图 7.5.11 所示的两个柱面为“轴对齐”约束参考，此时 放置 界面如图 7.5.12 所示。

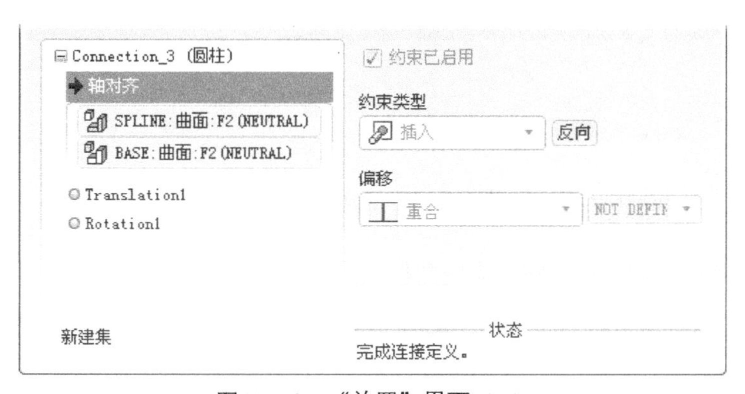

图 7.5.12 “放置”界面 (一)

（3）设置平移轴参考。在 放置 界面中单击 平移轴 选项，选取图 7.5.11 所示的两个平面为平移轴参考。

（4）设置平移轴位置参数。在 放置 界面右侧 当前位置 区域下的文本框中输入值 300.5(如果方向相反则为负值)，并按 Enter 键确认；单击 >> 按钮，选中 启用再生值 复选框，此时 放置 界面如图 7.5.13 所示。

（5）设置旋转轴参考。在 放置 界面中单击 旋转轴 选项，在模型树中选取 spline 中的基准平面 DTM2 和装配中的基准平面 ASM_TOP 为旋转轴参考。

（6）设置位置参数。在 放置 界面右侧 当前位置 区域下的文本框中输入值 90，并按 Enter

键确认；单击 >> 按钮，选中 ☑ 启用再生值 复选框，此时 放置 界面如图 7.5.14 所示。

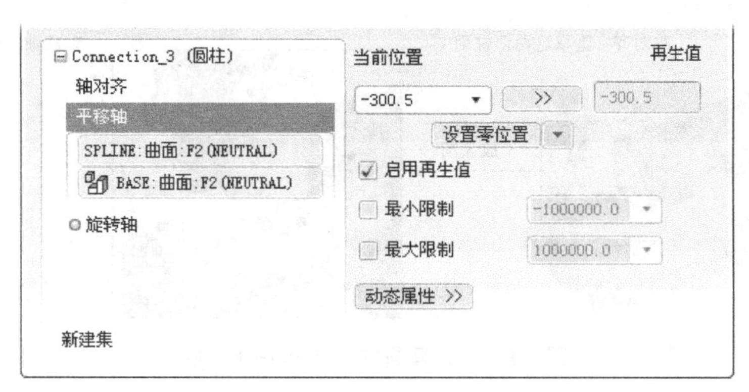

图 7.5.13 “放置”界面（二）

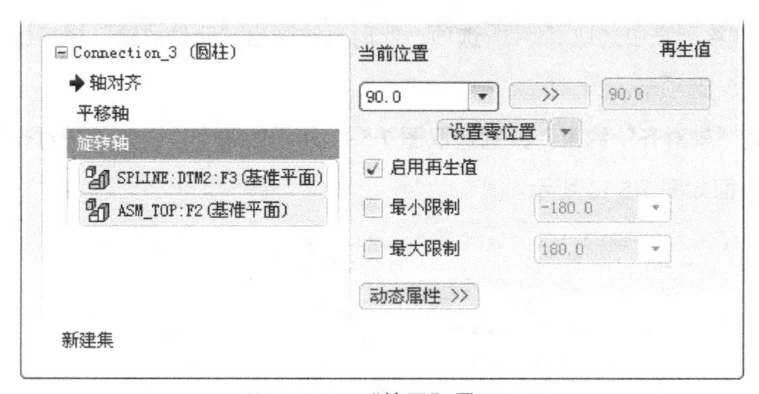

图 7.5.14 “放置”界面（三）

（7）单击操控板中的 ✔ 按钮，完成圆柱连接的创建。

步骤 10 进入机构模块。选择下拉菜单 应用程序(P) ➡ 机构(E) 命令，进入机构模块。

步骤 11 定义 3D 接触 1。

（1）选择命令。选择下拉菜单 插入(I) ➡ 3D 接触... 命令，系统弹出“3D 接触”操控板。

（2）选取参考对象。按住 Ctrl 键，在机构中依次选取图 7.5.15 所示的曲面 1 和曲面 2 为参考对象。

（3）单击操控板中的 ✔ 按钮，完成连接的创建。

如果无法直接选取曲面 1 和曲面 2，可以将模型切换到线框显示状态，采用“在列表中选取”的方法进行选取；也可以将花键元件拖移一定的角度进行选取，但是选取完成后需要再生模型。

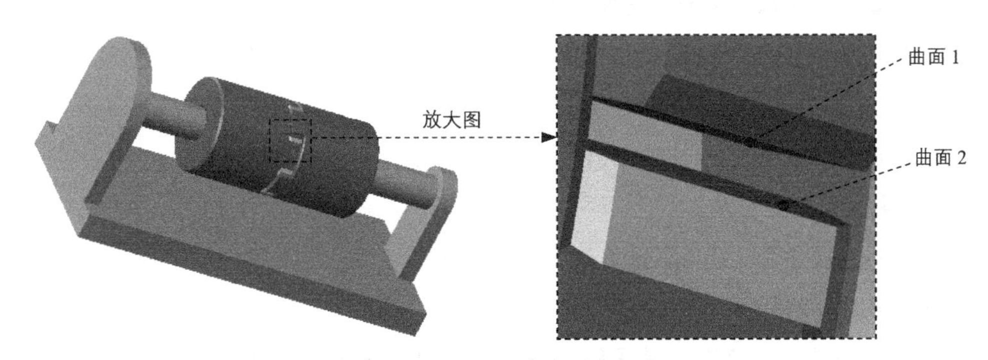

图 7.5.15 选取参考对象

步骤 12 定义 3D 接触 2。参考操作步骤 11，依次选取图 7.5.16 所示的曲面 3 和曲面 4 为参考对象定义 3D 接触 2。

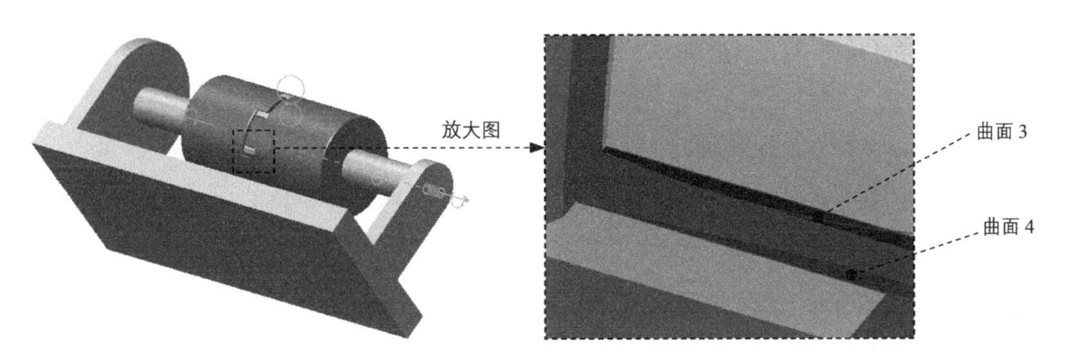

图 7.5.16 选取参考对象

步骤 13 定义伺服电动机。

（1）选择命令。选择下拉菜单 插入(I) → 伺服电动机(V)... 命令，系统弹出“伺服电动机定义”对话框。

（2）选取参考对象。选取图 7.5.17 所示的连接为参考对象。

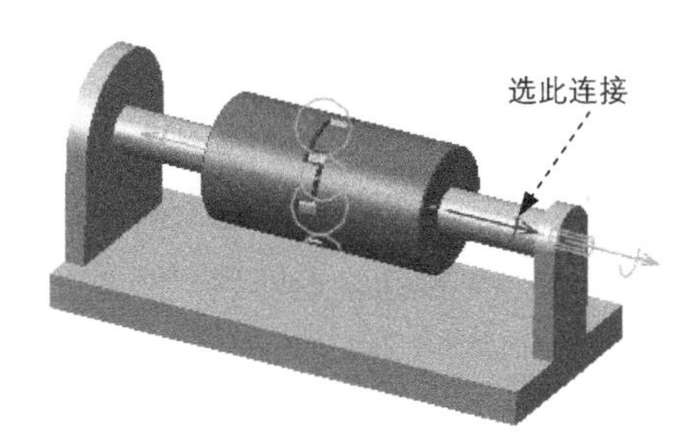

图 7.5.17 选取参考对象

（3）设置轮廓参数。单击“伺服电动机定义”对话框中的轮廓选项卡，在“定义运动轴设置”按钮右侧的下拉列表中选择速度选项，在“模”下拉列表中选择常数选项，设置 A=45。

（4）单击对话框中的确定按钮，完成伺服电动机的定义。

步骤 14 设置初始位置。

（1）选择拖动命令。选择下拉菜单 视图(V) → 方向(O) ▸ → 拖动元件(D)... 命令，系统弹出“拖动”对话框。

（2）记录快照 1。单击对话框当前快照区域中的按钮，即可记录当前位置为快照 1（Snapshot1）。

（3）单击关闭按钮，关闭“拖动”对话框。

步骤 15 定义机构分析。

（1）选择命令。选择下拉菜单 分析(A) → 机构分析(Y)... 命令，系统弹出“分析定义”对话框。

（2）定义初始配置。在初始配置区域中选择 ◉ 快照: 单选项。

（3）运行运动分析。单击“分析定义”对话框中的运行按钮，查看机构的运行状况。

（4）完成运动分析。单击确定按钮完成运动分析。

步骤 16 保存回放结果。

（1）选择下拉菜单 分析(A) → 回放(B)... 命令，系统弹出“回放”对话框。

（2）在“回放”对话框中单击“保存”按钮，系统弹出“保存分析结果”对话框，采用默认的名称，单击保存按钮，即可保存仿真结果。

步骤 17 输出视频。

（1）单击“回放”对话框中的“播放当前结果集”按钮，系统弹出“动画”对话框，

（2）单击“动画”对话框中的“录制动画为 MPEG”按钮捕获...，系统弹出“捕获”对话框，单击确定按钮，机构开始运行输出视频文件。

（3）在工作目录中播放视频文件“COUPLING.mpg”查看结果。

（4）单击“动画”对话框中的关闭按钮，返回到“回放”对话框，单击其中的关闭按钮关闭对话框。

步骤 18 再生模型。选择下拉菜单 编辑(E) → 再生(G) 命令，再生机构模型。

步骤 19 保存机构模型。

7.6 传动副实际应用案例二——弹性碰撞

案例概述:

该模型模拟的是滑动杆受到一个瞬间矢量力的作用，在底座上面滑动，然后与挡板接触一起运动压缩弹簧，压缩到一定程度后，弹簧反弹将滑动杆弹出，由于摩擦力的原因最终停止在某一位置，如图 7.6.1 所示。该实例综合运用了点力、3D 接触、弹簧、凸轮和动态分析等功能。读者可以打开视频文件 D:\proefj5\work\ch07.06\ok\COLLISION_ASM.mpg 查看机构运行状况。

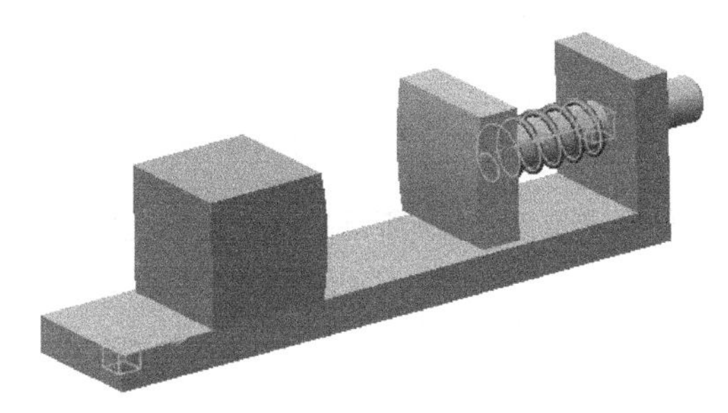

图 7.6.1 机构模型

步骤 01 将工作目录设置至 D:\proefj5\work\ch07.06。

步骤 02 新建文件。新建一个装配模型，命名为 collision_asm，选取 mmns_asm_design 模板。

步骤 03 引入第一个元件 base.prt，并使用 缺省 约束完全约束该元件。

步骤 04 引入第二个元件 slide.prt，并将其调整到图 7.6.2 所示的位置。

步骤 05 创建 slide 和 base 之间的滑动杆连接。

（1） 在连接列表中选取 滑动杆 选项，此时系统弹出“元件放置”操控板，单击操控板菜单中的 放置 选项卡。

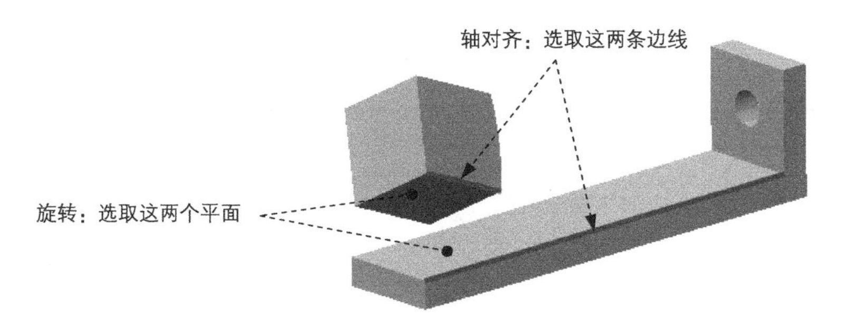

图 7.6.2 创建滑动杆（Slider）连接

（2）定义“轴对齐”约束。分别选取图 7.6.2 所示的两条边线为“轴对齐”约束参考，此时 放置 界面如图 7.6.3 所示。

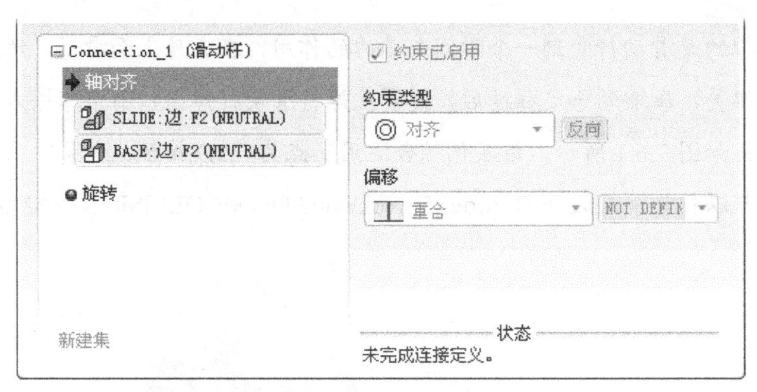

图 7.6.3 “放置”界面（一）

（3）定义“旋转”约束。分别选取图 7.6.2 所示的两个平面为“旋转”约束参考，此时 放置 界面如图 7.6.4 所示。

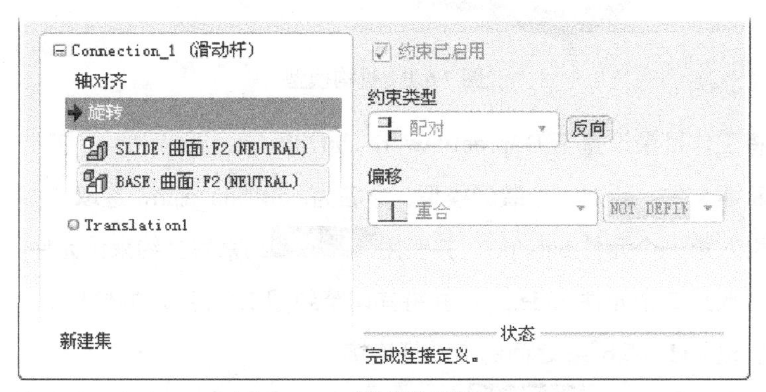

图 7.6.4 “放置”界面（二）

（4）设置平移轴参考。在 放置 界面中单击 平移轴 选项，选取图 7.6.5 所示的两个平面为平移轴参考。

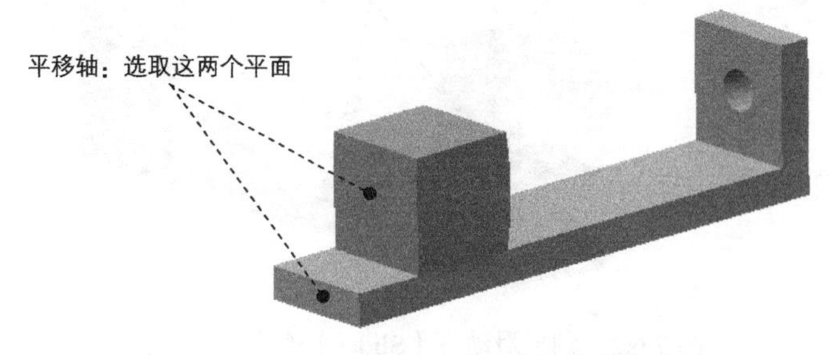

图 7.6.5 设置平移轴参考

（5）设置位置参数。在 放置 界面右侧 当前位置 区域下的文本框中输入值 150，并按 Enter 键确认，然后单击 >> 按钮；选中 ☑ 启用再生值 复选框；选中 ☑ 最小限制 复选框，在其后的文本框中输入值 0；选中 ☑ 最大限制 复选框，在其后的文本框中输入值 850，分别按 Enter 键确认，如图 7.6.6 所示。

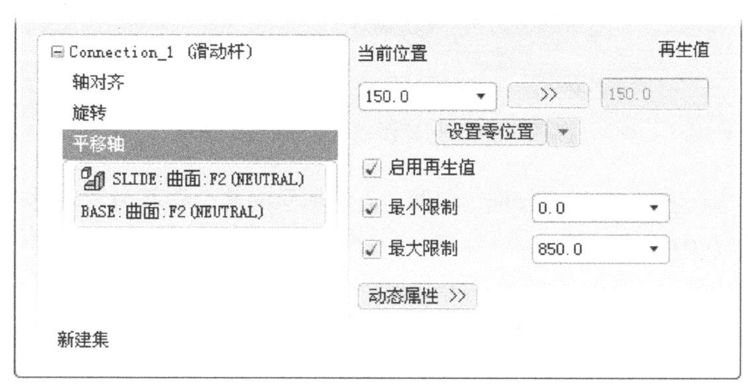

图 7.6.6 设置位置参数

（6）设置摩擦系数。在 放置 界面右侧单击 动态属性 >> 按钮，选中 ☑ 启用摩擦 复选框，在 μ_s 文本框中输入静态摩擦系数 0.1，在 μ_k 文本框中输入动态摩擦系数 0.1，分别按 Enter 键确认，如图 7.6.7 所示。

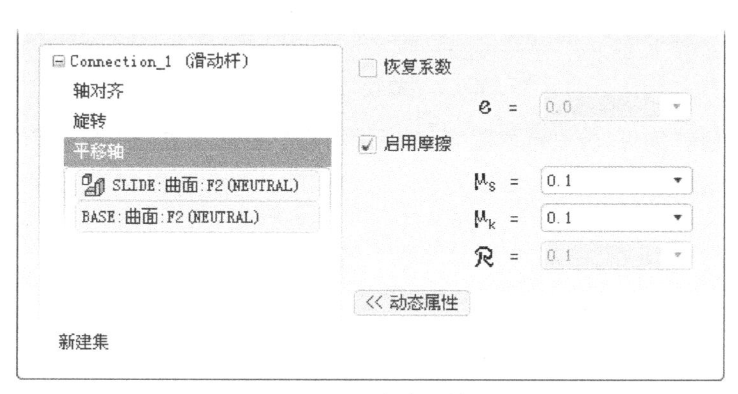

图 7.6.7 设置摩擦系数

（7）单击操控板中的 ✔ 按钮，完成滑动杆连接的创建。

步骤 06 引入元件 block.prt，并将其调整到图 7.6.8 所示的位置。

步骤 07 创建 block 和 base 之间的滑动杆连接。

（1） 在连接列表中选取 滑动杆 选项，此时系统弹出“元件放置”操控板，单击操控板菜单中的 放置 选项卡。

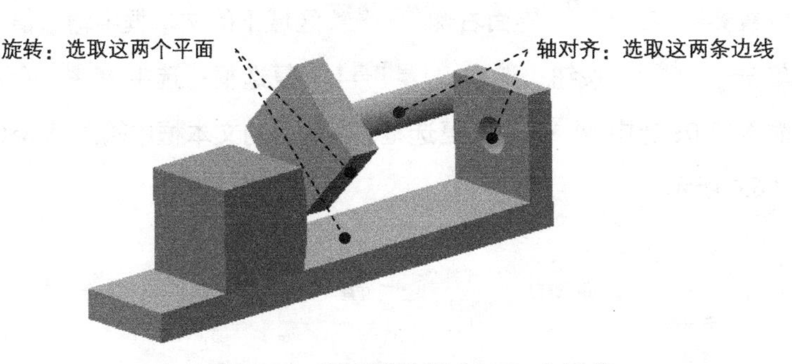

图 7.6.8　创建滑动杆（Slider）连接

（2）定义“轴对齐”约束。分别选取图 7.6.8 所示的两个柱面为“轴对齐”约束参考，此时 放置 界面如图 7.6.9 所示。

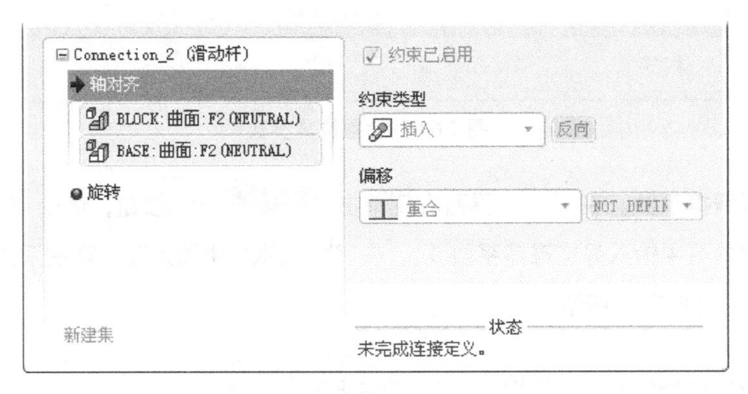

图 7.6.9　“放置”界面（一）

（3）定义“旋转”约束。分别选取图 7.6.8 所示的两个平面为“旋转”约束参考，此时 放置 界面如图 7.6.10 所示。

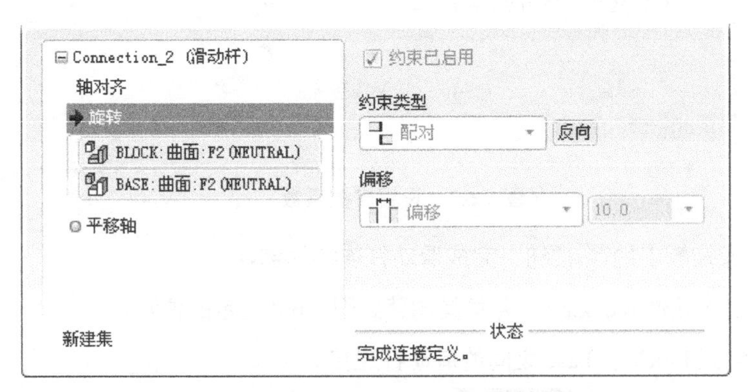

图 7.6.10　“放置”界面（二）

（4）设置平移轴参考。在 放置 界面中单击 平移轴 选项，选取图 7.6.11 所示的两个平面为平移轴参考。

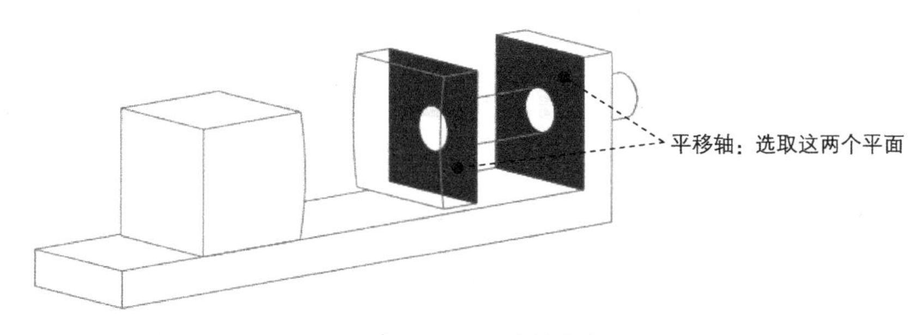

图 7.6.11 设置平移轴参考

（5）设置位置参数。在 放置 界面右侧 当前位置 区域下的文本框中输入值 260，并按 Enter 键确认，然后单击 >> 按钮；选中 ☑ 启用再生值 复选框；选中 ☑ 最小限制 复选框，在其后的文本框中输入值 0；选中 ☑ 最大限制 复选框，在其后的文本框中输入值 500，分别按 Enter 键确认，如图 7.6.12 所示。

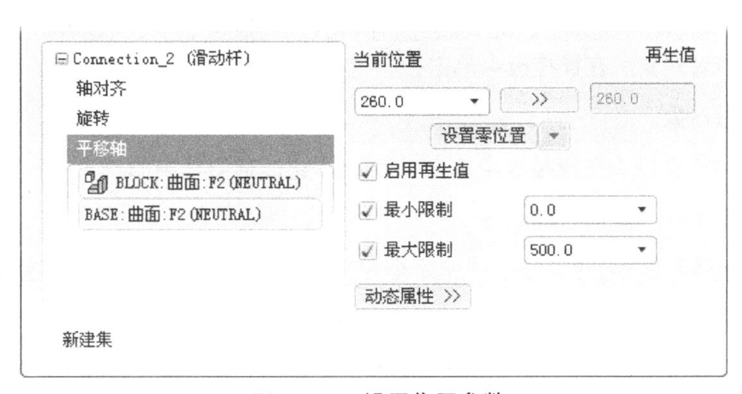

图 7.6.12 设置位置参数

（6）设置摩擦系数。在 放置 界面右侧单击 动态属性 >> 按钮，选中 ☑ 启用摩擦 复选框，在 μ_s 文本框中输入静态摩擦系数 0.1，在 μ_k 文本框中输入动态摩擦系数 0.1，分别按 Enter 键确认，如图 7.6.13 所示。

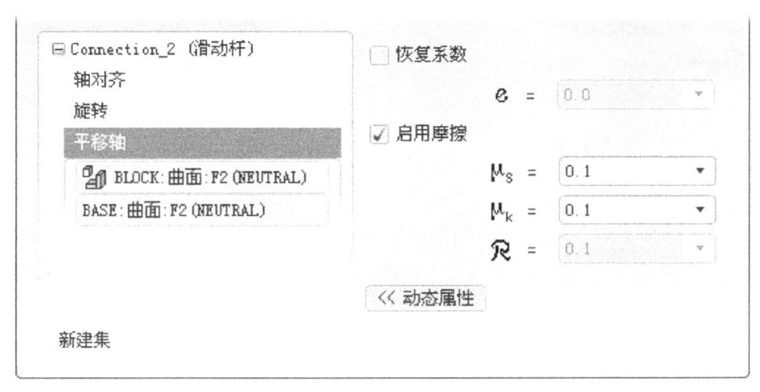

图 7.6.13 设置摩擦系数

（7）单击操控板中的✓按钮，完成滑动杆连接的创建。

步骤 08 进入机构模块。选择下拉菜单 应用程序(P) → 机构(E) 命令，进入机构模块。

步骤 09 定义质量属性。

（1）选择命令。选择下拉菜单 编辑(E) → 质量属性(A)... 命令，系统弹出“质量属性”对话框。

（2）选择参考类型。在 参考类型 下拉列表中选择 组件 选项。

（3）选取参考对象。在机构上单击选取整个装配为参考。

（4）定义密度。在 定义属性 下拉列表中选择 密度 选项，在文本框中输入密度值 7.8500e-09，按 Enter 键确认。

（5）单击 确定 按钮，完成质量属性的定义。

步骤 10 定义弹簧。

（1）选择命令。选择下拉菜单 插入(I) → 弹簧(P)... 命令，系统弹出“弹簧”操控板。

（2）定义弹簧类型。在操控板中按下“延伸/压缩弹簧”按钮⊣。

（3）选取参考对象。在操控板中单击 参照 按钮，按住 Ctrl 键，选取图 7.6.14 所示的两个基准点为参考对象。

（4）定义弹簧直径。在操控板中单击 选项 按钮，选中其中的 ☑ 调整图标直径 复选框，输入弹簧直径值 100，单位为 mm。

（5）定义弹簧参数。在操控板的 K 文本框中输入弹簧系数值 30；在操控板的 U 文本框中输入弹簧的原始长度值 260，单位为 mm，此时弹簧显示如图 7.6.15 所示。

（6）单击操控板中的✓按钮，完成弹簧的定义。

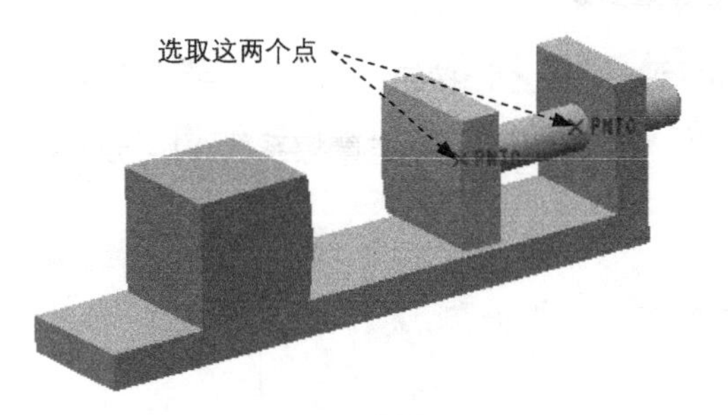

图 7.6.14　选取参考对象

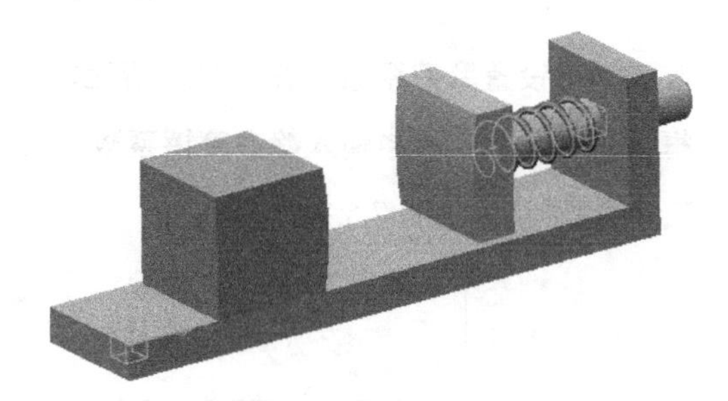
图 7.6.15　定义弹簧

步骤 11 定义凸轮连接。

（1）选择命令。选择下拉菜单 插入(I) → 凸轮(C)... 命令，此时系统弹出“凸轮从动机构连接定义”对话框。

（2）定义“凸轮 1”的参考。选取图 7.6.16 所示曲面为“凸轮 1”的参考，单击“选取”对话框中的 确定 按钮。

（3）定义“凸轮 2”的参考。单击“凸轮从动机构连接定义”对话框中的 凸轮2 选项卡，选取图 7.6.17 所示曲面为“凸轮 2”的参考，单击“选取”对话框中的 确定 按钮。

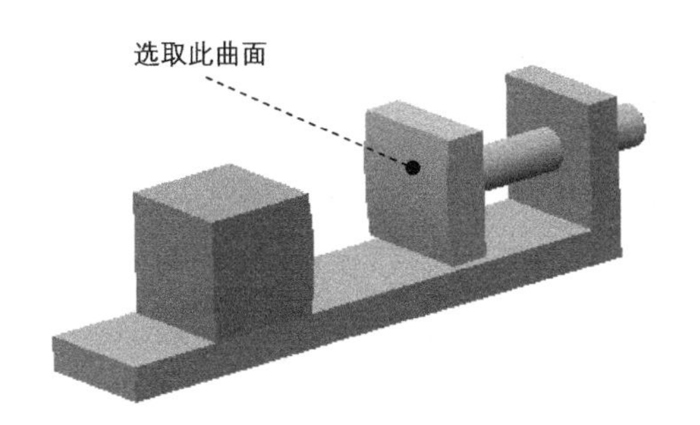

图 7.6.16　定义“凸轮 1”的参考

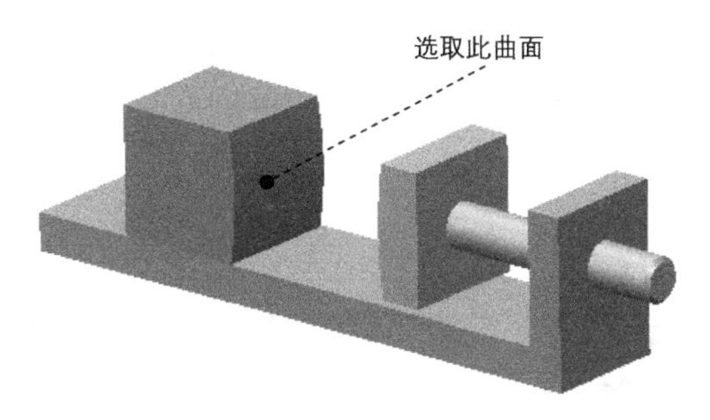

图 7.6.17　定义“凸轮 2”的参考

（4）定义凸轮连接属性。单击“凸轮从动机构连接定义”对话框中的 属性 选项卡，设置图 7.6.18 所示的参数。

图 7.6.18　定义凸轮连接属性

（5）单击“凸轮从动机构连接定义”对话框中的 确定 按钮。

步骤 12 定义 3D 接触。

（1）选择命令。选择下拉菜单 插入(I) → 3D 接触... 命令，系统弹出 “3D 接触”操控板。

（2）选取参考对象。按住 Ctrl 键，在机构中依次选取图 7.6.19 所示的曲面和基准点为参考对象。

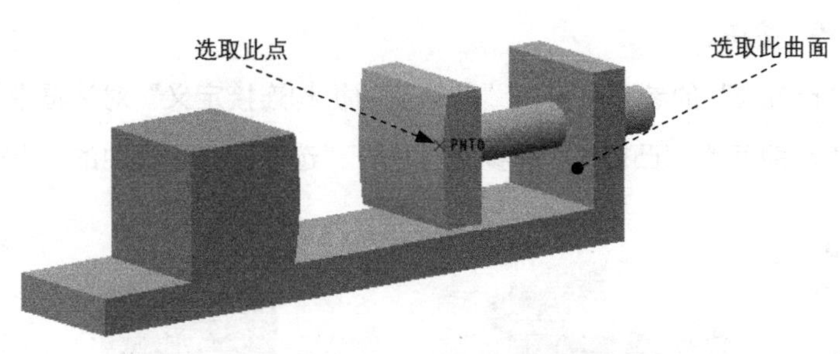

图 7.6.19　选取参考对象

选取基准点 PNT0 时可以使用“在列表中选取”的方法。

（3）设置顶点半径参数。单击“3D 接触”操控板中的 参照 选项卡，在 顶点半径 文本框中输入值 10，如图 7.6.20 所示。

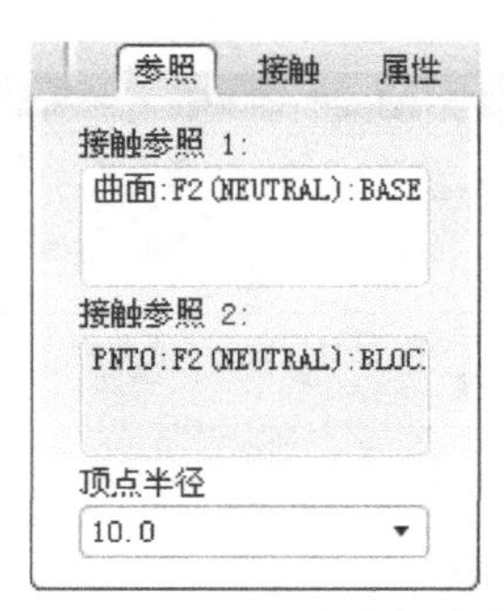

图 7.6.20　设置顶点半径参数

（4）单击操控板中的 ✓ 按钮，完成连接的创建。

步骤 13 在滑块中添加一个点力。

（1）选择命令。选择下拉菜单 插入(I) ➡ 力/扭矩(Q)... 命令，系统弹出“力/扭矩定义”对话框。

（2）定义力的类型。在 类型 下拉列表中选择 点力 选项。

（3）定义力的位置参考。在机构中选择图 7.6.21 所示的点为力的位置参考。

（4）定义力的大小。在 函数 下拉列表中选择 表 选项，单击“向表中添加行”按钮 ，在 变量 文本框中输入值 0，在 模 文本框中输入值 2600；在 变量 文本框中输入值 0.1，在 模 文本框中输入值 0。

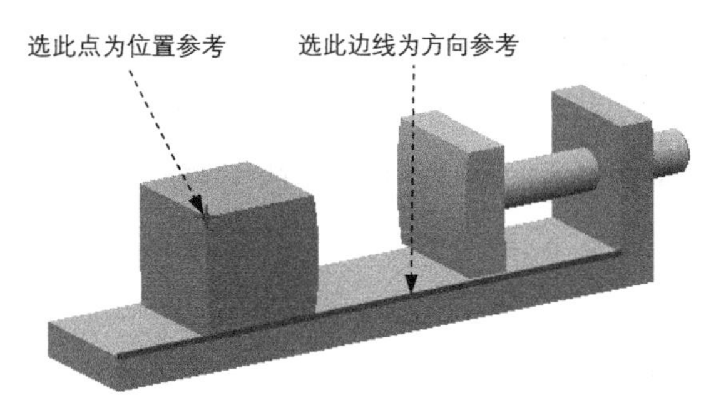

图 7.6.21 选取参考对象

（5）定义力的方向。在对话框中单击 方向 选项卡，在 定义方向 下拉列表中选择 直边、曲线或轴 选项，然后选择图 7.6.21 所示的边线为力的方向参考，单击 反向 按钮使力的方向如图 7.6.22 所示。

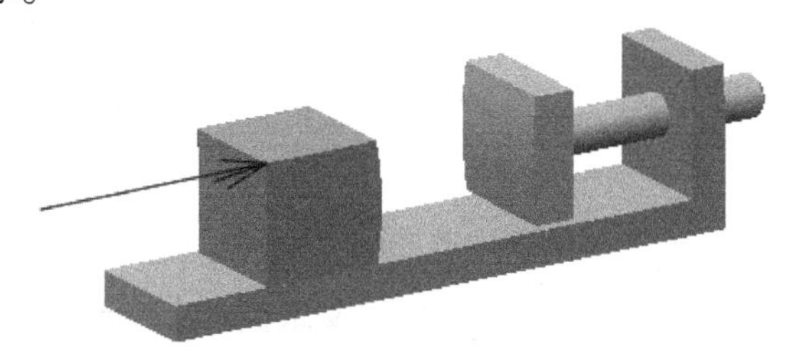

图 7.6.22 定义方向

（6）单击对话框中的 确定 按钮，完成力的定义。

步骤 14 设置重力。

（1）选择命令。选择下拉菜单 编辑(E) → 重力(R)... 命令，系统弹出“重力”对话框。

（2）设置重力方向。在 方向 区域中设置 X=0，Y=0， Z=1，分别按 Enter 键确认，此时重力方向如图 7.6.23 所示。

（3）单击 确定 按钮，完成重力的设置。

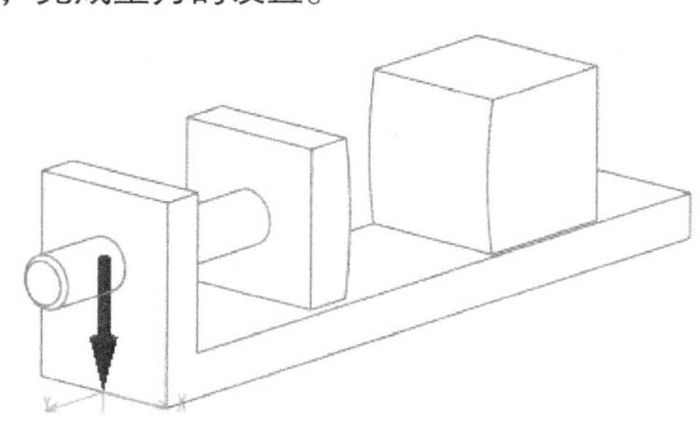

图 7.6.23 重力方向

步骤 15 设置初始位置。

（1）选择拖动命令。选择下拉菜单 视图(V) → 方向(O) ▸ → 拖动元件(D)... 命令，系统弹出“拖动”对话框。

（2）记录快照 1。单击对话框 当前快照 区域中的按钮，即可记录当前位置为快照 1（Snapshot1）。

（3）单击 关闭 按钮，关闭“拖动”对话框。

步骤 16 设置初始条件。

（1）选择命令。选择下拉菜单 插入(I) → 初始条件(I)... 命令，系统弹出“初始条件定义”对话框。

（2）在 快照 下拉列表中选择 Snapshot1 为初始位置条件，然后单击按钮。

（3）单击 确定 按钮，完成初始条件的定义。

步骤 17 定义动态分析。

（1）选择命令。选择下拉菜单 分析(A) → 机构分析(Y)... 命令，系统弹出“分析定义”对话框。

（2）定义分析类型。在 类型 下拉列表中选择 动态 选项。

（3）定义图形显示。在 首选项 选项卡的 持续时间 文本框中输入值 2，在 帧频 文本框中输入值 200。

（4）定义初始配置。在 初始配置 区域中选择 ◉ 初始条件状态: 单选项。

（5）定义外部载荷。单击 外部载荷 选项卡，选中 ☑ 启用所有摩擦 和 ☑ 启用重力 复选框。

（6）运行运动分析。单击“分析定义”对话框中的 运行 按钮，查看机构的运行状况。

（7）单击 确定 按钮完成运动分析。

步骤 18 保存回放结果。

（1）选择下拉菜单 分析(A) → 回放(B)... 命令，系统弹出“回放”对话框。

（2）在“回放”对话框中单击“保存”按钮，系统弹出“保存分析结果”对话框，采用默认的名称，单击 保存 按钮，即可保存仿真结果。

步骤 19 输出视频。

（1）单击“回放”对话框中的“播放当前结果集”按钮，系统弹出“动画”对话框。

（2）单击“动画”对话框中的“录制动画为 MPEG”按钮 捕获...，系统弹出“捕获”对话框，单击 确定 按钮，机构开始运行输出视频文件。

（3）在工作目录中播放视频文件“COUPLING.mpg”查看结果。

（4）单击“动画”对话框中的 关闭 按钮，返回到“回放”对话框，单击其中的 关闭 按钮关闭对话框。

步骤20 再生模型。选择下拉菜单 编辑(E) ➡ 再生(G) 命令，再生机构模型。

步骤21 保存机构模型。

7.7 传动副实际应用案例三——滚子反弹

案例概述：

该模型模拟的是圆柱滚子由于重力原因从圆弧形斜面上滚落下来，与斜面下端的滑动杆发生碰撞后反弹回去，待圆柱滚子再次落在斜面上后又沿斜面下滑，再次与滑动杆发生碰撞，如此反复后，滑动杆在斜面底端作往复运动，如图 7.7.1 所示。主要学习的是使用凸轮连接模拟碰撞和反弹的应用以及动态分析的一般过程，还有一些典型参数的设置方法。读者可以打开视频文件 D:\proefj5\work\ch07.07\ok\ROLL_ASM.mpg 查看机构运行状况。

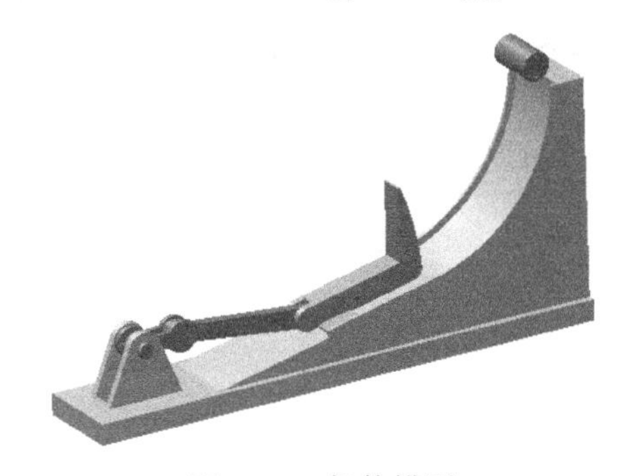

图 7.7.1 机构模型

步骤01 将工作目录设置至 D:\proefj5\work\ch07.07。

步骤02 新建文件。新建一个装配模型，命名为 roll_asm，选取 mmns_asm_design 模板。

步骤03 引入第一个元件 base_part.prt，并使用 缺省 约束完全约束该元件。

步骤04 引入第二个元件 link01.prt，并将其调整到图 7.7.2 所示的位置。

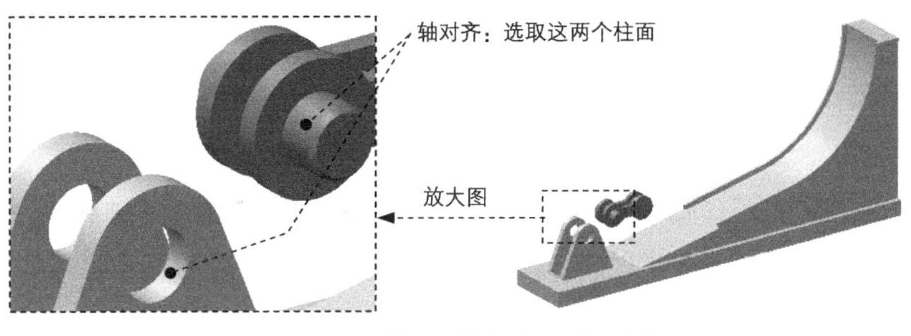

图 7.7.2 创建“销钉（Pin）”连接

步骤 05 创建 link01 和 base_part 之间的销钉连接。

（1）在“元件放置”操控板的机械连接约束列表中选择 销钉 选项。

（2）定义“轴对齐”约束。单击操控板中的 放置 按钮，分别选取图 7.7.2 中的两个柱面为“轴对齐”约束参考，此时 放置 界面如图 7.7.3 所示。

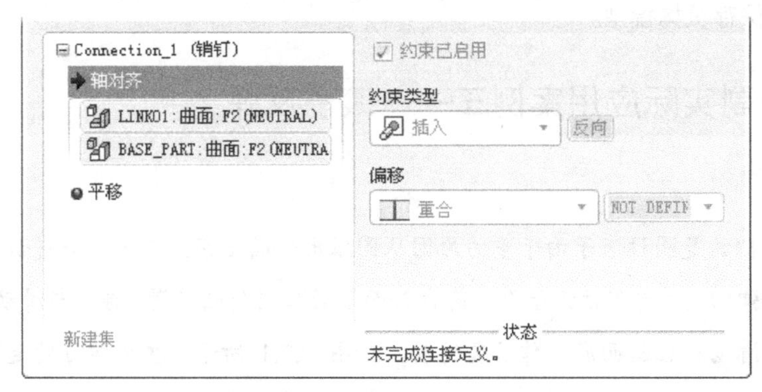

图 7.7.3 “放置”界面（一）

（3）定义“平移”约束。选取 link01 中的基准平面 DTM1 和 base_part 中的基准平面 RIGHT 为“平移”约束参考，此时 放置 界面如图 7.7.4 所示。

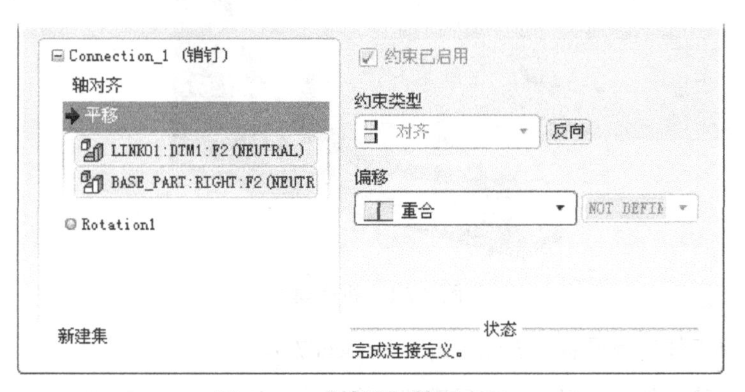

图 7.7.4 “放置”界面（二）

（4）单击操控板中的 ✔ 按钮，完成销钉连接的创建。

步骤 06 引入元件 slider.prt，并将其调整到图 7.7.5 所示的位置。

步骤 07 创建 slider 和 base_part 之间的滑动杆连接。

（1）在连接列表中选取 滑动杆 选项，此时系统弹出“元件放置”操控板，单击操控板菜单中的 放置 选项卡。

（2）定义“轴对齐”约束。分别选取图 7.7.5 所示的两条边线为“轴对齐”约束参考，此时 放置 界面如图 7.7.6 所示。

轴对齐：选取这两条边线
旋转：选取这两个平面

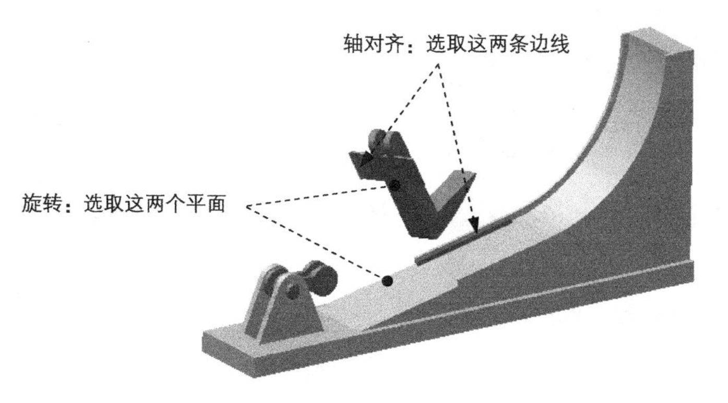

图 7.7.5 创建滑动杆（Slider）连接

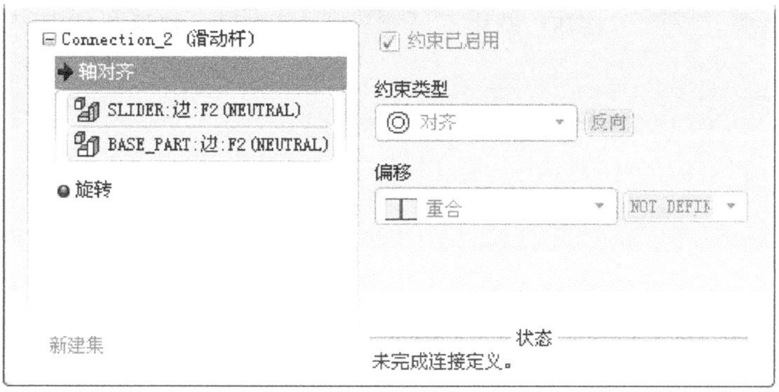

Connection_2 (滑动杆)
轴对齐
SLIDER:边:F2 (NEUTRAL)
BASE_PART:边:F2 (NEUTRAL)
旋转
新建集
约束已启用
约束类型
对齐
反向
偏移
重合
NOT DEFIN
状态
未完成连接定义。

图 7.7.6 “放置”界面（一）

（3）定义“旋转”约束。分别选取图 7.7.5 所示的两个平面为“旋转”约束参考，此时 放置 界面如图 7.7.7 所示。

Connection_2 (滑动杆)
轴对齐
旋转
SLIDER:曲面:F2 (NEUTRAL)
BASE_PART:曲面:F2 (NEUTRA
平移轴
新建集
约束已启用
约束类型
配对
反向
偏移
重合
NOT DEFIN

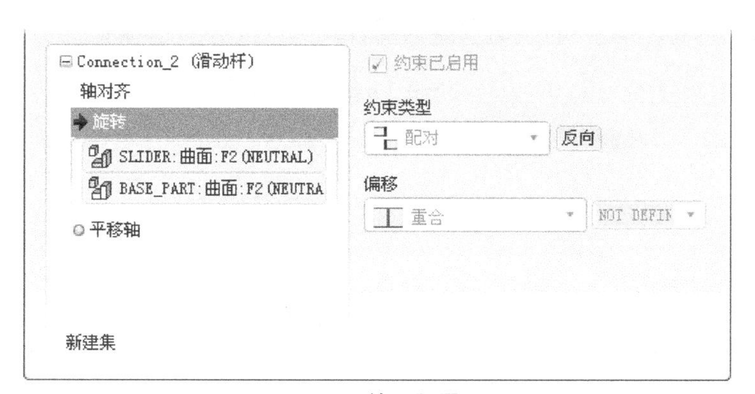

图 7.7.7 “放置”界面（二）

（4）设置平移轴参考。在 放置 界面中单击 平移轴 选项，选取图 7.7.8 所示的两个平面为平移轴参考。

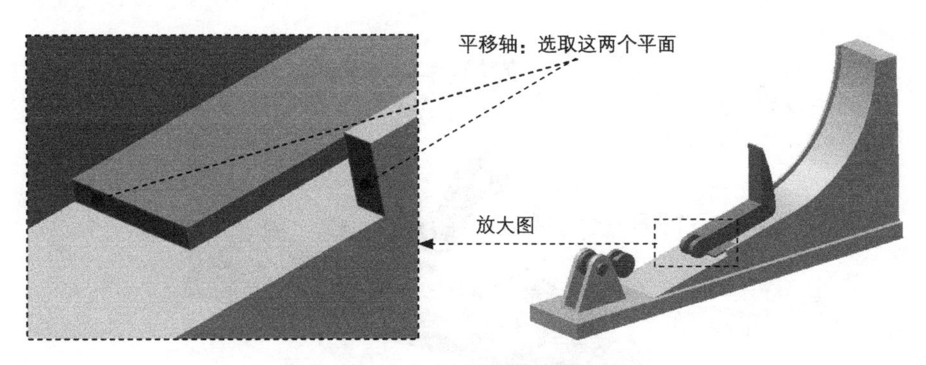

图 7.7.8 设置平移轴参考

（5）设置位置参数。在 放置 界面右侧 当前位置 区域下的文本框中输入值-8，并按 Enter 键确认，然后单击 >> 按钮；选中 启用再生值 复选框，如图 7.7.9 所示。

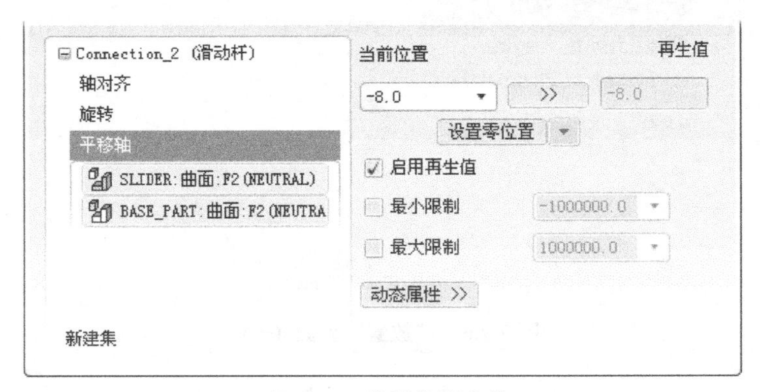

图 7.7.9 设置位置参数

（6）单击操控板中的 ✓ 按钮，完成滑动杆连接的创建。

步骤 08 引入元件 link02.prt，并将其调整到图 7.7.10 所示的位置。

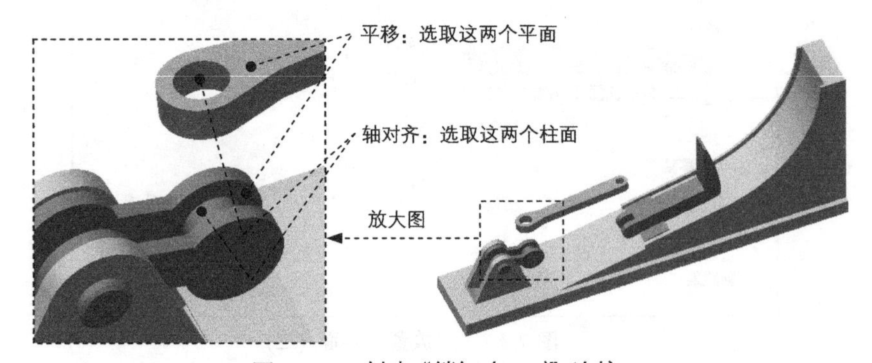

图 7.7.10 创建“销钉（Pin）”连接

步骤 09 创建 link02 和 link01 之间的销钉连接。

（1）在“元件放置”操控板的机械连接约束列表中选择 销钉 选项。

（2）定义“轴对齐”约束。单击操控板中的 放置 按钮，分别选取图 7.7.10 中的两个柱面为“轴对齐”约束参考，此时 放置 界面如图 7.7.11 所示。

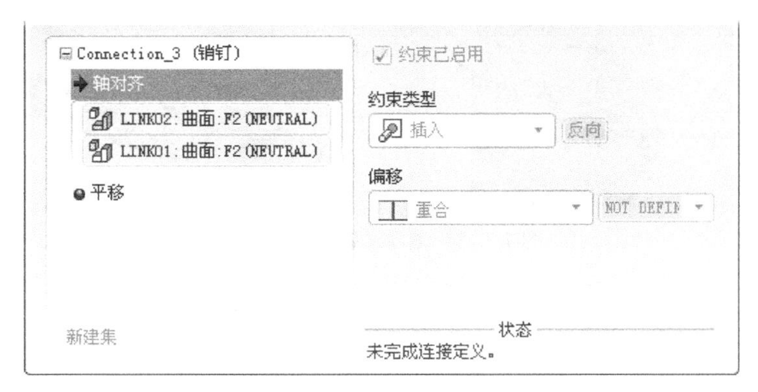

图 7.7.11 “放置”界面（一）

（3）定义“平移”约束。选取图 7.7.10 中的两个平面为“平移”约束参考，此时 放置 界面如图 7.7.12 所示。

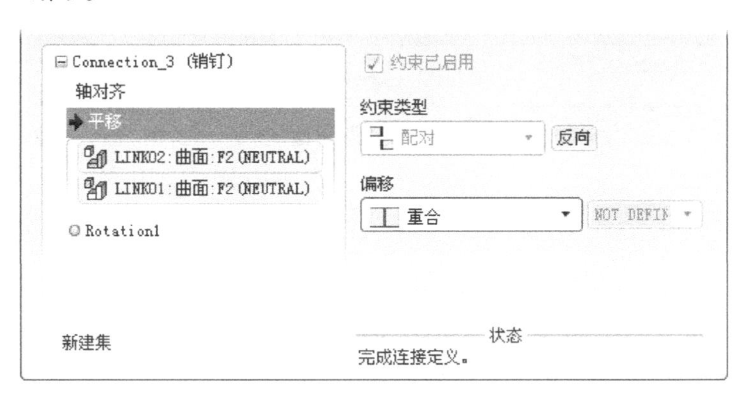

图 7.7.12 “放置”界面（二）

步骤 10 创建 link02 和 slider 之间的销钉连接。

（1）在 放置 界面下方单击“新建集”字符，在“元件放置”操控板的机械连接约束列表中选择 销钉 选项。

（2）定义“轴对齐”约束。单击操控板中的 放置 按钮，分别选取图 7.7.13 中的两个柱面为“轴对齐”约束参考，此时 放置 界面如图 7.7.14 所示。

（3）定义“平移”约束。选取图 7.7.13 中的两个平面为“平移”约束参考，此时 放置 界面如图 7.7.15 所示。

（4）单击操控板中的 ✔ 按钮，完成销钉连接的创建。

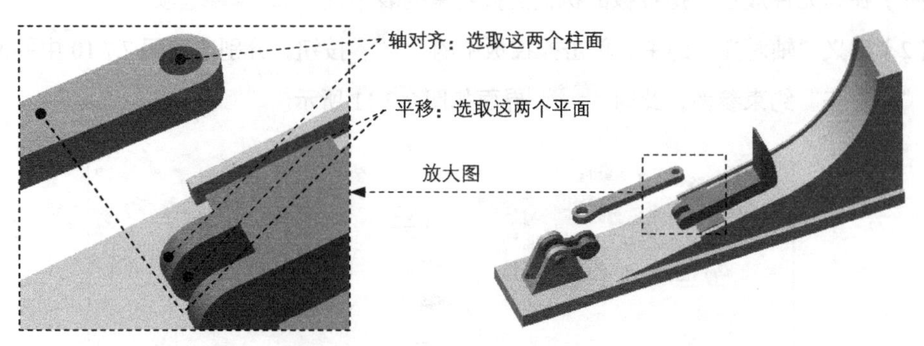

图 7.7.13　创建“销钉（Pin）”连接

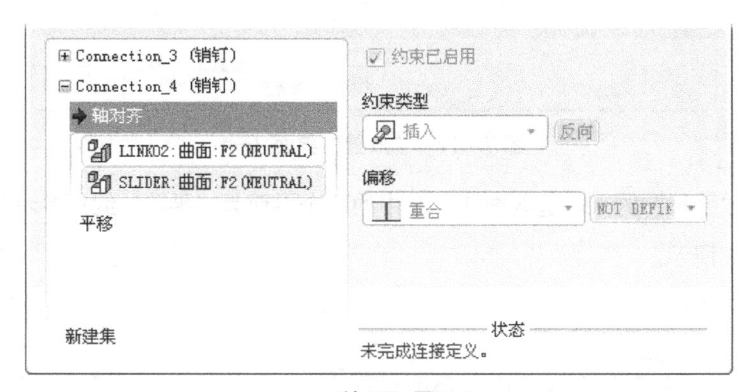

图 7.7.14　“放置”界面（一）

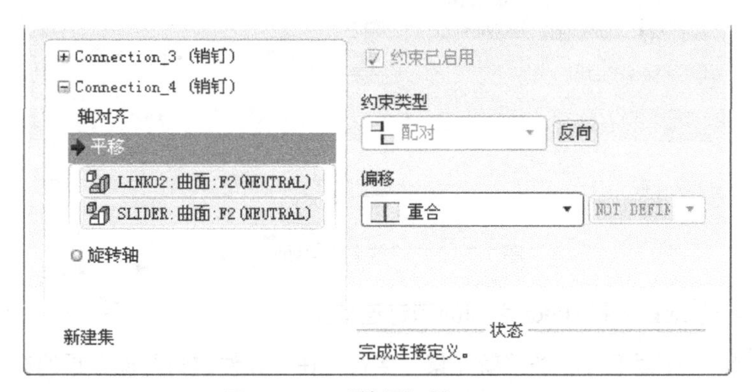

图 7.7.15　“放置”界面（二）

步骤 11 引入元件 roll_part.prt。

步骤 12 创建 roll_part 和 base_part 之间的平面连接。

（1）在连接列表中选取 平面 选项，此时系统弹出“元件放置”操控板，单击操控板菜单中的 放置 选项卡。

（2）定义“平面”约束。选取 roll_part 中的基准平面 DTM1 和 base_part 中的基准平面

RIGHT 为“平移”约束参考，此时 放置 界面如图 7.7.16 所示。

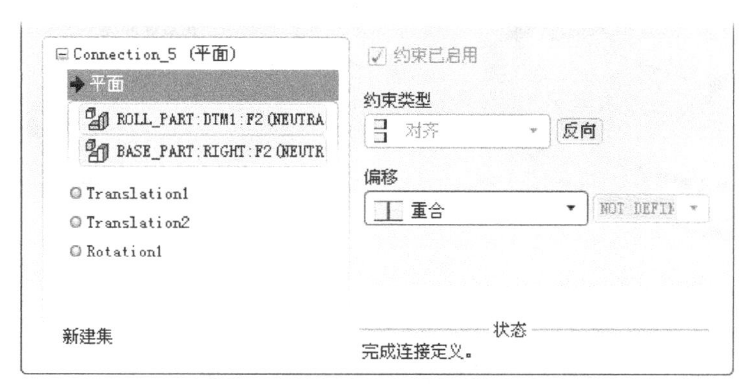

图 7.7.16 “放置”界面

（3）调整 roll_part 的位置大致如图 7.7.17 所示。

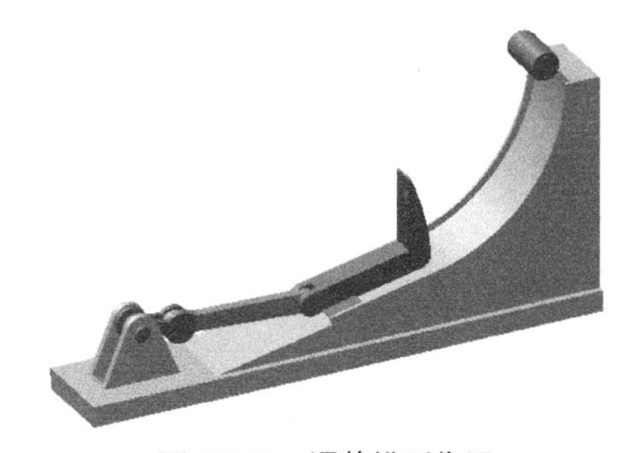

图 7.7.17 调整模型位置

（4）单击操控板中的✓按钮，完成平面连接的创建。

步骤 13 进入机构模块。选择下拉菜单 应用程序(P) → 机构(E) 命令，进入机构模块。

步骤 14 定义凸轮连接 1。

（1）选择命令。选择下拉菜单 插入(I) → 凸轮(C)... 命令，此时系统弹出“凸轮从动机构连接定义”对话框。

（2）定义“凸轮 1”的参考。选中对话框中的 ☑ 自动选取 复选框，选取图 7.7.18 所示曲面为“凸轮 1”的参考，单击“选取”对话框中的 确定 按钮。

（3）定义“凸轮 2”的参考。单击“凸轮从动机构连接定义”对话框中的 凸轮2 选项卡，按住 Ctrl 键，选取图 7.7.19 所示曲面（共 2 个面）为“凸轮 2”的参考，单击“选取”对话框中的 确定 按钮。

（4）定义凸轮连接属性。单击“凸轮从动机构连接定义”对话框中的 属性 选项卡，设置图 7.7.20 所示的参数。

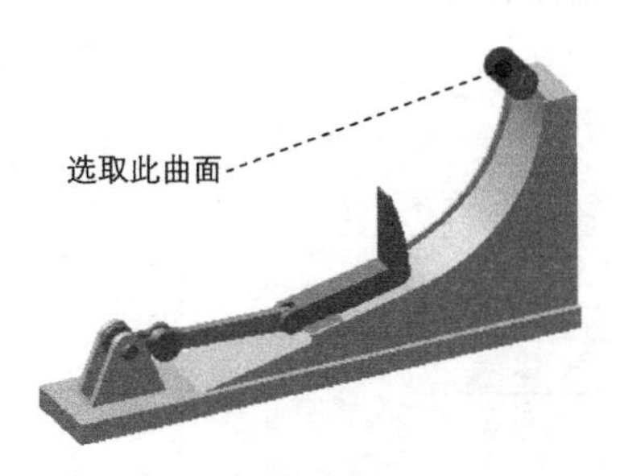

图 7.7.18　定义“凸轮 1”的参考

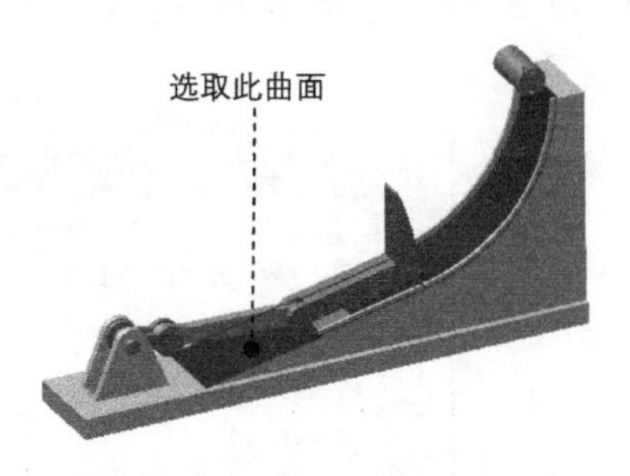

图 7.7.19　定义“凸轮 2”的参考

图 7.7.20　定义凸轮连接属性

（5）单击“凸轮从动机构连接定义”对话框中的 确定 按钮。

步骤 15 定义凸轮连接 2。

（1）选择命令。选择下拉菜单 插入(I) ➡ 凸轮(C)... 命令，此时系统弹出“凸轮从动机构连接定义”对话框。

（2）定义“凸轮 1”的参考。选中对话框中的 ☑ 自动选取 复选框，选取图 7.7.18 所示曲面为“凸轮 1”的参考，单击“选取”对话框中的 确定 按钮。

（3）定义“凸轮 2”的参考。单击“凸轮从动机构连接定义”对话框中的 凸轮2 选项卡，选取图 7.7.21 所示曲面为“凸轮 2”的参考，单击“选取”对话框中的 确定 按钮。

（4）定义凸轮连接属性。单击“凸轮从动机构连接定义”对话框中的 属性 选项卡，设置图 7.7.22 所示的参数。

（5）单击“凸轮从动机构连接定义”对话框中的 确定 按钮。

步骤 16 设置重力。

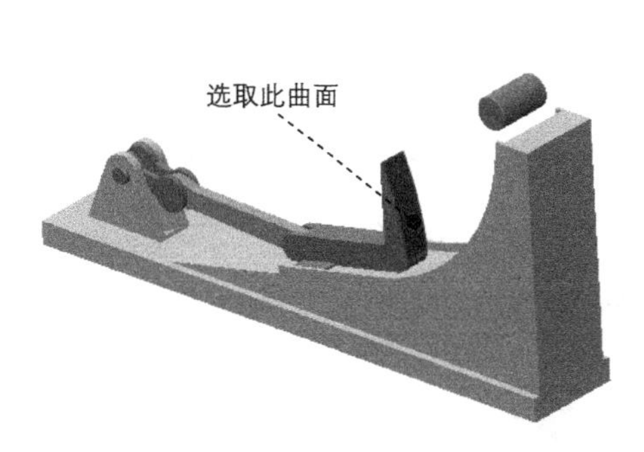

图 7.7.21 定义“凸轮 2”的参考

图 7.7.22 定义凸轮连接属性

（1）选择命令。选择下拉菜单 编辑(E) ➡ 重力(R)... 命令，系统弹出“重力”对话框。

（2）设置重力方向。在 方向 区域中设置 X=0，Y=0， Z=1，分别按 Enter 键确认，此时重力方向如图 7.7.23 所示。

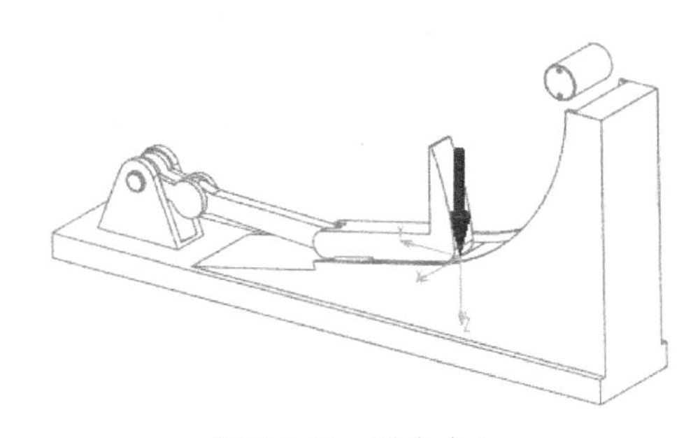

图 7.7.23 重力方向

（3）单击 确定 按钮，完成重力的设置。

步骤 17 设置初始位置。

（1）选择拖动命令。选择下拉菜单 视图(V) ➡ 方向(O) ➡ 拖动元件(D)... 命令，系统弹出“拖动”对话框。

（2）记录快照 1。单击对话框 当前快照 区域中的 按钮，即可记录当前位置为快照 1（Snapshot1）。

（3）单击 关闭 按钮，关闭“拖动”对话框。

步骤 18 设置初始条件。

（1）选择命令。选择下拉菜单 插入(I) ➡ 初始条件(I)... 命令，系统弹出“初始条件定义”对话框。

（2）在 快照 下拉列表中选择 Snapshot1 为初始位置条件，然后单击 按钮。

（3）单击 确定 按钮，完成初始条件的定义。

步骤 19 定义伺服电动机

（1）选择命令。选择下拉菜单 插入(I) ➡ 伺服电动机(V)... 命令，系统弹出“伺服电动机定义”对话框。

（2）选取参考对象。选取图 7.7.24 所示的连接为参考对象。

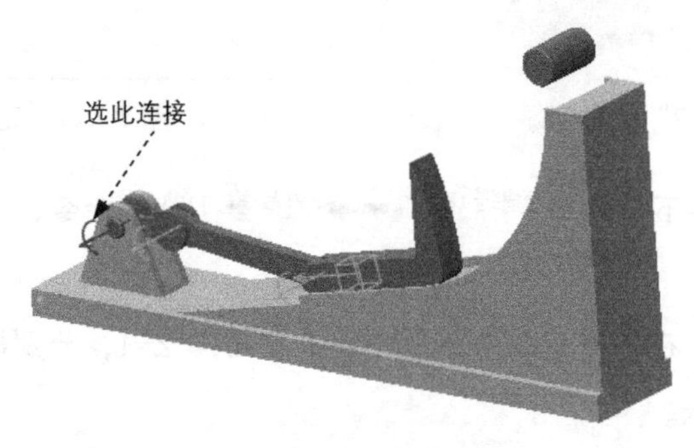

图 7.7.24　选取参考对象

（3）设置轮廓参数。单击“伺服电动机定义”对话框中的 轮廓 选项卡，在“定义运动轴设置”按钮 右侧的下拉列表中选择 速度 选项，在“模”下拉列表中选择 常数 选项，设置 A=300。

（4）单击对话框中的 确定 按钮，完成伺服电动机的定义。

步骤 20 定义动态分析。

（1）选择命令。选择下拉菜单 分析(A) ➡ 机构分析(Y)... 命令，系统弹出“分析定义”对话框。

（2）定义分析类型。在 类型 下拉列表中选择 动态 选项。

（3）定义图形显示。在 首选项 选项卡的 持续时间 文本框中输入值 5，在 帧频 文本框中输入值 10。

（4）定义初始配置。在 初始配置 区域中选择 ◉ 初始条件状态: 单选项。

（5）定义外部载荷。单击 外部载荷 选项卡，选中 ☑ 启用所有摩擦 和 ☑ 启用重力 复选框。

（6）运行运动分析。单击“分析定义”对话框中的 运行 按钮，查看机构的运行状况。

（7）单击 确定 按钮完成运动分析。

步骤 21 保存回放结果。

（1）选择下拉菜单 分析(A) → 回放(B)... 命令，系统弹出“回放”对话框。

（2）在“回放”对话框中单击“保存”按钮 ，系统弹出“保存分析结果”对话框，采用默认的名称，单击 保存 按钮，即可保存仿真结果。

步骤 22 输出视频。

（1）单击“回放”对话框中的“播放当前结果集”按钮 ，系统弹出“动画”对话框，

（2）单击“动画”对话框中的“录制动画为 MPEG”按钮 捕获... ，系统弹出“捕获”对话框，单击 确定 按钮，机构开始运行输出视频文件。

（3）在工作目录中播放视频文件“ROLL_ASM.mpg”查看结果。

（4）单击“动画”对话框中的 关闭 按钮，返回到“回放”对话框，单击其中的 关闭 按钮关闭对话框。

步骤 23 再生模型。选择下拉菜单 编辑(E) → 再生(G) 命令，再生机构模型。

步骤 24 保存机构模型。

第 8 章　运动仿真分析与测量

在本书第 6 章的内容中介绍了不同类型的机构分析。对于不同的分析类型，还需要和 Pro/ENGINEER 运动仿真中的“测量”工具配合使用，才能达到具体的分析目的。本章主要介绍在机构中定义分析与测量步骤的一般操作过程。

8.1 测　　量

利用“测量”命令可创建一个图形，对于一组运动分析结果可显示多条测量曲线，或者也可以观察某一测量如何随不同的运行结果而改变。测量有助于理解和分析运行机构装置产生的结果，并可提供改进机构设计的信息。

下面举例说明使用测量工具的一般过程。图 8.1.1 所示的是齿轮机构模型，由于 Pro/ENGINEER 的机构仿真无法决定齿轮本身的一些参数，如齿数、齿厚、压力角等设计条件。所以在创建齿轮模型时，一定要先计算，然后再绘制和组装，最后在机构仿真模块中进行分析，检查最终结果是否满足要求。在图 8.1.1 所示的机构中，机构连接已创建完成，假设主动轮（大齿轮）的转速为 200°/s（度/秒），且两齿轮均有一定的载荷（通过执行电动机模拟），求小齿轮的转速以及两齿轮的净载荷以及连接反作用力。

图 8.1.1　齿轮机构模型

步骤 01　将工作目录设置至 D:\proefj5\work\ch08.01，打开文件 gears.asm。

步骤 02　进入机构模块。选择下拉菜单 应用程序(P) ➡ 机构(E) 命令，进入机构模块。

步骤 03　定义齿轮副。

（1）选择命令。选择下拉菜单 插入(I) ➡ 齿轮(G)... 命令，系统弹出图 8.1.2 所示的

"齿轮副定义"对话框。

（2）选择定义类型。在类型下拉列表中选择正选项。

关于"一般"齿轮副和"正"齿轮副的说明如下。

"一般"齿轮副用来定义两个运动轴之间的运动关系，因为"一般"齿轮副被视为速度约束，而且并非基于模型几何，所以在该种齿轮连接中可以直接指定齿轮比，并且可以更改分度圆直径值。"正"齿轮副连接可能影响涉及质量的分析结果（如动态分析结果、力平衡分析或静态分析等），所以当进行涉及力或载荷的分析时，一定要注意添加"正"齿轮副连接。

（3）定义"齿轮 1"。在图 8.1.3 所示的模型上，选取连接 1 为定义对象。

（4）定义"齿轮 2"。单击齿轮2选项卡，在图 8.1.3 所示的模型上，选取连接 2 为定义对象。

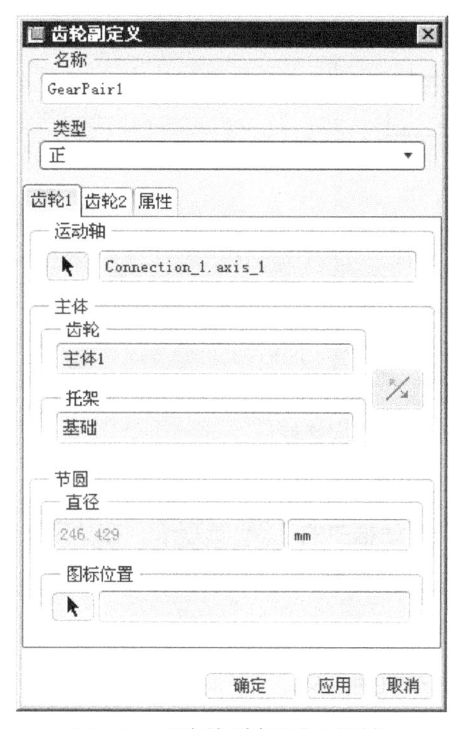

图 8.1.2 "齿轮副定义"对话框

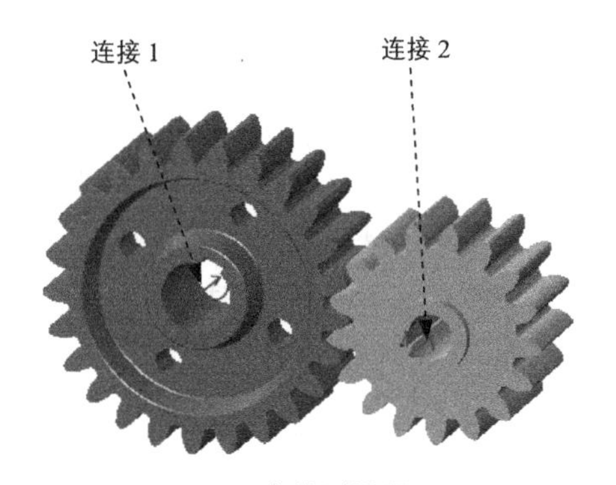

图 8.1.3 齿轮副设置

（5）定义属性。单击属性选项卡，设置图 8.1.4 所示的参数。

（6）完成齿轮副定义。单击"齿轮副定义"对话框中的确定按钮。

步骤 04 定义伺服电动机。

（1）选择命令。选择下拉菜单插入(I) → 伺服电动机(V)...命令，系统弹出"伺服电动机定义"对话框。

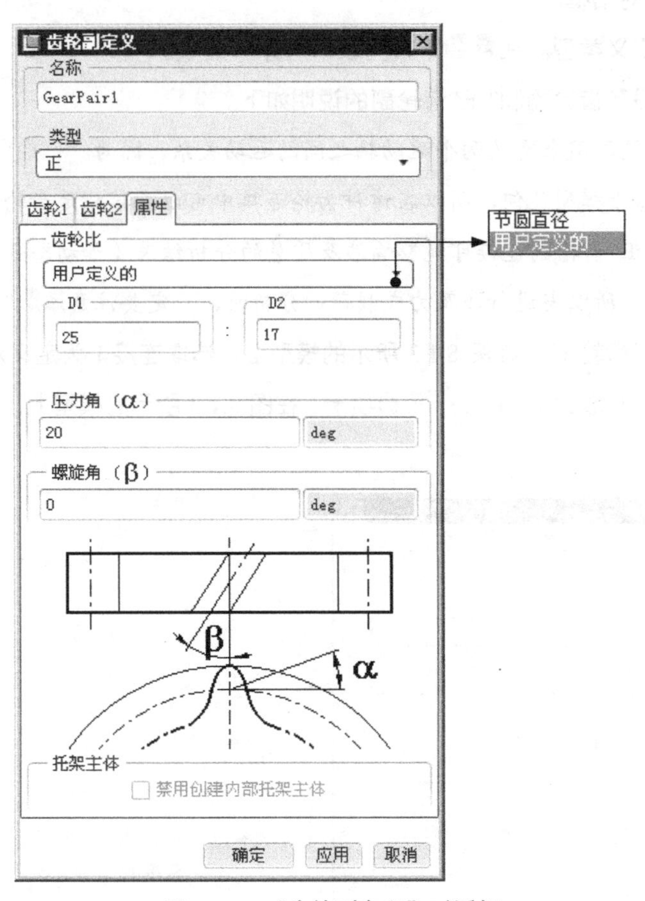

图 8.1.4 “齿轮副定义”对话框

（2）选取参考对象。选取图 8.1.3 所示的连接 1 为参考对象。

（3）设置轮廓参数。单击“伺服电动机定义”对话框中的 轮廓 选项卡，在“定义运动轴设置”按钮 右侧的下拉列表中选择 速度 选项，在“模”下拉列表中选择 常数 选项，设置 A=200。

（4）单击对话框中的 确定 按钮，完成伺服电动机的定义。

步骤 05 定义执行电动机 1。

（1）选择命令。选择下拉菜单 插入(I) ➡ 执行电动机(F)... 命令，系统弹出“执行电动机”对话框。

（2）选取参考对象。选取图 8.1.3 所示的连接 1 为参考对象。

（3）在“模”下拉列表中选择 常数 选项，设置 A=30，如图 8.1.5 所示。

（4）单击对话框中的 确定 按钮，完成执行电动机 1 的定义。

步骤 06 定义执行电动机 2。

（1）选择命令。选择下拉菜单 插入(I) → 执行电动机(F)... 命令，系统弹出“执行电动机”对话框。

（2）选取参考对象。选取图 8.1.3 所示的连接 2 为参考对象。

（3）在“模”下拉列表中选择 常数 选项，设置 A=37.5，如图 8.1.6 所示。

（4）单击对话框中的 确定 按钮，完成执行电动机 2 的定义。

图 8.1.5 定义执行电动机 1

图 8.1.6 定义执行电动机 2

步骤 07 定义质量属性。

（1）选择命令。选择下拉菜单 编辑(E) → 质量属性(A)... 命令，系统弹出“质量属性”对话框。

（2）选择参考类型。在 参考类型 下拉列表中选择 组件 选项。

（3）选取参考对象。在机构上单击选取整个装配为参考。

（4）定义密度。在 定义属性 下拉列表中选择 密度 选项，在文本框中输入密度值 7.8500e-09，按 Enter 键确认，单击对话框中的 确定 按钮。

步骤 08 设置重力。

（1）选择命令。选择下拉菜单 编辑(E) → 重力(R)... 命令，系统弹出“重力”对话框。

（2）设置重力方向。在 方向 区域中设置 X=0，Y= -1， Z=0，分别按 Enter 键确认，此时重力方向如图 8.1.7 所示。

（3）单击 确定 按钮，完成重力的设置。

步骤 09 定义动态分析。

（1）选择命令。选择下拉菜单 分析(A) → 机构分析(Y)... 命令，系统弹出“分析定义”

对话框。

图 8.1.7　重力方向

（2）定义分析名称。输入分析的名称“动态分析”。

（3）定义分析类型。在 类型 下拉列表中选择 动态 选项。

（4）定义图形显示。在 首选项 选项卡的 持续时间 文本框中输入值 10，在 帧频 文本框中输入值 100。

（5）定义外部载荷。单击 外部载荷 选项卡，选中 ☑ 启用所有摩擦 和 ☑ 启用重力 复选框。

（6）运行运动分析。单击“分析定义”对话框中的 运行 按钮，查看机构的运行状况。

（7）单击 确定 按钮完成运动分析。

步骤 10 定义测量。

（1）选择命令。选择下拉菜单 分析(A) ➡ 测量(E)... 命令，系统弹出图 8.1.8 所示的“测量结果”对话框。

图 8.1.8　“测量结果”对话框

图 8.1.8 所示 图形类型 下拉列表中各选项的说明如下。

- 测量对时间：反映某个测量（位置、速度等）对时间的关系。
- 测量对测量：反映某个测量（位置、速度等）对另一个测量（位置、速度等）的关系。如果选择此项，需要选择一个测量为 X

轴，另一个（或几个）测量为 Y 轴。

（2）建立小齿轮的转速测量。单击按钮，系统弹出图 8.1.9 所示的“测量定义”对话框，在该对话框中进行下列操作。

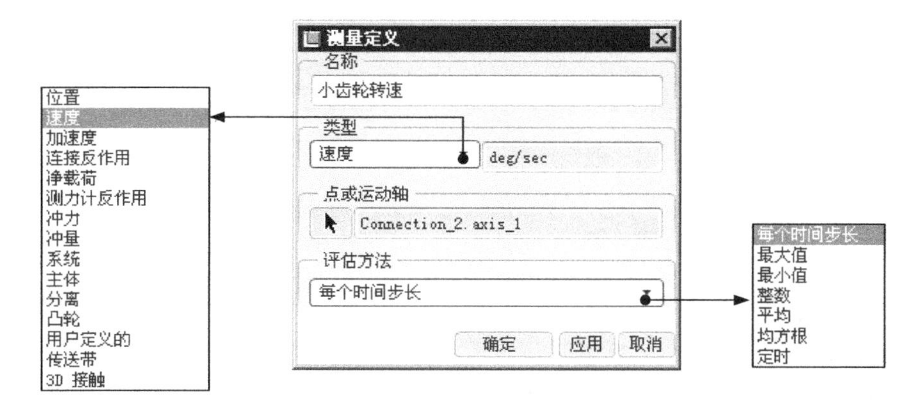

图 8.1.9　“测量定义”对话框

① 输入测量名称：“小齿轮转速”。

② 选择测量类型。在类型下拉列表中选择速度选项。

③ 选取参考。选取图 8.1.10 所示的连接 2 为测量参考。

④ 选取评估方法。在评估方法下拉列表中选择每个时间步长。

⑤ 单击“测量定义”对话框中的确定按钮，系统立即将小齿轮转速测量项添加到“测量结果”对话框的列表中（图 8.1.11）。

（3）建立小齿轮的连接反作用测量。单击按钮，系统弹出“测量定义”对话框，在该对话框中进行下列操作。

① 输入测量名称：“小齿轮连接反作用”。

② 选择测量类型。在类型下拉列表中选择连接反作用选项，如图 8.1.12 所示。

③ 选取参考。选取图 8.1.10 所示的连接 2 为测量参考。

④ 选取评估方法。在评估方法下拉列表中选择每个时间步长。

⑤ 单击“测量定义”对话框中的确定按钮，系统立即将小齿轮连接反作用测量项添加到“测量结果”对话框的列表中。

（4）建立小齿轮的净载荷测量。单击按钮，系统弹出“测量定义”对话框，在该对话框中进行下列操作。

① 输入测量名称：“小齿轮净载荷”。

② 选择测量类型。在类型下拉列表中选择净载荷选项，如图 8.1.13 所示。

图 8.1.10 选取参考

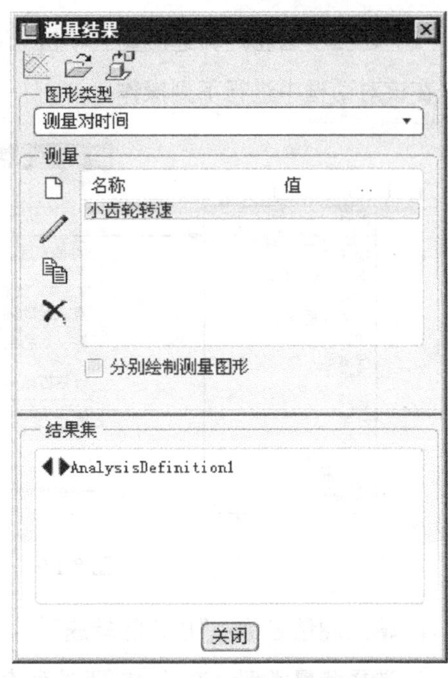

图 8.1.11 “测量结果”对话框

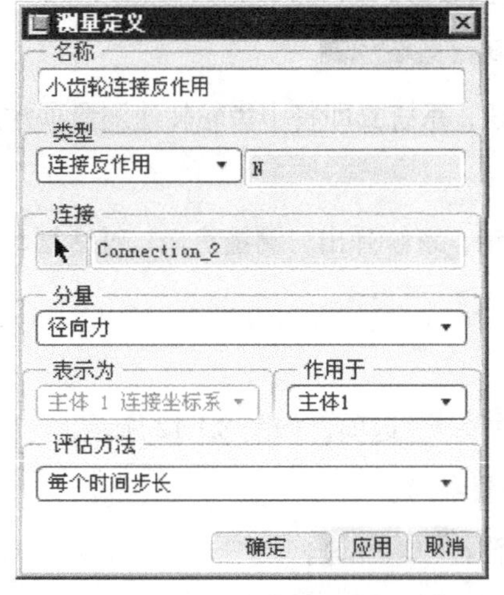

图 8.1.12 定义小齿轮连接反作用

图 8.1.13 定义小齿轮净载荷

③ 选取参考。选取图 8.1.14 所示的执行电动机 2 为测量参考。

④ 选取评估方法。在 评估方法 下拉列表中选择 每个时间步长。

⑤ 单击“测量定义”对话框中的 确定 按钮，系统立即将小齿轮净载荷测量项添加到“测量结果”对话框的列表中。

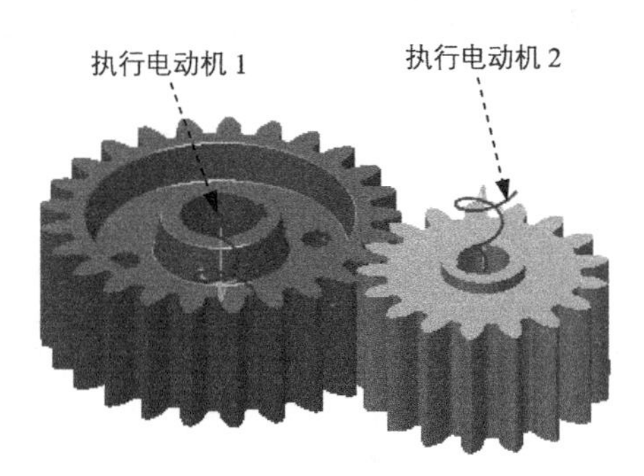

图 8.1.14 选取参考

（5）建立大齿轮的连接反作用测量。单击按钮，系统弹出“测量定义”对话框，在该对话框中进行下列操作。

① 输入测量名称：“大齿轮连接反作用”。

② 选择测量类型。在类型下拉列表中选择连接反作用选项。

③ 选取参考。选取图 8.1.10 所示的连接 1 为测量参考。

④ 选取评估方法。在评估方法下拉列表中选择每个时间步长。

⑤ 单击“测量定义”对话框中的确定按钮，系统立即将大齿轮连接反作用测量项添加到“测量结果”对话框的列表中。

（6）建立大齿轮的净载荷测量。单击按钮，系统弹出“测量定义”对话框，在该对话框中进行下列操作。

① 输入测量名称：“大齿轮净载荷”。

② 选择测量类型。在类型下拉列表中选择净载荷选项，如图 8.1.13 所示。

③ 选取参考。选取图 8.1.14 所示的执行电动机 1 为测量参考。

④ 选取评估方法。在评估方法下拉列表中选择每个时间步长。

⑤ 单击“测量定义”对话框中的确定按钮，系统立即将大齿轮净载荷测量项添加到“测量结果”对话框的列表中，此时“测量结果”对话框如图 8.1.15 所示。

（7）选取测量名称。按住 Ctrl 键，在“测量结果”对话框的列表中选取所有测量项。

（8）选取运动结果。在“测量结果”对话框的“结果集”中选择动态分析，此时“测量结果”对话框中显示图 8.1.16 所示的测量结果。

（9）绘制测量图形。在“测量结果”对话框的顶部单击按钮，系统便开始测量，并绘制测量的结果图，如图 8.1.17 所示。该图反映在运动学分析动态分析中，所有测量项与时间的关系。

测量结果
图形类型
测量对时间
测量
名称
值
大齿轮净载荷
大齿轮连接反作用
小齿轮净载荷
小齿轮连接反作用
小齿轮转速
分别绘制测量图形
结果集
AnalysisDefinition1
关闭

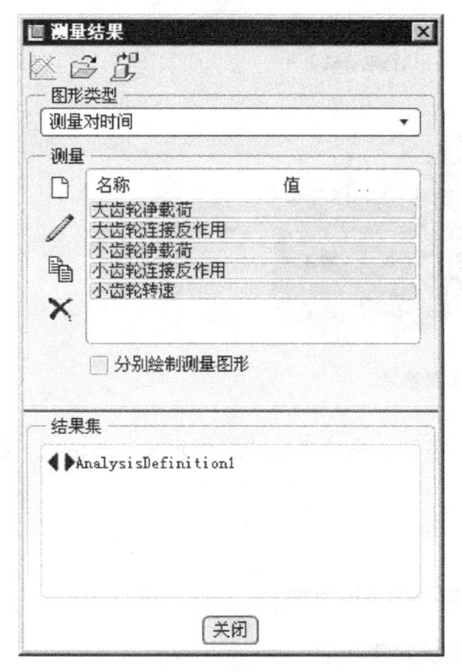

图 8.1.15 “测量结果”对话框

测量结果
图形类型
测量对时间
测量
名称
值
大齿轮净载荷 30
大齿轮连接反作用 238.787
小齿轮净载荷 37.5
小齿轮连接反作用 161.677
小齿轮转速 -294.118
分别绘制测量图形
结果集
AnalysisDefinition1
关闭

图 8.1.16 显示测量结果

图形工具
文件(F) 视图(V) 格式(R)
AnalysisDefinition1 (动态)
300.00
200.00
100.00
0.00
-100.00
-200.00
-300.00
0.00 1.00 2.00 3.00 4.00 5.00 6.00 7.00 8.00 9.00 10.00
时间(秒)
选取状态...

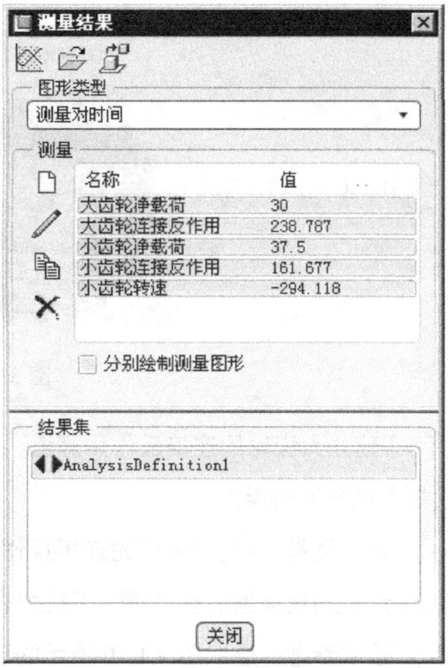

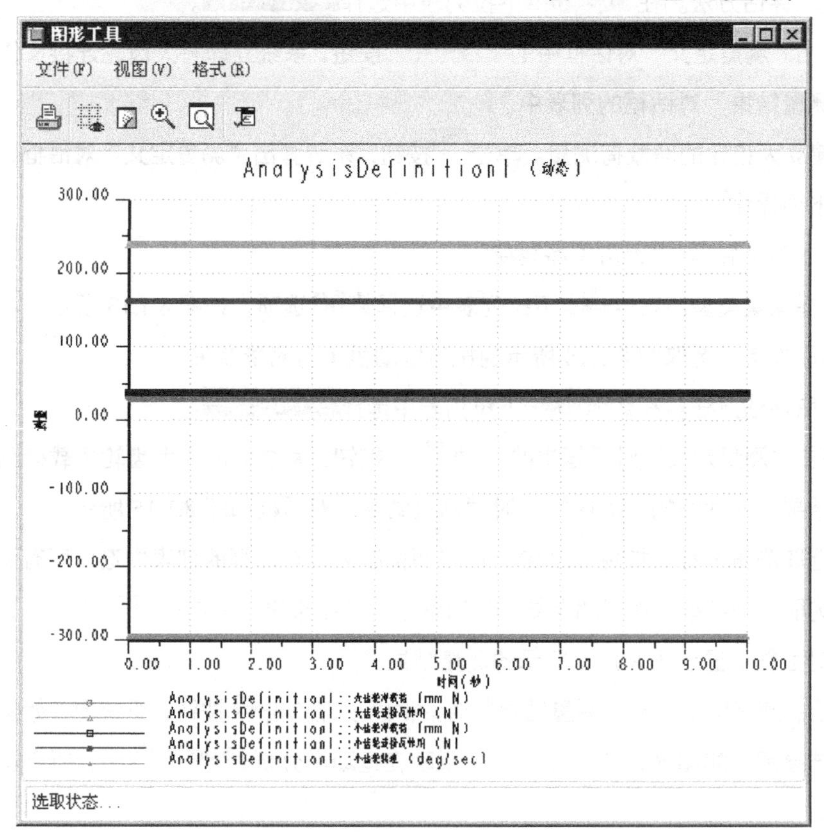

图 8.1.17 “图形工具”对话框

8.2 自定义测量

在机构的仿真与分析中，如果有些测量项系统没有提供，则需要进行自定义测量。自定义测量要综合运用建模环境中的分析与测量工具，结合参数和关系式，达到测量的目的。

图 8.2.1 所示是发动机机构模型，随着活塞的运动，气缸的容积会不断变化，如果需要研究容积的变化情况，就需要进行自定义测量。实现的思路是先测量出活塞的底面积并定义为参数“piston_area”，然后创建一个活塞行程测量项目“eng_len”，最终要测量的项目容积（volume）等于活塞端面面积与活塞行程的乘积，即 volume= piston_area*eng_len。下面介绍详细操作过程。

图 8.2.1 机构模型

步骤 01 将工作目录设置至 D:\proefj5\work\ch08.02，打开文件 engine_asm.asm。

步骤 02 测量活塞底面积。

（1）在模型树中选取 CYLINDER_HEAD.PRT 并右击，从快捷菜单中选择 隐藏 命令。

（2）选择命令。选择下拉菜单 分析(A) → 测量(M) → 面积(R) 命令，系统弹出图 8.2.2 所示的“区域”对话框。

（3）选取测量对象。选取图 8.2.3 所示的活塞底面为测量对象。

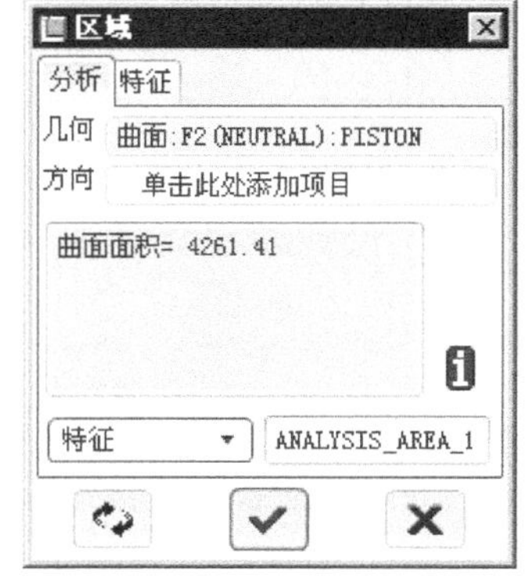

图 8.2.2 “区域”对话框

图 8.2.3 选取测量对象

（4）保存测量结果。在“距离”对话框下方的下拉列表中选择 特征 单选项，然后单击✔按钮。

（5）在装配模型树界面中选择 → 树过滤器(F)... 命令，选中“显示”选项组下的 ☑特征 复选框，然后单击 确定 按钮，这样测量特征会在模型树中显示。

步骤 03 编辑面积测量参数。

（1）选择命令。在图 8.2.4 所示的模型树中右击 ANALYSIS_AREA_1 节点，选择 编辑定义 命令，系统弹出“区域”对话框，如图 8.2.5 所示。

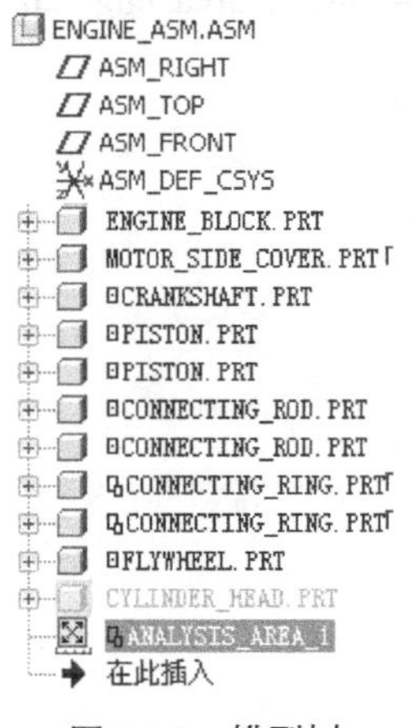

图 8.2.4　模型树

图 8.2.5　“区域”对话框

（2）修改参数。在“区域”对话框中单击 特征 选项卡，单击其中的“AREA”字符，然后将参数名称修改为“piston_area”，按 Enter 键确认，如图 8.2.6 所示。

图 8.2.6　修改参数

（3）单击✔按钮，关闭“区域”对话框。

步骤 04 添加参数 piston_area。

（1）选择命令。选择下拉菜单 工具(T) ➡ 参数(P)... 命令，系统弹出图 8.2.7 所示“参数”对话框。

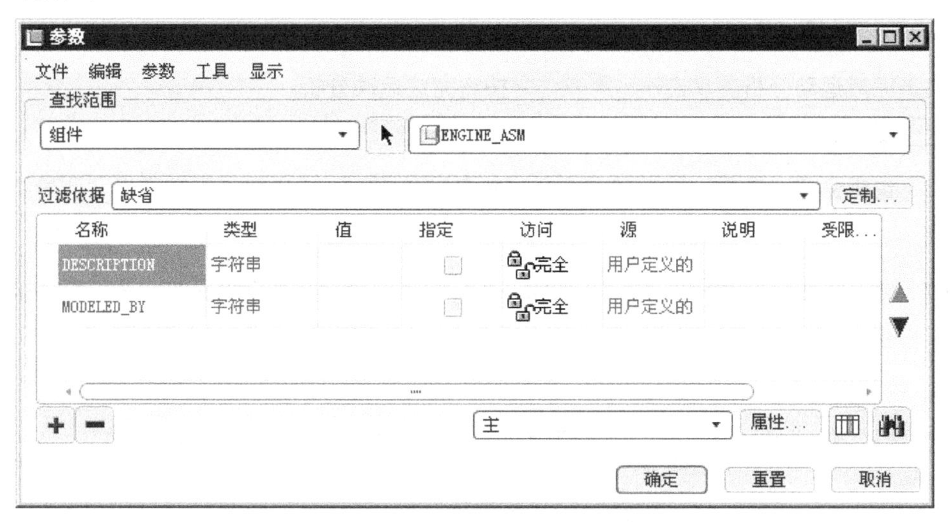

图 8.2.7 “参数”对话框

（2）添加参数。单击“参数”对话框中的“添加新参数”按钮 + ，输入名称“piston_area”，类型为“实数”，参数值为 4261.41，如图 8.2.8 所示。

（3）单击 确定 按钮完成参数添加。

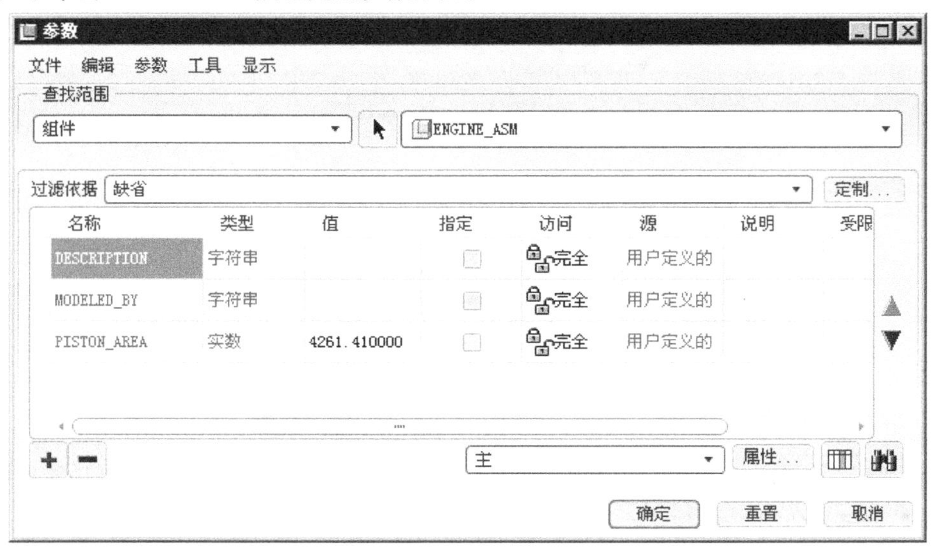

图 8.2.8 添加新参数

步骤 05 进入机构模块。选择下拉菜单 应用程序(P) ➡ 机构(E) 命令，进入机构模块。

步骤 06 定义机构分析。

（1）选择命令。选择下拉菜单 分析(A) ➡ 机构分析(Y)... 命令，系统弹出“分析定义”

对话框。

（2）运行位置分析。单击“分析定义”对话框中的 运行 按钮，查看机构的运行状况。

（3）完成运动分析。单击 确定 按钮完成运动分析。

步骤 07 定义活塞行程测量。

（1）选择命令。选择下拉菜单 分析(A) → 测量(E)... 命令，系统弹出“测量结果”对话框。

（2）建立活塞行程测量。单击 按钮，系统弹出“测量定义”对话框，在该对话框中进行下列操作：

① 输入测量名称：“eng_len”。

② 选择测量类型。在 类型 下拉列表中选择 分离 选项，如图 8.2.9 所示。

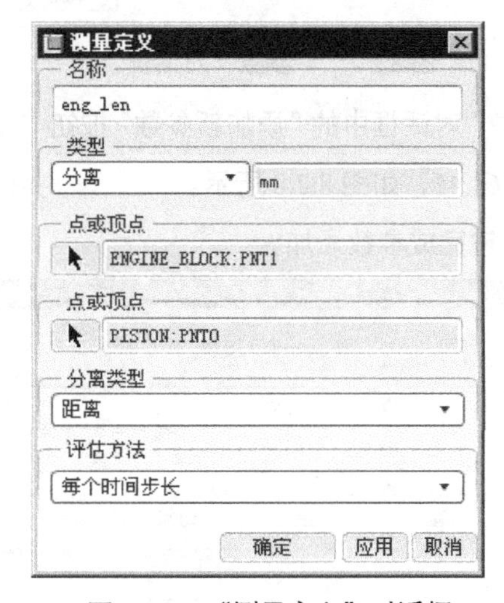

图 8.2.9 “测量定义”对话框

③ 选取参考。选取图 8.2.10 所示的两个基准点为测量参考。

④ 选取评估方法。在 评估方法 下拉列表中选择 每个时间步长。

⑤ 单击“测量定义”对话框中的 确定 按钮，系统立即将活塞行程测量项添加到“测量结果”对话框的列表中（图 8.2.11）。

（3）选取测量名称。按住 Ctrl 键，在“测量结果”对话框的列表中选取所有测量项。

（4）选取运动结果。在“测量结果”对话框的“结果集”中选择 AnalysisDefinition1，此时“测量结果”对话框中显示图 8.2.12 所示的测量结果。

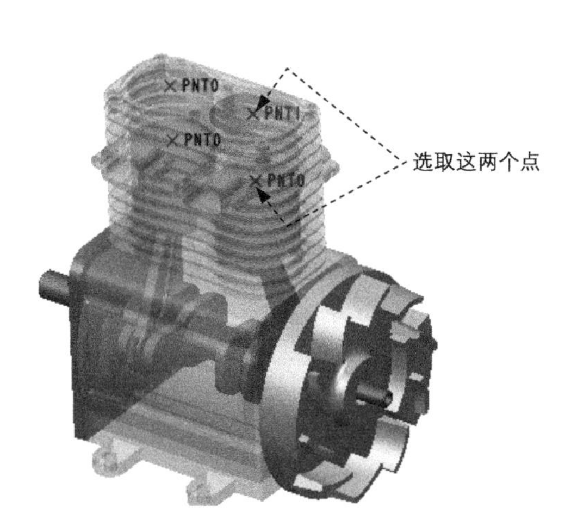

图 8.2.10 选取参考

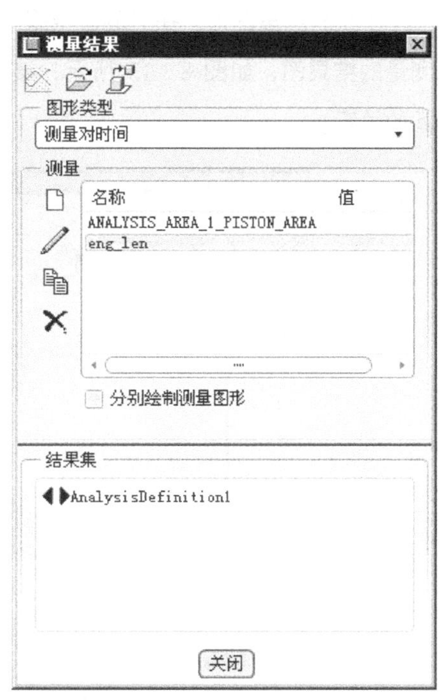

图 8.2.11 “测量结果”对话框

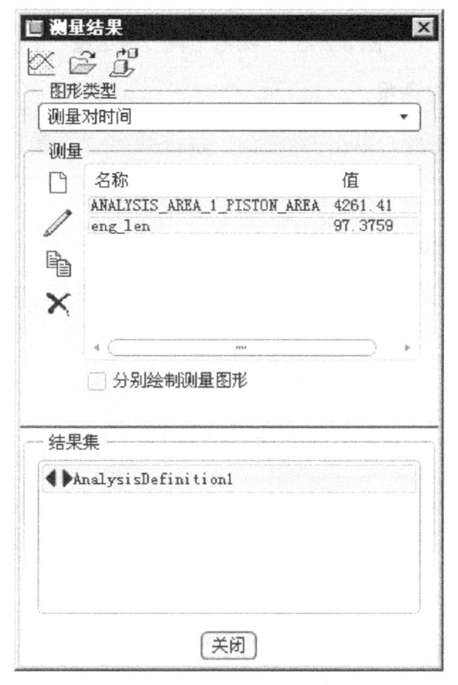

图 8.2.12 显示测量结果

（5）绘制测量图形。在“测量结果”对话框的顶部单击按钮，系统便开始测量，并绘制测量的结果图，如图 8.2.13 所示，该图反映在分析 AnalysisDefinition1 中，所有测量项与时间的关系。

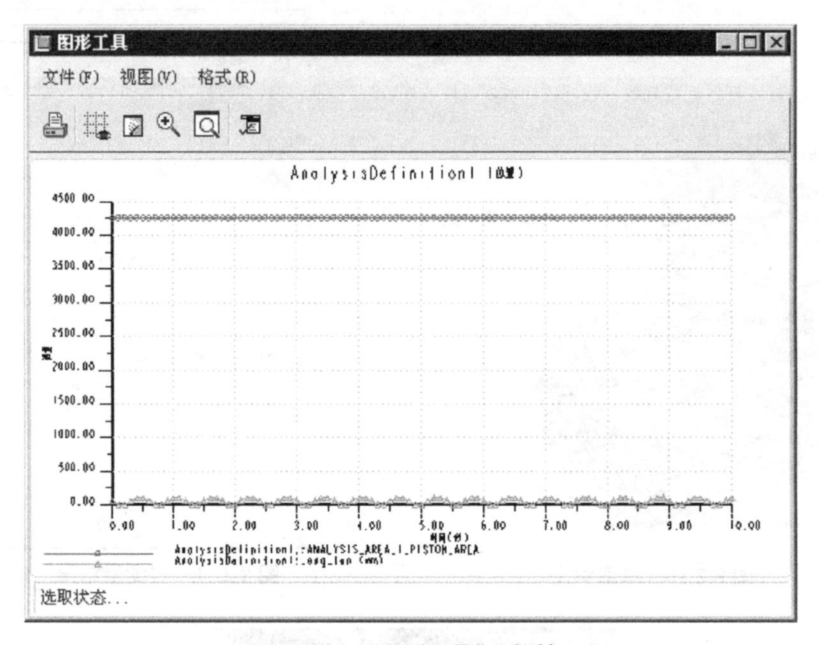

图 8.2.13 “图形工具”对话框

（6）关闭“图形工具”对话框。

步骤 08 定义气缸容积测量。单击按钮，系统弹出“测量定义”对话框，在该对话框中进行下列操作：

（1）输入测量名称：“volume”。

（2）选择测量类型。在 类型 下拉列表中选择 用户定义的 选项，在 量 下拉列表中选择 体积块 选项，如图 8.2.14 所示。

（3）编辑自定义表达式。

① 在对话框中单击“插入列表中的常量”按钮 π_e，系统弹出图 8.2.15 所示的“常数”对话框。

② 在“常数”对话框中单击“添加”按钮，系统弹出图 8.2.16 所示的“选择参数”对话框。

③ 在“选择参数”对话框中选择参数“PISTON_AREA”，然后单击 插入选取的 按钮，系统返回到“常数”对话框。

④ 在“常数”对话框中双击参数“PISTON_AREA”，将其添加到表达式。

⑤ 将表达式完善为“PISTON_AREA*eng_len*2”，如图 8.2.17 所示。

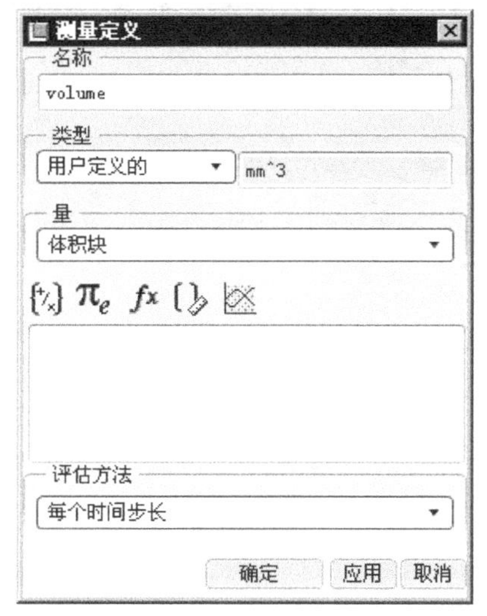

图 8.2.14 “测量定义”对话框

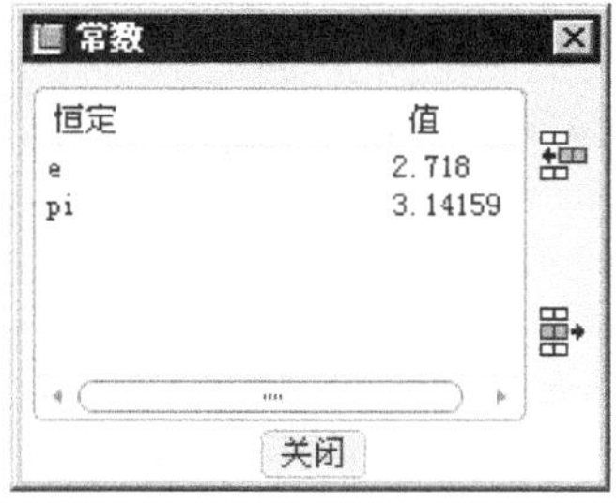

图 8.2.15 “常数”对话框

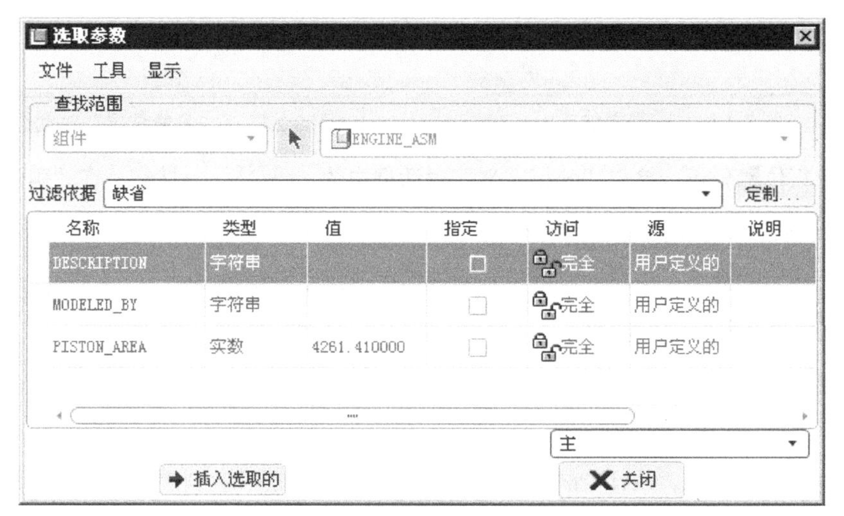

图 8.2.16 “选择参数”对话框

（4）选取评估方法。在 评估方法 下拉列表中选择 每个时间步长。

（5）单击“测量定义”对话框中的 确定 按钮，系统立即将活塞行程测量项添加到“测量结果”对话框的列表中（图 8.2.18）。

（6）单击 关闭 按钮，关闭“测量结果”对话框。

步骤 09 重新运行机构分析。

（1）选择命令。在机构树中右击机构分析节点 AnalysisDefinition1 (位置)，选择 编辑定义 命令，系统弹出“分析定义”对话框。

图 8.2.17　完善表达式

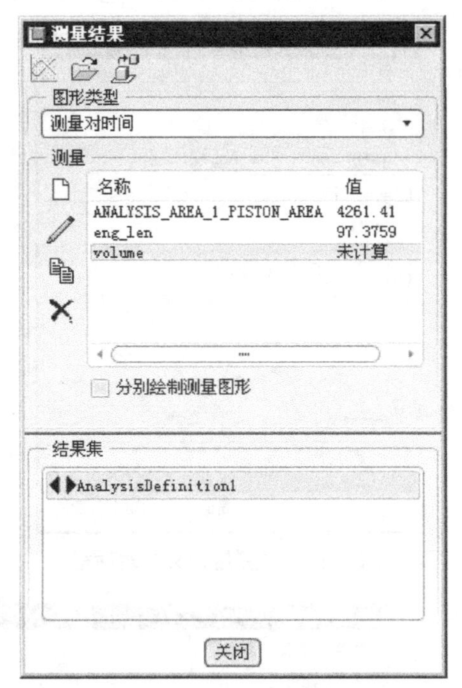

图 8.2.18　“测量结果”对话框

（2）运行位置分析。单击“分析定义”对话框中的 运行 按钮，在“确认”对话框中单击 是 按钮，查看机构的运行状况。

（3）完成运动分析。单击 确定 按钮完成运动分析。

步骤 10 显示气缸容积测量。

（1）选择命令。选择下拉菜单 分析(A) ➡ 测量(E)... 命令，系统弹出“测量结果”对话框。

（2）选取测量名称。按住 Ctrl 键，在“测量结果”对话框的列表中选取所有测量项。

（3）选取运动结果。在“测量结果”对话框的“结果集”中选择 AnalysisDefinition1，此时“测量结果”对话框中显示所有项目的测量结果。

（4）绘制测量图形。在“测量结果”对话框的顶部单击 按钮，系统便开始测量，并绘制测量的结果图，如图 8.2.19 所示该图反映在分析 AnalysisDefinition1 中，所有测量项与时间的关系。

（5）关闭“图形工具”对话框。

（6）单击 关闭 按钮，关闭“测量结果”对话框。

步骤 11 再生模型。选择下拉菜单 编辑(E) ➡ 再生(G) 命令，再生机构模型。

步骤 12 保存机构模型。

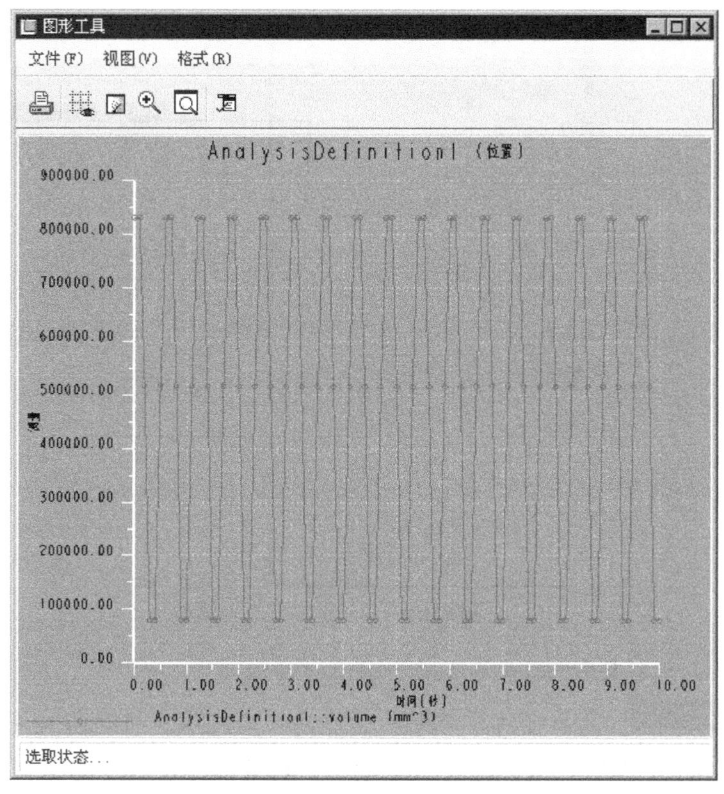

图 8.2.19 “图形工具”对话框

8.3 轨迹曲线

轨迹曲线工具包括一般轨迹曲线和凸轮合成曲线。一般轨迹曲线用图形表示机构装置中某一点或顶点相对于零件的运动，也可以创建机构装置中的“槽”曲线和实体几何。凸轮合成曲线用图形表示机构装置中曲线或边相对于零件的运动，可以用于创建机构装置中的凸轮轮廓。与前面的测量工具一样，必须提前为机构装置运行一个运动分析，然后才能创建轨迹曲线。

选择下拉菜单 插入(I) → 轨迹曲线(T)... 命令，系统弹出图 8.3.1 所示的“轨迹曲线”对话框，该对话框用于创建轨迹曲线。

图 8.3.1 所示的“轨迹曲线”对话框中部分选项说明如下。

- 纸零件：在装配件或子装配件上选取一个主体零件，作为描绘曲线的参考。想象纸上有一支笔描绘轨迹，那么可以将该主体零件看做纸张，生成的轨迹曲线将是属于纸张零件的一个特征。可从模型树访问轨迹曲线和凸轮合成曲线。如果要描绘一个主体相对于基础的运动，可在基础中选取一个零件作为纸张零件。

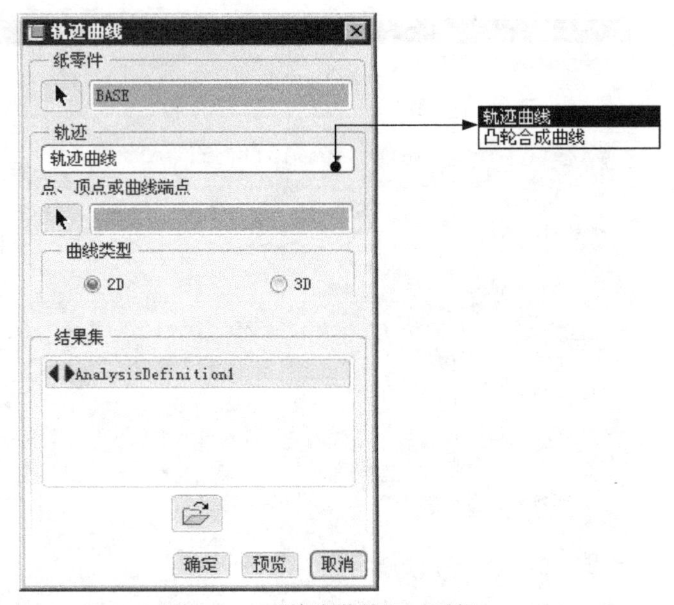

图 8.3.1 “轨迹曲线”对话框

- 轨迹：选取要生成的曲线类型。
  - 轨迹曲线：在装配体上选取一个点或顶点，此点所在的主体必须与纸张零件的主体不同，系统将创建该点的轨迹曲线。可以想象纸上有一支笔描绘轨迹，此点就如同笔尖。
  - 凸轮合成曲线：在装配件上选取一条曲线或边（可选取开放或封闭环，也可选取多条连续曲线或边，系统会自动使所选曲线变得光滑），此曲线所在的主体必须与纸张零件的主体不同。系统将以此曲线的轨迹来生成内部和外部包络曲线。如果在运动运行中以每个时间步长选取开放曲线，系统则在曲线上确定距旋转轴最近和最远的两个点，最后生成两条样条曲线：一条来自最近点的系列，另一条来自最远点的系列。
  - 曲线类型区域：可指定轨迹曲线为 2D 或 3D 曲线。
- 结果集：从可用列表中，选取一个运动分析结果。
- 按钮：单击此按钮可装载一个已保存的结果。
- 确定：单击此按钮，系统即在纸张零件中创建一个基准曲线特征，对选定的运动结果显示轨迹曲线或平面凸轮合成曲线。要保存基准曲线特征，必须保存该零件。
- 预览：单击此按钮，可预览轨迹曲线或凸轮合成曲线。

下面以图 8.3.2 所示的连杆机构为例说明轨迹曲线的应用。在该机构中，现在需要分析元件 rod_3 中基准点“PNT0”的运动轨迹，具体操作步骤如下。

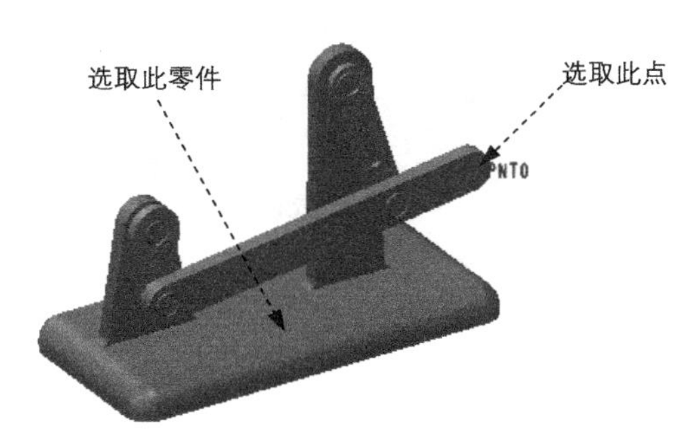

图 8.3.2 连杆机构模型

步骤 01 将工作目录设置至 D:\proefj5\work\ch08.03，打开文件 linkage_mech.asm。

步骤 02 进入机构模块。选择下拉菜单 应用程序(P) → 机构(E) 命令，进入机构模块。

步骤 03 选择命令。选择下拉菜单 插入(I) → 轨迹曲线(T)... 命令，系统弹出“轨迹曲线”对话框。

步骤 04 选取参考对象。在机构中选取图 8.3.2 所示的零件为“纸零件”，选取图 8.3.2 中基准点 PNT0 为参考对象。

步骤 05 在“轨迹曲线”对话框中单击“从文件加载一个结果集”按钮，系统弹出图 8.3.3 所示的“选择回放文件”对话框，选取工作目录中的回放结果集“AnalysisDefinition1.pbk”，单击 打开 按钮。

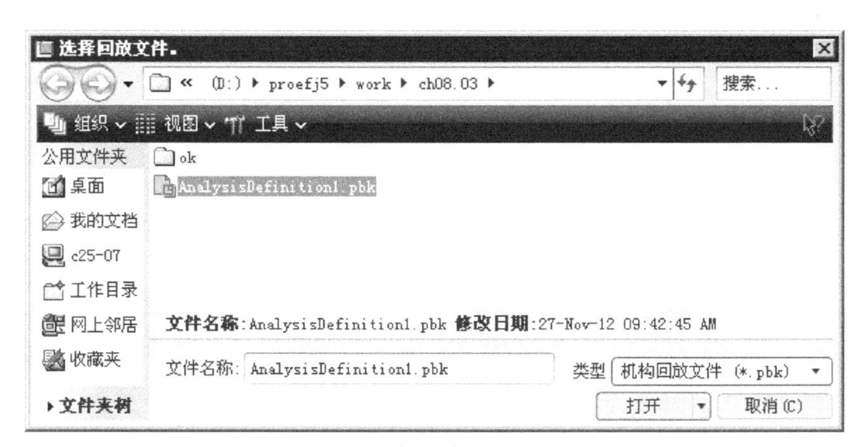

图 8.3.3 “选择回放文件”对话框

步骤 06 单击“轨迹曲线”对话框中的 确定 按钮，系统即在机构中显示轨迹曲线，并在纸零件中创建一个基准曲线特征，如图 8.3.4 所示。

图 8.3.4　轨迹曲线

第四篇

Pro/E5.0 运动仿真实际综合应用

第 9 章　自动压水拖把运动仿真

本章讲述了一个拖把运动仿真过程，在定义运动仿真的过程中首先要注意机构连接的定义，要根据机构的实际运动情况来进行正确的定义；机构模型如图 9.1 所示，读者可以打开视频文件 D:\proefj5\work\ch09\ok\SWABBER.mpg 查看机构运行状况。

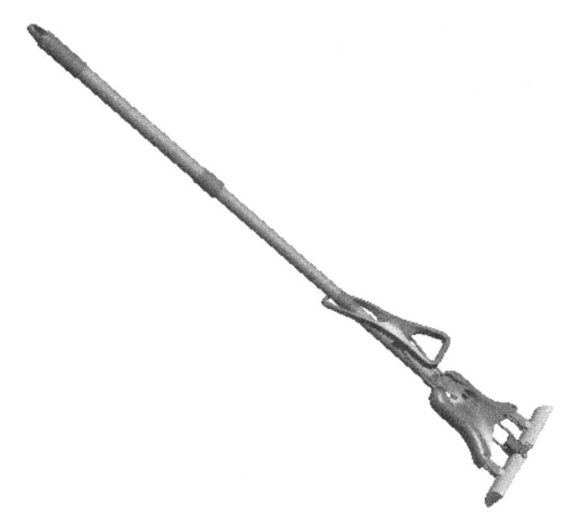

图 9.1　机构模型

1. 新建装配模型

步骤 01 将工作目录设置至 D:\proefj5\work\ch09。

步骤 02 新建装配文件。单击“新建”按钮；选中 类型 选项组中的 组件 单选项，选中子类型选项组中的◉设计单选项；在名称文本框中输入文件名 clip_con_asm；取消选中☐使用缺省模板复选框；单击对话框中的确定按钮。

步骤 03 选取适当的装配模板。在弹出的“新文件选项”对话框中选取mmns_asm_design模板，然后单击确定按钮。

2. 组装机构模型

步骤 01 引入第一个元件 connector.prt，并使用缺省约束完全约束该元件。

步骤 02 引入第二个元件 clip_board.prt，并将其调整到合适的位置。

步骤 03 创建 clip_board.prt 和 connector.prt 之间的销钉连接。

（1）在“元件放置”操控板的机械连接约束列表中选择销钉选项。

（2）定义“轴对齐”约束。单击操控板中的放置按钮，分别选取图 9.2 中的两个柱面为轴对齐参考，此时放置界面如图 9.3 所示。

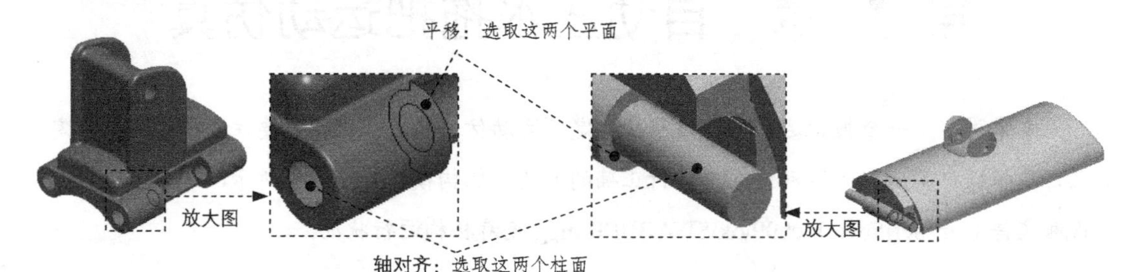

图 9.2 创建“销钉（Pin）”连接

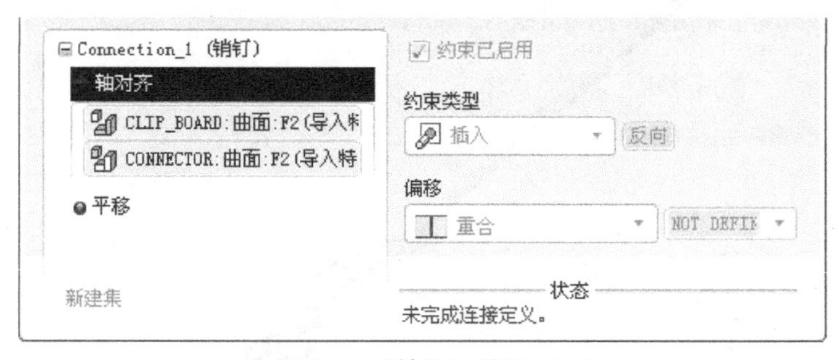

图 9.3 “放置”界面（一）

（3）定义“平移”约束。分别选取图 9.2 中的两个平面为平移约束参考，此时放置界面如图 9.4 所示。

（4）单击操控板中的✔按钮，完成图 9.5 所示的销钉连接的创建。

步骤 04 验证连接的有效性，并调整其位置。

（1）在视图(V)菜单中选择方向(O)▸ ➡ 拖动元件(D)...命令。

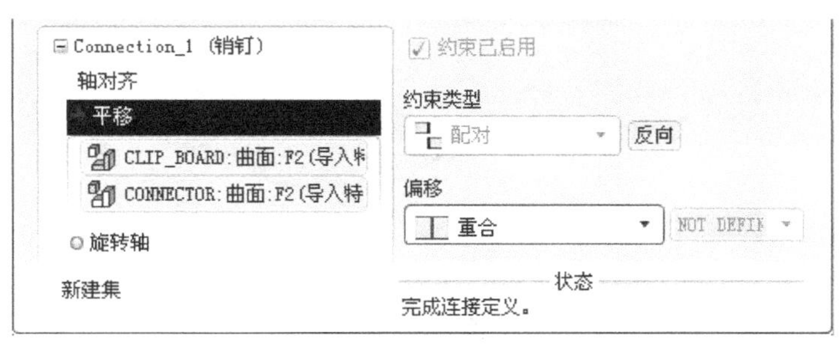

图 9.4 “放置”界面（一）

（2）在“拖动”对话框中单击“点拖动”按钮。

（3）在元件 clip_board.prt 上选择一点，然后在该位置处单击，出现一个标记◆，移动鼠标光标，选取的点将跟随光标移动。

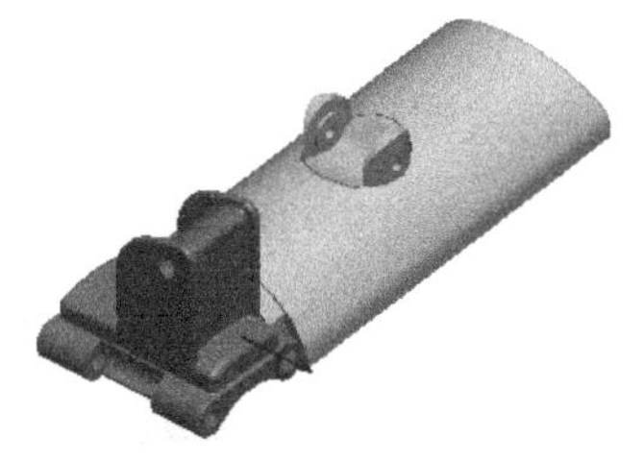

图 9.5 销钉连接

（4）选择“拖动”对话框中的约束选项卡，单击“定向两个曲面”按钮，然后选取图 9.6 所示的模型表面。

（5）单击“拖动”对话框中的关闭按钮。

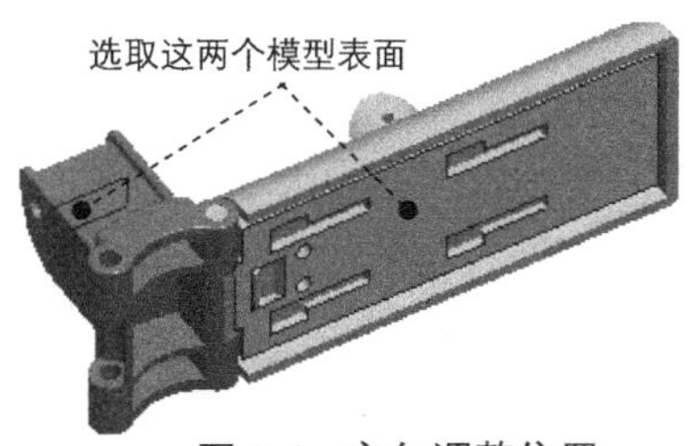

图 9.6 定向调整位置

步骤 05 引入第三个元件 clip_board.prt，在模型树中选中 CLIP_BOARD.PRT。选择下拉菜单 编辑(E) → 复制(C) 命令，然后选择下拉菜单 编辑(E) → 粘贴(P) 命令；在操控板中单击“手动放置”按钮，参照步骤 03 定义轴对齐和平移参考以及定向调整，其结果如图 9.7 所示。

图 9.7　销钉连接

步骤 06 引入第四个元件 connector_part.prt 并将其调整到合适的位置。

步骤 07 创建 connector_part.prt 和 clip_board.prt 之间的销钉连接。

（1）在“元件放置”操控板的机械连接约束列表中选择 销钉 选项。

（2）定义“轴对齐”约束。单击操控板中的 放置 按钮，分别选取图 9.8 中的两个柱面为 轴对齐 参考。

（3）定义“平移”约束。分别选取图 9.8 中的两个平面为 平移 约束参考。

（4）单击操控板中的 ✔ 按钮，完成图 9.9 所示的销钉连接的创建。

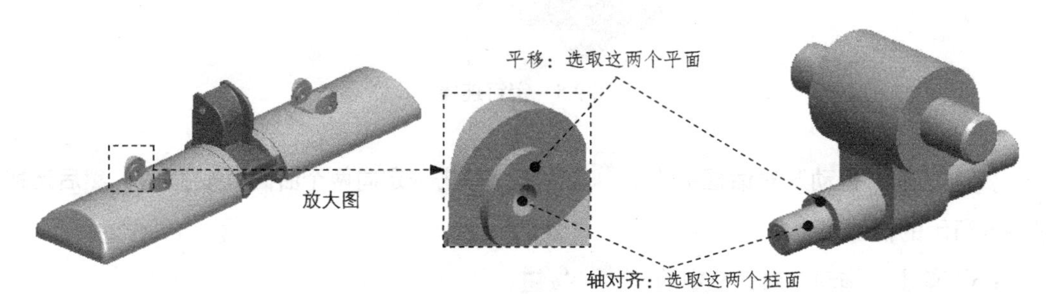

图 9.8　创建“销钉（Pin）”连接

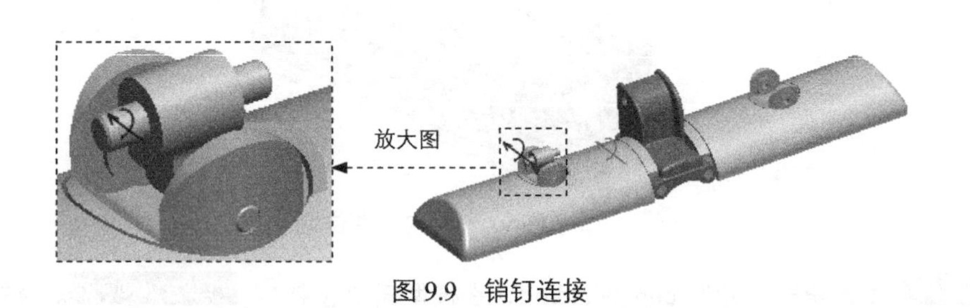

图 9.9　销钉连接

步骤 08 引入第四个元件 connector_part.prt，在模型树中选中 CONNECTOR_PART.PRT，选择下拉菜单 编辑(E) ➡ 复制(C) 命令，然后选择下拉菜单 编辑(E) ➡ 粘贴(P) 命令；

在操控板中单击“手动放置”按钮，参照步骤07定义轴对齐和平移参考，其结果如图9.10所示。

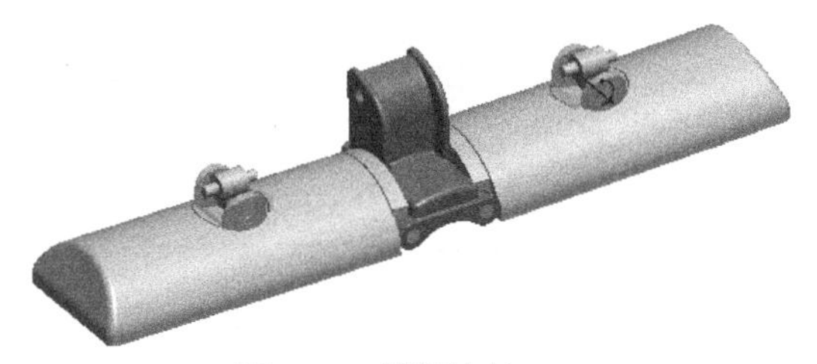

图9.10　销钉连接

步骤09 保存模型文件。

3. 新建总装配模型

步骤01 新建装配文件。单击“新建”按钮；在弹出的文件“新建”对话框中，选中类型选项组中的 组件，选中子类型选项组中的 设计；在名称文本框中输入文件名swabber；取消选中 使用缺省模板 复选框；单击对话框中的 确定 按钮。

步骤02 选取适当的装配模板。在弹出的“新文件选项”对话框中选取mmns_asm_design模板，然后单击 确定 按钮。

4. 组装总机构模型

步骤01 引入第一个元件 swabber_rod.asm，并使用缺省约束完全约束该元件。

步骤02 引入第二个元件 swabber_cover.prt，并将其调整到合适的位置。

步骤03 创建 swabber_cover.prt 和 swabber_rod.asm 之间的装配约束。

（1）在“元件放置”操控板的 约束类型 列表中选择插入选项。

（2）定义“插入”约束。单击操控板中的 放置 按钮，分别选取图9.11中的两个柱面为插入参考。

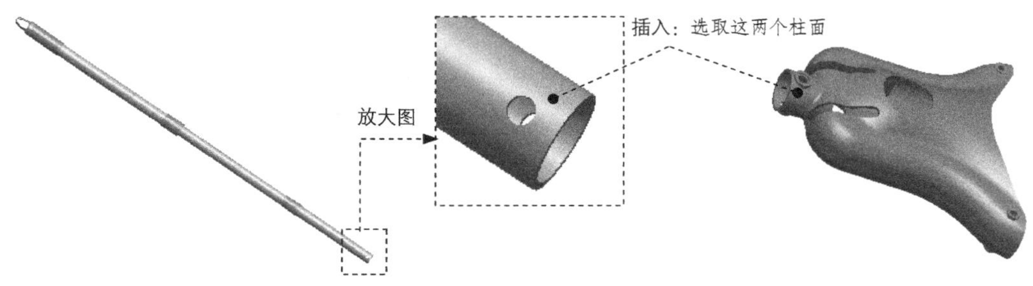

图9.11　创建“插入”约束1

（3）定义第二个“插入”约束。在“放置”界面中单击“新建约束”字符，在 约束类型 下

拉列表中选择 插入 选项；分别选取图 9.12 中的两个柱面为 插入 参考。

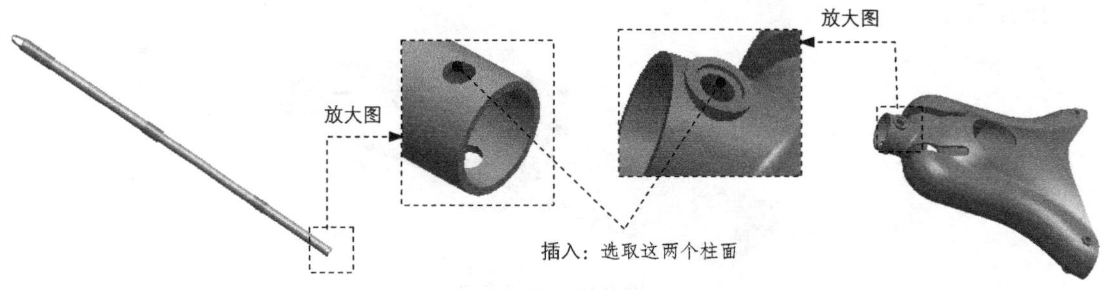

图 9.12　创建“插入”约束 2

（4）单击操控板中的 ✓ 按钮，完成图 9.13 所示的 swabber_cover.prt 零件的装配。

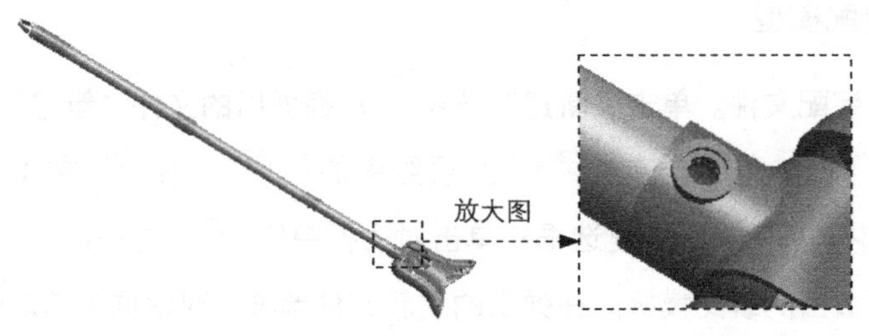

图 9.13　定位第二个零件

步骤 04 引入第三个元件 handle.prt，并将其调整到合适的位置。

步骤 05 创建 handle.prt 和 swabber_rod.asm 之间的销钉连接。

（1）在“元件放置”操控板的机械连接约束列表中选择 销钉 选项。

（2）定义“轴对齐”约束。单击操控板中的 放置 按钮，分别选取图 9.14 中的两个柱面为 轴对齐 参考。

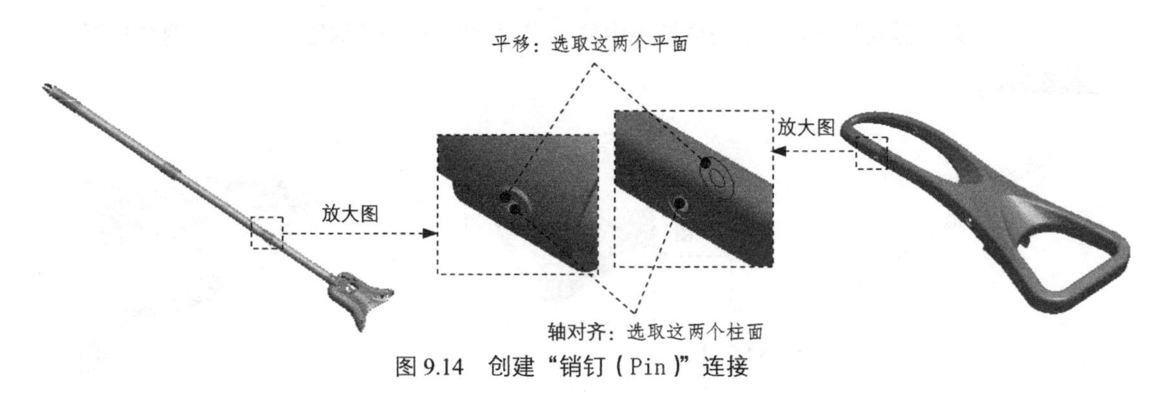

图 9.14　创建“销钉（Pin）”连接

（3）定义“平移”约束。分别选取图 9.14 中的两个平面为 平移 约束参考。

（4）单击操控板中的✔按钮，完成图 9.15 所示的销钉连接的创建。

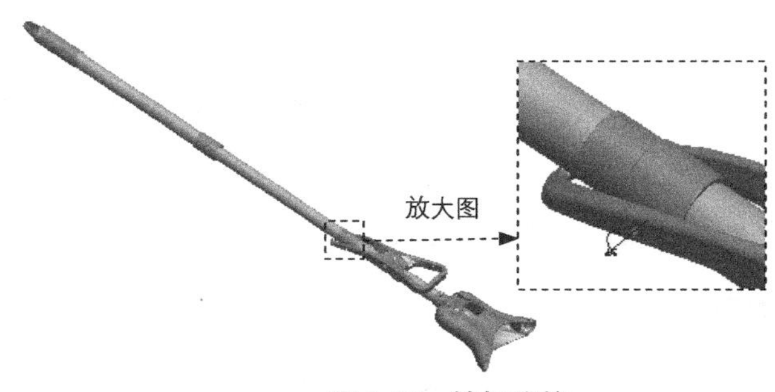

图 9.15 销钉连接

步骤 06 引入第四个元件 link_part.prt，并将其调整到合适的位置。

步骤 07 创建 link_part.prt 和 swabber_cover.prt 之间的销钉连接。

（1）在“元件放置”操控板的机械连接约束列表中选择 销钉 选项。

（2）定义“轴对齐”约束。单击操控板中的 放置 按钮，分别选取图 9.16 中的两个柱面为 轴对齐 参考。

（3）定义“平移”约束。分别选取图 9.16 中的两个平面为 平移 约束参考，并单击 反向 按钮。

（4）单击操控板中的✔按钮，完成图 9.17 所示的销钉连接的创建。

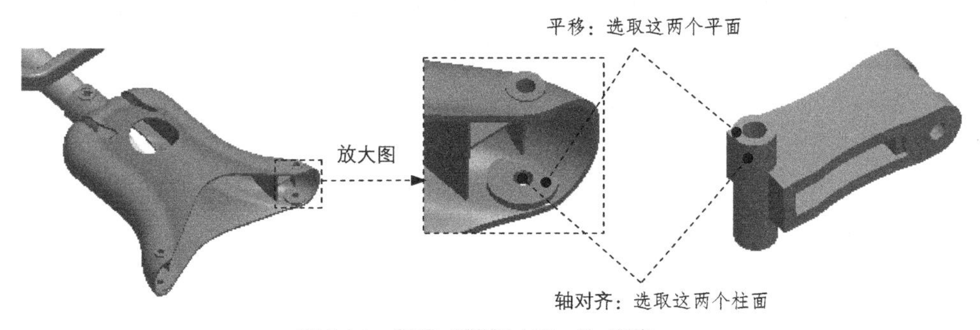

图 9.16 创建“销钉（Pin）”连接

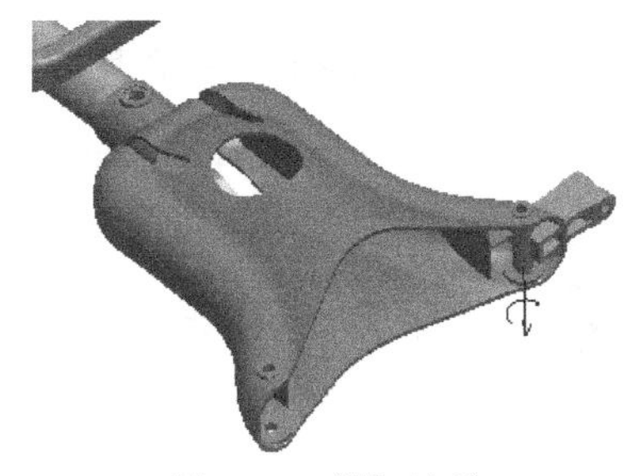

图 9.17 销钉连接

步骤 08 验证连接的有效性，并调整其位置。

（1）在 视图(V) 菜单中选择 方向(O) ▸ ➡ 拖动元件(D)... 命令。

（2）在“拖动”对话框中单击“点拖动”按钮。

（3）在元件 link_part.prt 上选择一点，然后在该位置处单击，出现一个标记◆，移动鼠标光标，选取的点将跟随光标移动。

（4）选择“拖动”对话框中的 约束 选项卡，单击“定向两个曲面”按钮，然后选取图 9.18 所示的模型表面。

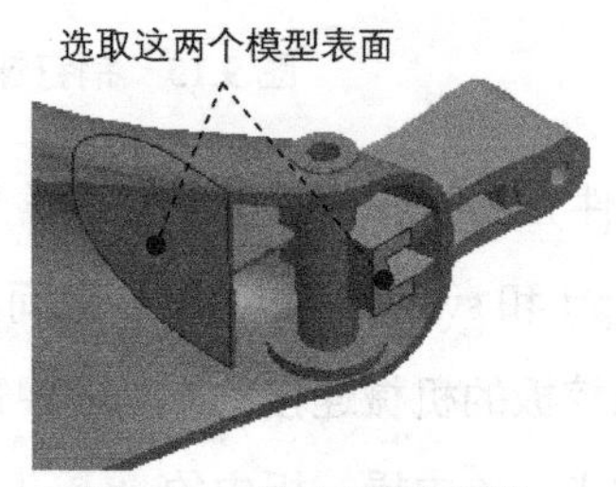

图 9.18　定向调整位置

（5）单击“拖动”对话框中的 关闭 按钮。

步骤 09 引入第二个元件 link_part.prt，在模型树中选中 LINK_PART.PRT。选择下拉菜单 编辑(E) ➡ 复制(C) 命令，然后选择下拉菜单 编辑(E) ➡ 粘贴(P) 命令；在操控板中单击“手动放置”按钮，参照 步骤 08 定义 轴对齐 和 平移 参考，其结果如图 9.19 所示。

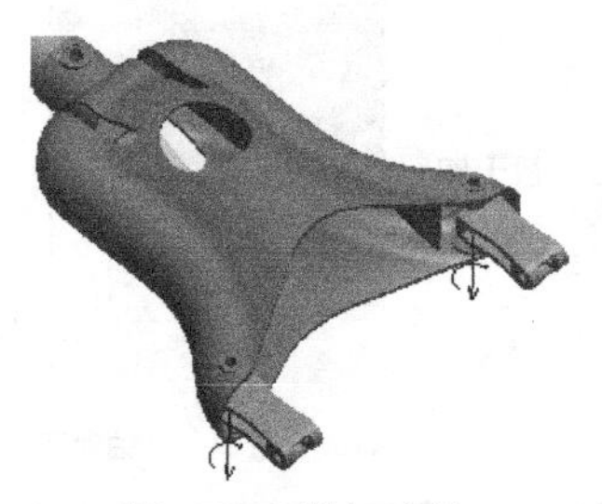

图 9.19　销钉连接

步骤 10 引入第五个元件 clip_con_asm.asm，并将其调整到合适的位置。

步骤 11 创建 clip_con_asm.asm 和其中一个 link_part.prt 之间的销钉连接。在“元件放置”操控板的机械连接约束列表中选择 销钉 选项；单击操控板中的 放置 按钮，分别选取图 9.20 中的两个柱面为 轴对齐 参考；分别选取图 9.20 中的两个平面为 平移 约束参考。

步骤 12 创建 clip_con_asm.asm 和另外一个 link_part.prt 之间的销钉连接。在“放置”界面中单击“新建集”字符；参照 步骤 11 添加销钉连接；单击操控板中的✔按钮，完成图 9.21 所示的销钉连接的创建。

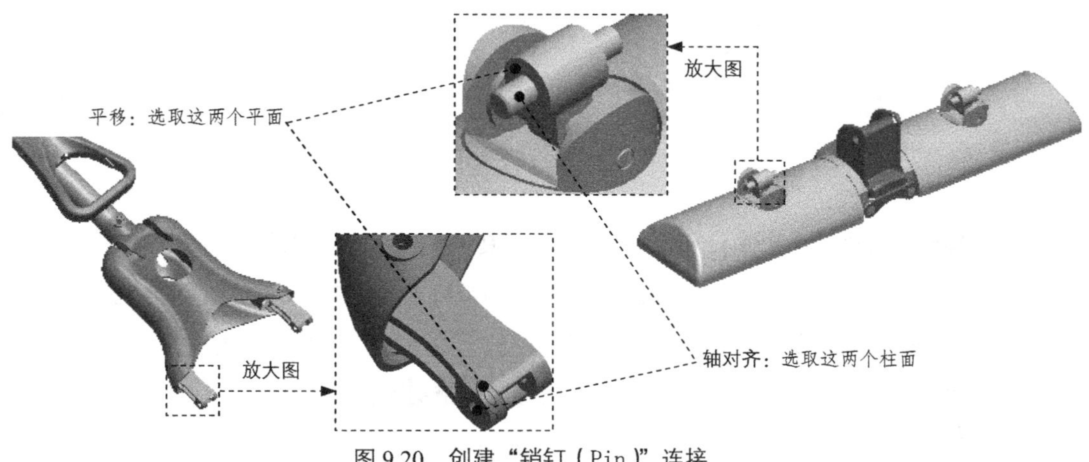

图 9.20　创建“销钉（Pin）”连接

步骤 13 验证连接的有效性，并调整其位置。

（1）在 视图(V) 菜单中选择 方向(O) ▸ ➡ 拖动元件(D)... 命令。

（2）在“拖动”对话框中单击“点拖动”按钮。

（3）在元件 clip_con_asm.asm 上选择一点，然后在该位置处单击，出现一个标记◆，移动鼠标光标，选取的点将跟随光标移动。

图 9.21　销钉连接

（4）选择“拖动”对话框中的 约束 选项卡，单击“定向两个曲面”按钮，然后选取图 9.22 所示的模型表面。

（5）参照上一步调整其余曲面的位置，完成后如图 9.23 所示。

（6）单击“拖动”对话框中的 关闭 按钮。

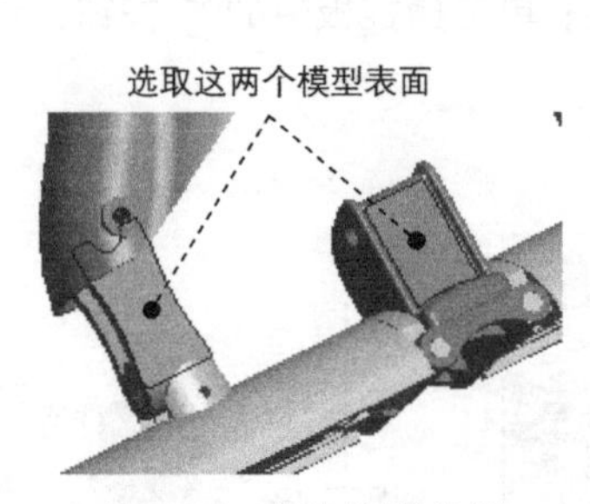

图 9.22　定向调整位置

图 9.23　定向调整后

步骤 14 引入第六个元件 push_rod.asm，并将其调整到合适的位置。

步骤 15 创建 push_rod.asm 和 handle.prt 之间的销钉连接。在“元件放置”操控板的机械连接约束列表中选择 销钉 选项；单击操控板中的 放置 按钮，分别选取图 9.24 中的两个柱面为 轴对齐 参考；分别选取图 9.24 中的两个平面为 平移 约束参考。

步骤 16 创建 clip_con_asm.asm 和 push_rod.asm 之间的销钉连接。

（1）在“放置”界面中单击“新建集”字符。

（2）在“元件放置”操控板的机械连接约束列表中选择 销钉 选项。

（3）定义“轴对齐”约束。单击操控板中的 放置 按钮，分别选取图 9.25 中的两个柱面为 轴对齐 参考。

（4）定义“平移”约束。分别选取图 9.25 中的两个平面为 平移 约束参考。

（5）单击操控板中的 ✔ 按钮，完成销钉连接的创建。

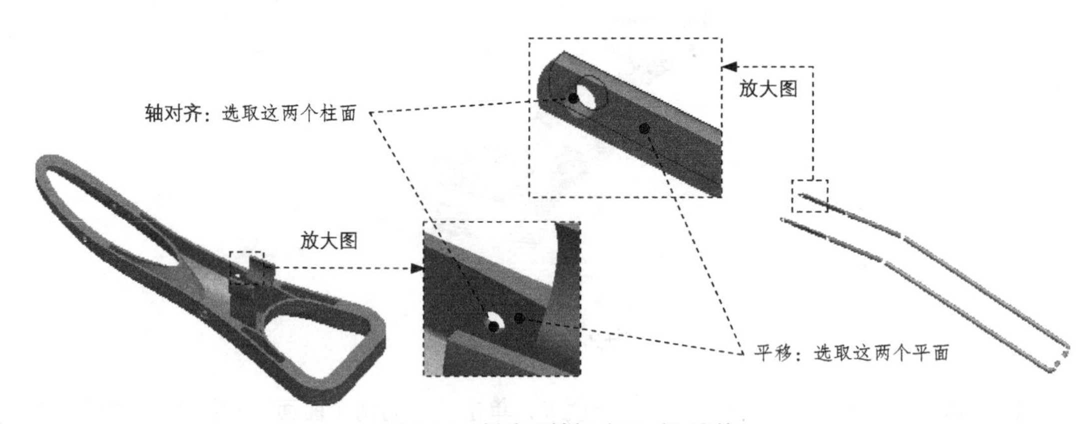

图 9.24　创建“销钉（Pin）”连接

步骤 17 验证连接的有效性，并调整其位置。

（1）在 视图(V) 菜单中选择 方向(O) ▸ ➡ 拖动元件(D)... 命令。

（2）在“拖动”对话框中单击“点拖动”按钮。

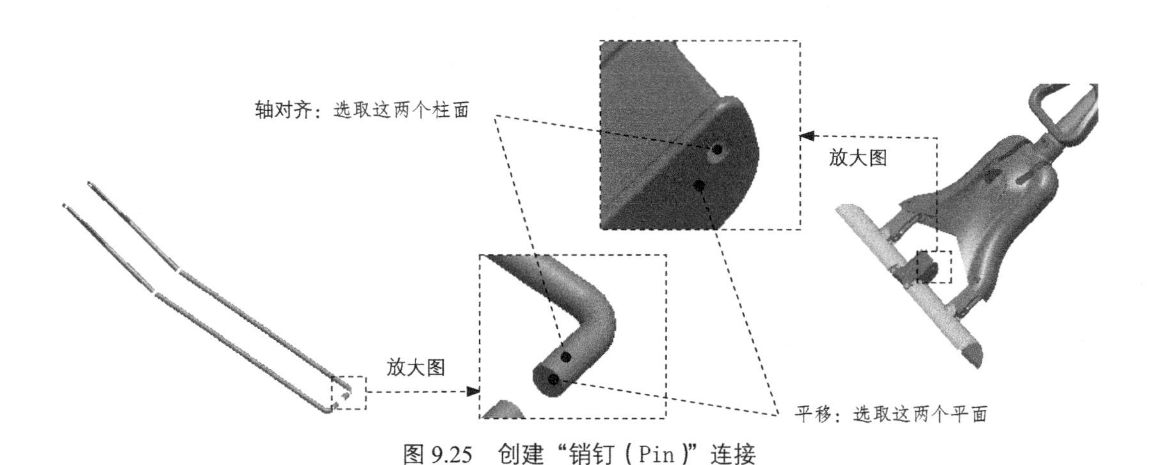

图 9.25 创建“销钉（Pin）”连接

（3）在元件 handle.prt 上选择一点，然后在该位置处单击，出现一个标记◈，移动鼠标光标，选取的点将跟随光标移动。

（4）选择“拖动”对话框中的约束选项卡，单击“定向两个曲面”按钮，然后选取图 9.26 所示的模型表面。单击关闭按钮。

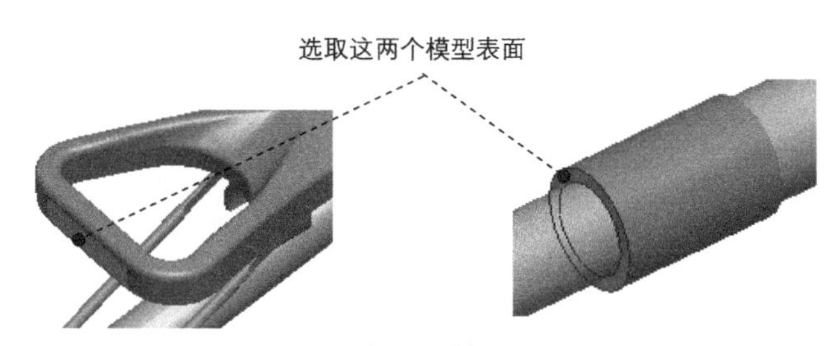

图 9.26 定向调整位置（一）

（5）参照上面的步骤，定向图 9.27 所示的模型表面，最终效果如图 9.28 所示。

（6）单击“拖动”对话框中的关闭按钮。

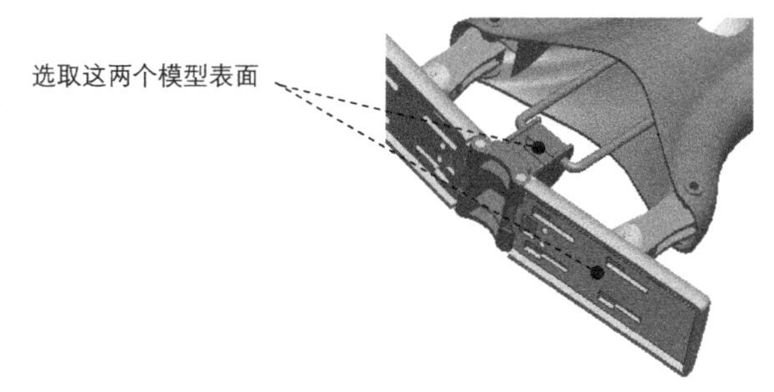

图 9.27 定向调整位置（二）

步骤 18 后面的详细操作过程请参见随书光盘中 video\ch09\reference\文件下的语音视频讲解文件。

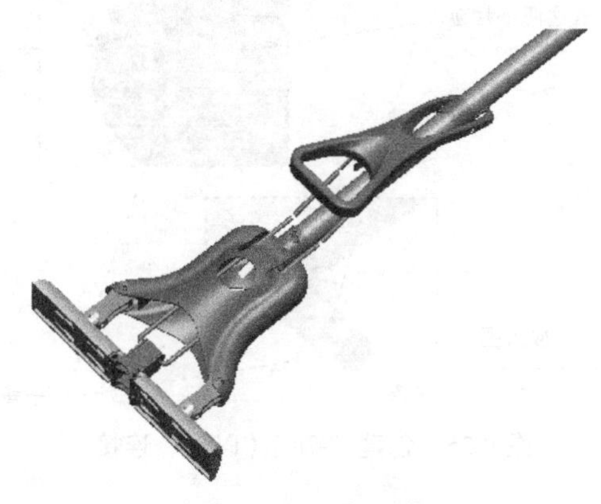

图 9.28 最终位置效果

第 10 章　凸轮–齿轮齿条机构运动仿真

本章讲述了一个机构的运动仿真过程，在定义运动仿真过程中首先要注意机构连接的定义，要根据机构的实际运动情况进行正确的定义；机构模型如图 10.1 所示，读者可以打开视频文件 D:\proefj5\work\ch10\ok\1-CAM-RECIPROCATE-ASSY.mpg 查看机构运行状况。

1. 新建装配模型

步骤 01 将工作目录设置至 D:\proefj5\work\ch10\ex。

步骤 02 新建装配文件。单击“新建”按钮；选中类型选项组中的 组件 单选项，选中子类型选项组中的 设计 单选项；在名称文本框中输入文件名 1-cam-reciprocate-assy；取消选中 使用缺省模板 复选框；单击对话框中的 确定 按钮。

步骤 03 选取适当的装配模板。在弹出的“新文件选项”对话框中选取 mmns_asm_design 模板，然后单击 确定 按钮。

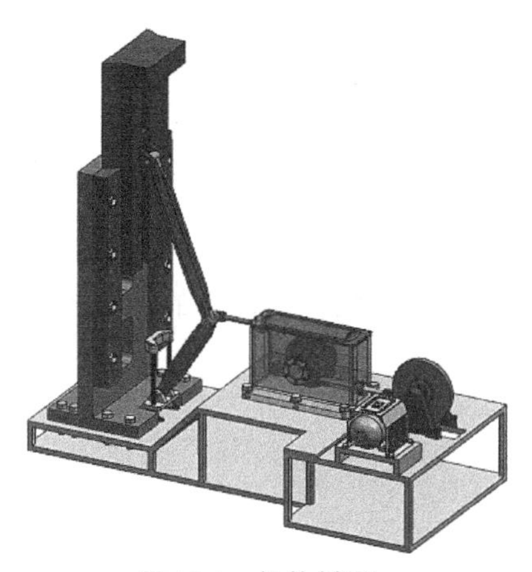

图 10.1　机构模型

2. 组装总机构模型

步骤 01 引入第一个组件 down-base-assy.asm，并使用 缺省 约束完全约束该元件。

步骤 02 引入第二个组件 cam-shaft-assy.asm，并将其调整到合适的位置，然后创建 down-base-assy.asm 和 cam-shaft-assy.asm 之间的销钉连接。

（1）在“元件放置”操控板的机械连接约束列表中选择 销钉 选项。

（2）定义“轴对齐”约束。单击操控板中的放置按钮，分别选取图 10.2 中的两个柱面为轴对齐参考，此时放置界面如图 10.3 所示。

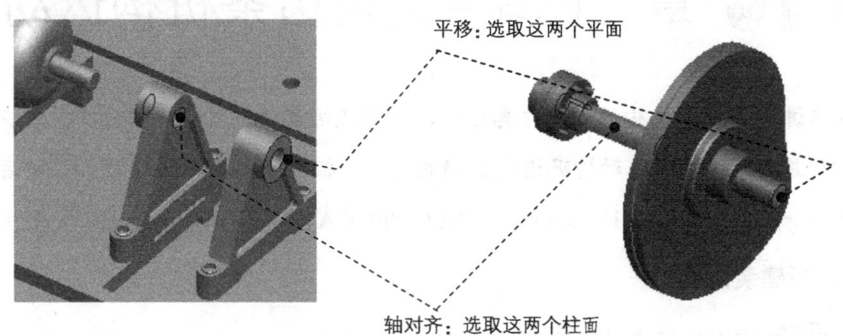

图 10.2　创建“销钉（Pin）”连接

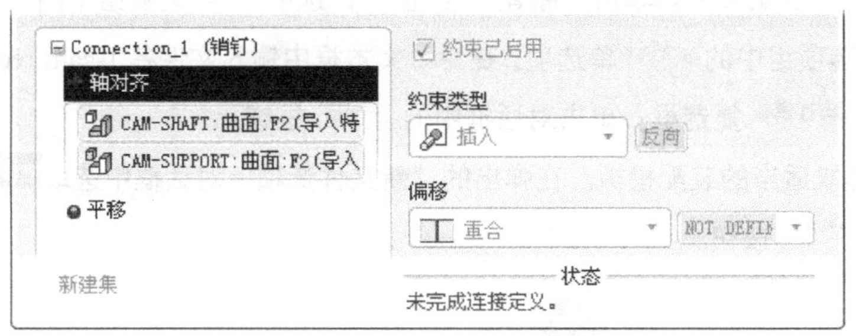

图 10.3　“放置”界面（一）

（3）定义“平移”约束。分别选取图 10.2 中的两个平面为平移约束参考，然后在放置界面中设置图 10.4 所示的参数。

（4）单击操控板中的✔按钮，完成图 10.5 所示的销钉连接的创建。

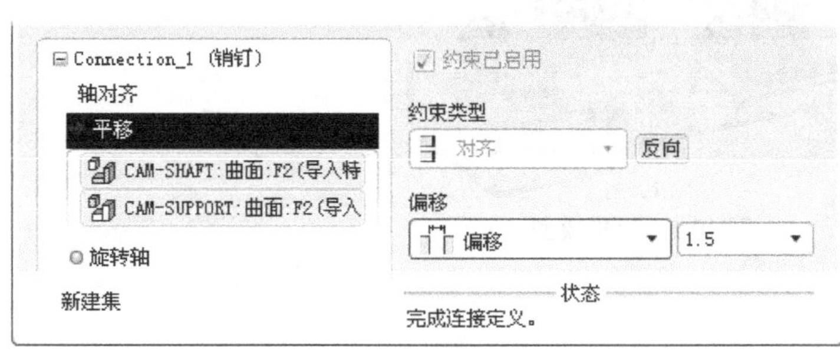

图 10.4　“放置”界面（二）

图 10.5　销钉连接

步骤 03 验证连接的有效性，并调整其位置。

（1）在视图(V)菜单中选择方向(O) ▸ → 拖动元件(D)...命令。

（2）在“拖动”对话框中单击“点拖动”按钮。

（3）在组件 cam-shaft-assy.asm 上选择一点，然后在该位置处单击，出现一个标记◆，移动鼠标光标，选取的点将跟随光标移动。

（4）单击“拖动”对话框中的 关闭 按钮。

步骤 04 引入第三个组件 transmission-box-assy.asm，并将其调整到合适的位置，然后创建 down-base-assy.asm 和 transmission-box-assy.asm 之间的装配约束。

（1） 定义“轴对齐”约束。单击操控板中的 放置 按钮，分别选取图 10.6 所示的两对柱面为参考，完成后点击新建约束。

（2）定义“重合”约束。选取图 10.6 所示的平面为参考，然后在 偏移 下拉列表中选择 重合 选项，

（3）单击操控板中的 ✓ 按钮，完成创建。

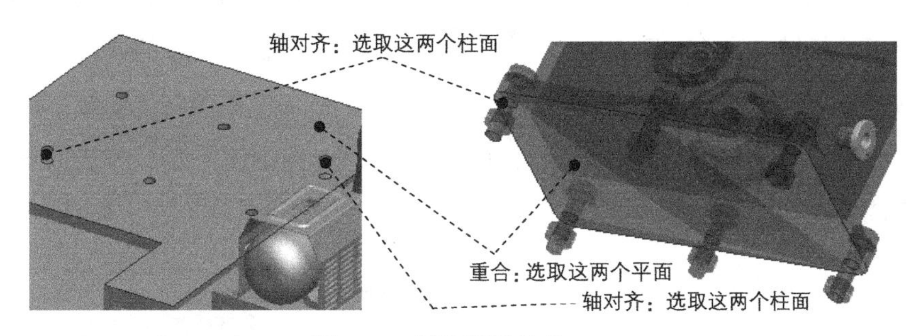

图 10.6　创建装配约束

步骤 05 引入 cam-rack-rod.prt 元件，并将其调整到合适的位置。在“元件放置”操控板的机械连接约束列表中选择 滑动杆 选项；单击操控板中的 放置 按钮，分别选取图 10.7 中的两个柱面为 轴对齐 参考；分别选取图 10.7 中的两个平面为 旋转 约束参考（为了观察方便，将箱体和箱盖隐藏）。

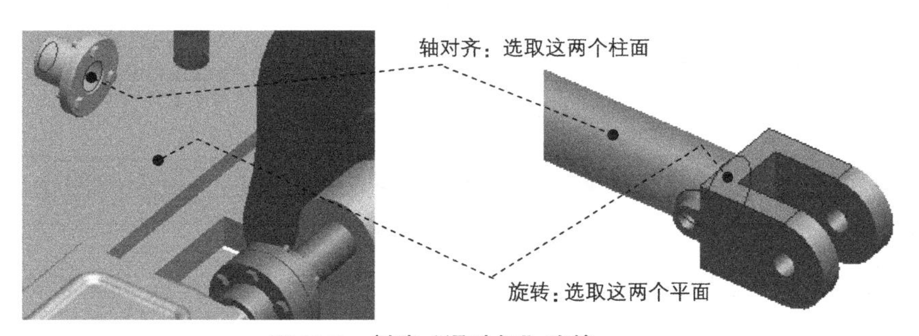

图 10.7　创建“滑动杆”连接

步骤 06 引入 roll-wheel.prt 元件，并将其调整到合适的位置。在“元件放置”操控板的机械连接约束列表中选择 销钉 选项。单击操控板中的 放置 按钮，分别选取图 10.8 中的两

个柱面为轴对齐参考；然后分别选取图 10.8 中的两个平面为平移约束参考，单击操控板中的✓按钮，完成创建。

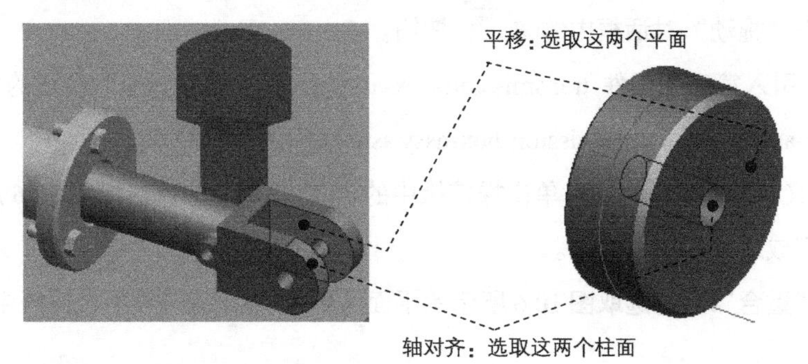

图 10.8 创建“销钉（Pin）”连接

步骤 07 引入第四个组件 gear-shaft-assy.asm，并将其调整到合适的位置，在“元件放置”操控板的机械连接约束列表中选择销钉选项。单击操控板中的放置按钮，分别选取图 10.9 中的两个柱面为轴对齐参考；然后分别选取图 10.9 中的两个平面为平移约束参考，在偏移下拉列表中选择偏移选项，并在其后的文本框中输入值 3；单击操控板中的✓按钮，完成创建。

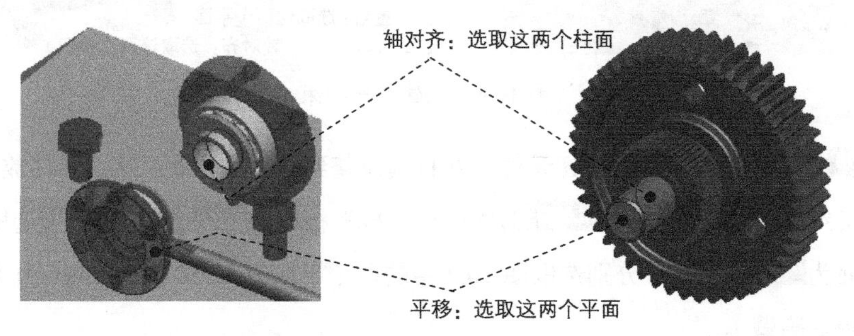

图 10.9 创建“销钉（Pin）”连接

步骤 08 参照前面的操作步骤依次引入 slider-rack-rod.prt、main-slider.prt、add-slider.prt 元件，并分别添加滑动杆连接。详细操作过程参见视频。

步骤 09 参照前面的操作步骤依次引入 main-connecting-rod.prt 和 aid-connecting-rod.prt 元件，并添加销钉和圆柱连接。详细操作过程参见视频。

步骤 10 进入机构模块。选择下拉菜单 应用程序(P) → 机构 命令，进入机构模块。

步骤 11 添加凸轮连接。选择下拉菜单 插入(I) → 凸轮(C)... 命令，在图 10.10 所示的模型上，按住 Ctrl 键，选取凸轮的边缘曲面，单击“选取”对话框中的确定按钮；然后单击“凸轮从动机构连接定义”对话框中的凸轮2选项卡，选中☑自动选取复选框，在图 10.10

所示的模型上，选取滑滚的外圆柱面，单击图 10.11 所示的“选取”对话框中的 确定 按钮。单击“凸轮从动机构连接定义”对话框中的 确定 按钮，完成创建。

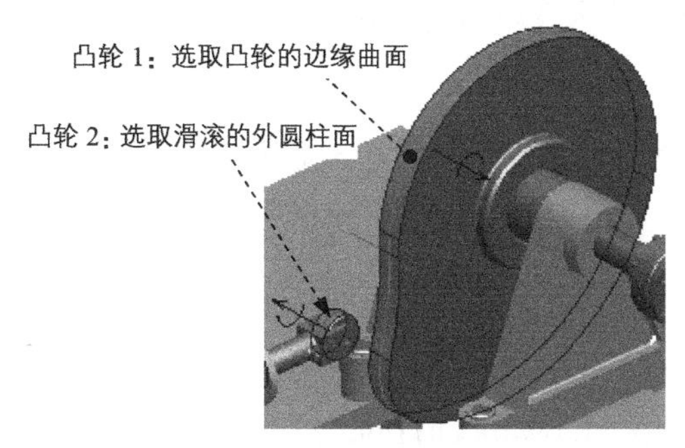

图 10.10 凸轮从动机构连接定义

图 10.11 “选取”对话框

步骤 12 添加齿轮连接。选择下拉菜单 插入(I) → 齿轮(G)... 命令，在“齿轮副定义”对话框 类型 下拉列表中选择 齿条与小齿轮 选项，选择图 10.12 所示的销钉连接为小齿轮的运动轴；单击 齿条 选项卡，选择图 10.12 所示的滑动杆连接为齿轮的运动轴；再次单击 属性 选项卡，在 齿条比 下拉列表中选择 用户定义的 选项，并在其下方的文本框中输入值 25；单击“齿轮副定义”对话框中的 确定 按钮，完成创建。

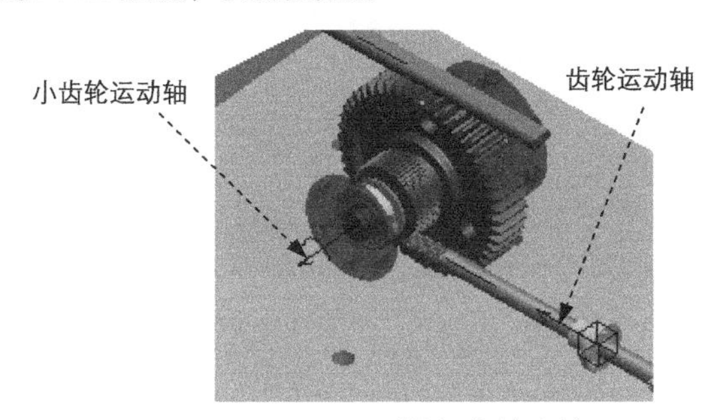

图 10.12 添加齿轮连接

步骤 13 后面的详细操作过程请参见随书光盘中 video\ch10\reference\文件下的语音视频讲解文件 1-cam-reciprocate-assy -r01.exe。

第 11 章　间歇机构运动仿真

本章将介绍间歇机构运动仿真的创建过程。间歇机构的特点是转动构件作为驱动轴连续运转，而从动件仅间歇性、周期性地运动，这种机构就叫作间歇机构。图 11.1 所示的模型模拟的是自动工位切换机构的工作状况，在该实例中，需要加工圆盘零件上面的四个圆孔，加工完一个圆孔后，通过间歇机构自动切换到另一个圆孔继续加工，加工完四个圆孔后，一个加工周期结束。读者可以打开视频文件 D:\proefj5\work\ch11\ok\ INTERMITTENT_ASM.mpg 查看机构运行状况。

图 11.1　机构模型

1. 新建装配模型

步骤 01　将工作目录设置至 D:\proefj5\work\ch11。

步骤 02　新建文件。新建一个装配模型，命名为 intermittent_asm，选取 mmns_asm_design 模板。

2. 组装机构模型

步骤 01　引入第一个元件 geneva_gear_frame.prt，并使用 缺省 约束完全约束该元件。

步骤 02　引入第二个元件 geneva_gear.prt，并将其调整到图 11.2 所示的位置。

步骤 03　创建 geneva_gear 和 geneva_gear_frame 之间的销钉连接。

（1）在“元件放置”操控板的机械连接约束列表中选择 销钉 选项。

（2）定义“轴对齐”约束。单击操控板中的 放置 按钮，分别选取图 11.2 中的两个柱面为“轴对齐”约束参考，此时 放置 界面如图 11.3 所示。

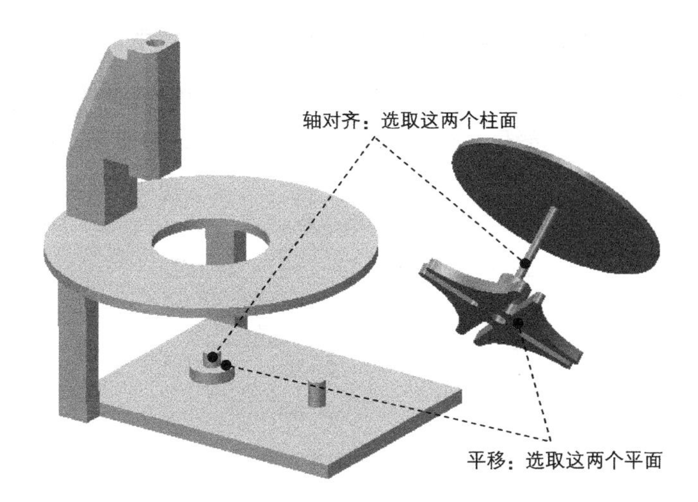

图 11.2 创建“销钉（Pin）”连接

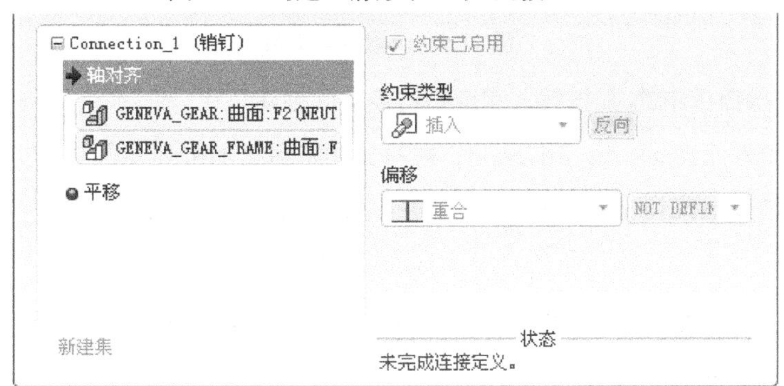

图 11.3 “放置”界面（一）

（3）定义“平移”约束。分别选取图 11.2 中的两个平面为“平移”约束参考，此时 **放置** 界面如图 11.4 所示。

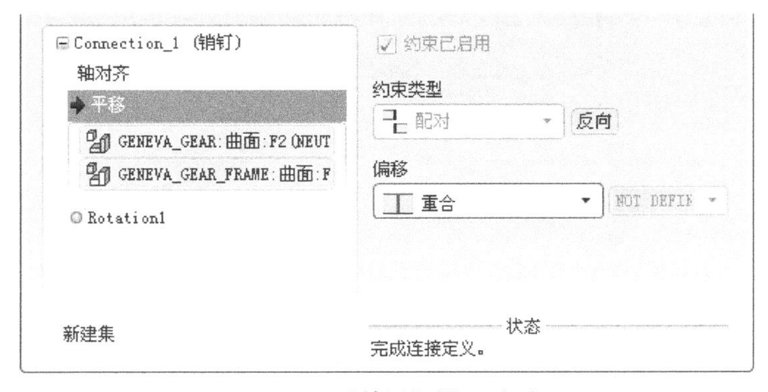

图 11.4 “放置”界面（二）

（4）设置旋转轴参考。在 放置 界面中单击 旋转轴 选项，选取 geneva_gear 中的基准平面 TOP 和 geneva_gear_frame 中的基准平面 FRONT 为旋转轴参考。

（5）设置位置参数。在 放置 界面右侧 当前位置 区域下的文本框中输入值 0，并按 Enter 键确认，然后单击 >> 按钮；选中 启用再生值 复选框，如图 11.5 所示。

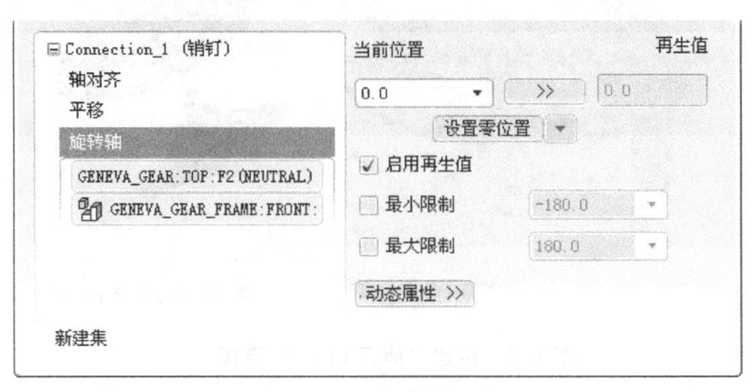

图 11.5 设置位置参数

（6）单击操控板中的 ✔ 按钮，完成销钉连接的创建。

步骤 04 引入元件 geneva_driver.prt，并将其调整到图 11.6 所示的位置。

步骤 05 创建 geneva_driver 和 geneva_gear_frame 之间的销钉连接。

（1）在“元件放置”操控板的机械连接约束列表中选择 销钉 选项。

（2）定义“轴对齐”约束。单击操控板中的 放置 按钮，分别选取图 11.6 中的两个柱面为“轴对齐”约束参考，此时 放置 界面如图 11.7 所示。

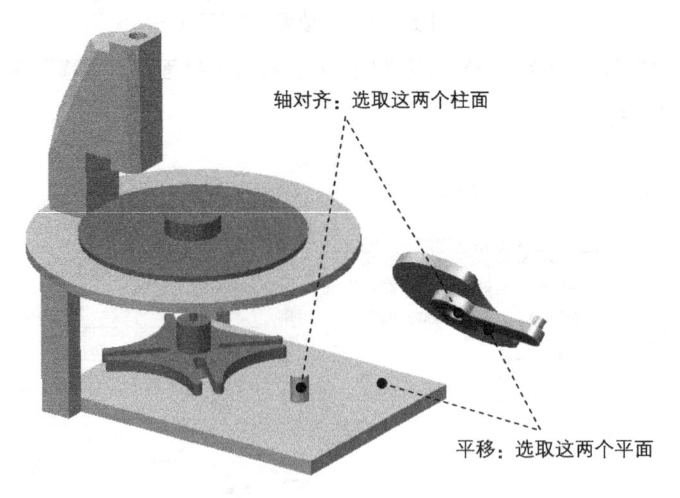

图 11.6 创建“销钉（Pin）”连接

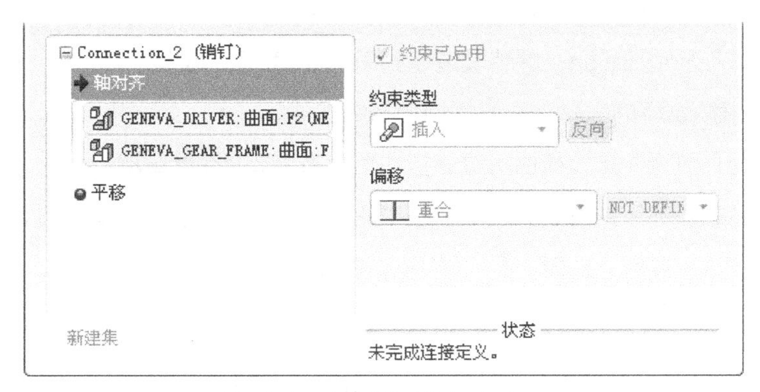

图 11.7　“放置”界面（一）

（3）定义“平移”约束。分别选取图 11.6 中的两个平面为“平移”约束参考，然后单击 反向 按钮，此时 放置 界面如图 11.8 所示。

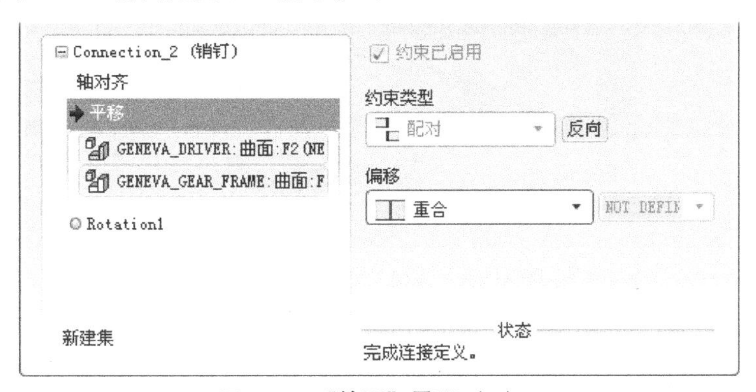

图 11.8　“放置”界面（二）

（4）设置旋转轴参考。在 放置 界面中单击 旋转轴 选项，选取 geneva_driver 中的基准平面 TOP 和 geneva_gear_frame 中的基准平面 FRONT 为旋转轴参考。

（5）设置位置参数。在 放置 界面右侧 当前位置 区域下的文本框中输入值 0，并按 Enter 键确认，然后单击 >> 按钮；选中 启用再生值 复选框，如图 11.9 所示。

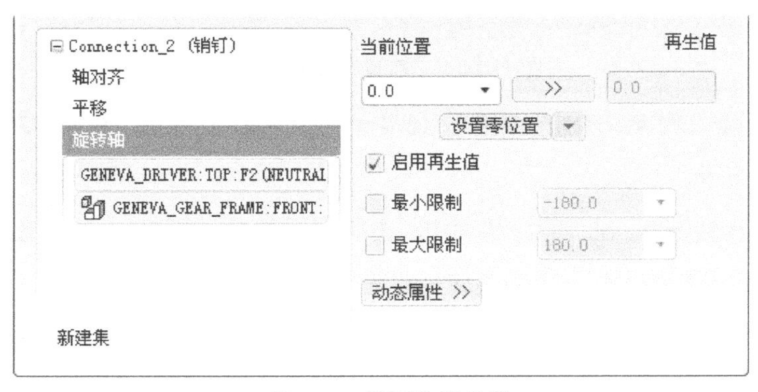

图 11.9　设置位置参数

（6）单击操控板中的✔按钮，完成销钉连接的创建。

步骤 06 引入元件 cast.prt，并将其调整到图 11.10 所示的位置。

步骤 07 创建 cast 和 geneva_gear 之间的销钉连接。

（1）在“元件放置”操控板的机械连接约束列表中选择 销钉 选项。

（2）定义“轴对齐”约束。单击操控板中的 放置 按钮，分别选取图 11.10 中的两个柱面为“轴对齐”约束参考，此时 放置 界面如图 11.11 所示。

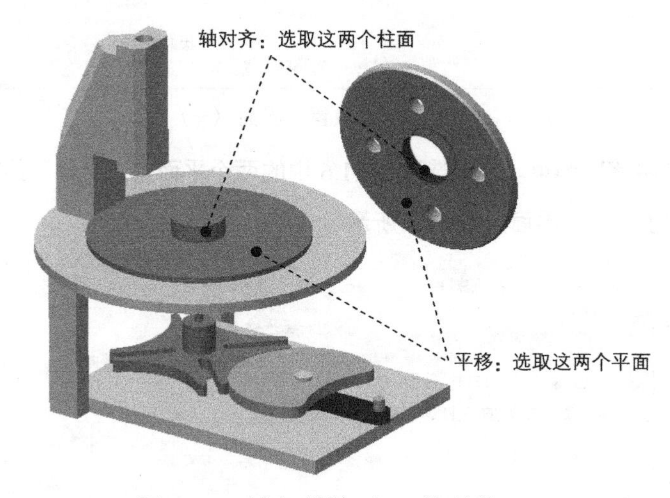

图 11.10 创建“销钉（Pin）”连接

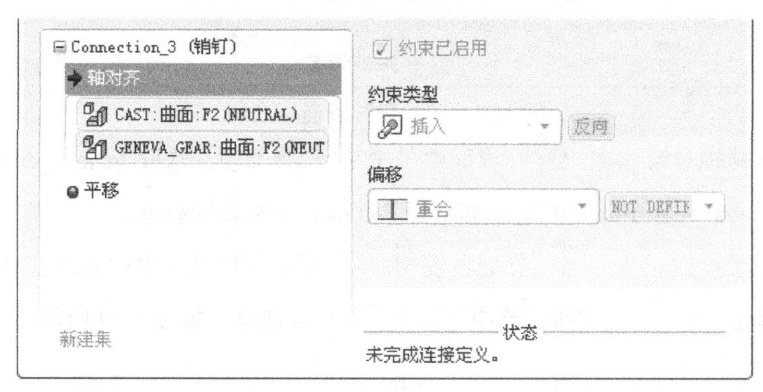

图 11.11 “放置”界面（一）

（3）定义“平移”约束。分别选取图 11.10 中的两个平面为“平移”约束参考，此时 放置 界面如图 11.12 所示。

（4）设置旋转轴参考。在 放置 界面中单击 旋转轴 选项，选取 cast 中的基准平面 DTM1 和 geneva_gear 中的基准平面 TOP 为旋转轴参考。

（5）设置位置参数。在 放置 界面右侧 当前位置 区域下的文本框中输入值 0，并按 Enter 键确认，然后单击 >> 按钮；选中 ☑ 启用再生值 复选框，如图 11.13 所示。

Connection_3 (销钉)
轴对齐
平移
CAST:曲面:F2 (NEUTRAL)
GENEVA_GEAR:曲面:F2 (NEUT
Rotation1
新建集
约束已启用
约束类型
配对 反向
偏移
重合 NOT DEFIN
状态
完成连接定义。

图 11.12 “放置”界面（二）

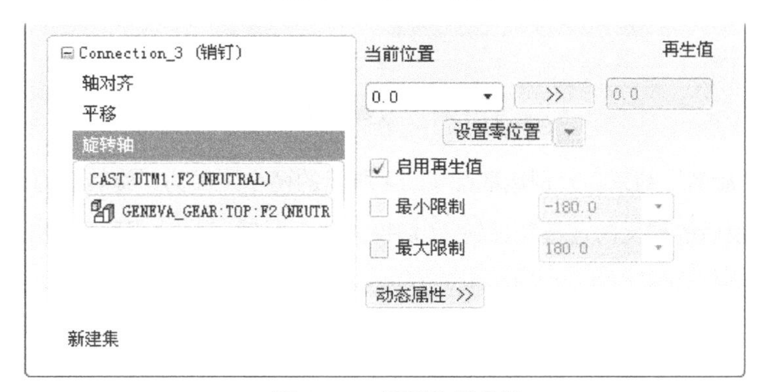

图 11.13 设置位置参数

（6）单击操控板中的✔按钮，完成销钉连接的创建。

步骤 08 引入元件 rod.prt，并将其调整到图 11.14 所示的位置。

步骤 09 创建 rod 和 geneva_gear_frame 之间的滑动杆连接。

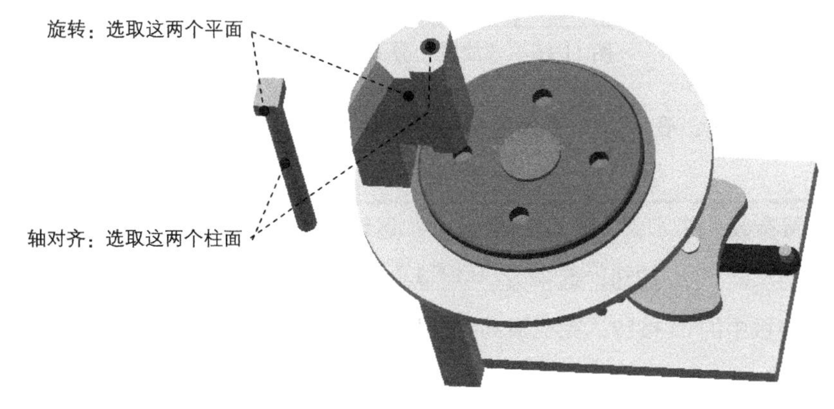

图 11.14 创建滑动杆（Slider）连接

（1）在连接列表中选取 滑动杆 选项，单击操控板菜单中的 放置 选项卡。

（2）定义“轴对齐”约束。分别选取图 11.14 所示的两个柱面为“轴对齐”约束参考，此时 放置 界面如图 11.15 所示。

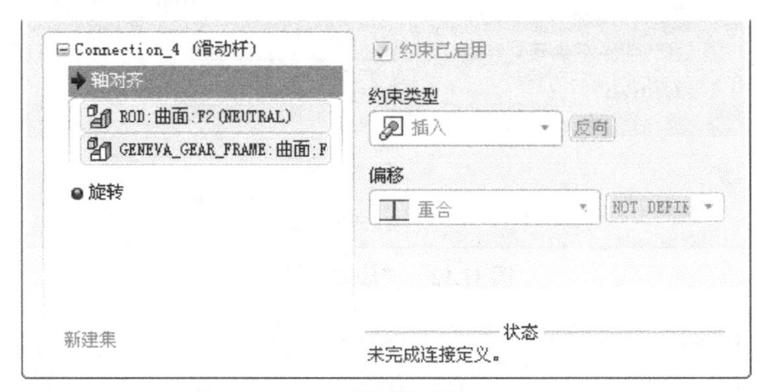

图 11.15　“放置”界面（一）

（3）定义“旋转”约束。分别选取图 11.14 所示的两个平面为“旋转”约束参考，然后单击 滑动杆 选项后的“反向连接”按钮 切换方向，此时 放置 界面如图 11.16 所示。

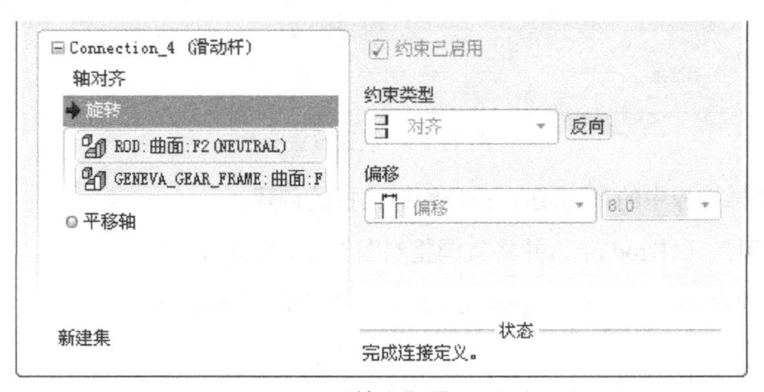

图 11.16　“放置”界面（二）

（4）设置平移轴参考。在 放置 界面中单击 平移轴 选项，选取图 11.17 所示的两个平面为平移轴参考。

（5）设置位置参数。在 放置 界面右侧 当前位置 区域下的文本框中输入值-35，并按 Enter 键确认，然后单击 >> 按钮；选中 启用再生值 复选框，如图 11.18 所示。

（6）单击操控板中的 ✔ 按钮，完成滑动杆连接的创建。

3. 定义仿真与分析

步骤 01 进入机构模块。选择下拉菜单 应用程序(P) ➡ 机构(E) 命令，进入机构模块。

步骤 02 定义凸轮连接。

（1）选择命令。选择下拉菜单 插入(I) → 凸轮(C)... 命令，此时系统弹出“凸轮从动机构连接定义”对话框。

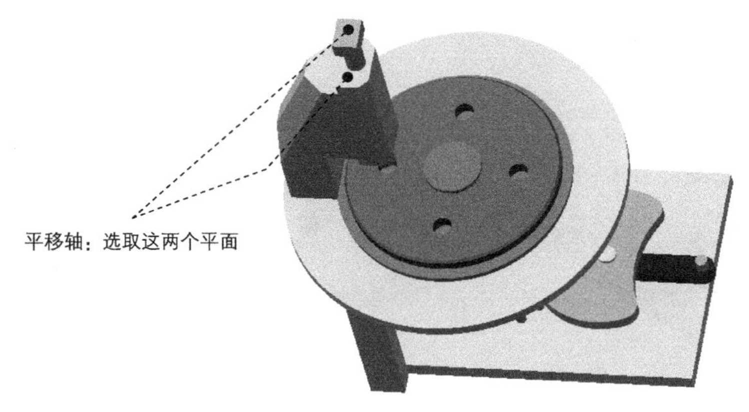

图 11.17　设置平移轴参考

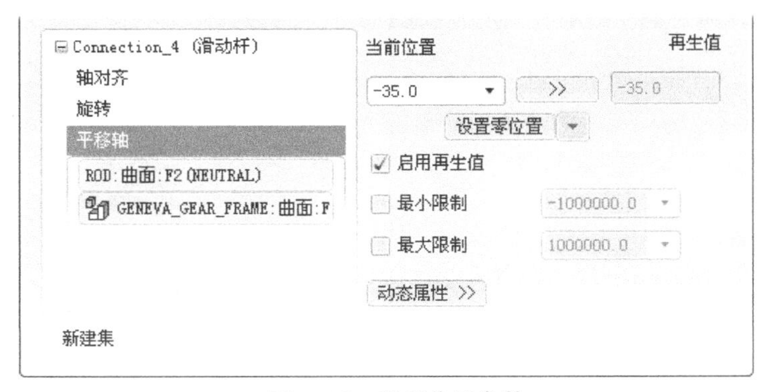

图 11.18　设置位置参数

（2）定义“凸轮 1”的参考。选中对话框中的 ☑ 自动选取 复选框，选取图 11.19 所示曲面 1 为“凸轮 1”的参考，单击“选取”对话框中的 确定 按钮。

（3）定义“凸轮 2”的参考。单击“凸轮从动机构连接定义”对话框中的 凸轮2 选项卡，选中对话框中的 ☑ 自动选取 复选框，选取图 11.19 所示曲面 2 为“凸轮 2”的参考，单击“选取”对话框中的 确定 按钮。

（4）定义凸轮连接属性。单击“凸轮从动机构连接定义”对话框中的 属性 选项卡，设置图 11.20 所示的参数。

（5）单击“凸轮从动机构连接定义”对话框中的 确定 按钮，完成凸轮机构的定义，如图 11.21 所示。

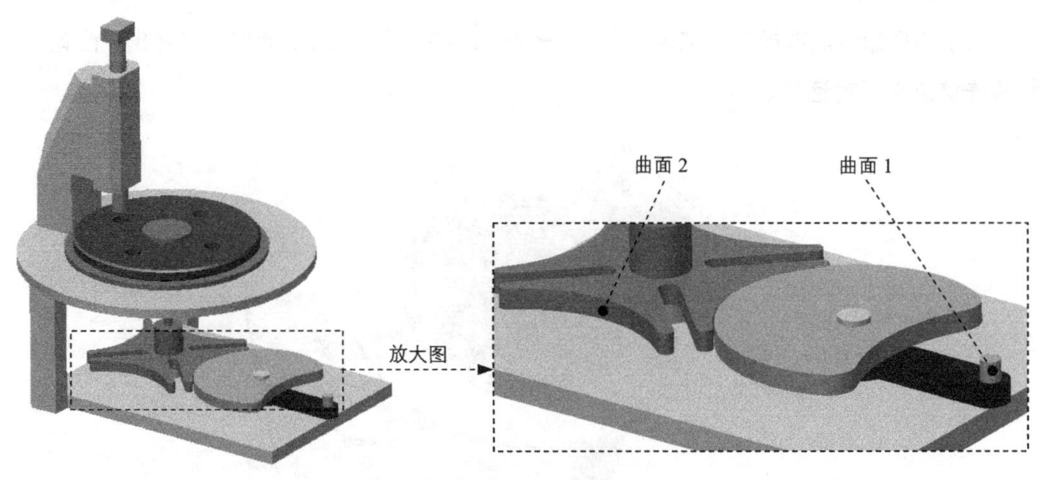

图 11.19　定义“凸轮”参考

图 11.20　定义凸轮连接属性

图 11.21　定义凸轮机构

步骤 03 定义伺服电动机 1。

（1）选择命令。选择下拉菜单 插入(I) → 伺服电动机(V)... 命令，系统弹出“伺服电动机定义”对话框。

（2）选取参考对象。选取图 11.22 所示的连接 1 为参考对象。

（3）设置轮廓参数。单击“伺服电动机定义”对话框中的 轮廓 选项卡，在“定义运动轴设置”按钮右侧的下拉列表中选择 速度 选项，在“模”下拉列表中选择 常数 选项，设置 A=45。

（4）单击对话框中的 确定 按钮，完成伺服电动机的定义。

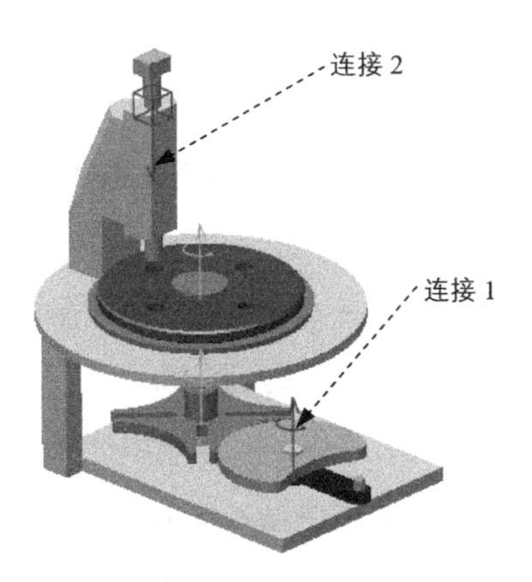

图 11.22 选取参考对象

步骤 04 定义伺服电动机 2。

（1）选择命令。选择下拉菜单 插入(I) → 伺服电动机(V)... 命令，系统弹出“伺服电动机定义”对话框。

（2）选取参考对象。选取图 11.22 所示的连接为 2 参考对象。

（3）设置轮廓参数。单击“伺服电动机定义”对话框中的 轮廓 选项卡，在“定义运动轴设置”按钮 右侧的下拉列表中选择 速度 选项，在“模”下拉列表中选择 余弦 选项，设置 A=25，B=0，C=0，T=2。

（4）单击对话框中的 确定 按钮，完成伺服电动机的定义。

步骤 05 设置初始位置。

（1）选择拖动命令。选择下拉菜单 视图(V) → 方向(O) ▸ → 拖动元件(D)... 命令，系统弹出“拖动”对话框。

（2）记录快照 1。单击对话框 当前快照 区域中的 按钮，即可记录当前位置为快照 1（Snapshot1）。

（3）单击 关闭 按钮，关闭“拖动”对话框。

步骤 06 定义机构分析。

（1）选择命令。选择下拉菜单 分析(A) → 机构分析(Y)... 命令，系统弹出“分析定义”对话框。

（2）定义分析类型。在 类型 下拉列表中选择 运动学 选项。

（3）定义时间参数。在 终止时间 文本框中输入值 27，在 帧频 文本框中输入值 20。

（4）定义初始配置。在 初始配置 区域中选择 ◉ 快照: 单选项。

（5）定义电动机配置。单击 电动机 选项卡，在“电动机”选项卡中进行如下配置。

① 单击“添加新行”按钮，在 **电动机** 列表中选择 ServoMotor1，在从区域下方的文本框中输入值 3，如图 11.23 所示。

② 单击“添加新行”按钮，在 **电动机** 列表中选择 ServoMotor2，在至区域下方的文本框中输入值 2。

③ 单击“添加新行”按钮，在 **电动机** 列表中选择 ServoMotor2，在从区域下方的文本框中输入值 8，在至区域下方的文本框中输入值 10。

④ 单击“添加新行”按钮，在 **电动机** 列表中选择 ServoMotor2，在从区域下方的文本框中输入值 16，在至区域下方的文本框中输入值 18。

⑤ 单击“添加新行”按钮，在 **电动机** 列表中选择 ServoMotor2，在从区域下方的文本框中输入值 24，在至区域下方的文本框中输入值 26，如图 11.24 所示。

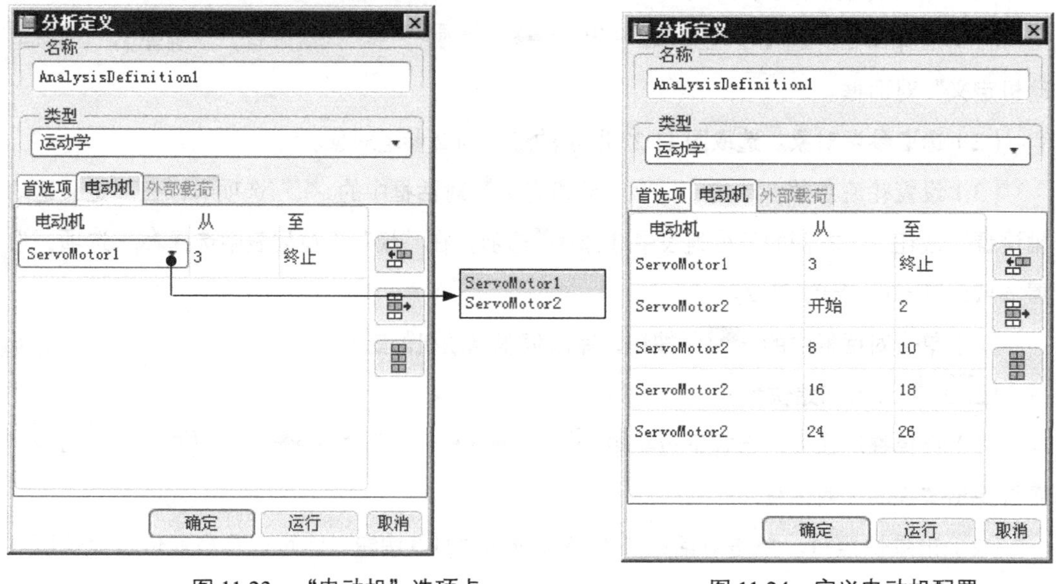

图 11.23 “电动机”选项卡　　　图 11.24 定义电动机配置

（6）运行运动分析。单击“分析定义”对话框中的 **运行** 按钮，查看机构的运行状况。

（7）完成运动分析。单击 **确定** 按钮完成运动分析。

步骤 07 保存回放结果。

（1）选择下拉菜单 分析(A) ➡ 回放(B)... 命令，系统弹出“回放”对话框。

（2）在“回放”对话框中单击“保存”按钮，系统弹出“保存分析结果”对话框；采用默认的名称，单击 **保存** 按钮，即可保存仿真结果。

步骤 08 输出视频。

（1） 单击“回放”对话框中的“播放当前结果集”按钮，系统弹出“动画”对话框。

（2）单击“动画”对话框中的“录制动画为MPEG”按钮 捕获... ，系统弹出“捕获”对话框，单击 确定 按钮，机构开始运行输出视频文件。

（3）在工作目录中播放视频文件“INTERMITTENT_ASM.mpg”查看结果。

（4）单击“动画”对话框中的 关闭 按钮，返回到“回放”对话框，单击其中的 关闭 按钮关闭对话框。

步骤09 再生模型。选择下拉菜单 编辑(E) → 再生(G) 命令，再生机构模型。

步骤10 保存机构模型。

第 12 章　自动化机械手运动仿真

本范例将介绍一个自动化机械手的运动仿真的创建过程。在一些实现流水线生产的机械中，自动化机械手十分常见，一般用于在不同的工步之间运送机械零部件。图 12.1 所示的模型模拟的是在工序之间运送机械零部件的自动化机构，工作过程大致分为以下几个步骤：首先，在初始位置机械手接收前一工序完成的零件，然后运到第一工位进行工序 1 的加工，完成后又运到第二工位进行工序 2 的加工，然后将加工好的零件再传递到下一工位，最后机械手返回到初始位置准备下一次运送。读者可以打开视频文件 D:\proefj5\work\ch12\ok\MAGIC_HAND.mpg 查看机构运行状况。

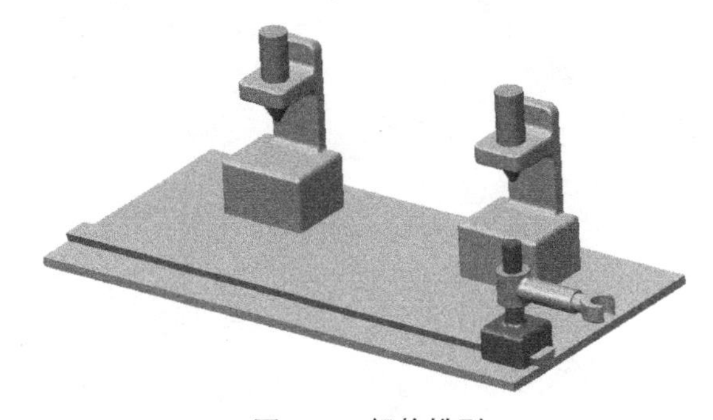

图 12.1　机构模型

1. 新建装配模型

步骤 01　将工作目录设置至 D:\proefj5\work\ch12。

步骤 02　新建文件。新建一个装配模型，命名为 magic_hand，选取 mmns_asm_design 模板。

2. 组装机构模型

步骤 01　引入第一个元件 base.prt，并使用 缺省 约束完全约束该元件。

步骤 02　引入第二个元件 slipper.prt，并将其调整到图 12.2 所示的位置。

步骤 03　创建 slipper 和 base 之间的滑动杆连接。

（1）在连接列表中选取 滑动杆 选项，单击操控板菜单中的 放置 选项卡。

（2）定义“轴对齐”约束。分别选取图 12.2 所示的两条边线为“轴对齐”约束参考，此时 放置 界面如图 12.3 所示。

（3）定义“旋转”约束。分别选取图 12.2 所示的两个平面为“旋转”约束参考，然后单击反向按钮，此时放置界面如图 12.4 所示。

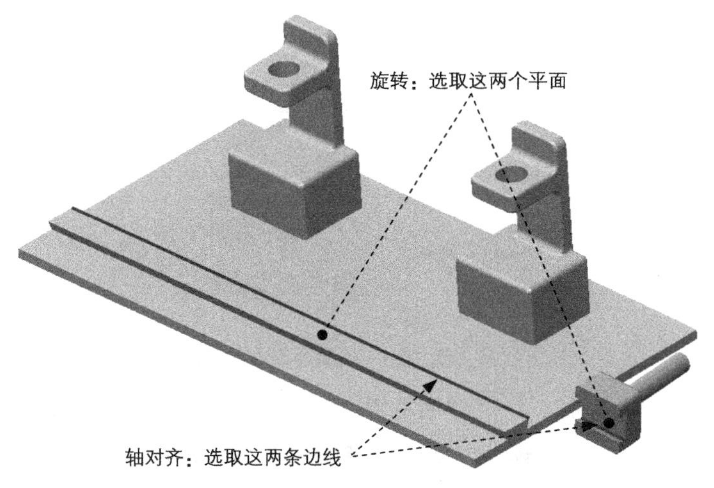

图 12.2 创建滑动杆（Slider）连接

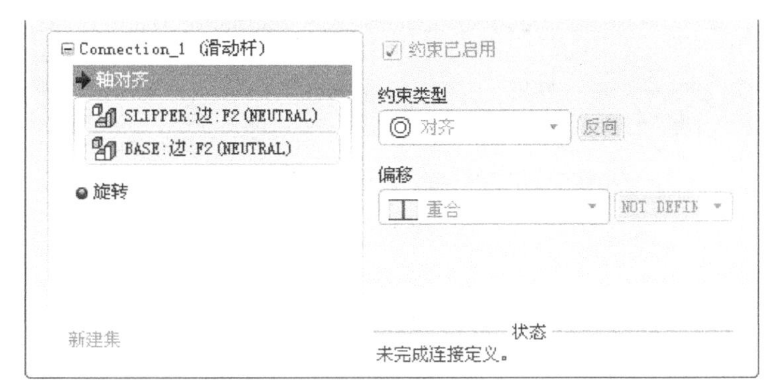

图 12.3 放置界面（一）

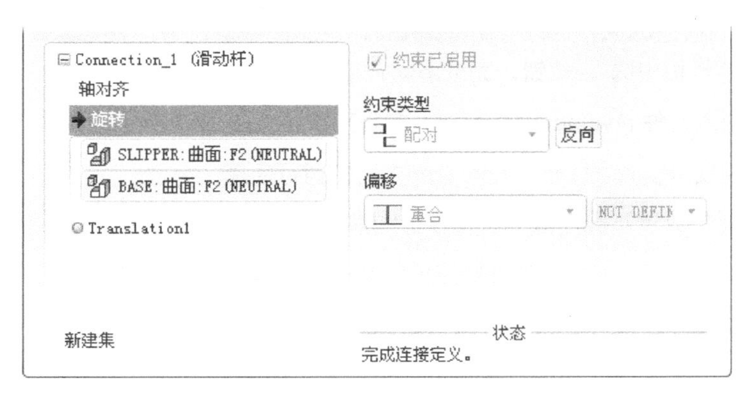

图 12.4 放置界面（二）

（4）设置平移轴参考。在 放置 界面中单击 平移轴 选项，选取图 12.5 所示的两个平面为平移轴参考。

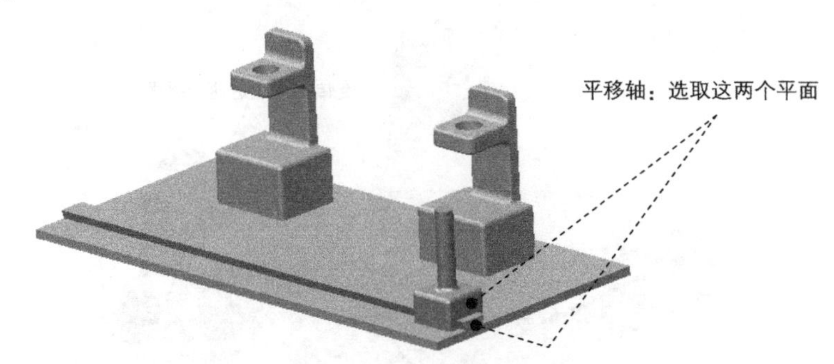

图 12.5　设置平移轴参考

（5）设置位置参数。在 放置 界面右侧 当前位置 区域下的文本框中输入值 10，并按 Enter 键确认，然后单击 >> 按钮；选中 启用再生值 复选框；选中 最小限制 复选框，在其后的文本框中输入值 10；选中 最大限制 复选框，在其后的文本框中输入值 535，如图 12.6 所示。

Connection_1（滑动杆）
轴对齐
旋转
平移轴
SLIPPER:曲面:F2(NEUTRAL)
BASE:曲面:F2(NEUTRAL)
新建集
当前位置　再生值
10.0　>>　10.0
设置零位置
启用再生值
最小限制　10.0
最大限制　535.0
动态属性 >>

图 12.6　设置位置参数

（6）单击操控板中的 ✓ 按钮，完成滑动杆连接的创建。

步骤 04　引入元件 revolution_arm.prt，并将其调整到图 12.7 所示的位置。

步骤 05　创建 slipper 和 revolution_arm 之间的销钉连接。

（1）在“元件放置”操控板的机械连接约束列表中选择 销钉 选项。

（2）定义“轴对齐”约束。单击操控板中的 放置 按钮，分别选取图 12.7 中的两个柱面为“轴对齐”约束参考。

（3）定义“平移”约束。分别选取图 12.7 中的两个平面为“平移”约束参考，并在 约束类型 下拉列表中选择 偏移 选项，偏移距离值为-30，如图 12.8 所示。

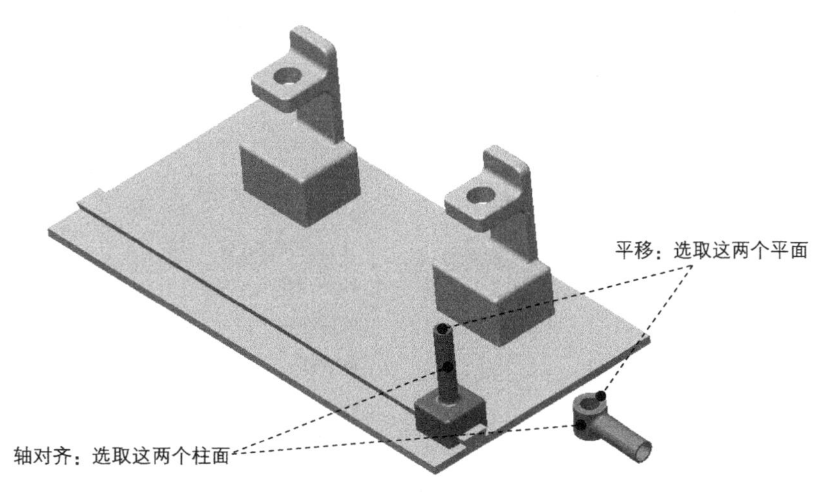

图 12.7 创建“销钉（Pin）”连接

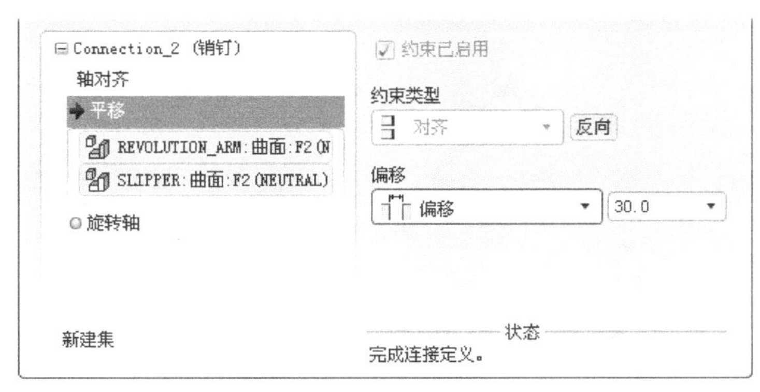

图 12.8 定义“平移”约束

（4）设置旋转轴参考。在 放置 界面中单击 旋转轴 选项，选取 slipper 中的基准平面 FRONT 和 revolution_arm 中的基准平面 FRONT 为旋转轴参考，然后单击 销钉 选项后的“反向连接”按钮切换方向（确认方向向上）。

（5）设置位置参数。在 放置 界面右侧 当前位置 区域下的文本框中输入值 0，并按 Enter 键确认，然后单击 >> 按钮；选中 启用再生值 复选框；选中 最小限制 复选框，在其后的文本框中输入值 0；选中 最大限制 复选框，在其后的文本框中输入值 360，如图 12.9 所示。

（6）单击操控板中的按钮，完成连接的创建。

步骤 06 引入元件 expansion_arm.prt，并将其调整到图 12.10 所示的位置。

步骤 07 创建 expansion_arm 和 revolution_arm 之间的滑动杆连接。

（1）在连接列表中选取 滑动杆 选项，单击操控板菜单中的 放置 选项卡。

（2）定义“轴对齐”约束。分别选取图 12. 10 所示的两个柱面为“轴对齐”约束参考，此时 放置 界面如图 12.11 所示。

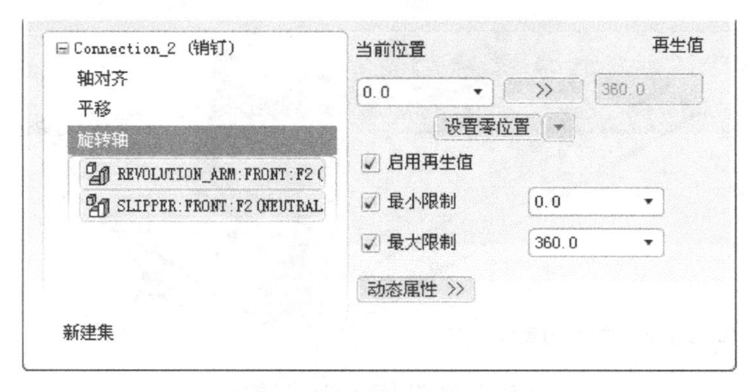

图 12.9　设置位置参数（二）

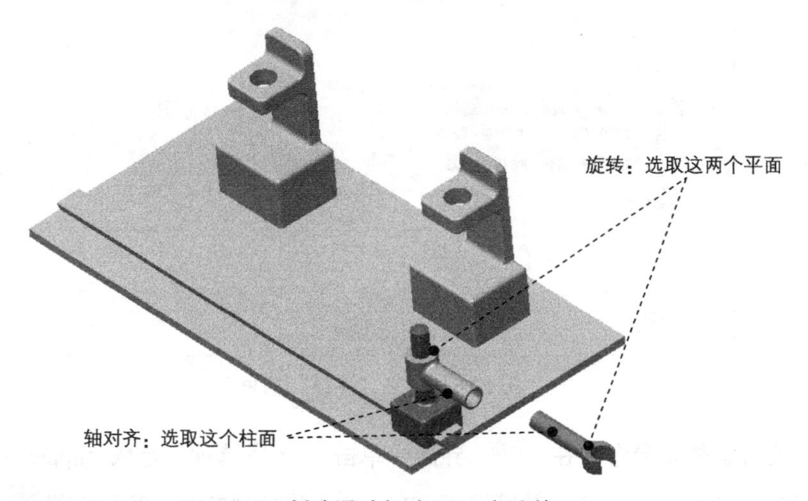

图 12.10　创建滑动杆（Slider）连接

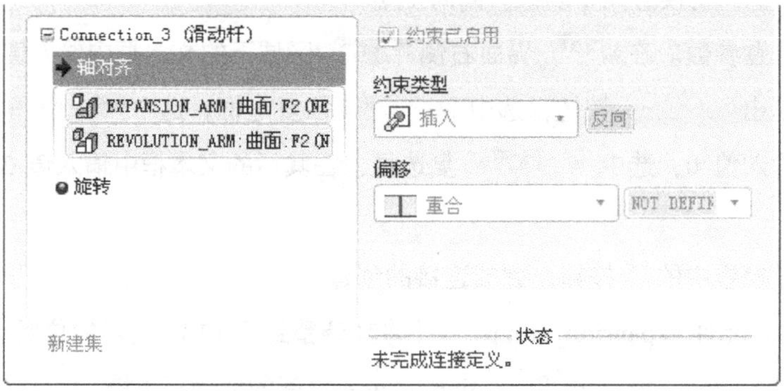

图 12.11　“放置”界面（一）

（3）定义“旋转”约束。分别选取图 12.10 所示的两个平面为“旋转”约束参考，然后单击 滑动杆 选项后的“反向连接”按钮 切换方向，此时 放置 界面如图 12.12 所示。

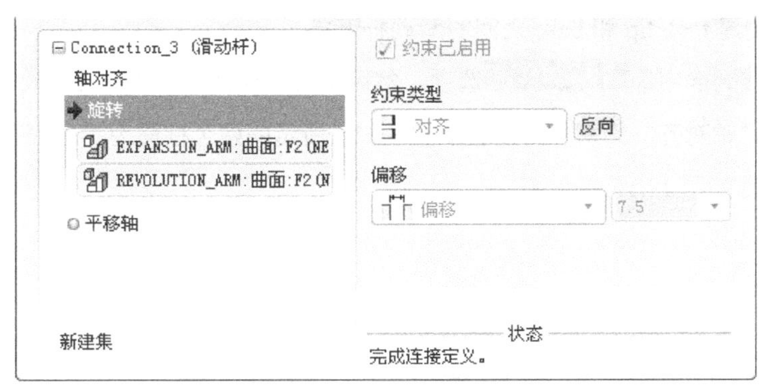

图 12.12 “放置”界面（二）

（4）设置平移轴参考。在 放置 界面中单击 平移轴 选项，选取图 12.13 所示的平面和顶点为平移轴参考。

（5）设置位置参数。在 放置 界面右侧 当前位置 区域下的文本框中输入值 10，并按 Enter 键确认，然后单击 >> 按钮；选中 启用再生值 复选框；选中 最小限制 复选框，在其后的文本框中输入值 0；选中 最大限制 复选框，在其后的文本框中输入值 70，如图 12.14 所示。

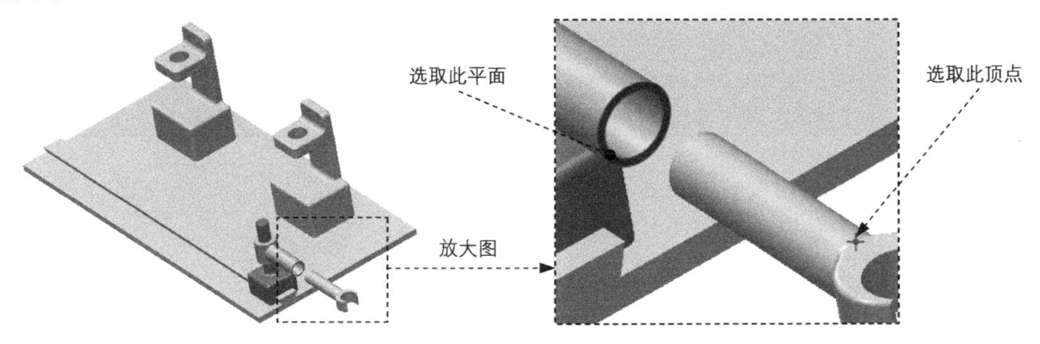

图 12.13 设置平移轴参考

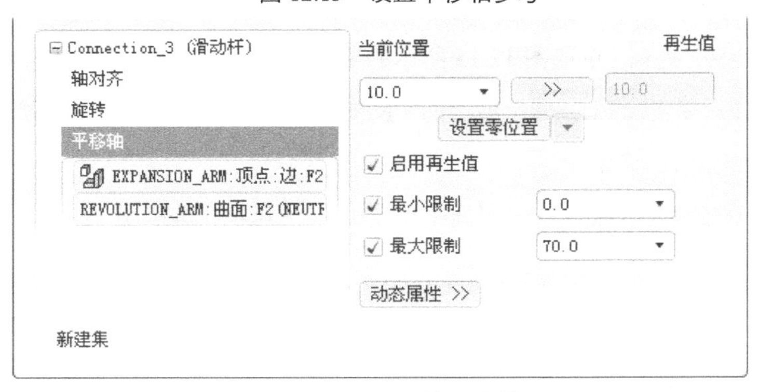

图 12.14 设置位置参数

（6）单击操控板中的✔按钮，完成滑动杆连接的创建。

步骤 08 引入元件 tool_tip.prt，并将其调整到图 12.15 所示的位置。

步骤 09 创建 tool_tip 和 base 之间的滑动杆连接。

（1）在连接列表中选取 滑动杆 选项，然后单击操控板菜单中的 放置 选项卡。

（2）定义“轴对齐”约束。分别选取图 12.15 所示的两个柱面为“轴对齐”约束参考，此时 放置 界面如图 12.16 所示。

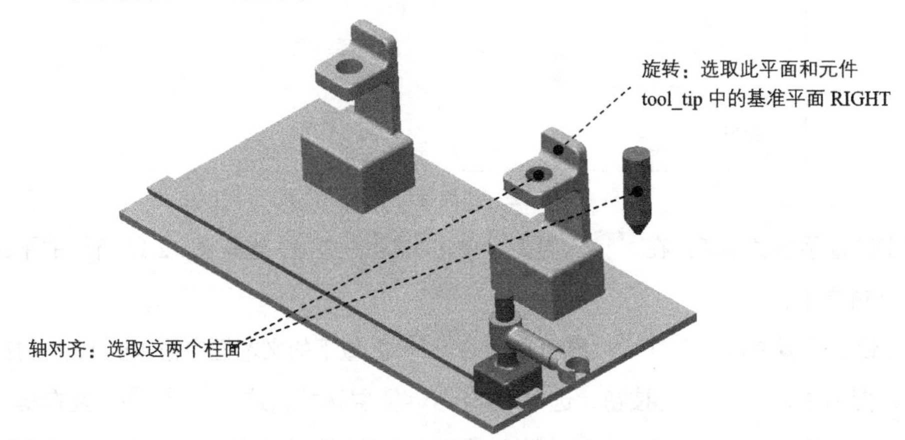

图 12.15 创建滑动杆（Slider）连接

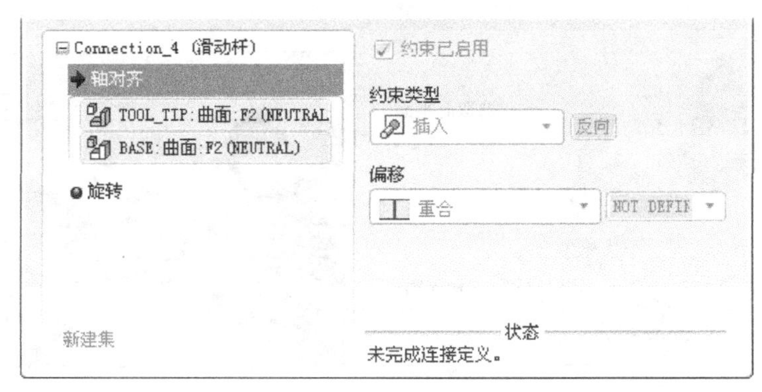

图 12.16 “放置”界面（一）

（3）定义“旋转”约束。选取图 12.15 所示的平面和 tool_tip 中的基准平面 RIGHT 为“旋转”约束参考，然后单击 滑动杆 选项后的“反向连接”按钮 切换方向（确认方向向下）。此时 放置 界面如图 12.17 所示。

（4）设置平移轴参考。在 放置 界面中单击 平移轴 选项，选取图 12.18 所示的两个平面为平移轴参考。

（5）设置位置参数。在 放置 界面右侧 当前位置 区域下的文本框中输入值-56，并按 Enter

键确认，然后依次单击 设置零位置 按钮和 >> 按钮；选中 启用再生值 复选框；选中 最小限制 复选框，在其后的文本框中输入值 0；选中 最大限制 复选框，在其后的文本框中输入值 35，如图 12.19 所示。

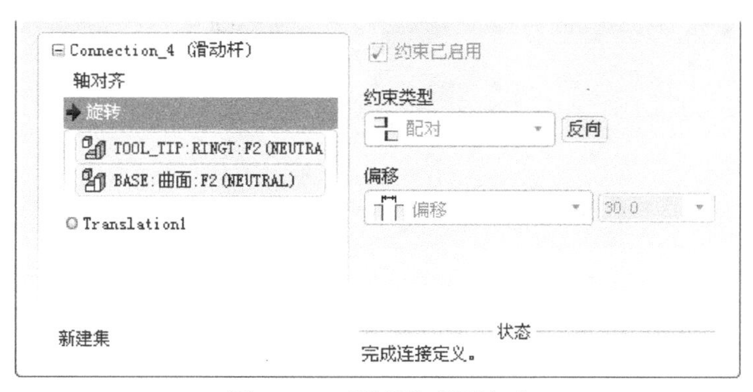

图 12.17 “放置”界面(二)

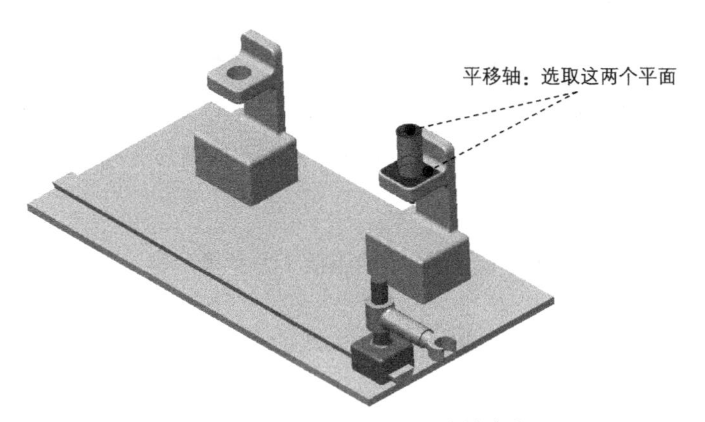

图 12.18 设置平移轴参考

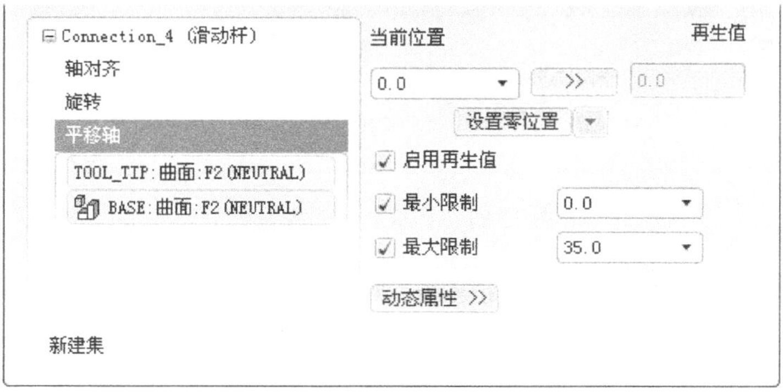

图 12.19 设置位置参数

（6）单击操控板中的✔按钮，完成滑动杆连接的创建。

步骤 10 参考步骤 08 和步骤 09 的操作步骤，装配第二个 tool_tip，如图 12.20 所示。

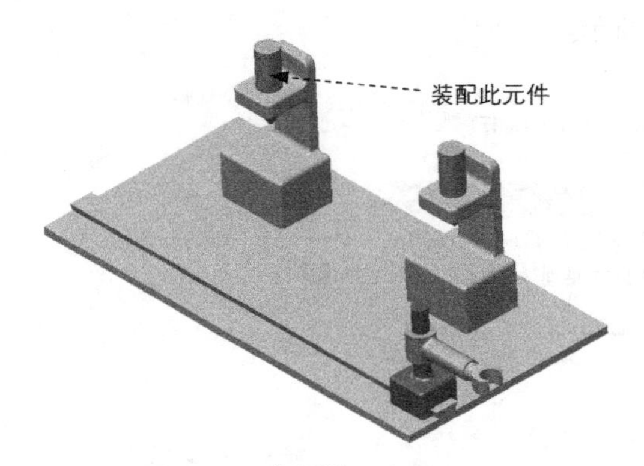

图 12.20 装配第二个 tool_tipt

3. 定义仿真与分析

步骤 01 进入机构模块。选择下拉菜单 应用程序(P) ➡ 机构(E) 命令，进入机构模块。

步骤 02 定义伺服电动机 1。

（1）选择命令。选择下拉菜单 插入(I) ➡ 伺服电动机(V)... 命令，系统弹出“伺服电动机定义”对话框。

（2）选取参考对象。选取图 12.21 所示的连接 1 为参考对象。

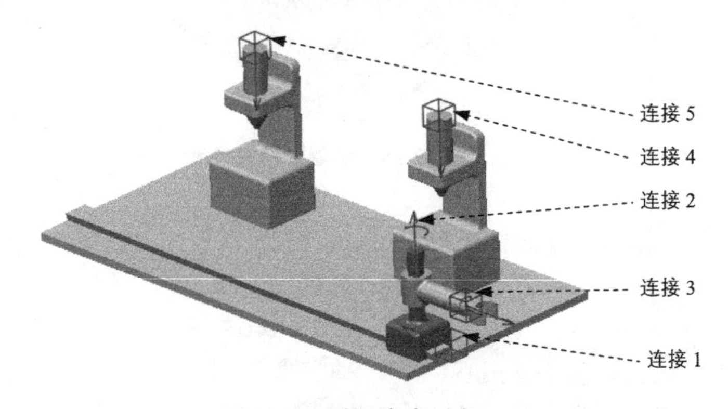

图 12.21 选取参考对象

（3）设置轮廓参数。在“伺服电动机定义”对话框的 轮廓 选项卡中选择 规范 类型为 位置，在 模 下拉列表中选择 表 选项。

（4）选择拟合类型。在 插值 区域中选中 ◉ 线性拟合 单选项。

（5）输入表数据。

① 定义第 1 行数据。单击“向表中添加行”按钮，在时间文本框中输入值 0，在模文本框中输入值 10。

② 定义第 2 行数据。单击“向表中添加行”按钮，在时间文本框中输入值 4，在模文本框中输入值 123。

③ 定义第 3 行数据。单击“向表中添加行”按钮，在时间文本框中输入值 16，在模文本框中输入值 123。

④ 定义第 4 行数据。单击“向表中添加行”按钮，在时间文本框中输入值 20，在模文本框中输入值 422。

⑤ 定义第 5 行数据。单击“向表中添加行”按钮，在时间文本框中输入值 28，在模文本框中输入值 422。

⑥ 定义第 6 行数据。单击“向表中添加行”按钮，在时间文本框中输入值 32，在模文本框中输入值 535。

⑦ 定义第 7 行数据。单击“向表中添加行”按钮，在时间文本框中输入值 48，在模文本框中输入值 535。

⑧ 定义第 8 行数据。单击“向表中添加行”按钮，在时间文本框中输入值 52，在模文本框中输入值 10，如图 12.22 所示。

（6）选中轮廓选项卡右下方的位置复选框，然后单击图形按钮，系统弹出图 12.23 所示的“图形工具”对话框，该对话框中同时显示伺服电动机的位置函数图形。

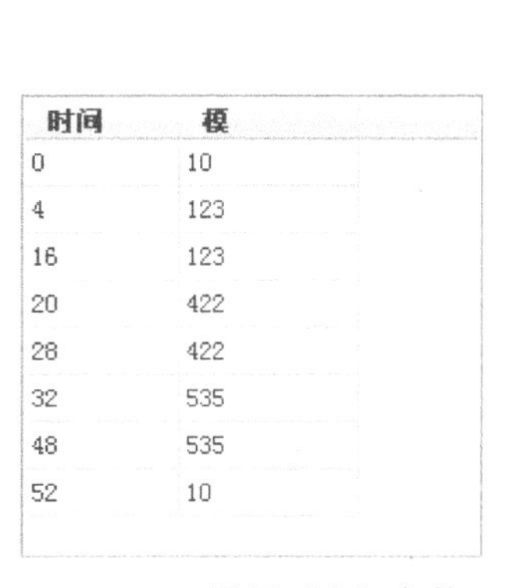

时间	模
0	10
4	123
16	123
20	422
28	422
32	535
48	535
52	10

图 12.22 设置“表”参数

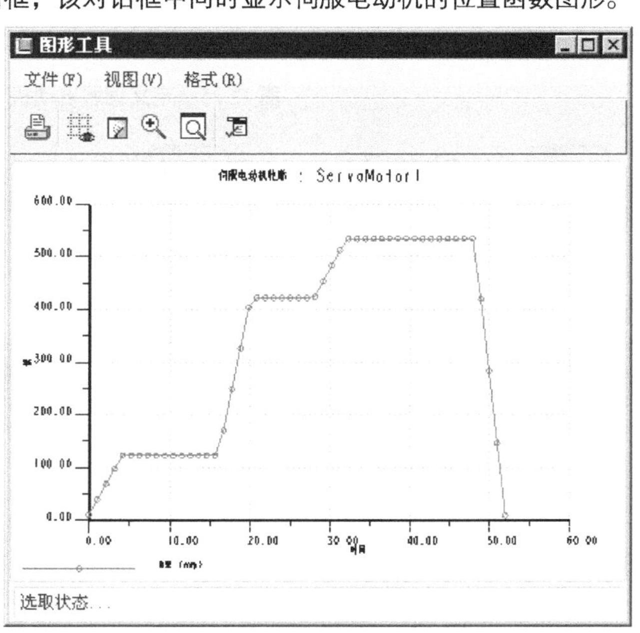

图 12.23 “图形工具”对话框

（7）关闭“图形工具”对话框。

（8）单击对话框中的 确定 按钮，完成伺服电动机的定义。

步骤 03 定义伺服电动机 2。参考步骤 02 的操作步骤，选取图 12.21 所示的连接 2 为参考对象，“表”参数如图 12.24 所示。

时间	模
0	0
4	90
32	90
36	180
44	180
48	360
52	360

图 12.24　定义伺服电动机 2

步骤 04 定义伺服电动机 3。参考步骤 02 的操作步骤，选取图 12.21 所示的连接 3 为参考对象，“表”参数如图 12.25 所示。

时间	模
0	10
4	10
8	55
40	55
44	10
52	10

图 12.25　定义伺服电动机 3

步骤 05 定义伺服电动机 4。参考步骤 02 的操作步骤，选取图 12.21 所示的连接 4 为参考对象，“表”参数如图 12.26 所示。

步骤 06 定义伺服电动机 5。参考步骤 02 的操作步骤，选取图 12.21 所示的连接 5 为参考对象，“表”参数如图 12.27 所示。

时间	模
0	0
8	0
12	32
16	0
44	0

图 12.26　定义伺服电动机 4

时间	模
0	0
20	0
24	32
28	0
44	0

图 12.27　定义伺服电动机 5

步骤07 再生模型。选择下拉菜单 编辑(E) → 再生(G) 命令，再生机构模型。

步骤08 设置初始位置。

（1）选择拖动命令。选择下拉菜单 视图(V) → 方向(O) → 拖动元件(D)... 命令，系统弹出“拖动”对话框。

（2）记录快照 1。单击对话框 当前快照 区域中的按钮，即可记录当前位置为快照 1（Snapshot1）。

（3）单击 关闭 按钮，关闭“拖动”对话框。

步骤09 定义机构分析。

（1）选择命令。选择下拉菜单 分析(A) → 机构分析(Y)... 命令，系统弹出“分析定义”对话框。

（2）在 终止时间 文本框中输入值 55。

（3）定义初始配置。在 初始配置 区域中选择 快照: 单选项。

（4）运行运动分析。单击“分析定义”对话框中的 运行 按钮，查看机构的运行状况。

（5）完成运动分析。单击 确定 按钮完成运动分析。

步骤10 保存回放结果。

（1）选择下拉菜单 分析(A) → 回放(B)... 命令，系统弹出“回放”对话框。

（2）在“回放”对话框中单击“保存”按钮，系统弹出“保存分析结果”对话框；采用默认的名称，单击 保存 按钮，即可保存仿真结果。

步骤11 输出视频。

（1）单击“回放”对话框中的“播放当前结果集”按钮，系统弹出“动画”对话框。

（2）单击“动画”对话框中的“录制动画为 MPEG”按钮 捕获...，系统弹出“捕获”对话框，单击 确定 按钮，机构开始运行输出视频文件。

（3）在工作目录中播放视频文件“MAGIC_HAND.mpg”查看结果。

（4）单击“动画”对话框中的 关闭 按钮，返回到“回放”对话框，然后单击其中的 关闭 按钮关闭对话框。

步骤12 再生模型。选择下拉菜单 编辑(E) → 再生(G) 命令，再生机构模型。

步骤13 保存机构模型。

第13章　发动机运动仿真与分析

本范例将介绍发动机仿真与分析的操作过程。首先介绍机构模型的创建，然后进行运动仿真，并分析发动机活塞的速度曲线。机构模型如图 13.1 所示，读者可以打开视频文件 D:\proefj5\work\ch13\ok\ ENGINE_ASM.mpg 查看机构运行状况。

图 13.1　发动机机构模型

1. 新建装配模型

步骤 01 将工作目录设置至 D:\proefj5\work\ch13。

步骤 02 新建文件。新建一个装配模型，命名为 engine_asm，选取 mmns_asm_design 模板。

2. 组装机构模型

步骤 01 引入第一个元件 engine_block.prt，并使用 缺省 约束完全约束该元件。

步骤 02 引入第二个元件 motor_side_cover.prt，并将其调整到图 13.2 所示的位置。

步骤 03 创建 motor_side_cover 和 engine_block 之间的刚性连接。

（1）在连接列表中选取 刚性 选项，单击操控板菜单中的 放置 选项卡。

（2）定义“对齐”约束（一）。在 约束类型 下拉列表中选择 对齐 选项，选取图 13.2 所示的两个平面为“对齐”约束（一）参考，此时 放置 界面如图 13.3 所示。

（3）定义“对齐”约束（二）。在 放置 界面中单击 ➜新建约束，在 约束类型 下拉列表中选择 对齐 选项，选取图 13.2 中的两个平面为“对齐”约束（二）参考，此时 放置 界面如图 13.4 所示。

（4）定义“配对”约束。参考步骤（3）选取图 13.2 中的两个平面为“配对”约束参考，

此时 放置 界面如图 13.5 所示。

“对齐”约束（二）：
这两个平面重合
“配对”约束：
这两个平面重合
“对齐”约束（一）：
这两个平面重合

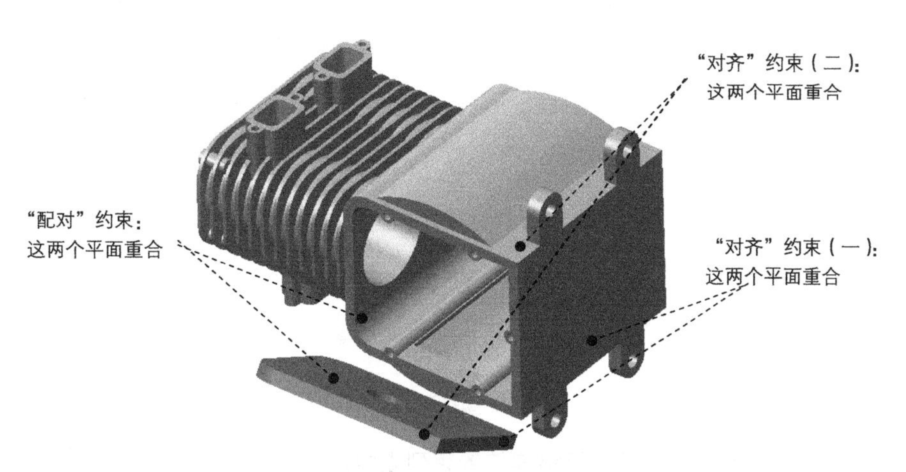

图 13.2　创建刚性（Rigid）连接

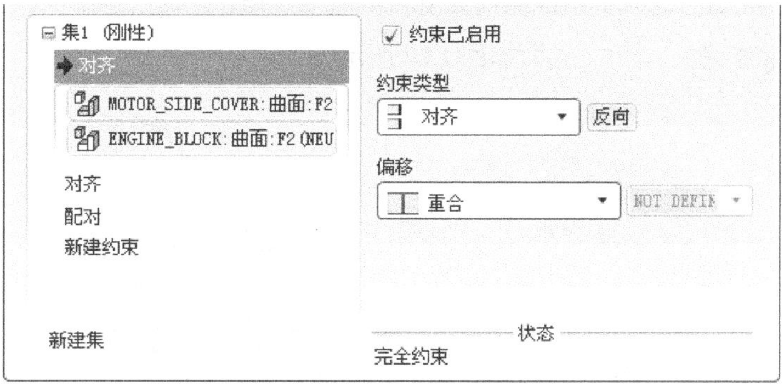

集1 (刚性)
对齐
MOTOR_SIDE_COVER:曲面:F2
ENGINE_BLOCK:曲面:F2 (NEU
对齐
配对
新建约束
新建集
约束已启用
约束类型
对齐
反向
偏移
重合
NOT DEFIN
状态
完全约束

图 13.3　“放置”界面（一）

集1 (刚性)
对齐
对齐
MOTOR_SIDE_COVER:曲面:F2
ENGINE_BLOCK:曲面:F2 (NEU
配对
新建约束
新建集
约束已启用
约束类型
对齐
反向
偏移
重合
NOT DEFIN
状态
完全约束

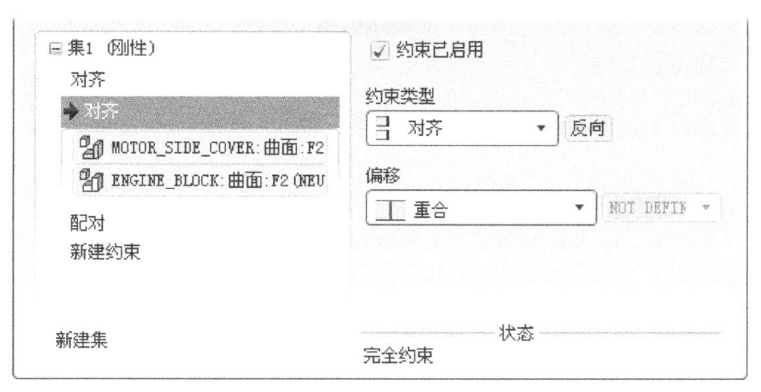

图 13.4　“放置”界面（二）

（5）单击操控板中的 ✓ 按钮，完成刚性连接的创建。

步骤 04 引入元件 crankshaft.prt，并将其调整到图 13.6 所示的位置。

步骤 05 创建 crankshaft 和 motor_side_cover 之间的销钉连接。

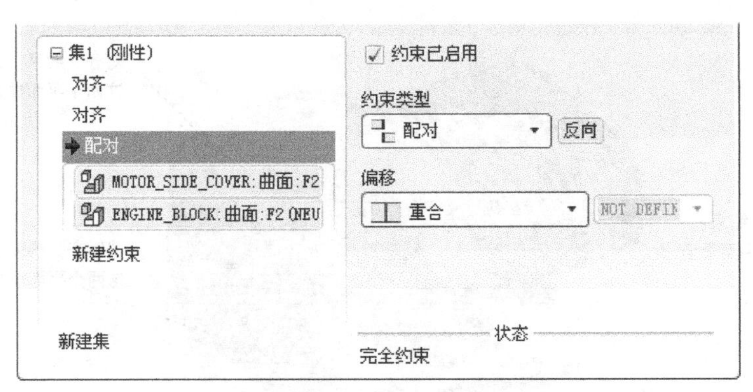

图 13.5　放置界面（三）

（1）在“元件放置”操控板的机械连接约束列表中选择 销钉 选项。

（2）定义“轴对齐”约束。单击操控板中的 放置 按钮，分别选取图 13.6 中的两个柱面为“轴对齐”约束参考，放置 界面如图 13.7 所示。

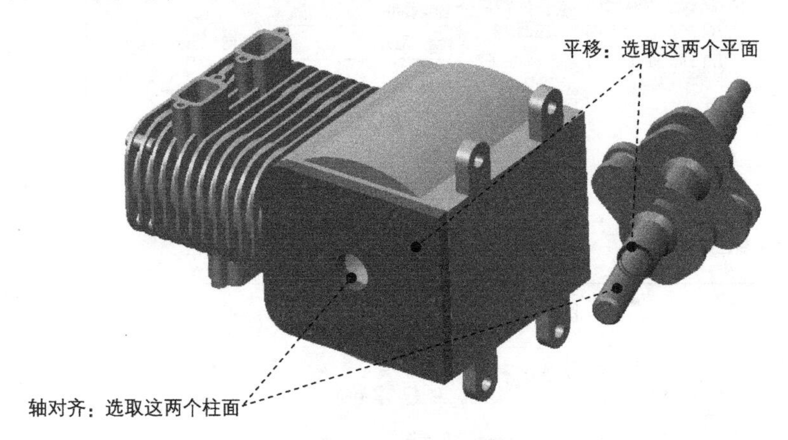

图 13.6　创建“销钉（Pin）”连接

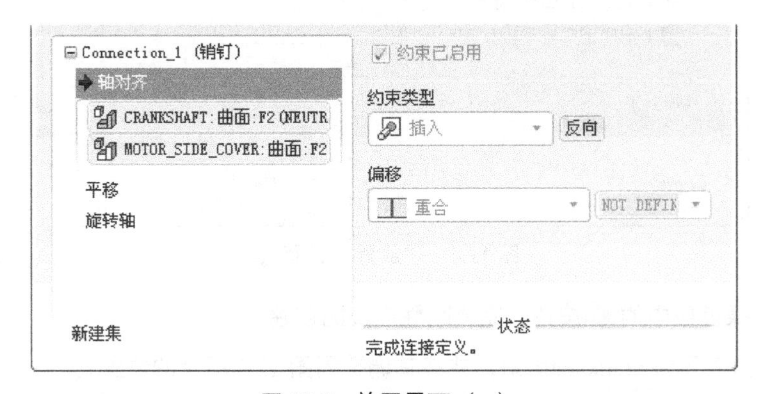

图 13.7　放置界面（一）

（3）定义“平移”约束。分别选取图 13.6 中的两个平面为“平移”约束参考，放置界面如图 13.8 所示。

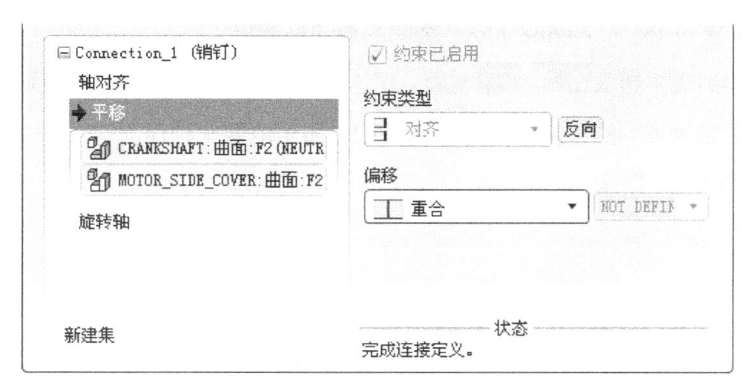

图 13.8 放置界面（二）

（4）设置旋转轴参考。在放置界面中单击旋转轴选项，采用在列表中选取的方法选取图 13.9 中的两个平面为旋转轴参考。

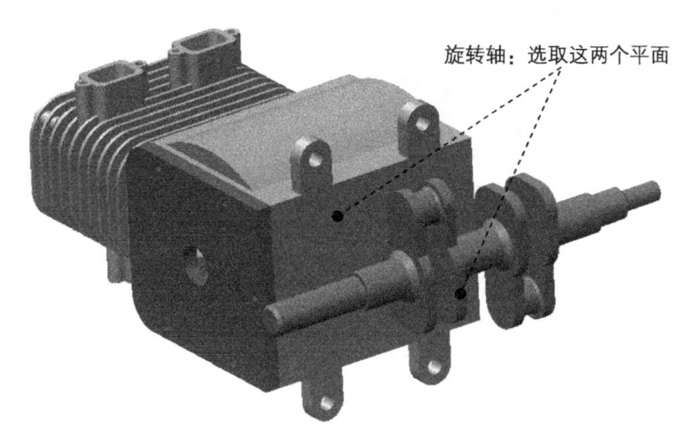

图 13.9 设置旋转轴参考

（5）设置位置参数。在放置界面右侧当前位置区域下的文本框中输入值 0，并按 Enter 键确认，然后单击 >> 按钮；选中 启用再生值 复选框，如图 13.10 所示。

Connection_1 (销钉)
轴对齐
平移
旋转轴
CRANKSHAFT:曲面:F2 (NEUTR
MOTOR_SIDE_COVER:曲面:F2
新建集
当前位置
再生值
0.0
>>
0.0
设置零位置
启用再生值
最小限制 -180.0
最大限制 180.0
动态属性 >>

图 13.10 设置位置参数

（6）单击操控板中的✓按钮，完成连接的创建。

步骤 06 装配第 1 个活塞。引入元件 piston.prt 并将其调整到图 13.11 所示的位置。

步骤 07 创建 piston 和 engine_block 之间的滑动杆连接。

（1）在连接列表中选取 滑动杆 选项，单击操控板菜单中的 放置 选项卡。

（2）定义“轴对齐”约束。分别选取图 13.11 所示的两个柱面为“轴对齐”约束参考，放置 界面如图 13.12 所示。

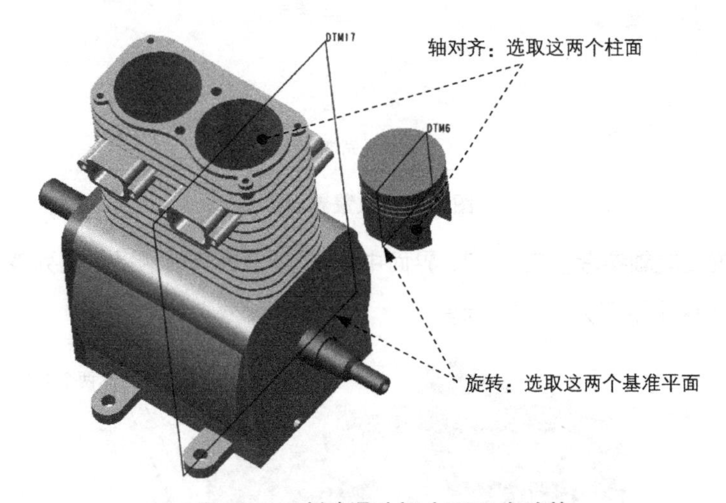

图 13.11 创建滑动杆（Slider）连接

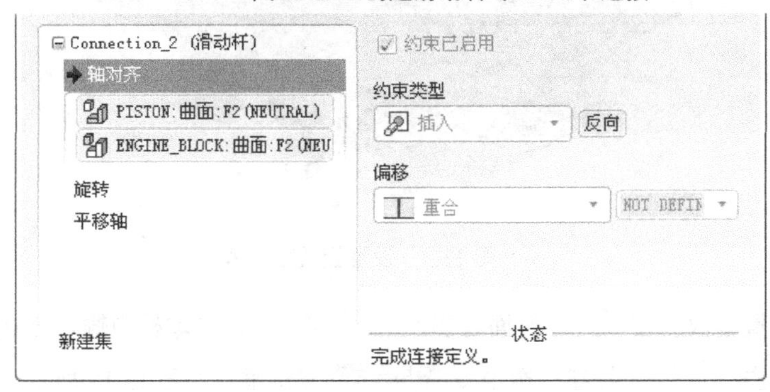

图 13.12 放置界面（一）

（3）定义“旋转”约束。选取图 13.11 所示的两个基准平面为“旋转”约束参考（piston 中的基准平面 DTM6 和 engine_block 中的基准平面 DTM17），放置 界面如图 13.13 所示。

（4）设置平移轴参考。在 放置 界面中单击 平移轴 选项，选取图 13.14 所示的两个平面为平移轴参考。

（5）设置位置参数。在 放置 界面右侧 当前位置 区域下的文本框中输入值 60，并按 Enter 键确认，如图 13.15 所示。

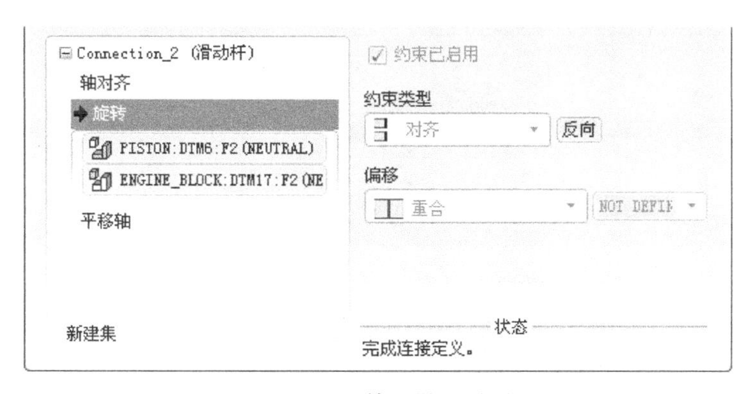

图 13.13 放置界面（二）

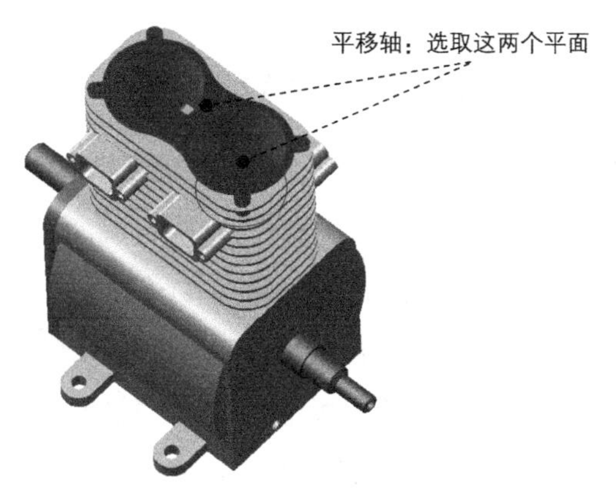

图 13.14 设置平移轴参考

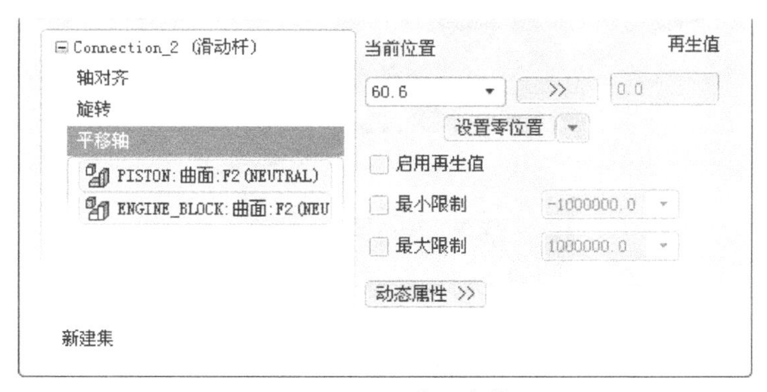

图 13.15 设置位置参数

（6）单击操控板中的✔按钮，完成滑动杆连接的创建。

步骤 08 装配第 2 个活塞。参考步骤 06和步骤 07的操作步骤，装配第 2 个活塞，如图 13.16 所示。

图 13.16　装配第 2 个活塞

步骤 09 引入元件 connecting_rod.prt，并将其调整到图 13.17 所示的位置（隐藏元件 engine_block 和 motor_side_cover）。

步骤 10 创建 connecting_rod 和 piston 之间的销钉连接。

（1）在“元件放置”操控板的机械连接约束列表中选择 销钉 选项。

（2）定义“轴对齐”约束。单击操控板中的 放置 按钮，分别选取图 13.17 中的两个柱面为“轴对齐”约束参考，此时 放置 界面如图 13.18 所示。

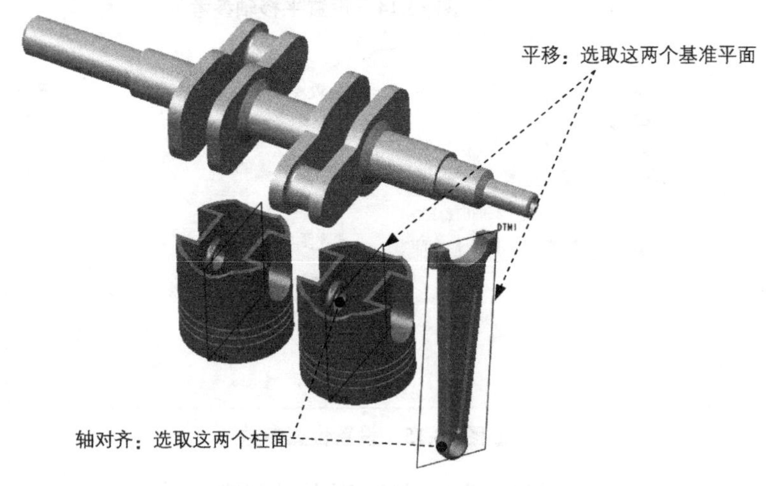

图 13.17　创建“销钉（Pin）”连接

（3）定义“平移”约束。分别选取图 13.17 中的两个基准平面为“平移”约束参考（piston 中的基准平面 DTM6 和 connecting_rod 中的基准平面 DTM1），然后单击 销钉 选项后的“反向连接”按钮 切换方向。此时 放置 界面如图 13.19 所示。

Connection_4 (销钉)
轴对齐
CONNECTING_ROD:曲面:F2(N
PISTON:曲面:F2(NEUTRAL)
平移
旋转轴
新建集
约束已启用
约束类型
插入
反向
偏移
重合
NOT DEFIN
状态
完成连接定义。

图 13.18 放置界面（一）

Connection_4 (销钉)
轴对齐
平移
CONNECTING_ROD:DTM1:F2(N
PISTON:DTM6:F2(NEUTRAL)
旋转轴
新建集
约束已启用
约束类型
配对
反向
偏移
重合
NOT DEFIN
状态
完成连接定义。

图 13.19 放置界面（二）

步骤 11 调整 connecting_rod 至图 13.20 所示的大致位置。

步骤 12 创建 connecting_rod 和 crankshaft 之间的圆柱连接。

（1）在 放置 界面下方单击“新建集”字符，在“元件放置”操控板的机械连接约束列表中选择 圆柱 选项。

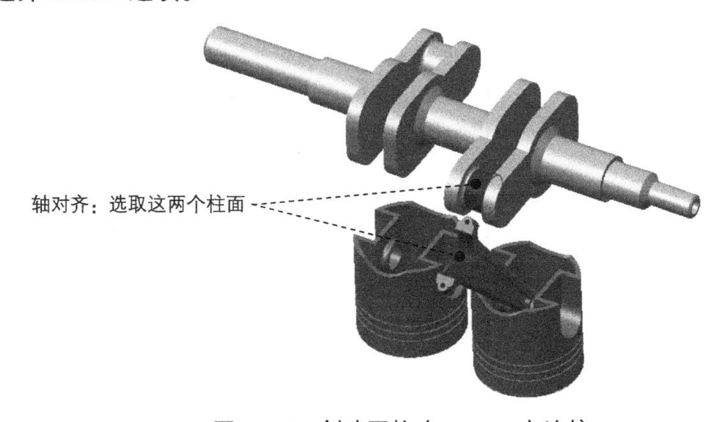

图 13.20 创建圆柱（Cylinder）连接

（2）定义“轴对齐”约束。单击操控板中的 放置 按钮，分别选取图 13.20 所示的两个柱面为“轴对齐”约束参考，此时 放置 界面如图 13.21 所示。

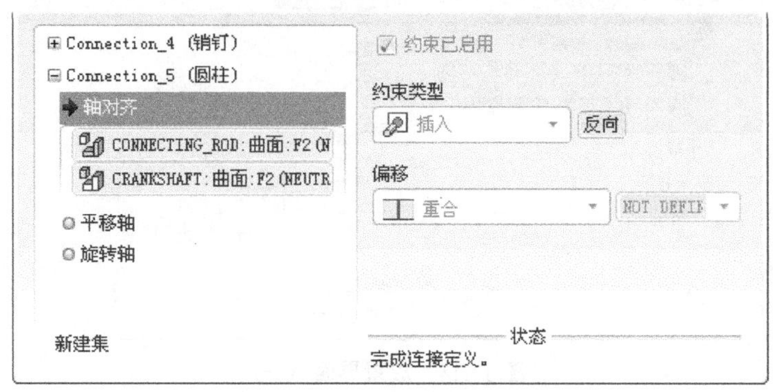

图 13.21　放置界面

（3）单击操控板中的✓按钮，完成连接的创建，如图 13.22 所示。

图 13.22　完成连接的创建

步骤 13 引入元件 connecting_ring.prt，并将其调整到图 13.23 所示的位置（隐藏元件 crankshaft）。

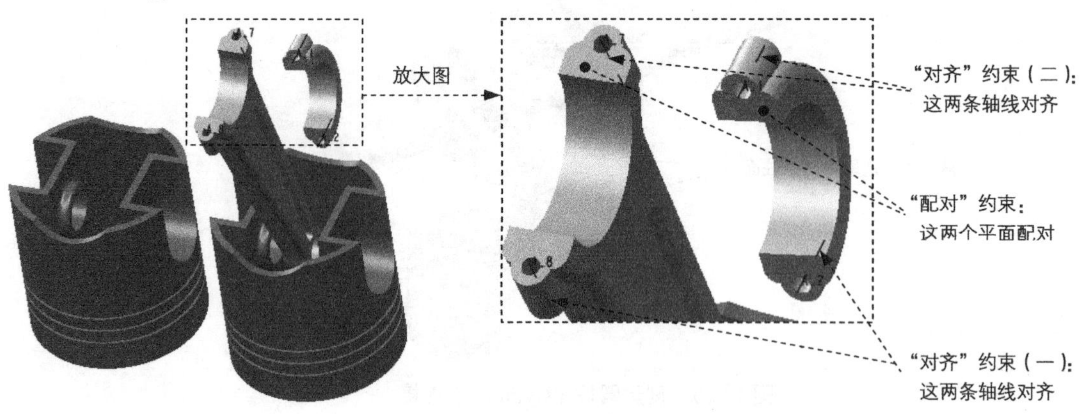

图 13.23　创建刚性（Rigid）连接

步骤 14 创建 connecting_ring 和 connecting_rod 之间的刚性连接。

（1） 在连接列表中选取 刚性 选项，单击操控板菜单中的 放置 选项卡。

（2）定义“配对”约束。在 约束类型 下拉列表中选择 配对 选项，选取图 13.23 所示的两个平面为“配对”约束参考，放置 界面如图 13.24 所示。

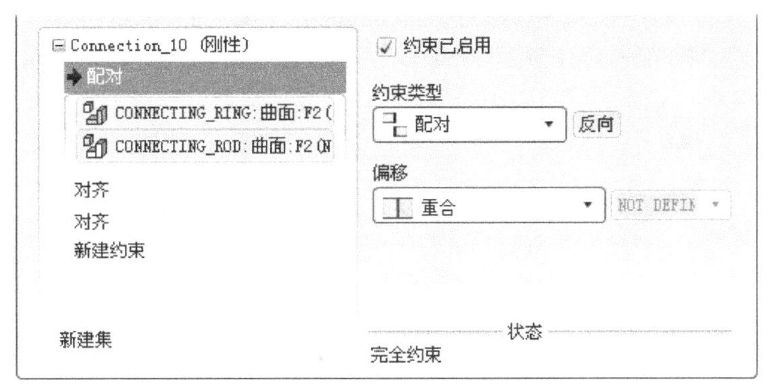

图 13.24 放置界面（一）

（3）定义“对齐”约束（一）。在 放置 界面中单击 新建约束，在 约束类型 下拉列表中选择 对齐 选项，选取图 13.23 中的两条轴线为“对齐”约束（一）参考，放置 界面如图 13.25 所示。

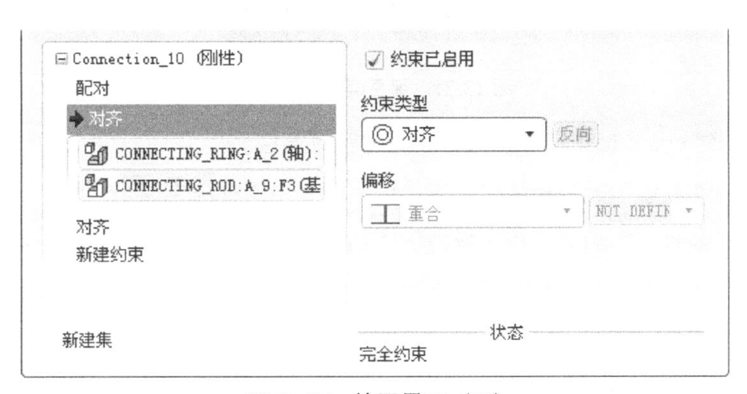

图 13.25 放置界面（二）

（4）定义“对齐”约束（二）。参考步骤（3）选取图 13.23 中的两条轴线为“对齐”约束（二）参考，此时 放置 界面如图 13.26 所示。

（5）单击操控板中的 ✔ 按钮，完成刚性连接的创建。

步骤 15 参考步骤 09~步骤 14 的操作步骤，装配第 2 组 connecting_rod 和 connecting_ring，如图 13.27 所示。

步骤 16 引入元件 flywheel.prt 并将其调整到图 13.28 所示的位置（取消隐藏所有的元件）。

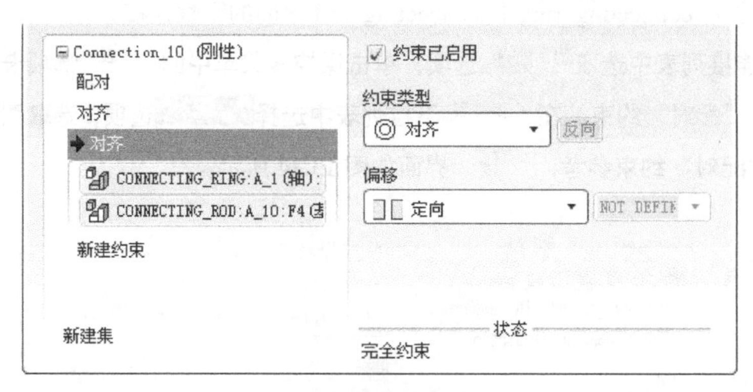

图 13.26　放置界面（三）

图 13.27　装配第 2 组元件

步骤 17 创建 crankshaft 和 flywheel 之间的销钉连接。

（1）在“元件放置”操控板的机械连接约束列表中选择 销钉 选项。

（2）定义“轴对齐”约束。单击操控板中的 放置 按钮，分别选取图 13.28 中的两个柱面为“轴对齐”约束参考，放置 界面如图 13.29 所示。

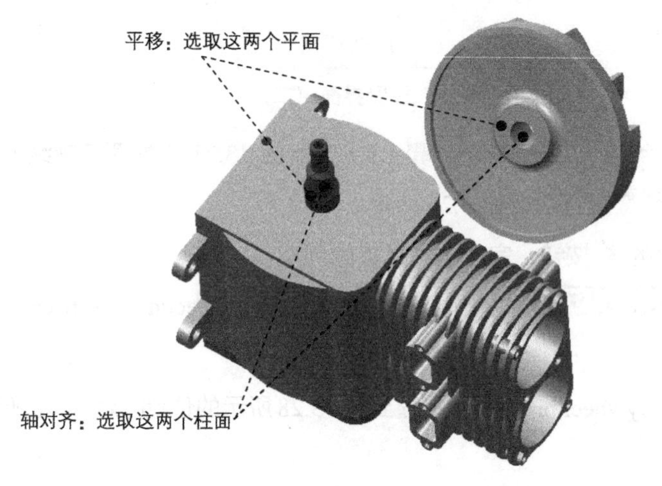

图 13.28　创建“销钉（Pin）”连接

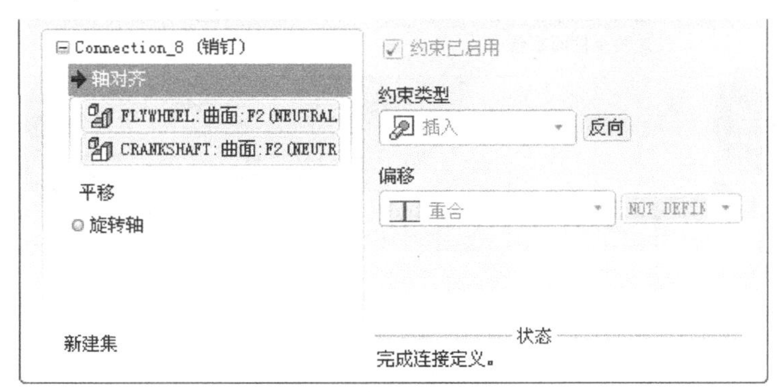

图 13.29 放置界面（一）

（3）定义“平移”约束。分别选取图 13.28 中的两个平面为“平移”约束参考，此时 放置 界面如图 13.30 所示。

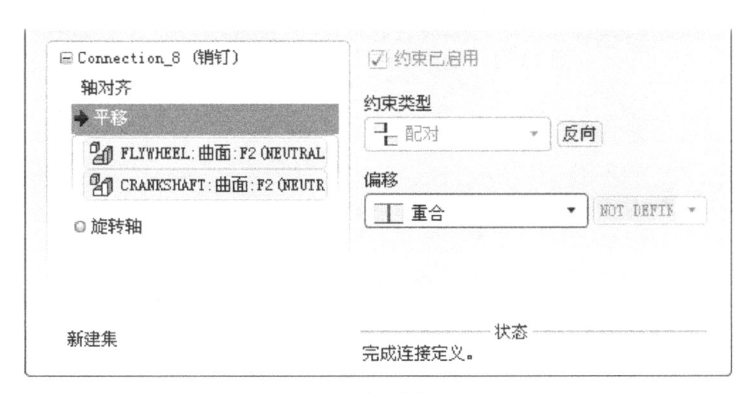

图 13.30 放置界面（二）

（4）单击操控板中的 ✔ 按钮，完成连接的创建。

步骤 18 引入元件 cylinder_head.prt，并将其调整到图 13.31 所示的位置。

步骤 19 创建 cylinder_head 和 engine_block 之间的刚性连接。

（1） 在连接列表中选取 刚性 选项，单击操控板菜单中的 放置 选项卡。

（2）定义“配对”约束。在 约束类型 下拉列表中选择 配对 选项，选取图 13. 31 所示的两个平面为“配对”约束参考，放置 界面如图 13.32 所示。

（3）定义“插入”约束（一）。在 放置 界面中单击 新建约束，在 约束类型 下拉列表中选择 插入 选项，选取图 13. 31 中的两个柱面为“插入”约束（一）参考，此时 放置 界面如图 13.33 所示。

（4）定义“插入”约束（二）。参考步骤（3）选取图 13. 31 中的两个柱面为“插入”约束（二）参考，此时 放置 界面如图 13.34 所示。

"插入"约束（一）：
这两个柱面重合
"配对"约束：
这两个平面配对
放大图
"插入"约束（二）：
这两个柱面重合

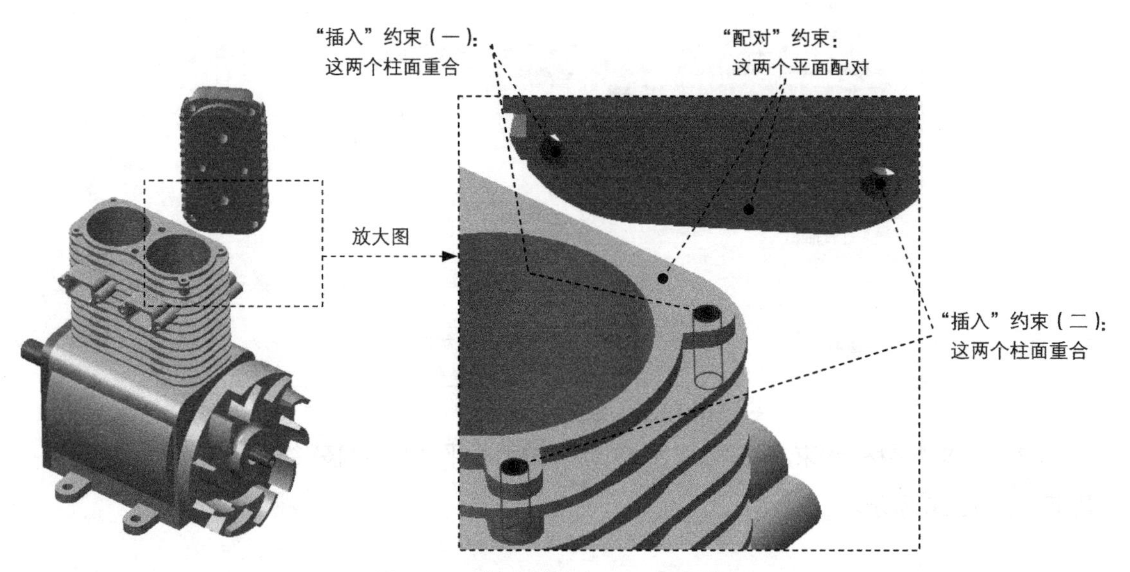

图 13.31　创建刚性（Rigid）连接

Connection_13（刚性）
配对
CYLINDER_HEAD:曲面:F2(NE
ENGINE_BLOCK:曲面:F2(NEU
插入
插入
新建约束
新建集
约束已启用
约束类型
配对
反向
偏移
重合
NOT DEFIN
状态
完全约束

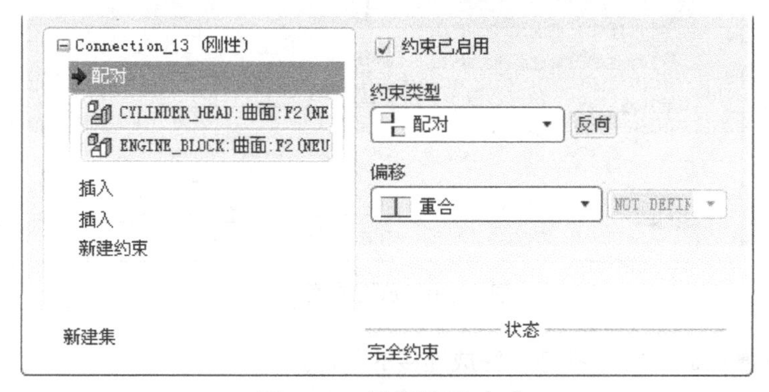

图 13.32　放置界面（一）

Connection_13（刚性）
配对
插入
CYLINDER_HEAD:曲面:F2(NE
ENGINE_BLOCK:曲面:F2(NEU
插入
新建约束
新建集
约束已启用
约束类型
插入
反向
偏移
重合
NOT DEFIN
状态
完全约束

图 13.33　放置界面（二）

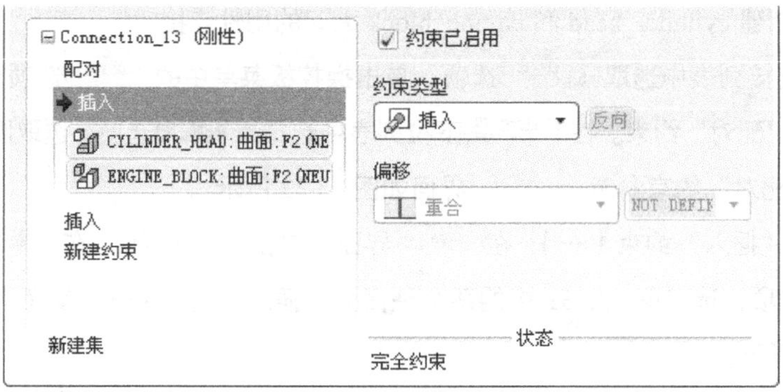

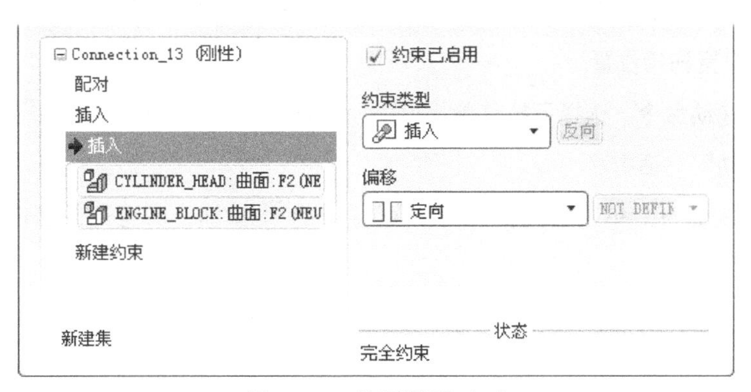

图 13.34　放置界面（三）

（5）单击操控板中的✔按钮，完成刚性连接的创建。

3. 定义仿真与分析

步骤 01 进入机构模块。选择下拉菜单 应用程序(P) ➡ 机构(E) 命令，进入机构模块。

步骤 02 定义伺服电动机。

（1）选择命令。选择下拉菜单 插入(I) ➡ 伺服电动机(V)... 命令，系统弹出“伺服电动机定义”对话框。

（2）选取参考对象。选取图 13.35 所示的连接为参考对象。

（3）设置轮廓参数。单击“伺服电动机定义”对话框中的 轮廓 选项卡，在“定义运动轴设置”按钮右侧的下拉列表中选择 速度 选项，在“模”下拉列表中选择 常数 选项，设置 A=600。

（4）单击对话框中的 确定 按钮，完成伺服电动机的定义。

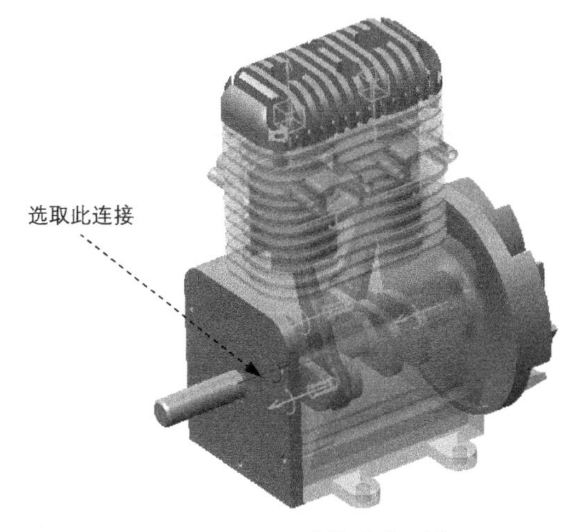

图 13.35　选取参考对象

步骤 03 再生模型。选择下拉菜单 编辑(E) ➡ 再生(G) 命令，再生机构模型。

步骤 04 设置初始位置。

（1）选择拖动命令。选择下拉菜单 视图(V) ➡ 方向(O) ➡ 拖动元件(D)... 命令，系统弹出“拖动”对话框。

（2）记录快照 1。单击对话框 当前快照 区域中的按钮，即可记录当前位置为快照 1（Snapshot1）。

（3）单击 关闭 按钮，关闭“拖动”对话框。

步骤 05 定义机构分析。

（1）选择命令。选择下拉菜单 分析(A) ➡ 机构分析(Y)... 命令，系统弹出“分析定义”对话框。

（2）定义分析类型。在 类型 下拉列表中选择 运动学 选项。

（3）定义时间参数。在 终止时间 文本框中输入值 10，在 帧频 文本框中输入值 20。

（4）定义初始配置。在 初始配置 区域中选择 ◉ 快照: 单选项。

（5）运行运动分析。单击“分析定义”对话框中的 运行 按钮，查看机构的运行状况。

（6）完成运动分析。单击 确定 按钮完成运动分析。

步骤 06 保存回放结果。

（1）选择下拉菜单 分析(A) ➡ 回放(B)... 命令，系统弹出“回放”对话框。

（2）在“回放”对话框中单击“保存”按钮，系统弹出“保存分析结果”对话框；采用默认的名称，单击 保存 按钮，即可保存仿真结果。

步骤 07 输出视频。

（1） 单击“回放”对话框中的“播放当前结果集”按钮，系统弹出“动画”对话框，

（2）单击“动画”对话框中的“录制动画为 MPEG”按钮 捕获...，系统弹出“捕获”对话框，单击 确定 按钮，机构开始运行输出视频文件。

（3）在工作目录中播放视频文件“ENGINE_ASM.mpg”查看结果。

（4）单击“动画”对话框中的 关闭 按钮，返回到“回放”对话框，单击其中的 关闭 按钮关闭对话框。

4. 测量活塞的速度

步骤 01 定义测量。

（1）选择命令。选择下拉菜单 分析(A) ➡ 测量(E)... 命令，系统弹出“测量结果”

对话框。

（2）新建一个测量。单击□按钮，系统弹出“测量定义”对话框，在该对话框中进行下列操作：

① 输入测量名称，或采用默认名。

② 选择测量类型。在 类型 下拉列表中选择速度选项。

③ 选取参考点。选取图 13.36 所示的连接为测量参考。

④ 选取评估方法。在 评估方法 下拉列表中选择每个时间步长。

⑤ 单击“测量定义”对话框中的 确定 按钮，系统立即将 measure1 添加到“测量结果”对话框的列表中（图 13.37）。

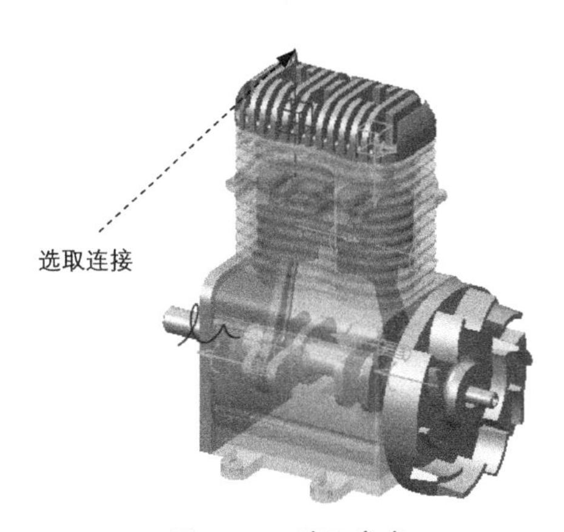

图 13.36 选取参考

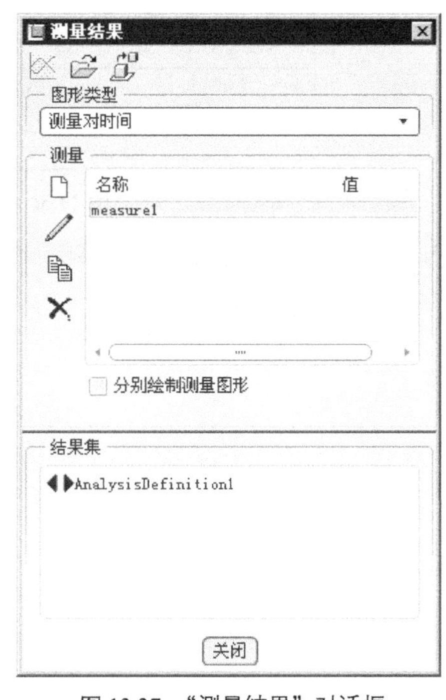

图 13.37 “测量结果”对话框

（3）选取测量名称。在“测量结果”对话框的列表中选择measure1。

（4）选取运动结果。在“测量结果”对话框的“结果集”中选择AnalysisDefinition1。

（5）绘制测量图形。在“测量结果”对话框的顶部单击按钮，系统便开始测量，并绘制测量的结果图，如图 13.38 所示。该图反映在运动学分析AnalysisDefinition1中，活塞的运动速度与时间的关系。

（6）关闭“图形工具”对话框。

（7）单击 关闭 按钮，关闭“测量结果”对话框。

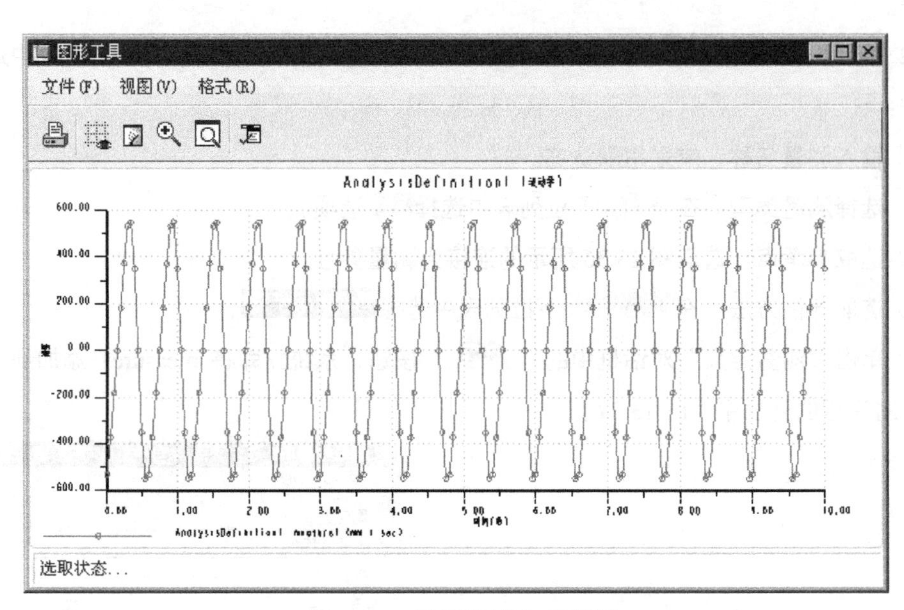

图 13.38 “图形工具”对话框

步骤 02 再生模型。选择下拉菜单 编辑(E) ➡ 再生(G) 命令，再生机构模型。

步骤 03 保存机构模型。

第 14 章 正弦机构运动仿真

正弦机构是一种利用杆件的摆动得到直线运动的平面机构，并且驱动杆的运动角度与直线运动杆件的位移呈正弦变化。图 14.1 所示的是由齿轮驱动的正弦机构模型，本节将介绍该机构的创建与仿真过程，并研究驱动杆的运动角度与直线运动杆件的位移关系。读者可以打开视频文件 D:\proefj5\work\ch14\ok\ SINE_MECH.mpg 查看机构运行状况。

图 14.1 正弦机构模型

1. 新建装配模型

步骤 01 将工作目录设置至 D:\proefj5\work\ch14。

步骤 02 新建文件。新建一个装配模型，命名为 sine_mech，选取 mmns_asm_design 模板。

2. 组装机构模型

步骤 01 引入第一个元件 base.prt，并使用 缺省 约束完全约束该元件。

步骤 02 引入第二个元件 ring01.prt（挡环），并将其调整到图 14.2 所示的位置。

步骤 03 创建 base 和 ring01（挡环）之间的销钉连接。

（1）在“元件放置”操控板的机械连接约束列表中选择 销钉 选项。

（2）定义“轴对齐”约束。单击操控板中的 放置 按钮，分别选取图 14.2 中的两个柱面为“轴对齐”约束参考，如图 14.3 所示。

（3）定义“平移”约束。分别选取图 14.2 中的两个平面为“平移”约束参考，如图 14.4 所示。

（4）单击操控板中的✓按钮，完成连接的创建。

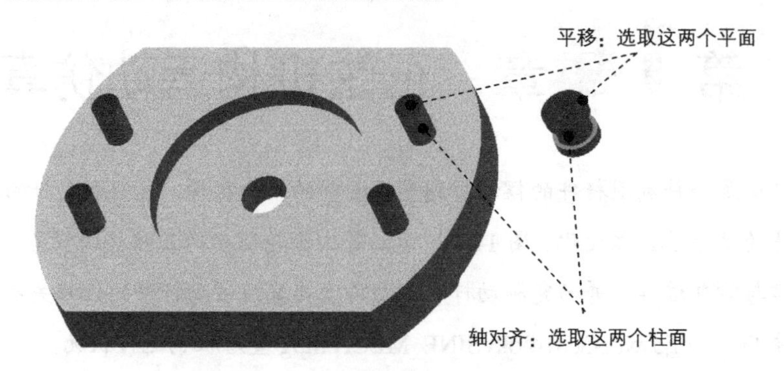

图 14.2　创建“销钉（Pin）”连接

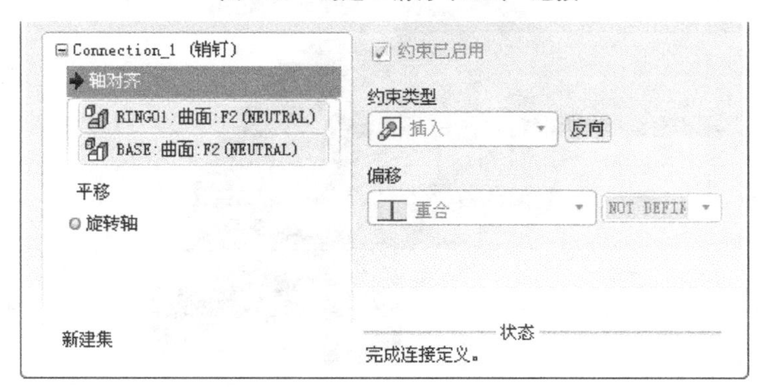

图 14.3　定义“轴对齐”约束（一）

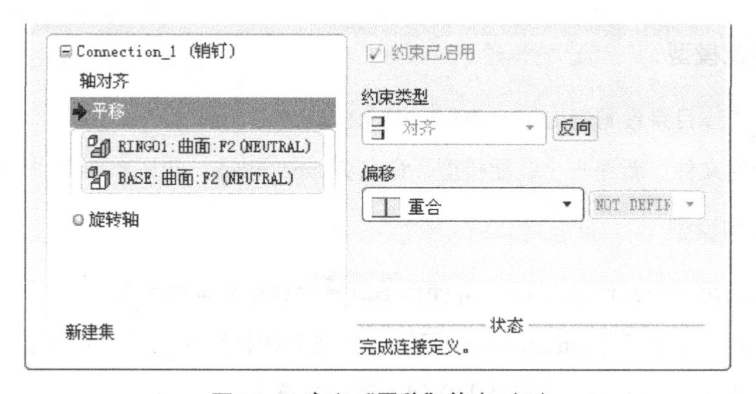

图 14.4　定义“平移”约束（二）

步骤 04 采用“重复装配”的方法装配其他挡环元件。

（1）在模型树中选中“RING01”。

（2）选择下拉菜单 编辑(E) ➡ 重复(P)... 命令，系统弹出图 14.5 所示的“重复元件”对话框。

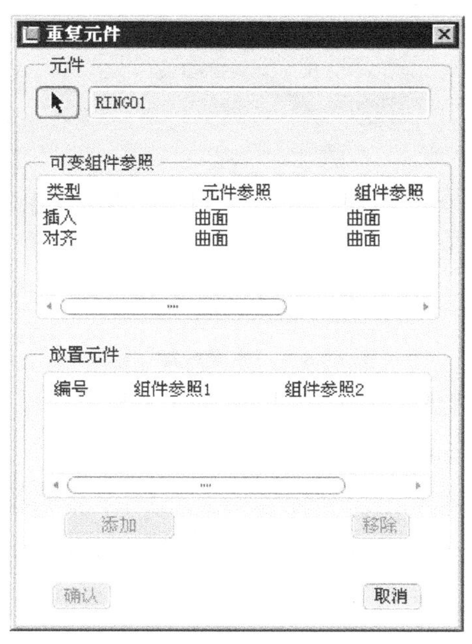

图 14.5 “重复元件”对话框

（3）按住 Ctrl 键，选择“重复元件”对话框 可变組件参照 区域中的两个约束，然后单击 **添加** 按钮，依次选取图 14.6 所示的面 1~面 6 为约束参考，此时“重复元件”对话框如图 14.7 所示。

（4）单击“重复元件”对话框中的 **确认** 按钮，完成元件的重复装配，如图 14.8 所示。

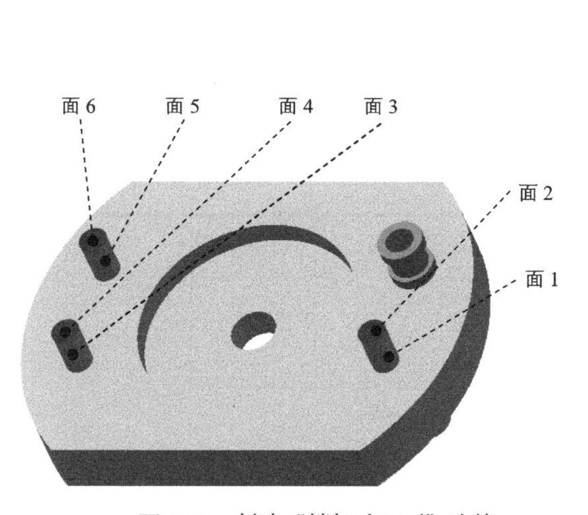

图 14.6 创建“销钉（Pin）”连接

图 14.7 “重复元件”对话框

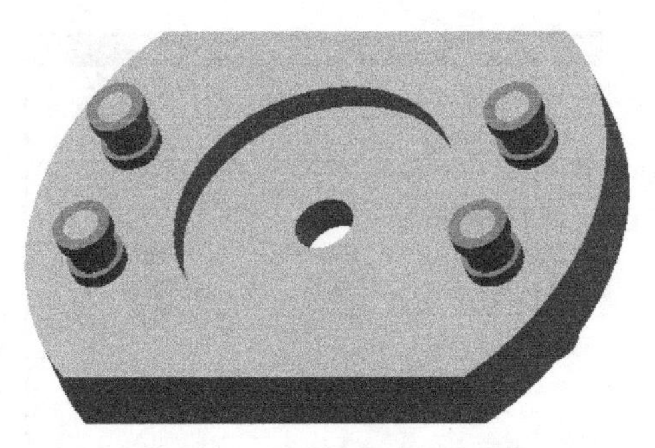

图 14.8 “重复装配”结果

步骤 05 引入元件 link.prt。

步骤 06 创建 base 和 link 之间的销钉连接。

（1）在“元件放置”操控板的机械连接约束列表中选择 销钉 选项。

（2）定义“轴对齐”约束。单击操控板中的 放置 按钮，分别选取图 14.9 中的两个柱面为“轴对齐”约束参考，如图 14.10 所示。

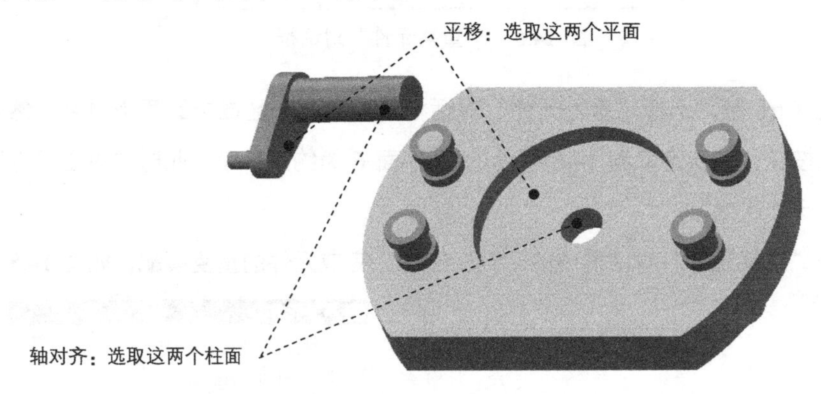

图 14.9 创建“销钉（Pin）”连接

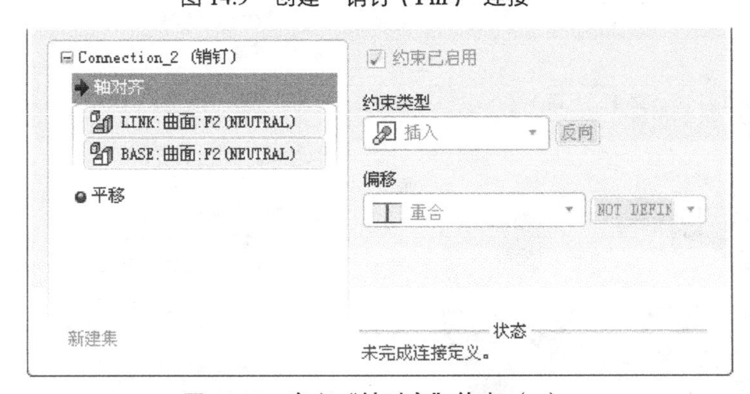

图 14.10 定义“轴对齐”约束（一）

（3）定义“平移”约束。分别选取图 14.9 中的两个平面为“平移”约束参考，如图 14.11

所示。

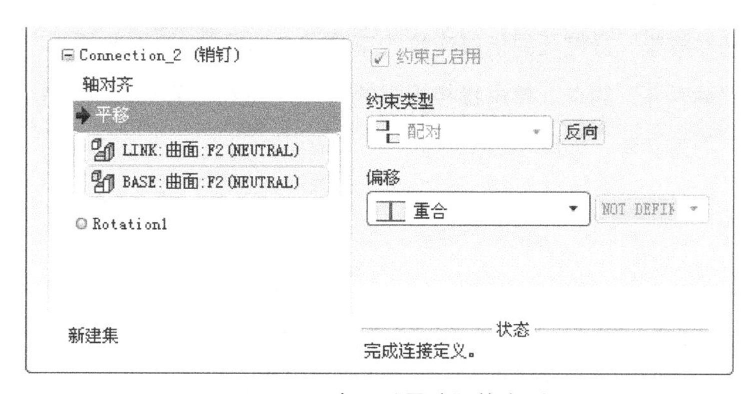

图 14.11　定义“平移”约束（二）

（4）设置旋转轴参考。在 放置 界面中单击 旋转轴 选项，选取 base 中的基准平面 RIGHT 和 link 中的基准平面 RIGHT 为旋转轴参考。

（5）设置位置参数。在 放置 界面右侧 当前位置 区域下的文本框中输入值 0，并按 Enter 键确认，然后单击 >> 按钮；选中 启用再生值 复选框，如图 14.12 所示。

（6）单击操控板中的✔按钮，完成连接的创建，如图 14.13 所示。

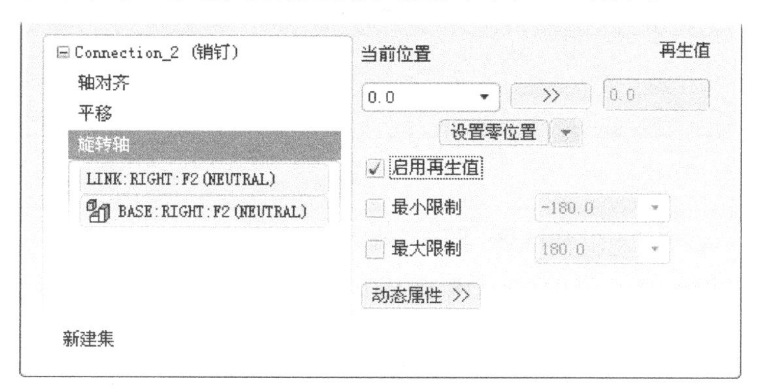

图 14.12　设置位置参数

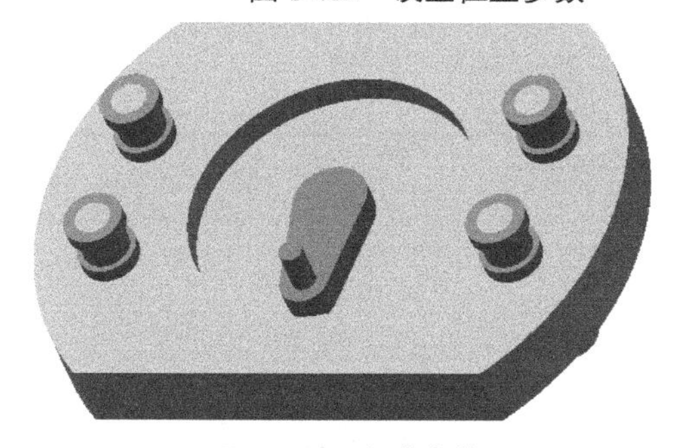

图 14.13　完成连接

步骤 07 引入元件 ring02.prt，并将其调整到图 14.14 所示的位置。

步骤 08 创建 ring02 和 link 之间的销钉连接。

（1）在“元件放置”操控板的机械连接约束列表中选择 销钉 选项。

（2）定义“轴对齐”约束。单击操控板中的 放置 按钮，分别选取图 14.14 中的两个柱面为“轴对齐”约束参考，如图 14.15 所示。

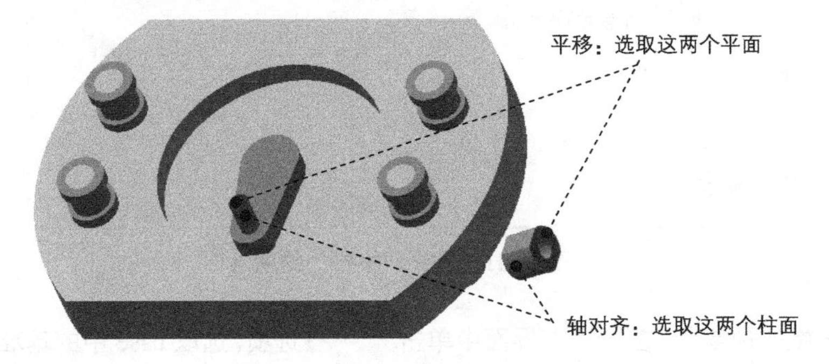

图 14.14 创建“销钉（Pin）”连接

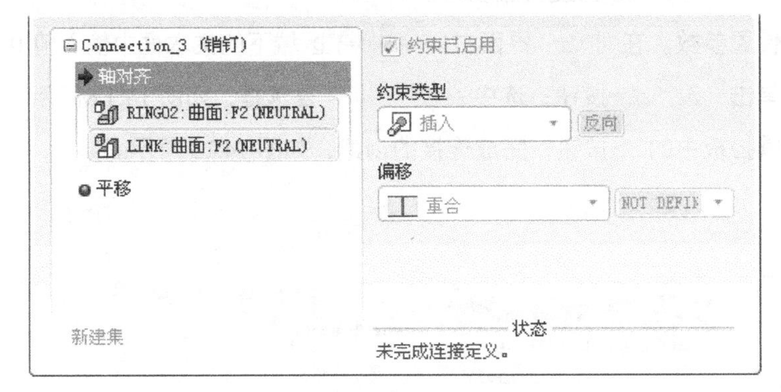

图 14.15 定义“轴对齐”约束（一）

（3）定义“平移”约束。分别选取图 14.14 中的两个平面为“平移”约束参考，如图 14.16 所示。

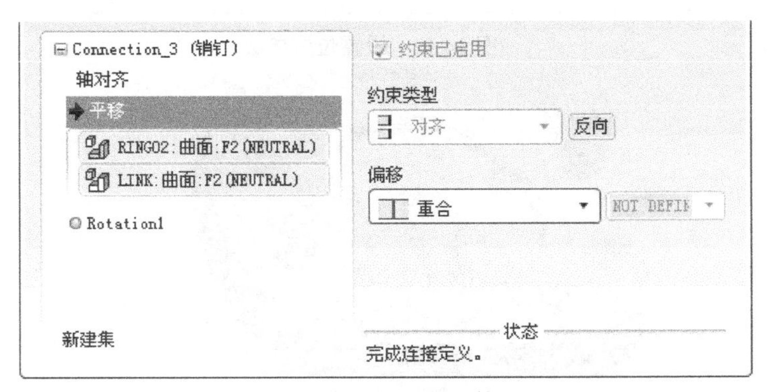

图 14.16 定义“平移”约束（二）

元件 ring02.prt 的基准平面 FRONT 应在装配件的侧面，可通过约束条件中的反向按钮来调整。

（4）设置旋转轴参考。在 放置 界面中单击 旋转轴 选项，选取 ring02 中的基准平面 RIGHT 和 link 中的基准平面 RIGHT 为旋转轴参考。

（5）设置位置参数。在 放置 界面右侧 当前位置 区域下的文本框中输入值 0，并按 Enter 键确认，然后单击 >> 按钮；选中 启用再生值 复选框，如图 14.17 所示。

（6）单击操控板中的 ✓ 按钮，完成连接的创建，如图 14.18 所示。

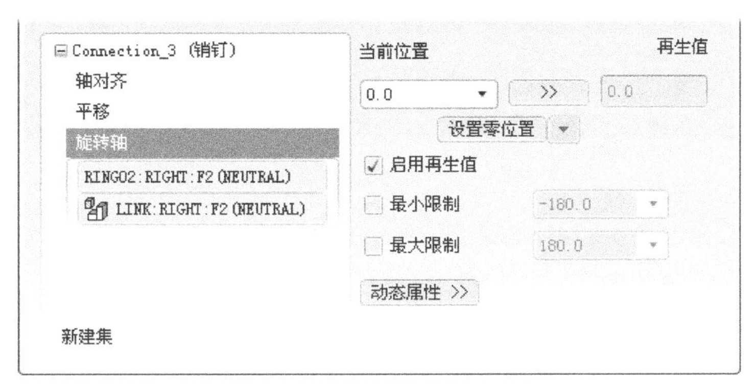

图 14.17　设置位置参数

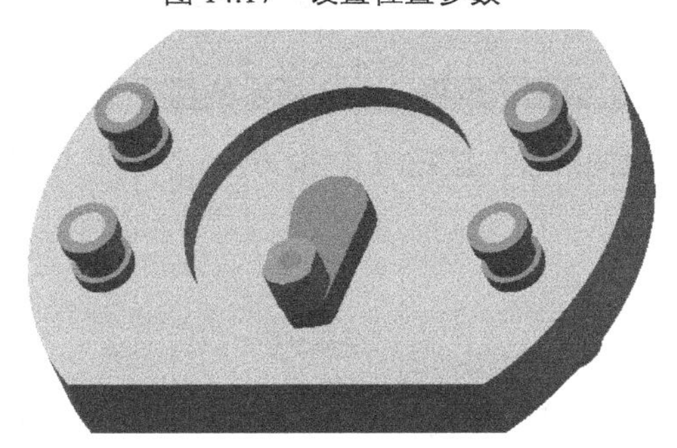

图 14.18　完成连接

步骤 09 引入元件 slider.prt，并将其调整到图 14.19 所示的位置。

步骤 10 创建 slider 和 ring02 之间的滑动杆连接。

（1）在连接列表中选取 滑动杆 选项，单击操控板菜单中的 放置 选项卡。

（2）定义“轴对齐”约束。分别选取图 14.19 所示的两条边线为“轴对齐”约束参考，此时 放置 界面如图 14.20 所示。

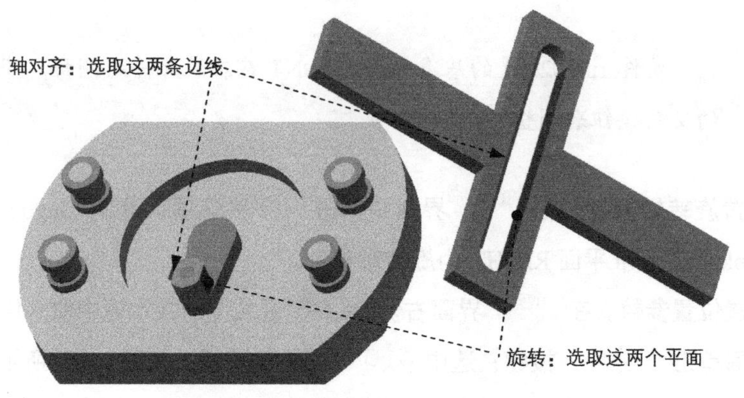

图 14.19 创建滑动杆（Slider）连接

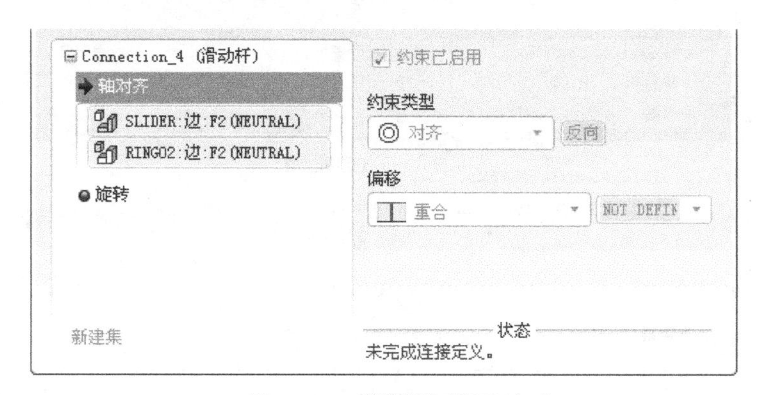

图 14.20 “放置”界面（一）

（3）定义“旋转”约束。分别选取图 14.19 所示的两个平面为“旋转”约束参考，然后单击 滑动杆 选项后的“反向连接”按钮 切换方向，放置 界面如图 14.21 所示。

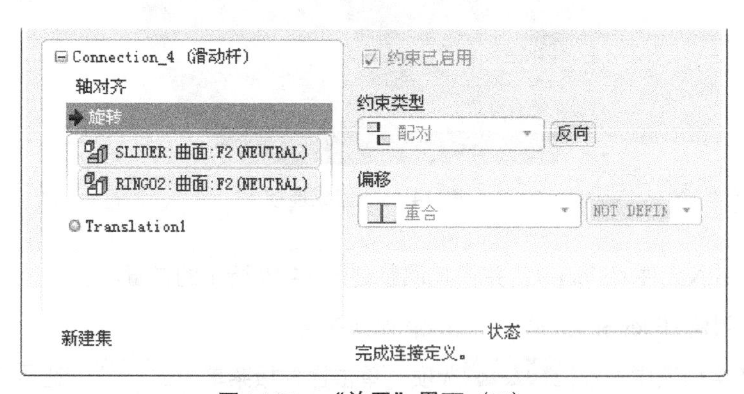

图 14.21 “放置”界面（二）

（4）设置平移轴参考。在 放置 界面中单击 平移轴 选项，在模型树中选取 ring02 中的基准平面 FRONT 和 slider 中的基准平面 FRONT 为平移轴参考。

（5）设置位置参数。在 放置 界面右侧 当前位置 区域下的文本框中输入值 166，并按 Enter 键确认，然后单击 >> 按钮；选中 ☑ 启用再生值 复选框；选中 ☑ 最小限制 复选框，在其后的文本框中输入值-60；选中 ☑ 最大限制 复选框，在其后的文本框中输入值 225，如图 14.22 所示。

图 14.22　设置位置参数

（6）单击操控板中的 ✓ 按钮，完成滑动杆连接的创建。

步骤 11 引入元件 cylinder_gear01.prt，并将其调整到图 14.23 所示的位置。

步骤 12 创建 cylinder_gear01.prt 和 link 之间的刚性连接。

（1） 在连接列表中选取 刚性 选项，单击操控板菜单中的 放置 选项卡。

（2）定义“对齐”约束。在 约束类型 下拉列表中选择 对齐 选项，选取图 14.23 所示的两个平面为“对齐”约束参考， 放置 界面如图 14.24 所示。

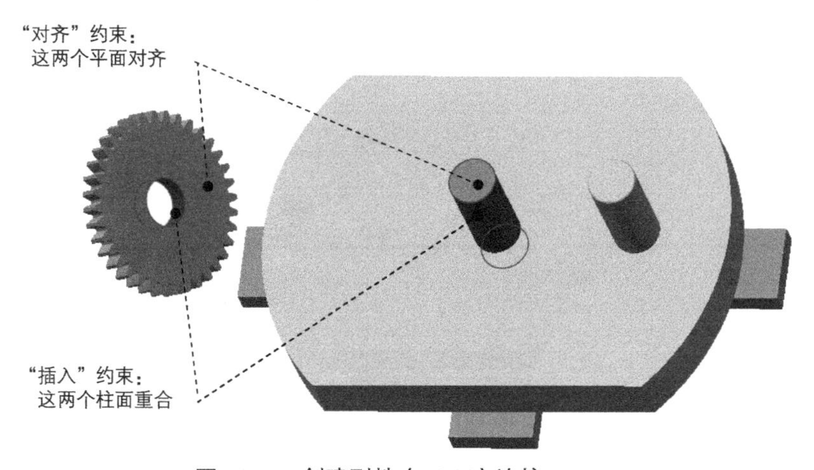

图 14.23　创建刚性（Rigid）连接

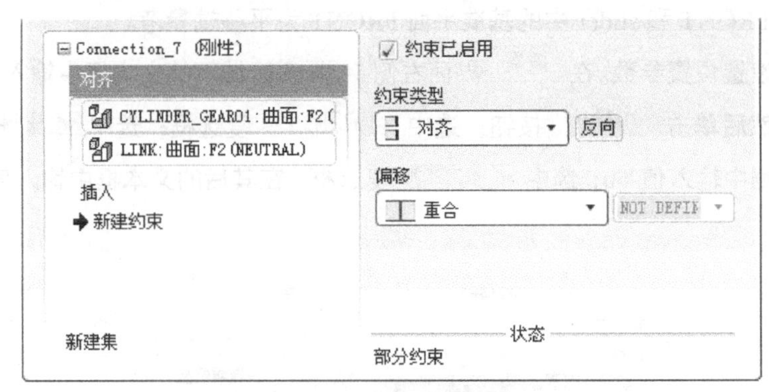

图 14.24 “放置”界面（一）

（3）定义“插入”约束。在 放置 界面中单击 新建约束，在 约束类型 下拉列表中选择 插入 选项，选取图 14.23 中的两个柱面为“插入”约束参考，此时 放置 界面如图 14.25 所示。

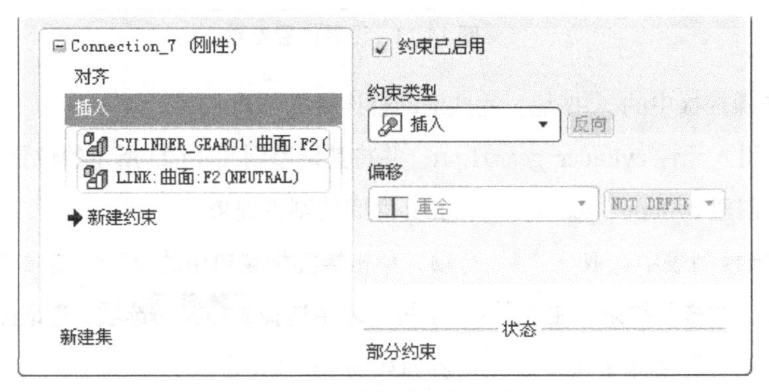

图 14.25 “放置”界面（二）

（4）单击操控板中的 ✔ 按钮，完成刚性连接的创建，如图 14.26 所示。

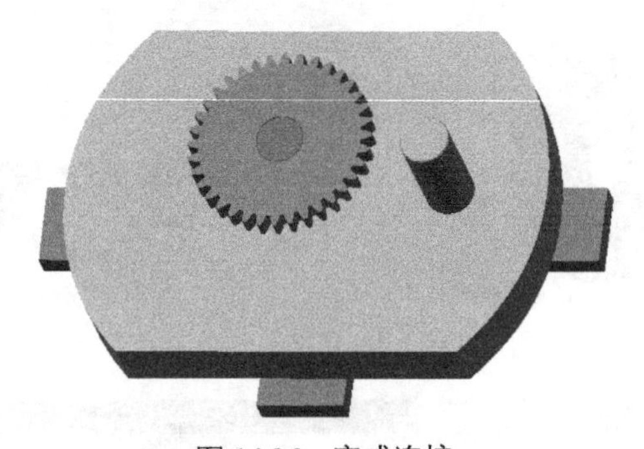

图 14.26 完成连接

步骤 13 引入元件 cylinder_gear02.prt，并将其调整到图 14.27 所示的位置。

步骤 14 创建 cylinder_gear02 和 base 之间的销钉连接。

（1）在“元件放置”操控板的机械连接约束列表中选择 销钉 选项。

（2）定义“轴对齐”约束。单击操控板中的 放置 按钮，分别选取图 14.27 中的两个柱面为“轴对齐”约束参考，如图 14.28 所示。

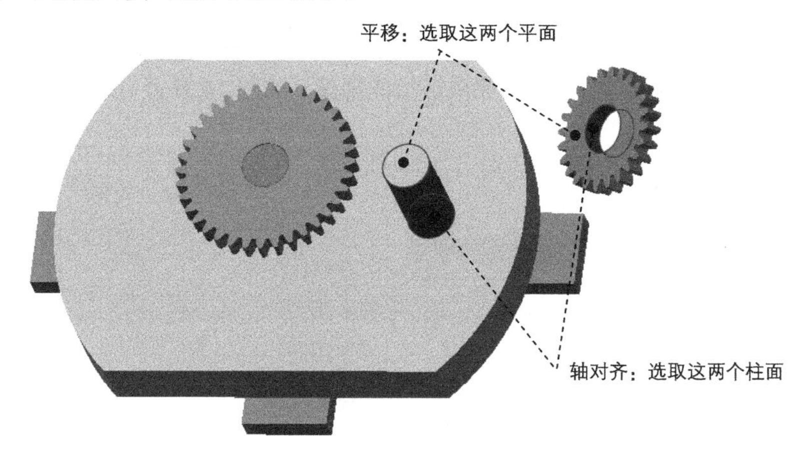

图 14.27 创建“销钉（Pin）”连接

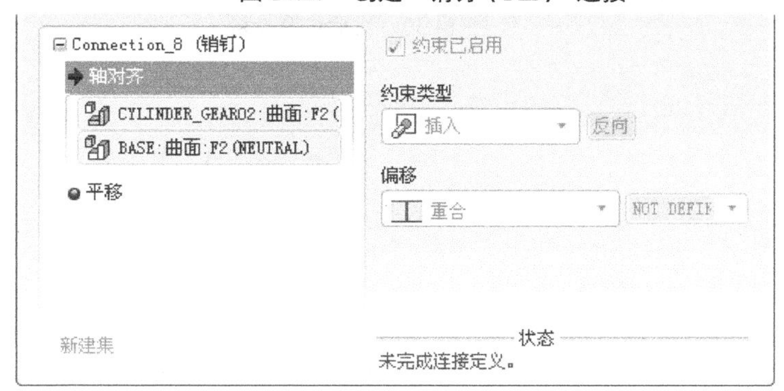

图 14.28 定义“轴对齐”约束（一）

（3）定义“平移”约束。分别选取图 14.27 中的两个平面为“平移”约束参考，如图 14.29 所示。

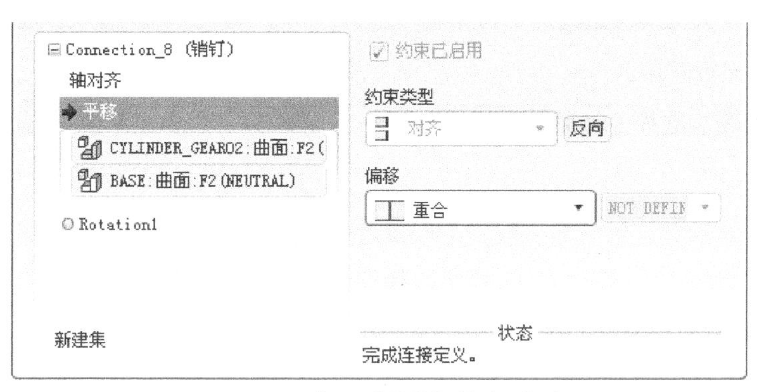

图 14.29 定义“平移”约束（二）

（4）设置旋转轴参考。在 放置 界面中单击 旋转轴 选项，选取 base 中的基准平面 FRONT 和 cylinder_gear02 中的基准平面 DTM2 为旋转轴参考。

（5）设置位置参数。在 放置 界面右侧 当前位置 区域下的文本框中输入值 7，并按 Enter 键确认，然后单击 >> 按钮；选中 启用再生值 复选框，如图 14.30 所示。

（6）单击操控板中的 ✓ 按钮，完成连接的创建，如图 14.31 所示。

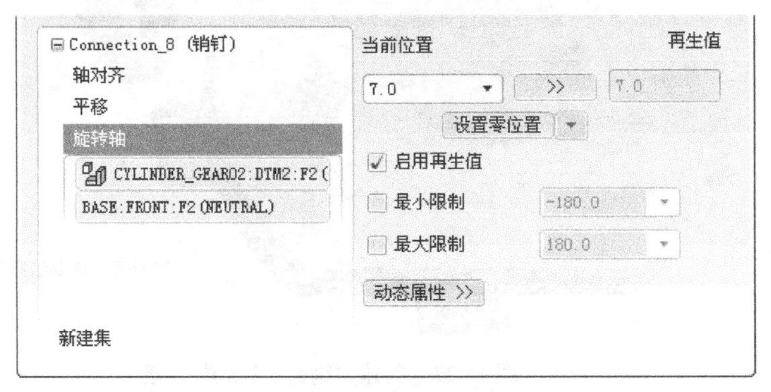

图 14.30　设置位置参数

图 14.31　完成连接

3. 定义仿真与分析

步骤 01 进入机构模块。选择下拉菜单 应用程序(P) → 机构(E) 命令，进入机构模块。

步骤 02 定义齿轮副。

（1）选择命令。选择下拉菜单 插入(I) → 齿轮(G)... 命令，系统弹出“齿轮副定义”对话框。

（2）选择定义类型。在 类型 下拉列表中选择 正 选项。

（3）定义“齿轮 1”。在图 14.32 所示的模型上，选取连接 1（小齿轮与基座之间的销钉连接）为定义对象。

（4）定义“齿轮 2”。单击 齿轮2 选项卡，在图 14.32 所示的模型上，选取连接 2（连杆与基座之间的销钉连接）为定义对象。

（5）定义属性。单击 属性 选项卡，设置图 14.33 所示的参数。

（6）完成齿轮副定义。单击“齿轮副定义”对话框中的 确定 按钮。

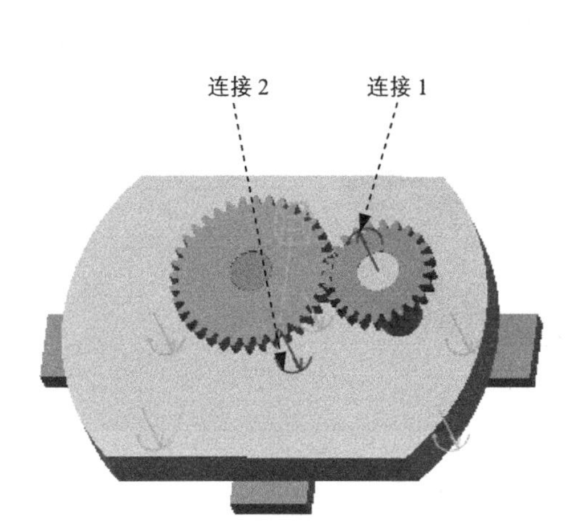

图 14.32 齿轮副设置

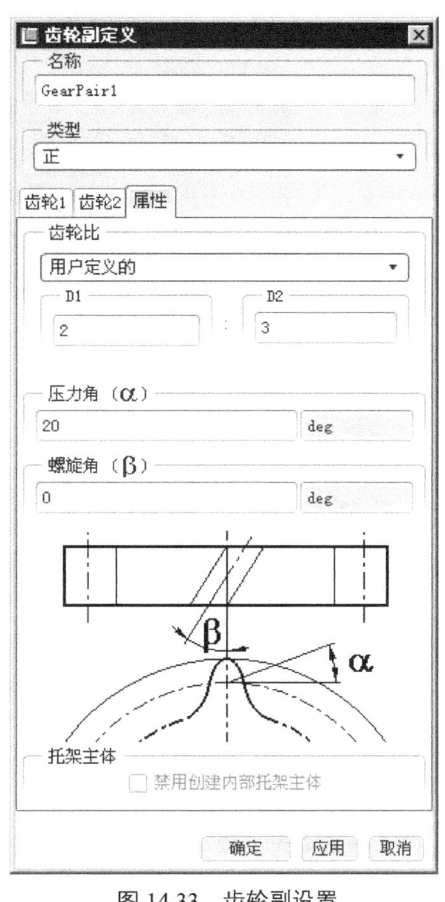

图 14.33 齿轮副设置

步骤 03 设置 3D 接触 1。

（1）选择命令。选择下拉菜单 插入(I) → 3D 接触... 命令，系统弹出 “3D 接触”操控板。

（2）选取定义对象。在机构中选取图 14.34 所示的曲面为定义对象。

（3）单击操控板中的 ✓ 按钮，完成连接的创建。

步骤 04 设置其他的 3D 接触。参考 步骤 03 的操作步骤，设置其他 3 组挡环（ring01）与滑动杆（slider）之间的 3D 接触连接，如图 14.35 所示。

步骤 05 定义伺服电动机。

（1）选择命令。选择下拉菜单 插入(I) → 伺服电动机(V)... 命令，系统弹出“伺服电动机定义”对话框。

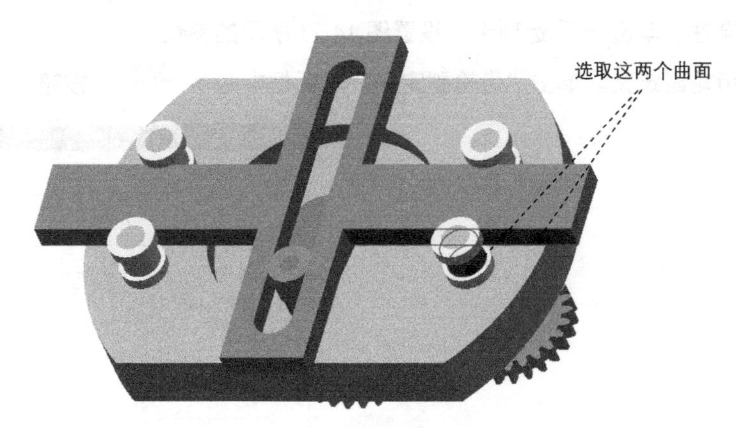

图 14.34　选取定义对象

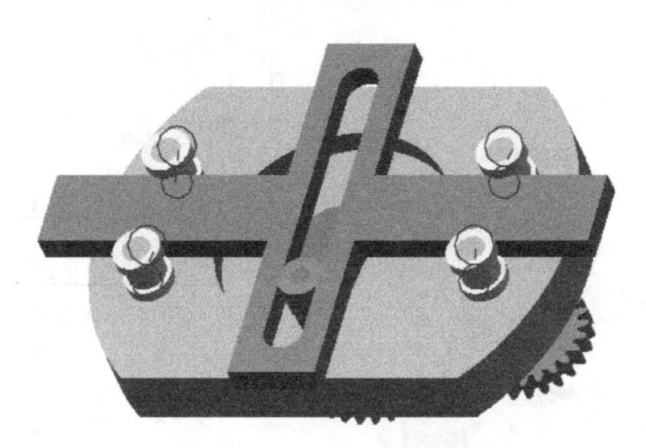

图 14.35　设置 3D 接触

（2）选取参考对象。选取图 14.36 所示的连接为参考对象。

（3）设置轮廓参数。单击“伺服电动机定义”对话框中的 轮廓 选项卡，在“定义运动轴设置”按钮 右侧的下拉列表中选择 速度 选项，在“模”下拉列表中选择 常数 选项，设置 A=30。

（4）单击对话框中的 确定 按钮，完成伺服电动机的定义。

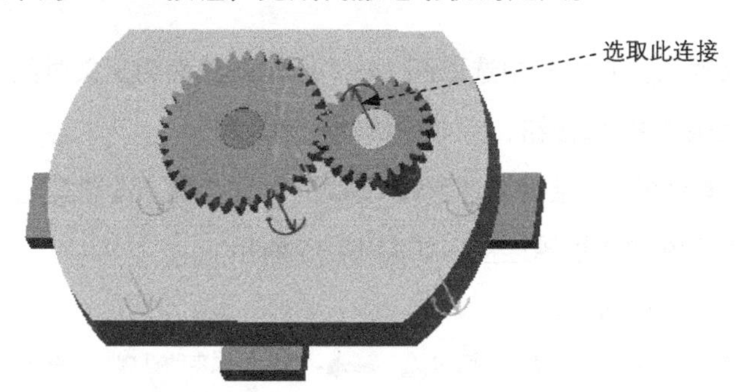

图 14.36　选取参考对象

步骤 06 再生模型。选择下拉菜单 编辑(E) → 再生(G) 命令，再生机构模型。

步骤 07 设置初始位置。

（1）选择拖动命令。选择下拉菜单 视图(V) → 方向(O) ▸ → 拖动元件(D)... 命令，系统弹出“拖动”对话框。

（2）记录快照 1。单击对话框 当前快照 区域中的 按钮，即可记录当前位置为快照 1（Snapshot1）。

（3）单击 关闭 按钮，关闭“拖动”对话框。

步骤 08 定义机构分析。

（1）选择命令。选择下拉菜单 分析(A) → 机构分析(Y)... 命令。

（2）定义图形显示。在 首选项 选项卡的 终止时间 文本框中输入值 30，在 帧频 文本框中输入值 10。

（3）定义初始配置。在 初始配置 区域中选择 ◉ 快照: 单选项，并在其后的下拉列表中选择快照“Snapshot1”。

（4）运行运动分析。单击“分析定义”对话框中的 运行 按钮，查看机构的运行状况。

（5）完成运动分析。单击 确定 按钮完成运动分析。

步骤 09 保存回放结果。

（1）选择下拉菜单 分析(A) → 回放(B)... 命令，系统弹出“回放”对话框。

（2）在“回放”对话框中单击“保存”按钮 ，系统弹出“保存分析结果”对话框，采用默认的名称，单击 保存 按钮，即可保存仿真结果。

步骤 10 输出视频。

（1）单击“回放”对话框中的“播放当前结果集”按钮 ，系统弹出“动画”对话框。

（2）单击“动画”对话框中的“录制动画为 MPEG”按钮 捕获... ，系统弹出“捕获”对话框，单击 确定 按钮，机构开始运行输出视频文件。

（3）在工作目录中播放视频文件“SINE_MECH.mpg”查看结果。

（4）单击“动画”对话框中的 关闭 按钮，返回到“回放”对话框，单击其中的 关闭 按钮关闭对话框。

4. 测量滑动杆的位移

步骤 01 定义测量。

（1）选择命令。选择下拉菜单 分析(A) → 测量(E)... 命令，系统弹出“测量结果”

对话框。

（2）新建一个测量。单击按钮，系统弹出“测量定义”对话框，在该对话框中进行下列操作：

① 输入测量名称，或采用默认名。

② 选择测量类型。在类型下拉列表中选择位置选项。

③ 选取参考点。选取图 14.37 所示的点为测量参考点。

④ 选取评估方法。在评估方法下拉列表中选择每个时间步长。

⑤ 单击“测量定义”对话框中的确定按钮，系统立即将 measure1 添加到“测量结果”对话框的列表中（图 14.38）。

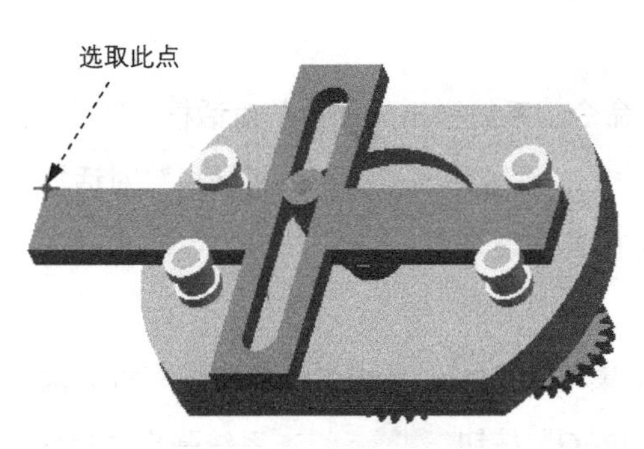

图 14.37　选取参考点

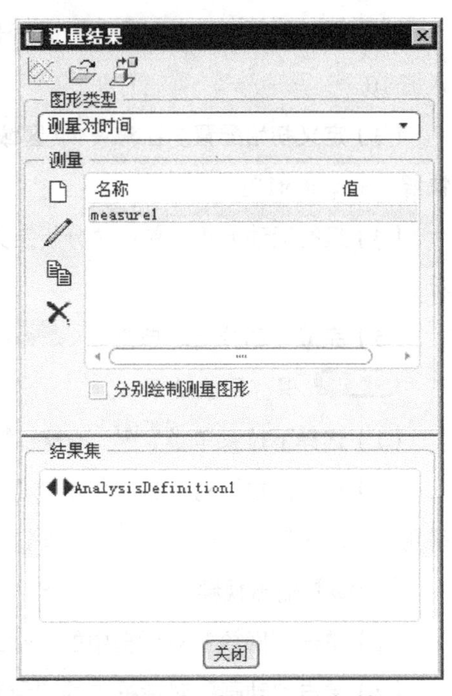

图 14.38　“测量结果”对话框

（3）选取测量名称。在“测量结果”对话框的列表中选择 measure1。

（4）选取运动结果。在“测量结果”对话框的“结果集”中选择 AnalysisDefinition1。

（5）绘制测量图形。在“测量结果”对话框的顶部单击按钮，系统便开始测量，并绘制测量的结果图，如图 14.39 所示。该图反映在运动学分析 AnalysisDefinition1 中，滑动杆位移与时间的关系。

（6）关闭“图形工具”对话框。

（7）单击关闭按钮，关闭“测量结果”对话框。

步骤 02 再生模型。选择下拉菜单 编辑(E) → 再生(G) 命令，再生机构模型。

步骤 03 保存机构模型。

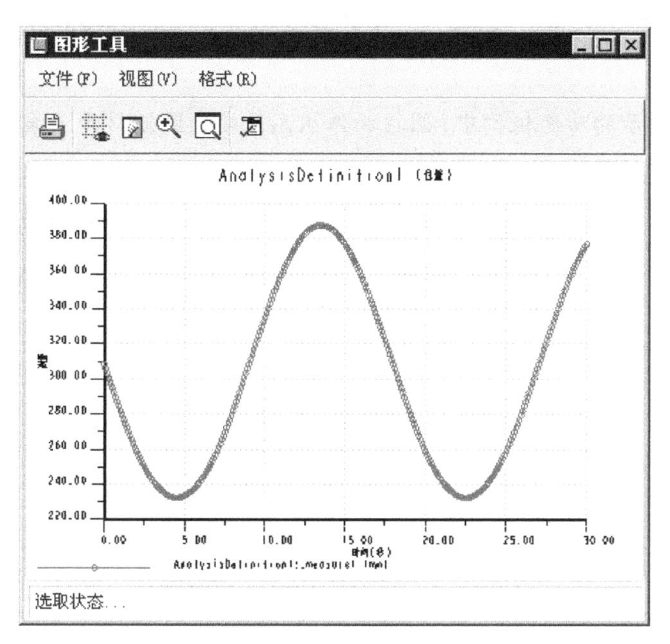

图 14.39 “图形工具”对话框

第 15 章 传送机构运动仿真

在图 15.1 所示的传送机构中，圆柱物体从高位处的圆弧斜面上滚落，被机械手接住，然后机械手运动，将圆柱物体运送到低位斜面上。本章将介绍该机构运动仿真的操作过程，并分析机械手的速度和运动轨迹。在此类机构中，除了一般机构连接外，还应用了凸轮机构。读者可以打开视频文件 D:\proefj5\work\ch15\ok\ AUTO_ARM.mpg 查看机构运行状况。

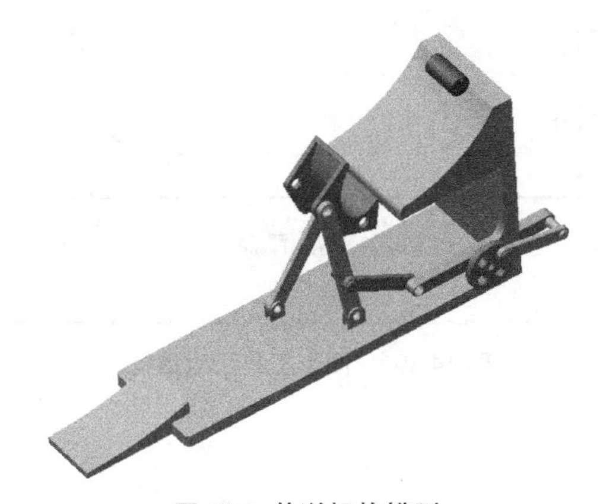

图 15.1 传送机构模型

1. 新建装配模型

步骤 01 将工作目录设置至 D:\proefj5\work\ch15。

步骤 02 新建文件。新建一个装配模型，命名为 auto_arm，选取 mmns_asm_design 模板。

2. 组装机构模型

步骤 01 引入第一个元件 base.prt，并使用 缺省 约束完全约束该元件。

步骤 02 引入元件 link01.prt，并将其调整到图 15.2 所示的位置。

步骤 03 创建 base 和 link01 之间的销钉连接。

（1）在“元件放置”操控板的机械连接约束列表中选择 销钉 选项。

（2）定义“轴对齐”约束。单击操控板中的 放置 按钮，分别选取图 15.2 中的两个柱面为“轴对齐”约束参考，如图 15.3 所示。

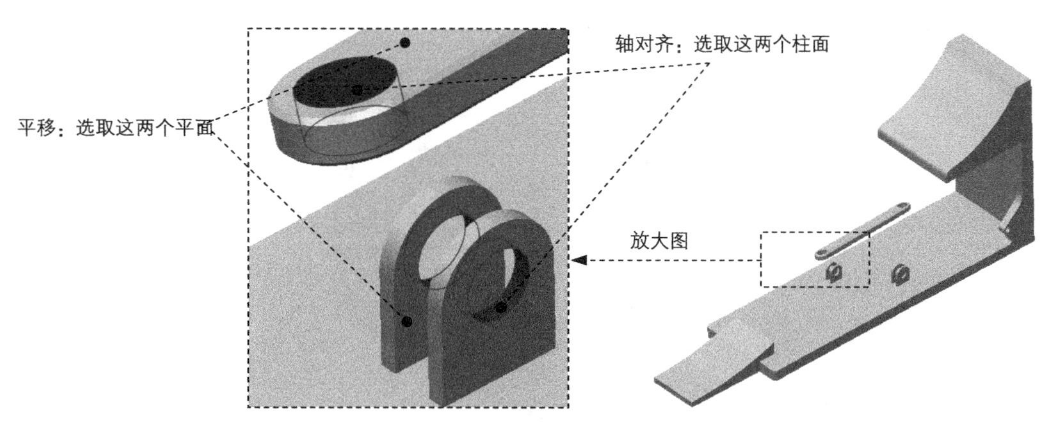

图 15.2　创建“销钉 (Pin)”连接

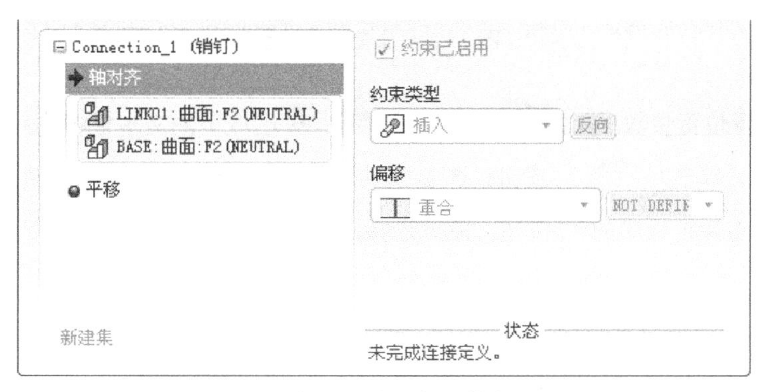

图 15.3　定义“轴对齐”约束 (一)

(3) 定义“平移”约束。分别选取图 15.2 中的两个平面为“平移”约束参考，如图 15.4 所示。

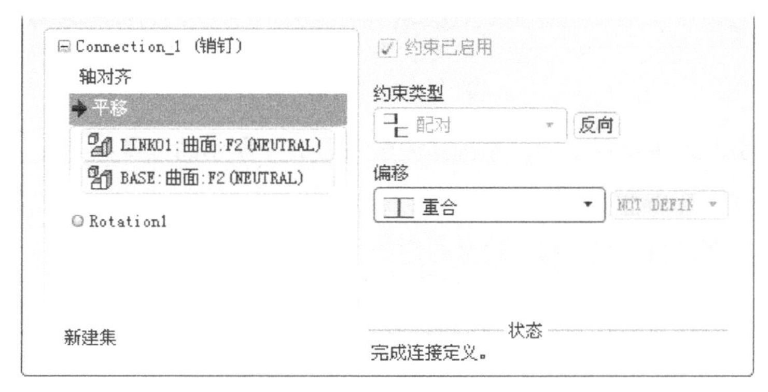

图 15.4　定义“平移”约束 (二)

（4）设置旋转轴参考。在 放置 界面中单击 ○旋转轴 选项，分别选取图 15.5 中的两个平面为旋转轴参考。

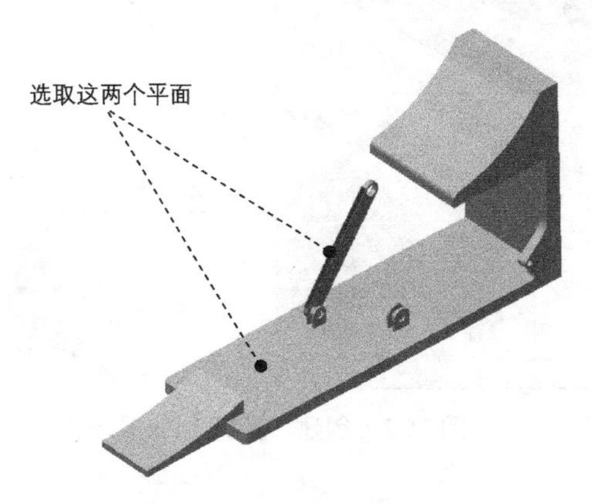

图 15.5　设置旋转轴参考

（5）设置位置参数。在 放置 界面右侧 当前位置 区域下的文本框中输入值-54，并按 Enter 键确认，然后单击 >> 按钮；选中 ☑ 启用再生值 复选框，如图 15.6 所示。

（6）单击操控板中的 ✓ 按钮，完成连接的创建。

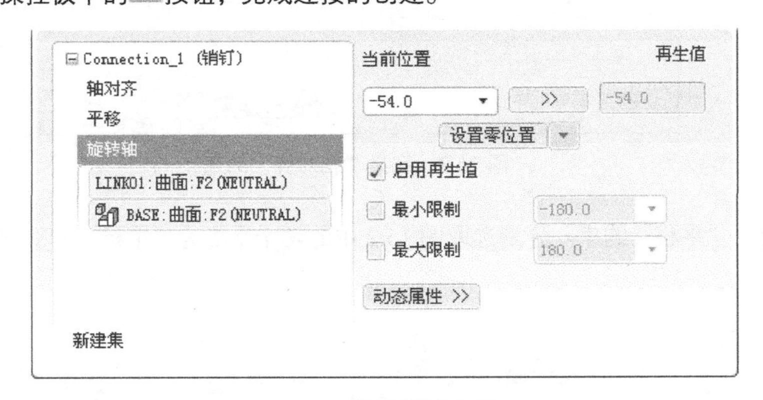

图 15.6　设置位置参数

步骤 04 引入元件 link02.prt，并将其调整到图 15.7 所示的位置。

步骤 05 创建 base 和 link02 之间的销钉连接。

（1）在“元件放置”操控板的机械连接约束列表中选择 销钉 选项。

（2）定义“轴对齐”约束。单击操控板中的 放置 按钮，分别选取图 15.7 中的两个柱面为“轴对齐”约束参考，如图 15.8 所示。

（3）定义“平移”约束。分别选取图 15.7 中的两个平面为“平移”约束参考，如图 15.9 所示。

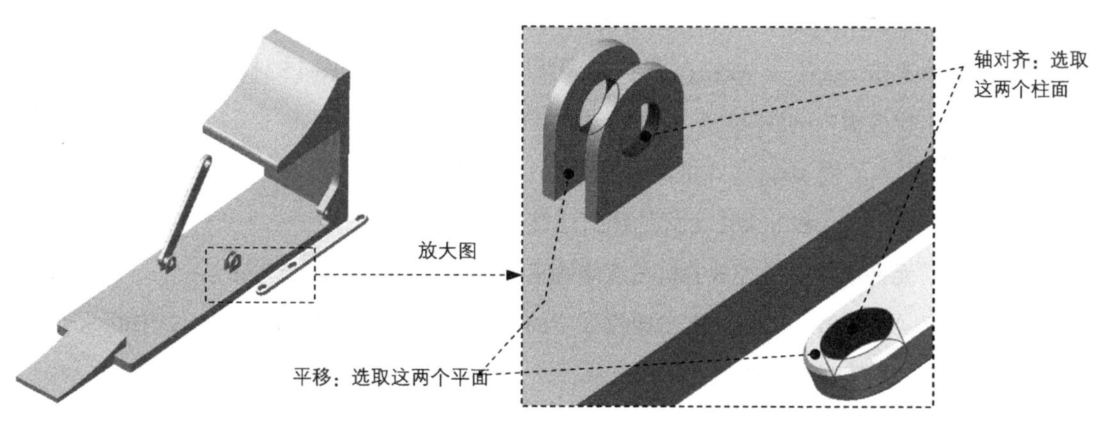

图 15.7 创建“销钉（Pin）”连接

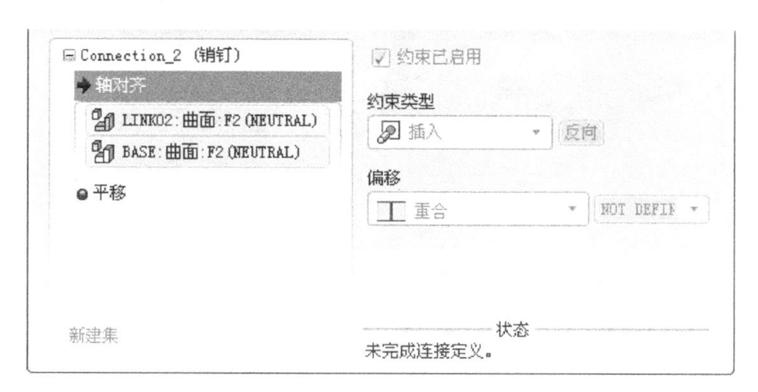

图 15.8 定义“轴对齐”约束 (一)

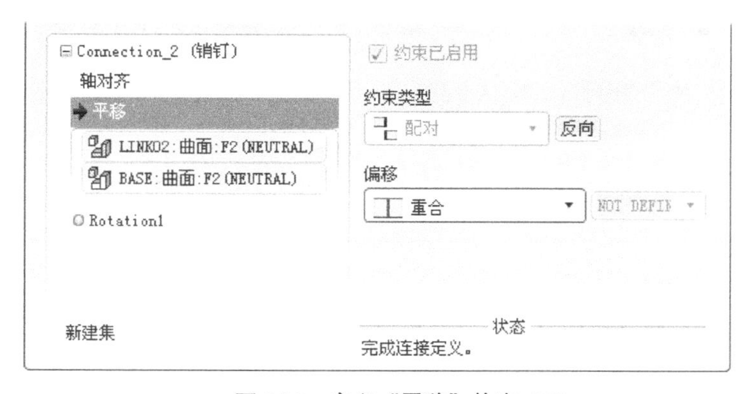

图 15.9 定义“平移”约束 (二)

（4）设置旋转轴参考。在 放置 界面中单击 旋转轴 选项，分别选取图 15.10 中的两个平面为旋转轴参考。

（5）设置位置参数。在 放置 界面右侧 当前位置 区域下的文本框中输入值 80.6，并按 Enter 键确认，然后单击 >> 按钮；选中 启用再生值 复选框，如图 15.11 所示。

（6）单击操控板中的✔按钮，完成连接的创建。

步骤 06 引入元件 arm.prt 并将其调整到图 15.12 所示的位置。

步骤 07 创建 arm 和 link01 之间的销钉连接。

（1）在“元件放置”操控板的机械连接约束列表中选择 销钉 选项。

（2）定义“轴对齐”约束。单击操控板中的 放置 按钮，分别选取图 15.12 中的两个柱面为“轴对齐”约束参考，如图 15.13 所示。

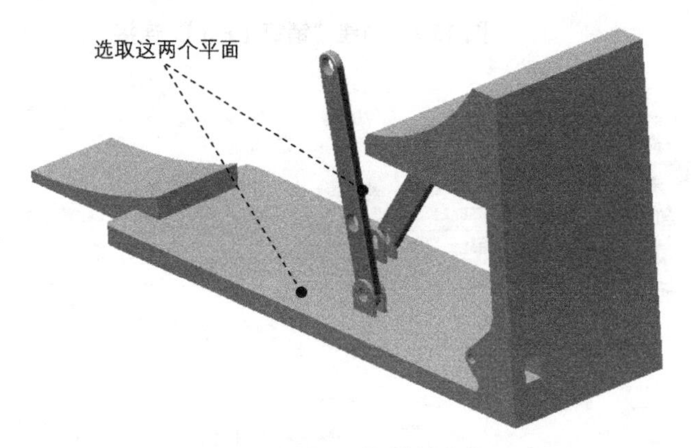

图 15.10　设置旋转轴参考

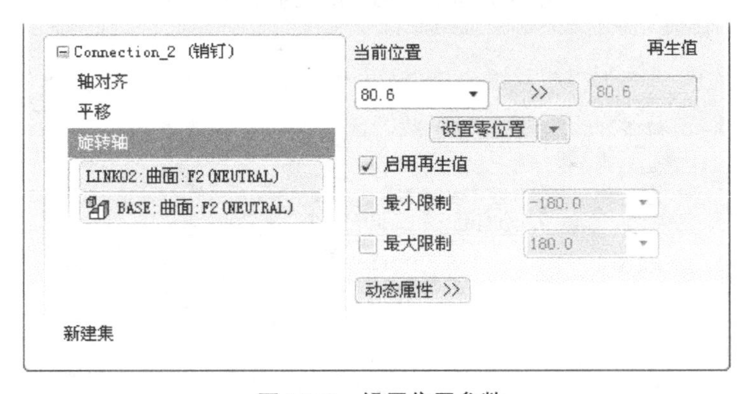

图 15.11　设置位置参数

（3）定义“平移”约束。分别选取图 15.12 中的两个平面为“平移”约束参考，如图 15.14 所示。

轴对齐：选取
这两个柱面
放大图
平移：选取这两个平面

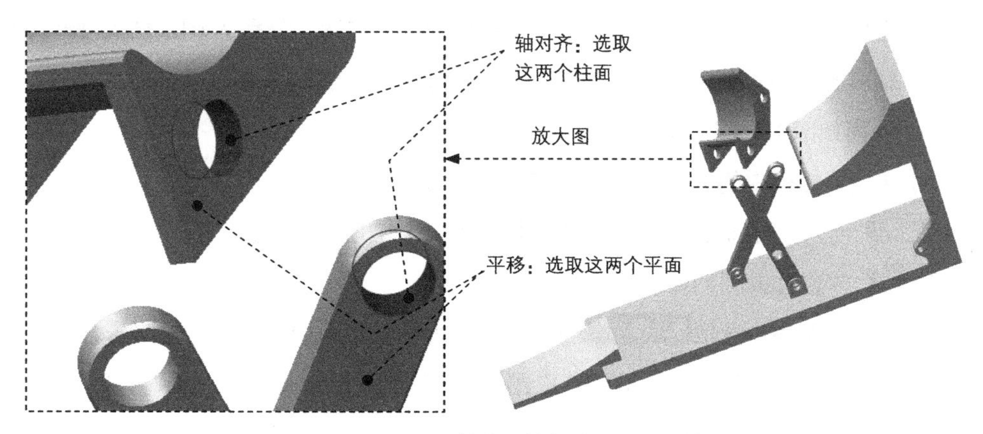

图 15.12 创建“销钉（Pin）”连接

Connection_3 (销钉)
轴对齐
ARM：曲面：F2 (NEUTRAL)
LINK01：曲面：F2 (NEUTRAL)
平移
新建集
约束已启用
约束类型
插入
反向
偏移
重合
NOT DEFIN
状态
未完成连接定义。

图 15.13 定义“轴对齐”约束（一）

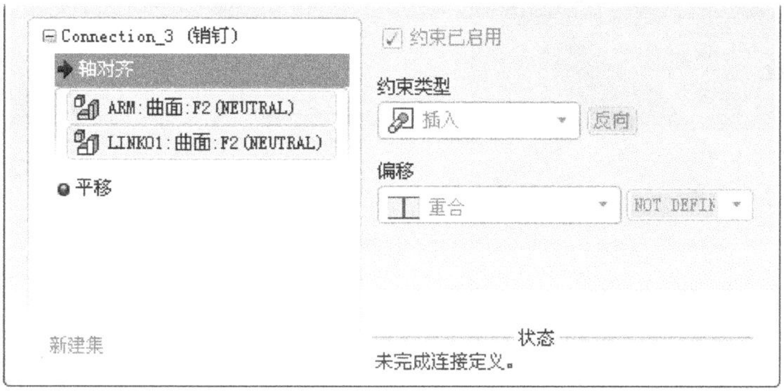

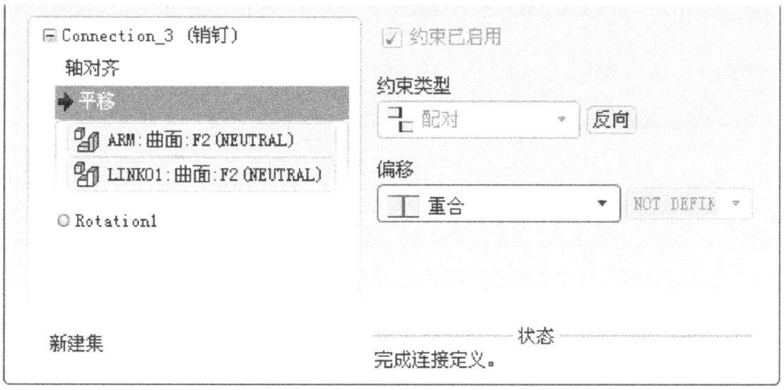

Connection_3 (销钉)
轴对齐
平移
ARM：曲面：F2 (NEUTRAL)
LINK01：曲面：F2 (NEUTRAL)
Rotation1
新建集
约束已启用
约束类型
配对
反向
偏移
重合
NOT DEFIN
状态
完成连接定义。

图 15.14 定义“平移”约束（二）

步骤 08 创建 arm 和 link01 之间的圆柱连接。

（1） 在 放置 界面下方单击“新建集”字符，在“元件放置”操控板的机械连接约束

列表中选择 圆柱 选项。

（2）定义“轴对齐”约束。单击操控板中的 放置 按钮，分别选取图 15.15 所示的两个柱面为“轴对齐”约束参考，然后单击 圆柱 选项后的“反向连接”按钮 切换方向，此时 放置 界面如图 15.16 所示。

（3）单击操控板中的 ✔ 按钮，完成连接的创建。

步骤 09 引入元件 slider.prt，并将其调整到图 15.17 所示的位置。

步骤 10 创建 slider 和 base 之间的滑动杆连接。

（1）在连接列表中选取 滑动杆 选项，单击操控板菜单中的 放置 选项卡。

（2）定义“轴对齐”约束。分别选取图 15.17 所示的两条边线为“轴对齐”约束参考，此时 放置 界面如图 15.18 所示。

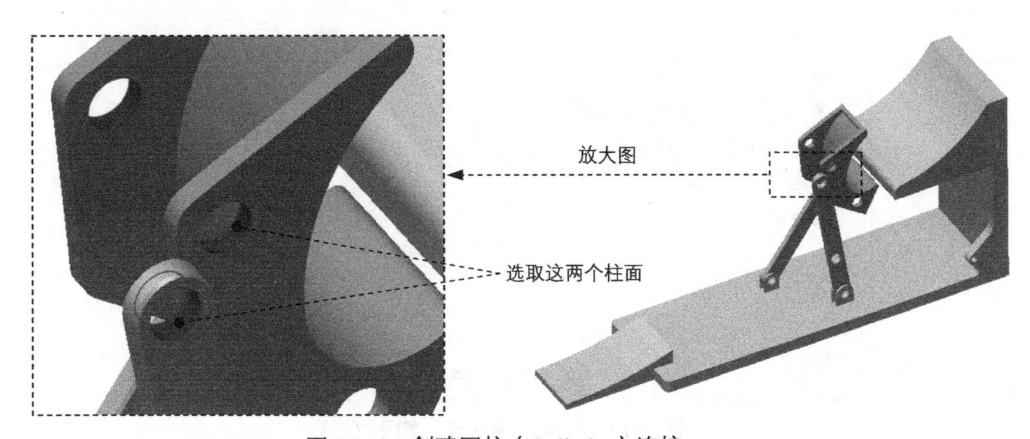

图 15.15　创建圆柱（Cylinder）连接

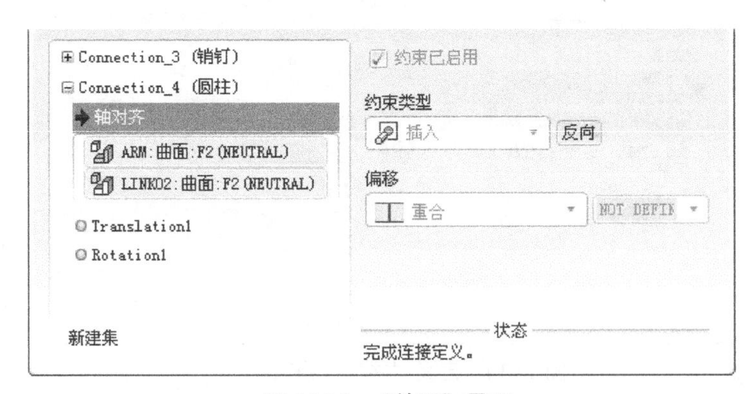

图 15.16　“放置”界面

（3）定义“旋转”约束。分别选取图 15.17 所示的两个平面为“旋转”约束参考，此时 放置 界面如图 15.19 所示。

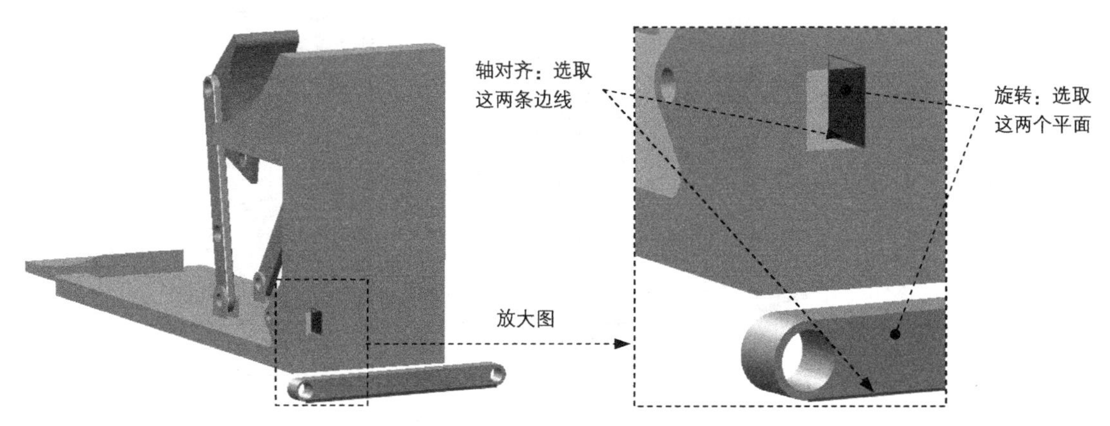

图 15.17 创建滑动杆（Slider）连接

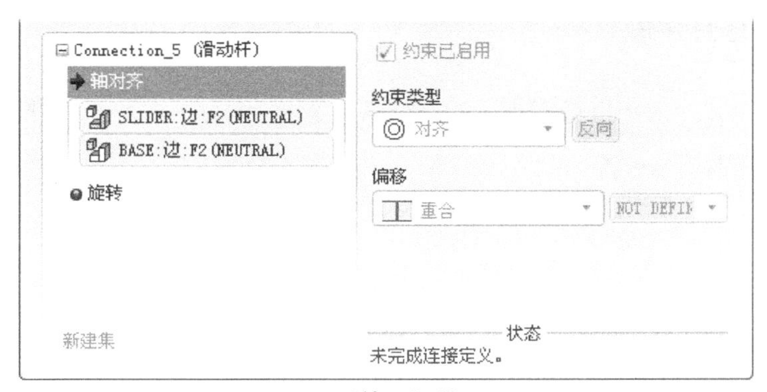

图 15.18 “放置”界面（一）

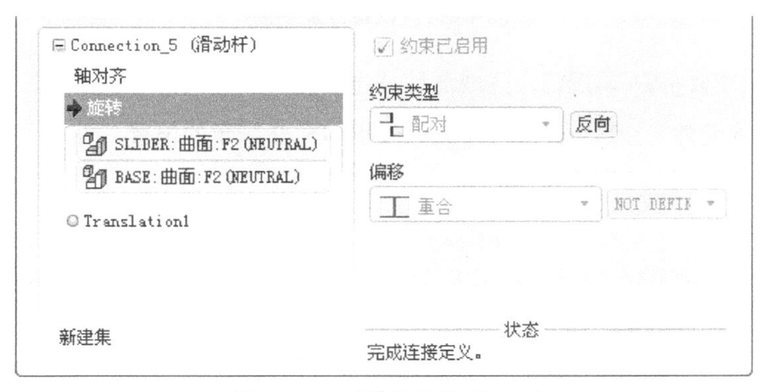

图 15.19 “放置”界面（二）

（4）设置平移轴参考。在 **放置** 界面中单击 ○平移轴 选项，选取图 15.20 所示的顶点和平面为平移轴参考。

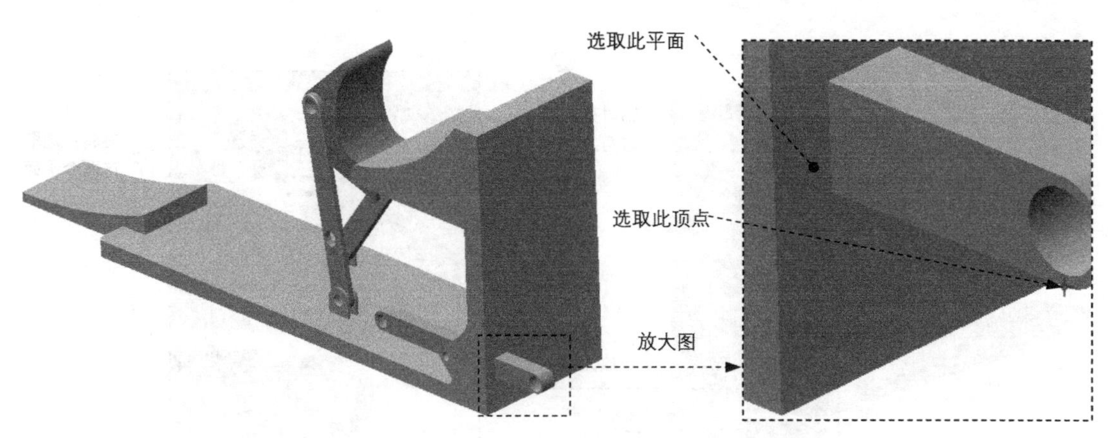

图 15.20　设置平移轴参考

（5）设置位置参数。在 放置 界面右侧 当前位置 区域下的文本框中输入值-63.9，并按 Enter 键确认，如图 15.21 所示。

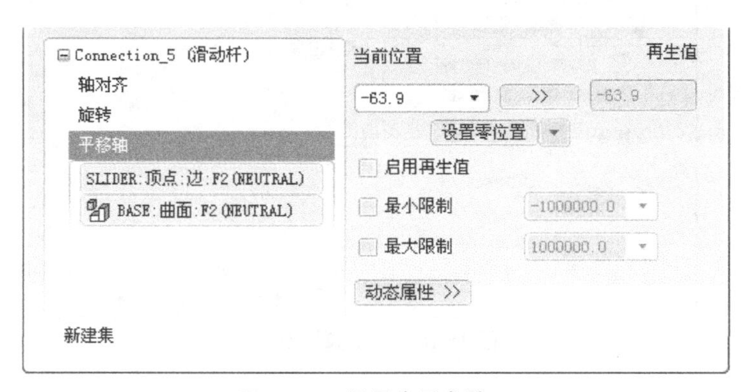

图 15.21　设置位置参数

（6）单击操控板中的 ✓ 按钮，完成滑动杆连接的创建。

步骤 11　引入元件 link03.prt，并将其调整到图 15.22 所示的位置。

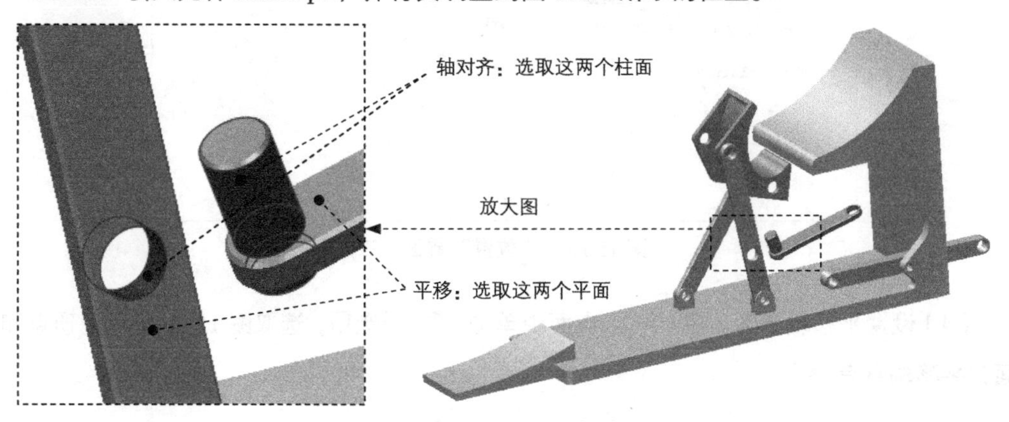

图 15.22　创建“销钉（Pin）”连接

步骤 12 创建 link03 和 link02 之间的销钉连接。

(1) 在“元件放置”操控板的机械连接约束列表中选择 销钉 选项。

(2) 定义“轴对齐”约束。单击操控板中的 放置 按钮，分别选取图 15.22 中的两个柱面为“轴对齐”约束参考，如图 15.23 所示。

(3) 定义“平移”约束。分别选取图 15.22 中的两个平面为“平移”约束参考，如图 15.24 所示。

(4) 调整元件 link03 至图 15.25 所示的位置，然后单击 销钉 选项后的“反向连接”按钮 切换方向。

步骤 13 创建 slider 和 link03 之间的圆柱连接。

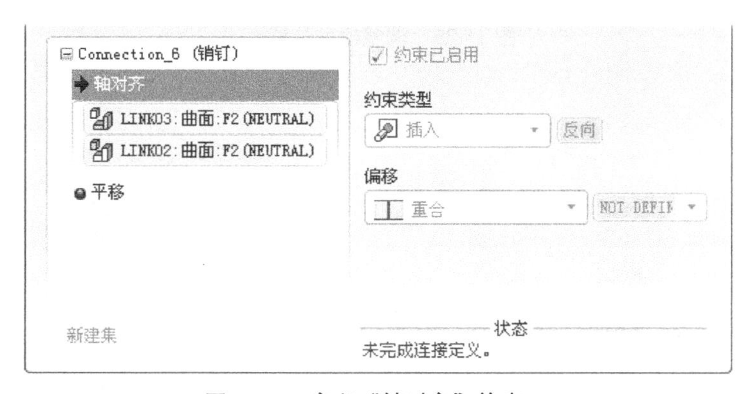

图 15.23 定义“轴对齐”约束 (一)

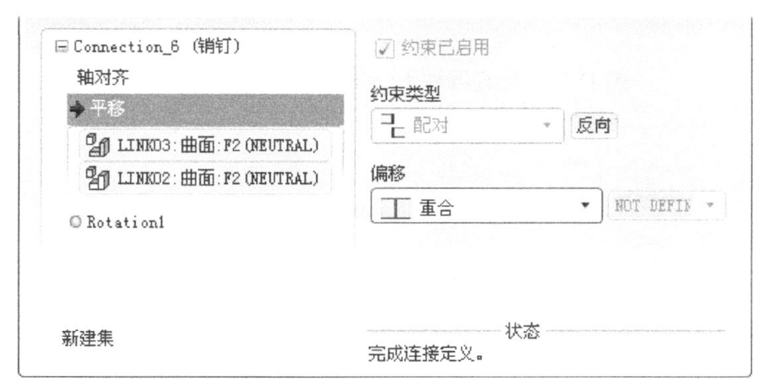

图 15.24 定义“平移”约束 (二)

(1) 在 放置 界面下方单击“新建集”字符，在“元件放置”操控板的机械连接约束列表中选择 圆柱 选项。

(2) 定义“轴对齐”约束。单击操控板中的 放置 按钮，分别选取图 15.26 所示的两个柱面为“轴对齐”约束参考，然后单击 圆柱 选项后的“反向连接”按钮 切换方向，此

时 放置 界面如图 15.27 所示。

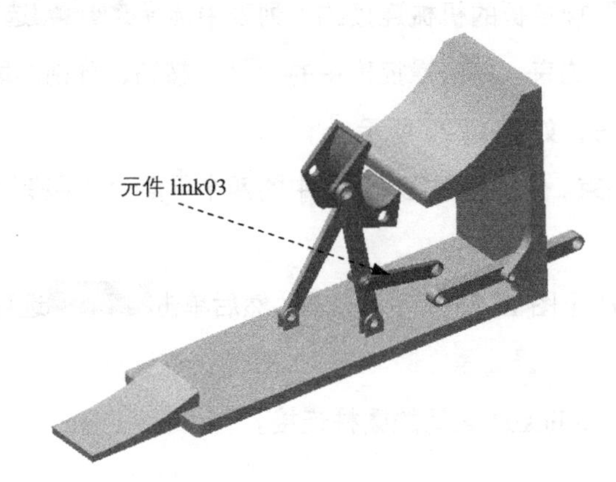

图 15.25　调整模型位置

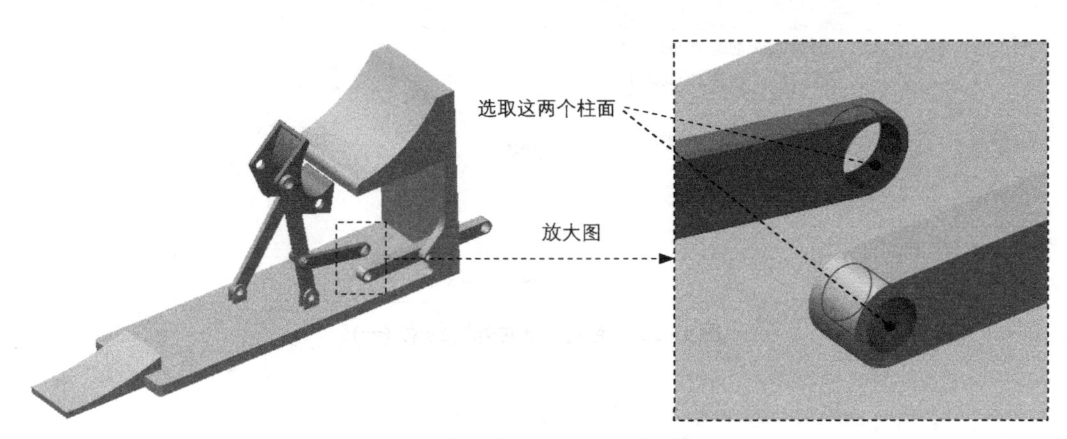

图 15.26　创建圆柱（Cylinder）连接

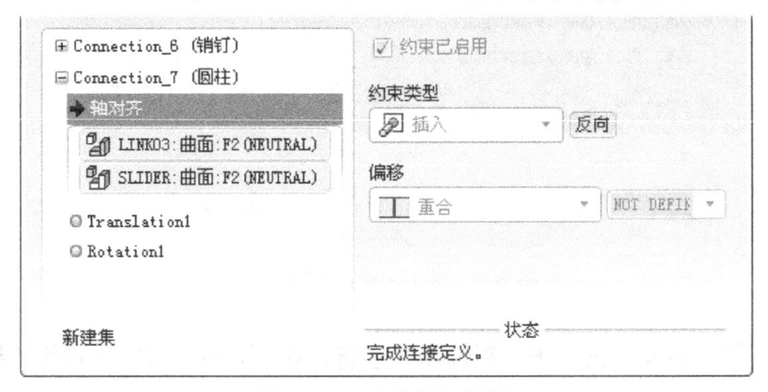

图 15.27　“放置”界面

（3）单击操控板中的 按钮，完成连接的创建。

步骤 14 引入元件 wheel.prt，并将其调整到图 15.28 所示的位置。

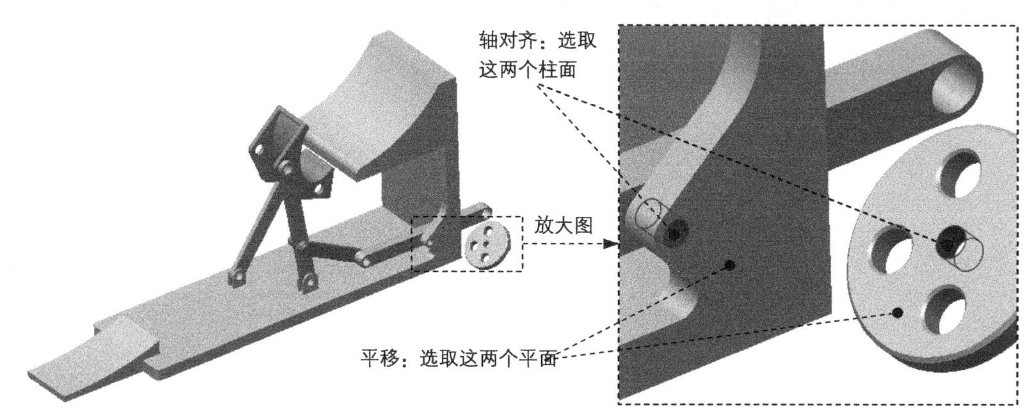

图 15.28 创建“销钉（Pin）”连接

步骤 15 创建 base 和 wheel 之间的销钉连接。

（1）在“元件放置”操控板的机械连接约束列表中选择 销钉 选项。

（2）定义“轴对齐”约束。单击操控板中的 放置 按钮，分别选取图 15.28 中的两个柱面为“轴对齐”约束参考，如图 15.29 所示。

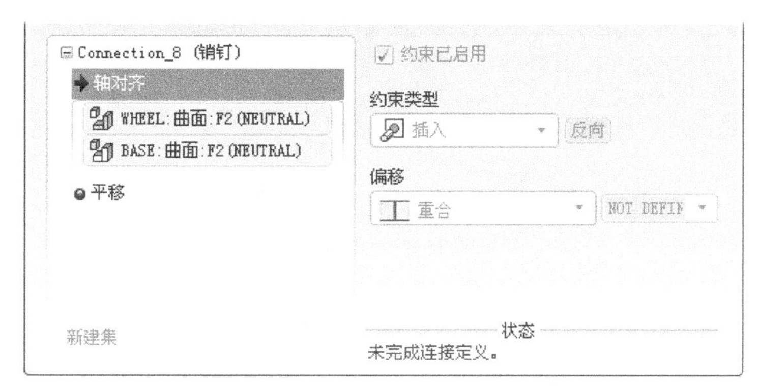

图 15.29 定义“轴对齐”约束（一）

（3）定义“平移”约束。分别选取图 15.28 中的两个平面为“平移”约束参考，如图 15.30 所示。

（4）调整元件 wheel 至图 15.31 所示的位置。

（5）单击操控板中的 ✔ 按钮，完成连接的创建。

步骤 16 引入元件 link04.prt，并将其调整到图 15.32 所示的位置。

步骤 17 创建 link04 和 wheel 之间的销钉连接。

（1）在“元件放置”操控板的机械连接约束列表中选择 销钉 选项。

（2）定义“轴对齐”约束。单击操控板中的 放置 按钮，分别选取图 15.32 中的两个柱面为“轴对齐”约束参考，如图 15.33 所示。

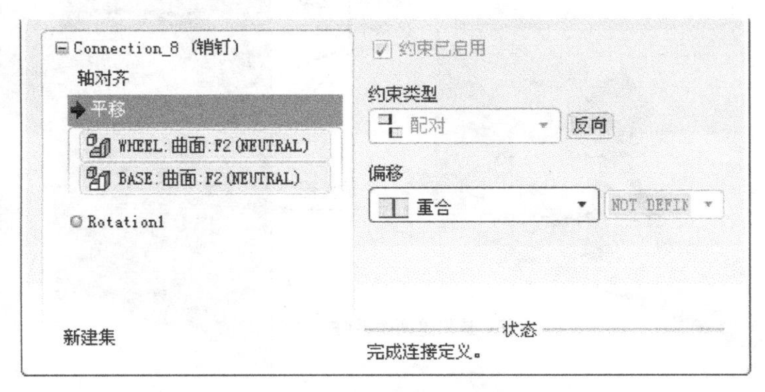

图 15.30　定义“平移”约束 (二)

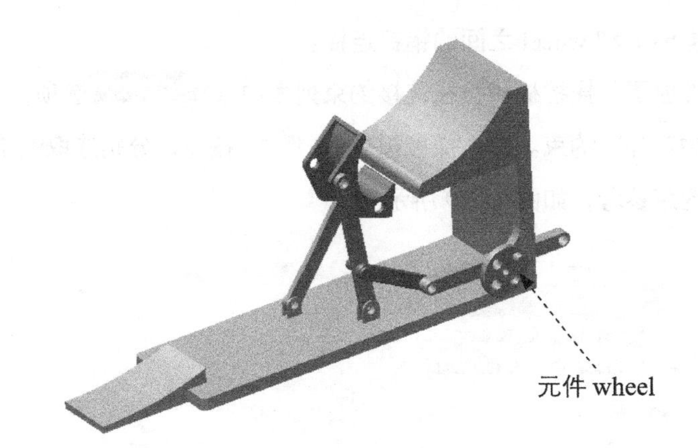

图 15.31　调整模型位置

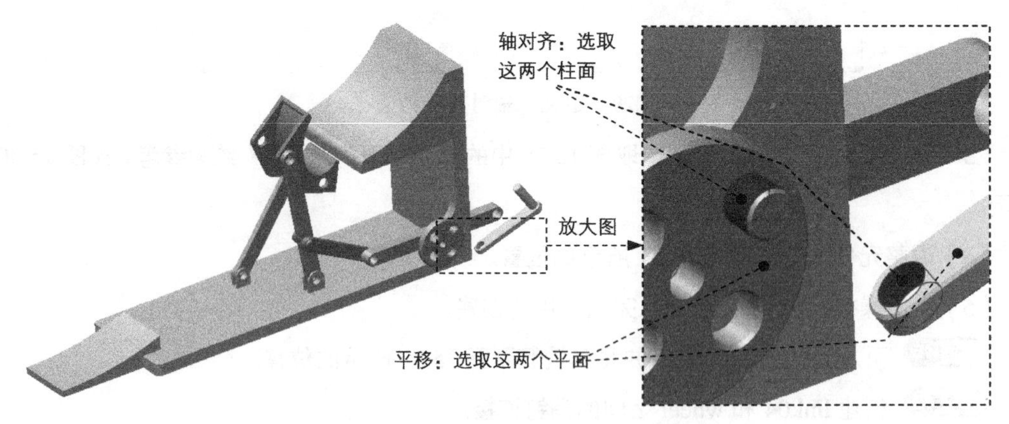

图 15.32　创建“销钉（Pin）”连接

图 15.33 定义“轴对齐”约束（一）

（3）定义“平移”约束。分别选取图 15.32 中的两个平面为“平移”约束参考，如图 15.34 所示。

（4）调整元件 link04 至图 15.35 所示的位置。

步骤 18 创建 slider 和 link04 之间的圆柱连接。

（1） 在 放置 界面下方单击“新建集”字符，在“元件放置”操控板的机械连接约束列表中选择 圆柱 选项。

（2）定义“轴对齐”约束。单击操控板中的 放置 按钮，分别选取图 15.36 所示的两个柱面为“轴对齐”约束参考，然后单击 圆柱 选项后的“反向连接”按钮 切换方向，此时 放置 界面如图 15.37 所示。

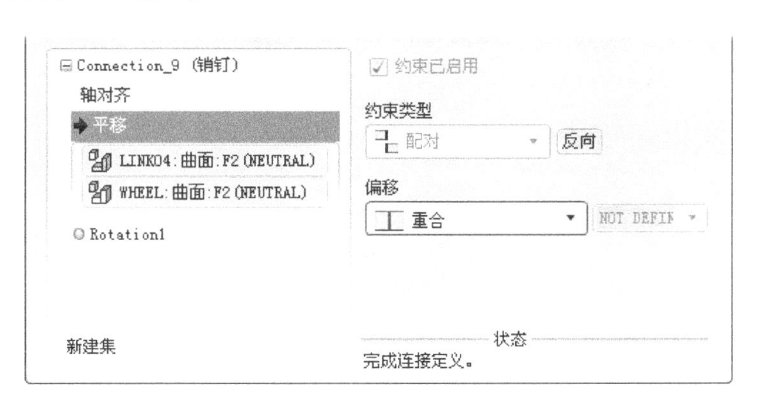

图 15.34 定义“平移”约束（二）

（3）单击操控板中的 按钮，完成连接的创建。

步骤 19 引入元件 roller.prt。

步骤 20 创建 roller 和 baset 之间的平面连接。

图 15.35　调整模型位置

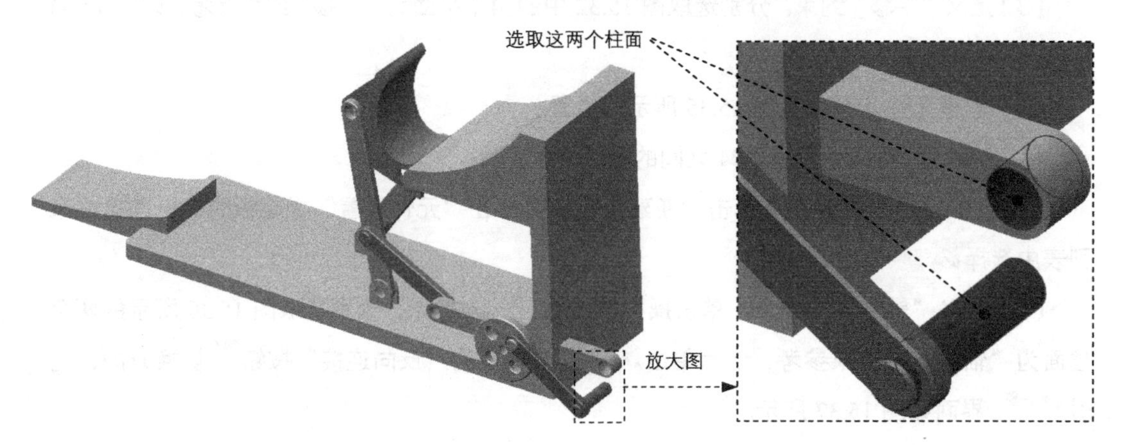

图 15.36　创建圆柱（Cylinder）连接

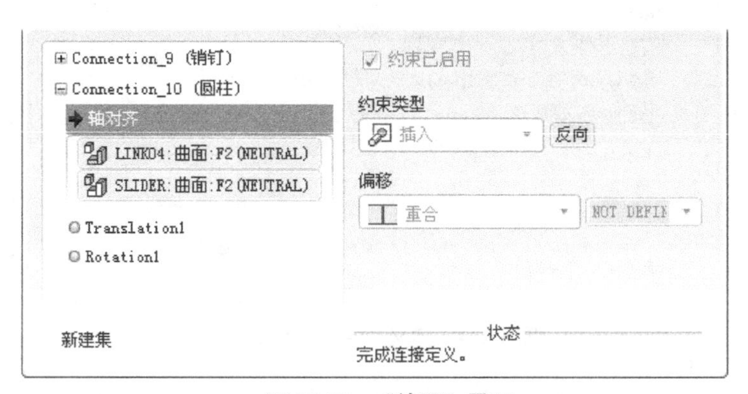

图 15.37　“放置”界面

（1）在连接列表中选取 平面 选项，单击操控板菜单中的 放置 选项卡。

（2）定义“平面”约束。在模型树中选取 rollerr 中的基准平面 DTM1 和 base 中的基准平面 FRONT 为“平面”约束参考，此时 放置 界面如图 15.38 所示。

Connection_11 (平面)
平面
ROLLER:DTM1:F2(NEUTRAL)
BASE:FRONT:F2(NEUTRAL)
Translation1
Translation2
Rotation1
新建集
约束已启用
约束类型
对齐 反向
偏移
重合 NOT DEFIN
状态
完成连接定义。

图 15.38 “放置”界面

（3）将模型显示切换到 FRONT 视图，调整 roll_part 的位置大致如图 15.39 所示。

图 15.39 调整模型位置

（4）单击操控板中的 ✓ 按钮，完成平面连接的创建。

步骤 21 再生模型。选择下拉菜单 编辑(E) → 再生(G) 命令，再生机构模型。

3. 定义仿真与分析

步骤 01 进入机构模块。选择下拉菜单 应用程序(P) → 机构(E) 命令，进入机构模块。

步骤 02 定义凸轮连接 1。

（1）选择命令。选择下拉菜单 插入(I) → 凸轮(C)... 命令，此时系统弹出“凸轮从动机构连接定义”对话框。

（2）定义“凸轮 1”的参考。选中对话框中的 ✓ 自动选取 复选框，选取图 15.40 所示曲面为“凸轮 1”的参考，单击“选取”对话框中的 确定 按钮。

（3）定义“凸轮 2”的参考。单击“凸轮从动机构连接定义”对话框中的 凸轮2 选项卡，选取图 15.41 所示曲面为“凸轮 2”的参考，单击“选取”对话框中的 确定 按钮。

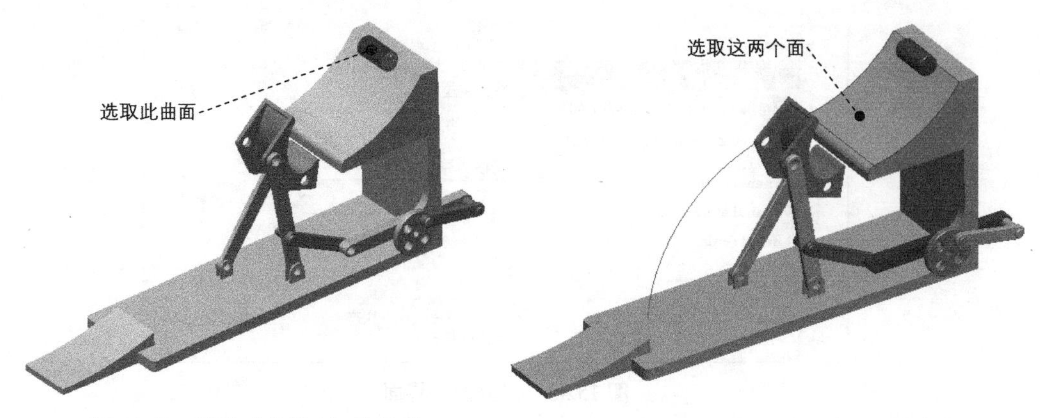

图 15.40　定义“凸轮 1”的参考　　　　图 15.41　定义“凸轮 2”的参考

（4）定义凸轮连接属性。单击“凸轮从动机构连接定义”对话框中的 属性 选项卡，设置图 15.42 所示的参数。

图 15.42　定义凸轮连接属性

（5）单击“凸轮从动机构连接定义”对话框中的 确定 按钮。

步骤 03 定义凸轮连接 2。

（1）选择命令。选择下拉菜单 插入(I) ➡ 凸轮(C)... 命令，此时系统弹出“凸轮从动机构连接定义”对话框。

（2）定义“凸轮 1”的参考。选中对话框中的 ☑ 自动选取 复选框，选取图 15.40 所示曲面为“凸轮 1”的参考，单击“选取”对话框中的 确定 按钮。

（3）定义“凸轮 2”的参考。单击“凸轮从动机构连接定义”对话框中的 凸轮2 选项卡，按住 Ctrl 键，选取图 15.43 所示曲面（共 5 个面）为“凸轮 2”的参考，单击“选取”对话框中的 确定 按钮。

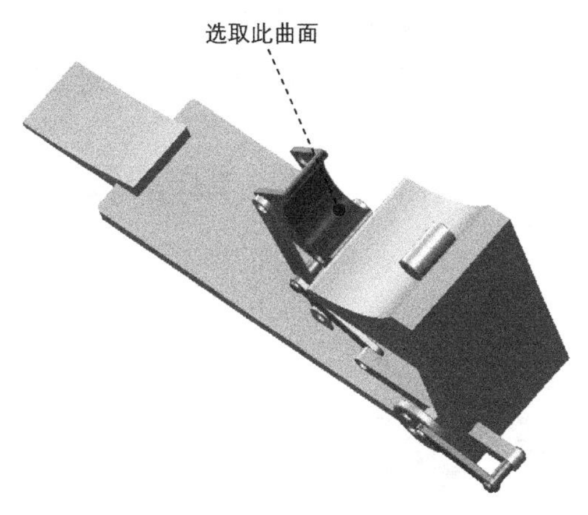

图 15.43 定义“凸轮 2”的参考

（4）定义凸轮连接属性。单击“凸轮从动机构连接定义”对话框中的 属性 选项卡，设置图 15.44 所示的参数。

图 15.44 定义凸轮连接属性

（5）单击“凸轮从动机构连接定义”对话框中的 确定 按钮。

步骤 04 定义凸轮连接 3。

（1）选择命令。选择下拉菜单 插入(I) → 凸轮(C)... 命令，此时系统弹出“凸轮从动机构连接定义”对话框。

（2）定义“凸轮 1”的参考。选中对话框中的☑自动选取 复选框，选取图 15.40 所示曲面为“凸轮 1”的参考，单击“选取”对话框中的 确定 按钮。

（3）定义“凸轮 2”的参考。单击“凸轮从动机构连接定义”对话框中的 凸轮2 选项卡，选取图 15.45 所示曲面为“凸轮 2”的参考，单击“选取”对话框中的 确定 按钮。

（4）定义凸轮连接属性。单击“凸轮从动机构连接定义”对话框中的 属性 选项卡，设置图 15.46 所示的参数。

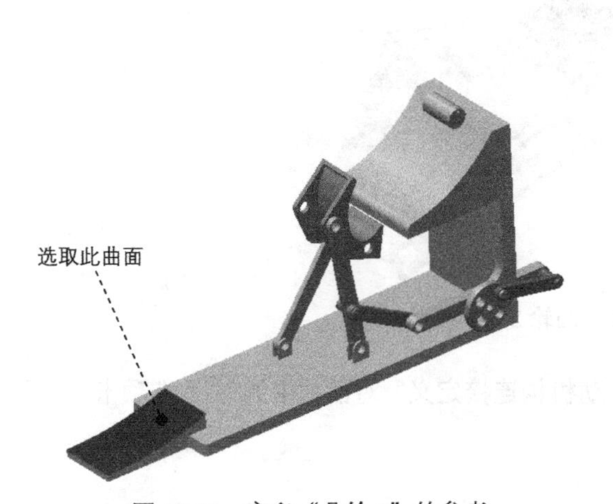

图 15.45　定义“凸轮 2”的参考

图 15.46　定义凸轮连接属性

（5）单击“凸轮从动机构连接定义”对话框中的 确定 按钮。

步骤 05　定义质量属性。

（1）选择命令。选择下拉菜单 编辑(E) → 质量属性(A)... 命令，系统弹出“质量属性”对话框。

（2）选择参考类型。在 参考类型 下拉列表中选择 组件 选项。

（3）选取参考对象。在机构上单击选取整个装配为参考。

（4）定义密度。在 定义属性 下拉列表中选择 密度 选项，在文本框中输入密度值 7.8500e-09，按 Enter 键确认。

（5）单击 确定 按钮，完成质量属性的定义。

步骤 06　设置重力。

（1）选择命令。选择下拉菜单 编辑(E) → 重力(R)... 命令，系统弹出“重力”对话框。

（2）设置重力方向。在 方向 区域中设置 X=0，Y=-1， Z=0，分别按 Enter 键确认，此时重力方向如图 15.47 所示。

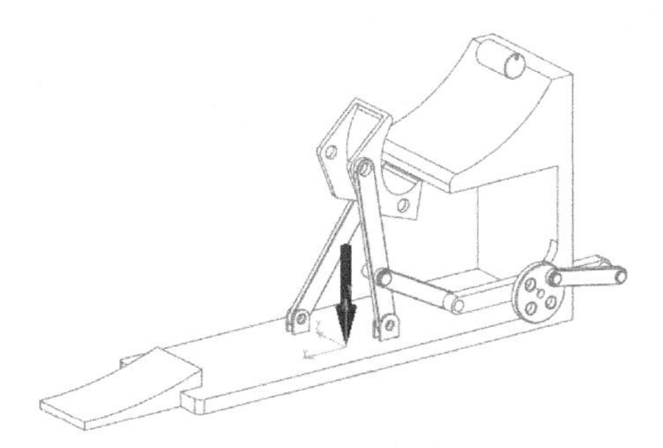

图 15.47 重力方向

（3）单击 确定 按钮，完成重力的设置。

步骤 07 设置初始位置。

（1）选择拖动命令。选择下拉菜单 视图(V) → 方向(O) → 拖动元件(D)... 命令，系统弹出“拖动”对话框。

（2）记录快照 1。单击对话框 当前快照 区域中的 按钮，即可记录当前位置为快照 1（Snapshot1）。

（3）单击 关闭 按钮，关闭“拖动”对话框。

步骤 08 设置初始条件。

（1）选择命令。选择下拉菜单 插入(I) → 初始条件(I)... 命令，系统弹出“初始条件定义”对话框。

（2）在 快照 下拉列表中选择 Snapshot1 为初始位置条件，然后单击 按钮。

（3）单击 确定 按钮，完成初始条件的定义。

步骤 09 定义伺服电动机。

（1）选择命令。选择下拉菜单 插入(I) → 伺服电动机(V)... 命令。

（2）选取参考对象。选取图 15.48 所示的连接为参考对象。

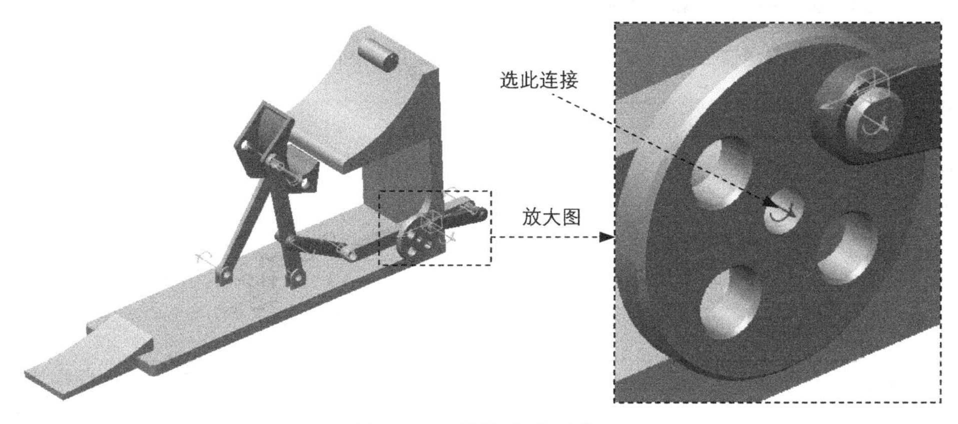

图 15.48 选取参考对象

（3）设置轮廓参数。单击“伺服电动机定义”对话框中的轮廓选项卡，在“定义运动轴设置”按钮右侧的下拉列表中选择速度选项，在“模”下拉列表中选择常数选项，设置A=50。

（4）单击对话框中的确定按钮，完成伺服电动机的定义。

步骤10 定义动态分析。

（1）选择命令。选择下拉菜单分析(A) ➡ 机构分析(Y)...命令。

（2）定义分析类型。在类型下拉列表中选择动态选项。

（3）定义图形显示。在首选项选项卡的持续时间文本框中输入值2.7，在帧频文本框中输入值100。

（4）定义初始配置。在初始配置区域中选择 ◉ 初始条件状态: 单选项。

（5）定义外部载荷。单击外部载荷选项卡，选中 ☑ 启用所有摩擦和 ☑ 启用重力复选框。

（6）运行运动分析。单击“分析定义”对话框中的运行按钮，查看机构的运行状况。

（7）单击确定按钮完成运动分析。

步骤11 保存回放结果。

（1）选择下拉菜单分析(A) ➡ 回放(B)...命令，系统弹出“回放”对话框。

（2）在“回放”对话框中单击“保存”按钮，系统弹出“保存分析结果”对话框，采用默认的名称，单击保存按钮，即可保存仿真结果。

步骤12 输出视频。

（1）单击“回放”对话框中的“播放当前结果集”按钮，系统弹出“动画”对话框，

（2）单击“动画”对话框中的“录制动画为MPEG”按钮捕获...，系统弹出“捕获”对话框，单击确定按钮，机构开始运行输出视频文件。

（3）在工作目录中播放视频文件“AUTO_ARM.mpg”查看结果。

（4）单击“动画”对话框中的关闭按钮，返回到“回放”对话框，单击其中的关闭按钮关闭对话框。

4. 测量机械手的速度

定义测量。

（1）选择命令。选择下拉菜单分析(A) ➡ 测量(E)...命令，系统弹出“测量结果”对话框。

（2）新建一个测量。单击按钮，系统弹出“测量定义”对话框，在该对话框中进行下

列操作。

① 输入测量名称，或采用默认名。

② 选择测量类型。在 类型 下拉列表中选择 速度 选项。

③ 选取参考点。选取图 15.49 所示的点为测量参考点。

④ 选取评估方法。在 评估方法 下拉列表中选择 每个时间步长。

⑤ 单击“测量定义”对话框中的 确定 按钮，系统立即将 measure1 添加到“测量结果”对话框的列表中。

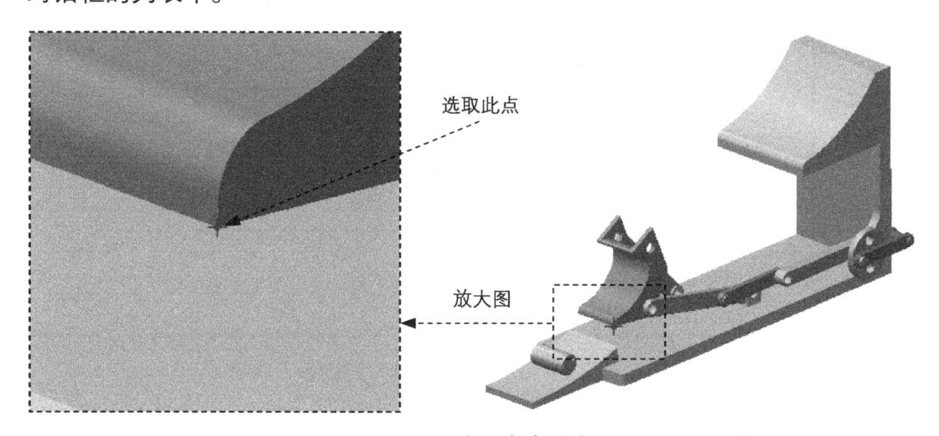

图 15.49 选取参考对象

（3）选取测量名称。在“测量结果”对话框的列表中选择 measure1。

（4）选取运动结果。在“测量结果”对话框的“结果集”中选择 AnalysisDefinition1。

（5）绘制测量图形。在“测量结果”对话框的顶部单击 按钮，系统便开始测量，并绘制测量的结果图，如图 15.50 所示，该图反映在运动学分析 AnalysisDefinition1 中，机械手的速度与时间的关系。

（6）关闭“图形工具”对话框。

（7）单击 关闭 按钮，关闭“测量结果”对话框。

5. 绘制机械手的轨迹曲线

步骤 01 选择命令。选择下拉菜单 插入(I) → 轨迹曲线(T)... 命令，系统弹出“轨迹曲线”对话框。

步骤 02 选取参考对象。在机构中选取 base 为“纸零件”，选取图 15.49 中的顶点为参考对象。

步骤 03 选取运动结果。在“轨迹曲线”对话框的“结果集”中选择 AnalysisDefinition1。

步骤 04 单击“轨迹曲线”对话框中的 确定 按钮，系统即在机构中显示轨迹曲线，并在“纸零件”中创建一个基准曲线特征，如图 15.51 所示。

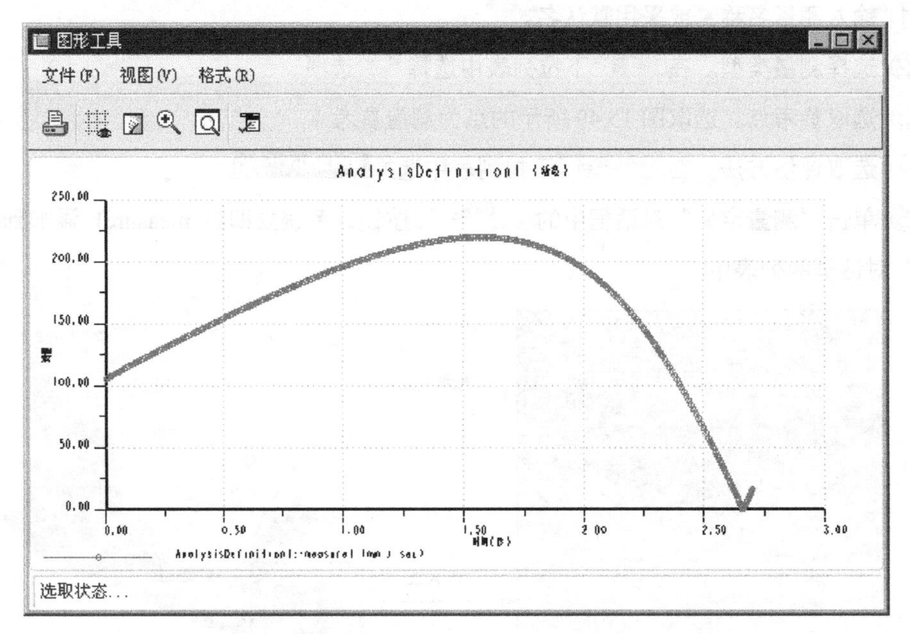

图 15.50 “图形工具”对话框

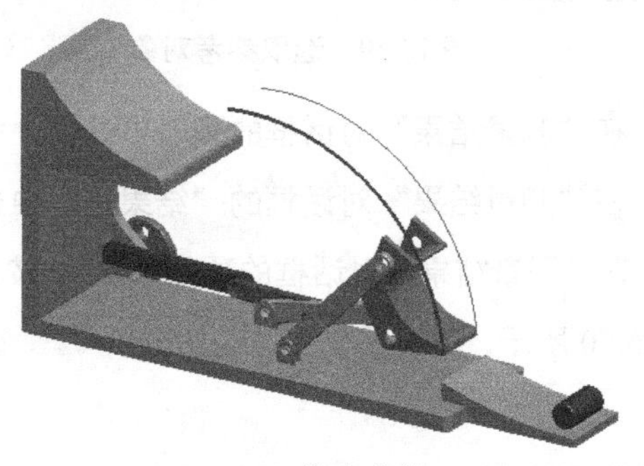

图 15.51 轨迹曲线

步骤 05 再生模型。选择下拉菜单 编辑(E) → 再生(G) 命令，再生机构模型。

步骤 06 保存机构模型。

第 16 章　牛头刨床机构运动仿真

本章将介绍牛头刨床机构运动仿真的操作过程，该仿真实例中综合运用了多种常见机构，有齿轮机构、蜗轮蜗杆机构、间歇机构、带传动机构、急回机构、摆动机构、凸轮连接和 3D 接触连接等，是一个较为全面的综合范例，在学习时应细心体会。机构模型如图 16.1 所示，读者可以打开视频文件 D:\proefj5\work\ch16\ok\SHAPER_ASM.mpg 查看机构运行状况。

图 16.1　牛头刨床机构

1. 创建电动机子装配

步骤 01 将工作目录设置至 D:\proefj5\work\ch16。

步骤 02 新建文件。新建一个装配模型，命名为 motor_asm，选取 mmns_asm_design 模板。

步骤 03 引入第一个元件 motor_body.prt，并使用 缺省 约束完全约束该元件。

步骤 04 引入第二个元件 motor_wheel.prt，并将其调整到图 16.2 所示的位置。

步骤 05 创建 motor_body 和 motor_wheel 之间的销钉连接。

（1）在“元件放置”操控板的机械连接约束列表中选择 销钉 选项。

（2）定义“轴对齐”约束。单击操控板中的 放置 按钮，分别选取图 16.2 中的两个柱面为“轴对齐”约束参考，如图 16.3 所示。

（3）定义“平移”约束。分别选取图 16.2 中的两个平面为“平移”约束参考，然后单击 反向 按钮，如图 16.4 所示。

平移：选取这两个平面
轴对齐：选取这两个柱面

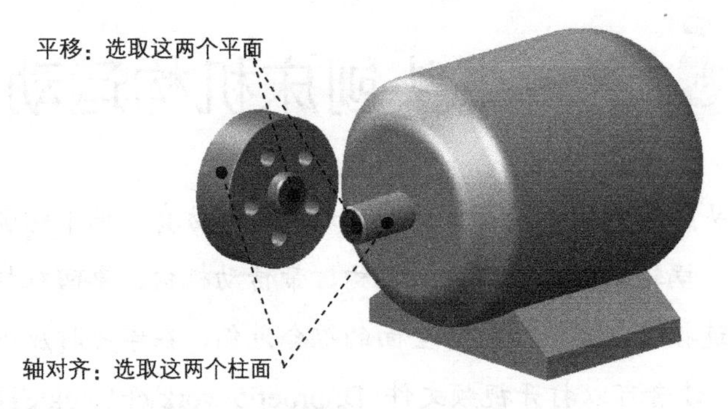

图 16.2　创建“销钉（Pin）”连接

Connection_1 (销钉)
轴对齐
MOTOR_WHEEL:曲面:F2 (NEUT
MOTOR_BODY:曲面:F2 (NEUTR
平移
新建集
约束已启用
约束类型
插入
反向
偏移
重合
NOT DEFIN
状态
未完成连接定义。

图 16.3　定义“轴对齐”约束（一）

Connection_1 (销钉)
轴对齐
平移
MOTOR_WHEEL:曲面:F2 (NEUT
MOTOR_BODY:曲面:F2 (NEUTR
Rotation1
新建集
约束已启用
约束类型
配对
反向
偏移
重合
NOT DEFIN
状态
完成连接定义。

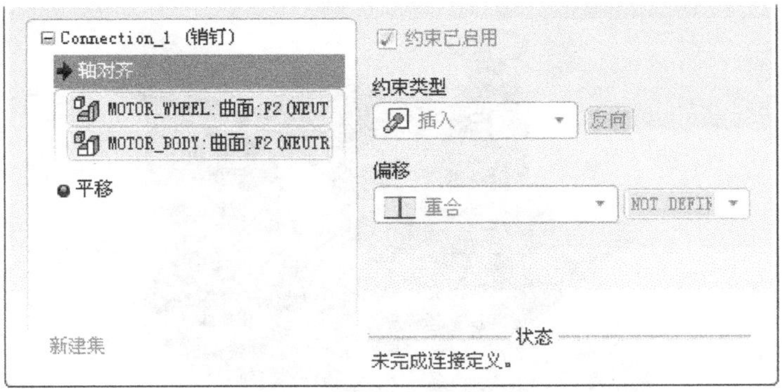

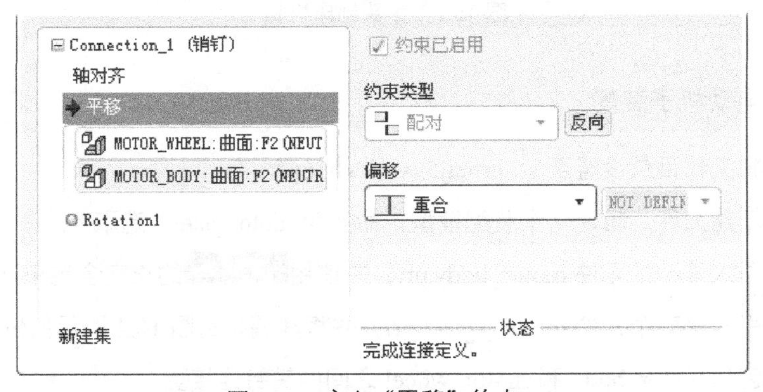

图 16.4　定义“平移”约束（二）

（4）单击操控板中的✓按钮，完成连接的创建，如图 16.5 所示。

步骤 06　再生机构模型，然后保存机构模型，最后关闭模型。

2. 创建工作台子装配

步骤 01　新建文件。新建一个装配模型，命名为 table_asm，选取 mmns_asm_design 模板。

步骤02 引入第一个元件 table_body.prt，并使用缺省约束完全约束该元件。

步骤03 引入第二个元件 table_gear.prt，并将其调整到图 16.6 所示的位置。

步骤04 创建 motor_body 和 motor_wheel 之间的销钉连接。

图 16.5　完成连接的创建

（1）在“元件放置”操控板的机械连接约束列表中选择销钉选项。

（2）定义“轴对齐”约束。单击操控板中的放置按钮，分别选取图 16.6 中的两个柱面为“轴对齐”约束参考，如图 16.7 所示。

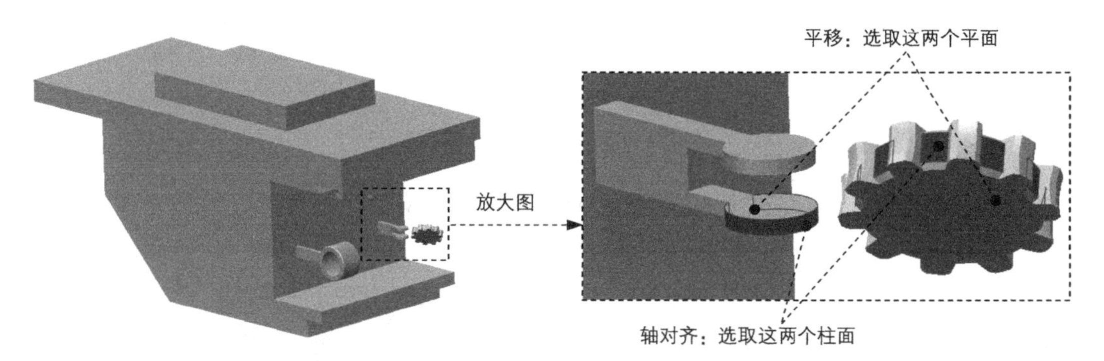

图 16.6　创建“销钉（Pin）”连接

（3）定义“平移”约束。分别选取图 16.6 中的两个平面为“平移”约束参考，如图 16.8 所示。

（4）单击操控板中的✔按钮，完成连接的创建，如图 16.9 所示。

步骤05 再生机构模型，然后保存机构模型，最后关闭模型。

3. 创建平移机构子装配

步骤01 新建文件。新建一个装配模型，命名为 translation_mech_asm，选取 mmns_asm_design 模板。

步骤02 引入第一个元件 translation_mech_base.prt，并使用缺省约束完全约束该元件。

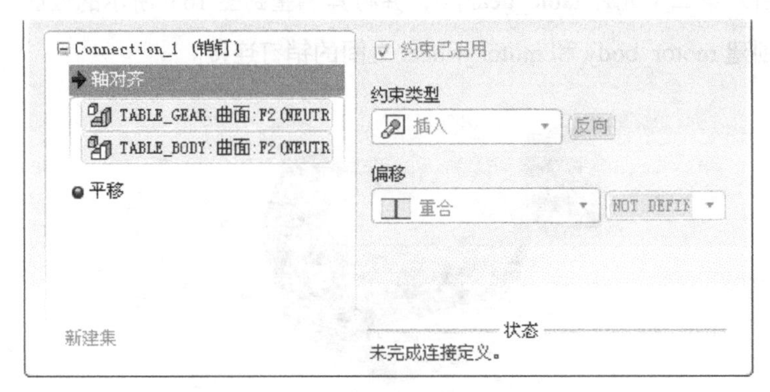

图 16.7 定义“轴对齐”约束（一）

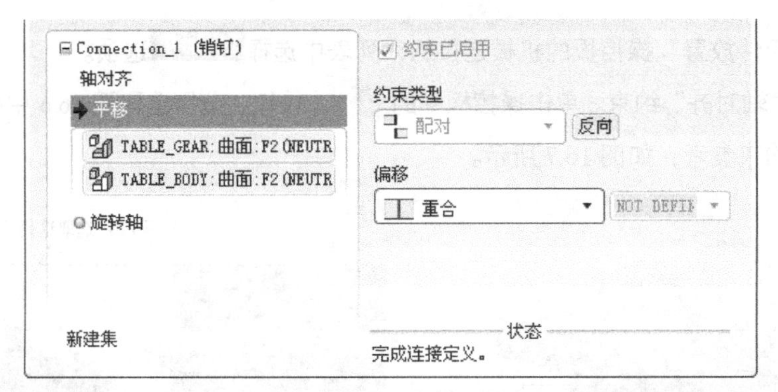

图 16.8 定义“平移”约束（二）

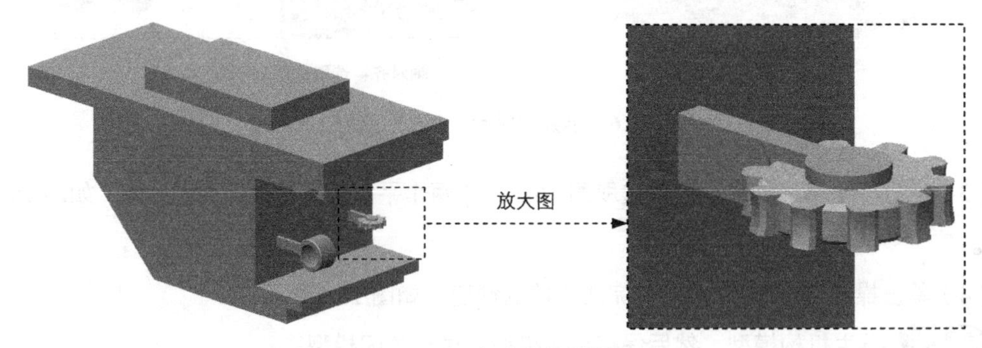

图 16.9 完成连接的创建

步骤 03 引入第二个元件 translation_mech_slider.prt，并将其调整到图 16.10 所示的位置。

步骤 04 创建 translation_mech_base 和 translation_mech_slider 之间的滑动杆连接。

（1）在连接列表中选取 滑动杆 选项，单击操控板菜单中的 放置 选项卡。

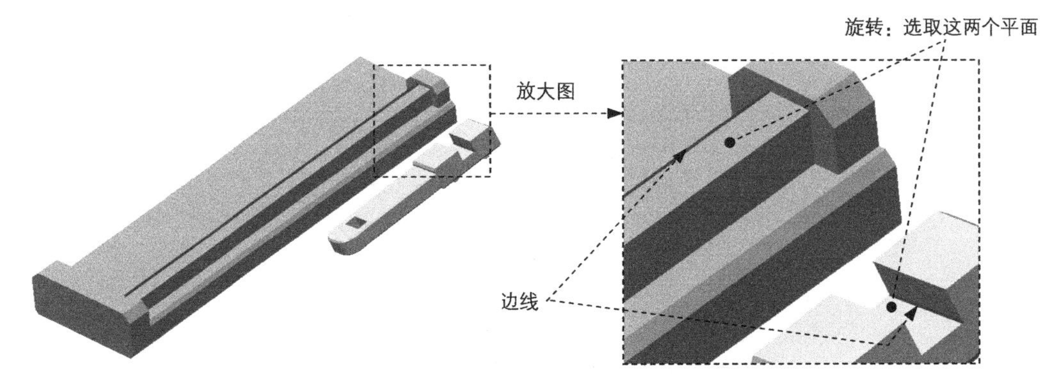

图 16.10 创建滑动杆（Slider）连接

（2）定义“轴对齐”约束。分别选取图 16.10 所示的两条边线为“轴对齐”约束参考，此时 放置 界面如图 16.11 所示。

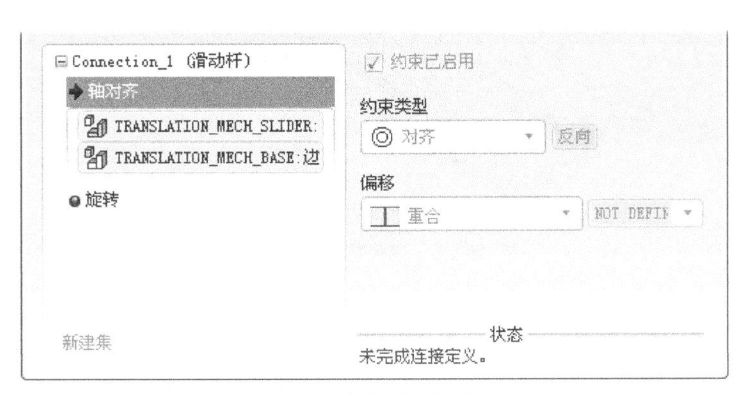

图 16.11 “放置”界面（一）

（3）定义“旋转”约束。分别选取图 16.10 所示的两个平面为“旋转”约束参考，此时 放置 界面如图 16.12 所示。

（4）将元件 translation_mech_slider 移动到图 16.13 所示的大致位置。

（5）单击操控板中的 ✔ 按钮，完成滑动杆连接的创建。

步骤 05 再生机构模型，然后保存机构模型，最后关闭模型。

4. 创建机构总装配

步骤 01 新建文件。新建一个装配模型，命名为 shaper_asm，选取 mmns_asm_design 模板。

步骤 02 引入第一个元件 body.prt，并使用 缺省 约束完全约束该元件。

步骤 03 引入电动机子组件 motor_asm.asm，并将其调整到图 16.14 所示的位置。

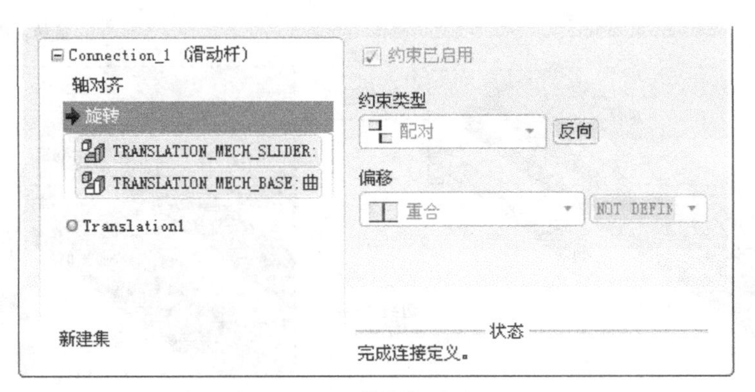

图 16.12 “放置”界面(二)

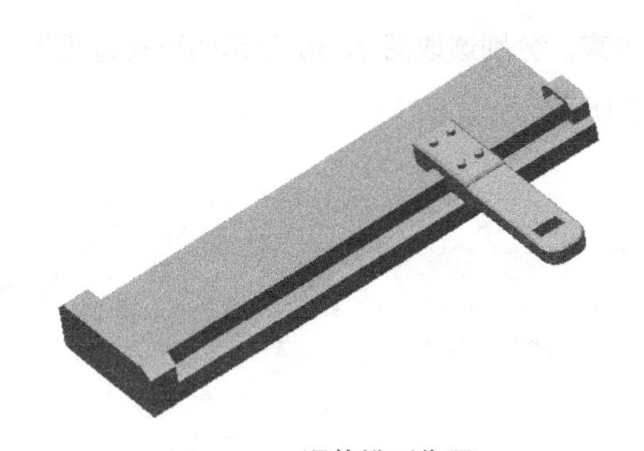

图 16.13 调整模型位置

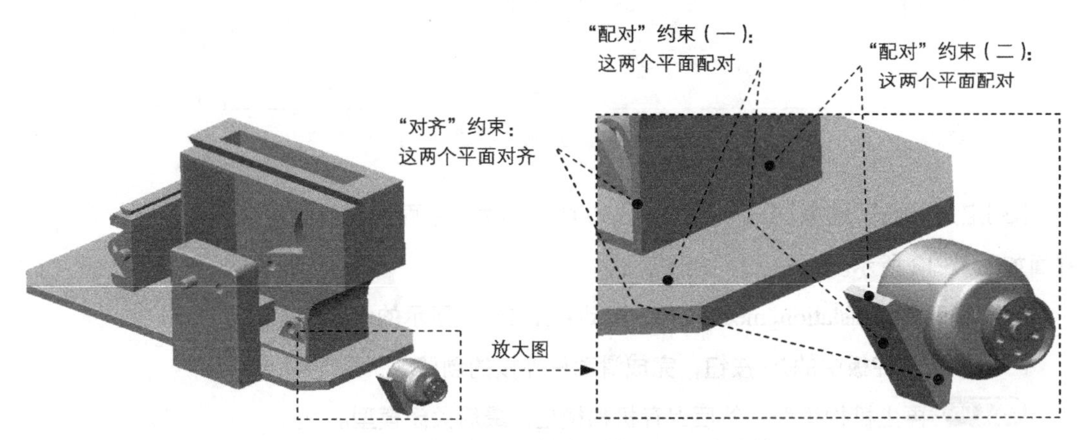

图 16.14 创建刚性（Rigid）连接

步骤 04 创建 body 和 motor_asm 之间的刚性连接。

（1）在连接列表中选取 刚性 选项，单击操控板菜单中的 放置 选项卡。

（2）定义“配对”约束（一）。在 约束类型 下拉列表中选择 配对 选项，选取图 16.14

所示的两个平面为“配对”约束（一）参考，放置界面如图 16.15 所示。

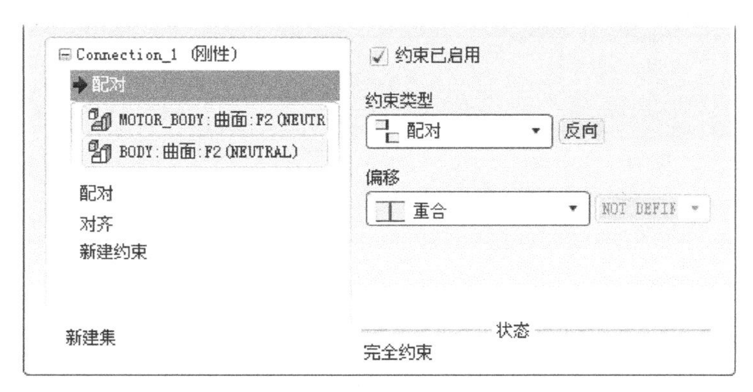

图 16.15 “放置”界面（一）

（3）定义“配对”约束（二）。在放置界面中单击➔新建约束，在约束类型下拉列表中选择配对选项，选取图 16.14 中的两个平面为“配对”约束（二）参考，放置界面如图 16.16 所示。

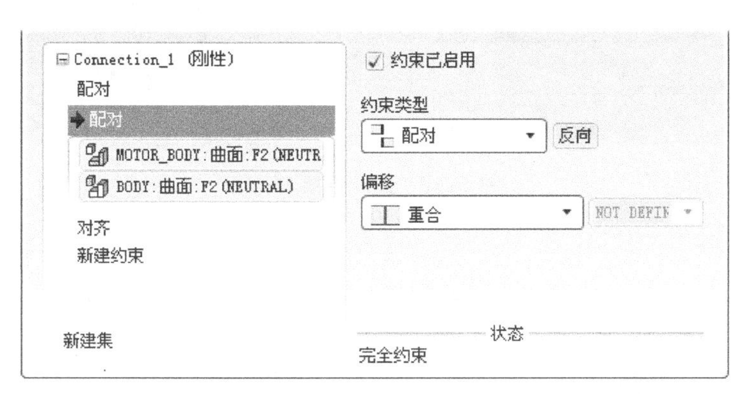

图 16.16 “放置”界面（二）

（4）定义“对齐”约束。参考步骤（3）选取图 16.14 中的两个平面为“对齐”约束参考，此时放置界面如图 16.17 所示。

（5）单击操控板中的✔按钮，完成刚性连接的创建，如图 16.18 所示

步骤 05 引入元件 coupling_wheel.prt，并将其调整到图 16.19 所示的位置。

步骤 06 创建 coupling_wheel 和 body 之间的销钉连接。

（1）在“元件放置”操控板的机械连接约束列表中选择销钉选项。

（2）定义“轴对齐”约束。单击操控板中的放置按钮，分别选取图 16.19 中的两个柱面为“轴对齐”约束参考，如图 16.20 所示。

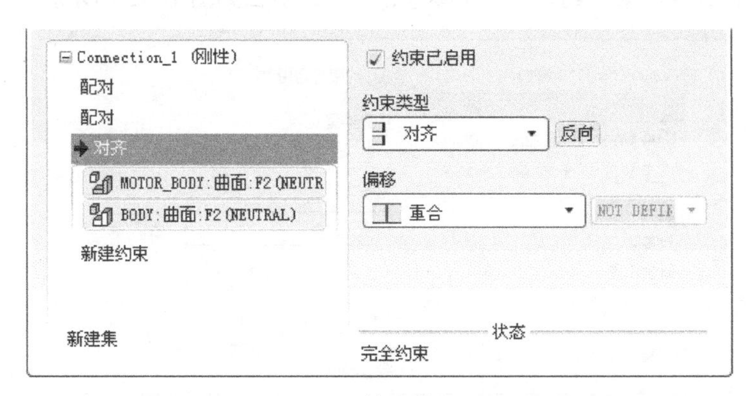

图 16.17　放置界面 (三)

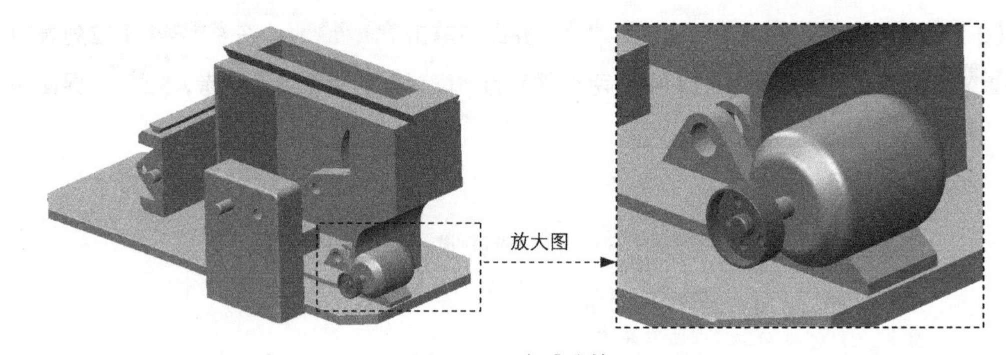

图 16.18　完成连接

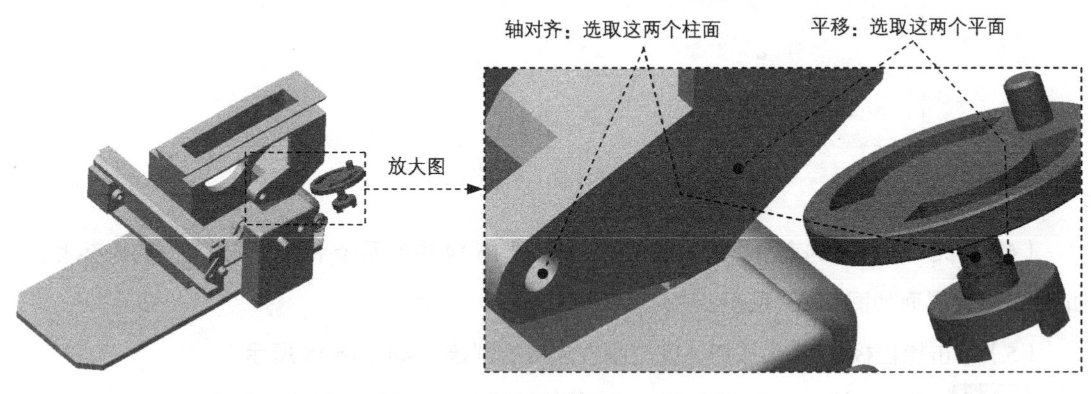

图 16.19　创建“销钉 (Pin)”连接

(3) 定义“平移”约束。分别选取图 16.19 中的两个平面为“平移”约束参考，如图 16.21 所示。

(4) 设置旋转轴参考。在 放置 界面中单击 旋转轴 选项，选取 coupling_wheel 中的基准平面 DTM3 和 body 中的基准平面 DTM2 为旋转轴参考。

（5）设置位置参数。在 放置 界面右侧 当前位置 区域下的文本框中输入值 0，并按 Enter 键确认，然后单击 >> 按钮；选中 ☑ 启用再生值 复选框，如图 16.22 所示。

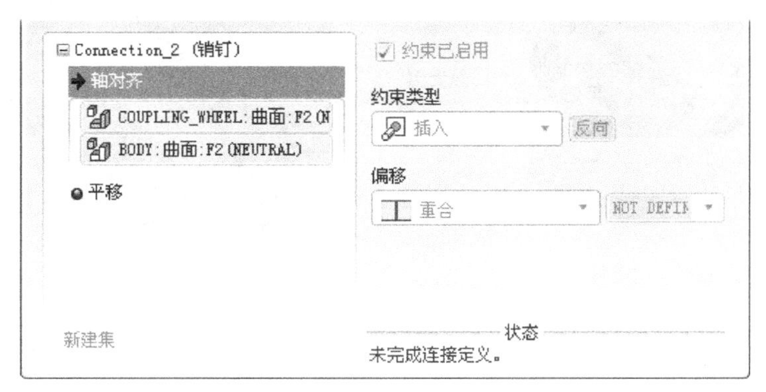

图 16.20 定义“轴对齐”约束（一）

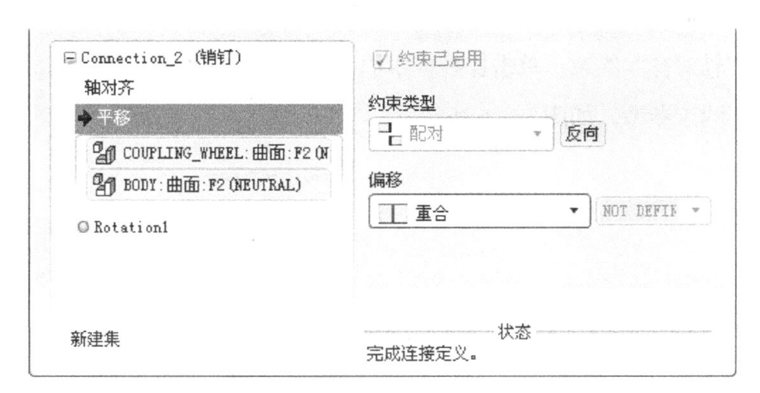

图 16.21 定义“平移”约束（二）

图 16.22 设置位置参数

（6）单击操控板中的✓按钮，完成连接的创建，如图 16.23 所示

步骤 07 引入元件 coupling_gear.prt，并将其调整到图 16.24 所示的位置。

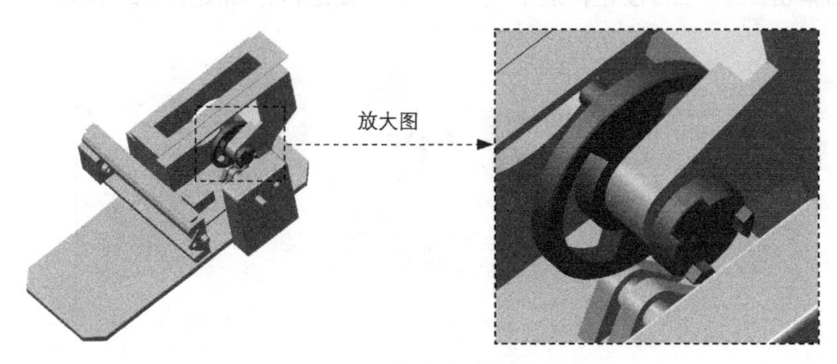

图 16.23　完成连接的创建

步骤 08 创建 coupling_gear 和 body 之间的销钉连接。

（1）在“元件放置”操控板的机械连接约束列表中选择 销钉 选项。

（2）定义“轴对齐”约束。单击操控板中的 放置 按钮，分别选取图 16.24 中的两个柱面为“轴对齐”约束参考，如图 16.25 所示。

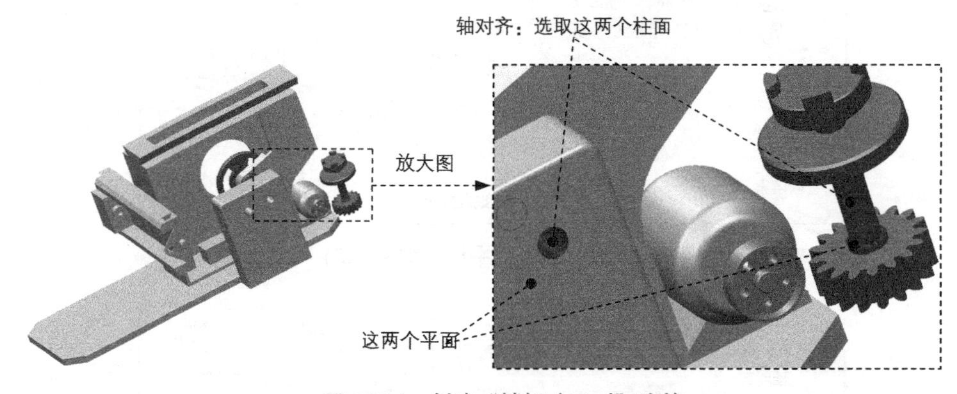

图 16.24　创建“销钉（Pin）”连接

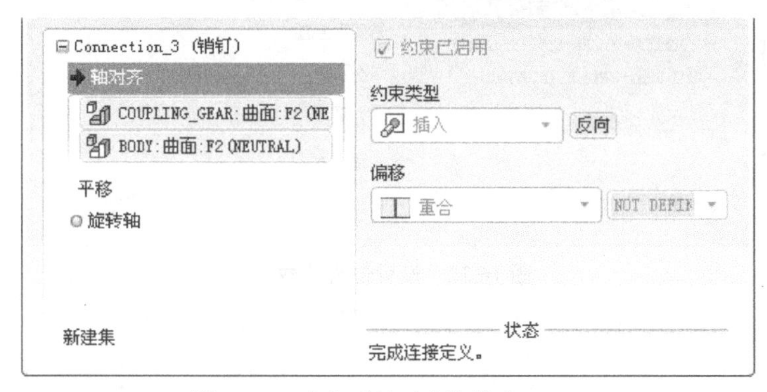

图 16.25　定义“轴对齐”约束（一）

（3）定义“平移”约束。分别选取图 16.24 中的两个平面为“平移”约束参考，如图 16.26 所示。

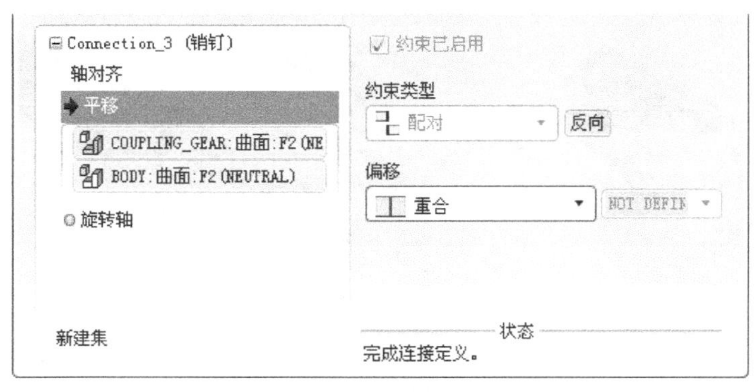

图 16.26 定义“平移”约束（二）

（4）设置旋转轴参考。在 放置 界面中单击 旋转轴 选项，选取 coupling_wheel 中的基准平面 DTM4 和 body 中的基准平面 DTM2 为旋转轴参考。

（5）设置位置参数。在 放置 界面右侧 当前位置 区域下的文本框中输入值 0，并按 Enter 键确认，然后单击 >> 按钮；选中 启用再生值 复选框，如图 16.27 所示。

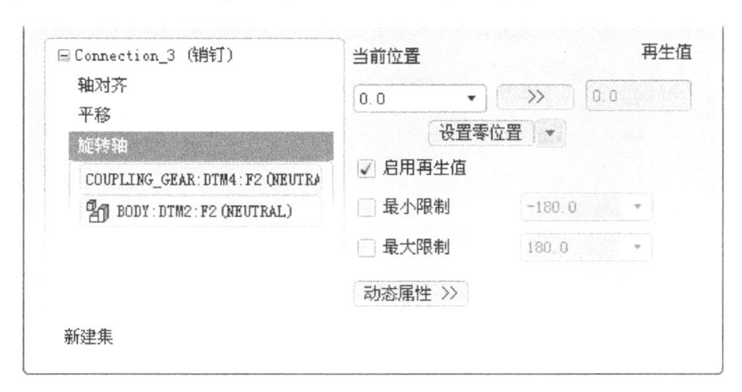

图 16.27 设置位置参数

（6）单击操控板中的 ✔ 按钮，完成连接的创建，如图 16.28 所示。

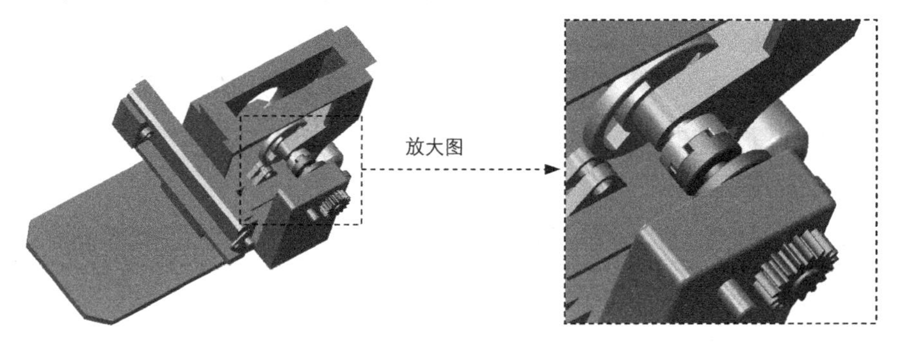

图 16.28 完成连接的创建

步骤 09 引入元件 spline.prt，并将其调整到图 16.29 所示的位置。

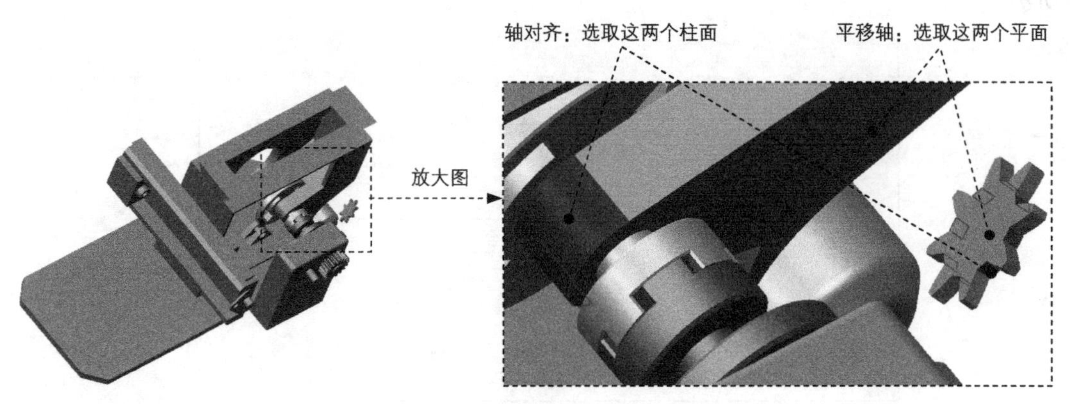

图 16.29 创建圆柱（Cylinder）连接

步骤 10 创建 spline 和 body 之间的圆柱连接。

（1）在连接列表中选取 圆柱 选项，单击操控板菜单中的 放置 选项卡。

（2）定义"轴对齐"约束。分别选取图 16.29 所示的两个柱面为"轴对齐"约束参考，此时 放置 界面如图 16.30 所示。

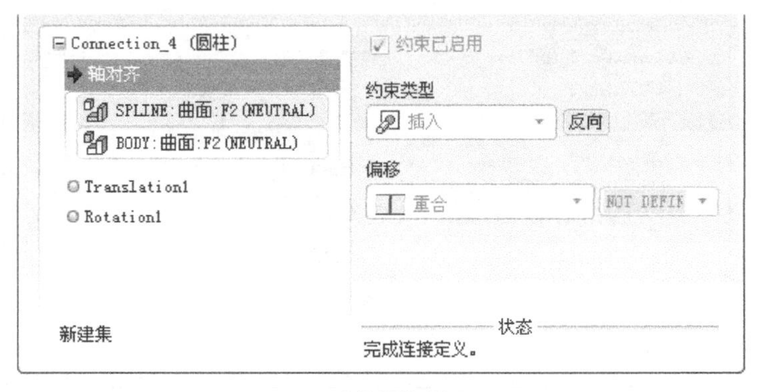

图 16.30 "放置"界面（一）

（3）设置平移轴参考。在 放置 界面中单击 平移轴 选项，选取图 16.29 所示的两个平面为平移轴参考。

（4）设置平移轴位置参数。在 放置 界面右侧 当前位置 区域下的文本框中输入值 63（如果方向相反则为负值），并按 Enter 键确认；单击 >> 按钮，选中 ☑ 启用再生值 复选框，此时 放置 界面如图 16.31 所示。

（5）设置旋转轴参考。在 放置 界面中单击 旋转轴 选项，在模型树中选取 spline 中的基准平面 DTM1 和 body 中的基准平面 DTM2 为旋转轴参考。

（6）设置位置参数。在 放置 界面右侧 当前位置 区域下的文本框中输入值 0，并按 Enter 键确认；单击 >> 按钮，选中 启用再生值 复选框，此时 放置 界面如图 16.32 所示。

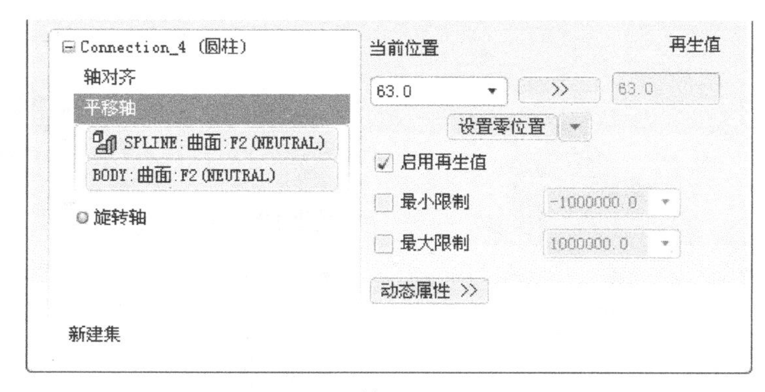

图 16.31 “放置”界面（二）

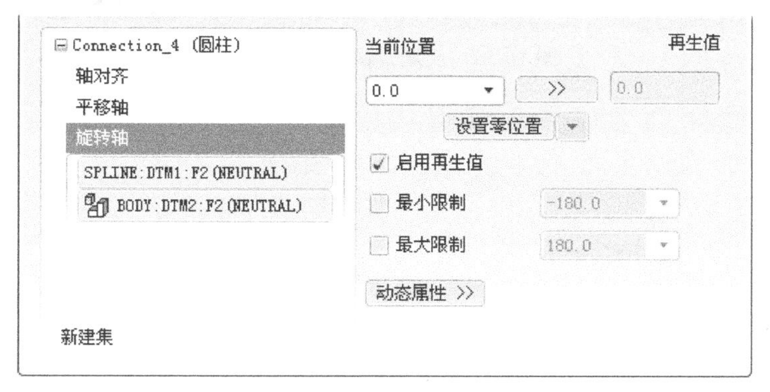

图 16.32 “放置”界面（三）

（7）单击操控板中的 ✓ 按钮，完成圆柱连接的创建。

步骤 11 引入元件 bar.prt，并将其调整到图 16.33 所示的位置（在模型树中隐藏元件 spline、coupling_wheel 和 coupling_gear）。

步骤 12 创建 bar 和 body 之间的销钉连接。

（1）在“元件放置”操控板的机械连接约束列表中选择 销钉 选项。

（2）定义“轴对齐”约束。单击操控板中的 放置 按钮，分别选取图 16.33 中的两个柱面为“轴对齐”约束参考，如图 16.34 所示。

（3）定义“平移”约束。分别选取图 16.33 中的两个平面为“平移”约束参考，如图 16.35 所示。

（4）设置旋转轴参考。在 放置 界面中单击 旋转轴 选项，选取 bar 中的基准平面 DTM1 和 body 中的基准平面 DTM2 为旋转轴参考。

（5）设置位置参数。在 放置 界面右侧 当前位置 区域下的文本框中输入值 0，并按 Enter 键确认，然后单击 >> 按钮；选中 ☑ 启用再生值 复选框，如图 16.36 所示。

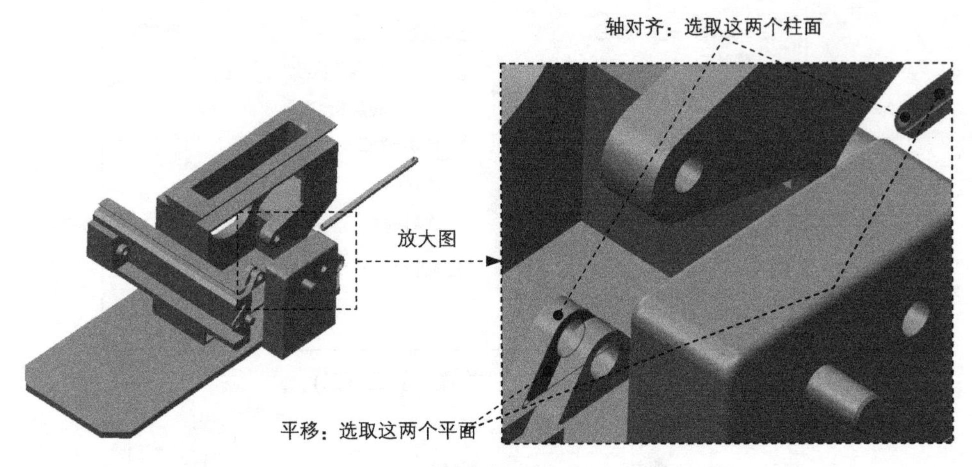

图 16.33　创建“销钉（Pin）”连接

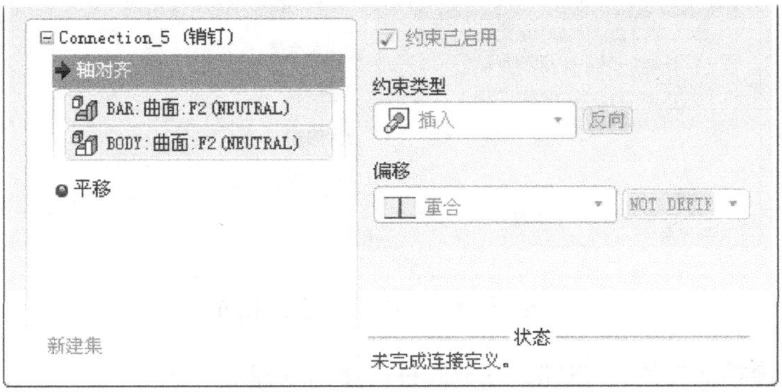

图 16.34　定义“轴对齐”约束

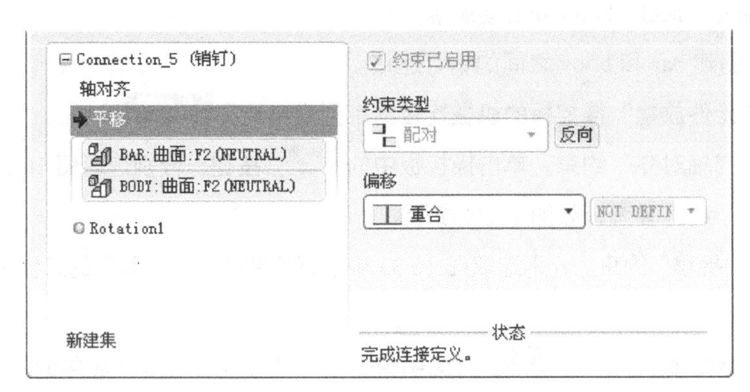

图 16.35　定义“平移”约束

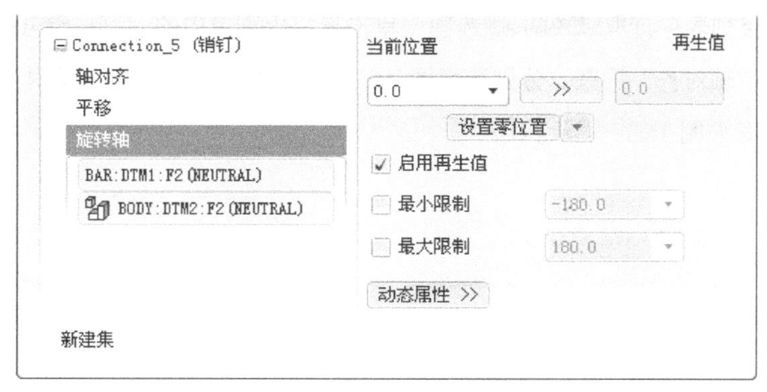

图 16.36 设置位置参数

（6）单击操控板中的✓按钮，完成连接的创建，如图 16.37 所示。

图 16.37 完成连接的创建

步骤 13 引入元件 slider.prt，并将其调整到图 16.38 所示的位置（在模型树中隐藏元件 body 和 motor_asm，取消隐藏元件 spline、coupling_wheel 和 coupling_gear）。

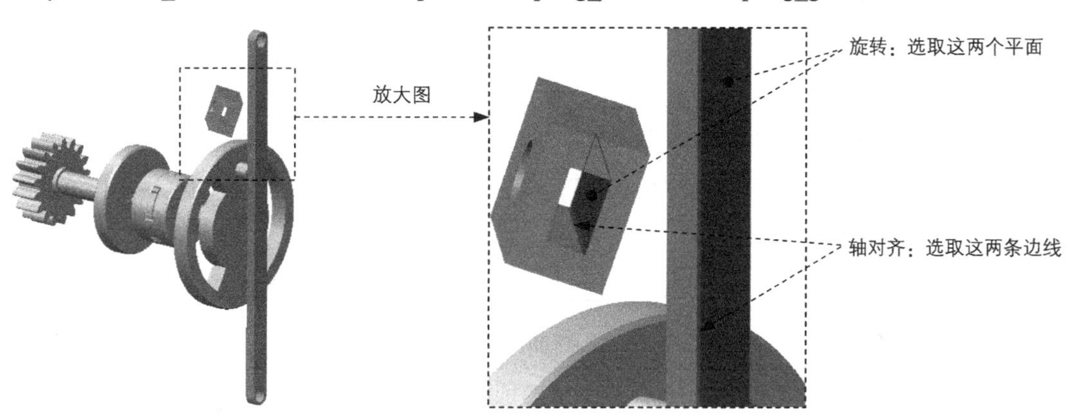

图 16.38 创建滑动杆（Slider）连接

步骤 14 创建 slider 和 bar 之间的滑动杆连接。

（1）在连接列表中选取 滑动杆 选项，单击操控板菜单中的 放置 选项卡。

（2）定义“轴对齐”约束。分别选取图 16.38 所示的两条边线为“轴对齐”约束参考，此时 放置 界面如图 16.39 所示。

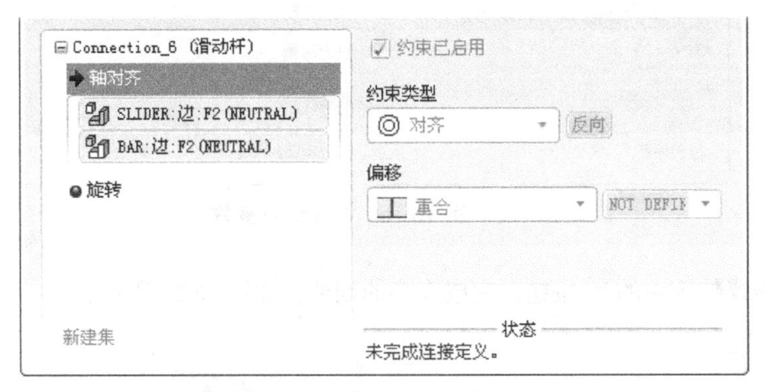

图 16.39 “放置”界面（一）

（3）定义“旋转”约束。分别选取图 16.38 所示的两个平面为“旋转”约束参考，此时 放置 界面如图 16.40 所示。

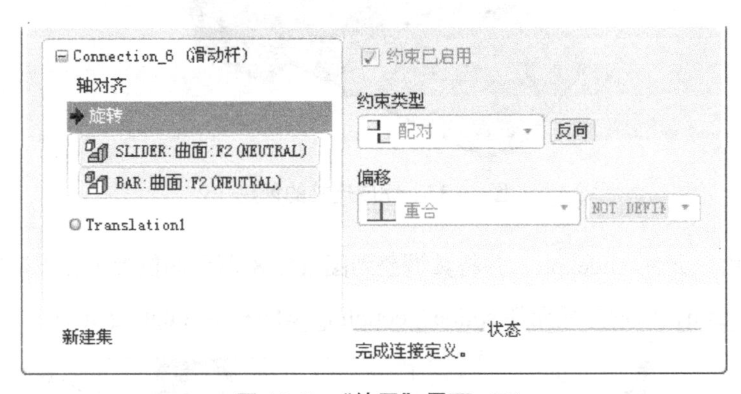

图 16.40 “放置”界面（二）

步骤 15 创建 slider 和 coupling_wheel 之间的圆柱连接。

（1）在 放置 界面下方单击“新建集”字符，在“元件放置”操控板的机械连接约束列表中选择 圆柱 选项。

（2）定义“轴对齐”约束。单击操控板中的 放置 按钮，分别选取图 16.41 所示的两个柱面为“轴对齐”约束参考，此时 放置 界面如图 16.42 所示。

（3）单击操控板中的 ✔ 按钮，完成连接的创建。

步骤16 引入元件 ram.prt，并将其调整到图 16.43 所示的位置（在模型树中取消隐藏元件 body）。

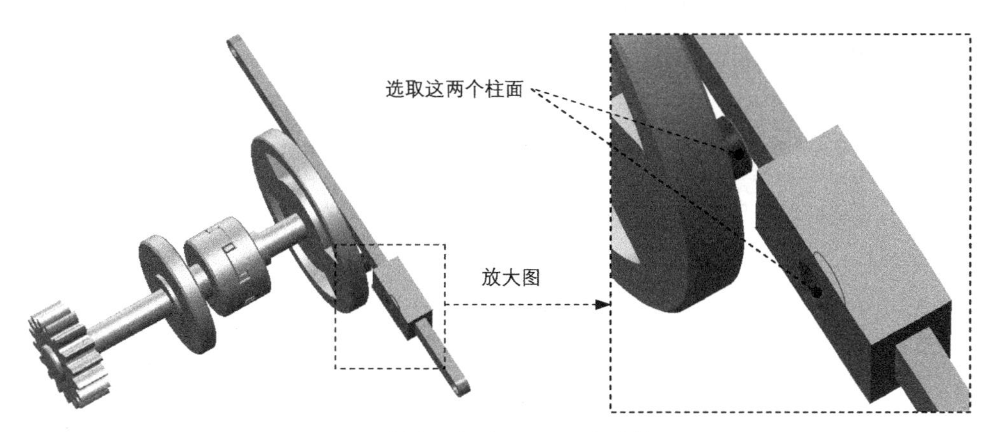

图 16.41 创建圆柱（Cylinder）连接

Connection_6 (滑动杆)
Connection_7 (圆柱)
轴对齐
SLIDER:曲面:F2 (NEUTRAL)
COUPLING_WHEEL:曲面:F2 (N
Translation1
Rotation1
新建集
约束已启用
约束类型
插入
反向
偏移
重合
NOT DEFIN
状态
完成连接定义。

图 16.42 “放置”界面

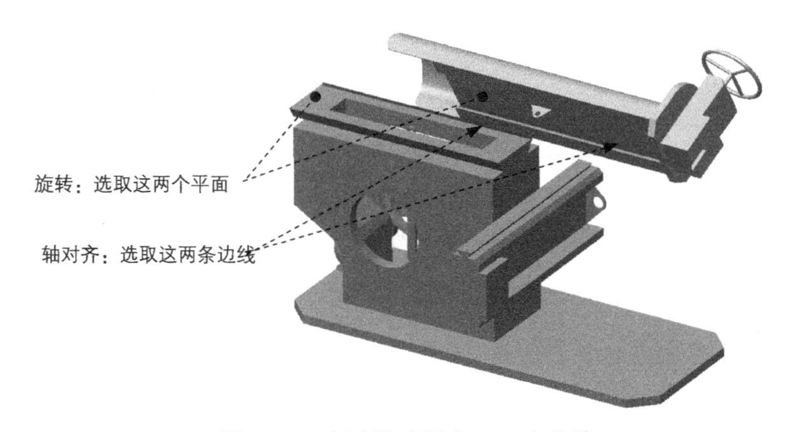

图 16.43 创建滑动杆（Slider）连接

步骤 17 创建 ram 和 body 之间的滑动杆连接。

（1）在连接列表中选取 滑动杆 选项，单击操控板菜单中的 放置 选项卡。

（2）定义“轴对齐”约束。分别选取图 16.43 所示的两条边线为“轴对齐”约束参考，此时 放置 界面如图 16.44 所示。

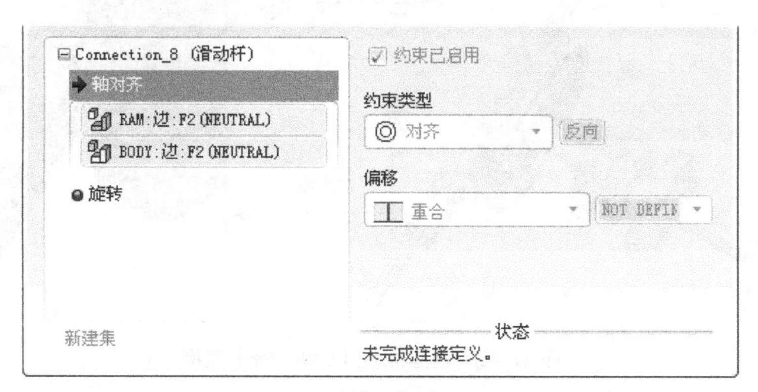

图 16.44 “放置”界面（一）

（3）定义“旋转”约束。分别选取图 16.43 所示的两个平面为“旋转”约束参考，此时 放置 界面如图 16.45 所示。

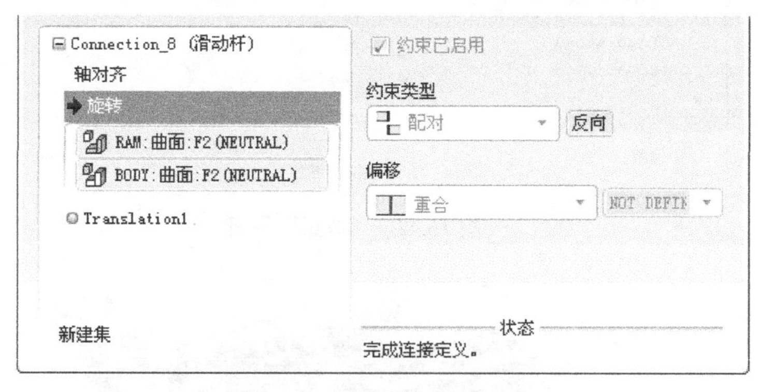

图 16.45 “放置”界面（二）

（4）单击操控板中的 ✔ 按钮，完成连接的创建。

步骤 18 引入元件 rod.prt，并将其调整到图 16.46 所示的位置（在模型树中隐藏元件 body）。

步骤 19 创建 rod 和 bar 之间的销钉连接。

（1）在“元件放置”操控板的机械连接约束列表中选择 销钉 选项。

（2）定义“轴对齐”约束。单击操控板中的 放置 按钮，分别选取图 16.46 中的两个柱面为“轴对齐”约束参考，如图 16.47 所示。

（3）定义“平移”约束。分别选取图 16.46 中的两个平面为“平移”约束参考，如图 16.48 所示。

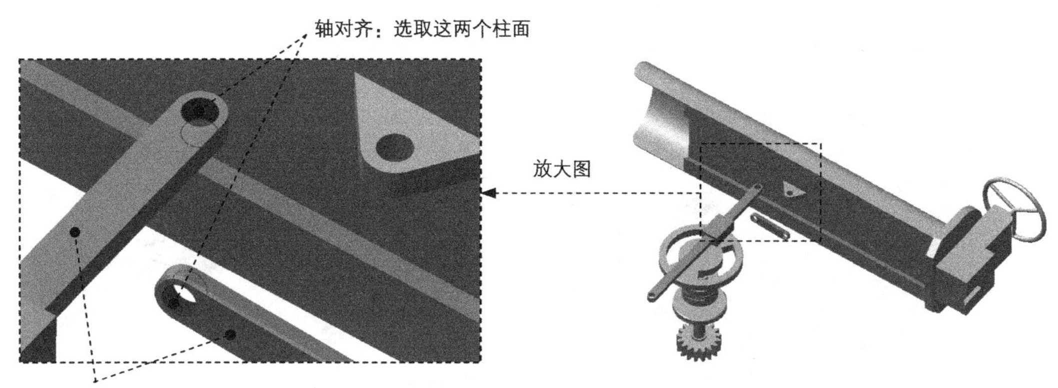

图 16.46 创建“销钉（Pin）”连接

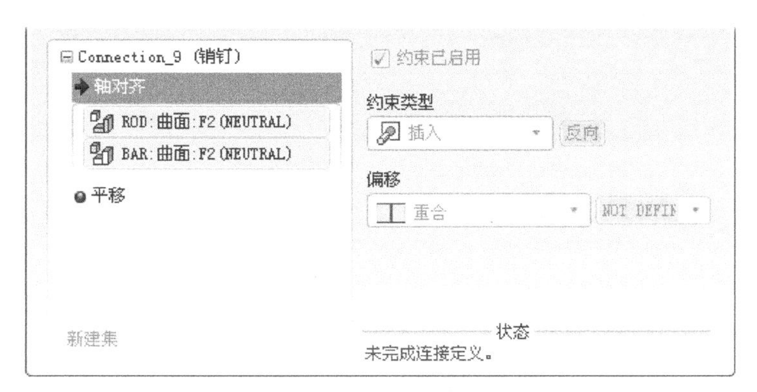

图 16.47 定义“轴对齐”约束

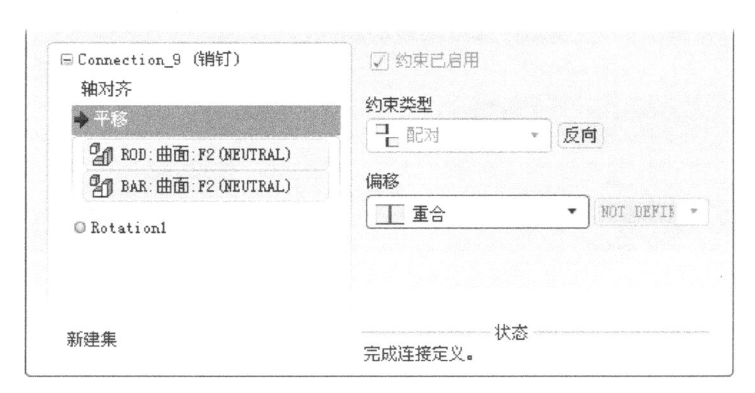

图 16.48 定义“平移”约束

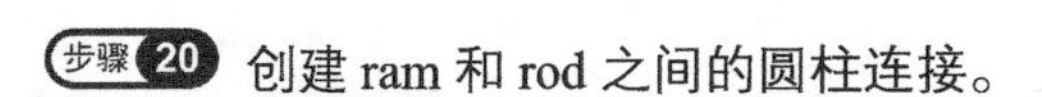
步骤 20 创建 ram 和 rod 之间的圆柱连接。

（1）在 放置 界面下方单击“新建集”字符，在“元件放置”操控板的机械连接约束列表中选择 圆柱 选项。

（2）定义“轴对齐”约束。单击操控板中的 放置 按钮，分别选取图 16.49 所示的两个柱面为“轴对齐”约束参考，此时 放置 界面如图 16.50 所示。

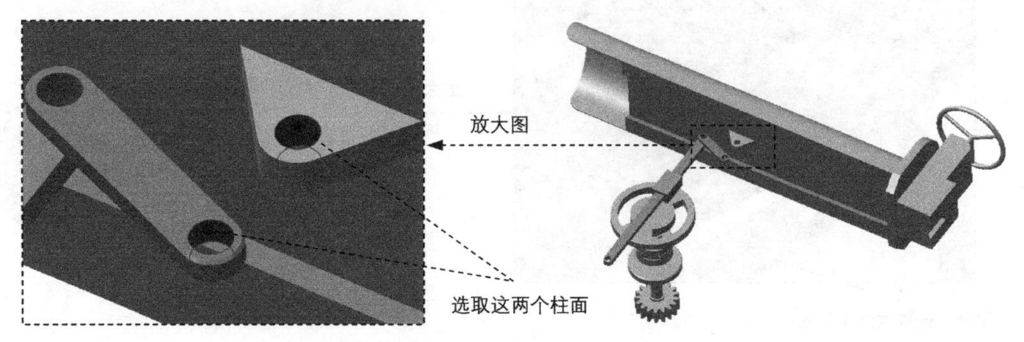

图 16.49 创建圆柱（Cylinder）连接

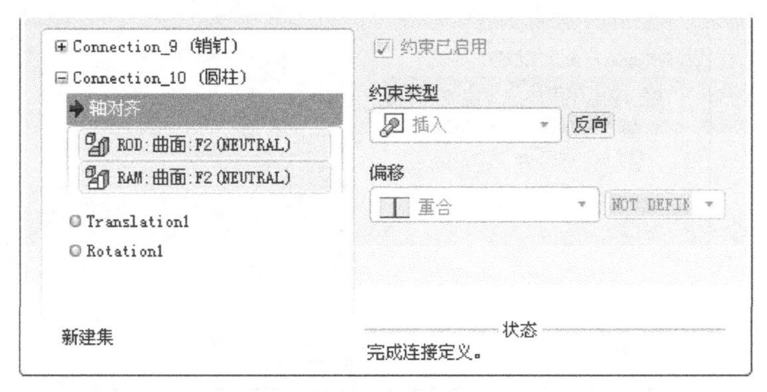

图 16.50 “放置”界面

（3）单击操控板中的 ✔ 按钮，完成连接的创建，如图 16.51 所示。

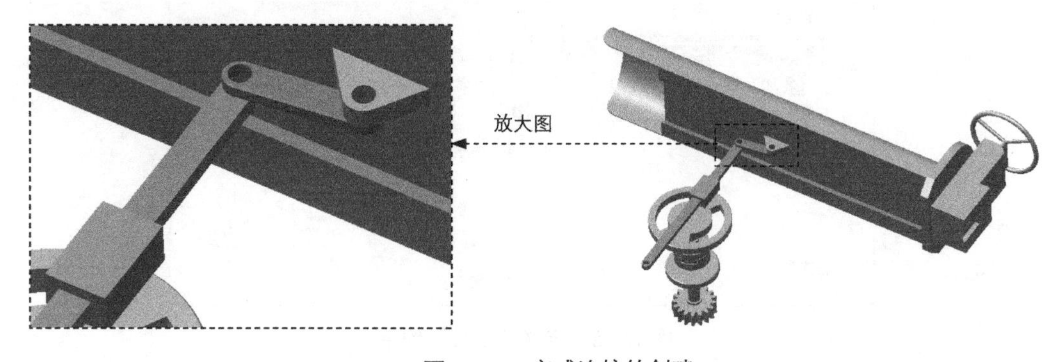

图 16.51 完成连接的创建

步骤21 引入元件 gear.prt，并将其调整到图 16.52 所示的位置（在模型树中取消隐藏元件 body）。

步骤22 创建 gear 和 body 之间的销钉连接。

（1）在“元件放置”操控板的机械连接约束列表中选择 销钉 选项。

（2）定义“轴对齐”约束。单击操控板中的 放置 按钮，分别选取图 16.52 中的两个柱面为“轴对齐”约束参考，如图 16.53 所示。

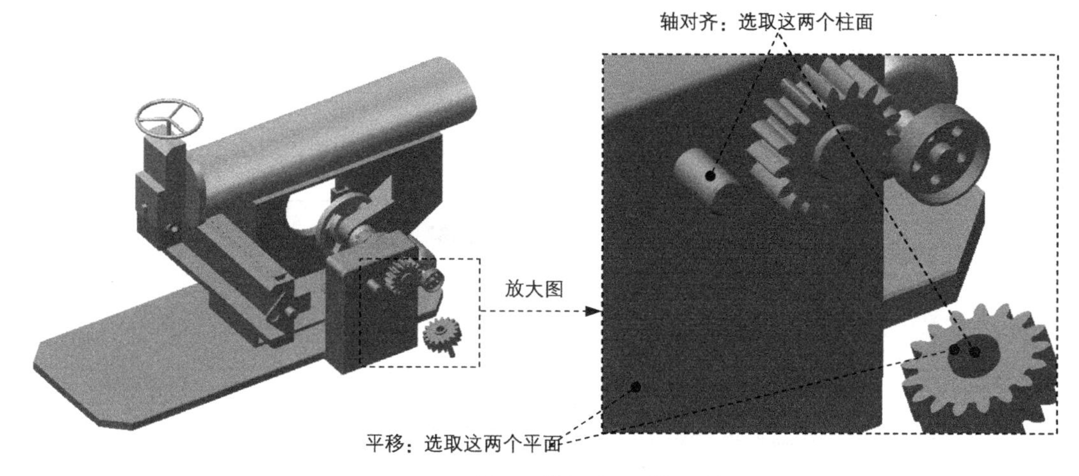

图 16.52 创建“销钉（Pin）”连接

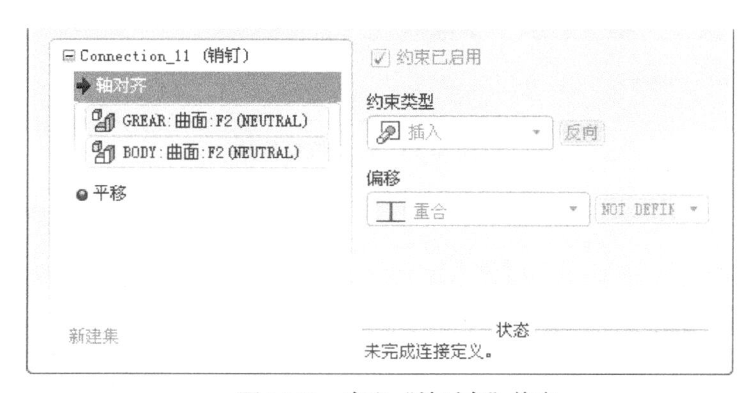

图 16.53 定义“轴对齐”约束

（3）定义“平移”约束。分别选取图 16.52 中的两个平面为“平移”约束参考，如图 16.54 所示。

（4）设置旋转轴参考。在 放置 界面中单击 旋转轴 选项，选取 gear 中的基准平面 RHGHT 和 body 中的基准平面 DTM2 为旋转轴参考。

（5）设置位置参数。在 放置 界面右侧 当前位置 区域下的文本框中输入值-5.3，并按 Enter

键确认，然后单击 >> 按钮；选中 ☑ 启用再生值 复选框，如图 16.55 所示。

（6）单击操控板中的✓按钮，完成连接的创建，如图 16.56 所示。

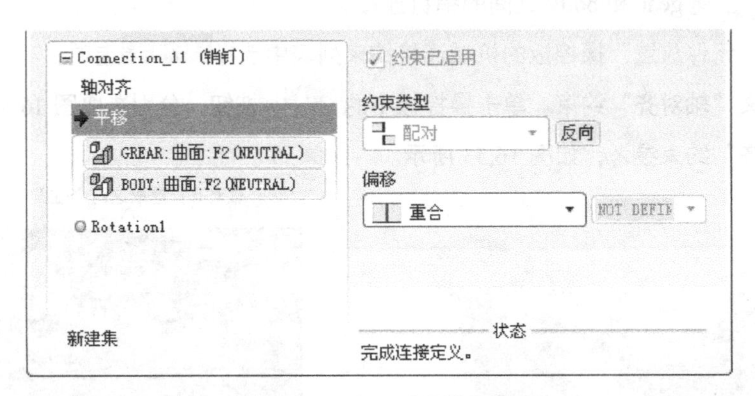

图 16.54　定义“平移”约束

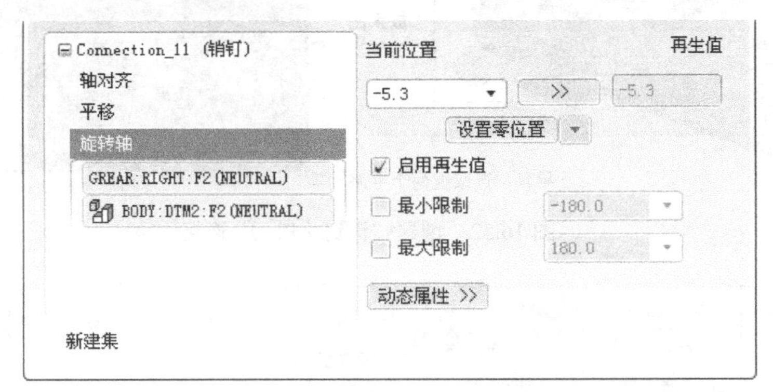

图 16.55　设置位置参数

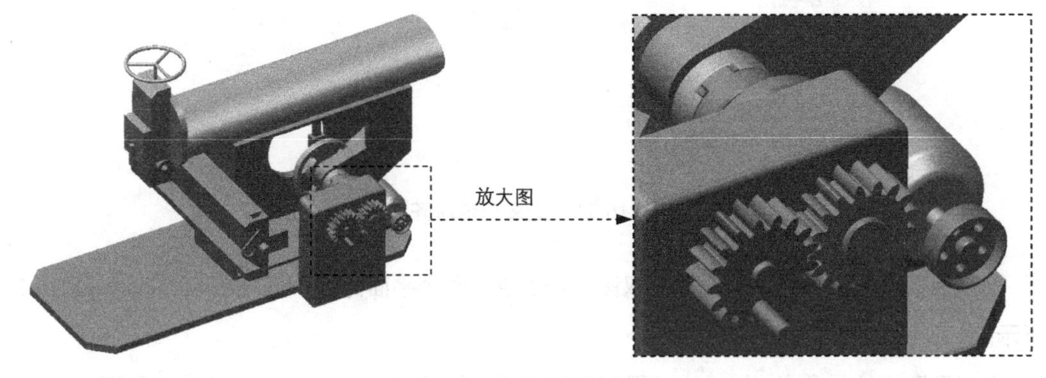

图 16.56　完成连接的创建

步骤 23 引入平移机构子组件 translation_mech_asm.asm，并将其调整到图 16.57 所示的位置。

步骤24 创建 body 和 translation_mech_asm 之间的刚性连接。

（1） 在连接列表中选取 刚性 选项，此时系统弹出“元件放置”操控板，单击操控板菜单中的 放置 选项卡。

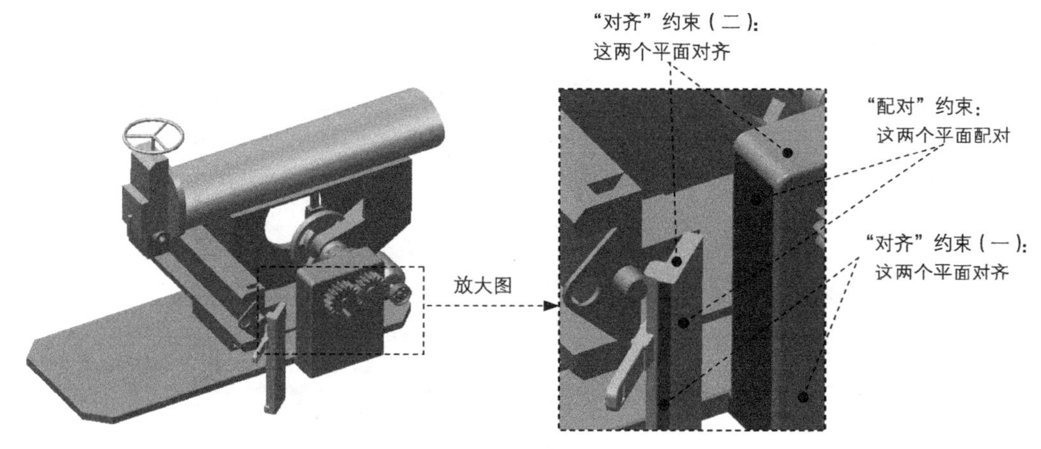

图 16.57 创建刚性（Rigid）连接

（2）定义“配对”约束。在 约束类型 下拉列表中选择 配对 选项，选取图 16.57 所示的两个平面为“配对”约束参考。

（3）定义“对齐”约束（一）。在 放置 界面中单击 ➔新建约束，在 约束类型 下拉列表中选择 对齐 选项，选取图 16.57 中的两个平面为“对齐”约束（一）参考。

（4）定义“对齐”约束（二）。参考步骤（3）选取图 16.57 中的两个平面为“对齐”约束（二）参考。

（5）单击操控板中的 ✔ 按钮，完成刚性连接的创建，如图 16.58 所示。

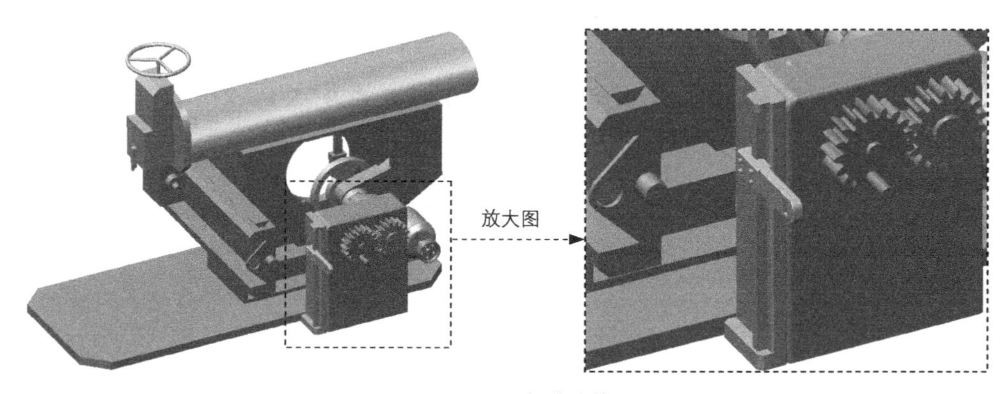

图 16.58 完成连接

步骤25 引入元件 syn_rod.prt，并将其调整到图 16.59 所示的位置。

步骤 26 创建 syn_rod 和 translation_mech_slider 之间的滑动杆连接。

（1）在连接列表中选取 滑动杆 选项，单击操控板菜单中的 放置 选项卡。

（2）定义“轴对齐”约束。分别选取图 16.59 所示的两条边线为“轴对齐”约束参考，此时 放置 界面如图 16.60 所示。

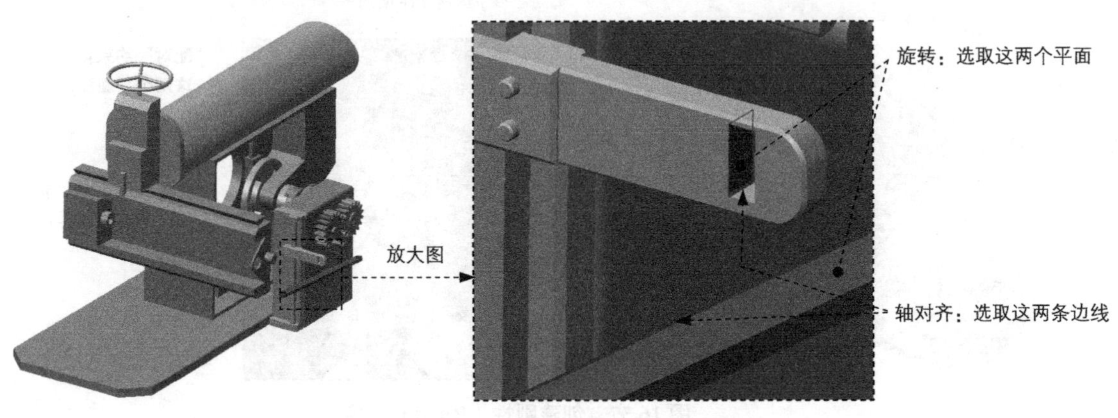

图 16.59　创建滑动杆（Slider）连接

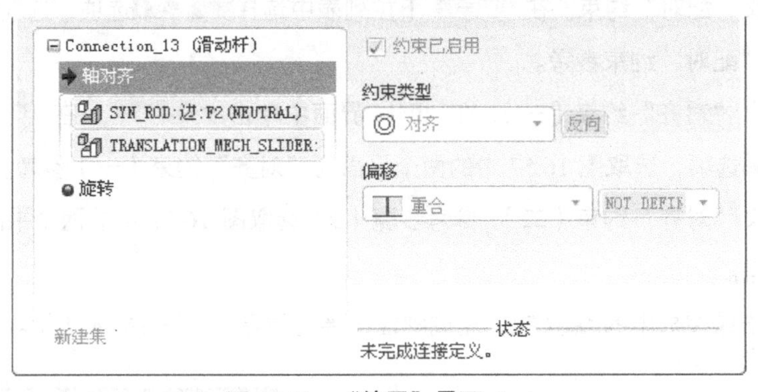

图 16.60　“放置”界面（一）

（3）定义“旋转”约束。分别选取图 16.59 所示的两个平面为“旋转”约束参考，此时 放置 界面如图 16.61 所示。

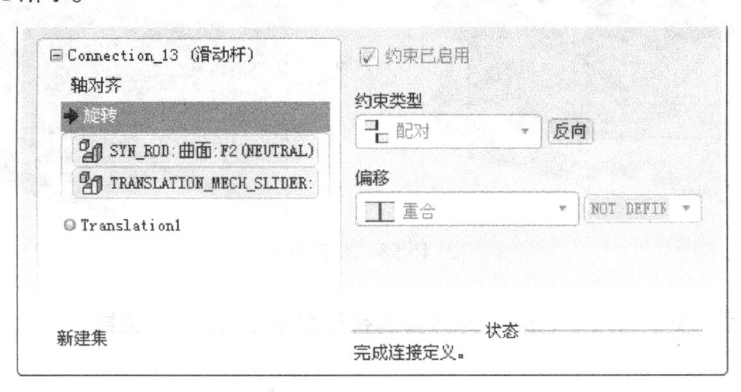

图 16.61　“放置”界面（二）

步骤27 创建 syn_rod 和 gear 之间的圆柱连接。

（1） 在 放置 界面下方单击“新建集”字符，在“元件放置”操控板的机械连接约束列表中选择 圆柱 选项。

（2）定义“轴对齐”约束。单击操控板中的 放置 按钮，分别选取图 16.62 所示的两个柱面为“轴对齐”约束参考，此时 放置 界面如图 16.63 所示。

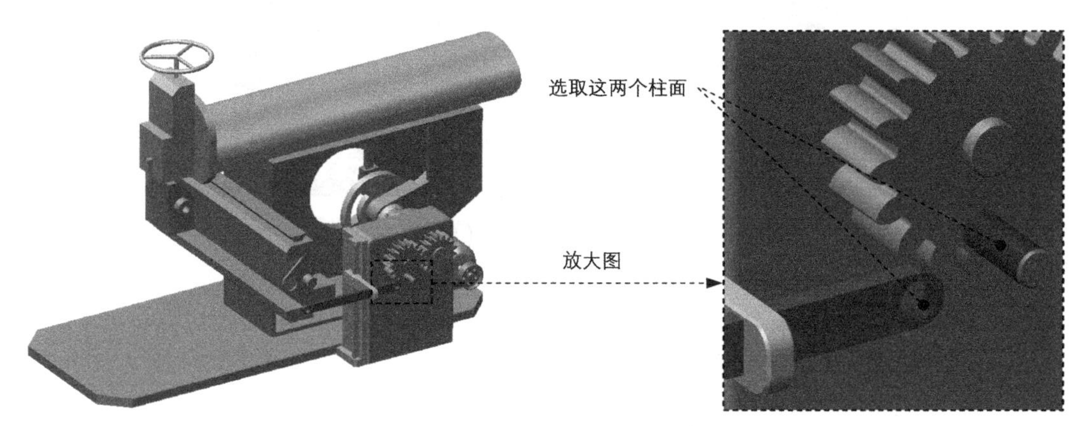

图 16.62 创建圆柱（Cylinder）连接

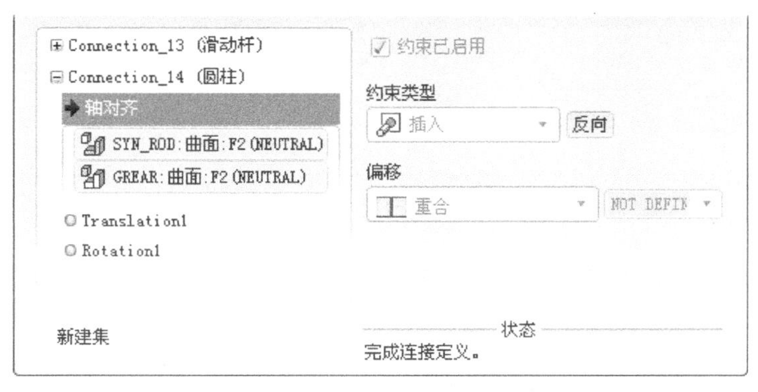

图 16.63 “放置”界面

（3）单击操控板中的✔按钮，完成连接的创建。

步骤28 引入元件 wheel.prt，并将其调整到图 16.64 所示的位置。

步骤29 创建 wheel 和 body 之间的销钉连接。

（1）在“元件放置”操控板的机械连接约束列表中选择 销钉 选项。

（2）定义“轴对齐”约束。单击操控板中的 放置 按钮，分别选取图 16.64 中的两个柱面为“轴对齐”约束参考，如图 16.65 所示。

（3）定义“平移”约束。分别选取图 16.64 中的两个平面为“平移”约束参考，如图 16.66

所示。

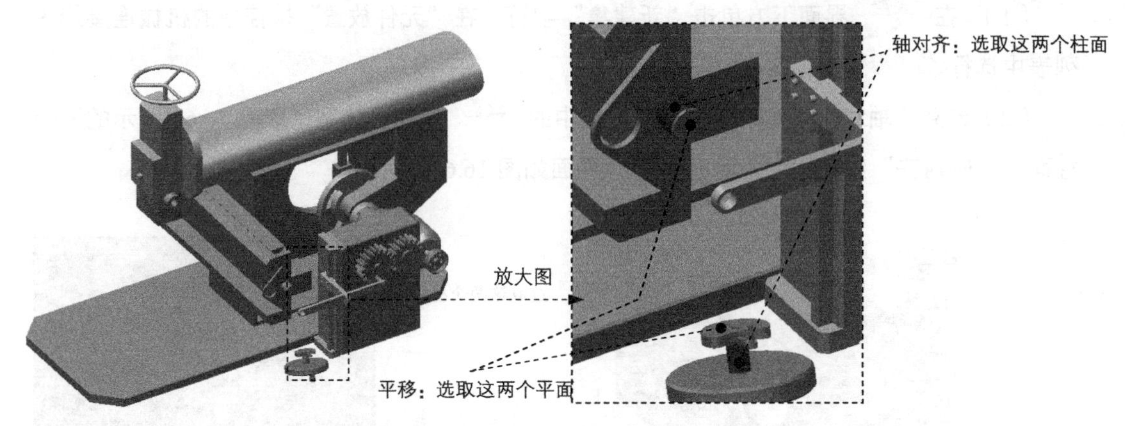

图 16.64　创建“销钉（Pin）”连接

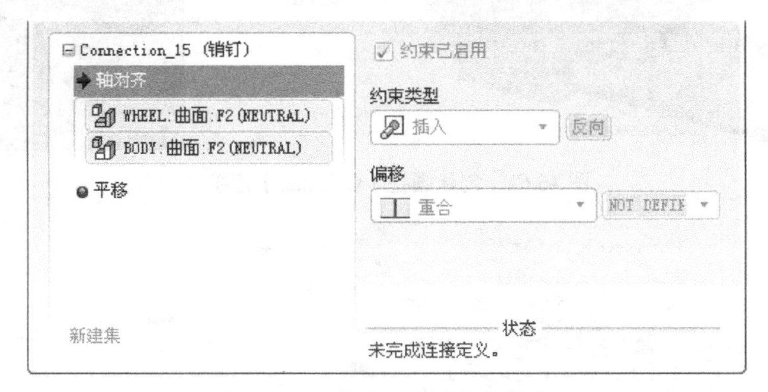

图 16.65　定义“轴对齐”约束

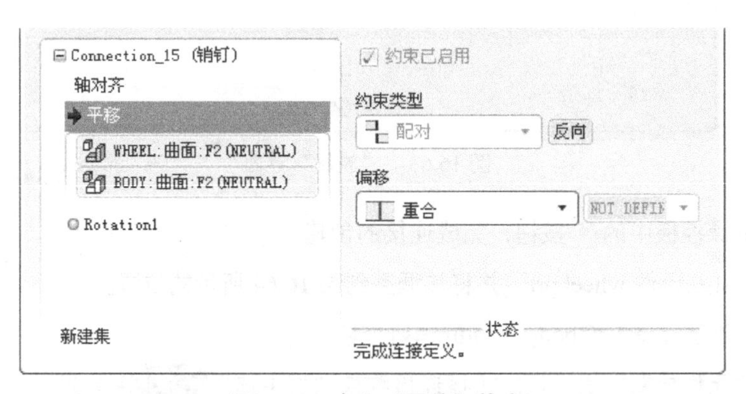

图 16.66　定义“平移”约束

步骤 30　创建 wheel 和 syn_rod 之间的圆柱连接。

（1）在 放置 界面下方单击“新建集”字符，在“元件放置”操控板的机械连接约束列表中选择 圆柱 选项。

（2）定义“轴对齐”约束。单击操控板中的 放置 按钮，分别选取图 16.67 所示的两个柱面为“轴对齐”约束参考，此时 放置 界面如图 16.68 所示。

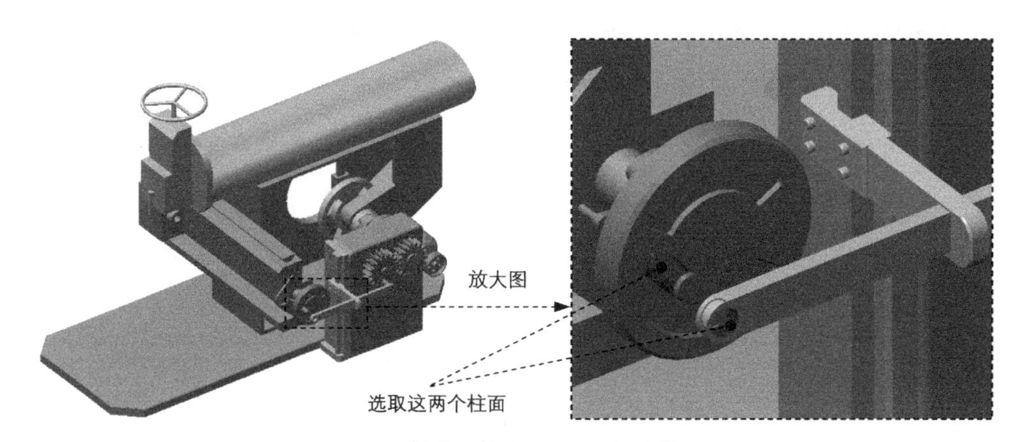

图 16.67 创建圆柱（Cylinder）连接

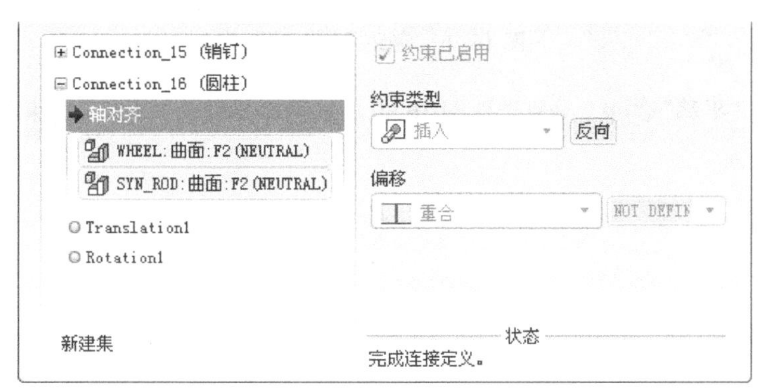

图 16.68 “放置”界面

（3）单击操控板中的 ✓ 按钮，完成连接的创建。

步骤 31 引入元件 screw.prt，并将其调整到图 16.69 所示的位置。

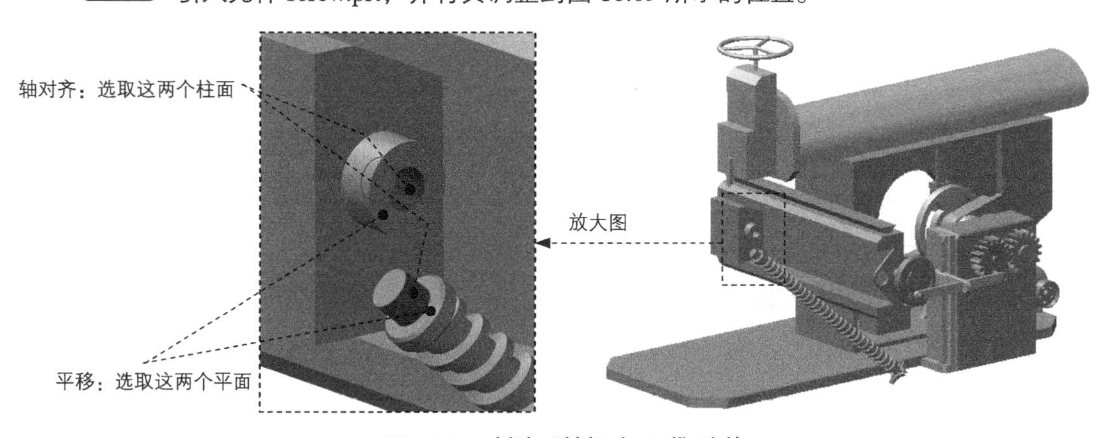

图 16.69 创建“销钉（Pin）”连接

步骤 32 创建 screw 和 body 之间的销钉连接。

（1）在“元件放置”操控板的机械连接约束列表中选择 销钉 选项。

（2）定义“轴对齐”约束。单击操控板中的 放置 按钮，分别选取图 16.69 中的两个柱面为“轴对齐”约束参考，如图 16.70 所示。

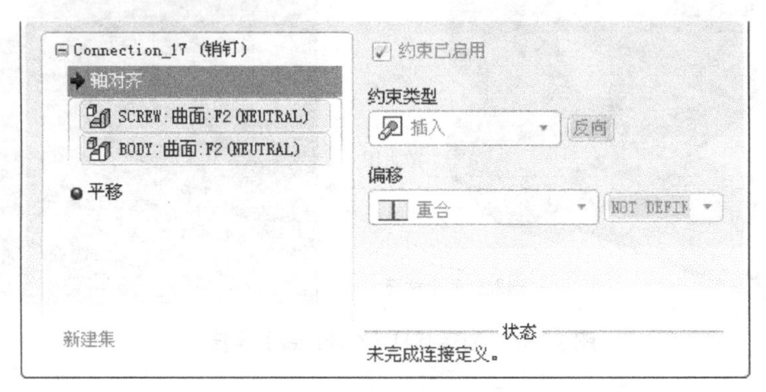

图 16.70 定义“轴对齐”约束

（3）定义“平移”约束。分别选取图 16.69 中的两个平面为“平移”约束参考，如图 16.71 所示。

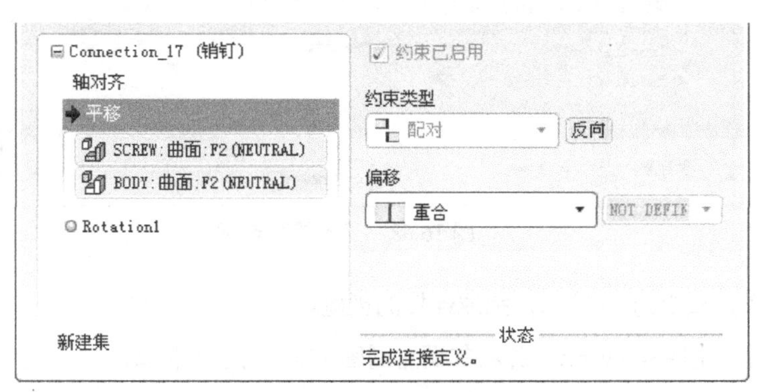

图 16.71 定义“平移”约束

（4）单击操控板中的 ✔ 按钮，完成连接的创建。

步骤 33 引入工作台组件 table_asm.asm，并将其调整到图 16.72 所示的位置（在模型树树中隐藏元件 ram）。

步骤 34 创建 table_asm 和 body 之间的滑动杆连接。

（1）在连接列表中选取 滑动杆 选项，单击操控板菜单中的 放置 选项卡。

（2）定义“轴对齐”约束。分别选取图 16.72 所示的两条边线为“轴对齐”约束参考，此时 放置 界面如图 16.73 所示。

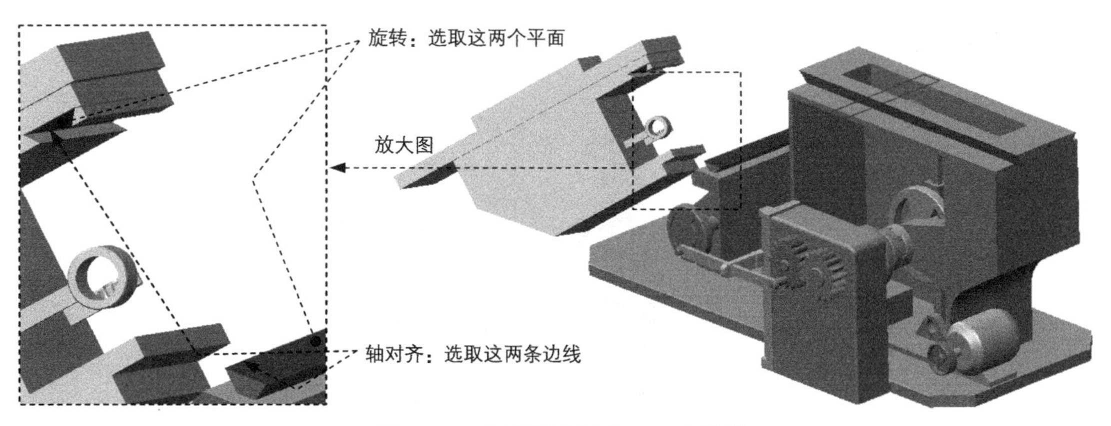

图 16.72 创建滑动杆（Slider）连接

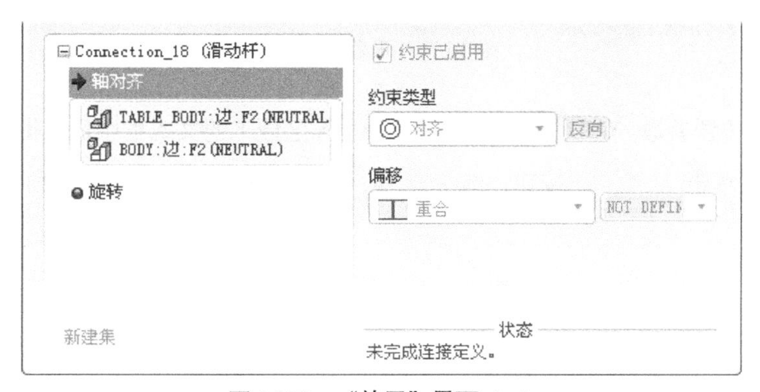

图 16.73 “放置”界面 (一)

（3） 定义“旋转”约束。分别选取图 16.72 所示的两个平面为“旋转”约束参考，此时 **放置** 界面如图 16.74 所示。

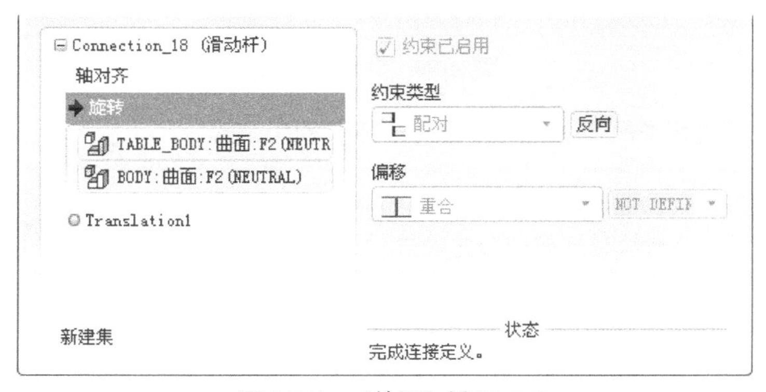

图 16.74 “放置”界面 (二)

（4）设置平移轴参考。在 放置 界面中单击 平移轴 选项，选取图 16.75 所示的两个平面为平移轴参考。

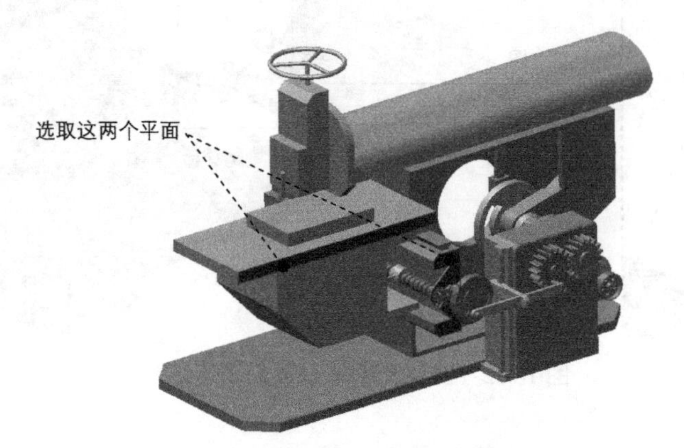

图 16.75 设置平移轴参考

（5）设置位置参数。在 放置 界面右侧 当前位置 区域下的文本框中输入值-167，并按 Enter 键确认；然后单击 >> 按钮，选中 启用再生值 复选框，如图 16.76 所示。

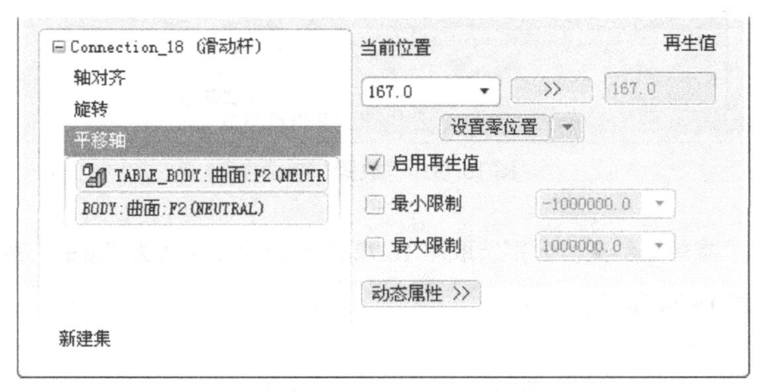

图 16.76 设置位置参数

（6）单击操控板中的 按钮，完成滑动杆连接的创建。

应将连接方向指向齿轮的一侧，若相反可通过单击 滑动杆 选项后的“反向连接”按钮 切换方向。

5. 定义仿真与分析

步骤 01 进入机构模块。选择下拉菜单 应用程序(P) ➡ 机构(E) 命令，进入机构模块。

步骤 02 定义凸轮连接 1。

（1）调整元件 screw 至图 16.77 所示的大致位置。

（2）选择命令。选择下拉菜单 插入(I) → 凸轮(C)... 命令，此时系统弹出“凸轮从动机构连接定义”对话框。

（3）定义“凸轮 1”的参考。选中对话框中的 ☑ 自动选取 复选框，选取图 16.77 所示曲面 1 为“凸轮 1”的参考，单击“选取”对话框中的 确定 按钮。

（4）定义“凸轮 2”的参考。单击“凸轮从动机构连接定义”对话框中的 凸轮2 选项卡，选中对话框中的 ☑ 自动选取 复选框，选取图 16.77 所示曲面 2 为“凸轮 2”的参考，单击“选取”对话框中的 确定 按钮。

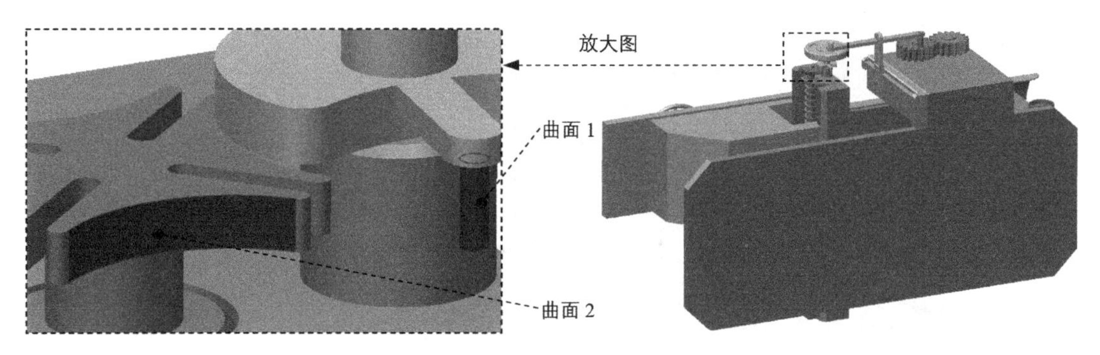

图 16.77　定义“凸轮 1”的参考

（5）定义凸轮连接属性。单击“凸轮从动机构连接定义”对话框中的 属性 选项卡，设置图 16.78 所示的参数。

凸轮从动机构连接定义
名称
Cam Follower1
凸轮1　凸轮2　属性
升离
☑ 启用升离
e = 0.1
摩擦
☐ 启用摩擦
μ_s = 0
μ_k = 0
确定　取消

图 16.78　定义凸轮连接属性

（6）单击“凸轮从动机构连接定义”对话框中的 确定 按钮。

步骤 03 定义齿轮副。

（1）选择命令。选择下拉菜单 插入(I) ➡ 齿轮(G)... 命令，系统弹出“齿轮副定义”对话框。

（2）定义“齿轮 1”。在图 16.79 所示的模型上选取连接 1 为定义对象，输入齿轮 1 的节圆直径值 41.5。

（3）定义“齿轮 2”。单击 齿轮2 选项卡，在图 16.79 所示的模型上选取连接 2 为定义对象，输入齿轮 2 的节圆直径值 41.5。

（4）完成齿轮副定义。单击“齿轮副定义”对话框中的 确定 按钮。

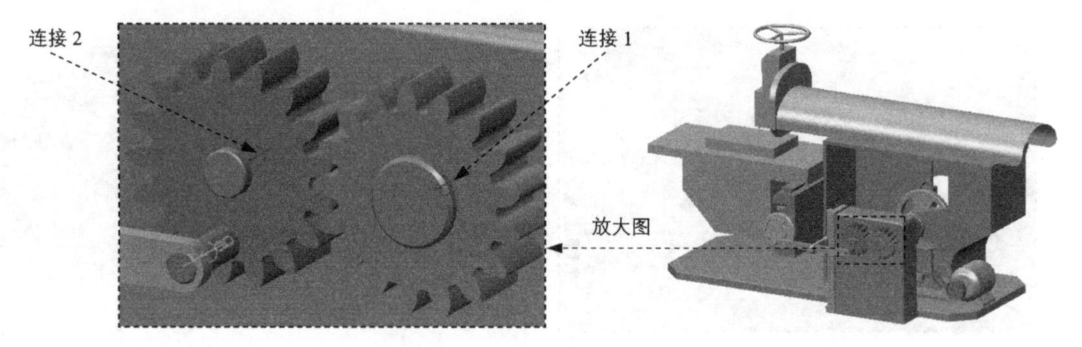

图 16.79　齿轮副设置

步骤 04 定义带传动（取消隐藏所有元件）。

（1）选择命令。选择下拉菜单 插入(I) ➡ 带(B)... 命令，系统弹出“带”操控板。

（2）选择参考。选取图 16.80 所示的曲面 1，按住 Ctrl 键，再选取曲面 2 为参考。

（3）单击“带”操控板中的 ✔ 按钮。

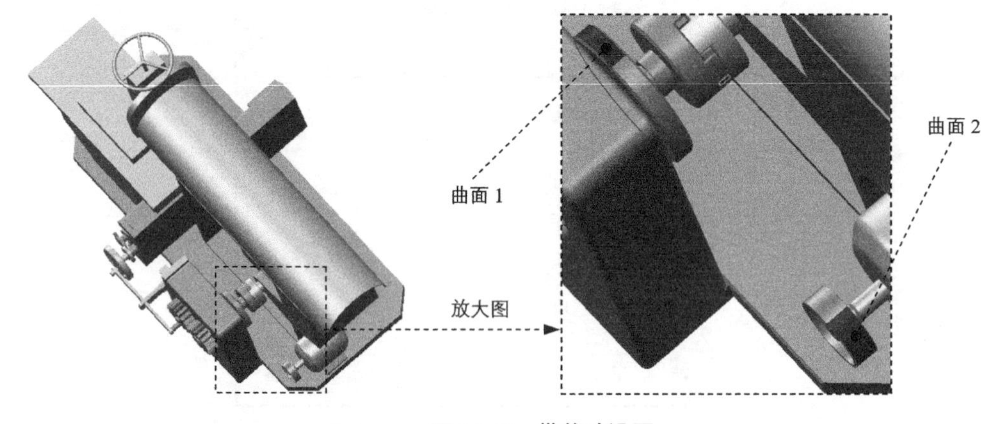

图 16.80　带传动设置

步骤05 定义蜗轮蜗杆连接。

（1）选择命令。选择下拉菜单 插入(I) → 齿轮(G)... 命令，系统弹出“齿轮副定义”对话框。

（2）选择定义类型。在 类型 下拉列表中选择 蜗轮 选项。

（3）定义“蜗轮”。在图 16.81 所示的模型上选取连接 1 为定义对象，输入蜗轮的节圆直径值 60。

（4）定义“齿轮 2”。单击 轮盘 选项卡，在图 16.81 所示的模型上选取连接 2 为定义对象。

（5）完成蜗轮蜗杆副连接。单击“齿轮副定义”对话框中的 确定 按钮。

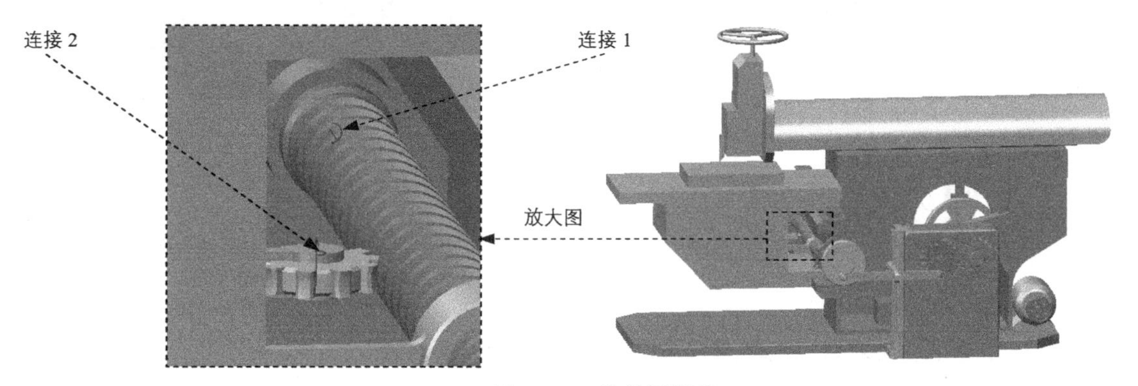

图 16.81　齿轮副设置

步骤06 定义 3D 接触 1。

（1）选择命令。选择下拉菜单 插入(I) → 3D 接触... 命令，系统弹出“3D 接触”操控板。

（2）选取参考对象。在机构中依次选取图 16.82 所示的曲面 1 和曲面 2 为参考对象。

（3）单击操控板中的 ✓ 按钮，完成连接的创建。

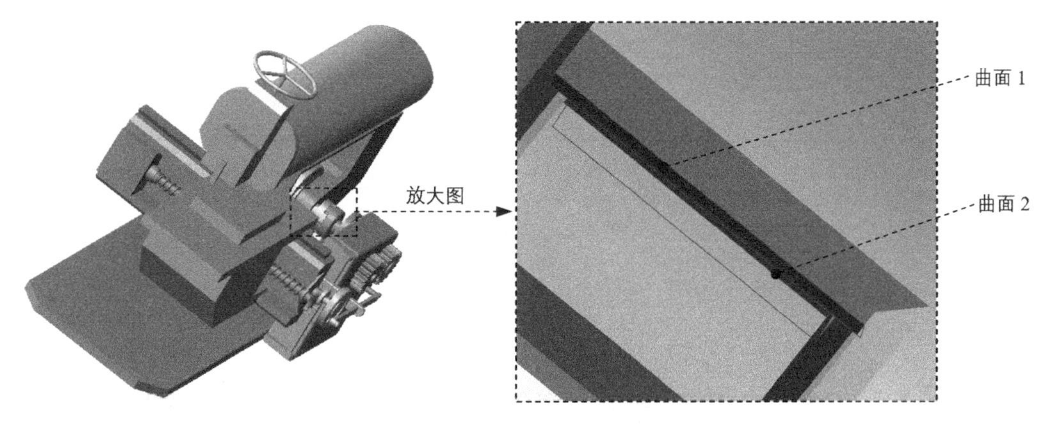

图 16.82　定义 3D 接触 1

步骤 07 定义 3D 接触 2。参考操作步骤 步骤 06，依次选取图 16.83 所示的曲面 3 和曲面 4 为参考对象。

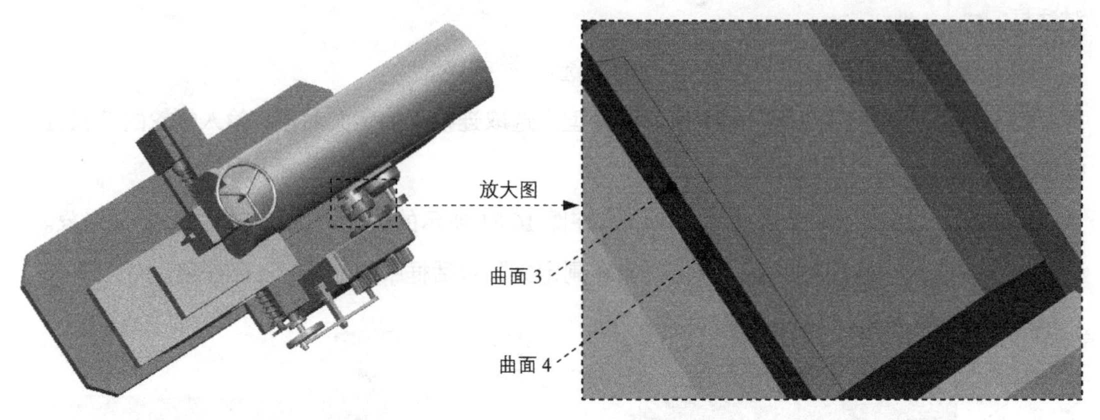

图 16.83 定义 3D 接触 2

步骤 08 定义伺服电动机。

（1）选择命令。选择下拉菜单 插入(I) ➡ 伺服电动机(V)... 命令，系统弹出“伺服电动机定义”对话框。

（2）选取参考对象。选取图 16.84 所示的连接为参考对象。

（3）设置轮廓参数。单击“伺服电动机定义”对话框中的 轮廓 选项卡，在“定义运动轴设置”按钮右侧的下拉列表中选择 速度 选项，在“模”下拉列表中选择 常数 选项，设置 A=45。

（4）单击对话框中的 确定 按钮，完成伺服电动机的定义。

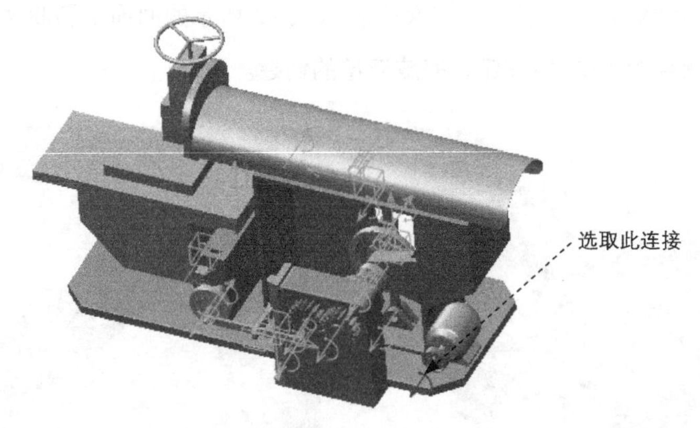

图 16.84 选取参考对象

步骤 09 再生模型。选择下拉菜单 编辑(E) ➡ 再生(G) 命令，再生机构模型。

步骤10 设置初始位置。

（1）选择拖动命令。选择下拉菜单 视图(V) → 方向(O) → 拖动元件(D)... 命令，系统弹出“拖动”对话框。

（2）记录快照 1。单击对话框 当前快照 区域中的 按钮，即可记录当前位置为快照 1（Snapshot1）。

（3）单击 关闭 按钮，关闭“拖动”对话框。

步骤11 定义机构分析。

（1）选择命令。选择下拉菜单 分析(A) → 机构分析(Y)... 命令，系统弹出“分析定义”对话框。

（2）定义图形显示。在 首选项 选项卡的 终止时间 文本框中输入值 50，在 帧频 文本框中输入值 10。

（3）定义初始配置。在 初始配置 区域中选择 ◉ 快照: 单选项，并在其后的下拉列表中选择快照“Snapshot1”。

（4）运行运动分析。单击“分析定义”对话框中的 运行 按钮，查看机构的运行状况。

（5）完成运动分析。单击 确定 按钮完成运动分析。

步骤12 保存回放结果。

（1）选择下拉菜单 分析(A) → 回放(B)... 命令，系统弹出“回放”对话框。

（2）在“回放”对话框中单击“保存”按钮 ，系统弹出“保存分析结果”对话框，采用默认的名称，单击 保存 按钮，即可保存仿真结果。

步骤13 输出视频。

（1）单击“回放”对话框中的“播放当前结果集”按钮 ，系统弹出“动画”对话框，

（2）单击“动画”对话框中的“录制动画为 MPEG”按钮 捕获... ，系统弹出“捕获”对话框，单击 确定 按钮，机构开始运行输出视频文件。

（3）在工作目录中播放视频文件“SHAPER_ASM.mpg”查看结果。

（4）单击“动画”对话框中的 关闭 按钮，返回到“回放”对话框，单击其中的 关闭 按钮关闭对话框。

读者意见反馈卡

尊敬的读者：

感谢您购买电子工业出版社出版的图书！

我们一直致力于CAD、CAPP、PDM、CAM和CAE等相关技术的跟踪，希望能将更多优秀作者的宝贵经验与技巧介绍给您。当然，我们的工作离不开您的支持。如果您在看完本书之后，有好的意见和建议，或是有一些感兴趣的技术话题，都可以直接与我联系。

策划编辑：管晓伟

注：本书的随书光盘中含有该“读者意见反馈卡”的电子文档，您可将填写后的文件采用电子邮件的方式发给本书的责任编辑或主编。

E-mail: 应学成 bookwellok @163.com ； 管晓伟 guanphei@163.com。

请认真填写本卡，并通过邮寄或E-mail传给我们，我们将奉送精美礼品或购书优惠卡。

书名：《Pro/ENGINEER野火版5.0运动仿真快速入门、进阶与精通》

1. 读者个人资料：

姓名：＿＿＿＿性别：＿＿年龄：＿＿职业：＿＿＿＿职务：＿＿＿＿ 学历：＿＿＿

专业：＿＿＿＿单位名称：＿＿＿＿＿＿＿＿电话：＿＿＿＿＿手机：＿＿＿＿

邮寄地址：＿＿＿＿＿＿＿＿＿＿ 邮编：＿＿＿＿＿E-mail: ＿＿＿＿＿

2. 影响您购买本书的因素（可以选择多项）：

□内容 □作者 □价格

□朋友推荐 □出版社品牌 □书评广告

□工作单位（就读学校）指定 □内容提要、前言或目录 □封面封底

□购买了本书所属丛书中的其他图书 □其他

3. 您对本书的总体感觉：

□很好 □一般 □不好

4. 您认为本书的语言文字水平：

□很好 □一般 □不好

5. 您认为本书的版式编排：

□很好 □一般 □不好

6. 您认为Pro/ENGINEER其他哪些方面的内容是您所迫切需要的？

＿＿＿＿＿＿＿＿＿＿＿＿＿＿＿＿＿＿＿＿＿＿＿＿

7. 其他哪些CAD/CAM/CAE方面的图书是您所需要的？

＿＿＿＿＿＿＿＿＿＿＿＿＿＿＿＿＿＿＿＿＿＿＿＿

8. 认为我们的图书在叙述方式、内容选择等方面还有哪些需要改进的？

＿＿＿＿＿＿＿＿＿＿＿＿＿＿＿＿＿＿＿＿＿＿＿＿

如若邮寄，请填好本卡后寄至：

北京市万寿路173信箱1017室，电子工业出版社工业技术分社 管晓伟（收）

邮编：100036 联系电话：（010）88254460 传真：（010）88254397

读者可以加入专业QQ群273433049来进行互动学习和技术交流。